浙江省重大科技专项重点社会发展项目(2010C03004)

浙江省成矿构造环境与金属矿床找矿方向

ZHEJIANGSHENG CHENGKUANG GOUZAO HUANJING
YU JINSHU KUANGCHUANG ZHAOKUANG FANGXIANG

周乐尧　等著

中国地质大学出版社
ZHONGGUO DIZHI DAXUE CHUBANSHE

图书在版编目(CIP)数据

浙江省成矿构造环境与金属矿床找矿方向/周乐尧等著．—武汉：中国地质大学出版社，2016.11
ISBN 978-7-5625-3781-6

Ⅰ．①浙…
Ⅱ．①周…
Ⅲ．①成矿构造-成矿环境-浙江省②金属矿床-找矿-研究-浙江省
Ⅳ．①P613②P618.2

中国版本图书馆CIP数据核字(2016)第123977号

浙江省成矿构造环境与金属矿床找矿方向	周乐尧　**等著**
责任编辑：王凤林　胡珞兰	责任校对：周旭
出版发行：中国地质大学出版社(武汉市洪山区鲁磨路388号)	邮编：430074
电　话：(027)67883511　　传　真：(027)67883580	E-mail:cbb @ cug.edu.cn
经　销：全国新华书店	Http://www.cugp.cug.edu.cn
开本：880毫米×1230毫米　1/16	字数：840千字　插页：3　印张：26
版次：2016年11月第1版	印次：2016年11月第1次印刷
印刷：武汉中远印务有限公司	印数：1—1000册
ISBN 978-7-5625-3781-6	定价：298.00元

浙江省成矿构造环境与金属矿床找矿方向

项 目 类 型：浙江省重大科技专项重点社会发展项目

项 目 编 号：2010C03004

项目起止时间：2010 年 10 月—2014 年 12 月

项目承担单位：浙江省地质矿产研究所

项目参加单位：浙江省有色地质勘查局

浙江省第一地质大队

浙江省第三地质大队

浙江省第七地质大队

浙江省第九地质大队

浙江省第十一地质大队

浙江省地球物理地球化学勘查院

浙江省水文地质工程地质大队

项 目 负 责：周乐尧 胡勇平

项目组成员：周乐尧 刘 荣 钱俊锋 贾宝剑 金 宠

黄建军 王海棠 何胜忠 吕新前 俞跃平

何良军 杨晓春 贾锦生 王成良 刘美善

周州强 翁祖山 马俞高 邱郁双 吴建勇

王 永 朱 虹 徐菲琪 朱晓亚

前 言

“浙江省成矿构造环境与金属矿床找矿方向”是浙江省重大科技专项重点社会发展项目(编号:2010C03004)。项目起止时间:2010年10月至2014年12月。

本项目在综合研究前人资料和浙江地层、岩石、地球化学及地球物理特征基础上,以板块和大陆动力学理论为指导,以地球化学、地球物理、同位素示踪与定年和遥感解译技术为手段,以时间为主线,以整个华南及东南沿海地区为视域,探讨浙江地质构造演化与岩浆活动轨迹,划分浙江地质构造单元;以地质构造单元为系统,以系统内构造-岩浆演化轨迹为主线,剖析成矿地质地球化学特征及其演化规律,识别并划定内生金属矿床成矿环境;厘定各个成矿环境中金属矿床成矿作用期次、形成的矿床类型和矿床(矿体)空间定位条件;在浙江省优势金属矿产资源潜力进行评价基础上,指出找什么类型的矿,在什么地方找矿和相应的找矿模型与找矿技术方法。依此技术路线,经过近4年的研究,取得了丰硕的研究成果。

1. 综合20世纪90年代以来浙江区域地质调查资料、构造、地层、岩石和岩相古地理研究成果,结合本项目主量元素、微量元素、稀土元素和同位素示踪与定年测试资料,以整个华南及东南沿海地区为视域,探讨了浙江地质构造演化轨迹。

浙江是由华夏古陆与扬子板块拼贴而成的。华夏古陆在2200~2000Ma间经历原始陆壳减薄、张裂下陷、接受八都群沉积,1900~1800Ma间受吕梁-中条运动(浙闽运动)影响,开始变质变形,同时产生地壳深熔作用,引起大面积区域混合岩化作用和花岗质岩浆侵入作用,形成早元古代华夏(浙闽)克拉通,从1800Ma起华夏陆块隆起,遭受剥蚀。大约1400Ma开始,华夏陆块开始裂解,地壳减薄,形成陆内裂陷槽,接受陈蔡群沉积,晋宁运动使陈蔡群遭受角闪岩相、绿片岩相区域动力-热流变质。浙闽变质基底在空间上联为一体,通过岩石学、成岩同位素年代学、岩石地球化学和变质变形特征对比研究,确定浙江的八都群对应福建的麻源群,陈蔡群对应马面山群,它们是相同时代、同一构造环境的沉积地层。陈蔡群(马面山群)早期为钙泥质砂岩、泥质砂岩和火山杂砂岩沉积,其后接受碳酸盐岩-大陆碱性拉斑玄武岩-中酸性火山岩(或火山碎屑岩)沉积,晚期为滨浅海相硅质岩、泥质砂岩和泥岩沉积,其火山活动具双峰式特征(碱性玄武岩和中酸性火山岩),显示其为裂谷环境产物,并将江绍拼接带与丽水-舟山断裂之间的浙东南区块与闽北武夷地区合称为浙闽晚元古裂谷带。

1.1~0.9Ga华夏块体开始向扬子板块会聚,其间南华洋洋壳俯冲、消减,扬子陆块南缘形成由双溪坞群岛弧火山-沉积岩系组成的江南古岛弧。0.9~0.85Ga间江南古岛弧与华夏块体碰撞、拼接,沿拼接带发育一系列大小不等的石英闪长岩(924~832Ma)。碰撞造山,形成骆家门组前陆盆地磨拉石堆积、复理石建造和虹赤村组复陆屑杂砂岩建造。华夏块体与扬子南缘岛弧碰撞拼接后,浙江进入大陆演化阶段,构造体制也由海洋动力体系转化为大陆动力体系。

晋宁运动晚期,碰撞汇聚带进入拉张伸展阶段,即构造转换阶段,以上墅组陆相双峰式火山岩喷发(0.832~0.8Ga)和基性—酸性双峰式侵入岩组合(815~775Ma)为标志,江绍拼接带西北侧乃至整个华南地区沿钦杭构造带开始裂解,发育北东向马金-乌镇、萧山-球川等深大断裂,形成构造转换陆内裂陷沉积盆地。

进入加里东期,浙西北进一步裂解,演变为加里东裂陷沉积盆地。浙西加里东裂陷沉积经历三个阶段:早期陆相沉积阶段(新元古晚期),形成陆相双峰式火山岩;中期海陆交互沉积阶段(震旦纪),形成磨拉石建造-类复理石建造-碳酸盐建造-硅质岩建造；晚期海相沉积阶段（寒武纪—志留纪），形成泥质碳酸盐建造-复理石、类复理石碎屑岩建造。

加里东运动，浙江褶皱造山，形成轴迹北东向的开阔褶皱。浙东南诸暨—绍兴一带普遍遭受低绿片岩相动力退变质作用，沿江绍拼接带发生韧性剪切，形成韧性剪切带，在遂昌—龙泉一带地壳热流量高，还发生地壳熔融作用，出现Ⅰ型花岗岩侵入。

到中泥盆世，加里东造山带构造松弛、伸展，马金-乌镇和萧山-球川断裂重新活动，使得其间的块体整体呈地堑式下陷，导致浙西北拗陷演变为陆表海沉积环境。

印支运动导致浙江全区褶皱抬升，广泛发育褶皱与推覆构造，褶皱构造总体呈北北东向，叠加在加里东期北东向开阔褶皱之上。印支期火成活动弱，缺乏火山活动的证据，仅在浙北晚二叠世见厚约0.19m的酸性凝灰岩，浙东南华夏地块出现较多的挤压环境下形成的混合岩化花岗岩。

进入燕山期（从180Ma开始），古太平洋板块开始向欧亚大陆俯冲，俯冲作用制约了岩浆活动。燕山早期（>145Ma）低角度俯冲，形成大规模的盖层褶皱和推覆构造，同时挤压作用造成地壳物质部分重熔，并伴随深部岩浆的部分加入，形成造山环境的Ⅰ型和S型花岗岩侵入；燕山晚期早阶段（145～115Ma），俯冲角逐渐变陡，形成大面积的火山岩，并伴随A型、Ⅰ型为主，少量S型花岗岩侵入；燕山晚期晚阶段（115～85Ma）古太平洋板块俯冲角进一步变陡，俯冲带逐渐后退，岩浆弧由西向东迁移，浙江地壳由早白垩世的挤压环境转换为拉张伸展环境，火山活动减弱，形成一系列火山-沉积盆地。

喜马拉雅期浙江为陆缘凹陷沉积期，嵊县期的堆积物主要分布于三门湾-嵊州北西向条带上，发育钙碱性拉斑玄武岩、碱性玄武岩，为大陆裂谷型拉张构造背景下的火山喷溢产物。

2. 应用全省1∶20万航磁、重力数据和Spot5遥感数据，综合解译全省线性构造和中生代火山构造，从岩相古理研究入手，理清区域深大断裂控岩规律，从而确定区域深大断裂形成时代和活动特征，并依据断裂构造相互切割关系，厘定全省主要区域断裂构造的发生期次。

一是将以往确定的余姚-丽水断裂修正为丽水-舟山断裂。丽水-舟山断裂自福建进入浙江，经景宁-丽水-天台盆地北缘—宁波盆地南缘—舟山，向北东潜入东海。二是解译识别出衢州-磐安东西向断裂，该断裂切割江绍拼接带，使断裂南侧的江绍拼接带向西位移，并控制金衢盆地呈东西向长条状形态。三是根据断裂构造相互切割关系，结合浙江构造发展阶段，初步厘定主要区域性断裂构造的发生期次：晚元古代华夏古陆裂解，形成丽水-舟山断裂；华夏与扬子板块碰撞拼接，形成江绍拼接带；晋宁末期，华夏与扬子形成统一陆块，褶皱造山，形成东西向衢州-磐安断裂和昌化-普陀断裂，并切割江绍拼接带；新元古浙西北陆内裂陷，形成北东向萧山-球川和马金-乌镇断裂，并切割东西向构造；印支运动主要形成北北东向断裂构造；燕山期古太平洋板块向北西俯冲挤压，形成一组北西向断裂构造和北东向温州-三门断裂等；晚白垩世浙江由挤压环境转化为拉张环境，形成一组近南北向断裂。

3. 以岩浆岩岩相特征、矿物组成、结构构造和侵位状态地质调查资料为基础，采集地质地球化学样品，采用同位素定年技术，确定岩浆岩侵位时代；通过岩石主量元素、微量元素、稀土元素和同位素示踪研究，基本查清全省各构造期岩浆成因、形成的构造环境，并以构造演化为脉络，理清了浙江岩浆活动特征。

浙江最早的岩浆活动可以追溯到早元古代华夏地块八都群沉积时的基性火山喷发沉积（变质岩原岩恢复信息），中条运动出现花岗质岩浆侵入，先是形成碰撞环境下的Ⅰ型、S型花岗岩（1912～1875Ma），稍后出现拉张阶段的A型花岗岩（1872～1832Ma）。大约1400Ma开始，华夏陆块开始裂解，开始陈蔡群沉积，期间出现碱性拉斑玄武岩-中酸性火山岩构成的双峰式火山沉积。1.1～0.9Ga华夏块体开始向扬子板块会聚，形成双溪坞群岛弧火山岩，在华夏块体与扬子板块南缘岛弧碰撞拼接时，沿江绍拼接带发育一系列大小不等的石英闪长岩（924～832Ma）。碰撞拼接后进入构造伸展阶段，浙西北出现陆内裂解环境下的上墅组陆相双峰式火山岩喷发（832～800Ma）和基性—酸性双峰式侵入岩组合（815～775Ma，A2型花岗岩）。加里东运动，在遂昌-龙泉高地壳热流量区发生地壳熔融作用，出现Ⅰ型花岗岩侵入。印支运动导致浙东南华夏地块出现较多的挤压环境下，由基底变质岩部分熔融形成的混合岩化花岗岩。燕山早期(>145Ma)挤压作用造成地壳物质部分重熔,并伴随深部岩浆的部分加入,形成造山环境的Ⅰ型和S型花岗岩侵入;燕山晚期早阶段(145～115Ma),出现大面积的火山喷发,并伴随A型、Ⅰ型为主,少量S型花岗岩侵入;燕山晚期晚阶段(115～85Ma),岩浆弧由西向东迁移,构造环境由挤压环境转换为拉张伸展环境,火山活动减弱,出现A型花岗岩侵入。喜马拉雅期三门湾-嵊州北西向条带上,发育钙碱性拉斑玄武岩、碱性玄武岩,为大陆裂谷型拉张构造背景下的火山喷溢产物,同时沿深大断裂带出现超基性角砾岩、超基性岩侵入。

4. 以构造演化与岩浆活动轨迹为依据,编制1∶50万浙江省构造地质图,划分地质构造单元。

采用遥感解译厘定构成地壳表层构造的存在状态、结构组成和组合系统;应用重力、航磁解译,揭示深部构造、表层构造与深部构造的相互关系;在浙江省构造演化、构造层划分和几何构造特征研究基础上,编制1∶50万浙江省构造地质图。依据特定构造部位和构造时期所发生的主要地质事件及其形成的特定的可观察、可鉴别、可测量的优势岩石-构造组合(构造相)的空间分布,并综合地球物理及地球化学块体信息,运用将今论古的比较构造地质方法,厘定浙江省各级构造单元。全省构造单元划分为Ⅰ级构造单元3个,Ⅱ级6个,Ⅲ级10个(表0-1),编制浙江省构造单元图。

表0-1 浙江省构造单元划分一览表

一级构造单元	二级构造单元	三级构造单元
$Ⅰ_1$ 扬子板块	$Ⅰ_1$-1 下扬子陆块	$Ⅰ_1$-1-1 长兴被动陆缘盆地(S-T)
	$Ⅰ_1$-2 松木坞古岛弧(Pt_2)	
	$Ⅰ_1$-3 诸暨-常山古岛弧(Pt_2)	
	$Ⅰ_1$-4 临安-开化陆缘裂谷沉积盆地(Pt_3—S_2)	$Ⅰ_1$-4-1 昌化-廿乌印支褶皱隆起带(D_3-P)
		$Ⅰ_1$-4-2 杭州-开化印支裂陷沉积盆地(D_3-T_1)
		$Ⅰ_1$-4-3 湖州-德清印支陆表海沉积盆地(D_3-T_1)
$Ⅰ_2$ 江绍拼接带		
$Ⅰ_3$ 华夏板块	$Ⅰ_3$-1 嵊州-龙泉中元古裂谷沉积盆地(Pt_2)	$Ⅰ_3$-1-1 上虞-东阳华夏前缘逆冲隆起带(J-K)
		$Ⅰ_3$-1-2 武夷隆起带遂昌-庆元隆起区(J-K)
		$Ⅰ_3$-1-3 新昌-武义中生代火山坳陷沉积盆地(K)
	$Ⅰ_3$-2 普陀-文成中生代陆缘火山活动带(K)	$Ⅰ_3$-2-1 泰顺-平阳火山构造隆起区(K)
		$Ⅰ_3$-2-2 括苍山火山构造隆起区(K)
		$Ⅰ_3$-2-3 象山-定海火山构造隆起区(K)

5. 依据地质构造环境和成矿地球化学环境特征,划分了浙江省内生金属矿床成矿环境。由于构造多旋回叠加作用,早期形成的成矿环境会被晚期构造岩浆作用叠加改造,不同空间或地段会形成新的成矿环境。本报告具体划分成矿环境时,依据构造期所发生的主要地质事件及其衍生的主要成矿作用划定Ⅰ级成矿环境,Ⅰ级成矿环境中再划分出后期构造岩浆作用叠加形成的次级成矿环境。Ⅰ级成矿环境依据构造单元边界划定,次级叠加成矿环境依据后期构造-岩浆作用叠加形成的次级构造单元边界或者控制矿床集中分布(成矿集中区)的几组断裂构造或火山构造边界圈定。全省共划定5个Ⅰ级成矿环境和20个次级成矿环境,编制1∶50万内生金属矿床成矿环境图。在成矿环境划分基础上,深入研究了各个成矿环境中内生金属矿床成矿时代、成矿作用和矿床类型。

6. 根据各个成矿环境中构造-岩浆演化轨迹与内生金属矿床成矿作用关系和成矿时代研究,将浙江内生金属成矿作用分为华夏陆块元古代浙闽裂谷块状硫化物矿床(VSHMS型)成矿期、晚元古代华夏陆块向扬子板块俯冲形成的火山岛弧型块状硫化物矿床（VHMS 型）成矿期、浙西北加里东陆缘裂陷沉积盆地热水沉积改造型硫化物矿床（SEDEX 型）成矿期、江绍拼接带和基底变质岩加里东期区域动力变质（韧性剪切）型金矿成矿期、浙西北杭州-开化海西期—印支期拗陷沉积盆地热水沉积改造型硫化物矿床（SEDEX 型）成矿期、燕山期岩浆（火山）热液矿床成矿期（斑岩型、矽卡岩型和火山热液型）6 个成矿期。通过典型矿床解剖，建立了各个成矿期典型矿床成矿模式和找矿模型。

7. 依据浙江省查明的主要金属矿床类型和相应的金属资源量，对比"浙江省矿产资源潜力评价"项目预测的金属资源量，指出浙江省具有找矿潜力的金属矿产为铀、金、银、铜、铅、锌、钼、钨和锡。同时具体阐明了最具找矿潜力的矿床类型，空间分布和相应的找矿技术方法，编制 1∶50 万《浙江省金属矿床找矿部署图》，从而为全省内生金属矿床找矿指明了方向。

8. 产学研紧密结合，科研带动矿产勘查，地质找矿取得新突破。本项目研究过程中，中国地质大学（武汉）2 名硕士研究生，浙江省地质矿产研究所博士后科研工作站 1 名博士后，浙江大学 1 名博士、2 名硕士研究生全程参与，并完成了各自的学位论文。项目参加单位将阶段性科研成果及时应用于找矿实践，浙江省第一地质大队按热水沉积改造型矿床模式成功实施了淳安银山银多金属矿床勘查；有色金属地质勘查局以斑岩-浅成热液成矿系统模式指导新昌后岸银矿床深部勘查，在 4 线、5 线、8 线、9 线、12 线、16 线等勘探线沿矿脉延深方向追索出较好的银（铅锌铜）矿体。近 3 年来，浙江省地质勘查局各地勘单位以科研为指导，相继开展了淳安-临安银铅锌矿、开化—江山地区金钼铅锌、衢江地区铀多金属、绍兴—诸暨地区金银铅锌铀、天台—仙居地区银铅锌和庆元—遂昌地区金银铅锌钼等勘查项目，科研带动矿床勘查投入资金近 3.8 亿元，评价了淳安银山银多金属矿、诸暨寺前银多金属矿、淳安潘家钨钼矿、开化石龙头金矿、新昌后岸银矿、衢江区银坑银铅锌矿、天台银坑铅锌矿和徐村铅锌多金属矿等，基本探明大型铀矿床 1 处，新增金属资源量（333）金 1.15t，银 1686.78t，铜 7.42×10^4 t，铅锌 64.36×10^4 t，钼 2.69×10^4 t，并提交可进一步勘查的矿产地 22 处。

本报告由浙江省地质矿产所牵头，浙江省地质勘查局各地勘单位共同参与，是集体研究的成果。

项目组衷心感谢浙江省科学技术厅、浙江省国土资源厅和浙江省地质勘查局给予科研经费支助。感谢浙江省地质勘查局华宣奎局长、蔡剑虹副局长对项目开展的关心和指导！感谢浙江省地质勘查局王国武处长、浙江省国土资源厅邱宏坤、王一民处长的大力支持！感谢姚道坤、张永山、汪庆华、许金坤、吕新前、金维松、李长江等专家的悉心指导！感谢浙江省地质调查院和各地勘单位提供的大量地质资料！

目　录

第1章　地　层

1.1　地层层序

自元古宙至新生代，浙江省地层记录较为完整。以江绍拼接带为界，浙西北与浙东南由于大地构造单元属性不同，两侧前中生代地层发育迥异。

浙西北区隶属扬子地块，地层分区属扬子地层区，元古宙至新生代地层较为齐全。中-新元古代地层完整，古生界除上志留统和中上泥盆统缺失外，几乎呈连续堆积（图 1-1）。浙东南属华夏地块，地层分区称浙东南地层区，除元古宙变质岩外，仅局部地区偶有古生代沉积，地层记录不完整，给江绍拼接带

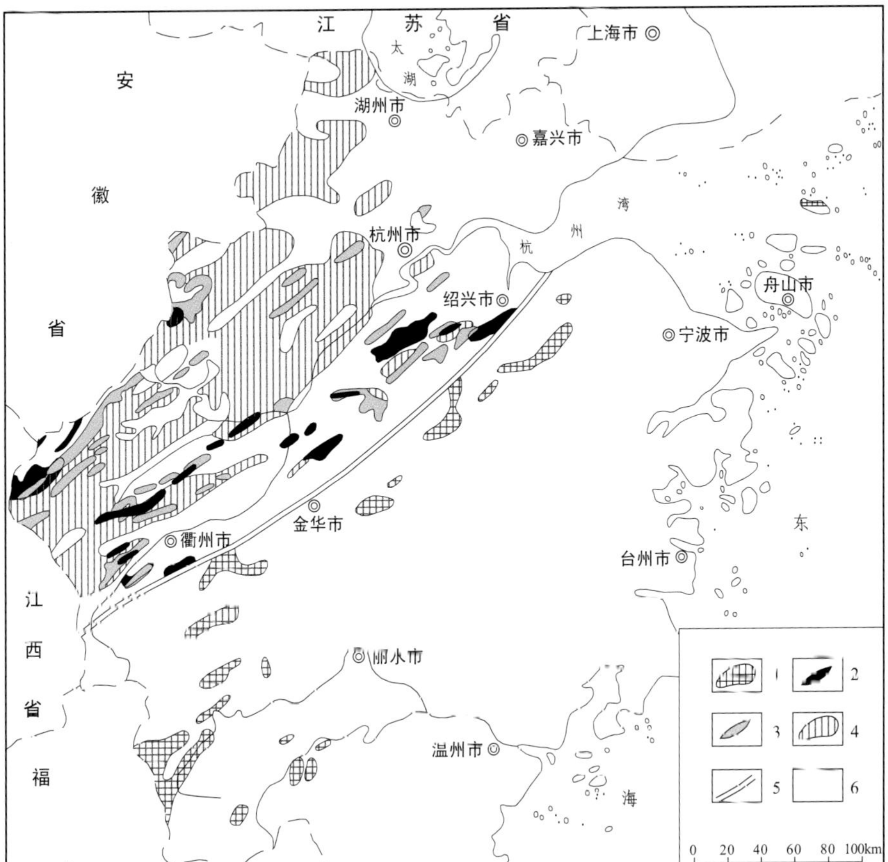

图 1-1　浙江省元古代—早古生代地层分布示意图

1. 八都群；2. 陈蔡群；3. 双溪坞群；4. 河上镇群；5. 震旦系；6. 下古生界

形成、发育、演化的研究工作带来了诸多困难。

中生代白垩纪开始，浙江处于陆缘活动阶段，火山活动强烈，断陷或断拗盆地形成，河湖相沉积发育。白垩系陆相火山-沉积岩的广泛堆积，构成了浙江地层分布的一大特色。

浙西北区，元古界为细碧-角斑岩建造、复理石与磨拉石建造以及陆相火山岩系。早震旦世开始，发生陆内拗陷，直至晚志留世。震旦系为类复理石、冰碛岩、镁质碳酸盐岩系；寒武系为含碳硅质岩和台地相碳酸盐岩系，奥陶系则为陆架含硅、钙质碎屑岩；志留系以碎屑岩为主。晚古生代至中生代早期持续着稳定陆壳基础上的陆表海沉积，泥盆系为滨海单陆屑岩系；石炭系和二叠系以碳酸盐沉积为主，上部含煤碎屑岩；中-下三叠统仍为碳酸盐岩相沉积，上三叠统和下-中侏罗统为湖河相碎屑岩。中生代晚期进入陆缘火山活动期，白垩系为巨厚的火山-沉积岩系；古近系隐伏于浙北平原区，中新世基性、超基性岩呈星点状散布各处。

浙东南区，元古宙变质地层多为角闪岩相变质岩，分成八都群和陈蔡群。八都群为具高角闪岩相变质的陆内硅铝盆地沉积岩系，陈蔡群则为经受高绿片岩相-角闪岩相变质的裂谷型沉积岩系。新元古代晚期（震旦纪）抬升为陆，直至古生代，一直处于陆蚀区，仅在局部如青田芝溪头等地出现一些低绿片岩变质的石炭系—二叠系（?）含灰岩、白云质灰岩的含煤碎屑岩建造，称为“芝溪头杂岩”。上三叠统至中侏罗统为零星分布的河湖相碎屑岩。中生代晚期进入陆缘火山活动期，白垩系为巨厚的火山-沉积岩系。第三纪局部玄武岩覆盖于白垩纪盆地。

1.2 浙西北地层

1.2.1 中元古界双溪坞群

双溪坞群主要分布在富阳—萧山、绍兴平水、浦江、金华洞井，以及浙赣、浙皖边界一带（图 1-1），包括平水组、北坞组、岩山组、章村组。平水组同位素年龄为 1012～904Ma，北坞组 926Ma，章村组 891Ma（表 1-1），它是华夏地块向扬子地块运动，洋壳沿江绍拼接带向扬子地块俯冲、消减形成的火山岛弧。早期以海底基性火山岩喷发及浅海陆棚相的硅泥质岩沉积为主，并逐渐过渡为中性及中酸性火山喷发，最后形成厚达 2900～3000m 的细碧-角斑岩建造；其后，受晋宁（神功）运动的影响，地壳逐渐抬升，海盆逐渐缩小，海水退却并逐渐过渡为陆相环境，在挤压应力作用下，开始双溪坞群的陆相火山岩喷发，堆积了厚达 1800m 的钙碱性系列火山岩（流纹岩）。岩石化学、微量元素、稀土元素和 Rb-Sr、Sm-Nd 同位素资料等显示，双溪坞群火山岩形成于成熟的陆缘弧型构造环境，构成扬子南缘江南古岛弧。

1.2.2 新元古界青白口系河上镇群

河上镇群以萧山河上镇命名，主要分布在萧山、富阳等地（图 1-1）。该群包括骆家门组、虹赤村组和上墅组，总厚度达 3481m。

骆家门组下部为灰色、杂色砂砾岩和含砾长石砂岩，上部为青灰色长石岩屑砂岩、粉砂岩、泥岩，厚达 500m。该组分布局限，厚度不稳定，为成熟度很低的长石岩屑砂砾岩，马瑞士和张建康（1977）认为它是不整合于双溪坞群之上的底砾岩，根据骆家门组成熟度低、厚度剧变和分布局限，应该是华夏古陆与扬子陆块南缘江南古岛弧碰撞造山作用后期前陆盆地的山间磨拉石堆积（唐红峰等，1998）。

表1-1　双溪坞群和河上镇群火山岩年龄统计表

序号	岩体及位置	岩性	测试方法	年龄(Ma)	资料来源
1	道林山东北侧桃花坞	河上镇群上墅组流纹岩	SHRIMP 锆石 U-Pb	792±5	Li Xianhua et al.,2008
2	萧山河上镇附近凤凰坞和雪湾	河上镇群上墅组上段流纹质岩石	全岩 Sm-Nd 等时线法	806±59	徐步台,1994
3	开化十里坑	河上镇群上墅组流纹质凝灰岩	锆石 U-Pb	809	刘伯根等,1995
4	开化西源	河上镇群上墅组流纹岩	锆石 U-Pb	816±18	
5	江山茗川	河上镇群上墅组流纹质凝灰岩	锆石 U-Pb	813±35	
6	江山茗川	河上镇群上墅组流纹岩	锆石 U-Pb	828±74	
7	江山江家	河上镇群上墅组流纹质凝灰岩	锆石^{207}Pb/^{208}Pb	832±10	浙江省区域地质调查大队,1991
8	江山江家	河上镇群上墅组流纹质凝灰岩	锆石^{207}Pb/^{208}Pb	830±23	
9	富阳骆家门	河上镇群骆家门组花岗岩砾石	锆石 U-Pb	879±4	浙江省区域地质调查大队,1989
10	富阳章村双溪坞	双溪坞群章村组流纹岩	SHRIMP 锆石 U-Pb	891±12	Li Xianhua et al.,2009
11	富阳章村双溪坞	双溪坞群北坞组流纹岩	SHRIMP 锆石 U-Pb	926±15	Li Xianhua et al.,2009
12	绍兴西裘村西北侧	平水群中细碧角斑岩	LA-ICP MS 锆石 U-Pb	904±8	陈志洪等,2009
13		兵康剖面角斑岩		906±10	
14	绍兴西裘	细碧角斑岩	全岩 Sm-Nd 等时线法	978±44	章邦桐等,1990
15	淳安樟村	细碧角斑岩	锆石 U-Pb	950±25	浙江省区域地质调查大队,1995
16	绍兴西裘	细碧角斑岩	全岩 Sm-Nd 等时线法	1012±28	沈渭洲,1993

虹赤村组以灰紫色粗粒—中粒岩屑砂岩为主。

上墅组是陆相基性和酸性火山岩组合，下部以玄武岩为主，上部为灰色、紫红色流纹岩，具双峰式特征。

如果把骆家门组中花岗岩砾石锆石 U-Pb 年龄 879±4Ma① 作为下限，上墅组流纹岩和流纹质凝灰岩锆石 U-Pb 年龄 830～809Ma，全岩 Sm-Nd 等时线年龄 806Ma 和 SHRIMP 锆石 U-Pb 年龄 792Ma 作为上限(表1-1)，河上镇群的时代大致在青白口纪。

1.2.3　震旦系

晋宁运动是前震旦纪末一次强烈的陆内造山运动，晋宁运动后，扬子陆块发生陆内坳陷，沉积环境变化为陆相河流-三角洲-滨岸-潮坪-浅海台地。

震旦系下部为休宁组、南沱组，上部为蓝田组(陡山沱组、板桥山组、灯影组)、皮园村组。

① 浙江省区域地质调查大队，1989。

休宁组与下伏上墅组不整合接触，为凝灰质砂岩、粉砂岩、泥岩夹凝灰岩、沉凝灰岩等火山岩类；南沱组为冰成岩（施少峰和蒋传仁，1983），厚度变化大，从 4m 到 550m 不等；蓝田组底部为含锰白云岩，中部为黑色泥岩、泥质白云岩，上部黑色硅质页岩夹白云质灰岩；皮园村组为黑白条带相间的硅质岩，厚度变化大，从 10m 到 176m 不等。

1.2.4 下古生界

寒武系自下而上依次划分为荷塘组、大陈岭组、杨柳岗组、华严寺组和西阳山组。

荷塘组由黑色薄层含碳硅质页岩、石煤层夹灰岩透镜体及磷矿层组成，厚 20～250m；大陈岭组、杨柳岗组、华严寺组均由灰岩组成；西阳山组为泥质灰岩、饼状灰岩、瘤状灰岩组成韵律层，厚 40～145m 不等。

奥陶系为海相碎屑岩和碳酸盐岩，最大厚度约 4000m，从下至上依次划分为印诸坞组、宁国组、胡乐组、砚瓦山组、黄泥岗组、长坞组和文昌组，岩性自下而上为钙质泥岩、页岩、硅质页岩、瘤状灰岩、钙质泥岩夹瘤状灰岩和巨厚的黄绿色页岩，显示为深水台地-盆地相沉积。

志留系自下而上分为霞乡组、河沥溪组、康山组和唐家坞组，为浅海陆源碎屑沉积岩，下部为泥岩、粉砂岩，中部为细砂岩、粉砂岩、页岩组成的韵律层，上部为厚层状砂岩，志留纪沉积中心在安吉、长兴一带，最大厚度 6000m，向东南岩性变粗，厚度减小，杭州、开化一线最大厚度 2111m，至绍兴、江山一带最大厚度仅 435m，显示出当时陆源碎屑物质主要来自浙东南，海陆界线可能位于江山、金华、绍兴一带，即江绍拼接带。

1.2.5 上古生界—三叠统

浙江省缺失中、下泥盆统。

上泥盆统分为西湖组和珠藏坞组，为滨海-陆相石英质单陆屑建造，西湖组为含砾石英砂岩、石英砂岩和泥质粉砂岩；珠藏坞组为砂岩、粉砂、泥岩互层。

早石炭世海水短暂退出成陆，局部低陷处为叶家塘组湖沼相沉积，形成含煤地层；中石炭世—中三叠世为滨海-浅海相碳酸盐和碎屑岩沉积。

石炭系划分为叶家塘组、老虎洞组、黄龙组和船山组。叶家塘组由灰黑色砂砾岩、砂岩、粉砂岩、泥岩夹煤层组成；老虎洞组为块状粉—细晶白云岩，中部含燧石结核；黄龙组与船山组均为生物屑灰岩、粉晶灰岩，船山组底部含燧石结核。

二叠系自下而上分为栖霞组、孤峰组、龙潭组、长兴组（或大隆组）。栖霞组为含燧石团块灰岩；孤峰组为薄层硅质岩、硅质页岩等；龙潭组为一套含煤地层；长兴组是二叠系最高一个层位，长兴煤山剖面是国际二叠系—三叠系界线层型剖面，该组由灰色微晶灰岩至粉晶灰岩、生物灰岩和白云质灰岩组成。

三叠系自下而上划分青龙组和周村组，青龙组灰岩与长兴组连续沉积，其上周村组为灰岩夹白云岩。

1.2.6 中侏罗统

浙西北地区缺失上三叠统、下侏罗统和上侏罗统。

中侏罗统分马涧组和渔尖山组，合称同山群。马涧组为灰绿色砾岩、砂岩、粉砂岩及粉砂质泥、泥质粉砂岩夹煤线；渔尖山组整合其上，岩性为绿色砂岩、粉砂质泥岩夹含砾砂岩、块状砾岩。

1.3 浙东南地层

浙东南区属华南地层区之沿海地层分区。基底为元古代变质岩，其上为早-中侏罗世河湖相沉积和白垩纪火山岩覆盖，震旦系及古生界偶可见及，与浙西北地层形成明显对比。整个浙东南地区，以广布白垩纪中酸性至酸性火山岩为其特色。

1.3.1 古元古界八都群

八都群是浙东南地区最古老的地层，为一套经历过角闪岩相变质和花岗质岩浆作用的区域变质岩。主要岩石类型有变粒岩和云母片岩（两者占全部岩类的95%），另有斜长角闪岩和少量长石石英岩类、浅粒岩和角闪岩，由于广泛的花岗质岩浆活动，致使八都群岩石发生很大的改观而呈花岗质片麻岩的外貌，主要分布于浙西南龙泉一带（图1-1）。八都群曾经历多期地壳运动，最主要的有距今1900Ma前后的浙闽运动、1000Ma时的晋宁运动和450Ma左右的加里东运动，构造变形极其复杂，显生宙的构造-岩浆活动对前期的构造变形又有深刻的改造，至少经历了4期褶皱变形（胡雄健等，1991），原始面理（S_0）均已遭彻底置换而成为透入性片理、片麻理（S_1 或/和 S_2）。根据变质岩组合特征，可以分为汤源组、堑头组、张岩组、泗源组和大岩山组5个岩组。

根据原岩恢复，八都群的斜长角闪岩主要是拉斑玄武岩；长英质粒岩类原岩应以陆源碎屑岩为主，即砂、泥岩类，砂质岩的成熟度较低，以长石砂岩、杂砂岩和岩屑砂岩为主，少数可能为中酸性岩浆岩或火山碎屑岩。结合地质背景分析，八都群长英质粒岩类的蚀源区应是以花岗岩类为主的原始陆壳；片麻岩类的原岩大部分属砂泥质沉积岩类；云母片岩类富含石墨和矽线石、铁铝榴石，原岩为黏土岩类，相当于富铝黏土岩和黏土—半黏土岩。

表1-2列出了近年来八都群岩石同位素测定年龄。龙泉市汤源组变质岩（原岩恢复为火山岩）全岩Sm-Nd等时线法测定的年龄为2014±43Ma（李曙光，1996）。泗源组含墨矽线石榴二云条带状混合岩（基质为二云斜长变粒岩）碎屑锆石U-Pb上交点年龄2032±16Ma（胡雄健等，1991）。汪新等（1988）在龙泉花桥八都群中采得一组副片麻岩类的Sm-Nd等时线年龄样品，由3个全岩和1个斜长石组成的等时年龄为2199±95Ma，$\varepsilon_{Nd}(t)=-0.89\pm0.29$，$\varepsilon(^{143}Nd/^{144}Nd)_i=0.509\ 76\pm0.000\ 06$，相关系数$r=0.9928$。由汪新（1989）的4个样点和全岩中分离出来的石榴石样点，共同组成的Sm-Nd等时线年龄为2059±62Ma（王银喜和胡雄健，1992）。

龙泉花桥八都群副片麻岩类的Nd模式年龄（T_{DM}）为2.60～2.75Ga（表1-3），其中斜长石和石榴石单矿物的T_{DM}值亦为2.6～2.7Ga（王银喜，1989）。对于晚太古宙岩石来说，Nd模式年龄并不代表初始结晶年龄，也非地壳结晶年龄（壳幔分离时间），而只是地壳滞留时间或混合源区的平均年龄，结合反映陆壳物源成因的ε_{Nd}(O)和$f_{Sm/Nd}$负数据，可以认为八都群的碎屑物源区应为太古宙花岗质陆壳（胡雄健等，1991）。根据同位素年龄，结合地壳演化历史分析，推测八都群形成于早元古代（2200～2000Ma）。

侵位于八都群中的花岗质岩石，主要分布在浙西南的龙泉—遂昌—松阳—庆元—晋宁一带，包括淡竹、泉坑、下际、大柘、里庄、花桥、王淤、汤源、渤海和三枝树等地，岩性为二长花岗岩、花岗闪长岩和片麻状花岗岩或花岗质片麻岩。岩石地球化学和同位素研究表明，侵位于八都群中的花岗质岩石是地壳深熔作用形成的铝质A型花岗岩（刘锐，2009），花岗质岩石同位素年龄为1975～1743Ma，说明八都群沉积不久，即受吕梁-中条运动影响，开始区域变质变形，伴随地壳深熔作用引起花岗岩化和花岗岩浆侵入。

表 1-2　八都群同位素年龄表

序号	采样地	岩性	测试方法	年龄(Ma)	资料来源
1	庆元下际岩体	二长花岗岩	单颗粒锆石 U-Pb,上交点	1975±80	甘晓春等,1995
2	松阳里庄岩体	二长花岗岩	单颗粒锆石 U-Pb,上交点	1870±36	
3	遂昌田后岩体	花岗闪长岩	单颗粒锆石 U-Pb,上交点	1832±80	
4	景宁三枝树混合岩	片麻状花岗岩	单颗粒锆石 U-Pb,上交点	1863±44	
5	龙泉泉坑	眼球状花岗岩	单颗粒锆石 U-Pb,上交点	1889±95	胡雄健和许金坤,1993
6	龙泉竹口	变质期后伟晶岩	单颗粒锆石 U-Pb,上交点	1743±8	
7	龙泉淡竹	花岗闪长岩	单颗粒锆石 U-Pb,上交点	1878±27	
8	龙泉淡竹	黑云母钾长花岗岩	LA-ICPMS 锆石 U-Pb	上交点:1844±10	刘锐等,2009
9	景宁三枝树(可能为岭脚)	二长花岗岩	LA-ICPMS 锆石 U-Pb	谐和 Pb-Pb:1860±13	
10	遂昌大拓北西约 2km	含紫苏辉石花岗质麻粒岩	LA-ICPMS 锆石 U-Pb	上交点:1851±11	
11	龙泉淡竹	花岗闪长岩	单颗粒锆石 U-Pb,上交点	1837±36	甘晓春等,1993
12	龙泉淡竹	花岗闪长岩	LA-ICPMS 锆石 U-Pb	1875 ±33	汪相等,2008
13	龙泉淡竹	花岗闪长岩	SHRIMP 锆石 U-Pb	1832±6	Li Z X et al.,2007
14	龙泉淡竹	花岗闪长岩	LA-ICPMS 锆石 U-Pb	1855±5	于津海,2007
15	龙泉朱黄	汤源变质火山岩	全岩 Sm-Nd 等时线法	2014±43	李曙光,1996
16	龙游新槽	片麻状花岗闪长岩	单颗粒锆石 U-Pb,上交点	1924±31	孔祥生等,1993
17	庆元县三济乡	含墨矽线石榴二云条带状混合岩	单颗粒锆石 U-Pb,上交点	2032±16	胡雄健等,1991

表 1-3　八都群副片麻岩类 Sm、Nd 测定结果及模式年龄表

序号	样号	Sm(10^{-6})	Nd(10^{-6})	$^{147}Sm/^{144}Nd$	$^{143}Nd/^{144}Nd$	ε_{Nd}(O)	$f_{Sm/Nd}$	T_{DM}(Ga)
1	S1	20.09	113.5	0.104 53	0.511 27	−26.63	−1.09	2.60
2	S2	16.92	90.30	0.113 33	0.511 32	−25.59	−0.42	2.75

引自《浙西南前寒武纪地质》,胡雄健等,1991。

1.3.2　中元古界陈蔡群

陈蔡群(Pt_2Ch)是一套经历多期次区域动力-热流变质的中高级变质岩系,局部遭受了后期动力剪切,形成糜棱岩系列的韧性剪切带。陈蔡群总体可划分为上、下两套岩石组合(翁世劼等,1987):上套(Pt_2^2Ch)由斜长角闪岩、大理岩、绿片岩、石英岩和长英质变粒岩、浅粒岩等组成;下套(Pt_2^1Ch)由片麻岩、混合岩类组成。1987 年浙江省区域地质调查大队在进行 1∶5 万地质调查时,测制了陈蔡群丁家坞地层剖面;1988 年水涛等对丁家坞剖面进行了详细研究,本专著在这二者的基础上,结合野外调查,参考同位素定年数据,重新修绘了丁家坞剖面(图 1-2)。剖面底部(下套)岩石为矽线含榴黑云斜长片麻岩、混合岩化黑云斜长片麻岩和斜长角闪片麻岩。剖面中上部(上套)岩石可以划分成上、中、下3个岩性段，下部为灰白色透闪石粗晶质白云质大理岩及灰白—浅绿色辉石橄榄白云质大理岩，间夹灰绿色斜长角闪岩、黑云变粒岩条带；中部为斜长角闪岩、辉石斜长角闪岩或角闪岩层；上部长英质浅粒岩、斜长变粒岩、长英质片岩、二云石英片岩，偶夹石英岩、磁铁石英岩等。

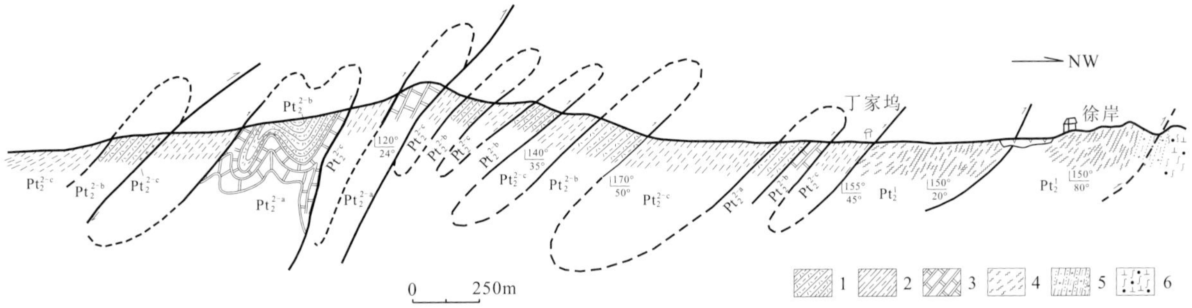

图1-2　丁家坞陈蔡群剖面图

(据浙江省区域地质调查大队和水涛资料修改，1989)

1. 角闪岩类；2. 浅粒岩、片岩类；3. 大理岩；4. 片麻岩类；5. 糜棱岩、千糜岩；6. 片理化石英闪长岩

陈蔡群中零星出露有超镁铁质岩，主要分布诸暨市陈蔡镇北、龙游县上北山和龙泉市际下—狮子坑一带，岩体规模较小，多为无根饼状或透镜状产出，岩石均经受了不同程度的蚀变，岩体与围岩的接触关系显示了明显的构造就位特征。

出露于诸暨陈蔡镇北的陈蔡群辉石橄榄岩，面积约0.07km^2，呈北东向椭圆形分布，与围岩(斜长角闪岩)呈侵入接触，辉石K-Ar法同位素年龄为892Ma(水涛，1988)。矿物成分以辉石和橄榄石为主，岩石化学成分见表1-4，按CIPW法计算的标准矿物为紫苏辉石(顽火辉石29.50%、斜铁辉石6.24%)、橄榄石(镁橄榄石28.48%、铁橄榄石6.62%)、钙长石15.50%。将Fe_2O_3换算成TFeO，其MgO/MgO+TFeO比值为0.65～0.69。依据Caleman(1977)的Al_2O_3-CaO-MgO三角图解判别，其为超镁铁堆晶岩(何圣策，1991)。

表1-4　陈蔡群中超镁铁岩化学成分

岩体名称	样品数(个)	氧化物(%)												资料来源
		SiO_2	TiO_2	Al_2O_3	Fe_2O_3	FeO	MnO	MgO	CaO	Na_2O	K_2O	P_2O_5	H_2O	
陈蔡辉石橄榄岩	2	45.04	0.66	6.12	4.77	8.05	0.17	27.59	4.58	0.14	0.06	0.06	1.30	孔祥生，1994
龙游变质橄榄岩	4	41.66	0.20	2.51	6.00	2.67	0.12	34.38	1.38	0.17	0.18	0.04		龙游1∶5万报告，1995
地幔岩		46.1	0.2	4.3		8.2		37.6	3.1	0.4	0.03			Ringwood，1975

出露于龙游上北山、白石山头和六连坑等地的变质超镁铁质岩石，规模小，总面积不到2km^2，呈无根饼状、透镜状，主体岩性为橄榄岩，主要矿物有橄榄石、斜方辉石、单斜辉石和角闪石等，依据斜方辉石、单斜辉石和角闪石相对含量，可以命名为辉石橄榄岩和角闪橄榄岩，其全岩Sm-Nd等时线年龄为1307Ma(孔祥生，1994)。

龙游变质超镁铁质岩与理想的“地幔岩”相比，具相对较低的SiO_2、MgO、FeO、Na_2O、CaO，以及较高的Fe_2O_3、K_2O(表1-4)。上北山变质超镁铁质岩稀土元素含量低，$\sum REE=8.65\times10^{-6}$，LREE/HREE=14，

$\delta Eu=0.60$，稀土配分曲线分馏明显，轻稀土元素富集，重稀土元素明显亏损；白石山头变质超镁铁质岩稀土元素总量也较低，$\sum REE=22.08\times10^{-6}$，LREE/HREE=6.0，$\delta Eu=0.58$，稀土配分曲线表明轻稀土略显分馏，曲线相对平坦，总体向右倾斜（图 1－3）。

龙游变质超镁铁质岩的橄榄石化学成分比较稳定，F_0（镁橄榄石端员组分%）值集中在 83～85 之间（表 1－5），为贵橄榄石，其 F_0 值明显低于阿尔卑斯蛇绿岩套中橄榄岩类的橄榄石 F_0 值（F_0＝89～93）（Ishiwatair，1985），也低于上地幔橄榄岩中橄榄石的 F_0 值，如深海橄榄岩和玄武岩中超镁铁质包体中橄榄石的平均 F_0 值分别为 90.5 和 90.6（Dick& Thomas Bullen，1984；Dick，1977），而与具阿拉斯加型特点的岩浆侵入体橄榄岩中橄榄石的低镁特征相近（唐红峰等，1999）。

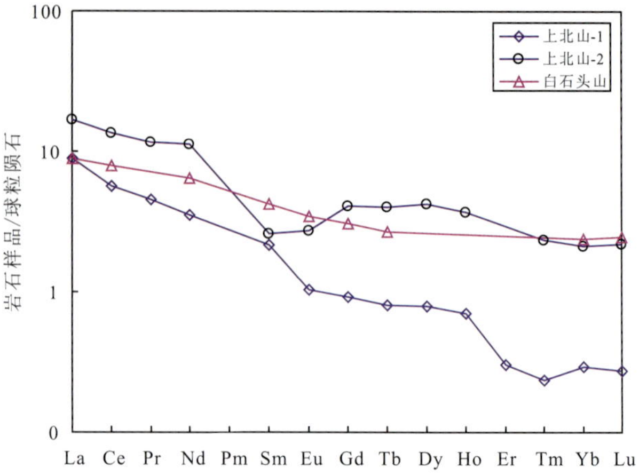

图 1－3　龙游变质超镁铁质岩稀土元素配分曲线

（引自绍兴-江山断裂带金属成矿地质背景与找矿远景研究，2001）

表 1－5　龙游变质超镁铁岩中橄榄石化学成分和离子系数

样品号	BSTS－6－1	BSTS－6－3	BSTS－6－4	BSTS－6－6	BSTS－6－7	BSTS－6－10	BSTS－6－11	BSTS－6－13
SiO_2	39.25	39.69	40.22	40.13	39.00	39.74	39.63	39.92
TiO_2	0.01	0.01	0.00	0.00	0.00	0.00	0.00	0.00
Al_2O_3	0.00	0.00	0.00	0.00	0.00	0.01	0.00	0.01
TFeO	15.35	15.56	15.50	15.88	15.10	14.18	14.81	15.49
MnO	0.31	0.16	0.26	0.10	0.17	0.15	0.17	0.26
MgO	44.62	44.13	44.28	44.25	46.28	46.12	45.32	44.08
CaO	0.00	0.00	0.00	0.03	0.00	0.03	0.00	0.00
Na_2O	0.00	0.00	0.01	0.01	0.00	0.00	0.00	0.00
K_2O	0.05	0.00	0.00	0.00	0.00	0.01	0.00	0.00
Cr_2O_3	0.00	0.00	0.00	0.00	0.01	0.02	0.00	0.00
总量	99.50	99.56	100.26	100.40	100.56	100.25	99.93	99.76
O=4								
Si	0.993	1.003	1.008	1.006	0.976	0.992	0.995	1.006
Ti	0.000	0.000	0.000	0.000	0.000	0.000	0.000	0.000
Al	0.000	0.000	0.000	0.000	0.000	0.000	0.000	0.000
Fe	0.325	0.329	0.325	0.333	0.316	0.296	0.311	0.326
Mn	0.007	0.003	0.006	0.002	0.003	0.003	0.004	0.006
Mg	1.682	1.662	1.654	1.653	1.727	1.716	1.696	1.655
Ca	0.000	0.000	0.000	0.001	0.000	0.001	0.000	0.000
Na	0.000	0.000	0.000	0.000	0.000	0.000	0.000	0.000
K	0.002	0.000	0.000	0.000	0.000	0.000	0.000	0.000
Cr	0.000	0.000	0.000	0.000	0.000	0.000	0.000	0.000
F_0	84	83	84	83	85	85	85	84
F_a	16	17	16	17	15	15	15	16

注：O=4，即为 O 离子系数为 4 时，其他元素的离子系数，后同，数据引自《绍兴-江山断裂带金属成矿地质背景与找矿远景研究》（徐步台、王宗涛、周乐尧等，2001）。电子探针分析数据在南京大学成矿作用国家重点实验室电子探针分析室 JXA8800M 型探针仪上完成。测试条件：加速电压 20kV，电流 20nA，修正法 ZAF，测试者：陈小明。

龙游变质超镁铁质岩中斜方辉石计算的端元组分 F_s 为 14～15(表 1－6)，按国际矿物学会辉石命名法应为顽辉石(Morimoto,1988)。但龙游变质超镁铁质岩中顽辉石与原始地幔岩中的顽辉石相比，贫 Al_2O_3、CaO 和低 MgO，Wo 仅为 0.2～0.3，Mg′＝85～86，远低于阿尔卑斯型蛇绿岩套超镁铁质岩中斜方辉石的相同组分[后者 Mg′＝89，高铝 $w(Al_2O_3)$＝4.6%～5.8%，高钙 w(CaO)＝0.55%～1.3%](Ishiwatair,1985)。龙游变质超镁铁质岩中顽辉石和橄榄石相同，都具低镁特征。

表 1－6　龙游变质超镁铁岩中辉石化学成分和离子系数

矿物	斜方辉石					单斜辉石					
样品号	B－6－14	B－6－9	B－6－15	B－6－16	B－6－17	B－6－18	B－6－23	B－6－30	B－6－31	B－6－32	B－6－33
SiO_2	54.72	55.53	54.25	54.94	54.43	52.90	53.45	54.42	53.82	51.50	53.32
TiO_2	0.09	0.05	0.14	0.06	0.11	0.52	0.70	0.65	0.37	0.65	0.61
Al_2O_3	1.29	1.25	1.67	1.49	1.53	6.68	7.62	7.52	6.25	7.75	7.74
TFeO	10.10	10.32	9.79	9.69	9.70	2.68	2.86	2.99	2.55	3.55	3.06
MnO	0.17	0.17	0.39	0.23	0.23	0.08	0.05	0.00	0.04	0.00	0.03
MgO	33.16	32.50	33.21	33.12	34.11	21.61	20.77	20.25	21.19	21.44	20.01
CaO	0.15	0.18	0.19	0.17	0.14	13.07	13.90	13.26	13.93	14.03	14.13
Na_2O	0.00	0.00	0.00	0.01	0.05	0.62	0.38	0.32	0.34	0.29	0.34
K_2O	0.01	0.01	0.01	0.00	0.01	0.10	0.13	0.14	0.13	0.11	0.12
Cr_2O_3	0.03	0.07	0.06	0.05	0.10	0.91	0.38	0.47	0.34	0.84	0.78
总量	99.73	100.19	99.69	99.76	100.39	99.18	100.23	100.02	98.95	100.16	100.14
O＝6											
Si	1.905	1.925	1.883	1.904	1.878	1.759	1.742	1.772	1.796	1.692	1.740
Ti	0.002	0.001	0.004	0.001	0.003	0.013	0.017	0.016	0.009	0.016	0.015
Al	0.053	0.051	0.068	0.061	0.062	0.262	0.293	0.289	0.246	0.300	0.298
Fe	0.294	0.299	0.284	0.281	0.280	0.075	0.078	0.082	0.071	0.098	0.084
Mn	0.005	0.005	0.012	0.007	0.007	0.002	0.001	0.000	0.001	0.000	0.001
Mg	1.721	1.680	1.718	1.711	1.755	1.071	1.009	0.983	1.054	1.050	0.974
Ca	0.006	0.007	0.007	0.006	0.005	0.466	0.485	0.462	0.498	0.494	0.494
Na	0.000	0.000	0.000	0.001	0.003	0.040	0.024	0.020	0.022	0.018	0.021
K	0.000	0.000	0.000	0.000	0.000	0.004	0.005	0.006	0.006	0.005	0.005
Cr	0.001	0.002	0.002	0.001	0.003	0.024	0.010	0.012	0.009	0.002	0.002
Wo	0.3	0.3	0.3	0.3	0.2	28.9	30.8	30.3	30.7	30.1	31.8
F_s	14.8	15.3	14.6	14.3	14.0	4.8	5.0	5.3	4.5	5.9	5.4
En	85.0	84.4	85.0	85.3	85.8	66.4	64.1	64.4	64.9	64.0	62.7
Mg′	85	88	86	86	86	93	93	92	94	91	92

资料来源：电子探针分析实验室和测试条件同表 1－5。Mg′＝100 * Mg/(Mg＋Fe)。

龙游变质超镁铁质岩中单斜辉石 Wo=29～32，En=63～65，按国际矿物学会辉石命名法，属普通辉石，其 Al_2O_3 为 6.30%～7.75%，与下地幔二辉橄榄岩中单斜辉石相当（Al_2O_3 为 7.5%）。

龙游白石头山变质超镁铁质岩中尖晶石为镁铁尖晶石，具相对较低的 Cr′值和较高的 Mg′值。上北山变质超镁铁质岩中尖晶石为铬尖晶石，具较高的 Cr′值和较低的 Mg′值（表 1-7）。龙游变质超镁铁质岩中尖晶石 Cr′值均较蛇绿岩和阿拉斯加型超镁铁质岩中尖晶石的低（后两者平均为 0.77 和 0.66），而 Mg′值则与后者相近或略高。

表 1-7　龙游变质超镁铁岩中尖晶石化学成分和离子系数

样号	1	2	3	4	5	6	7	8	9	10	平均 1	11	12	13	14	15	16	平均 2
SiO_2	0.04	0.00	0.03	0.01	0.00	0.05	0.02	0.09	0.03	0.00	0.03	0.02	0.05	0.00	0.08	0.05	0.19	0.06
TiO_2	0.02	0.00	0.00	0.05	0.10	0.11	0.10	0.14	0.16	0.04	0.07	0.06	0.06	0.06	0.04	0.02	0.00	0.04
Al_2O_3	58.37	58.82	56.97	56.43	42.10	46.78	50.36	31.72	35.81	51.02	48.84	35.56	37.04	32.66	33.15	25.36	29.39	32.19
TFeO	15.43	15.28	16.83	15.99	19.77	18.79	17.02	23.19	21.35	18.18	18.18	18.04	17.92	19.21	18.61	20.21	20.40	19.07
MnO	0.15	0.11	0.06	0.08	0.10	0.15	0.22	0.25	0.34	0.22	0.17	0.53	0.32	0.42	0.37	0.36	0.31	0.38
MgO	16.63	16.83	16.91	17.23	11.73	13.51	16.16	9.54	10.29	14.54	14.34	11.83	12.52	12.93	12.33	11.38	11.87	12.14
CaO	0.02	0.03	0.00	0.00	0.00	0.00	0.00	0.00	0.00	0.00	0.00	0.00	0.00	0.00	0.00	0.00	0.00	0.00
Na_2O	0.00	0.00	0.04	0.07	0.00	0.00	0.06	0.02	0.00	0.03	0.02	0.00	0.00	0.03	0.00	0.03	0.04	0.02
K_2O	0.00	0.01	0.00	0.03	0.01	0.00	0.00	0.01	0.03	0.01	0.01	0.00	0.02	0.00	0.00	0.03	0.00	0.01
Cr_2O_3	9.92	9.38	9.47	9.65	26.02	20.20	16.12	35.49	32.02	16.44	18.47	33.78	32.65	35.32	35.35	42.09	36.60	35.96
总量	100.57	100.47	100.30	99.52	99.84	99.58	100.06	100.44	100.03	100.48	100.13	99.82	100.57	100.62	99.92	99.52	98.70	99.87
O=4																		
Si	0.001	0.000	0.001	0.000	0.000	0.001	0.000	0.003	0.001	0.000	0.001	0.000	0.001	0.000	0.002	0.002	0.006	0.002
Ti	0.000	0.000	0.000	0.001	0.002	0.002	0.002	0.003	0.004	0.001	0.002	0.001	0.001	0.001	0.001	0.000	0.000	0.001
Al	1.800	1.811	1.774	1.768	1.422	1.543	1.616	1.129	1.250	1.638	1.575	1.231	1.262	1.137	1.158	0.926	1.059	1.129
Cr	0.338	0.334	0.372	0.255	0.474	0.440	0.387	0.586	0.529	0.414	0.413	0.443	0.433	0.475	0.461	0.524	0.522	0.476
Fe	0.003	0.003	0.001	0.002	0.002	0.004	0.005	0.007	0.009	0.005	0.004	0.013	0.008	0.010	0.009	0.010	0.008	0.010
Mn	0.649	0.656	0.666	0.683	0.501	0.564	0.656	0.430	0.45	0.591	0.585	0.518	0.540	0.569	0.544	0.526	0.541	0.540
Mg	0.000	0.001	0.000	0.000	0.000	0.000	0.000	0.000	0.000	0.000	0.000	0.000	0.000	0.000	0.000	0.000	0.000	0.000
Ca	0.000	0.000	0.001	0.002	0.000	0.000	0.002	0.001	0.000	0.001	0.001	0.000	0.000	0.001	0.000	0.001	0.001	0.000
Na	0.000	0.000	0.000	0.000	0.000	0.000	0.000	0.000	0.001	0.000	0.000	0.000	0.000	0.000	0.000	0.001	0.000	0.000
K	0.205	0.194	0.198	0.203	0.590	0.447	0.347	0.848	0.750	0.354	0.414	0.784	0.747	0.825	0.828	1.031	0.885	0.850
Σ	2.996	2.998	3.013	3.104	2.992	3.001	3.016	3.006	2.996	3.003	3.004	2.991	2.993	3.018	3.004	3.019	3.022	3.008
Cr′	0.102	0.097	0.100	0.103	0.293	0.225	0.177	0.429	0.375	0.178	0.208	0.389	0.372	0.420	0.417	0.527	0.455	0.430
Mg′	0.656	0.661	0.641	0.657	0.513	0.560	0.626	0.420	0.458	0.585	0.578	0.532	0.550	0.540	0.536	0.496	0.505	0.527

资料来源：电子探针分析实验室和测试条件表 1-5。其中序号 1～10 为龙游白石头山变质超基性岩中尖晶石，平均 1 为其平均值；序号 11～16 为上北山变质超基性岩中尖晶石，平均 2 为其平均值。Cr′=100 * Cr/(Cr+Al)；Mg′=100 * Mg/(Mg+Fe+Mn)

龙游变质超镁铁质岩中还存在原生角闪石和金云母，它们在其他矿物的粒间分布，未见被流体交代过的地幔捕虏体中缩减的矿物结构现象，表明组成岩石的矿物都是平衡结晶的产物。

从上述矿物组合及矿物化学可以看出，龙游超镁铁质岩是由硅酸相对饱和（以顽辉石的出现为标志)和富流体的岩浆(结晶出原生角闪石和金云母)结晶而成。

自20世纪80年代以来,不同研究者发表了大量陈蔡群同位素年龄数据(表1-8)。捣臼湾黑云斜长角闪岩单颗粒锆石Pb-Pb蒸发法年龄1945.7±9.4Ma(孔祥生等,1994),诸暨丁家坞剖面片麻岩碎屑锆石U-Pb谐和曲线图解法年龄1437Ma(中国地质科学院地质研究所,1984),碎屑锆石U-Pb年龄1438Ma(水涛等,1988),龙游(变质)超基性岩和龙泉角闪质岩石全岩Sm-Nd等时线年龄1385~1307Ma(孔祥生,1994),浅粒岩全岩Rb-Sr等时线年龄1129~901Ma(浙江省区调二分队,1993,浙江省第三地质队,2000),龙泉陈山—黄家连和青坑剖面(含铁石英岩、绿帘斜长角闪岩、浅粒岩和二云变粒岩)全岩Rb-Sr等时线年龄988.6~951.7Ma(胡雄健等,1991),变质岩中辉石橄榄岩辉石K-Ar法侵入年龄892Ma(水涛等,1988)。因此,从同位素测试样品、测试方法结合地质背景分析,1945.7Ma可理解为源区母岩(八都群)年龄,1438~951.7Ma应是陈蔡群成岩时代,892~641Ma是晋宁期变质年龄,458.1~415.07Ma应为加里东期变质年龄。

表1-8 陈蔡群同位素年龄一览表

序号	采样地点与岩石类型	样品与方法	年龄(Ma)	资料来源
1	诸暨陈蔡斜长角闪岩	角闪石$^{40}Ar-^{39}Ar$法	415.07	兰玉琦等,1994
2	诸暨市吴宅斜长角闪片麻岩(变质成因锆石)	LA-ICPMAS锆石U-Pb	435±4	胡艳华等,2011
3	诸暨陈蔡石榴斜长片麻岩中锆石变质边	LA-ICPMAS锆石U-Pb	444.5±4.7	向华,2008
4	龙泉银场大理岩暗色条带	LA-ICPMAS锆石U-Pb	418.8±3.1	向华,2008
5	龙游斜长角闪岩	全岩Sm-Nd等时线	458.1	孔祥生,1994
6	嵊县张路湾陈蔡群变质岩中伟晶岩	白云母K-Ar法	641	浙江省区调四分队变质岩编图组,1993
7	龙游罗家片麻状花岗岩体	独居石U-Pb	644	浙江省区调二分队,1993
8	诸暨七湾矿区陈蔡群变质岩	全岩Rb-Sr等时线	674	水涛等,1987
9	上虞俞傅村陈蔡群变质岩中伟晶岩	白云母K-Ar法	720	浙江省区调四分队变质岩编图组,1993
10	诸暨斜长角闪岩	全岩Sm-Nd等时线	729.6	孔祥生,1994
11	诸暨陈蔡镇辉石橄榄岩	辉石K-Ar	892	水涛等,1988
12	诸暨丁家坞剖面变质岩(浅粒岩、变粒岩)	全岩Rb-Sr	901	区域地质调查大队,1990
13	龙泉陈山—黄家连和青坑剖面(含铁石英岩、浅粒岩和二云变粒岩)	全岩Rb-Sr等时线	988.6~951.7	胡雄健,1991
14	诸暨捣臼湾组黑云斜长角闪岩	角闪石$^{40}Ar-^{39}Ar$	844.7	劳秋元,1989
15	诸暨丁家坞陈蔡群变质岩(斜长角闪岩)	全岩Rb-Sr等时线	1129	浙江省区调二分队,1993
16	诸暨陈蔡群(斜长角闪岩)	全岩Sm-Nd等时线	1279	周新华等,1993
17	龙游(变质)超基性岩	全岩Sm-Nd等时线	1307	孔祥生,1994
18	龙泉角闪质岩石	全岩Sm-Nd等时线	1385	孔祥生,1994
19	金华塔石石塘—大坑剖面片麻岩	全岩Rb-Sr等时线	1123	浙江省第三地质大队,2000
20	诸暨丁家坞剖面变质岩(片麻岩)	碎屑锆石U-Pb	1438	水涛等,1988
21	诸暨丁家坞剖面陈蔡群片麻岩	碎屑锆石U-Pb谐和曲线图解法	1437	中国地质科学院地质研究所,1984
22	捣臼湾组黑云斜长角闪岩	单颗粒锆石Pb-Pb蒸发法	1945.7±9.4	孔祥生等,1994

1.3.3 芝溪头杂岩

1989年的《浙江省区域地质志》建立鹤溪群，定为晚古生代变质岩。后经研究，鹤溪群岩性极其复杂，包括各种不同类型和变质程度不同的变质岩，也包括部分未变质的中生代沉积岩，特别是命名地点景宁鹤溪。鹤溪群中与韧性剪切变形有关的眼球状花岗片麻岩单颗粒锆石 U－Pb 年龄为 1872±18Ma，完全可以同浙西南下元古界八都群相对比(童朝旭等，1993)。因而上古生界鹤溪群应解体，其地层含义亦应重新厘定。青田芝溪头出露的鹤溪群是一套低绿片岩相变质岩系，以变质石英砂岩和石墨白云石英片岩为主，岩石变质较浅，原岩结构、矿物组分及沉积构造保留较好。徐步台等(1989)采集了青田芝溪头、永嘉桥头、青田自沙3个地点的鹤溪群片岩、片麻岩样品，做了同位素地质年代学研究，获得 Rb－Sr 参考等时线年龄值为 231±7Ma，与二叠纪—三叠纪的界线年龄接近；1992年浙江省煤田地质局综合物测队在白云质大理岩中采样，测得 B/Ga＝17.2，Sr/Ba＝2～3(浙江省煤田地质局综合物测队，1992)，被认为是海洋沉积。徐步台等(1989)采集青田芝溪头白云质大理岩样品做了稳定碳、氧同位素分析，认为可能代表了海陆交互相的沉积环境。1994年，朱德寿研究了青田芝溪头的鹤溪群，在一套厚度大于165m，以变质石英砂岩、石墨绢云石英片岩为主的地层中，采集到鱼骨(Fish bones)、动物管状化石介形虫(*Bairdia* sp.)等石炭纪—二叠纪化石。依据上述数据资料，本专著认为“芝溪头杂岩”时代应为石炭纪—二叠纪。

浙东南地区上古生界变质岩时有零星出露，如江山二十八都大理岩、板岩为主的地层，产有蜓类 *Verbeekina* sp. 及海百合茎等化石，时代可能为石炭纪—二叠纪；浙闽边境的福鼎南溪发育一套厚达1400m，由碳质千枚岩、千枚状粉砂岩、条带状细粉砂岩、条带状硅质等组成的浅变质沉积岩，产蜓、腕足及有孔虫、孢粉、海百合茎化石，时代属早-中石炭世。

1.3.4 中生界上三叠统—下侏罗统

上三叠统乌灶组为含砾粗粉砂岩、砂岩、泥岩，夹不稳定的煤层、碳质页岩，仅分布在江绍拼接带附近的义乌乌灶、龙游刀石岭、衢县下呈和江山道塘山等地，厚50～400m。

下侏罗统枫坪组为石英砂岩、粉砂岩、泥岩，夹煤层或煤线，厚210～1270m。分布零星，仅见于慈溪金夹岙、镇海澥溥、龙泉花桥、云和砻铺和松阳枫坪等地。

下侏罗统毛弄组为一套含火山岩的陆相含煤沉积，分布于松阳毛弄、云和杨家山、丽水朱村、青田陈村坪及龙泉宝鉴等处，其凝灰岩 SHRIMP 锆石 U－Pb 同位素年龄 180±4Ma(陈荣等，2007)，应属早侏罗世(以往为中侏罗世)。

1.4 浙江中生代火山-沉积地层

进入燕山期，受古太平洋板块俯冲、挤压，浙江成为安第斯型大陆边缘，火山活动强烈、频繁，火山岩遍布全省，火山岩覆盖面积达 4113km^2，占全省基岩面积的一半以上。

1996年对浙江省地层清理对比时，将浙西北划分为上侏罗统建德群(按岩石组合特点细分成劳村组、黄尖组、寿昌组和横山组)和上白垩统衢江群(按岩石组合特点细分成中戴组、金华组和衢江组)；浙东南划分为上侏罗统磨石山群(按岩石组合特点细分成大爽组、高坞组、西山头组、茶湾组、九里坪组和祝村组)、下白垩统永康群(按岩石组合特点细分成馆头组、朝川组、方岩组、壳山组和小平田组)和上白垩统天台群(按岩石组合特点细分成塘上组、两头塘组和赤城山组)(浙江省地质矿产局，1996)。

各组地层对比和岩性特征见表 1－9。

表 1－9　浙江中生代火山-沉积地层岩性特征

时代	浙西北			浙东南		
	群	组	岩性特征	群	组	岩性特征
K_2	衢江群	衢县组	细砂岩夹中粗砂岩和砾岩	天台群	赤城山组	砂砾岩夹粉砂岩、粉砂质泥
		金华组	粉砂岩、泥质粉砂岩夹细砂岩		两头塘组	砂岩、粉砂岩夹砂砾岩
		中戴组	砂砾岩、细砂岩夹粉砂质泥岩，夹凝灰岩和玄武岩		塘上组	流纹质火山碎屑岩夹安山质熔岩及砂岩
K_1	永康群			永康群	小平田组	火山碎屑岩夹熔岩及砂岩
					壳山组	酸性熔岩或火山碎屑岩
					方岩组	砂砾岩、砾岩
					朝川组	砂岩、泥岩互层，夹砂砾岩、凝灰岩，局部夹玄武岩
					馆头组	砂、泥岩夹中酸性火山岩、玄武岩
J_3	建德群	横山组	粉砂岩偶夹凝灰质砂岩	磨石山群	祝村组	火山碎屑岩、熔岩夹粉砂岩
		寿昌组	杂色砂、页岩夹流纹质晶玻屑凝灰岩		九里坪组	酸性熔岩夹凝灰岩
					茶湾组	凝灰质岩夹凝灰岩、熔岩
		黄尖组	酸性熔岩、火山碎屑岩夹中性熔岩，偶夹沉积岩薄层		西山头组	酸性火山碎屑岩夹沉积岩、熔岩，顶部为灰黑色玄武岩
					高坞组	酸、中酸性火山碎屑岩
		劳村组	泥质粉砂岩、砂岩夹凝灰岩、流纹岩，局部夹玄武岩		大爽组	酸性火山碎屑岩夹熔岩、沉积岩

据《浙江省岩石地层》，浙江省地质矿产厅，1996。

长期以来，关于浙江中生代火山-沉积岩时代归属争论较多，特别是浙西北的建德群古生物界有晚侏罗世和早白垩世之争。20 世纪 80 年代以来，随着同位素测年技术的发展，众多学者对浙江中生代火山岩进行了深入的同位素年代学研究，先后发表了大量的同位素年龄数据（表 1－10）。建德群劳村组同位素年龄 135～129.2Ma，黄尖组同位素年龄 134～126Ma，寿昌组同位素年龄 124～117.4Ma；磨石山群大爽组同位素年龄 135～129Ma，高坞组同位素年龄 133～118.4Ma，西山头组同位素年龄 134～116.4Ma，茶湾组同位素年龄 128～113.7Ma，九里坪组同位素年龄 121～115Ma。根据同位素测定年龄，建德群和磨石山群时代应为早白垩世。一些早年认为时代为晚侏罗世的古生物学者，根据中国东部地层生物化石的重新研究，建德群的时代也由晚侏罗世改为早白垩世（Guo Chiwei et al.，1996）。因此，浙江建德群和磨石山群时代应为早白垩世已逐步成为共识（蒋维三，1995；俞云文等，1999；翁世劼等，1987）。

浙西北衢江群为一套河湖相红色沉积岩，下部偶夹玄武岩和少量酸性凝灰岩，张利民（1987）在龙游上圩头采集中戴组中的玄武岩样品，采用全岩 K－Ar 法测定的同位素年龄为 105Ma，王勇等（2002）采用全岩 K－Ar 法测定江西玉山的赣州组（相当于浙江的中戴组）玄武岩的同位素年龄为 102Ma，李坤英（1989）采用全岩 K－Ar 法测定的江西新塘尾的赣州组玄武岩的年龄为 101.8Ma。同位素年龄与丰富的化石资料相吻合，衢江群时代应为晚白垩世早期。

表 1-10　浙江省中生代火山岩同位素年龄数据一览表

序号	采样地	层位	岩性	样品	测试方法	年龄(Ma)	资料来源
1	临安平山	劳村组	斑脱岩	透长石	Ar-Ar	135±1	张自超等,1994
2	建德周村	劳村组	凝灰岩	黑云母	K-Ar	128.8±3.0	李坤英等,1989
3	建德周村	劳村组	凝灰岩	全岩+矿物	Rb-Sr	129.2±2.9	李坤英等,1989
4	建德枣园	黄尖组	熔结凝灰岩	全岩+矿物	Rb-Sr	127.9±4	李坤英等,1989
5	建德枣园	黄尖组	熔结凝灰岩	斜长石	K-Ar	127.4±3	李坤英等,1989
6	建德枣园	黄尖组	熔结凝灰岩	锆石	U-Pb	130±6	叶伯丹,1989
7	建德黄尖山	黄尖组	流纹岩	黑云母	K-Ar	127.6±1.4	李坤英,1989
8	建德茶园	黄尖组	流纹岩	黑云母	K-Ar	126±6	施实,1979
9	常山木勺坞	黄尖组	熔结凝灰岩	透长石	K-Ar	127±4	施实,1979
10	桐庐芦茨	黄尖组	熔结凝灰岩	全岩	Rb-Sr	129±2	浙江地质调查研究院,2001
11	桐庐横村	黄尖组	熔结凝灰岩	锆石单颗粒	U-Pb	134.4	陈小明等,1999
12	建德寿昌	寿昌组	流纹岩	全岩	Rb-Sr	118±4	胡华光,1982
13	建德寿昌	寿昌组	流纹岩	全岩	Rb-Sr	121.7±2.7	李坤英,1989
14	建德寿昌	寿昌组	流纹岩	全岩	Rb-Sr	123±3	李坤英,1989
15	建德寿昌	寿昌组	流纹岩	钾长石	Ar-Ar	122±3	叶伯丹,1985
16	建德寿昌	寿昌组	流纹岩	锆石	U-Pb	124±6	叶伯丹,1985
17	建德寿昌	寿昌组	凝灰岩	钾长石	Ar-Ar	117.4±1.2	李坤英等,1989
18	东阳大爽	大爽组	角砾凝灰岩	锆石	U-Pb	135±3.7	邢光福等,2002
19	东阳大爽	大爽组	英安岩	锆石	U-Pb	134±4.3	邢光福等,2002
20	东阳大爽	大爽组	英安岩	锆石	U-Pb	132±613	邢光福等,2002
21	诸暨	大爽组	安山岩	锆单颗粒	U-Pb	130	Lapierre,1997
22	永嘉枫林	大爽组	玄武岩	锆石单颗粒	U-Pb	133	陈荣等,1999
23	永嘉枫林	大爽组	玄武岩	全岩	K-Ar	129	浙江十一地质大队,1995
24	金华安地	高坞组	熔结凝灰岩	锆石(组合)	U-Pb	133±7	施实,1979
25	诸暨湖塘岗	高坞组	熔结凝灰岩	全岩	Rb-Sr	127±3	浙江区域地质调查大队,1996
26	临海括苍山	高坞组	熔结凝灰岩	全岩	Rb-Sr	132±6	谢家莹等,1996
27	临海黄坦	高坞组	熔结凝灰岩	全岩	Rb-Sr	127	谢家莹等,1996
28	嵊县周村	高坞组	熔结凝灰岩	锆石单颗粒	U-Pb	128.5	邢光福等,2003
29	天台	高坞组	熔结凝灰岩	透长石	Ar-Ar	118.4±0.4	杨列坤等,2009
30	天台吴家坑	高坞组	熔结凝灰岩	黑云母	Ar-Ar	121.5±1.4	李坤英等,1989
31	天台吴家坑	高坞组	熔结凝灰岩	斜长石	K-Ar	121.4±1.6	李坤英等,1989
32	天台	西山头组	熔结凝灰岩	透长石	Ar-Ar	116.4±0.4	杨列坤等,2009
33	天台西山头	西山头组	熔结凝灰岩	黑云母	Ar-Ar	122.8±2	李坤英等,1989
34	天台山头郑	西山头组	熔结凝灰岩	全岩	Rb-Sr	124.6±4.3	陶奎元等,2000
35	乐清白溪	西山头组	熔结凝灰岩	辉石	K-Ar	122	杜杨松等,1989

续表 1-10

序号	采样地	层位	岩性	样品	测试方法	年龄(Ma)	资料来源
36	定海金塘	西山头组	熔结凝灰岩	全岩	Rb-Sr	127±3	浙江第五地质大队,1996
37	庆元八炉	西山头组	流纹岩	全岩	Rb-Sr	137±2	庆元幅,2007
38	乐清大荆	西山头组	熔结凝灰岩	全岩	Rb-Sr	126.9±2.1	俞云文等,1996
39	宁海茶山	西山头组	流纹岩	全岩	Rb-Sr	128±2	邢光福等,2003
40	仙居上张	西山头组	熔结凝灰岩	黑云母	K-Ar	124.4±2.7	陶奎元等,2000
41	诸暨湖塘岗	西山头组	熔结凝灰岩	全岩	Rb-Sr	128	陶奎元等,2000
42	嵊县亳石	西山头组	英安岩	全岩	K-Ar	125	徐步台等,1992
43	天台大地林	西山头组	凝灰岩	全岩	Rb-Sr	127±4	邢光福等,2003
44	天台	茶湾组	玄武岩	透长石	Ar-Ar	113.7±0.3	杨列坤等,2009
45	宁海里静	茶湾组	玄武岩	全岩	Rb-Sr	128±2	浙江地质调查研究院,2003
46	天台李家坑	茶湾组	安玄岩	全岩	K-Ar	121.7±3	李坤英等,1989
47	乐清雁荡山	九里坪组	流纹岩	全岩	Rb-Sr	121.0±2.5	俞云文等,1991
48	温岭方山	九里坪组	流纹岩	全岩	Rb-Sr	121.0±3.4	俞云文等,1996
49	宁波柴桥	九里坪组	流纹岩	全岩	Rb-Sr	120.4±1.7	浙江第五地质大队,1990
50	永嘉大箬岩	九里坪组	流纹岩	锆石单颗粒	U-Pb	115	邢光福等,2001
51	镇海九峰山	九里坪组	流纹岩	全岩	Rb-Sr	120±2	浙江第五地质大队,1990
52	平阳珊溪	九里坪组	流纹岩	全岩	Rb-Sr	117±3	张崇良等,1992
53	鄞县玄坛地	馆头组	玄武岩	全岩	Rb-Sr	104±1	俞云文等,1993
54	奉化亭下	馆头组	玄武岩	全岩	K-Ar	108.3±1.2	李坤英等,1989
55	奉化亭下	馆头组	安玄岩	全岩	K-Ar	105.7±1.3	李坤英等,1989
56	武义茭塘	馆头组	玄武岩	全岩	K-Ar	111	韩文彬等,1992
57	永康馆头	馆头组	蚀变玄武岩	全岩	K-Ar	103±3	李坤英等,1989
58	丽水老竹	馆头组	玄武岩	全岩	Rb-Sr	103	胡华光等,1982
59	新昌拔茅	馆头组	熔结凝灰岩	黑云母	K-Ar	110.2	浙江第一地质大队,1991
60	新昌镜岭	馆头组	玄武岩	锆石单颗粒	U-Pb	113	邢光福等,2003
61	江山峡口	馆头组	玄武岩	全岩	K-Ar	109.6±0.5	俞云文,2001
62	武义杨家	馆头组	玄武岩	全岩	Rb-Sr	104.6	韩文彬等,1992
63	文成龙潭山	朝川组	熔结凝灰岩	全岩	Rb-Sr	101.5±1.3	邢光福,1989
64	新昌胡卜	朝川组	流纹岩	全岩+矿物	Rb-Sr	96.3±1.8	俞云文,1991
65	三门健跳	朝川组	流纹岩	全岩	Rb-Sr	98.0±2.6	浙江第五地质大队,1995
66	武义后树	朝川组	英安岩	全岩	Rb-Sr	97.2±4.6	韩文彬,1992
67	仙居白岩	小平田组	熔结凝灰岩	全岩	Rb-Sr	108.6±2.1	浙江区域地质调查大队,1996
68	天台塘上	塘上组	熔结凝灰岩	黑云母	K-Ar	110.9±2.3	李坤英等,1989
69	天台塘上	塘上组	熔结凝灰岩	黑云母	Ar-Ar	109.2±1.8	李坤英等,1989
70	天台塘上	塘上组	熔结凝灰岩	锆石单颗粒	U-Pb	108	邢光福等,2003

续表 1-10

序号	采样地	层位	岩性	样品	测试方法	年龄(Ma)	资料来源
71	天台赖家	两头塘组	凝灰岩	黑云母	K-Ar	103.2±1.6	李坤英等,1989
72	天台赖家	两头塘组	凝灰岩	锆石单颗粒	U-Pb	101	邢光福等,2003
73	天台赤城山	赤城山组	凝灰岩	锆石单颗粒	U-Pb	94	邢光福等,2003
74	临海上盘	小雄组	熔结凝灰岩	火山玻璃	K-Ar	92.9±0.3	穆治国等,1992
75	三门壳塘山	小雄组	碱长流纹岩	全岩	Rb-Sr	91.0±1	浙江第五地质大队,1995
76	三门壳塘山	小雄组	粗面岩	全岩	Rb-Sr	91.3±3	浙江第五地质大队,1995
77	宁海岔口	小雄组	流纹岩	锆石	U-Pb	90	邢光福,2003
78	泰顺香火尖	小雄组	流纹岩	全岩	Rb-Sr	84.3±0.4	福建地质调查院,2007
79	龙游上圩头	中戴组	玄武岩	全岩	K-Ar	105	张利民,1987
80	江山玉山	赣州组	玄武岩	全岩	K-Ar	102	王勇等,2002
81	江西新塘尾	赣州组	玄武岩	全岩	K-Ar	101.8±3.2	李坤英,1989
82	磨石山群	九里坪组	球泡流纹岩	全岩	$^{40}Ar/^{39}Ar$	109.9±0.8	王非等,2010
83	磨石山群	九里坪组	球泡流纹岩	全岩		111.9±1.0	
84	磨石山群	九里坪组	球泡流纹岩	全岩	—	111.5±1.2	—

浙东南上白垩统以河湖沉积为主,夹火山岩,分布于40余个大小不等的盆地中,下部称永康群,上部称天台群。

永康群的馆头组是一套湖相为主的杂色砂泥质岩夹玄武岩和酸性火山岩。宁波、新昌、永康、武义、峡口等盆地火山岩较多,底部普遍有厚薄不一的紫红色砂砾岩,馆头组中动植物化石丰富,称之为"永康生物群",时代为早白垩世的中晚期。玄武岩、安玄岩和熔结凝灰岩的同位素年龄为113~103Ma,与生物化石鉴定的地层时代一致。

朝川组整合于馆头组之上,不同盆地火山岩发育程度不一,局部火山岩可占50%以上,在文成、新昌、三门和武义等盆地中测得该组火山岩的同位素年龄为101.5~96.3Ma。

方岩组以块状砾岩、砂砾岩为主,形成丹霞地貌,是盆地发育晚期的磨拉石建造。

壳山组原称"浙江流纹岩",1959年由浙江省石油地质大队创名,1973年《1∶20万杭州幅区域地质调查报告》及1975年《1∶20万诸暨幅区域地质调查报告》都将其作为一个地层单位归并于朝川组二段,1996年浙江岩石地层清理对比时重新起用。后来许多地质工作者认为新昌壳山"浙江流纹岩"是流纹斑岩,为火山颈相,不能作为一个岩石地层单位(徐步台等,2001)。

小平田组为一套酸性火山岩,其同位素年龄(全岩Rb-Sr法)108.6±2.1Ma(浙江区域地质调查大队,1996),按岩石组合、地层层序和空间层位特征,结合同位素年龄数据判别,其与天台群塘上组为同一层位(徐步台等,2001),本专著将其归并为塘上组。

天台群塘上组为一套酸性火山岩,整合于馆头组之上,其同位素年龄110.9~108Ma。两头塘组为酸性火山岩与红色沉积岩互层,其下部火山岩的同位素年龄为103.2~101Ma,上部地层中产晚白垩世恐龙蛋化石。赤城山组覆盖在两头塘组之上,主要为紫红色块状砂砾岩、砾岩夹凝灰岩,天台赤城山采集的凝灰岩单颗粒锆石U-Pb年龄94Ma(邢光福等,2003)。小雄组中火山岩的同位素年龄92.9~84.3Ma(福建地质调查院,2007;邢光福,2003;浙江第五地质大队,1995;穆治国等,1992),其成岩时代与赤城山组相当。

综上所述,建德群和磨石山群成岩时代为早白垩世。衢江群、永康群和天台群成岩时代为晚白垩世

（下部有部分地层为早白垩世晚期），它们是同时异地盆地沉积的产物。

本书对浙江中生代火山-沉积岩系做了如下划分对比（表1-11）。

表1-11 浙江中生代火山-沉积岩系划分表

时代	同位素年龄（Ma）	岩石地层单位						
		浙西北		浙东南				
				永康盆地		天台盆地		小雄盆地
K_2	94～84	衢江群	衢县组	永康群	方岩组	天台群	赤城山组	小雄组
	102～96		金华组		朝川组		两头塘组	朝川组
							塘上组	
	113～103		中戴组		馆头组		馆头组	馆头组
K_1		建德群	横山组	磨石山群	祝村组			
	121～115		寿昌组		九里坪组			
	128～113				茶湾组			
	134～116		黄尖组		西山头组			
	134～118				高坞组			
	135～129		劳村组		大爽组			

第 2 章　岩浆作用与岩浆岩

浙江省岩浆活动非常发育，有超过 1435 个大小不等的侵入岩体出露，总面积 6430km²，占全省总面积的 6.4%，以中小型岩株、岩枝为主，大于 100km² 的岩基少，且多为复式岩体。在岩石类型上，岩类齐全，超基性、基性、中性、中酸性、酸性和碱性岩等均有不同程度的发育，尤以酸性和中酸性岩分布广泛；在区域上，因所处构造环境不同，特别是以江绍拼接带（又称江山-绍兴拼接带）为界，各期岩浆活动特征亦有较大差异；在地质时代上，自古元古代至新生代均有分布，中条期、晋宁期和燕山期是重要的岩浆活动期，特别是燕山期作为濒西太平洋岩浆活动带的重要组成部分，浙江省火成活动十分频繁，火成岩遍布全省，侵入岩星罗棋布，并具有岩浆侵入的多期性和火山活动的多旋回性特点。

按照构造旋回和侵入时代，浙江省岩浆活动可划分为中条期、晋宁期、加里东期、印支期、燕山期及喜马拉雅期，其中以燕山期最为发育。

2.1　中条期岩浆岩

浙江省中条期岩体仅分布在江绍拼接带以南的华夏地块中，局限于浙西南的龙泉—遂昌—松阳—庆元—景宁一带（图 2 - 1，表 2 - 1），主要为侵位于八都群古老变质岩中的花岗质岩体，岩体与围岩同受多期变质作用，以受韧性变形最显著，岩性主要有混合花岗闪长岩、混合石英二长岩及混合花岗岩。

2.1.1　岩体岩相特征与同位素年代学

龙泉—遂昌—松阳—庆元—景宁一带，八都群变质岩的各个出露区几乎都存在大量花岗质岩体，代表性岩体有龙泉淡竹花岗闪长岩、龙泉泉坑片麻状花岗岩、遂昌田后花岗闪长岩、庆元下际二长花岗岩-碱长花岗岩、松阳里庄二长花岗岩、龙泉花桥石英二长岩-二长花岗岩、景宁三枝树混合花岗岩、景宁渤海碱长花岗岩、王淤石英二长岩、汤源英云闪长岩等岩体。岩体出露面积较小，一般不超过 1km²。岩石普遍具片麻状构造，几乎都有变质岩包体，包体大者有几米，小者仅几厘米，呈透镜状、饼状、角砾状等，包体成分为暗色基性，明显遭压扁拉长或旋转变形，如淡竹花岗岩和景宁岭脚花岗岩。花岗质岩石保留有较清楚的岩浆结晶特征，与八都群条带状混合岩的接触关系常因覆盖而不清楚，可见侵入接触，有的为过渡关系。

以景宁岭脚片麻状花岗岩为例，该岩体经多期次变质，形成鳞片变晶结构，片麻构造、眼球状构造、条带状及碎裂状构造（图 2 - 2）。主要矿物为钾长石（约 32%）、斜长石（约 25%），常呈它形粒状，部分为板柱状；石英（约 30%）呈它形粒状、波状消光；黑云母（15%）呈鳞片状断续定向分布于粒状矿物之间，有时出现少量角闪石和单斜辉石（≤1%）。

景宁岭脚片麻化花岗岩体中锆石自形程度很好，多为柱状晶形，粒长 100～400μm，长/宽比值为 2～4，无色—棕黄色，以浅棕黄色为主，透明度较好，部分锆石表面可见熔蚀圆化现象（图 2 - 3 上）；从锆石阴极发光照相（CL）图像（图 2 - 3 下）中可以看到，锆石有清晰的韵律环带结构，锆石的 Th/U 比值大多大于 0.3，显示岩浆结晶锆石的特征，部分锆石核部有继承锆石出现。

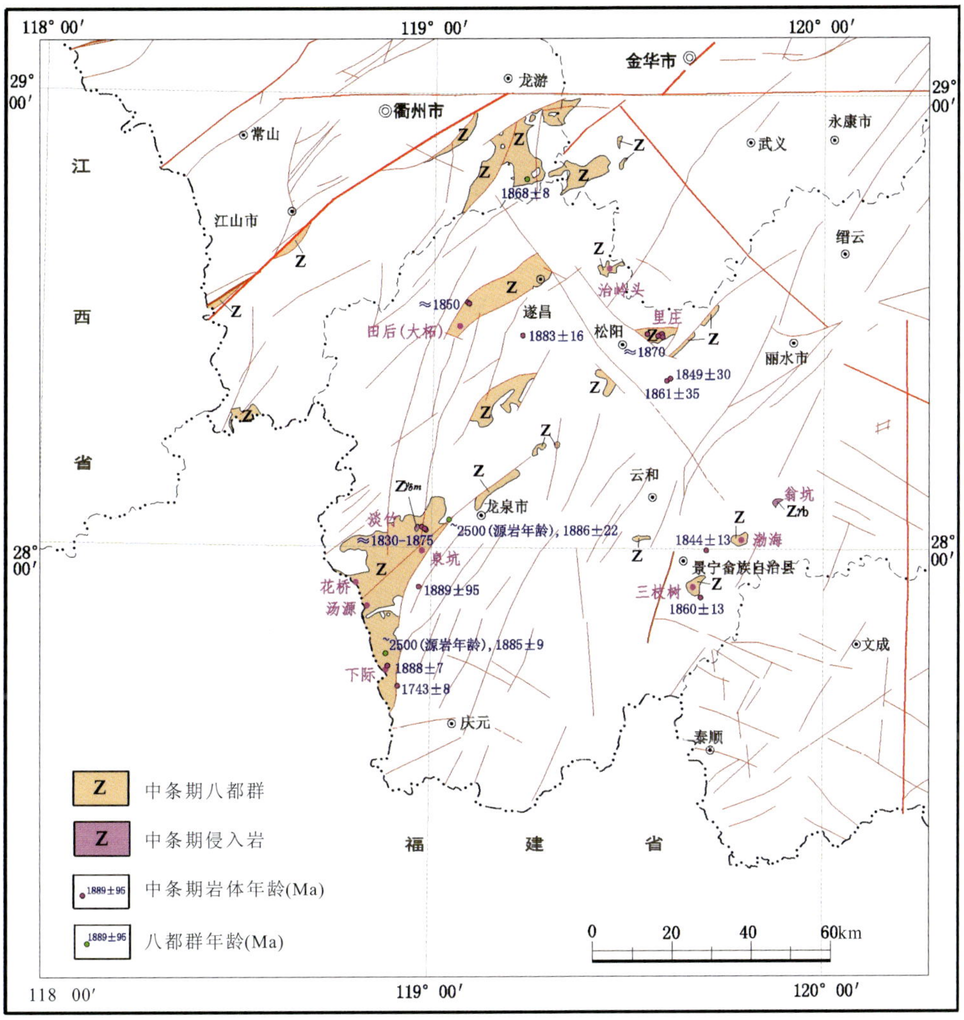

图 2－1　浙江省中条期岩体时空分布图

表 2－1　浙江省中条期岩浆岩同位素年龄表

序号	采样地	岩性	测试方法	年龄(Ma)	资料来源
1	景宁岭脚	片麻状花岗岩	LA－ICPMS 锆石 U－Pb	1844±13	本书
2	龙泉朱黄	汤源变质火山岩	全岩 Sm－Nd 等时线法	2014±43	李曙光和胡雄健，1996
3	庆元下际岩体	二长花岗岩	单颗粒锆石 U－Pb，上交点	1975±80	甘晓春和李惠民，1995
4	松阳里庄岩体	二长花岗岩	单颗粒锆石 U－Pb，上交点	1870±36	
5	遂昌田后岩体	花岗闪长岩	单颗粒锆石 U－Pb，上交点	1832±80	
6	景宁三枝树	片麻状花岗岩	单颗粒锆石 U－Pb，上交点	1863±44	
7	龙泉泉坑	眼球状花岗岩	单颗粒锆石 U－Pb，上交点	1889±95	胡雄健和许金坤，1993
8	龙泉竹口	变质期后伟晶岩	单颗粒锆石 U－Pb，上交点	1743±8	
9	龙泉淡竹	花岗闪长岩	单颗粒锆石 U－Pb，上交点	1878±27	
10	龙泉淡竹	花岗闪长岩	单颗粒锆石 U－Pb，上交点	1837±36	甘晓春和庄建民，1993

续表 2-1

序号	采样地	岩性	测试方法	年龄(Ma)	资料来源
11	龙泉淡竹	花岗闪长岩	LA-ICPMS 锆石 U-Pb	1875 ±33	汪相等,2008
12	龙泉淡竹	花岗闪长岩	SHRIMP 锆石 U-Pb	1832±6	Li&Li,2007
13	龙泉淡竹	花岗闪长岩	LA-ICPMS 锆石 U-Pb	1855±5	于津海,2007
14	龙泉淡竹	黑云母钾长花岗岩	LA-ICPMS 锆石 U-Pb	1831±18	刘锐等,2009
15	景宁三枝树	二长花岗岩	LA-ICPMS 锆石 U-Pb	1860±13	
16	遂昌大拓北西约 2km	含紫苏辉石花岗质麻粒岩	LA-ICPMS 锆石 U-Pb	上交点:1851±11	
17	龙游溪口	含石榴石花岗质片麻岩	LA-ICPMS 锆石 U-Pb	上交点:1868±8 下交点:226±11	Yu et al.,2009
18	松阳里庄	黑云母花岗岩	LA-ICPMS 锆石 U-Pb	上交点:1875±9 下交点:233±8	
19	遂昌田后	含辉石黑云花岗闪长岩	LA-ICPMS 锆石 U-Pb	上交点:1856±10 下交点:197±32	
20	庆元下际	二长花岗岩	LA-ICPMS 锆石 U-Pb	上交点:1888±7 下交点:233±5	
21	龙泉淡竹	黑云二长花岗岩	LA-ICPMS 锆石 U-Pb	上交点:1855±8 下交点:228±12	
22	龙泉王於	黑云斜长片麻岩	LA-ICPMS 锆石 U-Pb	上交点:1867±8 下交点:230±6	
23	松阳里庄	中细粒钾长花岗岩	LA-ICPMS	上交点:1861±35 下交点:226±59	Xia Yan et al.,2012
24	松阳里庄	中粗粒钾长花岗岩	LA-ICPMS	上交点:1849±30 下交点:231.4±6.8	
25	松阳里庄	片麻质花岗闪长岩	LA-ICPMS	上交点:1877±10 下交点:224±19	
26	松阳里庄	含石榴石黑云花岗岩	LA-ICPMS	1878±28	
27	龙泉花桥	花岗岩	LA-ICPMS	1859±21	Liu Qian et al., 2014
28	景宁敕木山	花岗岩	LA-ICPMS	1887±19	
29	景宁敕木山	花岗岩	LA-ICPMS	1876±20	
30	景宁小粗	花岗岩	LA-ICPMS	1912±51	
31	景宁小粗	花岗岩	LA-ICPMS	1882±21	
32	景宁小粗	花岗岩	LA-ICPMS	1869±24	
33	景宁翁坑	花岗岩	LA-ICPMS	1884±14	
34	景宁翁坑	花岗岩	LA-ICPMS	1878±20	
35	遂昌—田后	含石榴石花岗岩	LA-ICPMS	1869±19	Zhao Lei et al., 2014
36	田后	片麻质花岗闪长岩	LA-ICPMS	1886±16	
37	田后	紫苏花岗岩	LA-ICPMS	1865±11	

图 2-2　景宁岭脚片麻状花岗岩中的眼球构造（左）和片麻状构造（右）

采用 LA-ICPMS 法对该样品分析了 20 个点，其中 17 个分析点给出了谐和的 $^{207}Pb/^{206}Pb$ 加权平均年龄为 1844±13Ma（1σ，MSWD=0.91），该年龄数据代表岭脚片麻状花岗岩的结晶年龄；其余的分析点偏离谐和线，可能受到了 Pb 丢失的影响（图 2-4）。

近年来有关中条期花岗质岩体发表了大量的同位素测年资料，岩体形成时代都在 1.9～1.8Ga 之间（表 2-1，图 2-5）。

图 2-3　景宁岭脚片麻状二长花岗岩锆石透射光照相（上）和阴极发光照相（下）

2.1.2　岩体地球化学和同位素特征

2.1.2.1　地球化学特征

岩体 SiO_2 含量变化较大（57.73%～76%），为钙碱性系列（图 2-6），在 A/CNK-A/NK 图解上，主要落入准铝质—过铝质区域（图 2-7）。其中，淡竹花岗

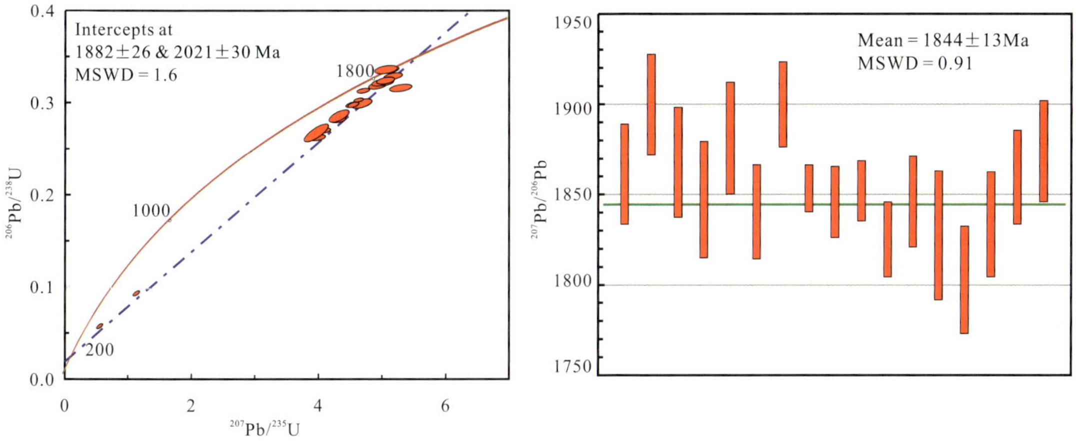

图 2-4　岭脚片麻状花岗岩锆石 U-Pb 年龄谐和图（左）和 $^{207}Pb/^{206}Pb$ 年龄加权平均值（右）

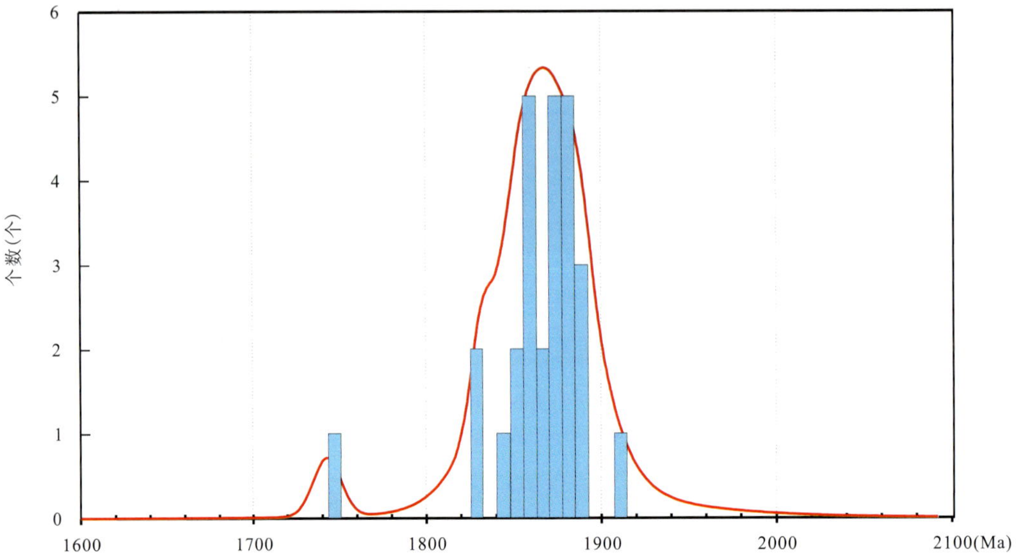

图 2-5 中条期岩体年龄分布统计图

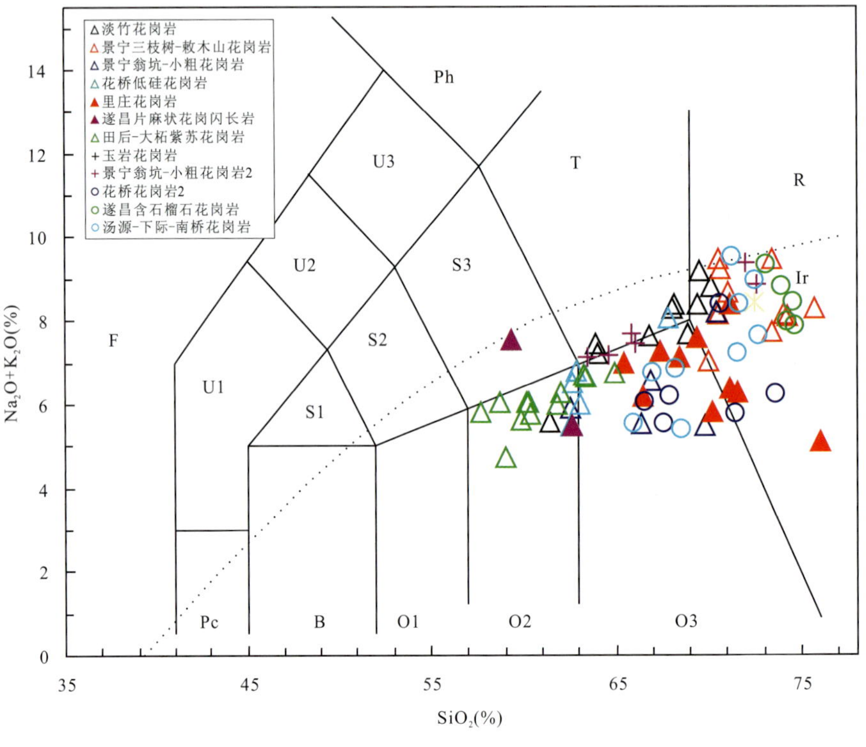

图 2-6 中条期岩体的 SiO_2 -(Na_2O+K_2O)图解

(除本项目数据外,其余数据来自刘锐等,2009;Yu Jinhai et al.,2009;胡雄健等,1991;Liu Qian et al.,2014;Xia Yan et al.,2012;1∶5 万靖居口区调报告,2001;Zhao Lei et al.,2014;王一先等,1997)

Pc. 苦橄玄武岩;B. 玄武岩;O1. 玄武安山岩;O2. 安山岩;O3. 英安岩;R. 流纹岩;S1. 粗面玄武岩;S2. 玄武质粗面安山岩;S3. 粗面安山岩;T. 粗面岩、粗面英安岩;F. 副长石岩;U1. 碱玄岩、碧玄岩;U2. 响岩质碱玄岩;U3. 碱玄质响岩;Ph. 响岩;Ir. Irvine 分界线,上方为碱性,下方为亚碱性(后同)

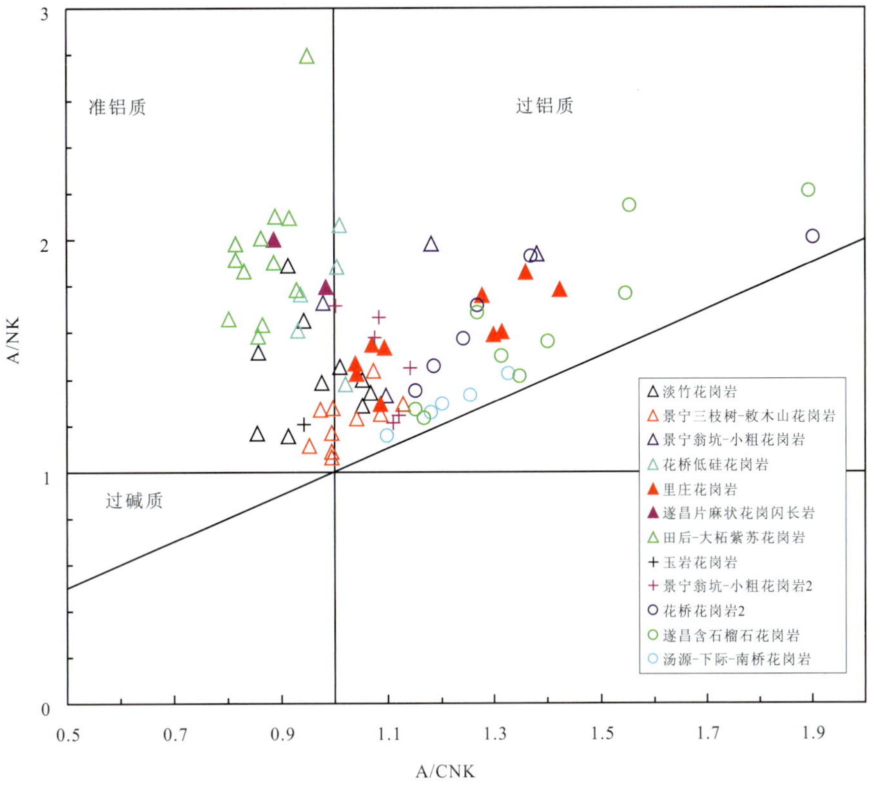

图 2-7　中条期岩体的 A/CNK-A/NK 图解

（数据来源同图 2-6）

岩、景宁三枝树-敕木山花岗岩、里庄花岗岩、田后-大柘紫苏花岗岩、花桥低硅花岗岩、玉岩花岗岩等 A/CNK<1.10；而汤源-下际-南桥花岗岩、遂昌含石榴石花岗岩、花桥高硅花岗岩等 A/CNK>1.10（图 2-7）。

淡竹花岗岩、景宁三枝树-敕木山花岗岩、里庄花岗岩、田后-大柘紫苏花岗岩、花桥低硅花岗岩等岩体富含稀土元素和高场强元素，亏损 Sr、P、Ti 和 Eu（图 2-8b）；轻、重稀土分馏不明显[$(La/Yb)_N$=4.56～41.35]，轻稀土富集，重稀土亏损，稀土元素球粒陨石标准化配分曲线呈“雁列式”分布，表现出明显的负铕异常（δEu=0.09～0.73）（图 2-8a），这些地球化学特征与铝质 A 型花岗岩十分相似。

汤源-下际-南桥花岗岩、花桥高硅花岗岩和遂昌含石榴石片麻状花岗岩稀土元素总量 ΣREE 不高，为$(79.7\sim290.3)\times10^{-6}$，轻稀土富集，重稀土亏损，轻、重稀土分馏明显[$(La/Yb)_N$=15.1～72]，在岩石稀土元素球粒陨石标准化配分曲线（图 2-8a）上，呈右倾型，表现出明显的负铕异常（δEu=0.28～0.83）；在岩石原始地幔标准化蛛网图（图 2-8b）上，亏损 Nb、Ta 等高场强元素和 Ba、Sr 等大离子亲石元素，与前面的淡竹等花岗岩体有明显区别，表现出 S 型花岗岩的特征。

2.1.2.2　Sm-Nd 同位素特征

中条期侵入岩具有相似的 Sm-Nd 同位素组成（表 2-2），$^{147}Sm/^{144}Nd$ 比值较高，变化范围较小（$^{147}Sm/^{144}Nd$=0.0923～0.1263），具有较低的 $\varepsilon_{Nd}(t)$ 值[$\varepsilon_{Nd}(t)$=−8.5～0.7]，主要集中在−7～−3 之间，对应的二阶段 Nd 同位素模式年龄为 3.04～2.30Ga，集中在 3.0～2.7Ga（图 2-9、图 2-10）。

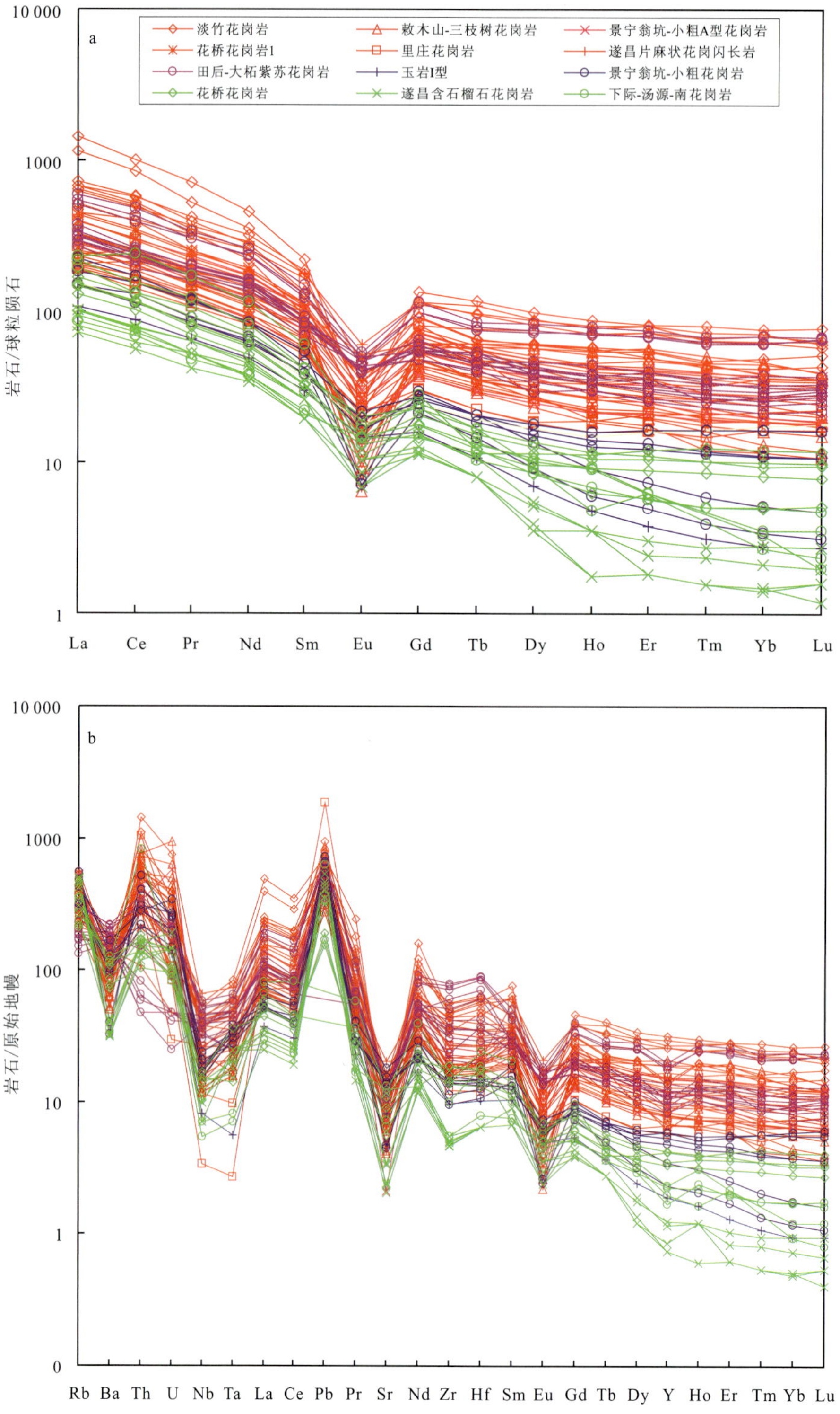

图 2-8　中条期岩体标准化 REE 图(a)和蛛网图(b)

(标准化数据来自 Sun & McDonough,1989)

(岩体数据来源同图 2-6)

表 2-2　中条期侵入岩 Sm-Nd 同位素组成

样品号	岩性	位置	年龄(Ma)	Sm	Nd	$^{147}Sm/^{144}Nd$	$^{143}Nd/^{144}Nd$	2σ	$\varepsilon_{Nd}(t)$	T_{DM}(Ga)	T_{DM2}(Ga)	文献来源
ZJ06-22a	片麻质花岗岩	淡竹	1855	18.81	112.22	0.1014	0.511 202	7	−5.35	2.63	2.77	Yu Jinhai et al.,2012
ZJ06-23-2	片麻质花岗岩	淡竹	1855	19.75	119.76	0.0998	0.511 201	4	−4.97	2.60	2.74	Yu Jinhai et al.,2012
ZJ06-31	片麻质花岗岩	下际	1890	3.38	17.61	0.1162	0.511 314	3	−6.31	2.86	2.87	Yu Jinhai et al.,2012
ZJ06-39	片麻质花岗岩	松阳	1875	10.39	58.49	0.1075	0.511 318	3	−4.29	2.62	2.70	Yu Jinhai et al.,2012
ZJ06-35-1	片麻质花岗岩	田后	1856	13.04	66.75	0.1182	0.511 352	2	−6.41	2.86	2.85	Yu Jinhai et al.,2012
ZJ06-36-1a	片麻质花岗岩	田后	1856	18.13	95.38	0.1150	0.511 358	5	−5.53	2.76	2.78	Yu Jinhai et al.,2012
WY07-1	紫苏花岗岩	田后	1860	14.08	74.67	0.1141	0.511 370	8	−5.10	2.72	2.76	Yu Jinhai et al.,2012
S1-w	石英二长花岗岩	花桥	1860	16.50	90.80	0.1105	0.511 352	9	−4.54	2.65	2.71	王银喜等,1992
S2-w	石英二长花岗岩	花桥	1860	7.25	38.88	0.1128	0.511 374	12	−4.66	2.67	2.72	王银喜等,1992
S3-w	石英二长花岗岩	花桥	1860	20.09	116.50	0.1045	0.511 275	13	−4.60	2.61	2.71	王银喜等,1992
JLH03	金罗后片麻质花岗闪长岩	金罗后	1877	13.50	75.80	0.1076	0.511 315	2	−4.40	2.63	2.71	Xia Yan et al.,2012
JLH04	金罗后片麻质花岗闪长岩	金罗后	1877	10.52	55.67	0.1142	0.511 327	2	−5.70	2.78	2.82	Xia Yan et al.,2012
JLH06	金罗后片麻质花岗闪长岩	金罗后	1877	12.52	67.63	0.1119	0.511 346	9	−4.80	2.69	2.74	Xia Yan et al.,2012
JLH08	金罗后含石榴石黑云母花岗岩	金罗后	1878	25.04	120.31	0.1258	0.511 417	3	−6.70	2.99	2.90	Xia Yan et al.,2012
JLH09	金罗后含石榴石黑云母花岗岩	金罗后	1878	8.08	40.17	0.1215	0.511 355	1	−6.90	2.95	2.91	Xia Yan et al.,2012
JLH10	金罗后含石榴石黑云母花岗岩	金罗后	1878	7.91	37.86	0.1263	0.511 333	5	−8.50	3.15	3.04	Xia Yan et al.,2012
JJ03	靖居中细粒钾长花岗岩	靖居	1861	15.11	96.39	0.0947	0.511 408	2	0.70	2.23	2.31	Xia Yan et al.,2012
JJ05	靖居中粗粒钾长花岗岩	靖居	1849	16.72	109.45	0.0923	0.511 391	1	0.50	2.20	2.30	Xia Yan et al.,2012
WY01-1	含石榴石花岗岩	遂昌—田后	1930	3.52	18.03	0.1134	0.511 391	7	−3.70	2.66	2.71	Zhao Lei et al.,2014
WY1204-1	含石榴石花岗岩	遂昌—田后	1930	4.01	20.10	0.1121	0.511 385	6	−3.50	2.64	2.69	Zhao Lei et al.,2014
WY02-6	含石榴石花岗岩	遂昌—田后	1890	24.29	121.70	0.1208	0.511 363	7	−6.50	2.92	2.90	Zhao Lei et al.,2014
ZJ06-20-1	混合岩化片麻岩	王淤	1886	5.86	33.12	0.1071	0.511 278	3	−4.86	2.67	2.75	Yu Jinhai et al.,2012
ZJ06-28	石榴石片麻岩(八都群变质沉积岩)	下际	1882	11.04	59.64	0.1120	0.511 328	3	−5.11	2.72	2.77	Yu Jinhai et al.,2012
ZJ06-15-1	黑云片麻岩(八都群变质沉积岩)	龙游	1868	16.53	120.37	0.0831	0.511 048	2	−3.79	2.44	2.65	Yu Jinhai et al.,2012
	黑云片麻岩(八都群变质沉积岩)	龙泉	1890	20.09	113.50	0.1045	0.511 275		−4.24	2.61	2.71	胡雄健等,1991
	黑云片麻岩(八都群变质沉积岩)	龙泉	1890	16.92	90.30	0.1133	0.511 328		−5.35	2.75	2.80	胡雄健等,1991
FJ0107	黑云片麻岩(八都群变质沉积岩)	天井坪	1800	4.78	25.34	0.1140	0.511 351	10	−6.03	2.74	2.78	Wan Xiaolei et al.,2007

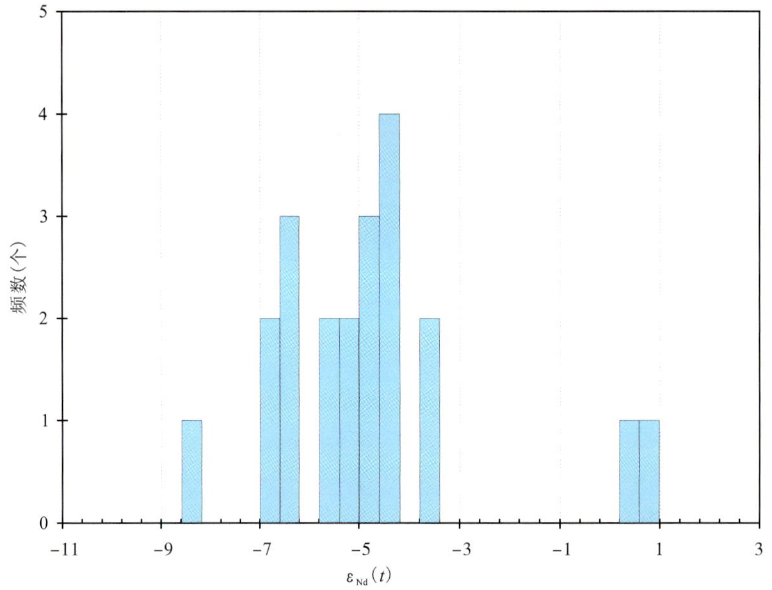

图 2-9　中条期花岗岩 $\varepsilon_{Nd}(t)$ 频数分布图

(数据来源见表 2-2)

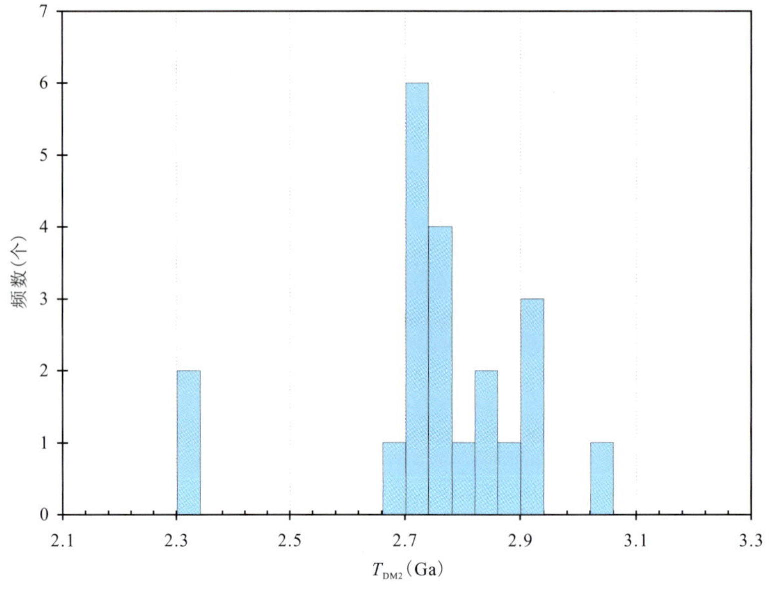

图 2-10　中条期花岗岩 Nd 同位素二阶段模式年龄(T_{DM2})频数分布图

2.1.2.3　锆石 Lu-Hf 同位素特征

Yu Jinhai(2009)、Zhao Lei(2014)和 Liu Qian(2014)等对中条期侵入岩的锆石 Lu-Hf 同位素进行了研究。指出中条期侵入岩具有相似的 Lu-Hf 同位素组成，$\varepsilon_{Hf}(t)$值变化范围较大[$\varepsilon_{Hf}(t)$=−10.12～7.92]，大都为负值，集中在−8～0 之间(图 2-11)，锆石 Hf 同位素的二阶段模式年龄较老(T_{DM2}=2.04～3.13Ga)，且多集中在 3.0～2.6Ga 之间(图 2-12)。

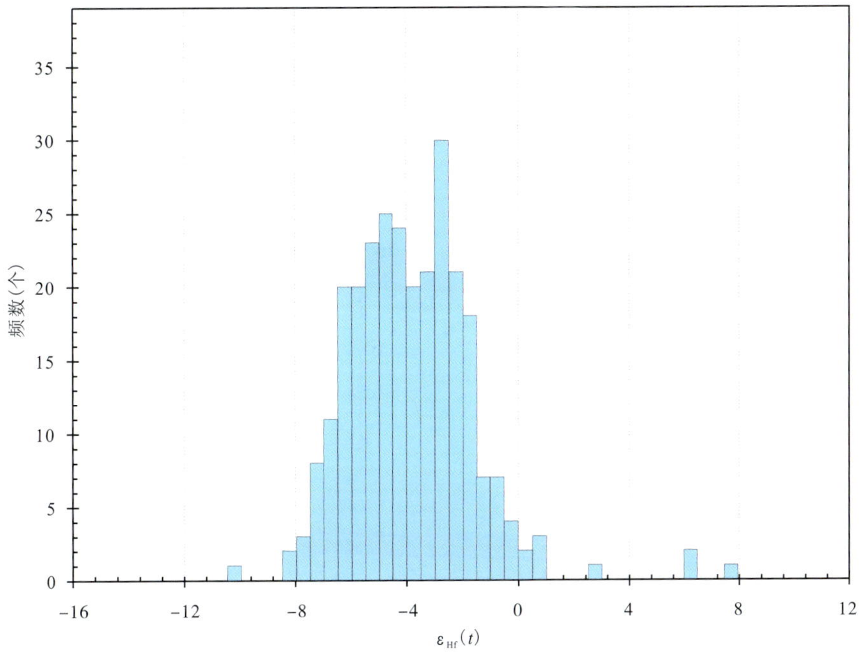

图 2-11　中条期花岗岩 $\varepsilon_{Hf}(t)$ 频数分布图

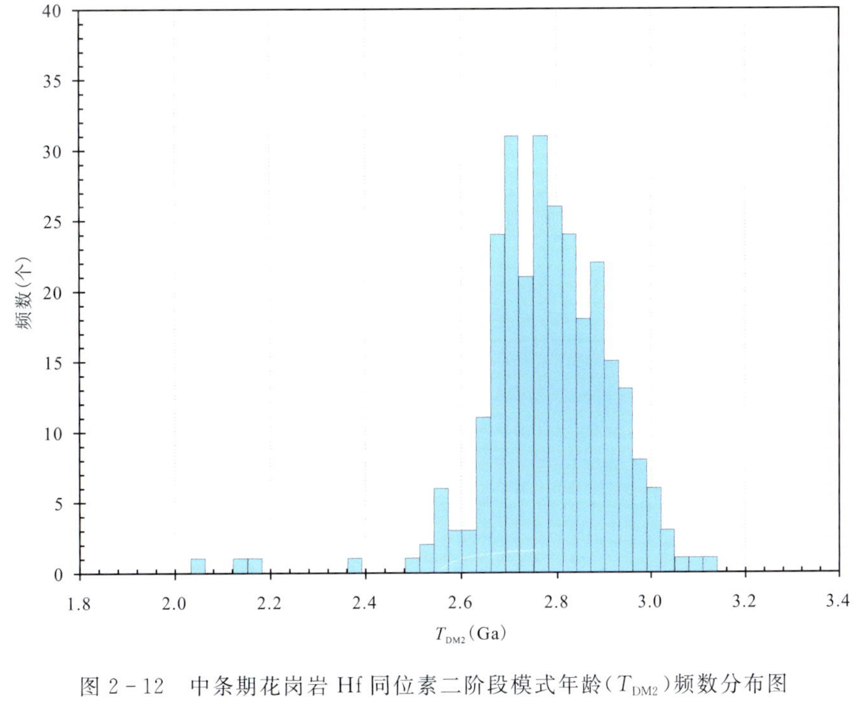

图 2-12　中条期花岗岩 Hf 同位素二阶段模式年龄(T_{DM2})频数分布图

2.1.3　中条期岩体形成的构造环境

据 Pearce et al.(1984)的 Nb-Y 图解和 Rb-Y+Nb 判别图解，中条期不同岩体投影点区域变化较大，淡竹花岗岩、景宁三枝树-敕木山花岗岩、里庄花岗岩、田后-大柘紫苏花岗岩、花桥低硅花岗岩等落入板内区域，而玉岩花岗岩、汤源-下际-南桥花岗岩、遂昌含石榴石花岗岩、花桥高硅花岗岩等落入火山弧和同碰撞区域(图 2-13)。

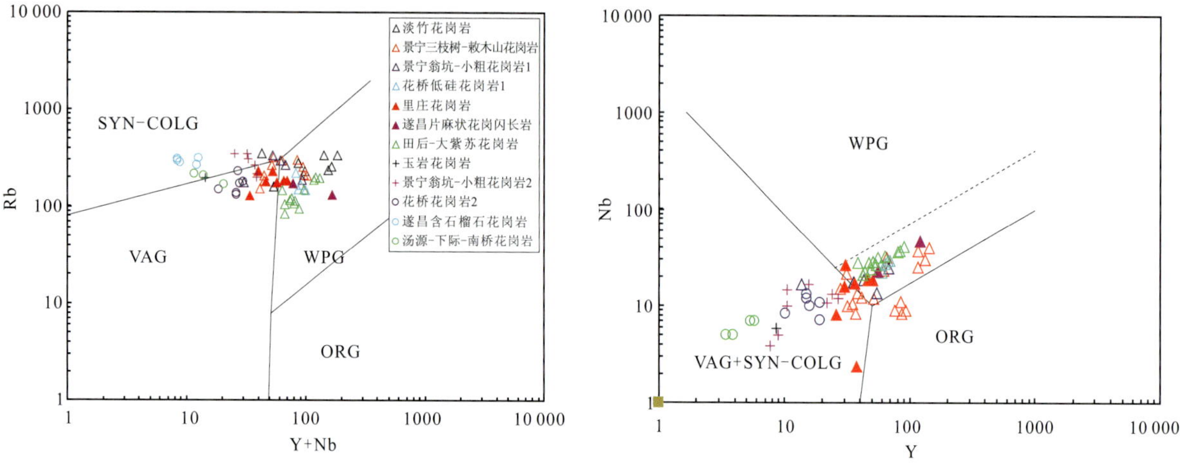

图 2-13　中条期侵入岩的构造环境判别图解

（判别图据 Pearce et al.，1984）

VAG. 火山弧花岗岩；ORG. 洋中脊花岗岩；WPG. 板内花岗岩；SYN-COLG. 同碰撞花岗岩（后同）

在 Whalen et al.（1987）A 型花岗岩判别图解（Zr＋Nb＋Ce＋Y）-10 000×Ga/Al 中，中条期淡竹花岗岩、景宁三枝树-敕木山花岗岩、里庄花岗岩、田后-大柘紫苏花岗岩、花桥低硅花岗岩、田后-大柘紫苏花岗岩样品落入 A 型花岗岩范围内，而花桥高硅花岗岩、玉岩花岗岩、汤源-下际-南桥花岗岩、遂昌含石榴石花岗岩等投影在 I 型、S 型花岗岩范围（图 2-14）。进一步结合地球化学元素特征分析，玉岩花岗岩表现出 I 型花岗岩的特征，而花桥高硅花岗岩、汤源-下际-南桥花岗岩、遂昌含石榴石花岗岩则表现出 S 型花岗岩的特征。

中条期的 A 型花岗岩在 Nb-Y-Ce(3Ga)判别图(Eby，1992)（图 2-15）上，全部落入 A_2 区域，指示造山作用结束后不久即开始的伸展拉张，是造山作用结束的标志，表明中条期 A 型花岗岩形成于造山后的伸展拉张环境。

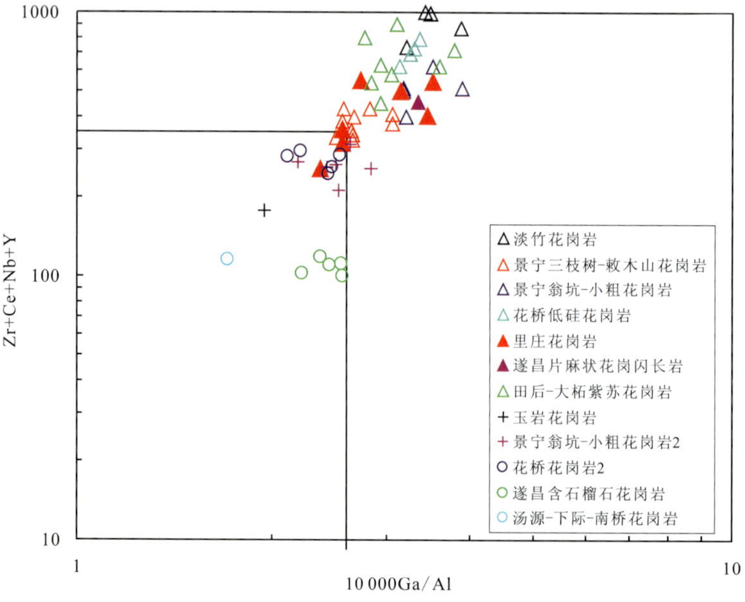

图 2-14　中条期侵入岩的构造环境判别图解

（判别图解据 Whalen et al.，1987）

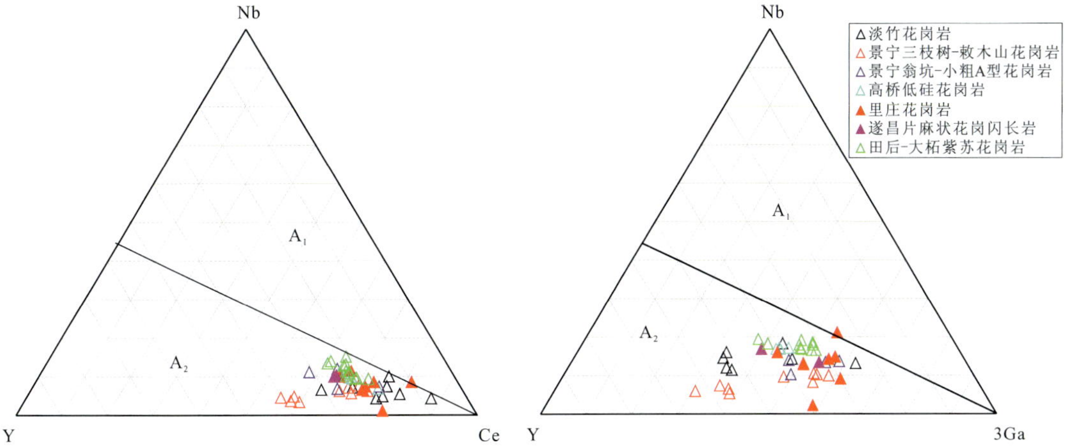

图 2-15　中条期 A 型花岗岩的 Nb-Y-Ce(3Ga)判别图解(据 Eby,1992)

A_1.非造山环境 A 型花岗岩;A_2.后造山环境花岗岩

上述分析表明,浙江省中条期花岗岩 I 型、S 型、A 型花岗岩都有分布(图 2-16),I 型、S 型花岗岩的形成年龄(1912～1875Ma)稍早于 A 型花岗岩的形成年龄(1872～1832Ma)。与 I 型和 S 型花岗岩相同,A 型花岗岩在全岩主量、微量元素和锆石 Hf 同位素组成上也并没有显示出明显的地幔加入的特征。

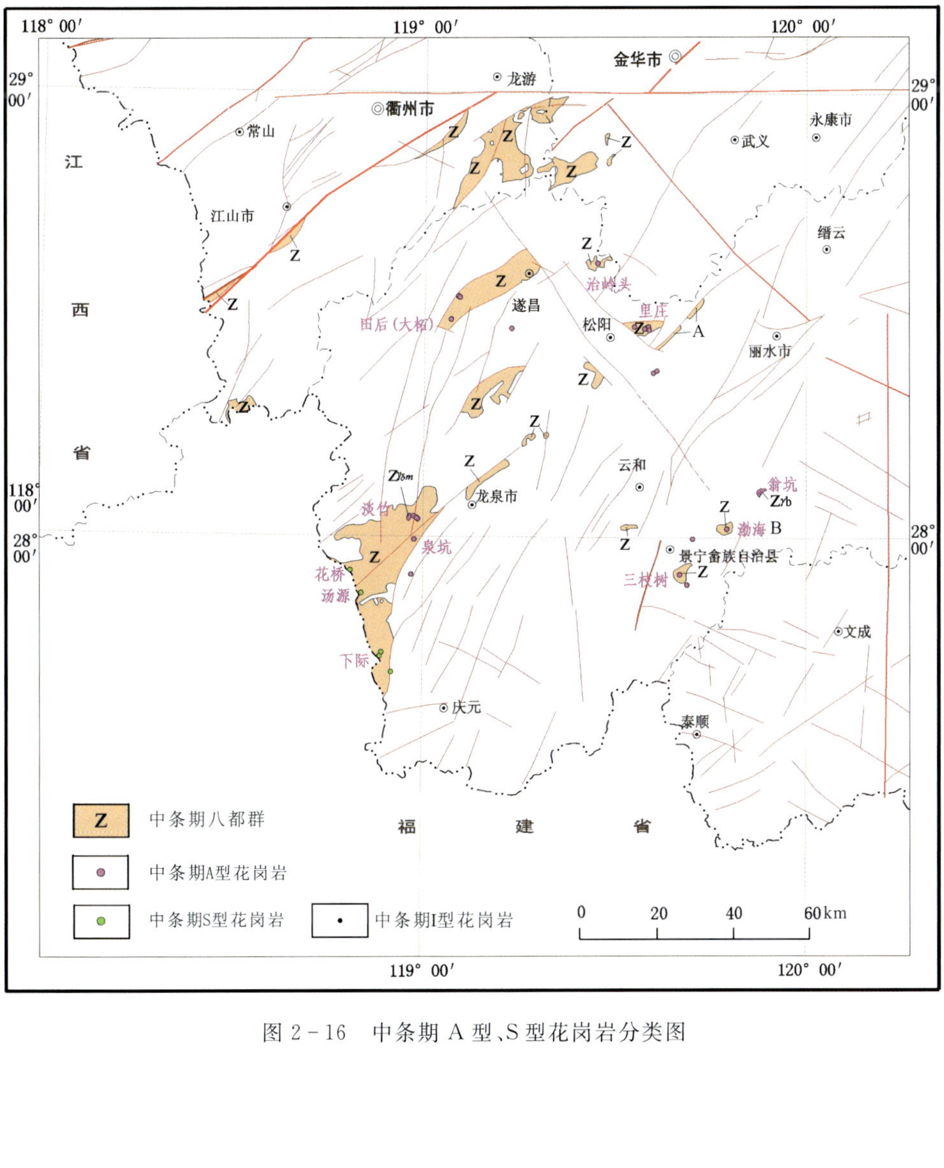

图 2-16　中条期 A 型、S 型花岗岩分类图

I型和S型花岗岩是形成于与碰撞有关的构造背景，而A型花岗岩形成于后碰撞拉张阶段。在后碰撞早阶段的低温条件下，源区部分熔融先抽取了I型和S型花岗质岩浆。随着拉张进一步加强，额外热流体的加入，温度增加，诱发上述残留源区在高温条件下再次部分熔融，形成了A型花岗质岩浆，很可能记录了Columbia超大陆聚合向裂解转折的信息。

据Watson & Harrison(1983)的计算公式，用岩石主要元素及其Zr含量计算得到浙江省中条期A型花岗岩具有高的形成温度(840～920℃)，与A型花岗岩形成于高温条件这一特征吻合；而S型和I型花岗岩具有低的形成温度(725～840℃)。

S型和A型花岗岩具有约2.8Ga的Hf模式年龄，结合继承锆石的发现，说明华夏地块确实存在太古宙基底。

2.2 晋宁期岩浆岩

晋宁期火山活动和岩浆侵入均较发育，主要位于江山-绍兴拼接带及其西北侧(图2-17)。火山岩

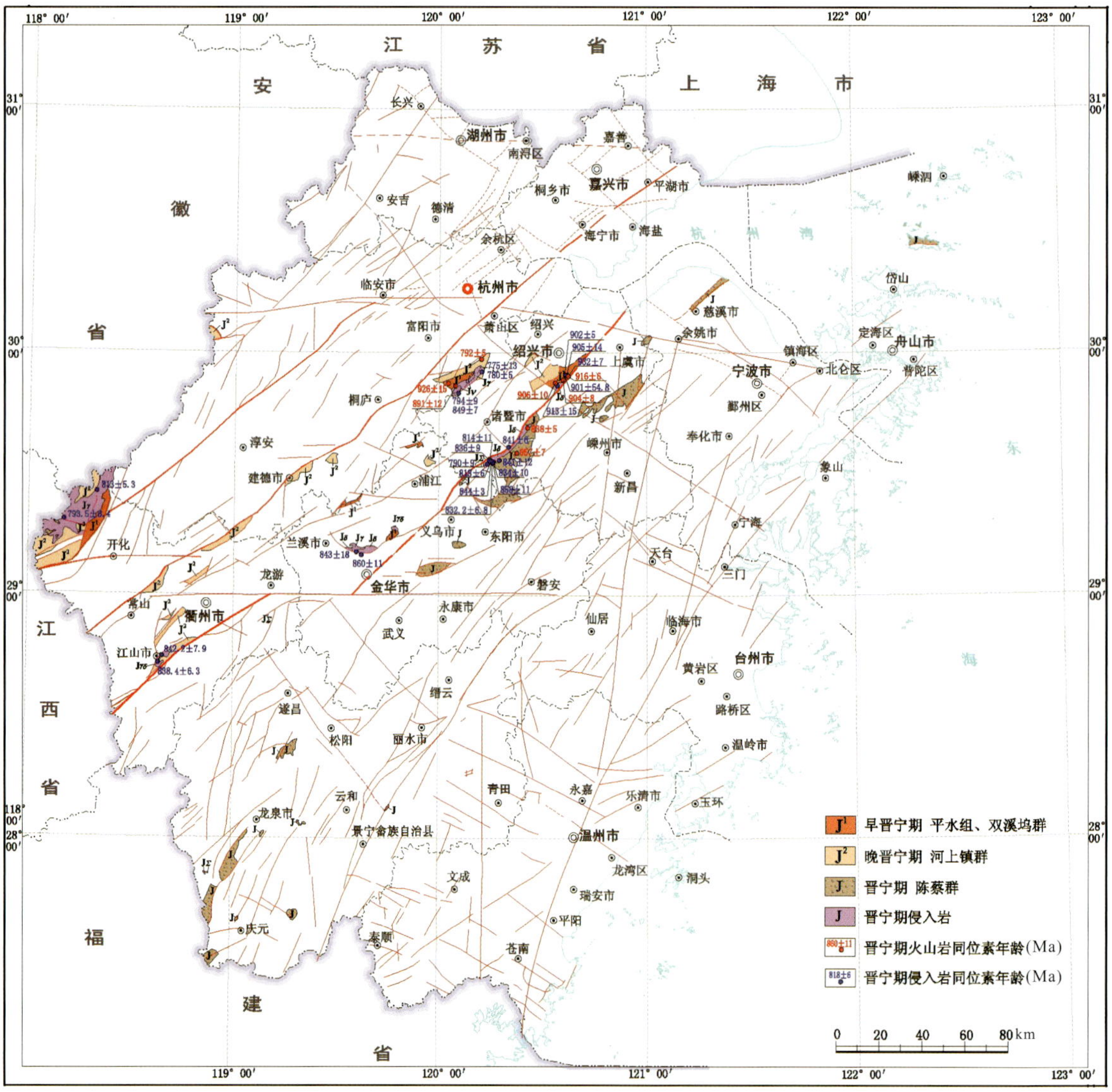

图2-17　浙江省晋宁期岩石分布图

见于江绍拼接带以南华夏地块的陈蔡群和浙西北地区的双溪坞群及河上镇群；侵入岩则主要见于开化石耳山地区和江绍拼接带附近的龙泉狮子坑、龙游灵山、诸暨璜山及次坞、绍兴平水、金华北山等地。

以江绍拼接带为界，因所处构造环境不同，浙东南区及浙西北区的火成活动差异较大。华夏地块中元古界陈蔡群中夹有拉斑玄武岩、中基性熔岩、中酸性火山岩（变质后为斜长角闪岩、斜长角闪片麻岩、变粒岩等）。江绍拼接带北侧新元古界双溪坞群底部为岛弧型细碧角斑岩组合（平水组），其上演变为陆相中酸性火山岩（北坞组、岩山组、章村组），到新元古代在萧山—富阳—建德—开化一带发育陆相双峰式火山岩（上墅组）。晋宁期侵入岩同位素年龄数据见表 2－3。早期沿江绍拼接带出现的石英闪长岩形成年龄一般大于 900Ma（陈志洪等，2009；Ye et al.，2007），也有 888～790Ma 的年龄数据；中期华夏块体陈蔡群中侵入的超基性岩成岩年龄为 858～814Ma；新元古代侵入岩主要分布在开化石耳山附近的碱长花岗岩、花岗（斑）岩、花岗闪长岩及二长花岗岩等（813～775Ma）。

表 2－3　浙江晋宁期侵入岩年龄统计表

序号	岩体或地理位置	岩性	测试方法	年龄(Ma)	资料来源
1	石耳山超单元	花岗岩	LA－ICPMS	793.5±8.4	本项目
2	齐溪超单元	花岗斑岩	LA－ICPMS	813±5.3	本项目
3	绍兴桃红岩体	辉石闪长岩	全岩 K－Ar	795	水涛和徐步台，1988
4	石角岩体	辉石角闪石岩	Ar－Ar	832.2±6.8	劳秋元和胡世玲，1989
5	诸暨璜山	石英闪长岩		888	程海，1991
6	绍兴平水	斜长花岗岩	LA－ICPMS	902±5	陈志洪等，2009
7	绍兴平水	闪长岩	LA－ICPMS	932±7	陈志洪等，2009
8	绍兴平水	玄武玢岩	LA－ICPMS	916±6	陈志洪等，2009
9	金华罗店	二长花岗岩	SHRIMP	843±18	浙江地质调查研究院，未发表
10	金华罗店	花岗闪长岩	SHRIMP	860±11	浙江地质调查研究院，未发表
11	绍兴平水桃红	石英闪长岩	SHRIMP 锆石	913±15	Ye et al.，2007
12	绍兴平水西裘	石英闪长岩	SHRIMP 锆石	905±14	Ye et al.，2007
13	江山	花岗斑岩	LA－ICPMS	838.4±6.3	1∶25 万衢州幅
14	江山	石英二长闪长岩	LA－ICPMS	842.2±7.9	1∶25 万衢州幅
15	江山市东侧	石英闪长岩	锆石 U－Pb 稀释法	924±23	董传万等，2008
16	诸暨马郦	石英闪长岩	LA－ICPMS	790±9	本项目
17	诸暨璜山	石英闪长岩	LA－ICPMS	818±6	王孝磊等，2012
18	王家宅朱家	石英闪长岩	LA－ICPMS	834±10	浙江地质调查研究院，2011
19	璜山镇西南侧马店	变质辉长岩	SHRIMP	841±12	Shu et al.，2011
20	陈蔡幅浬浦	浬浦辉长闪长岩	SHRIMP	841±6	Li Z X et al.，2010
21	青顶山	辉长岩	LA－ICPMS	836±9	浙江地质调查研究院，2011
22	诸暨化泉	辉长岩	SHRIMP	858±11	Shu Liangshu et al.，2006
23	绍兴诸暨石角	辉石角闪岩	LA－ICPMS	814±11	本项目
24	诸暨石角	角闪辉石岩	LA－ICPMS	844±3	王孝磊等，2012
25	诸暨次坞—道林山	钾长花岗岩	SHRIMP	794±9	Li et al.，2008
26	萧山河上镇神坞村	辉绿岩	SHRIMP	849±7	Li et al.，2008
27	萧山北道林山	A 型花岗岩	LA－ICPMS SHRIMP	775±13 780±5	Wang et al.，2010

2.2.1 沿拼接带分布的石英闪长岩及其中基性岩包体

江山—绍兴段的扬子东南缘一侧，在绍兴平水和桃红、诸暨璜山、法华岭、桃红、赵婆岙、金华罗店等地，呈狭长带状断续分布一系列石英闪长岩侵入岩体，局部可相变为闪长岩，前人研究认为它们是在扬子-华夏陆块碰撞拼合后沿江绍拼接带侵入的板内幔源深成岩体，形象地称之为两大古陆的"焊接剂"（朱云鹤，1991；周新民和朱云鹤，1992；王德滋和沈渭洲，2003）。石英闪长岩的形成时代，间接可指示大陆拼合的最终时限。石英闪长岩体侵位于双溪坞群、陈蔡岩群，因遭受韧性剪切作用，形成了糜棱岩化系列构造岩。

石英闪长岩系列的形成时代从 932～790Ma 均有分布（表 2-3），且年龄从北东-西南有逐渐变新的趋势。

石英闪长岩体显示准铝质或过铝质钙碱性特征，岩体具有较低的总稀土元素含量[$\sum$REE=(52～159)$\times10^{-6}$]，球粒陨石标准化稀土元素分布图从轻稀土元素到中稀土元素向右陡倾，重稀土元素分布则较平坦，显示较弱的 Eu 异常；强烈富集 Th 和 LRRE，Sr 也有一定程度富集，强烈亏损高场强元素（HFSE）Nb、Ta、P、Zr、Hf 和 Ti，这些特征类似于岛弧俯冲带岩浆作用的特点，系为岛弧火山岩同期的幔源岩浆分异形成的典型 I 型花岗岩（陈志洪等，2009）。平水一带出露的玄武玢岩为富 Nb[(9.53～10.27)$\times10^{-6}$]玄武玢岩（陈志洪等，2009），富 Nb 玄武玢岩相对富 Na（$Na_2O/K_2O>6$），同时具有较高的 P_2O_5（1.00%）和 TiO_2（3.08%），其 Nd 同位素组成[$\varepsilon_{Nd}(t)=6.8\sim8.0$]基本与高 Mg 闪长岩一致，表现出典型富 Nb 玄武岩的特点；出露的斜长花岗岩属准铝质（A/CNK=0.84～0.89），高度富 Na 贫 K（$Na_2O/K_2O>10$），但重稀土与高场强元素 Nb、Ta 亏损，暗示其属于"SSZ"型大洋斜长花岗岩类。锆石 Hf 同位素研究显示，斜长花岗岩具极高的 Hf 同位素组成，$\varepsilon_{Hf}(t)$值介于 11.0～16.2 之间，能较好地对应其 Nd 同位素组成[$\varepsilon_{Nd}(t)=7.5\sim8.4$]，远超过一般壳源花岗岩的 Nd-Hf 同位素体系，与典型蛇绿岩中的斜长花岗岩同位素组成一致，因此，成因更有可能是在活动陆缘环境下，来自俯冲洋壳部分熔融的产物（具体讨论见第 3 章）。

2.2.2 新元古代侵入岩——石耳山花岗岩

2.2.2.1 石耳山岩体岩相学及年代学

石耳山岩基位于扬子块体东南缘，江南造山带东段，出露于皖浙赣交界地区。石耳山花岗岩总面积达 500km^2，岩体呈北东-南西向展布，并具强糜棱岩化，其形成时代与成因的研究对了解华南新元古代大地构造演化具有非常重要的意义。石耳山岩体侵入的最新围岩为新元古代的岛弧火山-沉积岩系，包括皖南的井潭组和浙西北、赣东北的上墅组，它们的同位素年龄为 830～800Ma（Li et al.，2008）。石耳山岩基由白际、莲花山、灵山、齐溪田、王野坞等岩体组成（图 2-18），主要岩性为斑状花岗岩，其中碱长花岗岩较发育，其次有黑云母二长花岗岩、黑云母花岗岩等。花岗岩的主要矿物组成为正长石（正长微纹长石）、石英和更长石（An=24～27），次要矿物和副矿物较少，包括黑云母、白云母、磁铁矿、绿帘石和锆石。此外，石耳山花岗岩在大麦坞到樟村一线以北则渐变为流纹斑岩；在晓鳙一带有约 5km^2 的闪长岩出露，包括石英闪长岩和花岗闪长岩。石耳山岩体总体上以斑状—似斑状结构为特征，表明岩体浅侵位。

石耳山岩体中锆石自形程度很好，多为柱状晶形，粒长 50～300μm，长/宽比值为 2～4，无色—棕黄色，透明度较好，部分锆石表面可见熔蚀圆化现象；从锆石阴极发光照相（CL）图像中可以看到锆石有清晰的韵律环带结构，锆石的 Th/U 比值大多大于 0.3，显示岩浆结晶锆石的特征（Corfu et al.，2003），部分锆石核部有继承锆石出现。对石耳山花岗斑岩样品进行了 LA-ICPMS 锆石 U-Pb 年龄测定，分析了 24 个点，其中 16 个分析点给出了谐和的$^{206}Pb/^{238}U$ 加权平均年龄为 794±8Ma（1σ，MSWD=3.1），

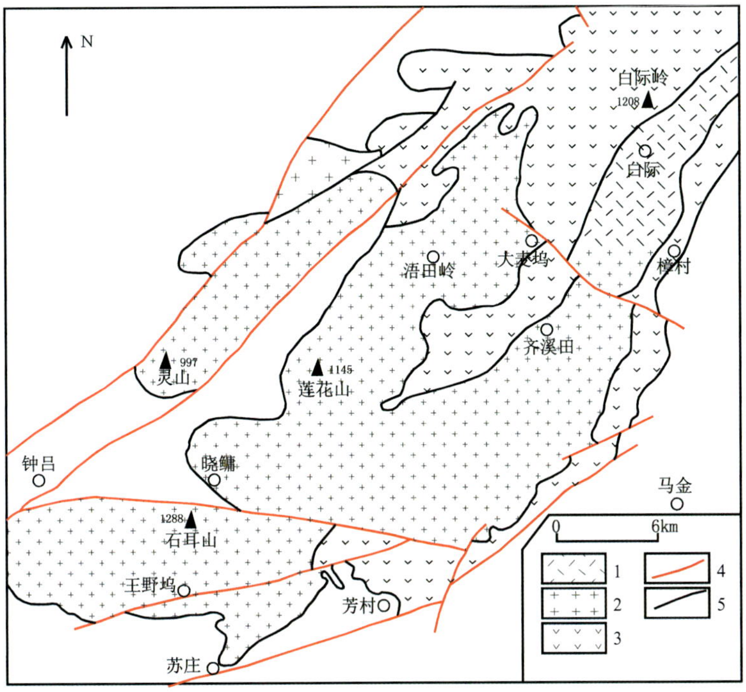

图 2 - 18　石耳山花岗岩体地质简图

1. 流纹斑岩；2. 花岗岩；3. 新元古代岛弧火山；4. 断裂；5. 不整合

该年龄数据代表石耳山花岗斑岩的结晶年龄(图 2 - 19)；其中有一个分析点为继承锆石的谐和年龄为 2087Ma，其余的分析点偏离谐和线，可能受到了 Pb 丢失的影响。对齐溪田花岗斑岩分析了 24 个点，其中 15 个分析点给出了谐和的 $^{206}Pb/^{238}U$ 加权平均年龄为 813.4±5.3Ma(1σ，MSWD=2.4)，该年龄数据代表齐溪田花岗岩的结晶年龄(图 2 - 20)；其余的分析点偏离谐和线，可能受到了 Pb 丢失的影响。本次测定的石耳山花岗斑岩的年龄数据与吴荣新等(2006)和 Wang Xiaolei et al. (2013)关于皖南石耳山花岗岩年龄数据基本一致，代表了岩浆的侵位时代属新元古代。齐溪田花岗斑岩的年龄数据与薛怀民等(2010)报道的灵山岩体和莲花山岩体的年龄数据一致。结合前人研究资料，表明石耳山岩基的形成时代为新元古代，持续时间较长，为 815～780Ma。

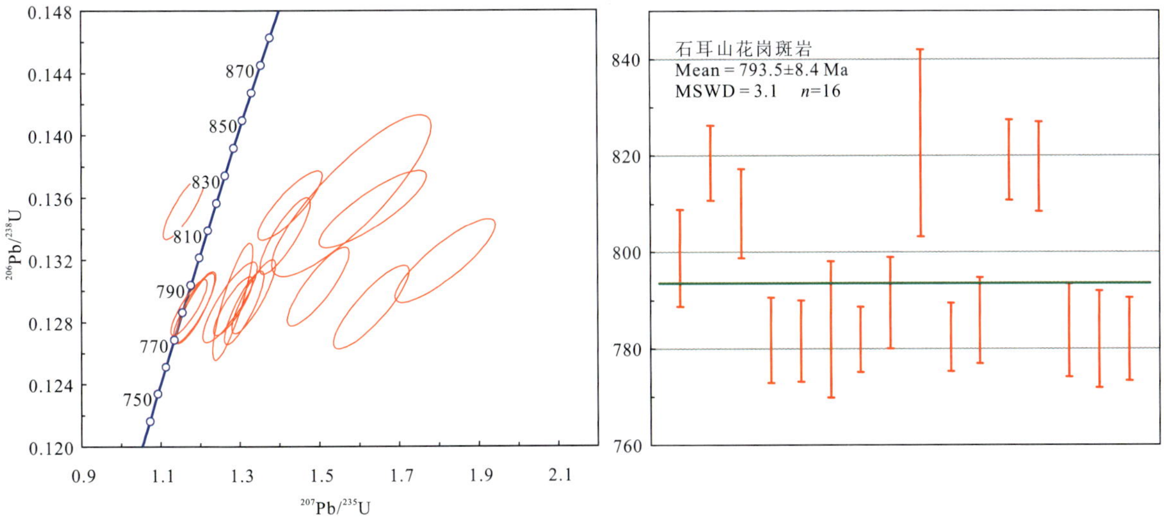

图 2 - 19　石耳山花岗斑岩锆石 U - Pb 年龄谐和图(左)和 $^{206}Pb/^{238}U$ 年龄加权平均值(右)

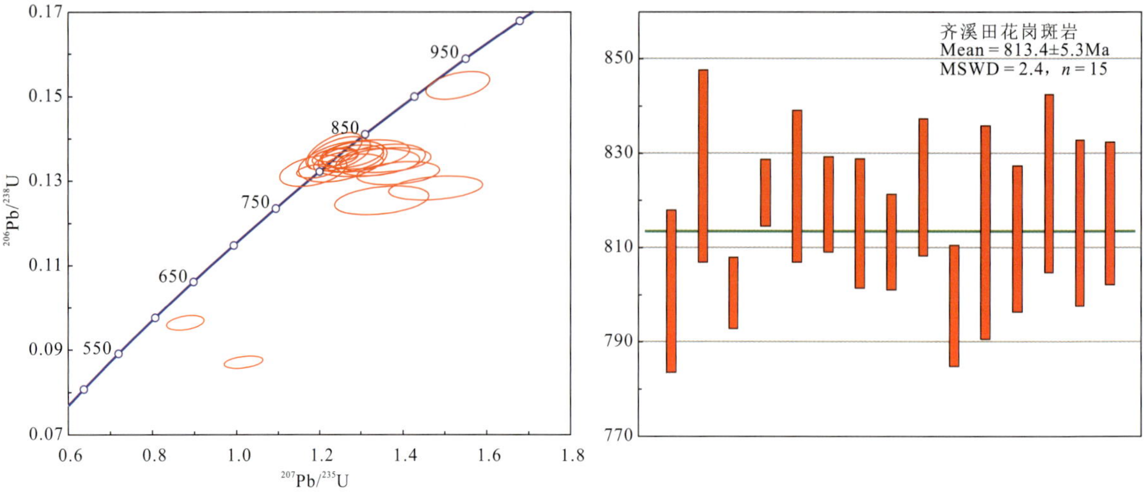

图 2－20　齐溪田花岗斑岩锆石 U－Pb 年龄谐和图(左)和$^{206}Pb/^{238}U$年龄加权平均值(右)

2.2.2.2　石耳山岩体地球化学特征

石耳山花岗岩高 SiO_2(69.34%～78.5%)(表 2－4，图 2－21 左)、高 K_2O(4.05%～6%)和高 K_2O/Na_2O比值(1.2～3.0)；岩石 Al_2O_3 含量不高，介于 10.93%～12.64%之间，在 A/CNK－A/NK 图解上，主要落入准铝质—过铝质区域(图 2－21 右)。

表 2－4　石耳山岩体主量元素与微量元素分析结果(%)

岩体	灵山岩体					莲花山岩				石耳山花岗斑岩			
样号	WN305	WN303	WN304	WN306	WN307	WN312	WN314	03WN68	03WN70	WN311	03WN60	03WN61	03WN64
SiO_2	71.67	77.11	78.13	77.21	77.70	77.26	77.16	77.88	78.60	77.44	78.5	69.34	76.02
TiO_2	0.15	0.10	0.07	0.11	0.13	0.14	0.13	0.10	0.07	0.09	0.22	0.28	0.21
Al_2O_3	12.64	11.90	11.22	11.51	11.04	11.36	10.93	11.59	11.73	11.74	11.80	12.25	12.52
Fe_2O_3	0.72	1.06	0.85	0.32	0.32	1.16	0.87	1.54	1.00	1.08	1.55	2.21	1.69
FeO	0.60	0.25	0.10	0.80	1.0	0.35	0.6			0.10			
MnO	0.03	0.02	0.01	0.02	0.02	0.03	0.03	0.03	0.02	0.02	0.01	0.07	0.02
MgO	0.14	0.11	0.08	0.14	0.16	0.07	0.06	0.17	0.18	0.13	0.29	0.45	0.26
CaO	2.20	0.09	0.08	0.56	0.66	0.14	0.60	0.57	0.32	0.16	0.26	4.03	1.40
Na_2O	4.47	3.23	3.78	3.45	3.71	3.79	4.07	2.79	2.89	2.06	1.57	2.25	1.71
K_2O	5.21	4.92	5	5.1	4.46	4.95	4.64	4.44	4.44	6	4.28	4.05	4.74
P_2O_5	0.02	0.01	0.01	0.03	0.03	0.02	0.01	0	0	0.04	0.01	0.05	0
烧失量	1.85	0.99	0.52	0.52	0.50	0.54	0.65	0.63	0.50	0.96	1.25	4.28	1.03
总计	99.7	99.79	99.85	99.77	99.73	99.81	99.75	99.74	99.755	99.82	99.77	99.26	99.60
A/CNK	0.74	1.10	0.95	0.94	0.91	0.96	0.85	1.11	1.16	1.15	1.53	0.79	1.19
Na_2O+K_2O	9.68	8.15	8.78	8.55	8.17	8.74	8.71	7.23	7.33	8.06	5.85	6.30	6.45
K_2O/Na_2O	1.17	1.52	1.32	1.48	1.20	1.31	1.14	1.59	1.54	2.91	2.73	1.80	2.77
里特曼指数 σ	3.27	1.95	2.19	2.14	1.92	2.23	2.22	1.50	1.51	1.89	0.96	1.51	1.26
碱度率 AR	4.16	3.64	5.37	3.99	4.64	5.16	5.97	2.95	3.09	2.57	2.01	1.92	1.94

续表 2-4

岩体	灵山岩体					莲花山岩				石耳山花岗斑岩			
样号	WN305	WN303	WN304	WN306	WN307	WN312	WN314	03WN68	03WN70	WN311	03WN60	03WN61	03WN64
TFeO/MgO	8.90	10.93	10.79	7.77	8.05	19.88	23.02	8.13	4.99	8.23	4.80	4.41	5.84
微量元素(10^{-6})													
Ni	2.44	0.561	0.51	0.986	1.52	0.505	0.767	0.74	6.4	0.599	2.7	3.55	15.59
Ga	19.7	16.6	14.6	14.7	18.7	19.8	20.3	19.36	15.12	13.3	15.86	15.94	15.34
Rb	255	213	271	183	160	200	188	196.2	183.5	353	196.4	149.5	162.4
Sr	31.4	15.6	8.14	6.78	23.1	20.9	21.8	23.98	23.29	6.52	18.87	57.9	61.37
Y	79.5	69.9	51.0	33.6	65.3	54.7	77.5	71.46	78.27	33.9	38.33	43.32	41.96
Zr	193	241	136	148	175	283	243	287	148.3	139	172.2	211.4	148
Nb	19	14.8	18.1	13.7	13.2	14.8	15.8	15.25	14.867	12.2	9.017	9.213	7.812
Ba	213	617	73.4	80.4	424	675	640	709.7	532.5	60.4	677.2	1803.4	848.8
Hf	8.32	10.3	6.35	6.28	6.9	10.1	8.86	7.54	5.86	6.06	5.54	7.12	5
Ta	1.98	1.37	1.77	1.56	1.15	1.26	1.3	1.26	1.06	1.47	0.78	0.72	0.67
Th								19.15	15.95		19.74	20.28	16.47
U	6.32	2.81	3.47	3.17	3.64	3.24	3.89	4.16	3.53	4.39	4.05	2.92	3.08
La	40	20.4	13.5	17	36.7	37.5	52.5	48.6	39.95	6.67	29.5	49.93	32.03
Ce	85.1	65.5	18.1	49.9	77.9	104	103	98.19	86.65	33.3	62.86	98.86	67.91
Pr	10.5	4.83	3.91	4.42	9.36	9.68	13.1	13.14	10.97	2.02	7.96	11.77	8.31
Nd	42.7	19.4	16.4	17.4	38.6	38.6	53	51.49	42.45	7.75	30.8	43.06	29.31
Sm	10.3	4.6	4.67	4.13	8.7	7.72	11.5	11.86	9.73	2.5	6.74	8.47	6.32
Eu	0.522	0.658	0.107	0.187	0.748	0.933	1.32	1.07	0.68	0.069	0.64	1.01	0.67
Gd	10.4	5.54	5.74	4.34	9.07	7.65	11.7	12.97	10.29	3.14	6.77	7.68	5.94
Tb	2.06	1.41	1.26	0.811	1.76	1.46	2.13	2.28	1.94	0.796	1.24	1.25	1.1
Dy	13.8	11.1	8.75	5.64	11.4	9.8	14.2	12.68	11.26	5.82	7.12	7.22	6.5
Ho	2.76	2.42	1.79	1.12	2.26	2.02	2.8	2.85	2.33	1.23	1.47	1.43	1.32
Er	8.44	7.82	5.63	3.59	6.77	6.4	8.37	7.8	6.63	3.98	4.1	3.94	3.83
Tm	1.32	1.24	0.898	0.573	1.07	1.06	1.3	1.3	1.12	0.68	0.65	0.66	0.61
Yb	8.98	8.51	6.14	3.95	6.98	7.35	8.49	8.98	7.57	4.89	4.48	4.29	3.95
Lu	1.42	1.35	0.918	0.638	1.11	1.14	1.33	1.48	1.11	0.791	0.74	0.66	0.58
REE	238.3	154.8	87.8	113.7	212.4	235.3	284.7	274.7	232.7	73.6	165.1	240.2	168.4
LREE/HREE	3.8	2.9	1.8	4.5	4.3	5.4	4.7	4.5	4.5	2.5	5.2	7.9	6.1
δF	0.15	0.40	0.06	0.13	0.26	0.37	0.34	0.26	0.21	0.08	0.29	0.38	0.33
$(La/Yb)_N$	3.20	1.72	1.58	3.09	3.77	3.66	4.44	3.88	3.79	0.98	4.72	8.35	5.82
$(La/Sm)_N$	2.51	2.86	1.87	2.66	2.72	3.14	2.95	2.65	2.65	1.72	2.83	3.81	3.27
$(La/Lu)_N$	0.91	0.51	0.77	0.84	1.01	0.83	1.09	1.08	1.15	0.49	1.13	1.44	1.27
Zr+Ce+Nb+Y	377	391	223	245	331	457	439	472	328	218	282	363	266
10 000Ga/Al	2.94	2.63	2.46	2.41	3.20	3.29	3.51	3.16	2.43	2.14	2.54	2.46	2.31
T_{Zr}(℃)	760	836	770	775	787	836	807	855	797	791	835	779	798

据薛怀民等,2010;吴荣新等,2005。

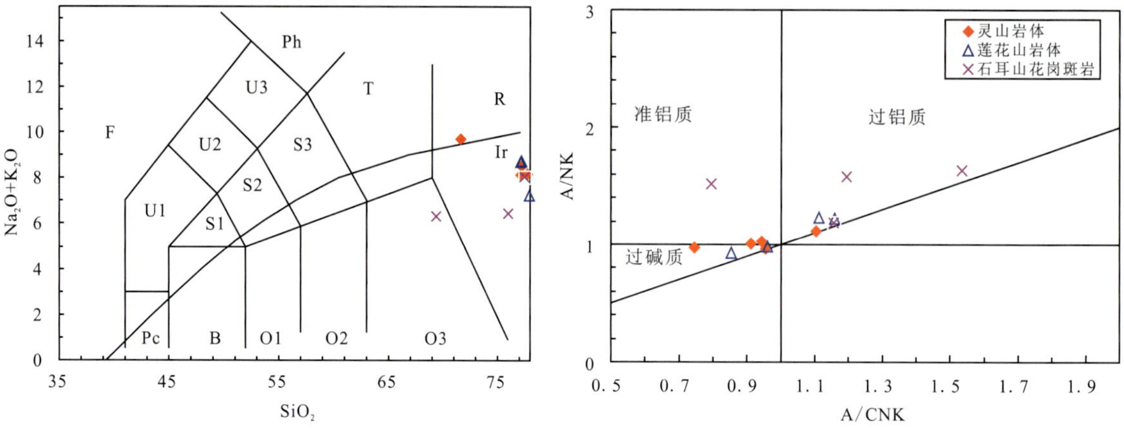

图 2-21　石耳山岩体的 SiO_2 -(Na_2O+K_2O)图解(左)和 A/NK-A/CNK 图解(右)

(岩体数据来自薛怀民等,2010;吴荣新等,2005)

石耳山岩体稀土元素总量 ΣREE 不高,介于(87.8～284.7)$\times10^{-6}$,轻重稀土分馏不明显[$(La/Yb)_N$=1.72～8.35],轻稀土富集,重稀土亏损,在岩石稀土元素球粒陨石标准化配分曲线(图 2-22 左)上,呈较平缓的右倾型,表现出明显的负铕异常(δEu=0.06～0.4)。在岩石原始地幔标准化蛛网图(图 2-22 右)上,石耳山岩体亏损 Nb、Ta 等高场强元素和 Ba、Sr 等大离子亲石元素。

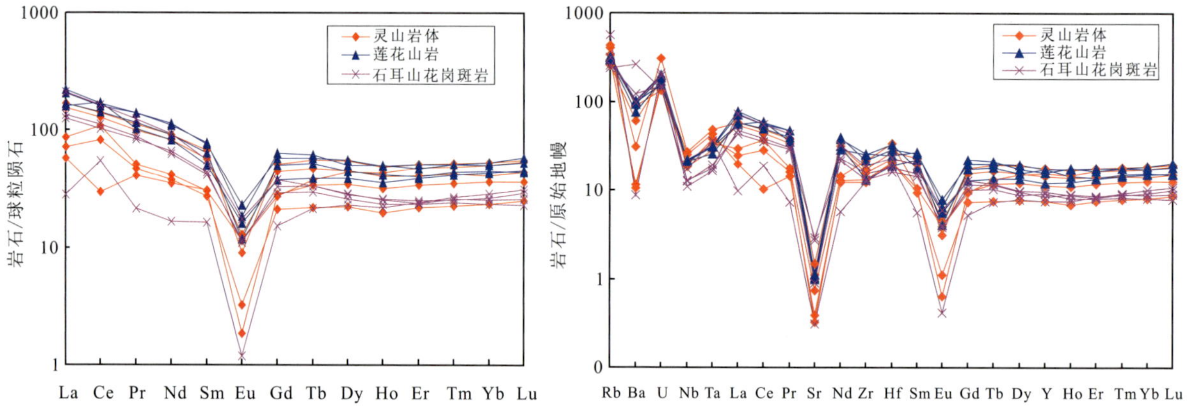

图 2-22　石耳山岩体标准化 REE 图(左)和蛛网图(右)

(标准化数据来自 Sun & McDonough,1989;岩体数据来自薛怀民等,2010;吴荣新等,2005)

2.2.2.3　石耳山岩体 Sr-Nd 同位素特征

石耳山岩体的 Sr-Nd 同位素组成见表 2-5。样品的初始 I_{Sr} 值很低,为 0.5168～0.6998,多数低于 BABI 值(0.698 97),为不合理值。这是因为样品具有很高的 $^{87}Rb/^{86}Sr$ 比值(7.5～30.5),而 Rb-Sr 体系受到后期热液扰动所造成的,因此 Sr 同位素组成不具有参考意义。样品的 Nd 同位素组成非常一致,$^{143}Nd/^{144}Nd$ 比值范围为 0.512 277～0.512 339,$\varepsilon_{Nd}(t)$值接近于零[$\varepsilon_{Nd}(t)$=-0.99～0.72],对应的 Nd 同位素模式年为 T_{DM}=1.4～1.76Ga,指示其岩浆源区含有显著的亏损地幔组分。

2.2.2.4　石耳山岩体锆石 Hf-O 同位素和矿物 O 同位素组成

石耳山花岗岩的锆石 Lu-Hf-O 同位素组成见表 2-6。

表 2-5　石耳山花岗岩 Sr-Nd 同位素分析结果(10^{-6})

样号	年龄(Ga)	Rb	Sr	$^{87}Rb/^{86}Sr$	$^{87}Sr/^{86}Sr$ (±2σ)	$I_{Sr}(t)$	Sm	Nd	$^{147}Sm/^{144}Nd$	$^{143}Nd/^{144}Nd$ (±2σ)	$\varepsilon_{Nd}(t)$	T_{DM}(Ga)	参考文献
03WN60	777	196.4	18.87	30.453	0.855 985±15	0.516 815	6.74	30.8	0.1322	0.512 331±9	0.44	1.53	吴荣新等,2005
03WN61	777	149.5	57.9	7.502	0.783 363±17	0.699 810	8.47	43.05	0.119	0.512 277±10	0.72	1.4	
03WN64	777	162.4	61.37	7.687	0.781 508±16	0.695 892	6.32	29.31	0.1304	0.512 327±9	0.55	1.5	
03WN68	777	196.2	23.98	24.039	0.899 398±16	0.631 661	11.86	51.49	0.1393	0.512 317±8	−0.53	1.7	
03WN70	777	183.5	23.29	23.179	0.912 766±16	0.654 610	9.73	42.45	0.1386	0.512 339±9	−0.04	1.64	
10SS-9-1	780						9.56	41.3	0.139 951	0.512 297	−0.99	1.76	Wang Xiaolei et al., 2013

表 2-6　石耳山花岗岩锆石 Lu-Hf-O 同位素分析结果

样号	$\delta^{18}O$(‰) VSMOW	2σ	t(Ma)	$^{176}Yb/^{177}Hf$	$^{176}Lu/^{177}Hf$	$^{176}Hf/^{177}Hf$	2σ	$(^{176}Hf/^{177}Hf)_i$	$\varepsilon_{Hf}(t)$	2σ	T_{DM} (Ga)	T_{DM2}(Ga)	参考文献
SS-01	7.44	0.41	788	0.055 033	0.001 938	0.282 435	0.000 032	0.282 406	4.48	1.1	1.18	1.41	Wang Xiaolei et al., 2013
SS-02	7.19	0.41	777	0.070 248	0.002 422	0.282 457	0.000 025	0.282 421	4.76	0.9	1.17	1.39	
SS-03	6.42	0.41	774	0.050 862	0.001 708	0.282 501	0.000 022	0.282 476	6.63	0.8	1.08	1.26	
SS-04	7.21	0.41	791	0.047 917	0.001 662	0.282 465	0.000 021	0.282 440	5.74	0.7	1.13	1.33	
SS-05	7.00	0.41	775	0.059 228	0.002 102	0.282 439	0.000 027	0.282 408	4.25	1.0	1.18	1.42	
SS-06	6.98	0.23	788	0.055 933	0.001 916	0.282 457	0.000 029	0.282 429	5.28	1.0	1.15	1.36	
SS-07	7.35	0.23	784	0.047 422	0.001 600	0.282 414	0.000 036	0.282 391	3.83	1.3	1.20	1.45	
SS-08	7.34	0.23	784	0.053 101	0.001 850	0.282 459	0.000 023	0.282 431	5.27	0.8	1.15	1.36	
SS-09	7.21	0.23	772	0.054 944	0.001 854	0.282 399	0.000 030	0.282 372	2.90	1.0	1.23	1.50	
SS-10	6.99	0.23	780	0.062 849	0.002 119	0.282 449	0.000 031	0.282 418	4.70	1.1	1.17	1.39	
SS-11	7.17	0.23	786	0.051 037	0.001 747	0.282 458	0.000 033	0.282 432	5.35	1.2	1.15	1.36	
SS-12	6.99	0.23	773	0.101 385	0.003 448	0.282 501	0.000 031	0.282 451	5.74	1.1	1.14	1.32	
SS-13	7.01	0.23	780	0.068 343	0.002 335	0.282 442	0.000 033	0.282 408	4.36	1.2	1.19	1.41	
SS-14	7.07	0.23	784	0.042 864	0.001 502	0.282 458	0.000 033	0.282 436	5.43	1.2	1.14	1.35	
SS-15	6.92	0.23	792	0.038 750	0.001 362	0.282 471	0.000 031	0.282 450	6.13	1.1	1.12	1.31	

石耳山花岗岩样品 Lu－Hf 同位素组成非常一致，$^{176}Hf/^{177}Hf$ 比值范围为 0.282 399～0.282 501，初始 Hf 同位素($^{176}Hf/^{177}Hf$)$_i$ 比值为 0.282 372～0.282 476，$\varepsilon_{Hf}(t)$ 为正值[$\varepsilon_{Hf}(t)$＝2.9～6.63]，对应的锆石 Hf 同位素模式年龄 T_{DM}＝1.08～1.23Ga，二阶段模式年龄 T_{DM2}＝1.26～1.50Ga(图 2－23)。

石耳山花岗岩的锆石 O 同位素组成比较均一，除莲花山岩体有一个 $\delta^{18}O$ 的低值为 2.43‰，其余锆石 O 同位素的 $\delta^{18}O$＝5.78‰～7.44‰，显示石耳山花岗岩为较低 $\delta^{18}O$ 值岩浆岩，相对较小的 $\delta^{18}O$ 值变化范围。其余矿物与锆石相比，大多数表现出较大的 $\delta^{18}O$ 值变化范围，如石英的 $\delta^{18}O$ 值范围 1.8‰～9.3‰，说明石英的 $\delta^{18}O$ 值可能受到热液蚀变影响。

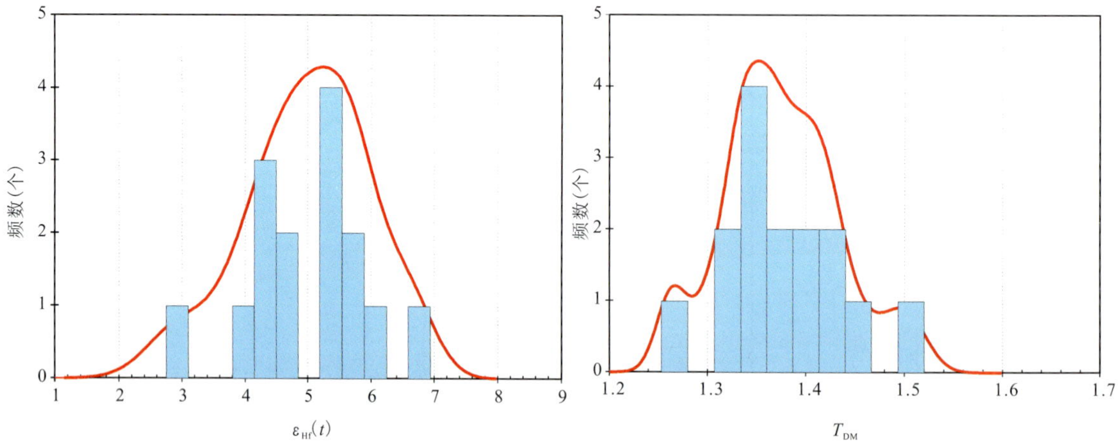

图 2－23 石耳山花岗岩 $\varepsilon_{Hf}(t)$ 频数分布图(左)和 T_{DM2} 频数分布图(右)

(数据自 Wang Xiaolei et al.，2013)

2.2.2.5 石耳山岩体构造环境

石耳山岩体具有较高的 K_2O 含量，较低的稀土元素含量、强烈亏损 Nb、Ta 等高场强元素和 Ba、Sr 等大离子亲石元素。据 Pearce et al.(1984)的 Nb－Y 图解和 Rb－Y＋Nb 判别图解，样品投影点区域基本一致，位于区域处于交界处，表明它们在整体上共同受制于同一大地构造演化背景(图 2－24)。

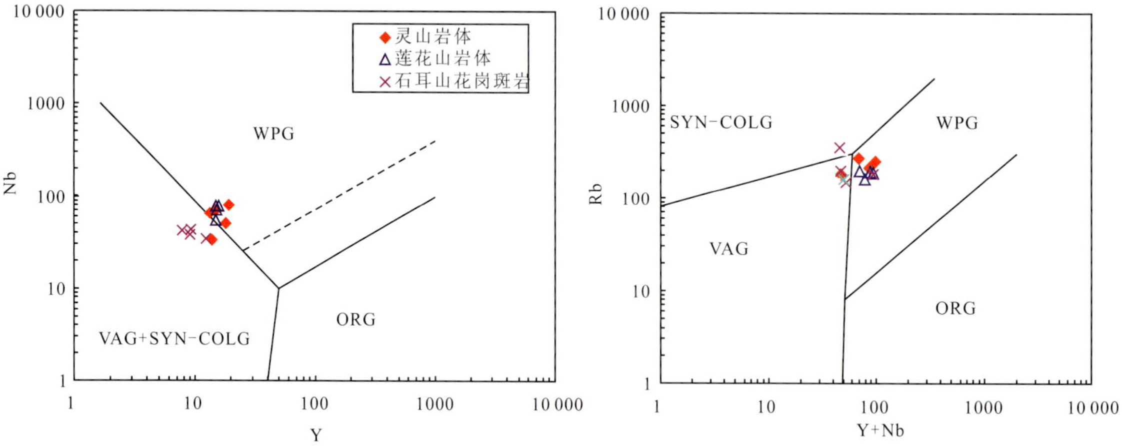

图 2－24 石耳山岩体的构造环境判别图解

(判别图据 Pearce et al.，1984)

特别是石耳山岩基中的灵山和莲花山岩体在地球化学特征上更多的表现出 A 型花岗岩性质，在图 2-24 上也可以看出，这两个岩体更多地投影在板内构造区域内。由此，按照野外侵入接触关系及同位素年代学资料，石耳山花岗斑岩的形成时代稍晚，更有可能形成于板内伸展环境。

石耳山岩体总体上以斑状（似斑状）结构为特征，表明岩浆具有较快的冷却结晶速度，岩体侵位浅。石耳山岩体的锆石阴极发光照相中，可见有较多的残留锆石核或继承锆石，说明样品达到了元素锆饱和。根据岩石化学和 Zr 含量分析结果（Watson & Harrison，1983），计算得到的锆石饱和温度为 760～855℃，代表了石耳山岩体岩浆的形成温度。

石耳山花岗岩样品锆石保存了原岩的 $\delta^{18}O$ 值，说明其原岩岩浆为低 $\delta^{18}O$ 值岩浆，是由低 $\delta^{18}O$ 值围岩部分熔融产生，且不同低 $\delta^{18}O$ 值的岩浆没有均一化，表明石耳山花岗岩浆处于熔体状态的时间很短，从高温热液蚀变到蚀变围岩的部分熔融再到岩浆侵位冷却几乎是同期的（吴荣新等，2005）。石耳山低 $\delta^{18}O$ 岩浆岩的存在，证实新元古代扬子板块周缘除扬子北缘苏鲁-大别超高压带新元古代低 $\delta^{18}O$ 岩浆岩（Zheng Yongfei et al.，2004）外，在扬子板块东南缘同样存在低 $\delta^{18}O$ 岩浆活动，说明扬子板块周边新元古代低 $\delta^{18}O$ 岩浆活动可能是广泛存在的现象。

前人研究资料表明，在浙西北—皖南—赣东北一带，广泛存在 1000～800Ma 的幔源岛弧岩浆活动，与扬子板块和华夏板块之间的洋壳消减及板块汇聚有关（Li & Li，2003；程海，1993；沈渭洲和徐步台，1999），沿着大陆边缘形成初生地壳。浙江相邻地区的皖南花岗闪长岩和江西九岭花岗岩体的锆石 U-Pb 年龄均约 820Ma（Li et al.，2003；吴荣新等，2005），赣东北桃源双峰式火山岩 SHRIMP 锆石 U-Pb 年龄报道为 818±12Ma（Wang et al.，2003），这些都说明在浙西北—皖南—赣东北一带广泛存在约 820Ma 的岩浆活动记录。约 820Ma 的热事件使岩石圈地幔及其上覆地壳加热，导致拉伸地壳内部的初生地壳重熔形成岩浆岩，这一时期石耳山花岗岩开始形成。

2.2.3　道林山—章村地区双峰式复合侵入岩

诸暨次坞及道林山一带与富阳章村地区新元古代侵入岩由碱长花岗岩体和辉绿岩组成，它们在空间上紧密伴生，形成时间相近，构成一套基性—酸性双峰式侵入岩组合。

侵入岩总体呈北东向长条状分布，长约 20km，宽 4～5km，出露面积约 46km²（其中辉绿岩面积约 14.5km²，花岗岩面积约 31.5km²），沿双溪坞群组成的背斜核部侵入（图 2-25）。野外多处可见钾长花岗岩侵入于辉绿岩中，后者常呈残留顶盖产出；或辉绿岩被花岗岩切割，呈脉状或包体形式被花岗岩包裹，无定向；特别是在章村一带，明显可见两者相互交错共生，大多无突变接触带，且可见两者岩浆混合现象（图 2-26），表明它们基本同时侵位，构成典型的双峰式侵入岩组合。

2.2.3.1　道林山—章村地区双峰式复合侵入岩岩相学年代学

花岗岩体岩性单一，主要为钾长花岗岩，边部因同化混染而局部过渡为花岗岩和二长花岗岩，出露面积约 31.5km²，局部不同程度绿泥石化、绿帘石化及绢云母化。钾长花岗岩呈肉红色，具细粒、细中粒花岗结构和文象结构，矿物组合简单，主要由微纹长石（65%～80%）、石英（20%～35%）组成，次有少量斜长石（<5%）和微量角闪石（<3%）（图 2-27 左）；其中角闪石 Ng′为深绿色，Nm′为橄榄绿色，Np′为黄棕色，个别被钠闪石交代。副矿物以锆石、铁质矿物等为主，榍石偶见；其中锆石晶形普遍较简单，柱面发育，多数晶体仅见{110}，部分{100}、{110}，锥面以{111}常见，次为{101}，根据 Pupin（1980）的锆石群型分类，以相当于 G_1 亚型者居多，次为 P_5 亚型，推断岩体形成温度约 850℃，而在温度降到约 600℃时结晶出较多锆石。

辉绿岩体出露面积约 15km²，呈墨绿色，具典型辉绿结构、嵌晶含长结构，主要由斜长石（60%～80%）、辉石（10%～30%）和角闪石（4%～30%）组成（图 2-27 右），副矿物有磁铁矿、磷灰石、钛铁矿、锆石等；其中斜长石呈柱状、板柱状，大小在（1.5mm×3mm）～（2mm×3.5mm）；辉石多为普通辉石，粒

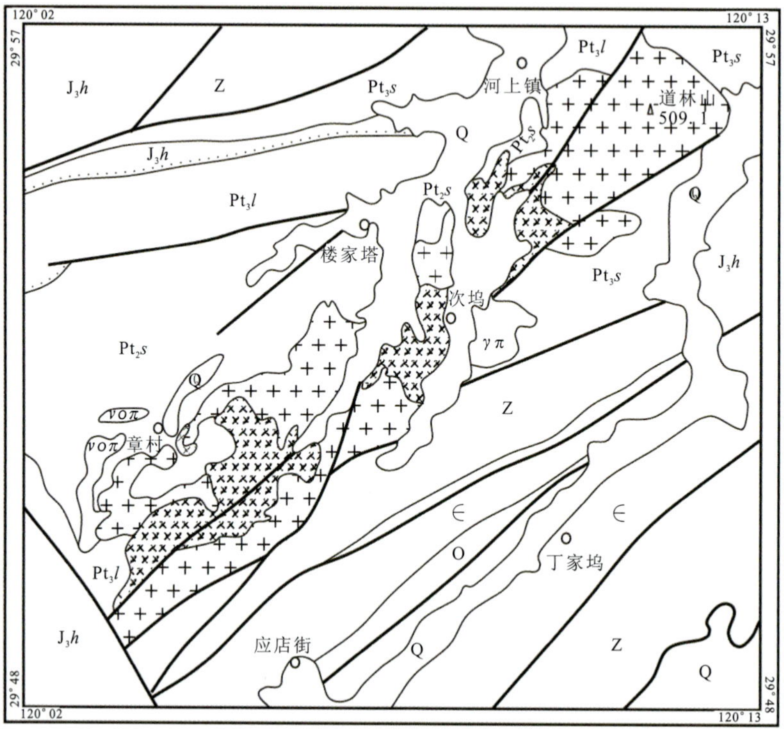

图 2-25　道林山—章村地区双峰式复合侵入岩地质简图

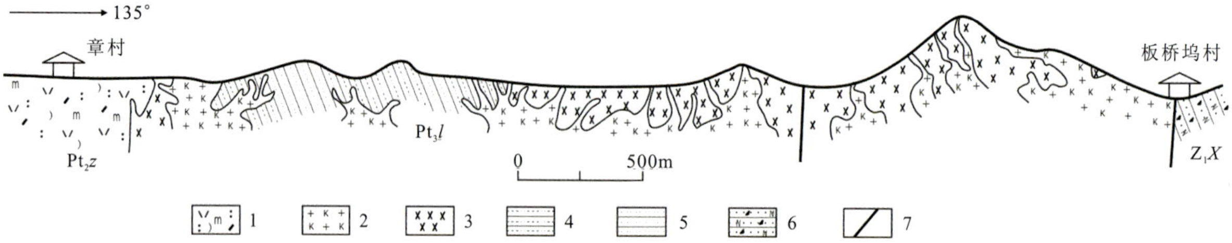

图 2-26　道林山双峰式侵入岩章村—板桥坞村剖面图

（据 1∶5 万河上镇幅修改，2006）

1. 流纹质晶玻屑凝灰岩；2. 钾长花岗岩；3. 辉绿岩；4. 粉砂质泥岩；5. 粉砂岩；6. 岩屑长石砂岩；7. 断层

图 2-27　道林山钾长花岗岩（左）和辉绿岩（右）

（据 Li Xianhua et al.，2008）

径 1～2mm，少数在 2.5～3.5mm 之间；矿物粒度变化规律较明显，表现为由南东向北西粒度变细。角闪石的存在表明岩浆富含 H_2O。岩石普遍发生绢云母化、绿泥石化和碳酸盐化等次生蚀变。

从区域地质上分析，新元古代河上镇群上墅组以流纹岩和玄武岩构成双峰式火山岩组合为特征。上墅组火山岩与该复合侵入岩都为双峰式组成，具有同源异相特征。

Li Xianhua 等(2008)用 SHRIMP 锆石 U－Pb 定年，测得南道林山钾长花岗岩年龄为 794±9Ma；Wang Qiang et al.(2010)分别用 SHRIMP 和 LA－ICPMS 锆石 U－Pb 定年测得北道林山花岗岩的年龄为 775±13Ma、780±6Ma，比南道林山钾长花岗岩的年龄稍微小。周超(2012)用 LA－ICPMS 锆石 U－Pb 定年测得富阳大章村河边辉绿岩和富阳一平采石场辉绿岩的年龄分别为 812.0±6.6Ma、812.0±5.2Ma，二者基本一致；测得富阳大章村河边花岗岩和富阳一平采石场花岗岩分别为 801.4±6.1Ma 和 814.4±2.4Ma。说明复合岩体辉绿岩和花岗岩(钾长花岗岩)为基本同时侵位的双峰式侵入岩，侵位时间 815～775Ma。

2.2.3.2　道林山—章村地区双峰式复合侵入岩地球化学特征

道林山—章村地区花岗岩总体表现为 SiO_2 含量较高(67.51%～76.83%)，而道林山—章村辉绿岩的 SiO_2 范围为 43.85%～56.67%，与同期道林山花岗岩构成明显的双峰式侵入岩(图 2－28 左)。

其中道林山—章村地区花岗岩富碱(Na_2O+K_2O=7.69%～9.29%)，里特曼指数 σ=1.96～2.94，为钙碱性系列；在 A/CNK－A/NK 图解上，道林山花岗岩主要落入弱碱—弱铝质区域(图 2－28 右)。

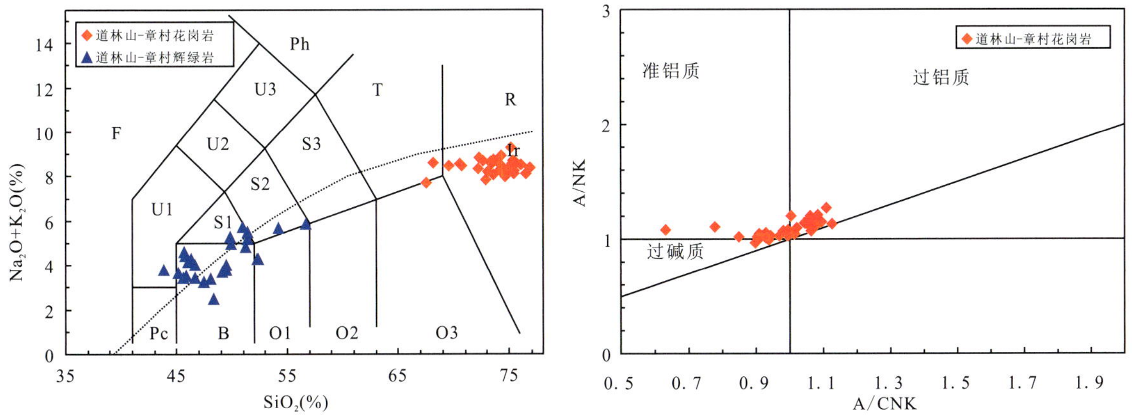

图 2－28　道林山-章村复合侵入岩 SiO_2－(Na_2O+K_2O)图解(左)和 A/NK－A/CNK 图解(右)

(数据主要来自 Li Xianhua et al.，2008；Wang Qiang et al.，2010；卢成忠等，2006、2009；周宇章等，2006；周超，2012)

辉绿岩的 Mg′=23.5～66.7，其中部分辉绿岩的 Mg′较低，说明辉绿岩的基性岩浆很可能经历了橄榄石等的结晶分异。在 AFM 图解上，道林山—章村辉绿岩显示拉斑质玄武岩特征(图 2－29)。

在稀土元素组成上，道林山-章村辉绿岩稀土元素总量 ΣREE 不高，为(64.5～235.6)×10^{-6}，轻、重稀土分馏不明显，轻稀土相对富集[$(La/Yb)_N$=2.02～5.06]，在稀土元素球粒陨石标准化配分曲线(图 2－30 左)上，呈平缓的右倾型，除个别样品外，基本无明显的铕异常(δEu=0.72～1.06)。在原始地幔标准化蛛网图(图 2－30 右)上，辉绿岩富集 K、Rb、Ba 等大离子亲石元素(LILE)，亏损 Sr 和 Nb、Ta、Zr、Hf、Y 等高场强元素(HFSE)。

道林山-章村花岗岩稀土总量稍高 ΣREE=(142～441.99)×10^{-6}，轻、重稀土分馏不明显[$(La/Yb)_N$=2.11～6.33]，具明显的负 Eu 异常(δEu=0.21～0.72)在稀土元素球粒陨石标准化配分曲线上，呈平缓的右倾“V”字形(图 2－30 左)；在微量元素呈现明显的 Zr 正异常以及 Ba、Sr、Ti、Nb、Ta 负异常(图 2－

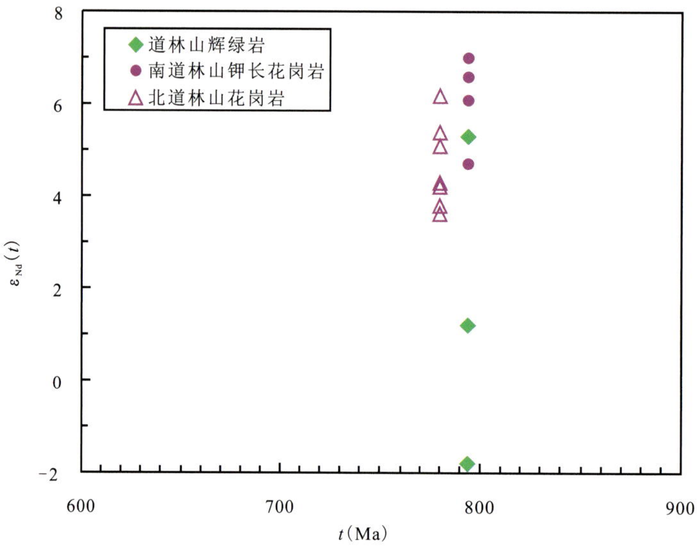

图 2-31　道林山复合侵入岩 t(Ma)-$\varepsilon_{Nd}(t)$图

（数据主要来自 Li Xianhua et al.,2008;Wang Qiang et al.,2010）

表 2-8　北道林山花岗岩锆石 Lu-Hf 同位素组成

点号	t(Ma)	$^{176}Yb/^{177}Hf$	$^{176}Lu/^{177}Hfa$	$^{176}Hf/^{177}Hf$	1σ	$\varepsilon_{Hf}(t)$	1σ	T_{DM1}(Ga)	参考文献
S1.1	780	0.0715	0.002 44	0.282 686	0.000 018	12.9	0.6	0.83	Wang Qiang et al.,2010
S2.1		0.0625	0.002 27	0.282 664	0.000 016	12.2	0.6	0.86	
S3.1		0.0859	0.0025	0.282 562	0.000 024	8.5	0.8	1.02	
S4.1		0.0539	0.001 81	0.282 653	0.000 014	12.1	0.5	0.87	
S5.1		0.0876	0.0026	0.282 689	0.000 018	13	0.6	0.83	
S6.1		0.0993	0.0029	0.282 613	0.000 020	10.1	0.7	0.95	
S7.1		0.2238	0.0066	0.282 712	0.000 027	11.7	0.9	0.9	
S8.1		0.2519	0.0075	0.282 854	0.000 042	16.2	1.5	0.68	
S9.1		0.106	0.0029	0.282 517	0.000 023	6.7	0.8	1.1	
S10.1		0.0882	0.0027	0.282 648	0.000 022	11.4	0.8	0.9	
S11.1		0.1278	0.0039	0.282 834	0.000 056	17.4	2	0.64	
S12.1		0.087	0.0026	0.282 605	0.000 025	10	0.9	0.96	
S13.1		0.2606	0.008 25	0.282 750	0.000 014	12.2	0.5	0.88	
L1.1		0.0422	0.001 54	0.282 610	0.000 014	10.7	0.5	0.92	
L2.1		0.0566	0.0019	0.282 579	0.000 016	9.4	0.6	0.98	
L3.1		0.0551	0.002	0.282 601	0.000 030	10.2	1.1	0.95	
L4.1		0.0832	0.002 88	0.282 751	0.000 024	15	0.9	0.75	
L5.1		0.0643	0.002 25	0.282 661	0.000 013	12.1	0.5	0.87	
L6.1		0.0739	0.002 66	0.282 674	0.000 017	12.4	0.6	0.86	
L7.1		0.0957	0.003 28	0.282 721	0.000 032	13.7	1.1	0.8	
L9.1		0.0667	0.0022	0.282 768	0.000 027	16	1	0.71	
L11.1		0.0763	0.002 61	0.282 753	0.000 033	15.2	1.2	0.74	
L12.1		0.1439	0.004 59	0.282 755	0.000 027	14.3	0.9	0.78	
L14.1		0.0689	0.002 42	0.2827	0.000 016	13.4	0.6	0.81	
L18.1		0.0862	0.002 86	0.282 758	0.000 023	15.3	0.8	0.74	
L20.1		0.0614	0.002 04	0.282 647	0.000 018	11.8	0.6	0.88	
L23.1		0.0728	0.002 61	0.282 718	0.000 031	14	1.1	0.79	

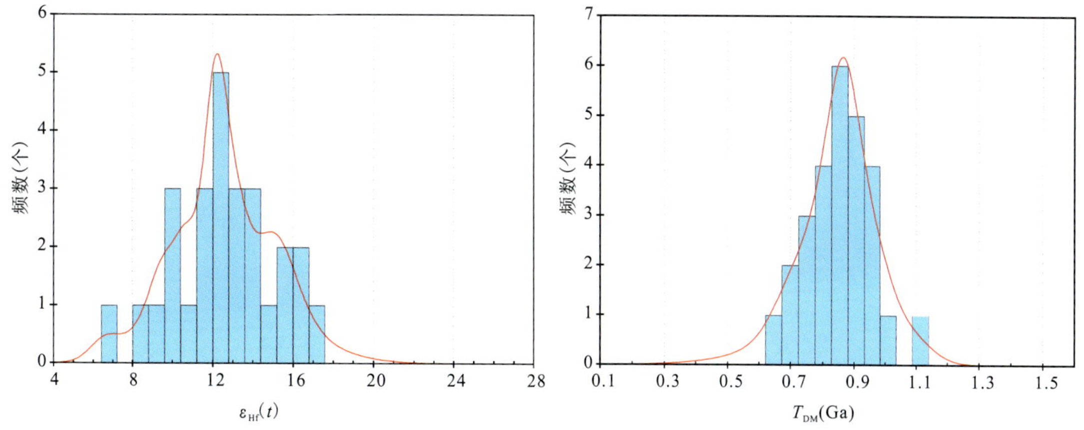

图 2-32　北道林山花岗岩 $\varepsilon_{Hf}(t)$ 频数分布图(左)和 T_{DM} 频数分布图(右)

(数据自 Wang Qiang et al.,2013)

道林山-章村花岗岩富硅、富碱,具有较高的稀土元素含量,球粒陨石标准化稀土元素图解上具明显的负 Eu 异常,呈"V"字形,并亏损 Nb、Ta、Y 等高场强元素和 Ba、Sr 等大离子亲石元素。据 Pearce et al.(1984)的 Nb-Y 图解和 Rb-Y+Nb 判别图解,道林山-章村花岗岩投影点主要位于板内构造区域(图 2-33)。

在 A 型花岗岩判别图解中,道林山-章村花岗岩样品落入 A 型花岗岩范围内(图 2-34)。

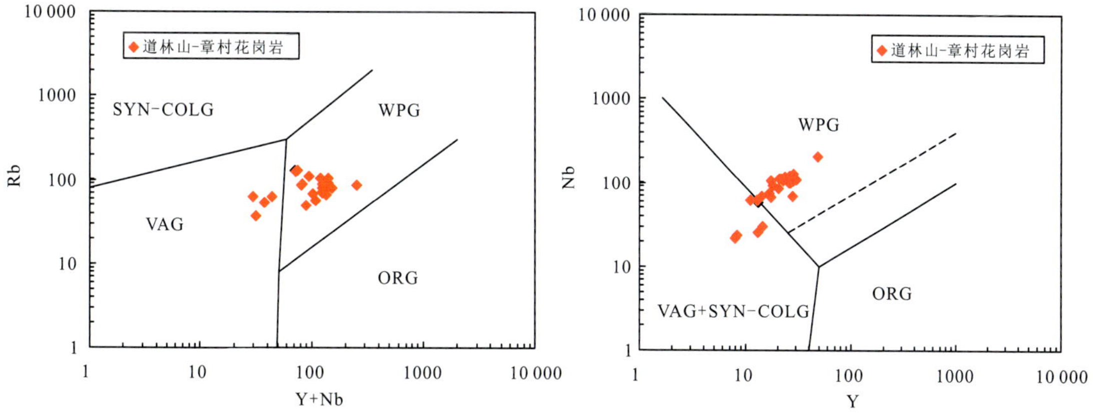

图 2-33　道林山-章村花岗岩的(Y+Nb)-Rb 和 Y-Nb 图解

(判别据 Pearce et al.,1984;岩体数据来源同图 2-28)

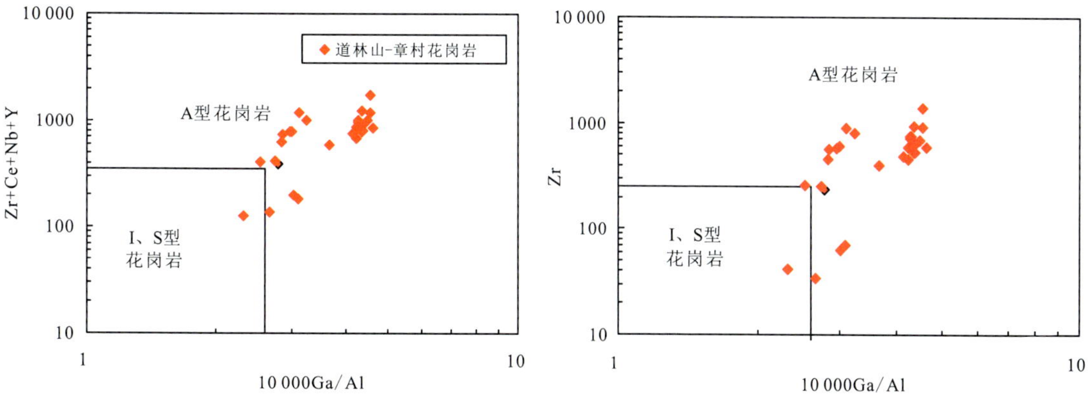

图 2-34　道林山-章村花岗岩的构造环境判别图解

(判别据 Whalen et al.,1987;数据来源同图 2-28)

A 型花岗岩又分为两个亚类：A_1 和 A_2(Eby，1992)，A_1 亚型花岗岩形成于非造山的裂谷环境，经常出现同生的铁镁质岩石，它们是地幔柱和热点活动的产物；A_2 亚型花岗岩来源于地壳，地壳物质可以通过俯冲作用进入花岗岩形成的源区。同时，Eby 认为 A_2 亚型花岗岩形成环境比较复杂，可以是岛弧、陆陆碰撞以及后碰撞的构造环境，也可以形成于非造山的构造环境。

道林山-章村 A 型花岗岩表现出 A_2 亚型花岗岩特征(图 2-35)。Collins(1982)认为造成 A_2 亚型花岗岩特殊地球化学特征的原因可能是其岩浆源区位于壳幔互动带或下地壳内。

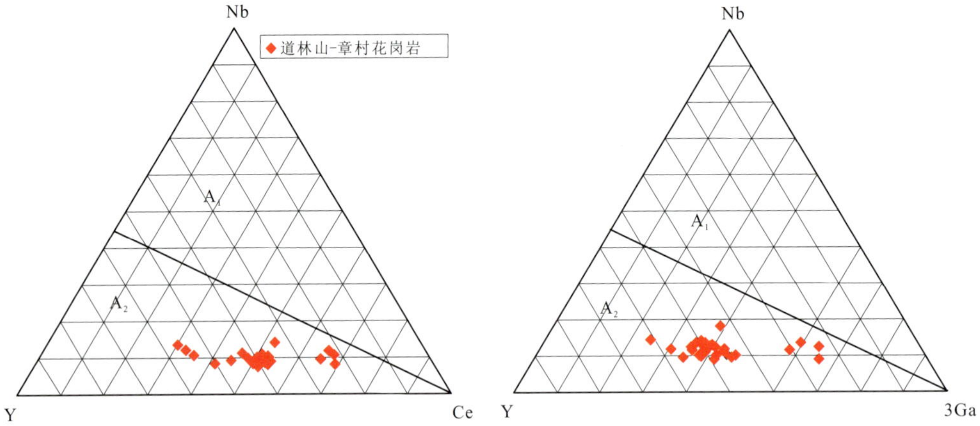

图 2-35 道林山-章村 A 型花岗岩的 Nb-Y-Ce(3Ga)判别图解

(据 Eby，1992)

2.3 加里东期岩浆岩

浙江省加里东期全省火成活动微弱，浙西北疑似震旦纪间歇性火山喷发，形成数十层沉凝灰岩夹于海相沉积层中；浙东南主要表现为混合花岗质岩浆作用，形成混合岩化花岗闪长岩、混合石英二长岩、混合二长花岗岩等。

浙江省加里东期侵入岩出露数量较少，仅在江山-绍兴断裂带以南龙泉城南以及龙游灵山等地有出露(图 2-36)，主要沿区域性大断裂柘岱口-溪口断裂带和丽水-舟山断裂带的北东界线即龙泉-老竹断裂分布。受北东向断裂的控制，岩体总体呈北东-南西向延伸，且北西、南东界线通常为断裂。侵入岩的围岩为八都群和陈蔡群变质岩系，岩体与变质围岩之间通常呈侵入接触，岩体主要为中酸性的花岗质岩类(表 2-9)。

2.3.1 加里东期岩体及岩相学

龙泉岩体位于龙泉市南部的下湾、大汪、墩头、小查田一带，呈北东向展布，长约 20km，面积约 36km^2(图 2-37)。岩体位于区域性大断裂丽水-舟山断裂带内，侵入于龙泉-老竹断裂南东侧的陈蔡群变质岩中。岩体局部见侵入接触面倾向为 295°～310°，倾角 75°。岩体南东侧被下侏罗统枫坪组沉积岩和下白垩统大爽组火山岩覆盖。

岩体中见大量捕虏体或残留体(图 2-38 左)，成分为片岩，大者可达数百米，小者为几厘米，尤其在岩体的边部，捕虏体含量较高且个体较大，此外在变质岩围岩中也常见岩体的枝杈状细脉，局部可见岩脉岩变质岩的片理呈层状侵入(图 2-38 右)。岩体遭受后期区域变质作用，具有不同程度的变质变形，尤其是岩体的边部，变形更为明显，有向变粒岩过渡的趋势。

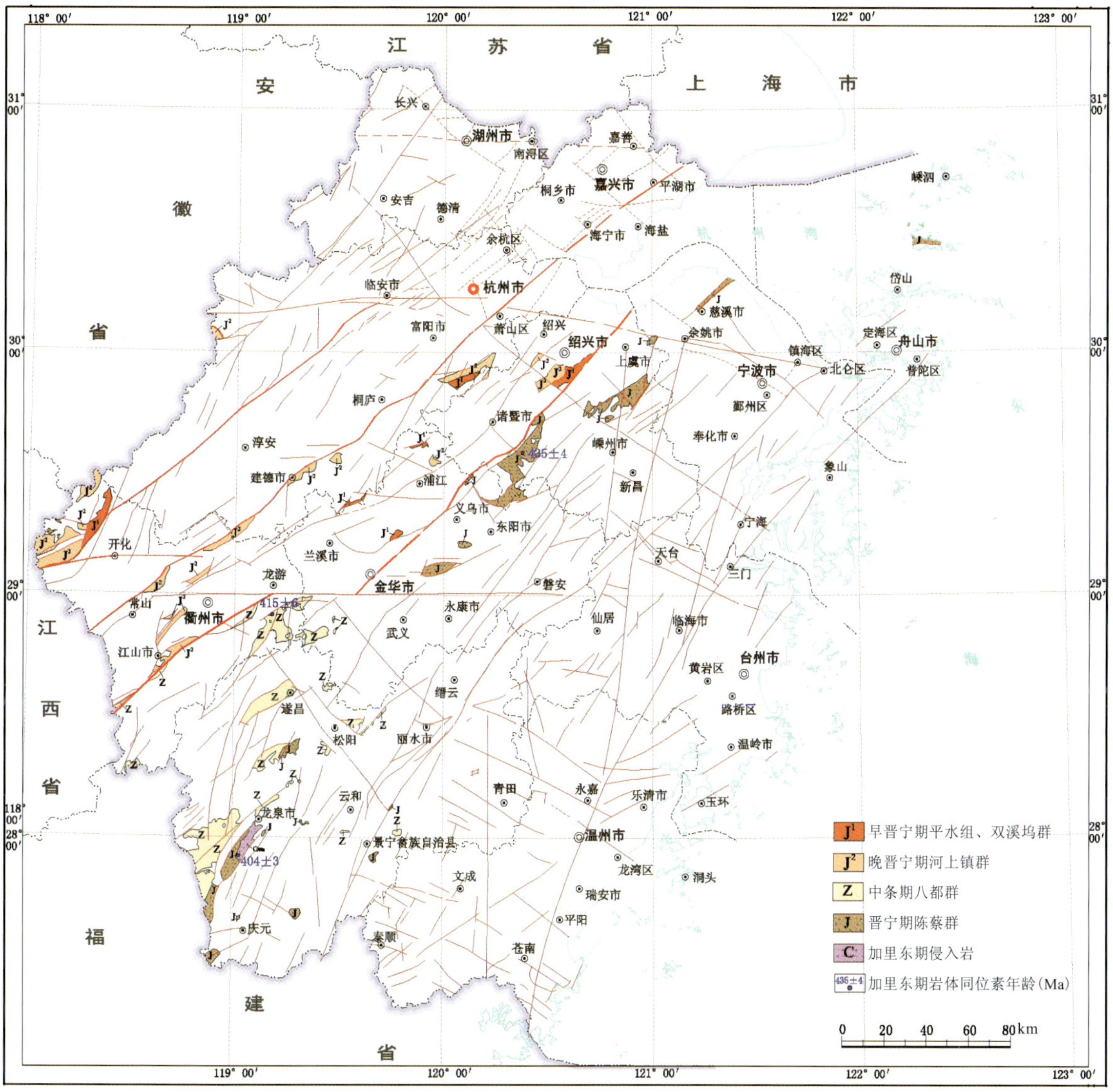

图 2-36　浙江省加里东期岩体分布图

表 2-9　浙江省加里东期侵入岩同位素年龄表

序号	地理位置	岩性	年龄(Ma)	测试方法	资料来源
1	龙泉(墩头)岩体	花岗闪长岩	404±3	LA-ICPMS	1∶25 万衢州幅,2014
2	龙泉墩头	花岗闪长岩	409±3	SHRIMP	Xia Yan et al., 2014
3	龙泉墩头	花岗闪长岩	411±4	SHRIMP	
4	龙泉墩头	花岗闪长岩	410±3	SHRIMP	
5	龙泉墩头	花岗闪长岩	411±4	SHRIMP	
6	龙泉下湾	二长花岗岩	413±3	SHRIMP	
7	龙泉下湾	二长花岗岩	413±3	SHRIMP	
8	庆元	片麻状花岗岩	430±9	LA-ICPMS	Wang Yuejun et al., 2011
9	金华山后	细粒花岗岩	452.1±2.7	LA-ICPMS	余心起等,2013

龙泉岩体主要由4类岩石组成，分别为偏中性的石英二长岩、英云闪长岩和花岗闪长岩、二长花岗岩。

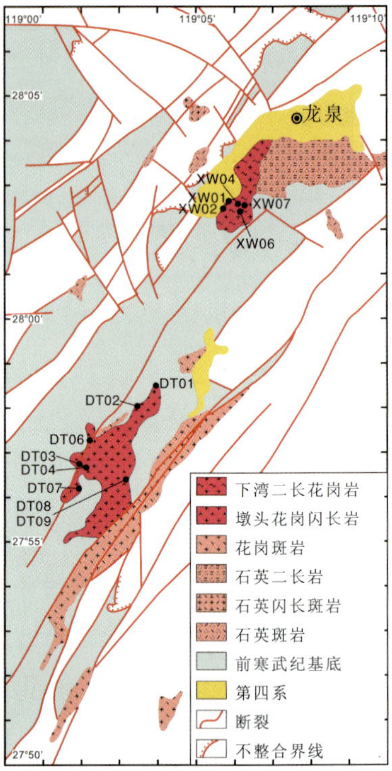

图2-37　龙泉岩体地质简图

石英二长岩呈浅灰色，细粒花岗结构，块状构造；主要矿物为斜长石(50%±)、钾长石(25%～30%)和石英(15%～20%)，次要矿物为黑云母(<5%)，另有少量磁铁矿、磷灰石、锆石、榍石、褐帘石等副矿物；斜长石半自形板柱状，具较强土化、绢云母化，与钾长石接触处见交代净边结构(图2-39a)；钾长石为正长石、微斜长石，多呈它形粒状，少量保留半自形板状，条纹为细纹状钠质条纹，彼此大致平行排列，为出溶或析离作用形成，多呈它形粒状，少量保留半自形板状，具轻度土化，见其交代斜长石使斜长石边部呈齿状；石英呈它形、齿形粒状，有的已成集合体，粒内波状消光和亚颗粒发育。黑云母薄片中呈褐色片状，大部分已被绿泥石、白云母、绿帘石交代，残留少量，有的成堆分布。

二长花岗岩呈灰黄色、浅肉红色，细中粒花岗结构，块状构造，主要矿物组成为斜长石(35%～50%)、钾长石(20%～30%)和石英(25%～30%)，次要矿物为少量黑云母(<5%)，另有少量锆石、磷灰石、褐帘石、榍石等副矿物；斜长石半自形板状，具较强土化、绢云母化、碳酸盐化，与钾长石接触处见交代净边、交代蠕英结构(图2-39b)，有的被钾长石呈薄片状交代，构成反条纹长石，见机械双晶及双晶纹弯曲、错断等变形现象；钾长石为微斜长石，格子双晶发育，多呈它形粒状，少量保留半自形板状，具轻度土化，有的还具碳酸盐化。石英呈它形、齿形粒状，有的已成集合体，粒内波状消光和亚颗粒发育。黑云母已全部被绿泥石、白云母、绿帘石、碳酸盐取代，仅呈假象。

图2-38　龙泉岩体的野外接触关系图

左.二长花岗岩中的变质岩捕虏体；右.花岗闪长岩顺层侵入变质岩

英云闪长岩和花岗闪长岩通常呈灰白色，细粒、中细粒花岗结构，略具定向排列。英云闪长岩主要矿物组成为斜长石(55%～65%)、石英(20%～30%)和黑云母(10%～15%)，部分可见有少量的钾长石(<5%)。花岗闪长岩主要矿物组成为斜长石(60%～65%)、石英(20%～25%)、钾长石(5%～10%)和黑云母；岩石中有少量锆石、磁铁矿、磷灰石、褐帘石等副矿物；斜长石有的保留半自形板状，具较强土化、绢云母化、碳酸盐化，有的被钾长石呈薄片状、斑块状交代，构成反条纹长石，见机械双晶及双晶纹弯曲、错断等变形现象；钾长石为正长石，具较强土化、碳酸盐化，呈它形—半自形板状，有的围绕斜长石边部生长构成环边，它形粒状钾长石多与石英共结呈显微文象状交生，构成显微文象结构(图2-39c)；石

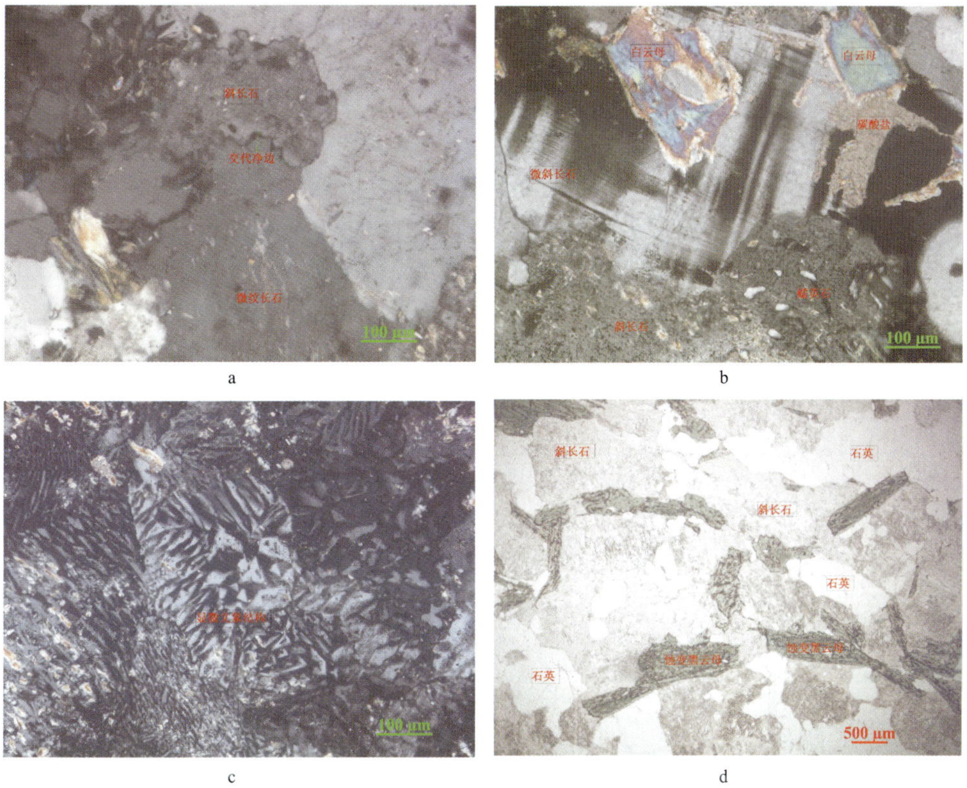

图 2－39　龙泉岩体镜下结构构造图

（据 1∶25 万衢州幅区调报告，2014）

a. 石英二长岩中的斜长石交代净边结构；b. 二长花岗岩中的蠕英结构；c. 花岗闪长岩中钾长石的显微文象结构；d. 英云闪长岩中定向排列的黑云母

英呈它形、齿形粒状，粒内波状消光、亚颗粒发育；黑云母已全部被绿泥石、绿帘石取代，仅呈其假象，具定向排列(图 2－39d)。

据 1∶25 万衢州幅区调报告，对龙泉岩体中的花岗闪长岩利用 LA－ICP－MS 锆石 U－Pb 定年，其结果不太理想，大部分样品的谐和度较差，得到 404±3Ma(MSWD＝3.3)的大致年龄，该年龄与王一先等(1999)用锆石 U－Pb 定年得到 409.8±0.8Ma 的年龄基本一致，表明龙泉岩体形成于加里东期。

2.3.2　岩石地球化学

龙泉岩体中英云闪长岩和花岗闪长岩的 SiO_2＝60.71%～67.92%，石英二长岩的 SiO_2＝63.42%，为中性岩类，二长花岗岩的 SiO_2 含量较高，平均为 72.28%，属酸性岩，在 TAS 图解中样品分别落在花岗闪长岩、石英二长岩和花岗岩的中酸性花岗岩类的区域中(图 2－40a)；在 CIPW 标准矿物 An－Ab－Or 图解中，样品分别落在奥长花岗岩、英云闪长岩、花岗闪长岩以及花岗岩的区域中(图 2－40b)；在 A/CNK－A/NK 图解中，所有岩类均落在过铝质花岗岩类的区域(图 2－40c)；在 SiO_2－K_2O 图解和 AFM 图解中，英云闪长岩和花岗闪长岩落入钙碱性系列，石英二长岩和二长花岗岩落入钾玄岩系列及高钾钙碱性系列(图 2－40d、e)；在 *AR*(碱度指数)－SiO_2 图解中，英云闪长岩和花岗闪长岩落在钙碱性岩系列中，石英二长岩和二长花岗岩则落在碱性岩系列中(图 2－40f)。

龙泉岩体中英云闪长岩和花岗闪长岩具有较低的 Rb/Sr 值及较高的 Sr/Ba 值，其均值分别为 0.18 和 1.23，二长花岗岩则具有较高的 Rb/Sr 值和较低的 Sr/Ba 值，其均值分别为 0.42 和 0.18，石英二长

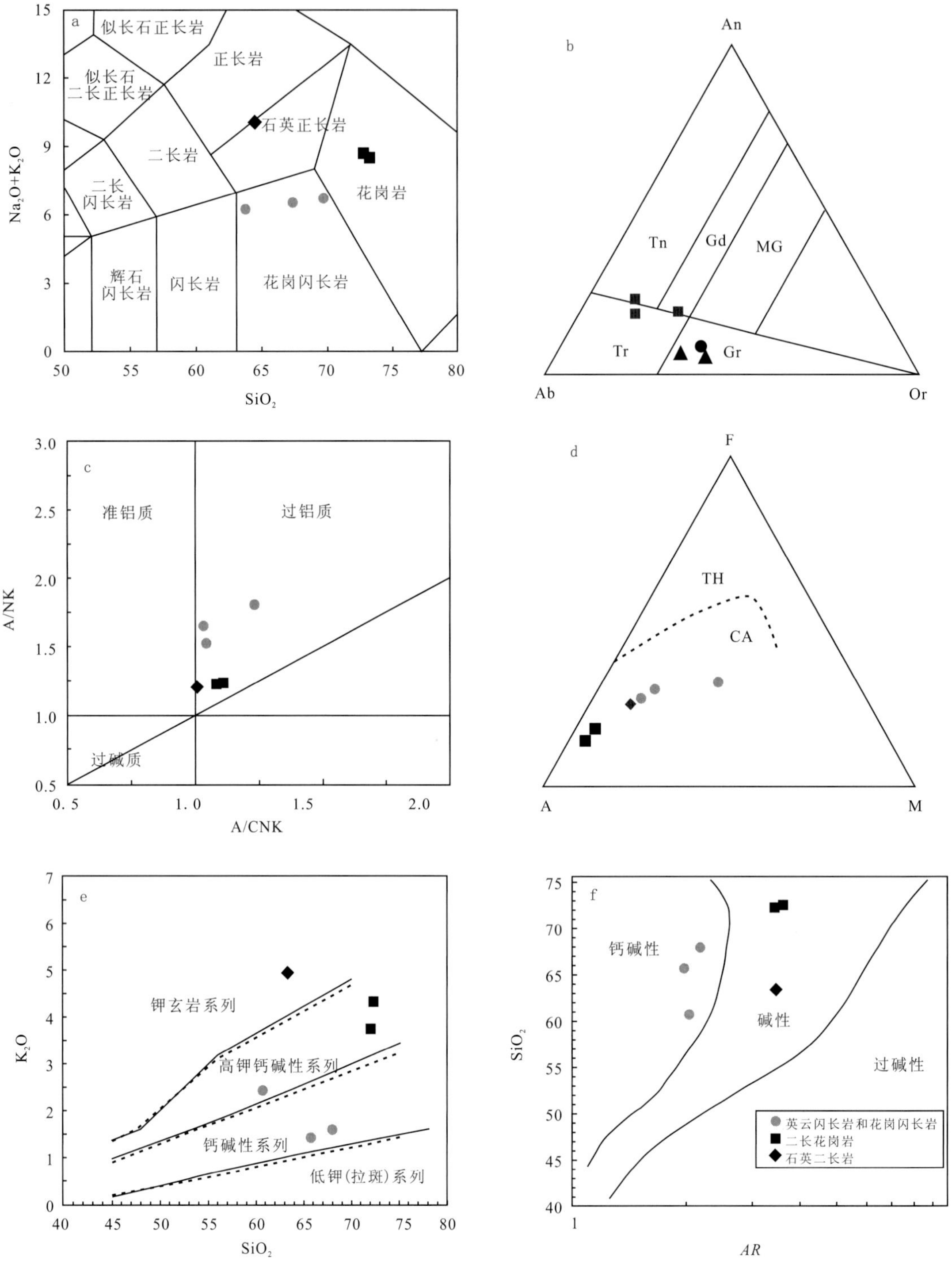

图 2-40　龙泉岩体主量元素岩石分类图解

（据 1∶25 万衢州幅区调报告，2014）

a. TAS 图解；b. An-Ab-Or 图解（Tr. 奥长花岗岩；Tn. 英云闪长岩；Gd. 花岗闪长岩；MG. 二长花岗岩；Gr. 花岗岩）；c. A/CNK-A/NK 图解；d. AFM 图解（TH. 拉斑玄武岩演化系列；CA. 钙碱性演化系列）；e. SiO_2-K_2O 图解；f. *AR*-SiO_2 图解

岩则处于二者之间，分别为 0.21 和 0.19；岩石具有较高的 Nb/Ta 值，其中英云闪长岩和花岗闪长岩平均的 Nb/Ta 值为 15.66，二长花岗岩的为 25.05，石英二长岩的为 21.45，英云闪长岩和花岗闪长岩的与亏损地幔均值(15.5)接近，而石英二长岩和二长花岗岩的则远高于球粒陨石的均值(17.5)，这可能与石英二长岩和二长花岗岩岩浆有一定的榍石结晶分异有关，或源区部分熔融时残留较大程度的单斜辉石。

在微量元素原始地幔标准化的蛛网图上(图 2-41 左)，所有样品具有较为相似的分布特征，总体上具有 Rb、Ce 强烈富集，Nb、Ta、Ti、Y、Yb 亏损。龙泉岩体稀土含量变化较大，$\sum$REE＝(82.72～568.84)$\times10^{-6}$，其中石英二长岩的稀土含量最高，达 568.84$\times10^{-6}$；样品的轻重稀土分馏明显，轻稀土富集、重稀土亏损(LREE/HREE＝11.73～38.42)。在球粒陨石标准化 REE 图上(图 2-41 右)，呈明显的右倾，以及轻微的 Eu 负异常，δEu＝0.67～0.99，总体异常不大，表明岩浆的源区存在斜长石残留，这也与样品中普遍出现的 Sr 亏损相一致。以上数据表明龙泉(墩头)岩体具有 I 型花岗岩的地球化学性质。

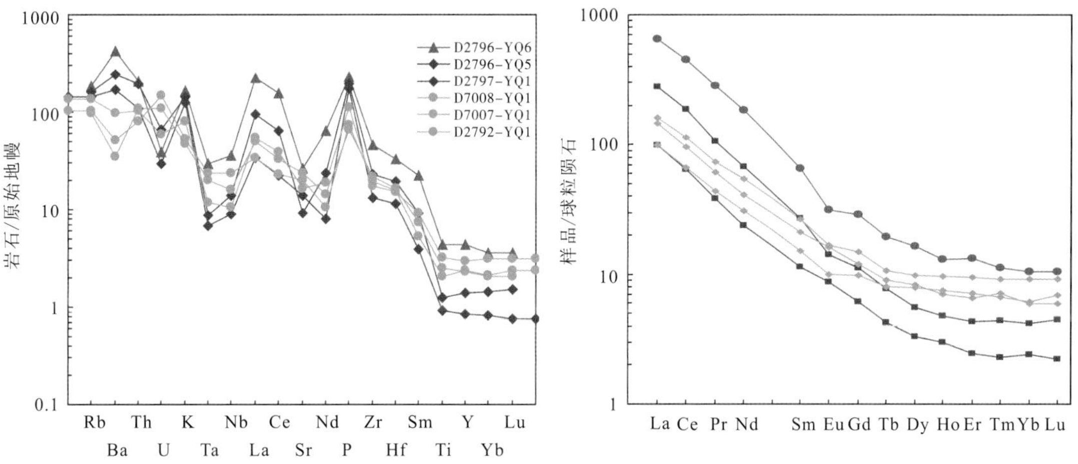

图 2-41　龙泉岩体微量元素原始地幔标准化蛛网图(左)和球粒陨石标准化 REE 图(右)

(标准化数据来自 Sun & McDonough，1989；岩体数据引自 1∶25 万衢州幅，2014)

2.3.3　Sr-Nd 同位素地球化学

龙泉岩体的英云闪长岩、花岗闪长岩和二长花岗岩的 Sr-Nd 同位素组成有一定的差异。其中英云闪长岩和花岗闪长岩具有相对较低($^{87}Sr/^{86}Sr)_i$ 值，在 0.707 81～0.708 84 之间；Sm/Nd 值相对较高(0.16～0.17)，且较均一，$\varepsilon_{Nd}(t)$值均相对较高(－3.3～－1.6)，对应的 Nd 同位素二阶段模式年龄 T_{DM2}＝1417～1276Ma，较为年轻。二长花岗岩则具有相对较高的 Rb/Sr 值(0.31)、较低的($^{87}Sr/^{86}Sr)_i$ 值(0.708 33)和 $\varepsilon_{Nd}(t)$值(－7.3)，较老的 Nd 二阶段模式年龄 T_{DM2}＝1744Ma，显示了较明显的地壳特征。

在 $t-\varepsilon_{Nd}(t)$图解(图 2-42 左)二长花岗岩分布在华南元古代地壳演化带中，表明岩石的母岩浆为古老地壳物质重熔的产物；而英云闪长岩和花岗闪长岩落在华南元古代地壳演化带之上、球粒陨石演化线之下，显示了明显的壳幔混合的信息。

在 $\varepsilon_{Sr}(t)-\varepsilon_{Nd}(t)$图解中(图 2-42 右)，英云闪长岩和花岗闪长岩相较二长花岗岩则落在 I 型花岗岩的区域，表明英云闪长岩和花岗闪长岩的母岩浆主要为未经风化蚀变的岩浆岩重熔形成。

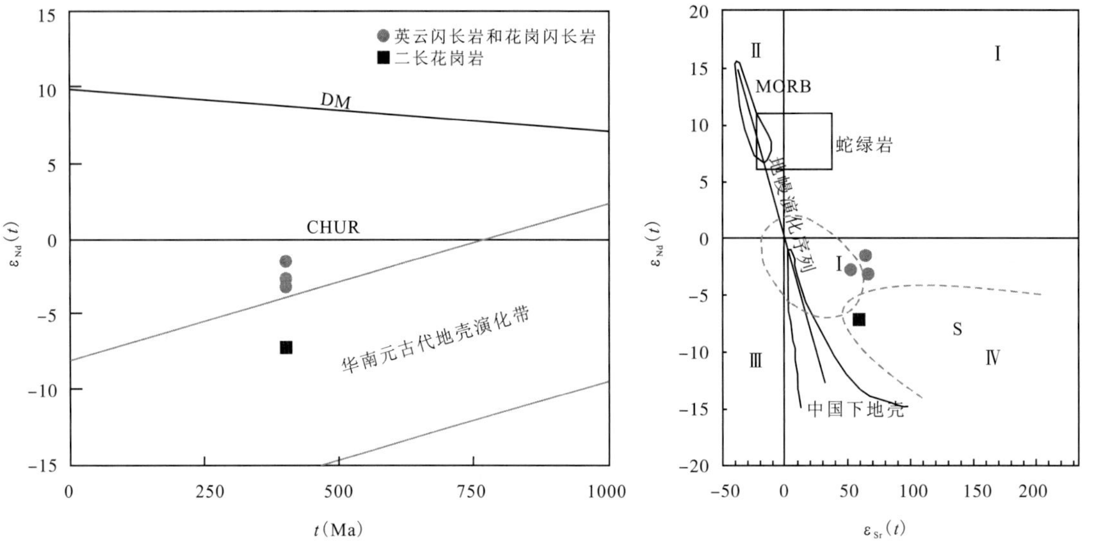

图 2-42　龙泉岩体 $t-\varepsilon_{Nd}(t)$(左)和 $\varepsilon_{Sr}(t)-\varepsilon_{Nd}(t)$ 图解(右)

(数据引自 1∶25 万衢州幅,2014)

DM. 亏损地幔;CHUR. 整体地球;MORB. 大洋中脊玄武岩

2.3.4 构造背景分析

在主量元素的判别图解中,可以清楚地看到,龙泉岩体样品均落在岛弧花岗岩、大陆弧花岗岩和大陆碰撞火山岩区域中(图 2-43)。而据 Pearce et al.(1984)的 Nb-Y、Ta-Yb、Rb-(Y+Ta)、Rb-(Y+Nb)判别图解中,龙泉岩体投影点集中分布在火山弧花岗岩区域中(图 2-44)。

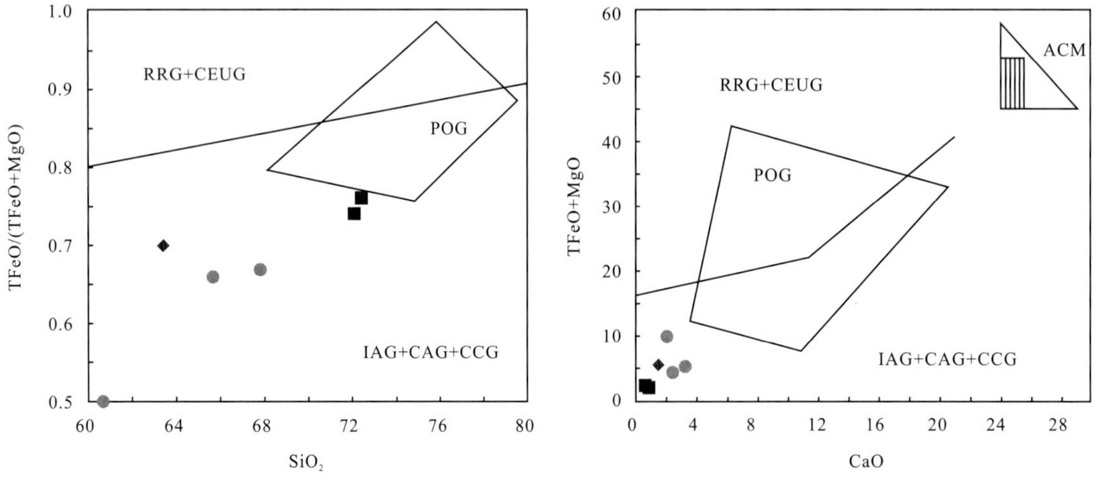

图 2-43　龙泉岩体 $SiO_2-TFeO/(TFeO+MgO)$(左)和 $CaO-(MgO+TFeO)$ 判别图解(右)

(数据引自 1∶25 万衢州幅,2014)

IAG. 岛弧花岗岩;CAG. 大陆弧花岗岩;CCG. 大陆碰撞花岗岩;POG. 造山后花岗岩;RRG. 与整合有关的花岗岩;CEUG. 大陆造陆抬升花岗岩

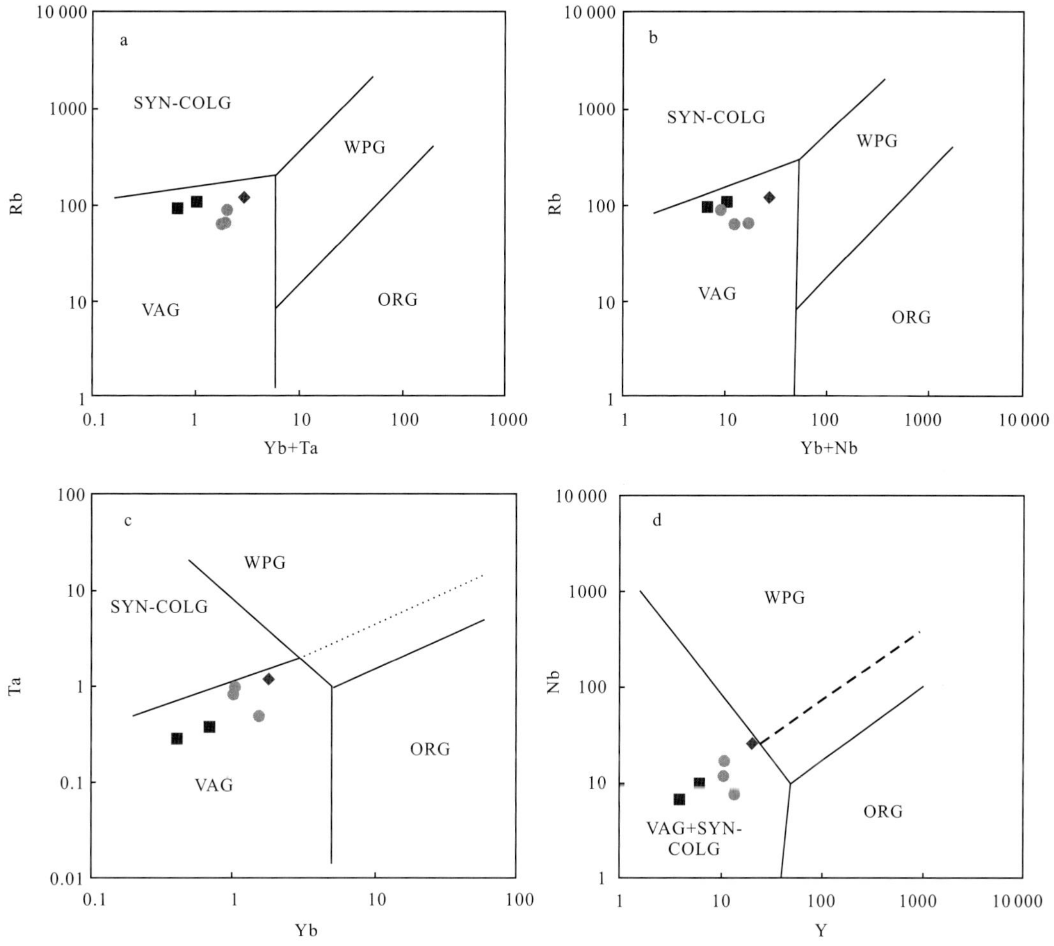

图 2-44　龙泉岩体花岗岩构造环境图解

（数据引自 1：25 万衢州幅，2014）

a.（Yb+Ta）-Rb；b.（Y+Nb）-Rb；c. Yb-Ta；d. Y-Nb；WPG. 板内花岗岩；ORG. 造山带花岗岩；SYN-COLG. 同碰撞花岗岩；VAG. 火山弧花岗岩

结合龙泉岩体的 Sr-Nd 同位素组成（图 2-42）特征，分布在球粒陨石演化线和华南元古宙地壳演化带之间，显示了较明显的壳幔混合特征，且幔源特征更为明显。

以上分析表明加里东期龙泉（墩头）岩体为 I 型花岗岩，具明显的壳幔混合特征。

浙江周边特别是福建、江西等地有较多的加里东期混合岩的报道。前人利用锆石 U-Pb 法曾在华夏地块获得了一批加里东期花岗岩和混合岩的年代学资料，如武功山穹隆式复式花岗岩 462～428Ma（吴富江等，2003；楼法生等，2005）、万洋山-诸广山花岗岩复式岩基 443～414Ma（袁正新等，1997）、武夷山地区花岗岩 415～400Ma 和混合花岗岩 470Ma 左右（曾勇等，2000）、云开地区混合岩 449～394Ma（王江海等，1999）和钾长球斑片麻状黑云母花岗岩 508～463Ma（周汉文等，1994）等。

另外，有很多加里东期的变质年龄报道，如浙江陈蔡杂岩中花岗岩、片麻岩、混合岩和变火山岩形成年龄为 460～433Ma，变火山岩变质年龄为 426～425Ma（Li Zhengxiang et al.，2010）。闽西北地区基底变质岩的变质年龄为 455～443Ma，花岗质岩石的年龄为 441～437Ma。

以上数据表明，华夏地块存在加里东期构造热事件，加里东期花岗质岩石均为地壳再造的产物。

2.4　印支期岩浆岩

印支期火山活动弱，仅在长兴晚二叠世见厚约 0.19m 的酸性凝灰岩。

印支期岩浆岩仅限于江绍拼接带以东、丽水-舟山断裂带以西的隆起带上，岩体空间分布与元古代变质岩关系密切（图 2-45），为原地半原地混合岩化花岗岩类，岩性有混合碱长花岗岩、混合二长花岗岩及混合石英正长岩，锆石 U-Pb 年龄多在 235～220Ma 之间（表 2-10），反映了本区印支期重要的构造热事件。

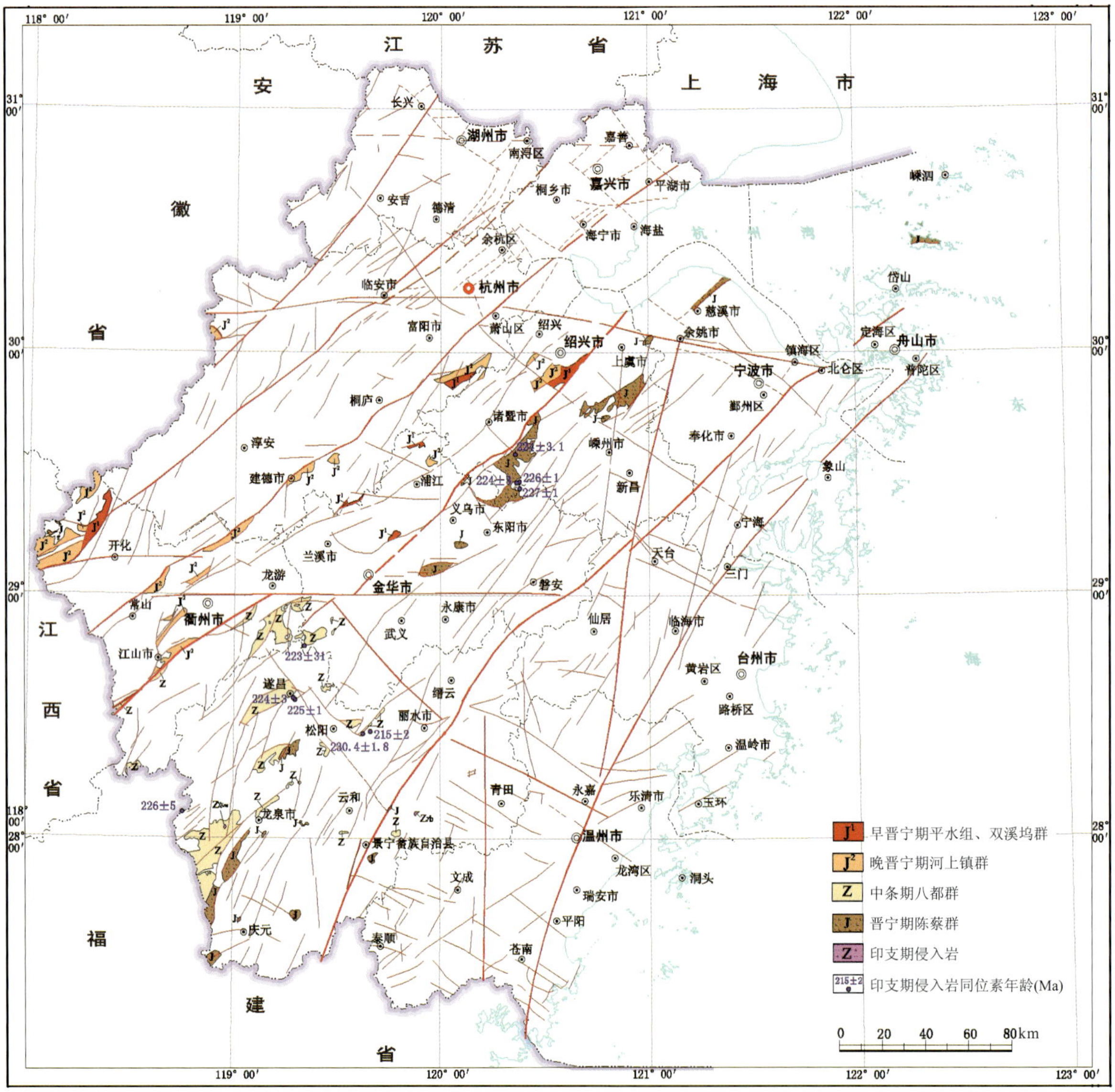

图 2-45　浙江省印支期岩体分布图

表 2-10　浙江省印支期岩浆岩同位素年龄表

序号	地理位置	岩性	年龄(Ma)	测试方法	资料来源
1	松阳靖居	正长花岗岩	215±2	LA-ICPMS	李万友等,2012
2	松阳靖居	石英正长岩	230±2	LA-ICPMS	本项目
3	遂昌翁山	二长花岗岩	225±1	SHRIMP	Sun Yang et al.,2011
4	遂昌翁山	二长花岗岩	224±3	LA-ICPMS	
5	绍兴诸暨	混合岩化石英二长岩	224±3	LA-ICPMS	本项目
6	金华张村	基性岩脉(辉绿岩)	223±31	LA-ICPMS	1∶25 万衢州幅,2014
7	蒲城高溪岩体	混合岩化二长花岗岩	226±5	LA-ICPMS	
8	大爽岩体大爽村	石英二长岩	227±1	LA-ICPMS	Zhu Kong,Yang et al.,2013
9	大爽岩体下吴村	石英二长岩	226±1	LA-ICPMS	
10	大爽岩体擂山鼓村	正长岩	224±3	LA-ICPMS	
11	大爽岩体	石英二长岩	231.6±0.86	LA-ICPMS	Mao Jianren et al., 2013
12	大爽岩体	含霓辉石石英正长岩	231.7±1.1	LA-ICPMS	

2.4.1 印支期岩体及岩相学

印支期岩体主要有松阳靖居正长花岗和石英二长岩体、遂昌翁山石英二长岩体、诸暨混合岩化石英二长岩体、诸暨大爽石英二长岩和正长岩体,普遍表现为混合岩化。

松阳靖居花岗岩体是一个多期次侵入形成的复式岩体,出露面积约 50km^2。岩体展布受遂昌-山门断裂与龙泉-新建断裂联合控制,呈北东向,侵位于古元古代八都群黑云斜长片麻岩中(图 2-46)。第一期岩性为斑状石英二长岩;第二期岩性为二云母花岗岩多呈透镜体形式出现于岩体中,其锆石 U-Pb 年龄为 1880±32Ma(李万友,未发表资料),为古元古代岩浆活动的产物;第三期岩性为中粗粒正长花岗岩,部分可过渡至石英正长岩。

正长花岗岩:为半自形粒状结构,块状构造;主要矿物为钾长石、石英,含少量斜长石、黑云母及角闪石,副矿物主要为褐帘石、磁铁矿、磷灰石和锆石等。碱性长石含量 40%~65%,主要为微斜长石、条纹长石,微斜长石发育格子双晶,局部可见到微斜条纹长石;石英含量 10%~35%,可见呈自形晶出现在岩石中;斜长石含量 10%~15%,多为中长石,发育卡斯巴-钠长石复合双晶和环带结构;暗色矿物以黑云母为主,含量 8%~15%,多为填隙状分布于长石、石英颗粒间,偶见角闪石。李万友等(2012)用 LA-ICPMS 锆石 U-Pb 定年,得到正长花岗岩的结晶年龄为 215±2Ma,表明其为印支期晚三叠世岩体。

本专著对石英二长岩进行了 LA-ICPMS 锆石 U-Pb 定年。石英二长岩中锆石自形程度很好,多为柱状晶形,粒径 100~350μm,长宽比值为 2~3.5,无色—棕黄色,透明度较好(图 2-47 上),从锆石阴极发光照相图像(图 2-47 下)中可以看到锆石有清晰的韵律环带结构,锆石的 Th/U 比值多大于 0.3,显示岩浆结晶锆石的特征(Corfu et al.,2003)。对该样品分析了 20 个点,这 20 个分析点年龄非常一致,给出了谐和的 $^{206}Pb/^{238}U$ 加权平均年龄为 230.4±1.8Ma(1σ,MSWD=3.1),该年龄数据代表靖居石英二长岩的结晶年龄(图 2-48),表明该岩体形成于印支期晚三叠世。

翁山二长花岗岩侵入围岩为八都岩群变质岩系(图 2-49~图 2-51)。岩石具花岗结构、变余花岗结构,块状构造。矿物成分主要为钾长石(35%~45%)、斜长石(30%~50%)、石英(20%~30%)和黑云母(2%~10%),粒度以中粒为主(2~4mm),部分为细粒(0.5~2mm);钾长石呈板柱状,以微斜长石

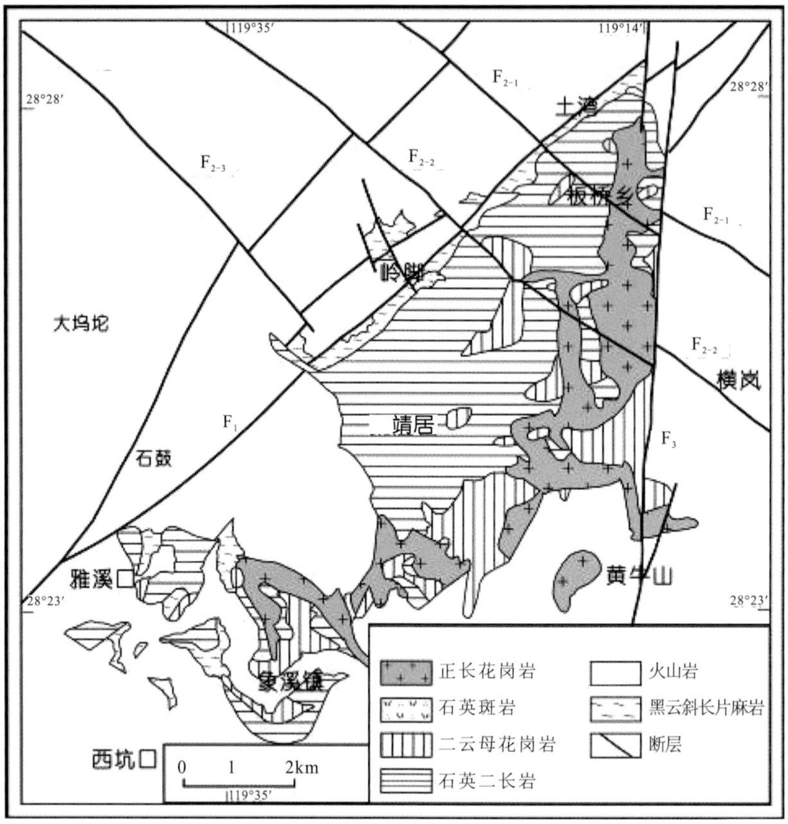

图 2-46　浙西南靖居复式岩体地质简图

（据 1∶5 万靖居幅区域地质调查报告修改，2001）

为主，其次为微纹长石，部分呈变晶产出，定向排列，常见石英交代现象；斜长石呈自形—半自形板柱状，常被钾长石交代或呈不完整的残晶保留在钾长石中；石英普遍具压扁拉伸或压碎重结晶而具齿状边，波状消光明显。Sun Yang et al.(2011)分别用 SHRIMP 和 LA-ICPMS 锆石 U-Pb 定年，得到翁山二长花岗岩的成岩年龄为 225±1Ma（MSWD=1.3）、224±3Ma（MSWD=0.6），两种方法测得的年龄非常一致，表明翁山二长花岗岩形成于印支期晚三叠世。

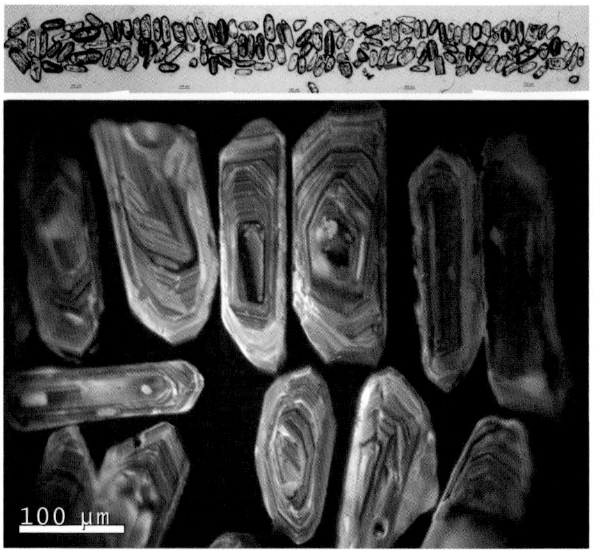

图 2-47　靖居石英二长岩锆石透射光(上)和阴极发光图(下)

大爽岩体出露于东阳市罗山乡大爽村，总面积约 23.5km²，大致呈北东向展布的岩株产出；另在东阳市岭头村一带也有出露，呈岩枝状产出，面积约 0.3km²。大爽岩体侵入于陈蔡群中，与上覆大爽组火山碎屑岩为不整合接触关系。岩石呈微带肉红色之深灰色，以巨大(3～5cm)的肉红色微斜长石斑晶为特征，具典型的二长结构、净边结构等，主要矿物组成为石英 10%、长石(斜长石约占 2/3)>70%、钾长石 20%～25%，主要为条纹长石和微斜长石，另有少量黑云母、角闪石及微量锆石、榍石、磷灰石等。Mao Jianren等(2013)用LA-ICPMS

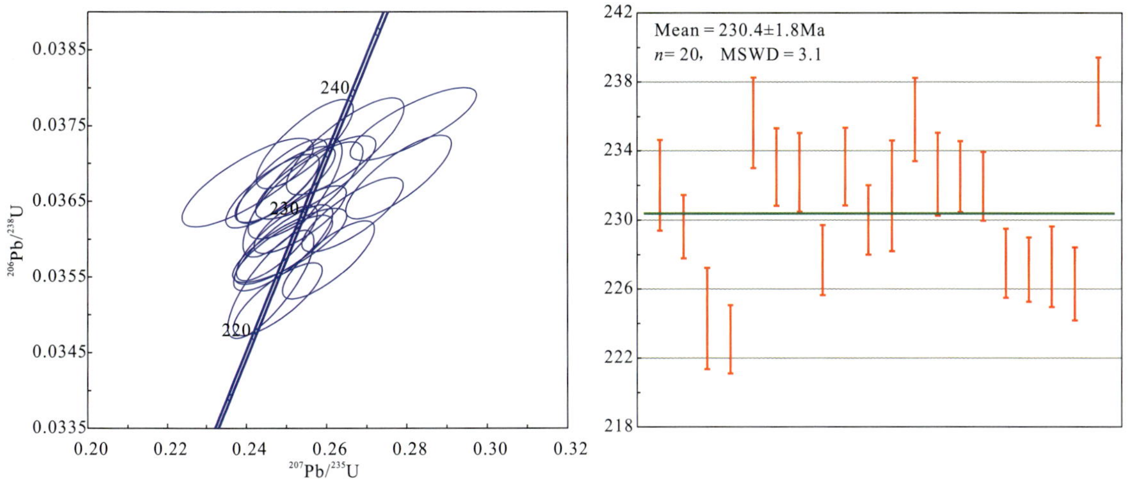

图 2 - 48　靖居石英二长岩锆石 U - Pb 年龄谐和图(左)和 ^{206}Pb / ^{238}U 年龄加权平均值(右)

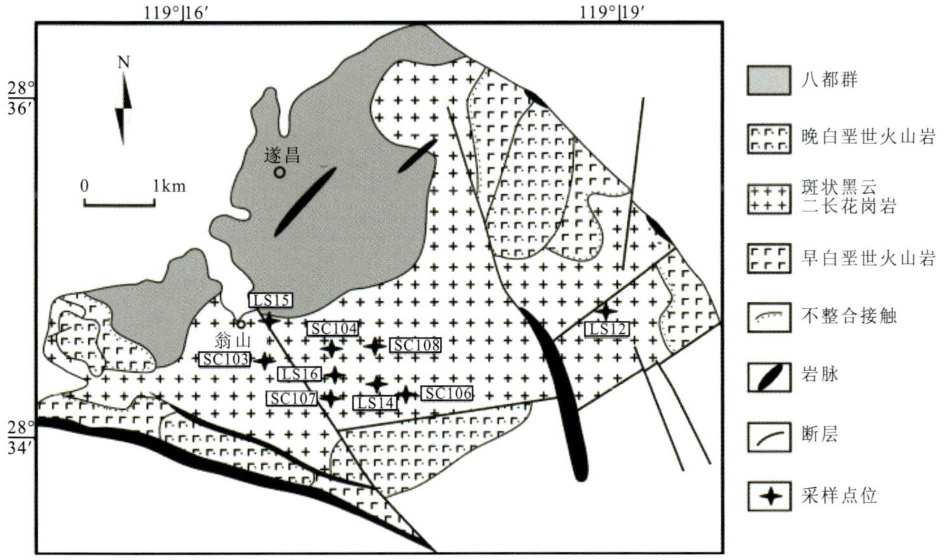

图 2 - 49　翁山岩体地质简图

（据 1∶5 万遂昌县幅区调报告修改,2001）

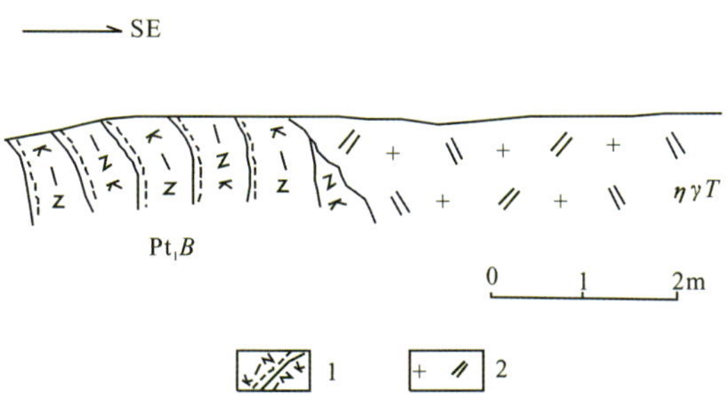

图 2 - 50　翁山岩体与元古宙八都岩群变质岩侵入接触关系

1. 黑云二长片麻岩；2. 二长花岗岩

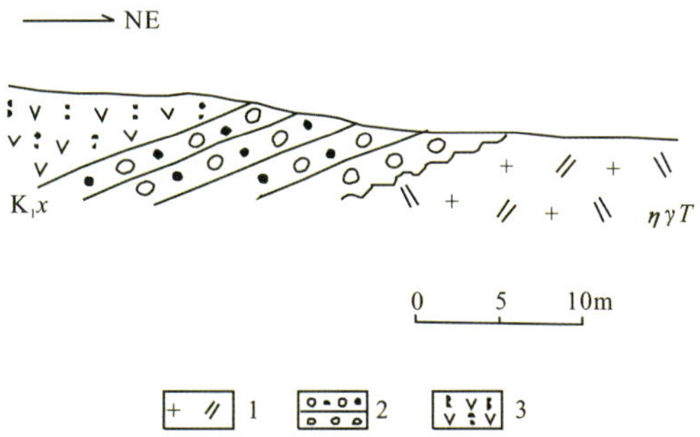

图 2 - 51　翁山岩体与下白垩统西山头组不整合接触关系

1. 二长花岗岩；2. 砾岩、砂砾岩；3. 安山质凝灰岩锆石 U－Pb 定年，得到大爽石英二长岩和含霓辉石的石英正长岩成岩年龄分别为 231.6±0.86Ma（MSWD＝0.4）、231.7±1.1Ma（MSWD＝0.64），这两种岩性的年龄基本一致，表明两者同时形成，形成于印支期晚三叠世。

泉水塆二长花岗岩出露于诸暨市陈蔡镇泉水塆村附近，总面积约 13.5km^2。岩体侵入陈蔡群地层中，并与上覆大爽组和高坞组呈不整合接触关系。岩体中锆石自形程度很好，多为柱状晶形，粒长 50～250μm，长宽比值为 1.5～2.5，无色—棕黄色，透明度较好，从锆石阴极发光照相图像（图 2－52）中可以看到锆石有清晰的韵律环带结构，锆石的 Th/U 比值多大于 0.3，显示岩浆结晶锆石的特征。采用 LA－ICPMS 锆石 U－Pb 定年技术，对样品分析了 20 个点，其中 15 个分析点年龄非常一致，给出了谐和的 $^{206}Pb/^{238}U$ 加权平均年龄为 222.4±3.1Ma（1σ，MSWD＝3.5），该年龄数据代表泉水塆二长花岗岩的结晶年龄（图 2－53），表明该岩体形成于印支期晚三叠世。其余的 5 个分析点的年龄同样位于谐和线上，$^{206}Pb/^{238}U$ 加权平均年龄为 200.2±4.3Ma（1σ，MSWD＝2.3），可能为后期变质事件的年龄。

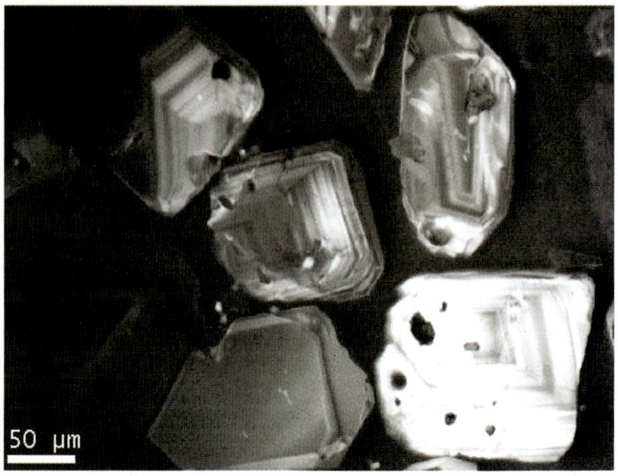

图 2－52　泉水塆二长花岗岩锆石阴极发光图

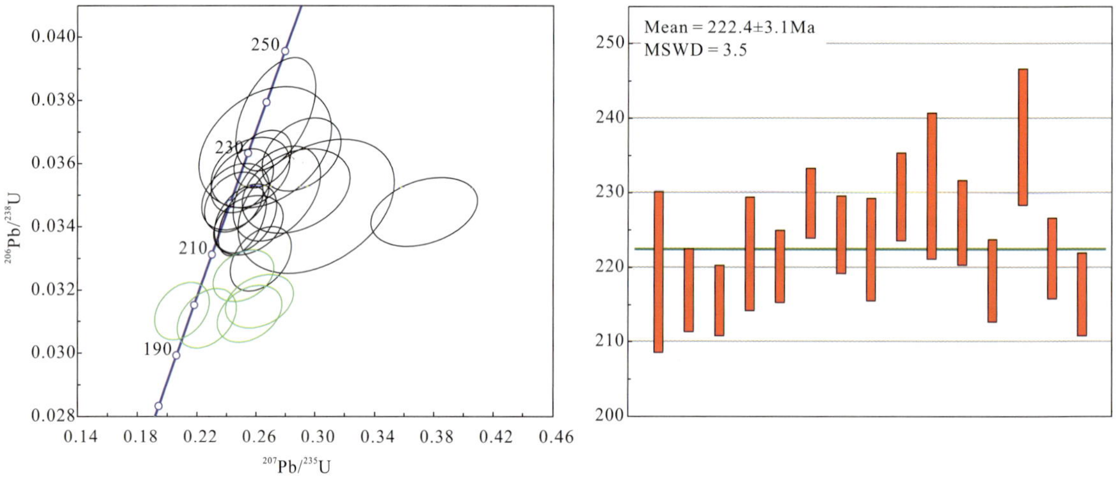

图 2－53　泉水塆二长花岗岩锆石 U－Pb 年龄谐和图（左）和 $^{206}Pb/^{238}U$ 年龄加权平均值（右）

2.4.2　印支期岩体地球化学和同位素特征

印支期侵入岩岩性以混合岩化的石英二长岩石英正长岩为主，SiO_2 的范围为 62.14%～76.52%（图 2－54），岩石富 K_2O，在 $SiO_2－K_2O$ 图上，印支期侵入岩大都落入钾玄岩系列范围内（图 2－55）。岩石富铝，Al_2O_3 含量介于 12.56%～18.73%之间，在 A/CNK－A/NK 图解上，落入准铝质—弱过铝质区域（图 2－56）。

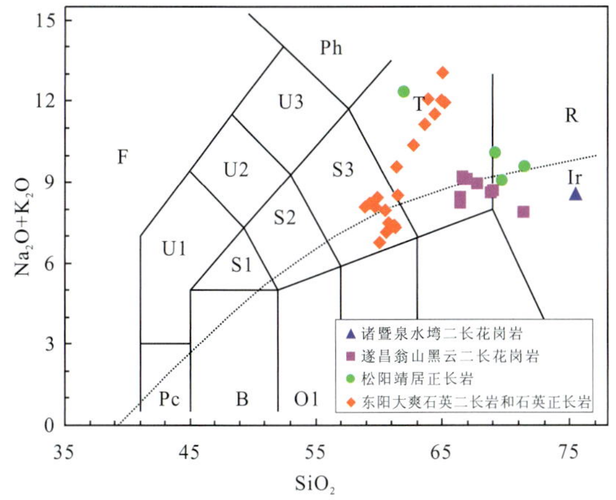

图 2-54　印支期侵入岩的 SiO_2 -(Na_2O+K_2O)图解

(图解据 Le Bas,1986)

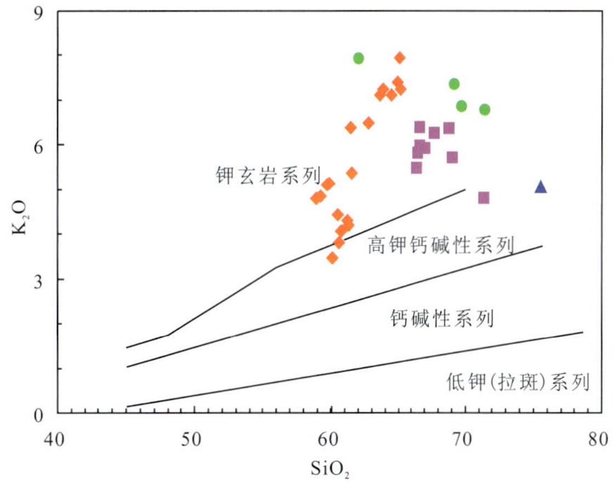

图 2-55　印支期侵入岩的 SiO_2 - K_2O 图解

(图 2-54 和图 2-55 数据除本专著外,引自 Sun Yang et al.,2011;李万友等,2012;Mao Jianren et al.,2013;Zhu Kongyang et al.,2013),图中字母含义同图 2-6

印支期侵入岩稀土元素总量 ΣREE 较高,变化范围较大,为(291～1773)$\times 10^{-6}$,轻、重稀土分馏明显,轻稀土富集,重稀土亏损,在岩石稀土元素球粒陨石标准化配分曲线(图 2-57 左)上,呈陡的右倾型,LREE/HREE 变化在 16.5～72.0 之间,$(La/Yb)_N$ 分布在 25.1～255.5 之间,其 δEu 介于 0.11～0.75 之间,表现出明显的负铕异常。在岩石微量元素(岩石/原始地幔标准化)蛛网图上(图 2-57 右),印支期侵入岩亏损 Nb、Ta 等高场强元素和 Ba、Sr 等大离子亲石元素。

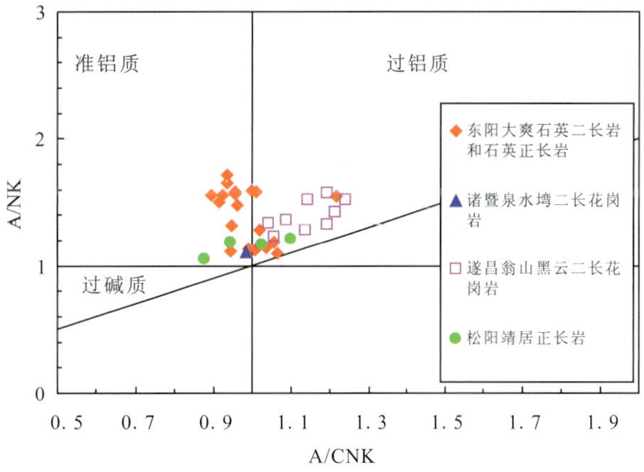

图 2-56　印支期侵入岩的 A/NK - A/CNK 图解

(数据来源同图 2-55)

印支期侵入岩 Sr-Nd 同位素组成见表 2-11。印支期侵入岩除东阳大爽的含钾长石斑晶石英二长岩的 $^{87}Rb/^{86}Sr$ 比值较低($^{87}Rb/^{86}Sr$ 范围为 0.254～

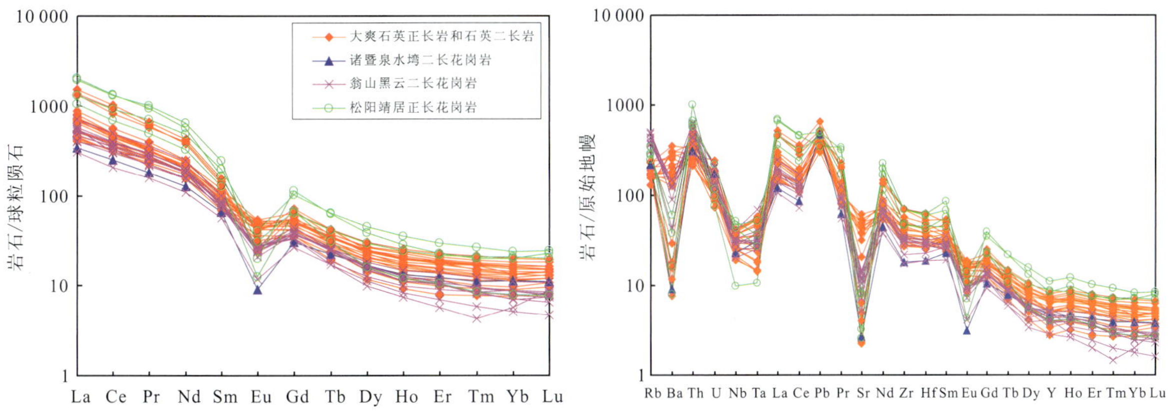

图 2-57　印支期侵入岩标准化 REE 图(左)和标准化蛛网图(右)

(标准化数据来自 Sun & McDonough,1989;岩体数据引自 Sun Yang et al.,2011;李万友等,2012;Mao Jianren et al.,2013;Zhu Kongyang et al.,2013)

表 2-11　印支期侵入岩 Sr-Nd 同位素组成

岩体	样号	岩性	年龄(Ma)	Rb(10^{-6})	Sr(10^{-6})	$^{87}Rb/^{86}Sr$	$^{87}Sr/^{86}Sr$	$(^{87}Sr/^{86}Sr)_i$	Sm(10^{-6})	Nd(10^{-6})	$^{147}Sm/^{144}Nd$	$^{143}Nd/^{144}Nd$	$\varepsilon_{Nd}(t)$	T_{DM2}(Ga)	参考文献
遂昌翁山	LS15	黑云二长花岗岩	224	261	289	2.618	0.725 443	0.7171	12.9	87	0.090	0.511 715	−14.9	2.21	Sun Yang et al., 2013
	SC107			259	296	2.536	0.724 901	0.7168	15.6	116	0.081	0.511 717	−14.7	2.19	
	SC104			323	255	3.673	0.729 014	0.7173	11.0	84.7	0.079	0.511 696	−15.0	2.22	
	SC103			282	312	2.618	0.717 604	0.7092	12.0	93.3	0.078	0.511 749	−13.9	2.13	
	LS12			237	153	4.494	0.736 175	0.7218	13.5	95.7	0.085	0.511 852	−12.1	1.99	
	SC106			309	192	4.665	0.725 259	0.7103	11.9	73.7	0.098	0.511 729	−14.9	2.21	
	SC108			245	224	3.171	0.729 611	0.7195	12.3	85.4	0.087	0.511 740	−14.4	2.17	
诸暨泉水塆	ZJ-11	二长花岗岩	224	140.1	57.1	7.118	0.737 818	0.7151	10.1	59.9	0.102	0.512 112	−7.6	1.62	本专著
松阳靖居	SY51	中粗粒正长花岗岩	215	187	171	3.170	0.727 558	0.7179	25.5	268	0.057	0.511 717	−14.2	2.14	李万友等，2012
	SY56			180	177	2.943	0.729 323	0.7203	30.3	230	0.080	0.511 761	−13.9	2.12	
	SY60-1			221	54.3	3.013	0.728 045	0.7199	19.9	154	0.078	0.511 795	−13.2	2.07	
东阳大爽	10DS-2	富含钾长石斑晶石英二长岩	232	113.8	1298	0.254	0.711 962	0.7111	14.0	104.2	0.081	0.511 875	−11.5	2.03	Mao Jianren et al., 2013
	10DS-3-2			120.2	1037	0.335	0.712 167	0.7111	17.5	116.5	0.091	0.511 969	−9.9	1.91	
	10DS-4-1			124.4	1062	0.339	0.712 086	0.7110	13.6	84.4	0.098	0.511 918	−11.1	2.00	
	10DS-5-1			125.3	889	0.408	0.712 370	0.7110	16.0	103.0	0.094	0.511 924	−10.9	1.98	
	10DS-1-1	中细粒含霓石辉石的石英正长岩	232	121	110.3	3.179	0.720 960	0.7105	14.7	125.2	0.071	0.512 024	−8.3	1.78	
	10DS-7			114	48.02	6.890	0.732 251	0.7095	17.3	130.8	0.080	0.512 046	−8.1	1.76	

0.408)，其余样品都具有较高的 $^{87}Rb/^{86}Sr$ 比值（$^{87}Rb/^{86}Sr$ 值范围为 2.53～7.11）；而印支期侵入岩 $^{147}Sm/^{144}Nd$ 比值较低，变化范围较小（$^{147}Sm/^{144}Nd$=0.057～0.102）。

印支期侵入岩具有较高的 I_{Sr} 值和较低的 $\varepsilon_{Nd}(t)$ 值，初始 Sr 同位素比值 I_{Sr} 值变化范围为 0.7092～0.7203，$\varepsilon_{Nd}(t)$ 值变化范围较大[$\varepsilon_{Nd}(t)$=－14.2～－2.1]，对应的二阶段 Nd 同位素模式年龄为 2.22～1.62Ga，在 $I_{Sr}-\varepsilon_{Nd}(t)$ 关系图解中，印支期侵入岩样品投影点都落在第四象限内（图 2－58），表明岩浆有古老地壳物质参与。

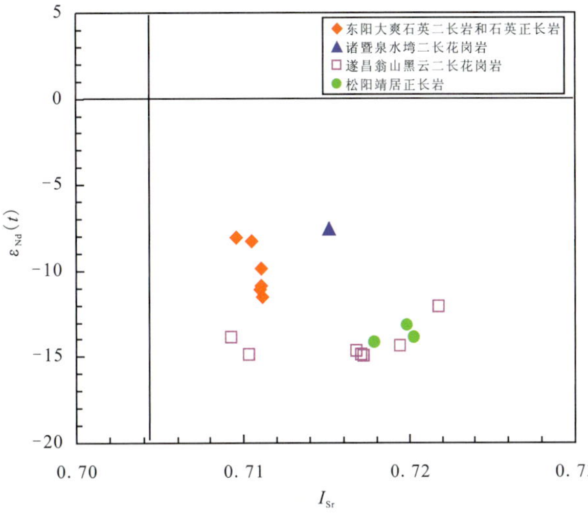

图 2－58　印支期侵入岩 $I_{Sr}-\varepsilon_{Nd}(t)$ 图解

（标准化数据来自 Sun & McDonough，1989；岩体数据来自 Sun Yang et al.，2011；李万友等，2012；Mao Jianren et al.，2013）

据 Zhu Kongyang et al.（2013）和 Sun Yang et al.（2011）研究，印支期侵入岩 $\varepsilon_{Hf}(t)$ 值都为负值[$\varepsilon_{Hf}(t)$=－17.9～－2.7]，锆石 Hf 同位素的二阶段模式年龄较老（T_{DM2}=2.26～1.58Ga）（图 2－59）。其中东阳大爽石英正长岩的 $\varepsilon_{Hf}(t)$ 值变化范围为－10.2～－6.5，对应的 Hf 同位素二阶段模式年龄为 T_{DM2}=1.90～1.67Ga；东阳大爽石英二长岩两个样品的 Hf 同位素组成较为一致，两个样品的 $\varepsilon_{Hf}(t)$ 值分别为－15～－6.7、－17.9～－10.5，对应的 Hf 同位素二阶段模式年龄 T_{DM2} 分别为 2.20～1.68Ga、1.95～1.58Ga；遂昌翁山黑云二长花岗岩的 $\varepsilon_{Hf}(t)$ 值变化范围为－5.9～－2.7，对应的 Hf 同位素二阶段模式年龄为 T_{DM2}=2.26～2.05Ga。以上分析表明印支期侵入岩源岩为古老地壳物质，可能是区内八都群变质岩混合岩化重熔形成。

2.4.3　印支期岩浆岩形成的构造环境

印支期侵入岩具有较高的 K_2O 含量，为钾玄岩系列，具有较高的稀土元素含量、强烈亏损 Nb、Ta 等高场强元素和 Ba、Sr 等大离子亲石元素。据 Pearce et al.（1984）的 Nb－Y 图解和 Rb－(Y+Nb) 判别图解，印支期不同岩体投影点区域基本一致，表明它们在整体上共同受制于同一大地构造演化背景（图 2－60），印支期花岗岩（235～220Ma）晚于印支运动的变质峰期（258～243Ma），应是局部伸展环境下的后碰撞花岗岩。

在 Whalen et al.（1987）A 型花岗岩判别图解包括 $(Zr+Nb+Ce+Y)-10^4\times Ga/Al$、$Zr-10^4\times Ga/Al$、$Nb-10^4\times Ga/Al$、$(K_2O+Na_2O)/CaO-(Zr+Nb+Ce+Y)$ 中，印支期花岗岩样品落入 A 型花岗岩范围内（图 2－61）。

印支期侵入岩具有明显的 Sr 及 Eu 的负异常，表明存在结晶分异作用或者源区稳定存在斜长石。Nb 的亏损表明岩石熔融的源岩可能以陆壳物质为主。印支期侵入岩具有较高的 I_{Sr} 值和较低的 $\varepsilon_{Nd}(t)$ 值，初始 I_{Sr} 值变化范围为 0.7092～0.7203，$\varepsilon_{Nd}(t)$=－14.2～－2.1，对应的二阶段 Nd 同位素模式年龄为 2.22～1.62Ga。在 $\varepsilon_{Nd}(t)-t$ 图解上，印支期侵入岩样品落入华夏古元古代基底演化域中（图 2－62）。同样，在印支期侵入岩 Lu－Hf 同位素组成中，$\varepsilon_{Hf}(t)$ 值都为负值[$\varepsilon_{Hf}(t)$=－17.9～－2.7]，锆石 Hf 同位素的二阶段模式年龄较老（T_{DM2}=2.26～1.58Ga）。因此，华夏地块古老基底岩石的部分熔融可以很好地解释印支期侵入岩的岩浆物质来源。

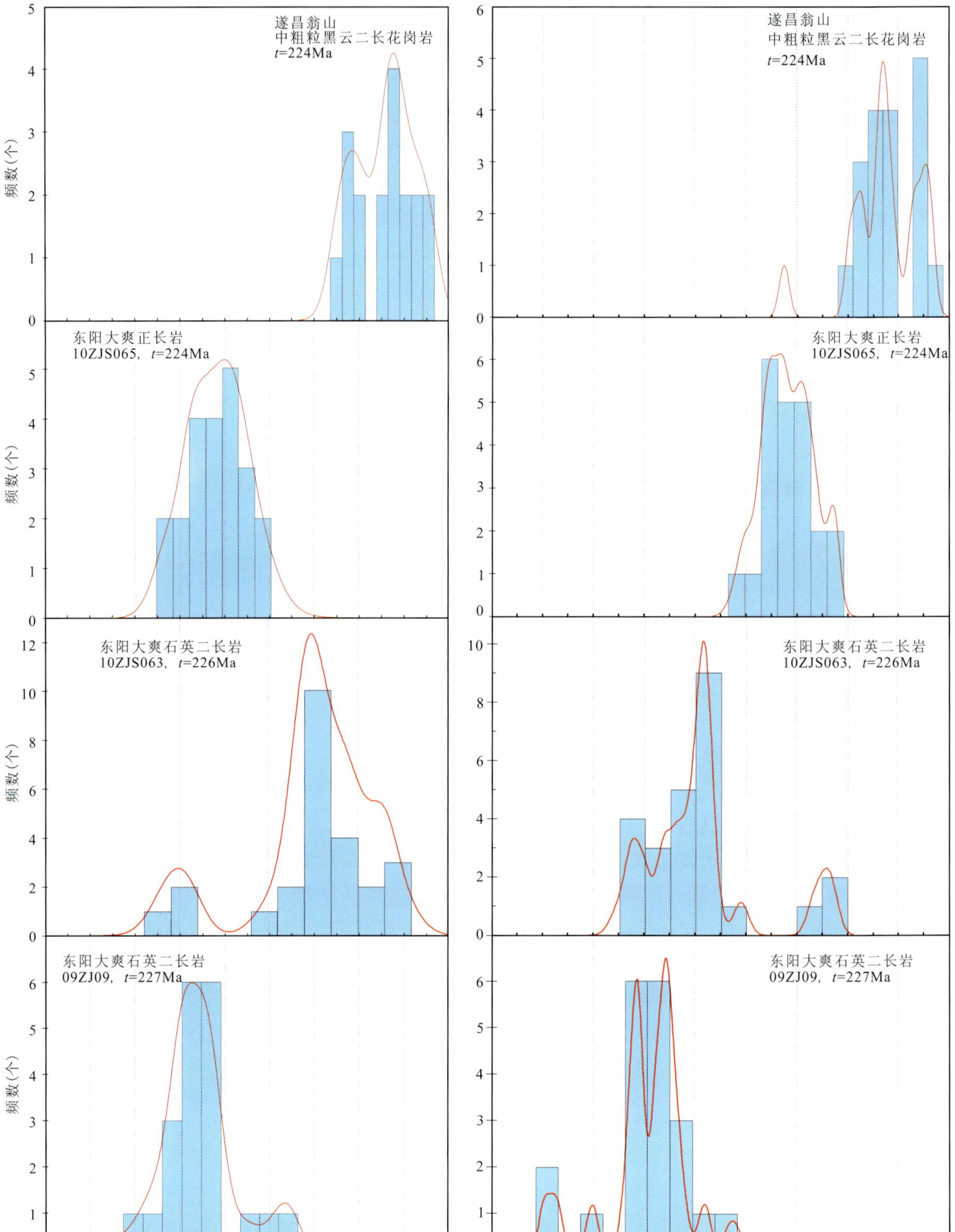

图 2-59　印支期侵入岩 $\varepsilon_{Hf}(t)$ 频数分布图和 T_{DM2} 频数分布图

(数据来自 Sun Yang et al.，2011；Zhu Kongyang et al.，2013)

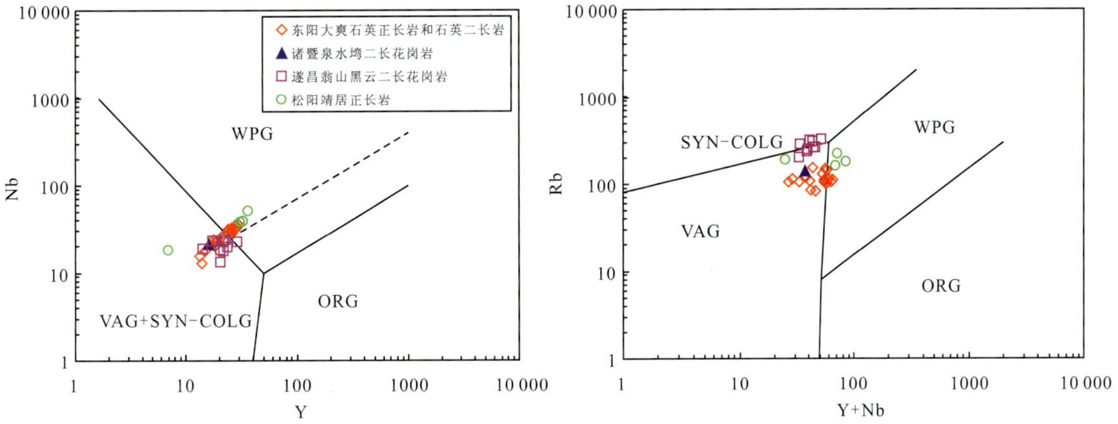

图 2-60　印支期侵入岩的构造环境判别图解

(判别底图据 Pearce et al.,1984)

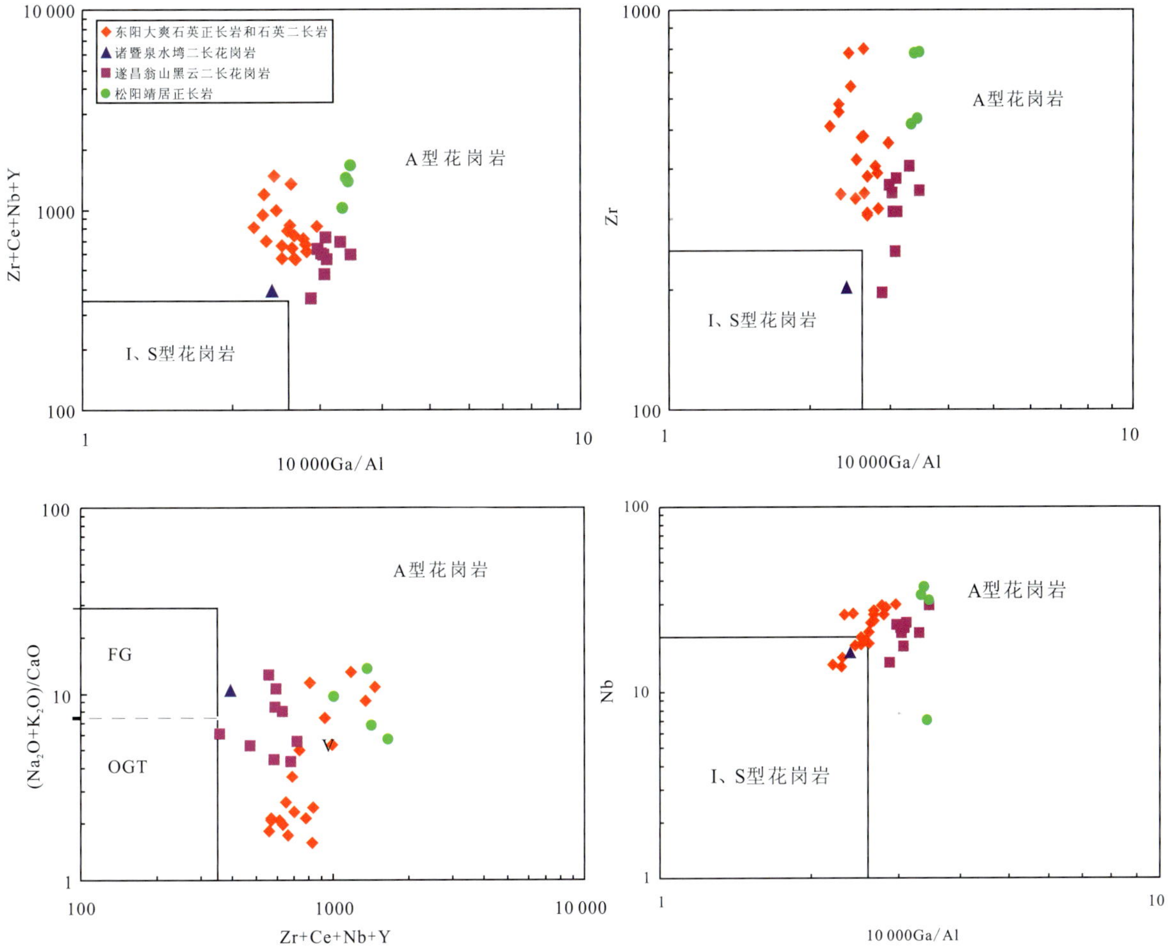

图 2-61　印支期侵入岩的构造环境判别图解

(判别图解底图据 Whalen et al.,1987)

(除本项目外,数据来自 Sun Yang et al.,2011;李万友等,2012;Mao Jianren et al.,2013;沈渭洲等,1993)

2.5　燕山期岩浆岩

燕山期为浙江省地史发展过程中最为壮观强烈的一期岩浆活动，是中生代活动大陆边缘岩浆作用的结果。按面积，侵入岩中的 91.5%、火山岩中的 97.4%为燕山期产物(图 2-63)。

对于燕山期岩浆岩的形成时代和演化历史，前人已经做了大量的研究工作。表 2-12 列出了主要岩体的同位素年龄数据(火山岩年龄数据已在第 2 章中列出)。依据同位素年龄数据，绘制了浙江省燕山期岩浆-火山活动时代分布图(图 2-64)和浙江省

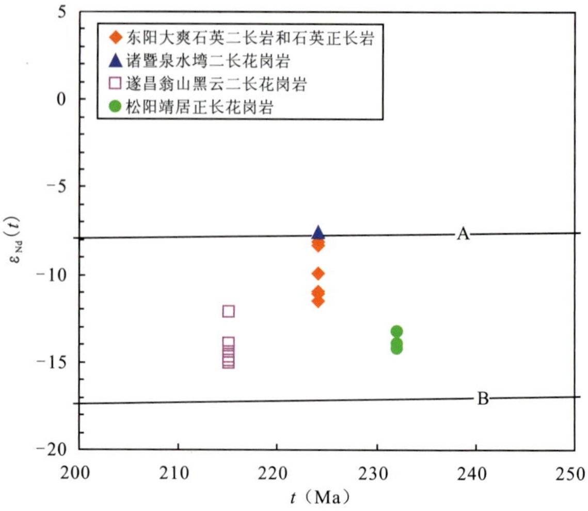

图 2-62　印支期侵入岩 $\varepsilon_{Nd}(t)$-t 关系图

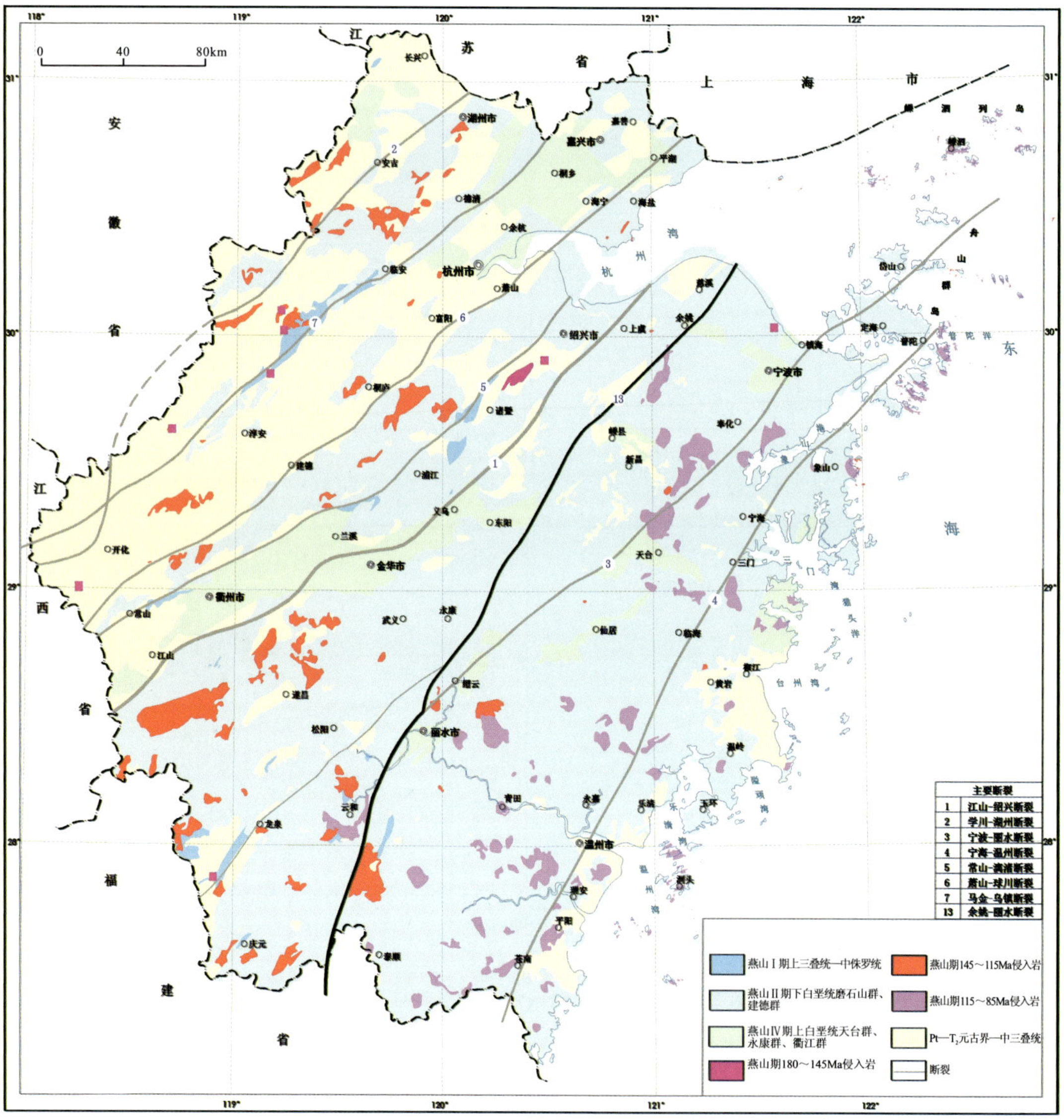

图 2-63　浙江省燕山期岩浆-火山活动时空分布图

燕山期火山岩时代分布谱系图(图 2-65),将浙江省燕山期岩浆活动分为燕山早期(侏罗纪)及燕山晚期(白垩纪)两个时期,这两个期次各具不同的火山、岩浆侵入作用,以燕山晚期火山活动最为强烈。燕山晚期的岩浆活动又可以分为燕山晚期早阶段(白垩纪早期,145～115Ma)和燕山晚期晚阶段(白垩纪晚期,115～85Ma)两个阶段。

表 2-12　浙江省燕山期侵入岩年代学统计表

序号	地理位置	岩性	年龄(Ma)	测试方法	资料来源
>145Ma					
1	镇海澥浦	花岗岩	177±1 180±2	LA-ICPMS SHRIMP	Li Zhengxiang et al.,2012
2	开化桐村	花岗斑岩	167.6±2.5 155.6±2.5	LA-ICPMS	邱骏挺等,2011
3	开化桐村	花岗斑岩	164.8±1.6	LA-ICPMS	邱骏挺等,2011
4	绍兴栅溪岩体	黑云母花岗岩	150.1±2.6	LA-ICPMS	顾明光等,2011
5	龙泉毛断村	花岗斑岩	152.2±2.2	LA-ICPMS	Li Yanjun et al.,2011
6	淳安开岭脚	花岗闪长岩	151±3	SHRIMP	汪建国等,2010
7	淳安结蒙岩体	花岗闪长岩	149±1	LA-ICPMS	Li Zilong et al.,2013
8	淳安里陈家	花岗闪长岩	148±2	SHRIMP	汪建国等,2010
9	绍兴广山岩体	花岗斑岩	147.2±1.7	LA-ICPMS	顾明光等,2011
10	临安河桥乡赤石	二长花岗岩	147.2±1	SIMS	Wu Fuyuan et al.,2012
145～85Ma					
1	淳安木瓜岩体	似斑状钾长花岗岩	142.2±1.2	LA-ICPMS	厉子龙,2013
2	龙泉毛断村钻孔 ZK001	二长花岗岩	140±1.6	LA-ICPMS	Li Yanjun et al.,2011
3	余杭黄湖	花岗闪长岩	139.9±2.3	LA-ICPMS	Wu Fuyuan et al.,2012
4	衢江区双桥乡	钾长花岗岩	138±5	LA-ICPMS	Wong Jean et al.,2011
5	黄源岩体	中粗粒二长花岗岩	137.4±2.6	LA-ICPMS	本专著
6	安吉港口俞家坞	黑云母二长花岗岩	141.0±1.4	LA-ICPMS	谢玉玲等,2012
7	安吉港口树景坞	正长花岗岩	138.1±1.0	LA-ICPMS	谢玉玲等,2012
8	安吉港口观音堂	花岗闪长岩	137.0±1.8	LA-ICPMS	谢玉玲等,2012
9	安吉港口乡	石英二长斑岩	137.3±1.6	LA-ICPMS	唐燕文等,2012
10	临安学川	二长花岗岩	136.8±1.9	LA-ICPMS	Wu Fuyuan et al.,2012
11	江山蔡源	石英正长岩	136.0±2.9	LA-ICPMS	贺振宇,2010
12	苏村岩体	二长花岗岩	136.54±0.84	LA-ICPMS	本专著
13	淳安木瓜	基性岩	135±2	LA-ICPMS	李福林等,2011
14	桐庐横村埠岩体	花岗闪长岩	134.8±1.4	LA-ICPMS	Wong Jean et al.,2011
15	白菊花岩体	花岗岩	134.6±2.2	LA-ICPMS	本专著
16	横村埠岩体	石英闪长岩	133.9±1.0	LA-ICPMS	本专著
17	紧水滩岩体	中粗粒含黑云母钾长花岗岩	133.5±2.1	LA-ICPMS	本专著

续表 2-12

序号	地理位置	岩性	年龄(Ma)	测试方法	资料来源
18	龙游塔石岩体	二长花岗岩	133.7±2.6	LA-ICPMS	本专著
19	余杭闲林埠	花岗闪长岩	132.05±0.47	Re-Os	陈江峰,2003
20	衢江区双桥乡山	钾长花岗岩	132.4±2.5	SHRIMP	Wong Jean et al.,2011
21	桐庐横村埠岩体	二长花岗岩	130.1±2.2	SHRIMP	Wong Jean et al.,2011
22	衢州杨梅湾	花岗岩	134.9±1.0 135.1±1.7	LA-ICPMS	Yang Shuiyuan et al.,2012
23	3号铀矿钻孔	花岗斑岩	135.9±2.1 136.3±2.4	SHRIMP	Yang Shuiyuan et al.,2012
24	3号铀矿钻孔	花岗斑岩	133.3±1.2 134.3±1.2	LA-ICPMS	Yang Shuiyuan et al.,2012
25	铜山儒洪岩体	花岗斑岩	133.2±1.3	LA-ICPMS	本专著
26	上河口岩体	花岗岩	131.3±1.9	LA-ICPMS	本专著
27	安吉港口乡	细粒花岗岩	134.5±1.6	LA-ICPMS	谢玉玲等,2012
28	安吉港口乡	细粒花岗岩	133.9 ±1.3	LA-ICPMS	谢玉玲等,2012
29	临安铜锣石—亭子山	二长斑岩	132.6±1.7	LA-ICPMS	Wu Fuyuan et al.,2012
30	仙霞	花岗闪长岩	132±1.7	LA-ICPMS	Wu Fuyuan et al.,2012
31	安吉唐舍	二长花岗岩	131.4±2.4	LA-ICPMS	Wu Fuyuan et al.,2012
32	余杭黄湖	二长花岗岩	131±3	LA-ICPMS	Wu Fuyuan et al.,2012
33	临安统里庄	二长花岗岩	130.6±1.6	LA-ICPMS	Wu Fuyuan et al.,2012
34	景宁县城东	含斑中粗粒钾长花岗岩	130.1±0.9	LA-ICPMS	本专著
35	诸暨平阳弄岩体马剑镇北金家山村	花岗斑岩	129.7±1.1	LA-ICPMS	Wong Jean et al.,2011
36	桐庐合村乡何村	二长花岗岩	129.2±1.4	LA-ICPMS	Wu Fuyuan et al.,2012
37	安吉杭河村—安徽刘村	二长花岗岩	129.7±2.1	LA-ICPMS	Wu Fuyuan et al.,2012
38	安吉杭河村—安徽刘村	二长花岗岩	129±1	SIMS	Wu Fuyuan et al.,2012
39	淳安铜山	花岗岩(边缘相)	129.0±2.3	SHRIMP	Jiang Yaohui et al.,2011
40	淳安铜山	花岗岩(中心相)	128.5±2.4	SHRIMP	Jiang Yaohui et al.,2011
41	德清莫干山岩体	黑云母钾长花岗岩	128.1±2.1	LA-ICPMS	章邦桐等,2012
42	江山洪公	石英正长岩	127±2	LA-ICPMS	1∶25万衢州幅,2014
43	江山洪公	斑状石英正长岩	127.2±1.6	LA-ICPMS	He Zhenyu et al.,2012
44	安吉杭河村—安徽刘村	二长岩	127.1±1.6	LA-ICPMS	Wu Fuyuan et al.,2012
45	桐庐横村埠	二长岩	128.3±1.7	LA-ICPMS	Wu Fuyuan et al.,2012
46	桐庐横村埠	二长岩	125.5±1.5	LA-ICPMS	Wu Fuyuan et al.,2012
47	衢州白菊花尖	花岗岩	126±3	SHRIMP	Wong Jean et al.,2009
48	淳安黄石潭岩体	花岗岩	126±1	LA-ICPMS	Li Zilong et al.,2013
49	淳安九里岗岩体	花岗岩	125±1	LA-ICPMS	Li Zilong et al.,2013
50	临安河桥	花岗闪长岩	126.8±1.6	LA-ICPMS	Wu Fuyuan et al.,2012
51	安徽庙西	石英正长岩	126.1±2.2	LA-ICPMS	Wu Fuyuan et al.,2012

续表 2-12

序号	地理位置	岩性	年龄(Ma)	测试方法	资料来源
52	临安统里庄	石英正长岩	125.3±3.1	LA-ICPMS	Wu Fuyuan et al.,2012
53	余杭黄湖	正长岩	123.8±2.9	LA-ICPMS	Wu Fuyuan et al.,2012
54	临安千亩田(顺溪岩体)	中粒斑状花岗岩	125.5±1.1	LA-ICPMS	黄国成等,2012
55	临安千亩田(顺溪岩体)	中细粒花岗岩	123.5±2.3	LA-ICPMS	黄国成等,2012
56	桐庐华家塘岩体	花岗岩	121.2±1.7	LA-ICPMS	Wong Jean et al.,2011
57	天台黄泥丘(或者嵊州北漳镇)	二长花岗岩	119.9±3.1	LA-ICPMS	Wong Jean et al.,2011
58	临海黄土岭	辉长岩	118.0±0.4	LA-ICPMS	贺振宇,2010
59	富阳神功村	二长花岗斑岩岩脉	117.7±2.7	SHRIMP	王剑等,2003
60	新昌儒岙	花岗岩	116±3	SHRIMP	董传万等,2007
61	天台龙皇堂岩体	钾长花岗岩	114.6±3.8	LA-ICPMS	Wong Jean et al.,2011
62	新昌小将岩体外	石英闪长岩	114.3±1.2	LA-ICPMS	Wong Jean et al.,2011
63	沐尘岩体	中细粒黑云角闪石英二长岩	112.7±1.2	LA-ICPMS	本专著
64	沐尘岩体	石英二长岩	112.1±1.0	LA-ICPMS	Liu Liang et al.,2013
65	沐尘岩体中基性岩包体	基性岩包体	112.4±1.2	LA-ICPMS	Liu Liang et al.,2013
66	舟山普陀山	石英二长闪长岩	110.2±1.1	单颗粒 U-Pb	邱检生等,1999
67	新昌儒岙	辉绿岩	109.1±2.8	Ar-Ar	董传万等,2007
68	云峰岩体	二长花岗岩	103.7±1.6	LA-ICPMS	本专著
69	青田石平川	花岗岩	102.7±1.2	LA-ICPMS	叶泽富等,2010
70	青田石平川	钾长花岗岩(钻孔取样)	102.5±1.2	LA-ICPMS	李艳军等,2009
71	平阳县怀溪曹门	钾长花岗斑岩	102±1	LA-ICPMS	李艳军等,2010
72	余姚梁弄岩体	石英闪长岩	100.1±1.7	LA-ICPMS	Wong Jean et al.,2011
73	乐清雁荡山	石英正长岩	98.2±1.1	LA-ICPMS	贺振宇,2010
74	温州黄岩望海岗	石英正长岩	98.3±1.2 98.5±1.3	LA-ICPMS	邱检生等,2011
75	舟山东极镇庙子湖岛	钾长花岗岩	96±2	SHRIMP	董传万等,2010
76	重河超单元	花岗岩	96.2±2.3	LA-ICPMS	本专著
77	舟山东极镇庙子湖岛附近	角闪辉绿岩、镁铁质岩墙群	93.4	全岩 Ar-Ar	董传万等,2010
78	衢州杜泽镇姜孟—曹上	辉绿岩	93±3	$^{40}Ar-^{39}Ar$	王正其等,2013
79	舟山普陀山	晶洞碱长花岗岩	93.6±0.4	单颗粒 U-Pb	邱检生等,1999
80	普陀桃花岛	碱性花岗岩	92.9±0.6	单颗粒 U-Pb	邱检生等,1999
81	苍南瑶坑	碱性花岗岩	91.3±2.5	LA-ICPMS	肖娥等,2007
82	杭州泗岭花岗岩体	黑云母花岗岩,铝质 A 型花岗岩	89.8～93.4	K-Ar	浙江省地质矿产局,1987
83	三门小雄泗琳	正长岩	87.9±1.2	SHRIMP	邢光福等,2008
84	小雄	斑状正长岩	87.8±1.6	LA-ICPMS	He Zhenyu et al.,2012
85	萧山大和山	石英正长岩	86±3	SHRIMP	王强等,2005
86	萧山大和山	斑状石英正长岩	85.5±1.5	LA-ICPMS	He Zhenyu et al.,2012
87	嵊州北漳	二长花岗岩	85	单颗粒锆石 U-Pb	陈荣等,2005

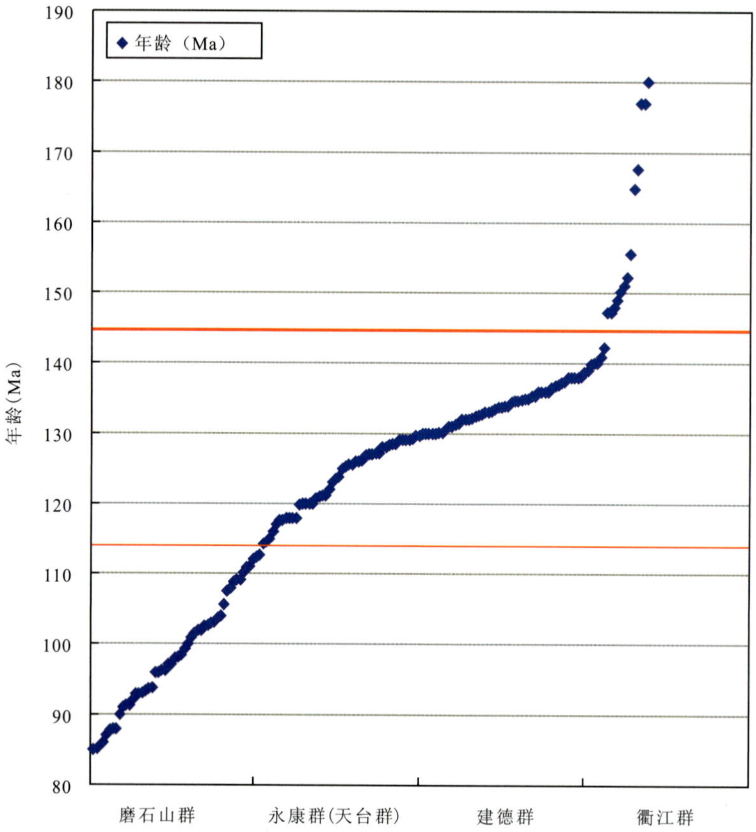

图 2-64　浙江省燕山期岩浆-火山活动时代分布图

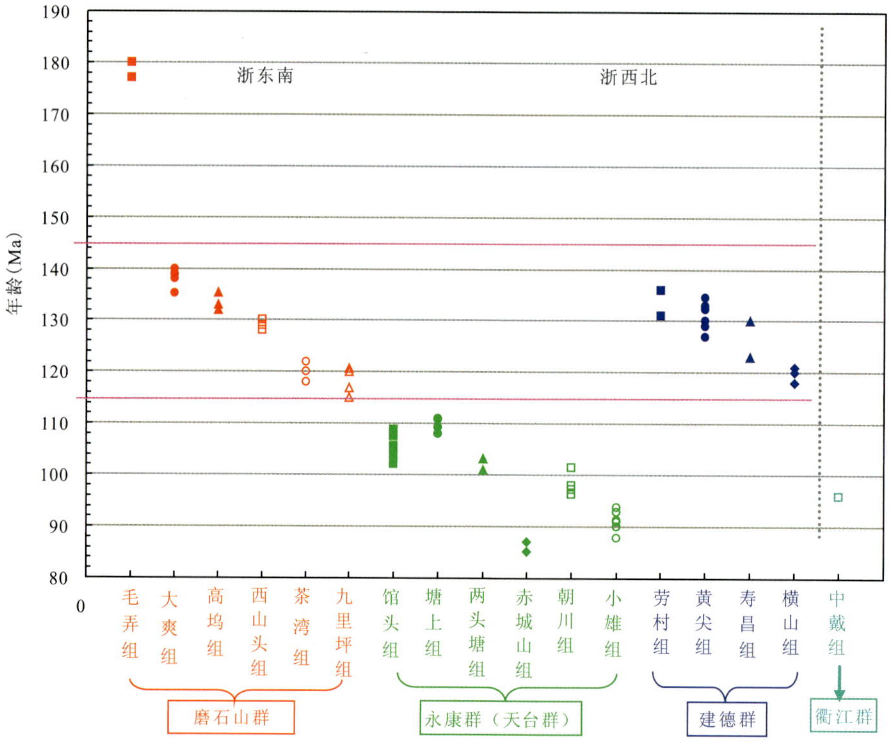

图 2-65　浙江省燕山期火山岩时代分布谱系图

燕山早期(>145Ma)岩浆活动相对较弱。火山岩仅在江绍拼接带以南的浙东南地区毛弄组中出现(180Ma);侵入岩主要发育于江绍拼接带以北的浙西北地区,如镇海澥浦花岗岩、桐村开化花岗斑岩、绍兴栅溪黑云母花岗岩和广山岩体花岗斑岩、淳安开岭脚及里陈家花岗闪长岩等(顾明光等,2011;邱骏挺等,2011;汪建国等,2010),江绍拼接带以南与丽水-舟山断裂带以北区域目前所知仅龙泉毛断辉钼矿矿区的钻孔中有晚侏罗世花岗斑岩(Li et al.,2011)。

燕山早期侵入岩多呈岩株、岩枝状产出,个别面积大于 100km² 为岩基。

燕山晚期(白垩纪)岩浆活动强烈,尤其燕山晚期早阶段(145～115Ma)火山喷发强烈,几乎覆盖了浙江 70%的面积(浙西北为建德群,浙东南为磨石山群),相应的侵入岩广泛发育,但侵入岩空间上主要分布在丽水-舟山断裂以西的昌化-湖州、开化-杭州、常山-绍兴 3 个北东向条带和浙西南遂昌-庆元地区,丽水-舟山断裂以东地区分布甚少;燕山晚期晚阶段(115～85Ma)浙江构造环境由挤压转变为拉张伸展环境,形成由北东或北北东向与东西向、北东与北西向断裂联合控制的一系列晚白垩世断陷盆地,火山喷发作用与早白垩世相比有了明显的减弱,主要接受了湖泊相、河流相沉积,期间常有不同程度的火山喷发沉积(浙西北为衢江群,浙东南为永康群),相应的侵入岩主要分布在丽水-舟山断裂以东地区和南北向余姚—天台一带,岩浆岩带主要受北东向、近南北向区域断裂制约,但侵入岩空间具体定位主要受火山洼地、破火山等火山构造,断陷盆地边缘北东向和北西向断裂以及穿过盆地的近南北向断裂控制,浙东沿海一带及岛屿还发育有碱性花岗岩及晶洞碱长花岗岩。

2.5.1　燕山早期(>145Ma)侵入岩

燕山早期侵入岩岩性以花岗斑岩和花岗闪长岩为主。北东向构造是本期侵入岩体的控岩构造,北东向压性断裂和配套的北西向张扭性断裂的结点,是本期次岩体的侵入通道和储岩空间(图 2-63)。

2.5.1.1　燕山早期侵入岩岩相学基本特征

花岗斑岩以桐村岩体为例。桐村岩体位于开化县桐村镇,该岩体很大一部分面积被第四系覆盖,在地表以零星的露头方式产出。岩体岩性主要为灰色的花岗斑岩,其次为石英二长岩、二长花岗斑岩和花岗闪长岩。桐村岩体的围岩主要为奥陶系长坞组泥岩和硅质岩、砚瓦山组泥岩和黄泥岗组灰岩。岩体以岩脉状侵入到长坞组之中,接触带可见较为明显的冷凝边和烘烤边。由于岩体侵入过程中释放大量的热量,使得泥岩、硅质岩普遍发生角岩化、硅化、绢云岩化。一部分热液沿围岩的裂隙流动,形成大量的石英脉,并伴有辉钼矿化、黄铁矿化、黄铜矿化和斑铜矿化。岩体与黄泥岗组的接触带处发育矽卡岩化,在矽卡岩中发育石榴石、透辉石、辉钼矿和黄铜矿。在偏光显微镜下观察,岩体具有明显的斑状结构,组成斑晶的矿物为:石英、斜长石、钾长石、黑云母;石英大小一般介于 1～2mm,少量可达 3～4mm,呈半自形粒状结构,含量在 10%～15%之间,部分石英颗粒呈次圆状,且存在被基质熔蚀的现象,说明岩体侵位深度较浅;斜长石斑晶呈板状,粒径在 4～5mm 之间,含量 25%～30%,绢云母化蚀变严重;钾长石斑晶呈板状,粒径 3mm 左右,含量 15%左右,普遍发生绢云母化,为假象;黑云母斑晶粒径较小,大于 2mm 左右,含量不足 5%。基质矿物主要为:斜长石、钾长石、石英,大小一般 0.05～0.1mm,杂乱分布;斜长石呈半自形板状,发生绢云母化和硅化。钾长石发生高岭土化和绢云母化;石英呈它形粒状,镶嵌状分布。岩石主要的不透明矿物包括尖晶石和磁铁矿。从岩体与区域断裂的空间关系上看,岩体出露位置位于北东向压性断裂和北西向张性断裂交会处,且具有沿断裂面侵位的特征。

邱骏挺等(2011)用 LA-ICPMS 锆石 U-Pb 定年得到桐村花岗斑岩的年龄为 167.6±2.5Ma、155.6±2.5Ma、164.8±1.6Ma,属燕山早期侏罗纪。

花岗闪长岩以绍兴栅溪-广山岩体为例。栅溪-广山岩体沿北东向江藻-桃源背斜轴部及压扭性断裂带侵入,走向北东 40°～50°,总体向北西倾斜,总面积近 100km²。

栅溪岩体主要分布于褶皱北东端栅溪村一带,在南西部兰岭村、江藻村也有零星出露,呈小岩株形式产出，内部岩性主要为花岗闪长岩，往南东边缘过渡为石英闪长岩，局部有后期细粒花岗岩脉侵入。岩石灰白—暗灰色，半自形中细粒结构，块状构造，矿物粒度一般小于2mm。岩石主要由斜长石(55%～60%)、钾钠长石(5%～10%)、石英(10%～25%)以及暗色矿物(5%～15%)角闪石和黑云母组成。斜长石主要为中-更长石，呈自形—半自形柱状，可见环带构造，具卡钠复合双晶和聚片双晶，部分已绢云母化和高岭土化；钾钠长石呈半自形—它形，具卡斯巴双晶；石英呈它形粒状；暗色矿物均不同程度地被绿泥石交代，黑云母的多色性明显。副矿物组合为锆石-磷灰石型，含有褐帘石和独居石。

广山岩体主要分布于褶皱南西端兰岭村—江藻一带及古塘山附近，受北东向构造带控制，呈长条状展布，岩体主要由中粒花岗岩及后期的细粒花岗岩组成。中粒花岗岩呈连续带状分布，而细粒花岗岩呈断续带状分布。

中粒花岗岩：浅肉红色，自形—半自形中粒至中粒似斑状结构；岩石主要由钾钠长石(35%～50%)、斜长石(5%～15%)、石英(25%～35%)、黑云母(2%～5%)等组成，从内部相到边缘相钾钠长石及石英含量增加，斜长石及黑云母含量减少。岩石内部相晶粒均较大，粒径2～5mm，局部达8mm；似斑状结构，斑晶主要为自形厚板状钾钠长石，含量5%～20%，粒径为(8～20)mm×(10～30)mm，基质粒径为2～4mm。边缘相为中细粒似斑状结构，斑晶主要为条纹长石、石英和斜长石，含量15%～25%，斑晶粒径3～7mm，基质粒径0.2～0.5mm。钾钠长石呈不规则板柱状，多具条纹结构，偶见格子双晶和卡氏双晶；斜长石呈半自形柱状，多具卡钠复合双晶和聚片双晶，粒度一般较钾钠长石小；石英呈它形粒状，边缘相石英多被熔蚀，内部相石英仍有自形较好的增生现象，晶体常见有裂纹，局部裂隙被绿泥石或绢云母次生交代充填。岩石副矿物组合复杂，主要为磁铁矿、黄铁矿、赤褐铁矿、锆石、磷灰石、萤石、褐帘石，其次为钛铁矿、锐钛矿、榍石、独居石、金红石、绿帘石、钍石、石榴石、刚玉、绿帘石、辉铜矿、闪锌矿，还见有少量的重晶石、磷钇矿、方铅矿、自然铅、磁黄铁矿等。中粒花岗岩蚀变较强，局部发育较强钾长石化；钠长石化微弱但普遍，主要沿钾长石的双晶纹和条纹长石的晶隙进行交代；在断层带及其附近发育较强云英岩化、绢云母化、黄铁矿化、绿泥石化、绿帘石化及高岭土化等。

细粒花岗岩呈浅肉红—灰白色，自形—半自形细粒结构，矿物颗粒一般小于1mm，少数达2mm左右；主要为钾钠长石(40%±)、斜长石(30%±)、石英(30%±)及少量黑云母等。钾钠长石呈半自形柱状，以微斜长石和条纹长石为主，偶见格子双晶和卡氏双晶，局部略有泥质及绢云母交代；斜长石主要为更长石，呈柱状晶体，以聚片双晶最为常见，另见有卡钠复合双晶，局部有少量绢云母交代；石英呈它形粒状，普遍具有微波状消光；黑云母呈不规则鳞片状，有的被绿泥石交代或褪色为白云母。细粒花岗岩中发育椭圆状或不规则状暗色细粒包体，大小一般为10～20cm，大者30～40cm。副矿物主要为磁铁矿、钛铁矿、榍石、褐帘石、独居石、磷灰石、刚玉等。

贾德龙等(2013)用LA-ICPMS锆石U-Pb同位素定年，得到广山中粒碱长花岗岩和侵入其内部的细粒碱长花岗岩的成岩年龄分别为162.4±0.9Ma和156.3±0.7Ma；顾明光等(2011)用LA-ICPMS锆石U-Pb定年，得到栅溪岩体黑云母花岗岩和广山岩体花岗斑岩的成岩年龄分别为150.1±2.6Ma、147.2±1.7Ma，属燕山早期侏罗纪。

2.5.1.2 燕山早期侵入岩地球化学和同位素特征

燕山早期侵入岩体主元素成分变化范围相对较广，SiO_2为60.53%～77.65%，为钙碱性系列(图2-66左)，铝饱和指数以准铝质和过铝质为主(图2-66右)。

澥浦淡色花岗岩高钾K_2O(4.60%～4.72%)、K_2O/Na_2O比值1.2～1.4，高Rb[(292～366)×10^{-6}]，低TiO_2(0.03%～0.04%)、MgO(0.08%～0.14%)、Fe_2O_3(0.60%～0.83%)、P_2O_5(0.02%，有可能是磷灰石较早的分异结晶造成的)和低Sr[(23.9～31.5)×10^{-6}]。在球粒陨石标准化REE图解中(图2-67左)，轻重稀土分异不明显[$(La/Yb)_N$=1.75～2.26]，轻稀土富集，重稀土平坦，具有明显的负铕异常(δEu=0.07～0.10)。在原始地幔标准化蛛网图解中(图2-67右)，富集大离子亲石元素

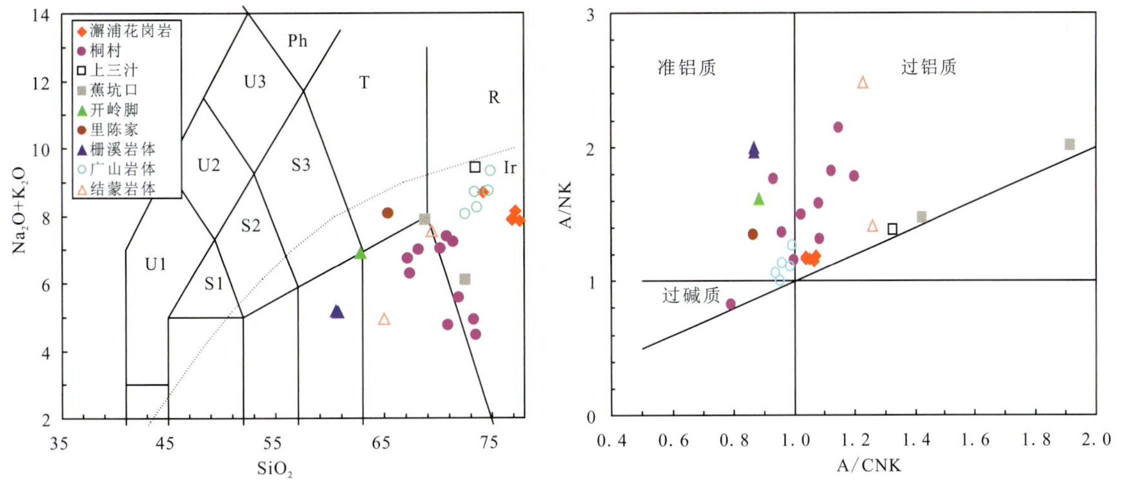

图 2-66　燕山早期侵入岩 SiO_2 - Na_2O+K_2O 图解(左)和 A/CNK - A/NK 图解(右)

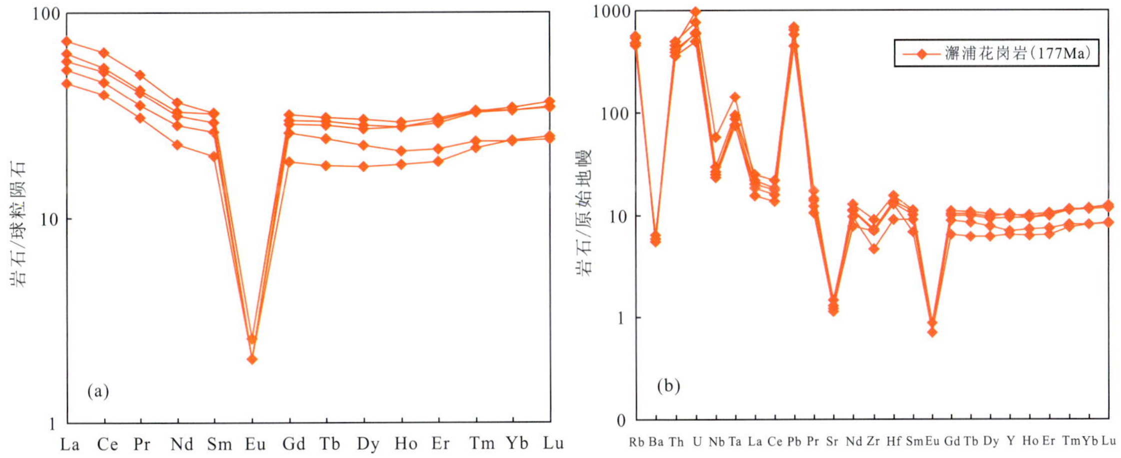

图 2-67　镇海澥浦花岗岩的标准化 REE 图解(左)和蛛网图解(右)

(数据来自 Li et al.,2012;标准化数据来自 Sun & McDonough,1989)

(LILE,如 K、Rb 和 Th 等),亏损高场强元素 HFSE(如 Zr、Hf)、Ba、Nb、Ta,10 000×Ga/Al=2.32～2.63,Rb/Sr=10.6～12.8。Sr-Nd 同位素组成见表 2-13,可以看出岩体具较高的初始 Sr 比值(I_{Sr}=0.712～0.715)、较低的 $\varepsilon_{Nd}(t)$(−13.0～−11.8)值,以及较老的 Nd 模式年龄(T_{DM2}=2.0～1.9Ga),反映了花岗岩源岩有大量古元古代壳源物质的参与。

表 2-13　澥浦花岗岩 Sr-Nd 同位素组成表

澥浦花岗岩	$^{87}Rb/^{86}Sr$	$^{87}Sr/^{86}Sr$	±2σ	I_{Sr}	$^{147}Sm/^{144}Nd$	$^{143}Nd/^{144}Nd$	±2σ	$\varepsilon_{Nd}(t)$	T_{DM2}(Ga)
04ZJ-31	37.5	0.808 404	0.000 018	0.712 484	0.176	0.511 970	0.000 012	−12.57	1.97
04ZJ-32	30.8	0.793 338	0.000 019	0.714 510	0.184	0.511 955	0.000 013	−13.03	2.00
04ZJ-33	37.0	0.807 859	0.000 019	0.713 266	0.182	0.511 982	0.000 011	−12.47	1.96
04ZJ-34	35.4	0.802 909	0.000 018	0.712 368	0.175	0.512 009	0.000 013	−11.77	1.91
04ZJ-35	34.0	0.802 280	0.000 018	0.715 388	0.194	0.511 991	0.000 013	−12.56	1.95

桐村花岗斑岩 SiO_2 含量为 64.68%～73.52%（平均 69.14%），Al_2O_3 含量为 15.28%～20.29%（平均 16.55%），CaO 含量为 0.03%～3.11%（平均 0.94%），Na_2O 含量为 0.08%～1.80%（平均 0.53%），K_2O 含量为 3.30%～5.20%（平均 4.56%），TiO_2 含量平均为 0.42%，Al_2O_3 含量与 CaO，Na_2O 含量之和的比值大于 1.20（平均 2.72），里特曼指数 σ 小于 3.3（平均 1.05），Al_2O_3、CaO、K_2O 含量之和小于 7%（平均 5.09%），K_2O 含量大于 Na_2O 含量，属过铝质高钾钙碱系列花岗斑岩。稀土元素总量较高[(141.87～186.69)×10^{-6}]，稀土配分模式属右倾（图 2-68 左），轻、重稀土元素分异明显[$(La/Yb)_N$=15～44]，轻稀土明显富集，重稀土亏损，样品具轻微的铕负异常（δEu=0.73～0.93），这种稀土配分模式与同熔型 I 型花岗斑岩一致。微量元素配分模式（图 2-68 右）的特点是大离子亲石元素明显富集，特别是 Th、U、Pb 富集明显，具有明显 Ta、Nb、P、Ti、Sr 负异常。P、Ti 的负异常还可能与磷灰石、钛铁矿的分离结晶作用有关，而 Sr 负异常明显，这可能与斜长石的结晶分异有关，也可能是由蚀变引起的。以上地球化学特征表明，桐村岩体具有 I 型花岗岩的特征。

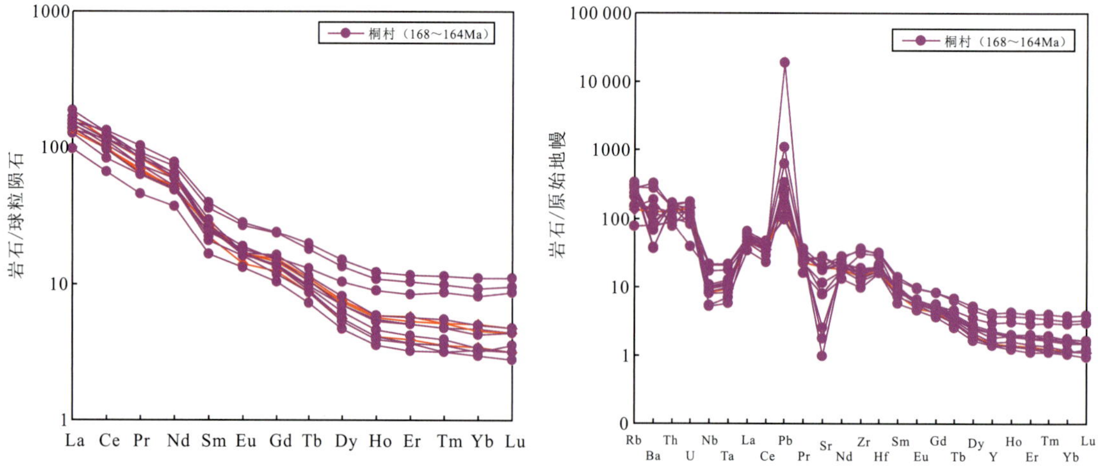

图 2-68　桐村花岗岩的标准化 REE 图解（左）和蛛网图解（右）

（数据来自邱骏挺，2013；标准化数据来自 Sun & McDonough，1989）

桐村花岗岩的 Sr-Nd 同位素组成见表 2-14，可以看出岩体 I_{Sr} 比值为 0.712～0.715，较低的 $\varepsilon_{Nd}(t)$（−4.97～−3.6），以及较老的 Nd 模式年龄（T_{DM}=1.14～1.06Ga），反映了花岗岩源岩有古老壳源物质的参与。

表 2-14　桐村花岗斑岩 Sr-Nd 同位素组成

桐村岩体	$^{87}Sr/^{86}Sr$	I_{Sr}	$^{143}Nd/^{144}Nd$	$(^{143}Nd/^{144}Nd)_i$	$\varepsilon_{Nd}(t)$	T_{DM}(Ga)
TC-P1-2	0.731 701	0.708 736	0.512 276	0.512 171	−4.97	1.14
TC-P1-3	0.717 685	0.709 889	0.512 326	0.512 213	−4.15	1.15
TC-P1-8	0.721 895	0.712 288	0.512 282	0.512 185	−4.69	1.06
TC-P1-29	0.724 713	0.710 293	0.512 353	0.512 242	−3.60	1.10

蕉坑口和上三汁花岗斑岩样品的 SiO_2 含量为 68.85%～73.55%，Al_2O_3 含量为 14.49%～16.47%，铝饱和指数为强过铝质（A/CNK=1.3～1.9，图 2-66 右），属过铝质高钾钙碱系列花岗斑岩。稀土元素总量不高[(68.2～108.4)×10^{-6}]，稀土配分模式属右倾（图 2-69 左），轻、重稀土元素异明显[$(La/Yb)_N$=14.3～29.7]，轻稀土明显富集，重稀土亏损，样品具轻微的铕负异常（δEu=0.81～0.89）。微量元素配分模式（图 2-69 右）的特点是大离子亲石元素明显富集，特别是 Th、U、Pb 富集明显，具有

明显 Ta、Nb、Sr 负异常。地球化学特征表明，蕉坑口和上三汁花岗斑岩岩体具有 I 型花岗岩的特征。

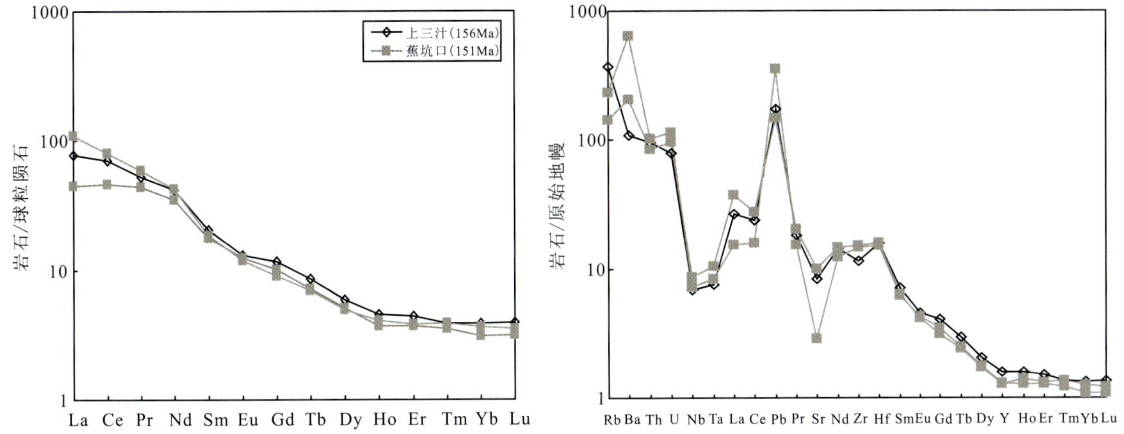

图 2-69　蕉坑口和上三汁花岗岩的标准化 REE 图解(左)及蛛网图解(右)

(数据来自邱骏挺，2013；标准化数据来自 Sun & McDonough，1989)

栅溪花岗闪长岩类 $w(SiO_2)$=60.53%～67.55%；全碱含量不高，$w(K_2O+Na_2O)$=4.83%～7.3%，K_2O/Na_2O=0.40～0.94；铝饱和指数为准铝质(A/CNK=0.87，图 2-66 右)；里特曼指数 σ=0.95～2.51，属钙碱性系列。广山中粒花岗岩类高硅(SiO_2 含量 70.39%～77.13%)、高碱(K_2O+Na_2O 含量 6.88%～9.32%)，K_2O/Na_2O=0.98～2.41；铝饱和指数为准铝质(A/CNK=0.95～0.98，图 2-66 右)；里特曼指数 σ=1.68～2.72，平均 2.15，属高钾钙碱性系列。广山细粒花岗岩类高硅(SiO_2 含量 72.53%～77.15%)、高碱(K_2O+Na_2O 含量 7.98%～8.74%)，K_2O/Na_2O=1.12～1.9；铝饱和指数为准铝质(A/CNK=0.93～0.99)；里特曼指数 σ=1.90～2.41，平均 2.1，属高钾钙碱性系列。

在稀土元素组成(图 2-70 左)上，栅溪闪长岩类稀土总量较高($\sum$REE=155.32×10^{-6}～156.70×10^{-6})，球粒陨石标准化稀土配分曲线右倾，轻重稀土分异较明显，LREE/HREE=8.23～9.24，$(La/Yb)_N$=9.26～11.61，并具微弱的弱负铕异常(δEu=0.74～0.80)；广山花岗岩类稀土总量变化范围较大($\sum$REE=120.71×10^{-6}～290.34×10^{-6})，球粒陨石标准化稀土配分曲线具有“V”型特征，轻、重稀土分异不明显，LREE/HREE=2.27～6.35，$(La/Yb)_N$=1.43～5.02，具强烈的负铕异常(δEu=0.04～0.26)。在微量元素组成上(图 2-70 右)，栅溪闪长岩类富集 K、Rb、Ba 等大离子亲石元素(LILE)，弱

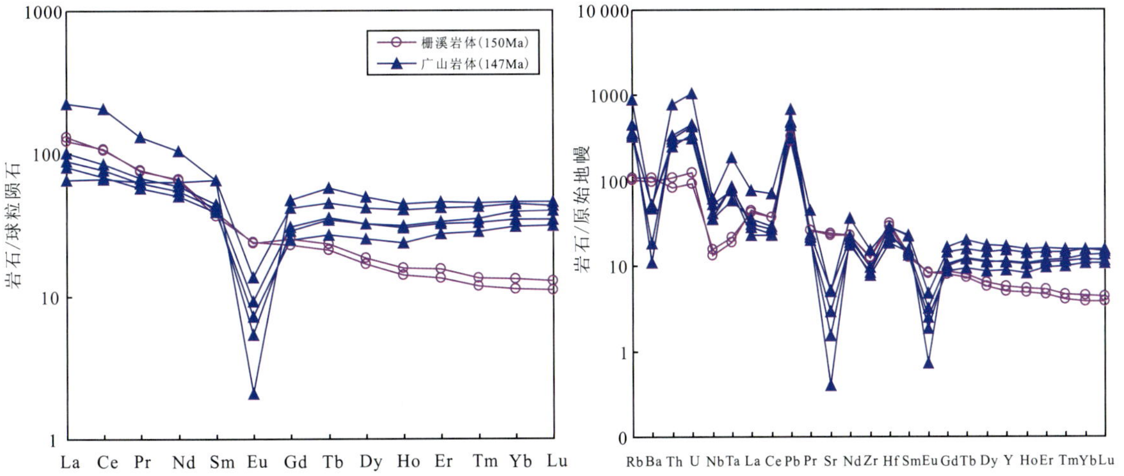

图 2-70　栅溪岩体和广山岩体的标准化 REE 图解(左)及蛛网图解(右)

(标准化数据来自 Sun & McDonough，1989；数据来自解怀生等，2013)

亏损 Nb、Ta，富集 Th、U 等高场强元素（HFSE），Sr、Ti 亏损不明显；广山花岗岩类强富集 K、Rb 等大离子亲石元素（LILE），相对富集 Nb、Ta、Th、U 等高场强元素（HFSE），但强亏损 Ba、Sr、Ti 等元素，相对亏损 Cr、Co、Ni、V 等元素，具有 A 型花岗岩的特征。

据贾德龙等（2014）研究，广山岩体的锆石 Hf 同位素组成见图 2－71。除 LZC－5A 细粒碱长花岗岩样品中有一个 $^{176}Lu/^{177}Hf$ 较高（0.018 676）外，其余锆石点 Lu－Hf 同位素具有低 $^{176}Lu/^{177}Hf$（均值 0.004 239）和高 $^{176}Hf/^{177}Hf$（均值 0.282 624）的组成特征，表明锆石在形成后具有极低的放射性成因 Hf 积累，因此所测定的 $^{176}Hf/^{177}Hf$ 比值可以代表锆石结晶时体系的 Hf 同位素组成（Amelin et al.，2000）。锆石的 $f_{Lu/Hf}$ 变化范围为 －0.9511～－0.7393，明显小于镁铁质地壳的 $f_{Lu/Hf}$（－0.34）（Amelin et al.，2000）和硅铝质地壳 $f_{Lu/Hf}$（－0.72）（Vervoort，1996），故二阶段模式年龄更能反映其源区物质从亏损地幔被抽取的时间或其源区物质在地壳的平均存留年龄。广山中粒碱长花岗岩 LZC－4A 样品锆石的 $^{176}Hf/^{177}Hf$ 值为 0.282 555～0.282 768，对应的 $\varepsilon_{Hf}(t)$ 范围为－4.29～2.46，二阶段模式年龄 t_{Hf2}(Ma) 为 1.48～1.05Ga；广山细粒碱长花岗岩样品 LZC－5A 中，除一个测点以外的 $^{176}Hf/^{177}Hf$ 值为 0.282 557～0.282 687，对应的 $\varepsilon_{Hf}(t)$ 值为－4.35～－0.30，二阶段模式年龄 t_{Hf2}(Ma) 范围为 1.48～1.22Ga。广山岩体的中粒碱长花岗岩和细粒碱长花岗岩的 Lu－Hf 同位素组成非常一致，组成都比较均一，有相似的 $\varepsilon_{Hf}(t)$ 值（图 2－71）及二阶段模式年龄，$\varepsilon_{Hf}(t)$ 主要集中在－4.35～0 之间，二阶段模式年龄范围主要在 1.48～1.2Ga 之间。广山岩体 $\varepsilon_{Hf}(t)$ 值均为负，总体呈现相对亏损的特征，推断其为壳幔混合作用的产物。

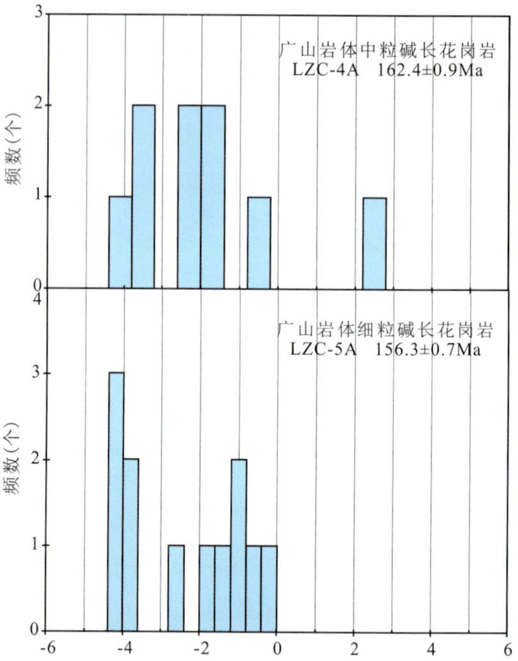

图 2－71　广山岩体 $\varepsilon_{Hf}(t)$ 值频数分布图
（数据引自贾德龙等，2014）

淳安开岭脚和里陈家花岗闪长岩铝饱和指数均为准铝质（A/CNK＝0.864～0.88）。稀土配分曲线右倾，属轻稀土富集型（图 2－72 左）；微量元素 MORB 标准化蛛网图（图 2－72 右）中显示 Ta、Nb、Zr 亏损，显示 I 型花岗岩的特征。

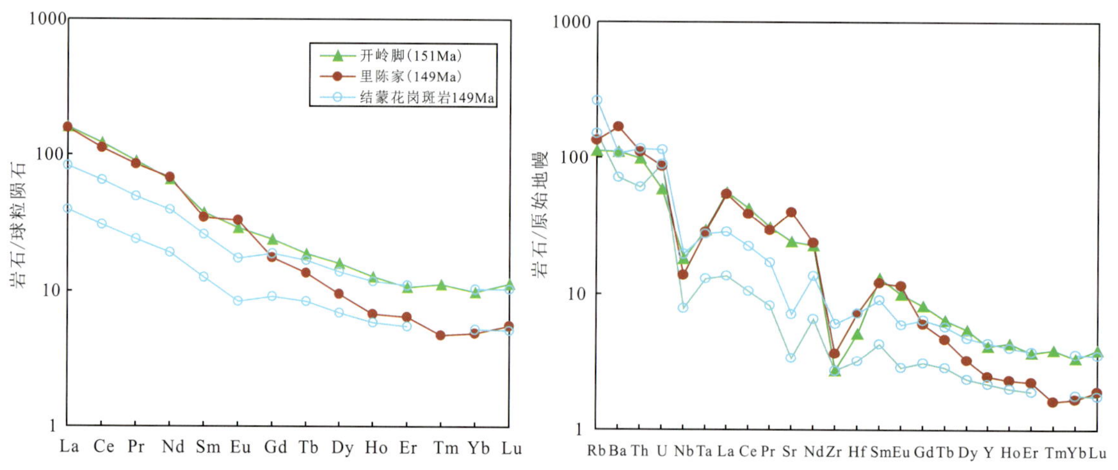

图 2－72　淳安开岭脚、里陈家和结蒙岩体的标准化 REE 图解（左）及蛛网图解（右）
（数据引自浙江省地质矿产局，2013；标准化数据引自 Sun & McDonough，1989）

2.5.1.3　燕山早期侵入岩形成的构造环境

燕山早期(>145Ma)侵入的花岗闪长岩和花岗斑岩，属准铝质或过铝质的钙碱性系列岩石。在 Pearce et al.(1984)花岗岩的 Nb－Y 和 Rb－(Y+Nb)判别图解中，投影点大都落在火山岛弧区(图 2－73)。据 Whalen et al.(1987)的微量元素判别图解，投影点除广山岩体落在 A 型花岗岩区域外，其余都落在 I 型或 S 型花岗岩区内(图 2－74)。

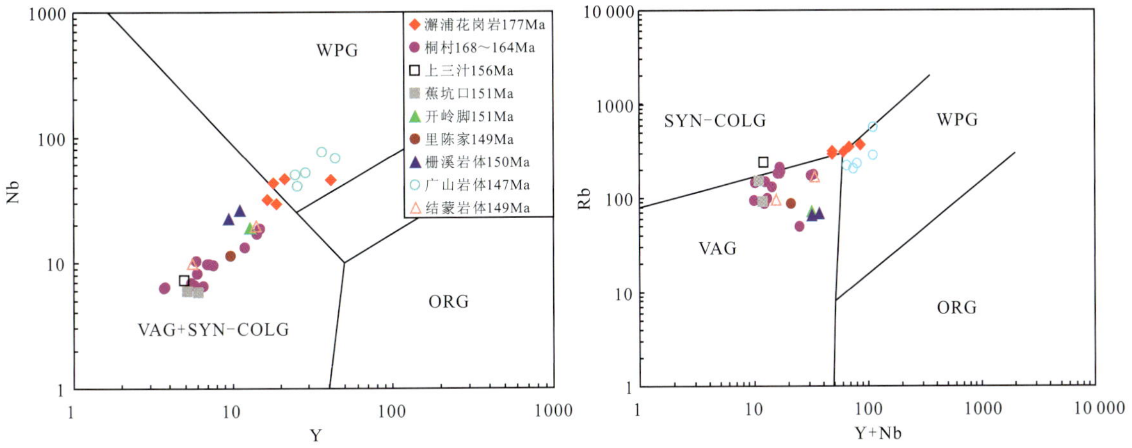

图 2－73　燕山早期侵入岩(>145Ma)岩体的构造环境判别图解

(判别底图解据 Pearce et al.,1984)

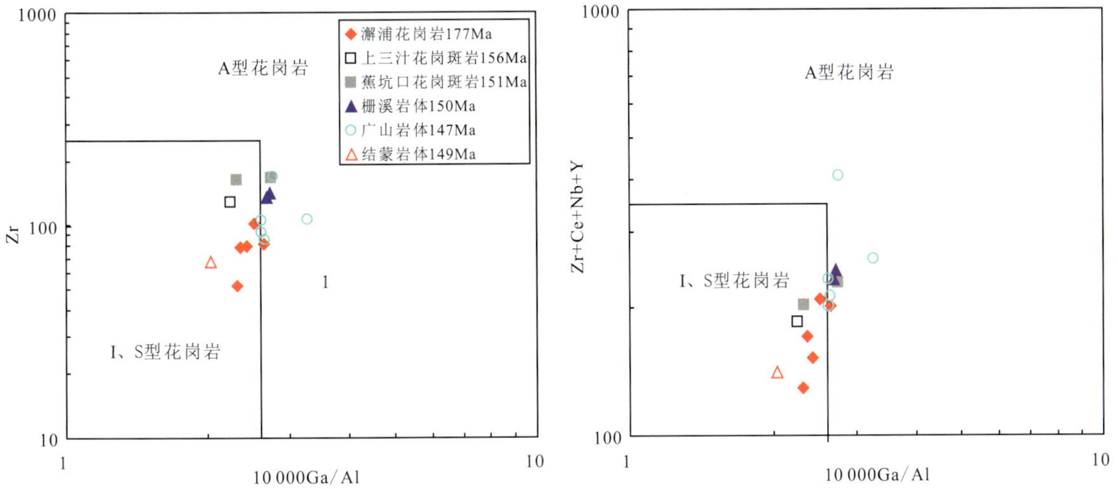

图 2－74　燕山早期侵入岩(>145Ma)岩体的构造环境判别图解

(数据同图 2－73，判别图解底图据 Whalen et al.,1987)

综上所述，燕山早期花岗岩类形成于挤压造山阶段的陆缘弧环境，以 I 型花岗岩为主，少量 A 型花岗岩，仅淳安结蒙岩体为 S 型花岗岩。不同构造单元的岩体其岩浆源区差异明显，如位于浙西加里东裂陷沉积盆地的开化桐村花岗斑岩为 I 型，Nd 模式年龄 T_{DM2}=1.14～1.06Ga，显示为新元古代基底双溪坞群基性火山岩为主重熔形成的花岗岩浆特征(可能有少量幔源岩浆加入)，位于江南古岛弧区的广山花岗闪长岩为 A 型，二阶段模式年龄 t_{Hf2}(Ma)范围主要在 1.48～1.05Ga，显示为板块俯冲过程中可能由陈蔡群板片进入上地幔熔融形成的幔源岩浆，而位于华夏地块的镇海澥浦淡色花岗岩为 I 型，Nd 模

式年龄 T_{DM2}=2.0～1.9Ga，反映了花岗岩源岩有大量古元古代壳源物质的参与。这种不同构造环境花岗岩浆源区物质的差异性可能是导致花岗岩成矿作用不同的根本原因。

2.5.2 燕山晚期早阶段(145～115Ma)侵入岩

燕山晚期早阶段(145～115Ma)侵入岩主要分布在丽水-舟山断裂以北地区(图 2-63)。江绍拼接带以西岩体侵入定位主要受北东向、近东西向区域断裂和北东向展布的火山洼地控制，浙西南地区岩体侵入定位主要受北北东向、北西向断裂和火山洼地(或火山构造)制约。岩性主要为似斑状钾长花岗岩、黑云母二长花岗岩、二长花岗岩、石英正长岩、花岗闪长岩、花岗岩和花岗斑岩。

2.5.2.1 燕山晚期早阶段岩体及岩相学

该期典型岩体主要有江山洪公岩体、景宁岩体、淳安儒洪岩体、临安顺溪(学川)岩体、临安河桥-麻车埠岩体、桐庐横村埠石英闪长岩体、常山白菊花-九华山杂岩体、马剑-华家塘岩体、安吉坞关山杂岩体、龙游塔石岩体、遂昌鲁峰岩体等，其中以江山洪公和景宁两个岩体规模最大。主要岩体岩石特征描述如下。

1. 儒洪岩体

儒洪岩体呈北东向分布，断续延伸达40km，面积122.6km^2，包括21个大小不等的岩体。根据岩石结构特征及相互间的接触关系，可划分成花石源、铜山和鸭岭尖3个单元。

花石源单元：岩性为肉红色—灰白色细粒斑状花岗岩，岩石呈斑状结构，斑晶含量16%～20%。其中碱性长石10%～12%，石英6%～8%，长石斑晶粒径一般长15～20mm，宽5～10mm，呈自形的长板柱状，石英斑晶粒径5mm左右，它形粒状。基质为细粒花岗结构，矿物成分为碱性长石40%～42%，斜长石12%～14%，石英24%～26%，黑云母1%，另有少量磁铁矿、锆石、磷灰石等副矿物。碱性长石主要为微斜长石和微纹长石，具不规则的钠长石条纹，有的具格子双晶；斜长石为钠—更长石，常有绢云母交代。

铜山单元：岩性为肉红色、浅灰色中—细粒斑状花岗岩，岩石呈中—细粒不等粒花岗结构，矿物粒度相差悬殊，粒径变化范围为0.1～3mm，绝大多数粒径在1～3mm之间，以细中粒为主。主要造岩矿物为微斜长石、微纹长石45%～48%，斜长石(钠—更长石)约20%，石英30%，黑云母2%，另有少量锆石、磷灰石和磁铁矿。岩石中碱性长石有包裹斜长石现象。

鸭岭尖单元：浅红色细粒花岗岩，岩石呈细粒花岗结构，矿物粒径一般在0.2～1.5mm之间，碱性长石多为自形—半自形的微斜长石和微纹长石，含量48%～50%，斜长石18%～20%，石英28%～30%，同时有黑云母少量(1%±)和磁铁矿、锆石、磷灰石等副矿物。

儒洪岩体与围岩接触面大部分呈港湾状，围岩强烈蚀变，接触变质的强烈程度和接触变质带的宽度，取决于围岩的性质和接触面的陡缓，接触面越缓其接触变质带越宽，最宽可达3.5km。当围岩为泥质岩时，接触变质可分为3个带，自岩体向外分别为红柱石角岩带、黑云母角岩带和角岩化带。当侵入岩与寒武系、奥陶系含碳酸盐岩地层接触时，接触变质多为大理岩化和矽卡岩化。

与儒洪序列侵入岩有关的矿产为铜、铅、锌、钼、锡、铁、钨、砷、铍及萤石等14种，矿床类型主要为岩浆热液充填型和矽卡岩型。

2. 顺溪-学川岩体

顺溪-学川岩体分布在临安顺溪一带，主要包括学川、河桥、东坑庵、湍口、项家、青山殿等岩体，由正长花岗岩、二长花岗岩、石英二长闪长岩组成，侵入次序从早到晚为二长花岗岩→石英二长闪长岩→正长花岗岩，组成矿物斜长石、黑云母、角闪石等先增加后减少，钾长石、石英等先减少后增加，结构上具似斑状→中粗粒→似斑状→细粒的变化趋势，反映该组合为矿物成分与结构双演化岩浆序列。正长花岗岩最新 SHRIMP 锆石 U－Pb 同位素年龄(黄国成,2011)分别为 125.5±1.1Ma、125.41±0.57Ma、126.9±1.7Ma,反映该组合侵入时代为早白垩世早期。

学川岩体从内往外可分 3 个相带,以过渡相较发育。

边缘相:岩性为肉红色细粒或细粒斑状、中细粒花岗岩。斑状结构、细粒和中细粒花岗结构。矿物成分为石英(32%)、钾长石(39%)、更钠长石(27%)、黑云母(1%～2%)、磁铁矿、锆石微量,个别磷灰石、榍石。矿物粒径一般 0.2～1.8mm,少数 2～3mm。斑晶成分为微斜长石和石英,含量 25%左右,粒径 1.5～5mm,大者可达 10mm。基质粒径 0.25～1mm。

过渡相:岩性为肉红色中粒花岗岩、细中粒花岗岩,局部中粒斑状花岗岩。细中粒和中粒花岗结构,局部具斑状结构。矿物成分为石英(34%)、钾长石(38%)、更钠长石(26%)、黑云母(1%),微量磁铁矿、锆石,个别磷灰石、榍石。矿物粒径一般 0.45～4.7mm,以中粒为主,细粒少见。

中心相:岩性为肉红色中粗粒和粗中粒花岗岩,中粗粒和粗中粒花岗结构。矿物成分有石英(36%)、钾长石(42%)、更钠长石(20%)、黑云母(1%),微量磁铁矿、磷灰石,个别榍石。矿物粒径 2～9.5mm,以粗粒为主,中粒较少。

学川岩体与钨、铍、锡、铜、铅、锌、萤石等矿产关系密切。

3. 景宁岩体

景宁岩体处于北东向丽水-舟山深断裂带上,呈北北东向展布,面积约 230km^2,侵入围岩为上侏罗统磨石山群火山岩和中侏罗统毛弄组砂砾岩。

岩石类型从早到晚依次为闪长岩→石英二长闪长岩→花岗闪长岩→二长花岗斑岩→二长花岗岩→正长花岗岩。

4. 安吉坞山关复式岩体

安吉坞山关复式岩体由花岗闪长岩、黑云母二长花岗岩和正长花岗岩等多个岩体构成。花岗闪长岩主要分布在叙石坞至五云里一带,出露面积约 2km^2,白色—灰白色,块状构造,中粒结构。矿物成分及含量为斜长石约 45%(An=27～40),半自形—它形,粒径 1～5mm;钾长石约 20%,石英 20%左右,粒径 1～3mm,无色透明;黑云母和角闪石约 15%,自形晶,粒径 1～2mm;副矿物有锆石、磁铁矿等。黑云母二长花岗岩分布在五庙桥和马鞭山岗一带,面积约 2km^2。浅肉红色,块状构造,中粒—似斑状结构,斑晶为自形—半自形钾长石,基质主要由半自形—它形斜长石、石英及钾长石组成。钾长石 30%～35%,多见正长石,斜长石 25%～30%(An=25～36),石英 30%,黑云母为 5%,副矿物有锆石、磷灰石、磁铁矿。正长花岗岩包括汤夫岭岩体和树景坞岩体,面积约 213km^2。肉红色,块状构造,中等粒度,等粒结构。矿物成分钾长石 45%～50%,斜长石 10%(An=3～5),石英 20%～25%,暗色矿物主要为黑云母 5%～10%,结晶完好。副矿物有锆石、磁铁矿等。

5. 桐庐横村埠火山侵入杂岩体

桐庐横村埠火山侵入杂岩体位于桐庐县横村埠镇西南,明显受桐庐-新登火山-断陷盆地控制,岩体总面积约 48km^2,侵入于建德群黄尖组流纹质熔结凝灰岩和侵出相的碎斑英安玢岩中,与围岩接触关系清楚。岩体主要由石英二长闪长岩组成,少量花岗闪长岩和石英二长岩。岩石呈浅灰、浅肉红色,中—细粒结构,矿物粒径在 0.5～3mm,由中长石(An=42～50,50%～55%)、碱性长石(15%～20%)、石英(12%～20%)、黑云母和普通角闪石(10%～15%)组成,局部地区岩石中尚有少量辉石(<2%)。

6. 洪公岩体

洪公岩体面积为 470.1km^2,为浙江省内最大的岩体,洪公岩体平面上大致呈楔状南西西-北东东向展布,侵入大爽组、高坞组、西山头组、九里坪组火山岩及潜火山岩,与围岩呈不规则的多边形接触,接触面呈树杈状,围岩未因岩浆侵入而发生变形,显示岩体为被动定位(卢成忠等,2006)。接触带见 1～3m 宽的蚀变带,主要为绿泥石化、绿帘石化、绢云母化及轻微的黄铁矿化。外接触带还可见宽 10～50m 不等的角岩化。

洪公岩体主要由 4 个单元构成：①岩坪单元岩性主要为肉红色石英正长斑岩，局部过渡为斑状微细粒石英正长斑岩或正长斑岩，斑状结构，斑晶为微纹长石（5%～30%）、斜长石（7%～25%）、黑云母（≤2%）、辉石（≤2%），粒径 5～15mm，基质矿物为隐—微纹长石（5%～30%）、斜长石（≤5%）、石英（4%～18%），粒径 0.05～0.4mm；②西畈单元岩性主要为肉红色杂青灰色斑状微细粒石英碱长正长岩，局部过渡为斑状微细粒角闪石英碱长正长岩或斑状微细粒花岗岩，似斑状结构，斑晶为正长微纹长石 15%～30%，粒径 3～10mm，基质矿物为正长隐—微纹长石（40%～75%）、斜长石（0～10%）、石英（8%～18%）、角闪石（≤8%）、辉石（≤5%），粒径 0.1～1.6mm；③下西坑单元岩性主要为青灰色、肉红色斑状细粒石英碱长正长岩，局部过渡为斑状细粒角闪石英碱长正长岩或斑状细粒石英正长岩，似斑状结构，斑晶为正长微纹长石 10%～25%，长径 3～15mm，基质矿物为正长隐—微纹长石（52%～70%）、斜长石（≤2%）、石英（5%～18%）、角闪石（2%～8%），粒径 0.2～2mm；④福石岭单元岩性主要为多斑状细粒石英碱长正长岩，局部过渡为多斑状细粒角闪石英碱长正长岩或多斑状细粒石英正长岩，斑晶为正长微纹长石（50%～55%），长径 5～25mm，呈半自形板状或板柱状，基质矿物为正长隐—微纹长石（10%～30%）、斜长石（1%～15%）、石英（10%～18%）、角闪石（≤6%）、辉石角闪石（≤2%），粒径 0.3～2.5mm。

2.5.2.2　燕山晚期早阶段（145～115Ma）侵入岩地球化学和同位素特征

燕山晚期早阶段（145～115Ma）侵入岩可细分为两期。

早期（145～135Ma）侵入岩分布较少，岩性主要为石英二长岩和花岗闪长岩，主要包括浙东南景宁岩基的三枝树和黄源岩体，浙西北的河桥花岗闪长岩，安吉港口乡坞山关石英二长岩、山川乡花岗闪长岩、刘村花岗闪长岩和长兴白鹤岭花岗闪长岩等。岩体 SiO_2 含量 54.60%～69.99%（图 2-75），铝饱和指数主要为准铝质—弱过铝质及少量过碱性（图 2-76），属中钾—高钾钙碱性系列（图 2-77）。

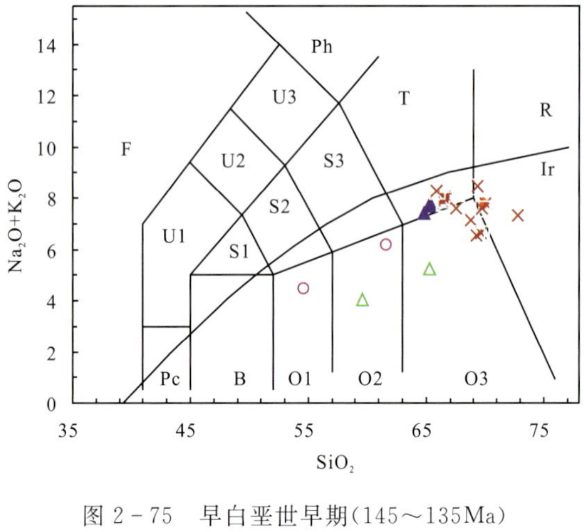

图 2-75　早白垩世早期（145～135Ma）侵入岩的 SiO_2 -（Na_2O+K_2O）图解
（图解据 Le Bas，1986；数据来源同图 2-73）

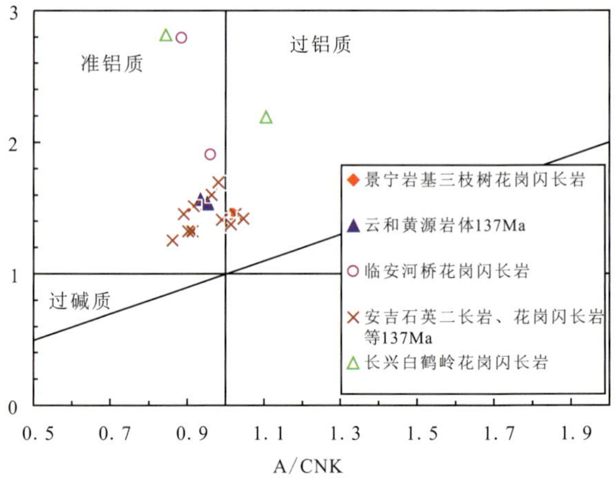

图 2-76　早白垩世早期（145～135Ma）侵入岩的 A/NK-A/CNK 图解
（数据来源同图 2-73）

该期侵入岩稀土元素总量 $\sum REE=(92\sim284)\times10^{-6}$，$w(LREE/HREE)=4.8\sim10.7$，$(La/Yb)_N=4.0\sim12.7$，球粒陨石标准化分布型式图中曲线右倾（图 2-78），具微弱的 Eu 异常（$\delta Eu=0.46\sim1.11$）。微量元素中 Nb、Ta 含量偏低，微量元素原始地幔标准蛛网图显示 Nb、Ta 负异常（图 2-79），表明燕山晚期早阶段白垩纪早期（145～135Ma）石英二长岩、花岗闪长岩类侵入岩具有 I 型花岗岩的特征。

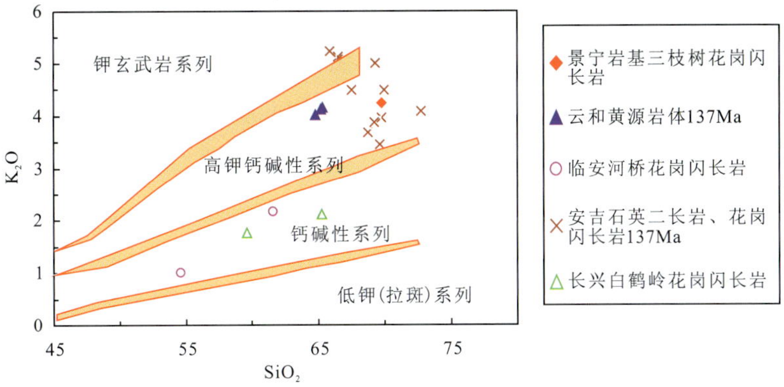

图 2-77　早白垩世早期(145～135Ma)侵入岩的 SiO_2-K_2O 图解

(数据来源同图 2-73)

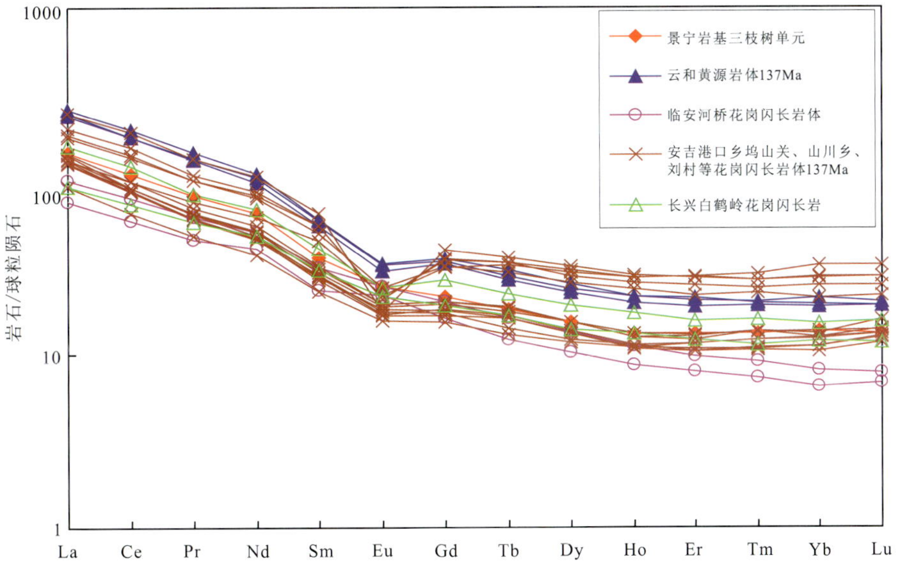

图 2-78　早白垩世早期(145～135Ma)侵入岩球粒陨石标准化 REE 图解

(标准化数据来自 Sun & McDonough,1989;数据来源同图 2-73)

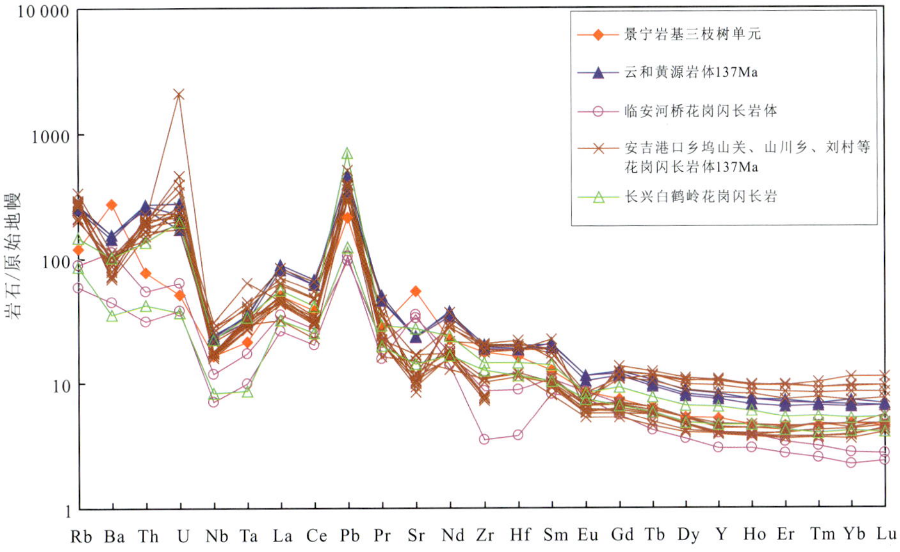

图 2-79　早白垩世早期(145～135Ma)侵入岩原始地幔标准化蛛网图解

(标准化数据来自 Sun & McDonough,1989;数据来源同图 2-73)

浙江省早白垩世晚期(135～115Ma)侵入岩非常发育,分布最为广泛,岩性主要为石英闪长岩、二长花岗岩、花岗岩和石英正长岩等。主要岩体有浙东南的洪公石英正长岩、遂昌苏村花岗岩、龙游塔石二长花岗岩、遂昌上河口花岗岩和景宁岩基等,浙西北淳安铜山花岗岩、衢州九华山-白菊花尖花岗岩、桐庐横村埠石英闪长岩、顺溪-学川花岗岩、河桥-麻车埠花岗岩、黄石潭花岗岩和莫干山-埭溪花岗岩等。

除横村埠石英闪长岩体一个样品的 SiO_2 含量为 56.24%含量较低以外,其余样品 SiO_2 含量较高(63.86%～86.74%)。其中洪公石英正长岩为碱性系列外,其余岩体表现为钙碱性系列(图 2－80);铝饱和指数主要为准铝质—过铝质(图 2－81)。

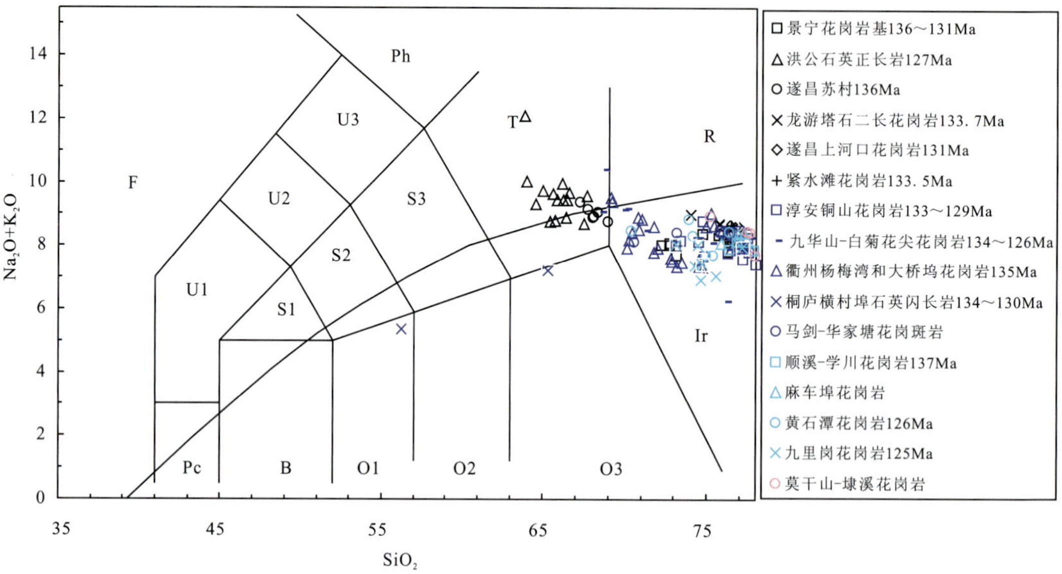

图 2－80　早白垩世晚期(135～115Ma)侵入岩的 SiO_2 -(Na_2O+K_2O)图解

(图解底图据 Le Bas,1986)

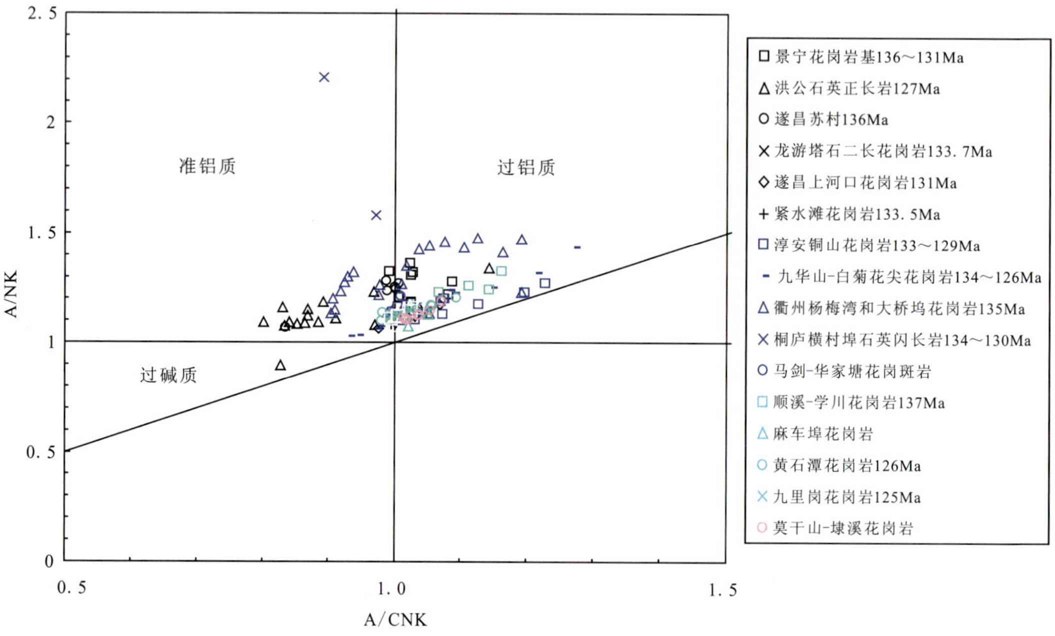

图 2－81　早白垩世晚期(135～115Ma)侵入岩的 A/NK－A/CNK 图解

本期侵入岩稀土元素总量$\sum$REE=(95.31～561.04)×10^{-6}，除个别样品轻重稀土未见分馏外(图 2-82 中遂昌上河口岩体中样品)，主要表现为轻稀土富集的特征[LREE/HREE=1.42～20.40，$(La/Yb)_N$=1.05～24.10]，稀土元素球粒陨石标准化分布型式呈右倾(图 2-83 的桐庐横村埠岩体)和 V 型(图 2-82、图 2-84、图 2-85)，具明显的 Eu 负异常(δEu=0.02～0.86)。微量元素 Nb、Ta 含量偏低，在微量元素原始地幔标准蛛网图中形成 Nb、Ta 的负异常(图 2-86～图 2-89)。以上表明燕山晚期早白垩世晚阶段(135～115Ma)的石英二长岩、花岗闪长岩类侵入岩主要具有 I 型和 A 型花岗岩的特征。

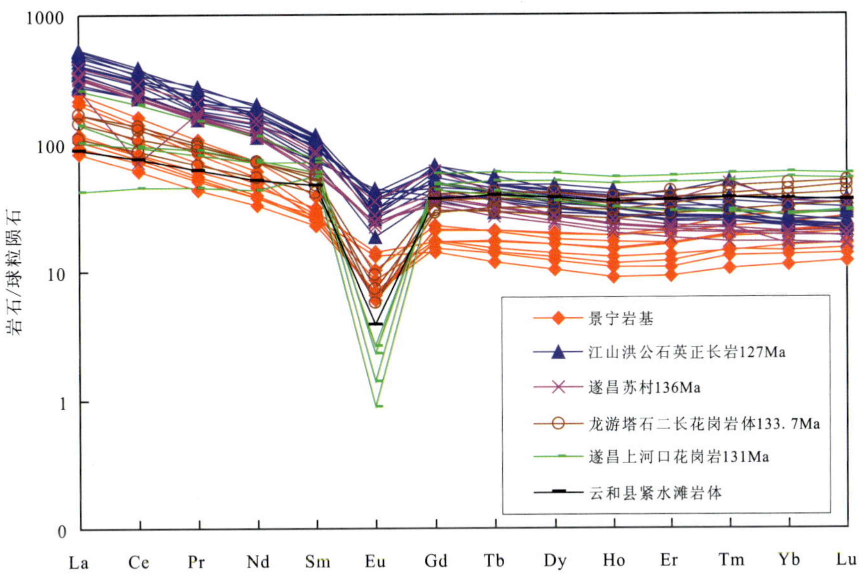

图 2-82　浙东南早白垩世晚期(135～115Ma)侵入岩球粒陨石标准化 REE 图解

(标准化数据引自 Sun & McDonough，1989)

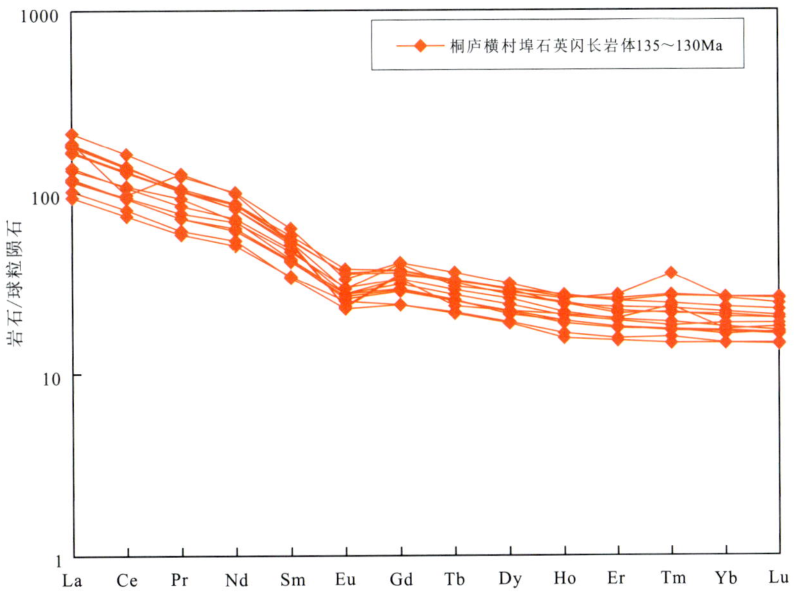

图 2-83　浙西北桐庐横村埠石英闪长岩球粒陨石标准化 REE 图解

(标准化数据引自 Sun & McDonough，1989)

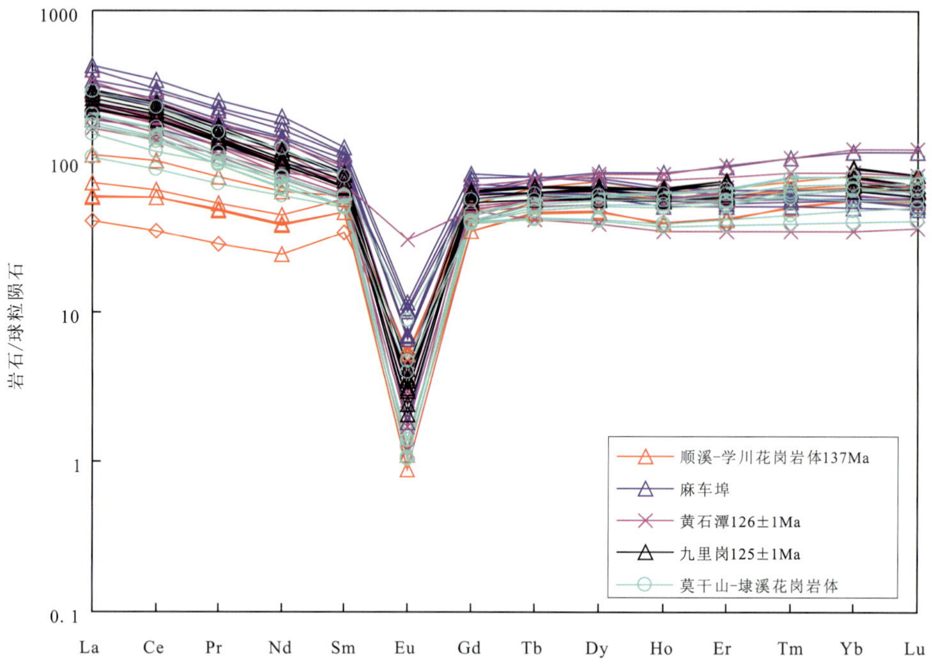

图 2-84　浙西北早白垩世晚期(135～115Ma)侵入岩球粒陨石标准化 REE 图解
(标准化数据来自 Sun & McDonough,1989)

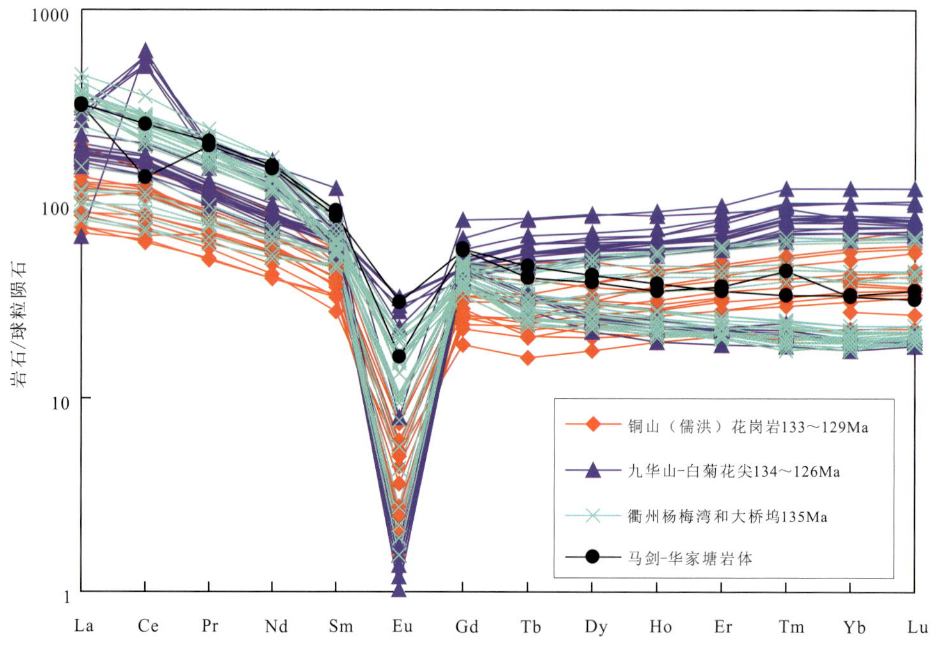

图 2-85　浙西北早白垩世早期(145～135Ma)侵入岩球粒陨石标准化 REE 图解
(标准化数据来自 Sun & McDonough,1989)

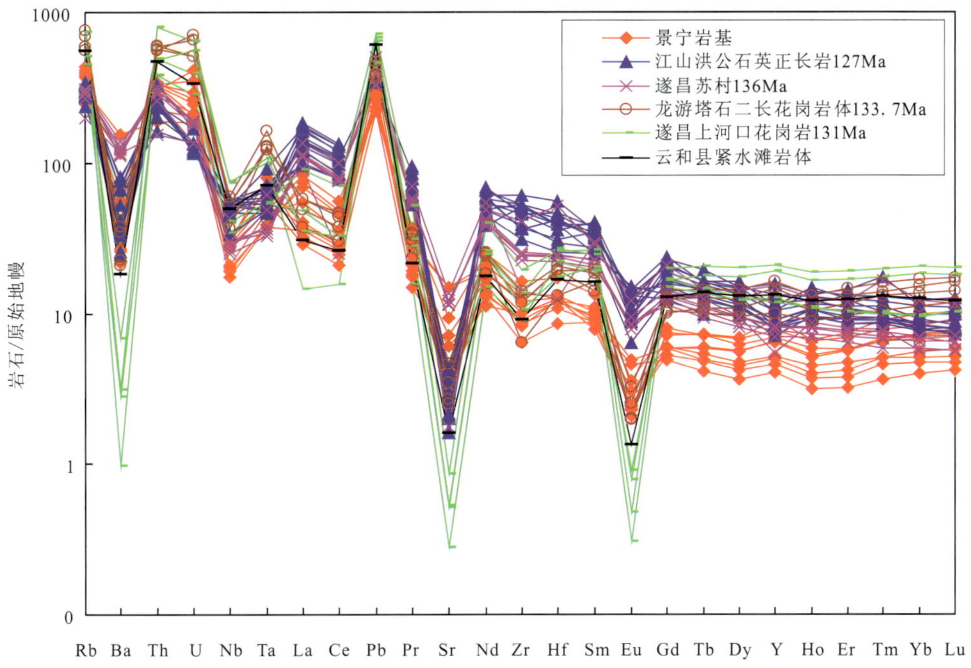

图 2-86　浙东南早白垩世晚期(135～115Ma)侵入岩原始地幔标准化蛛网图解

(标准化数据来自 Sun & McDonough,1989)

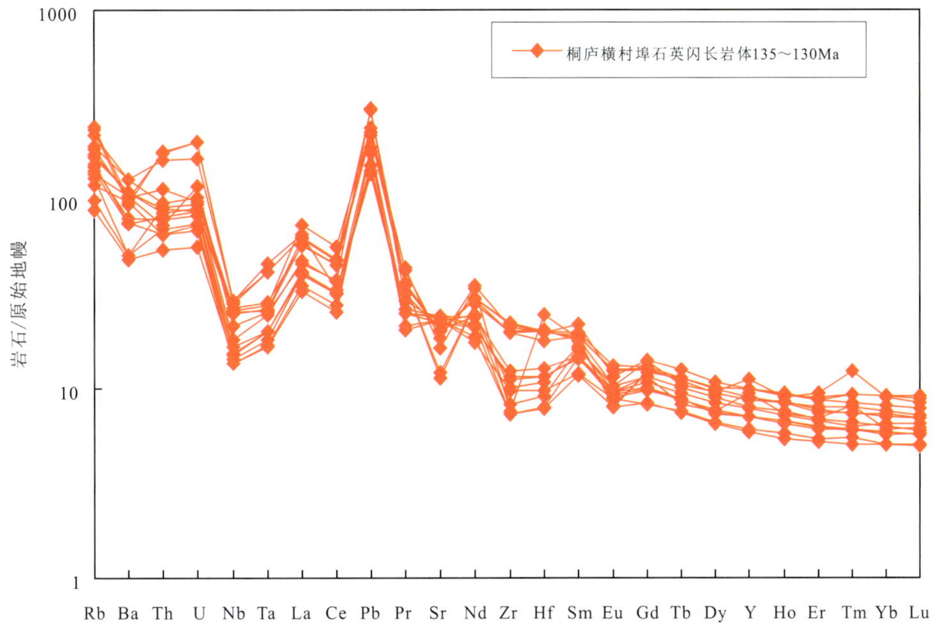

图 2-87　浙西北桐庐横村埠石英闪长岩原始地幔标准化蛛网图解

(标准化数据来自 Sun & McDonough,1989)

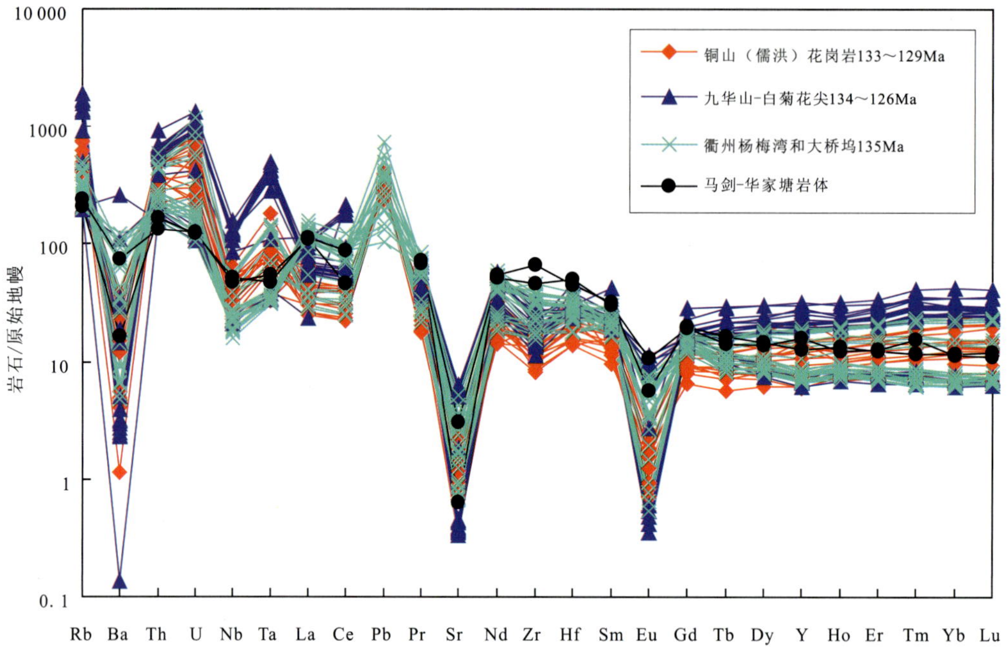

图 2-88　浙西北早白垩世晚期(135～115Ma)侵入岩原始地幔标准化蛛网图解

(标准化数据来自 Sun & McDonough,1989)

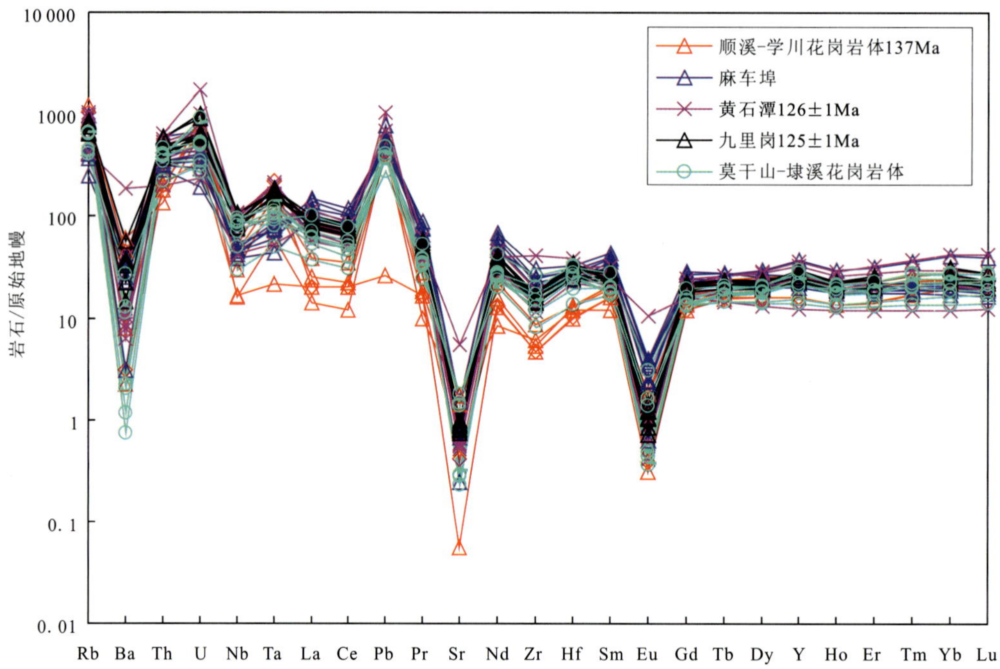

图 2-89　浙西北早白垩世晚期(135～115Ma)侵入岩原始地幔标准化蛛网图解

(标准化数据来自 Sun & McDonough,1989)

2.5.2.3　燕山晚期早阶段侵入岩形成的构造环境

燕山晚期早阶段早白垩世早期(145～135Ma)花岗岩据 Whalen et al.(1987)的微量元素判别图解，投影点大都落在 I 型或 S 型花岗岩区内(图 2－90)。在 Pearce et al.(1984)的 Nb－Y 和 Rb－(Y＋Nb)判别图解中，投影点大都落在火山弧区域内(图 2－91)。燕山晚期早阶段早白垩世晚期(135～115Ma)花岗岩在 Pearce et al.(1984)的 Nb－Y 和 Rb－(Y＋Nb)判别图解中，投影点大都落在板内构造区域中(图 2－92)，说明其形成于板内伸展构造环境。

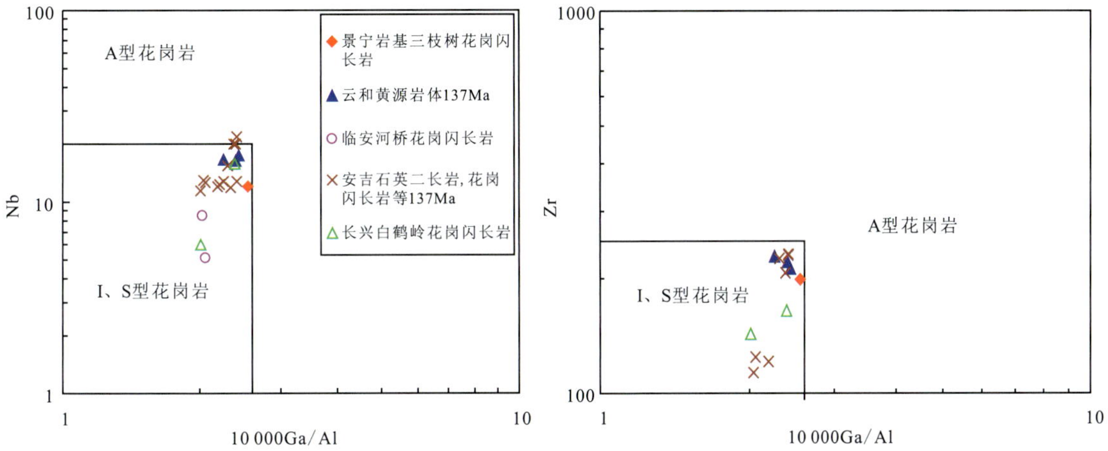

图 2－90　早白垩世早期(145～135Ma)侵入岩岩体的构造环境判别图解

(判别图解据 Whalen et al.,1987)

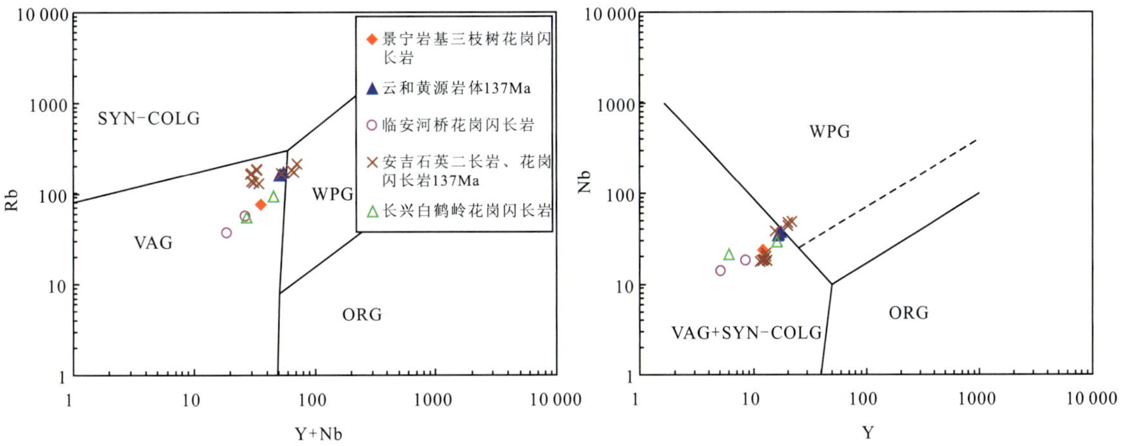

图 2－91　早白垩世早期(145～135Ma)侵入岩的构造环境判别图解

(判别图解据 Pearce et al.,1984)

在 Whalen et al.(1987)的微量元素判别图解中，除景宁岩基和桐庐石英二长岩外，投影点大都落在 A 型花岗岩区内(图 2－93)。Eby(1992)把 A 型花岗岩进一步分为 A_1 和 A_2 两个亚类，认为 A_1 型花岗岩形成于非造山的裂谷环境，经常出现同生的铁镁质岩石，它们是地幔柱和热点活动的产物；A_2 型花岗岩来源于地壳，地壳物质可以通过俯冲作用进入花岗岩形成的源区，A_2 型花岗岩形成环境可以是岛弧、陆陆碰撞以及后碰撞的构造环境，也可以形成于非造山的构造环境。

在 Nb－Y－Ce(3Ga)判别图解(Eby,1992)中，燕山晚期早阶段早白垩世晚期(135～115Ma)A 型花

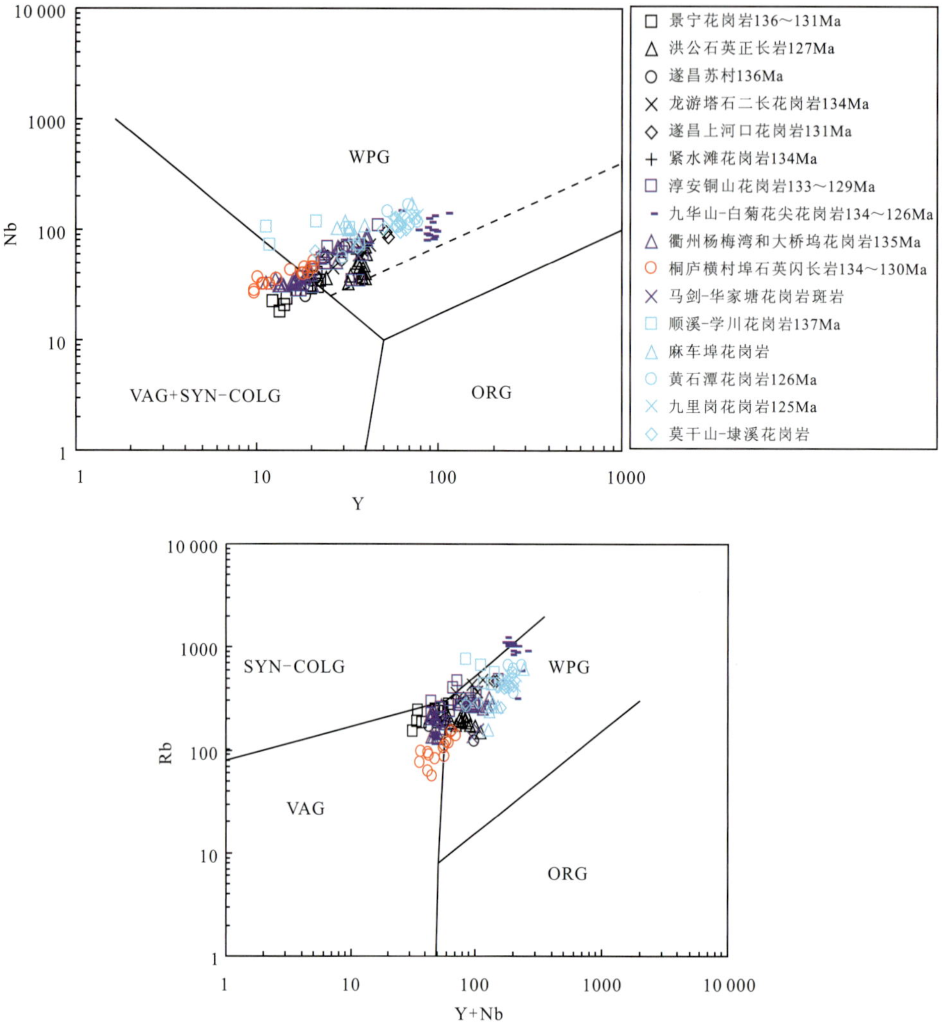

图 2-92　早白垩世晚期(135～115Ma)侵入岩的判别图解

(图解据 Pearce et al.,1984)

岗岩大多数表现出 A_2 型花岗岩的特征,而九华山-白菊花尖花岗岩表现出 A_1 型花岗岩特征(图 2-94)。类似的例子也见于埃及 Sinai 南部地区,该区形成于相同构造背景下的 A 型花岗岩同样显示出 A_1 和 A_2 两个亚类共存的现象,Azer(2006)认为造成这一结果的主要原因在于源区组成的差异,即壳幔物质混入比例不同所致。壳幔物质混入比例的差异与区域性的引张程度密切相关,引张程度强,断裂切割深度增大,幔源组分的卷入量增多,更多地表现出 A_1 型花岗岩的特征;引张程度弱,断裂切割深度小,幔源组分的卷入量少,更多地表现出 A_2 型花岗岩的特征。

2.5.3　燕山晚期晚阶段(115～80Ma)侵入岩

燕山晚期晚阶段侵入岩主要分布在丽水-舟山断裂以东地区和南北向余姚—天台一带,岩浆岩带主要受北东向、近南北向区域断裂制约,但侵入岩空间具体定位主要受火山洼地、破火山等火山构造、断陷盆地边缘北东向和北西向断裂以及穿过盆地的近南北向断裂控制,沿海地区碱性花岗岩总体受北东向区域断裂控制,具体侵入定位则受火山构造制约。侵入岩岩性以石英二长岩、石英闪长岩、花岗闪长岩、花岗岩、石英正长岩和碱性花岗岩为主,在 94～85Ma 期间出现了较多的基性(辉绿岩)岩脉或岩墙。

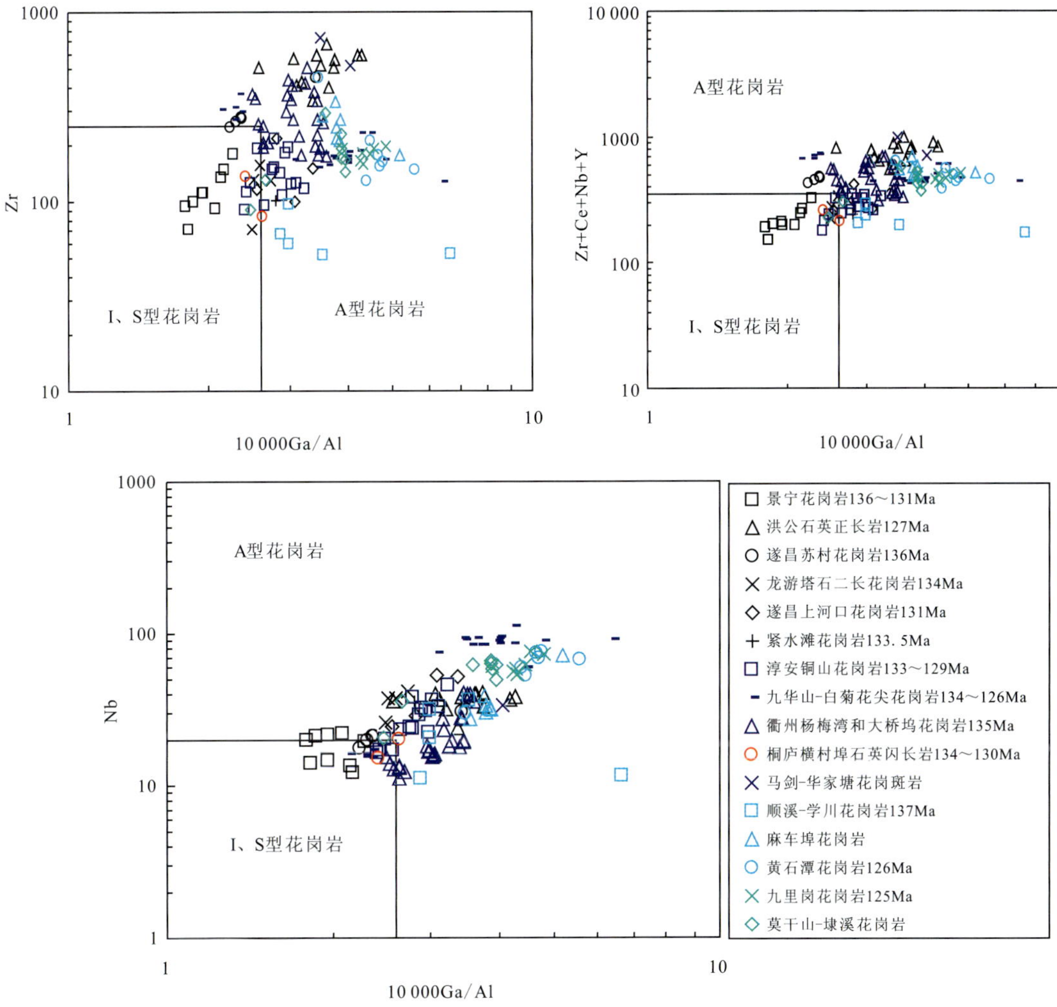

图 2-93　早白垩世晚期(135～115Ma)侵入岩判别图解

(图解据 Whalen et al.,1987)

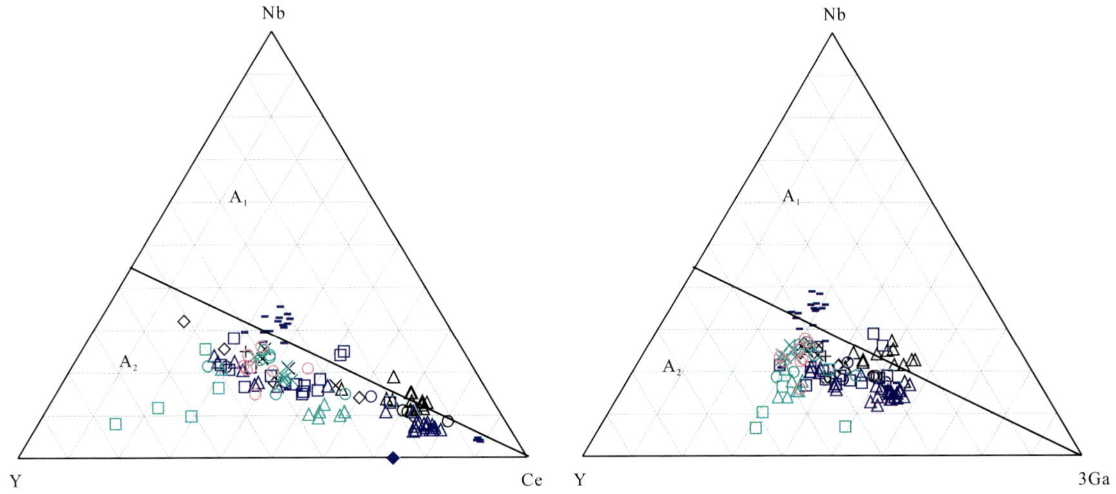

图 2-94　早白垩世晚期(135～115Ma)A 型花岗岩的 Nb-Y-Ce(3Ga)判别图解

(据 Eby,1992)

该期花岗岩主要包括云和花岗岩体、龙游沐尘岩体、鲤溪杂岩体、河头岩体、苍南钾长花岗岩体、温州北雁荡山侵入单元和青田岩体等。

2.5.3.1 燕山晚期晚阶段典型岩体及岩相学

1. 龙游沐尘岩体

龙游沐尘岩体出露于龙游县沐尘至遂昌县双溪口一带，受走向 NE30°的龙游溪口-遂昌拓岱口断裂带的控制，呈北东向带状展布，略呈长椭圆状岩株产出，面积近 58km²。岩体侵入于陈蔡群变质岩与下白垩统高坞组、西山头组火山岩及潜火山岩中。岩体岩性分带明显，中心相为细中粒（石英）二长岩，过渡相为斑状中细粒石英二长岩（局部过渡为二长岩），边缘相为多斑状细粒石英二长岩，二长岩中分布有少量基性岩包体。主岩体侵入后又有钾长花岗岩、石英正长岩、花岗斑岩等小岩脉或岩枝侵入。边缘相具似斑状结构、环斑结构，斑晶含量钾长石（40%～50%），中长石（10%～20%），长径 10～30mm 不等，基质矿物有更一中长石（12%～15%）、钾长石（10%～20%）、石英（6%～15%）、黑云母（3%～4%）、角闪石（2%～3%）、黑云母（<2%），粒径 0.5～4mm；过渡相为似斑状结构，环斑结构比边缘相略少，斑晶有钾长石（10%～40%）、中长石（3%～10%），长径 15～40mm 不等，基质矿物有更一中长石（24%～28%）、钾长石（18%～20%）、石英（5%～8%）、角闪石（12%～15%）、黑云母（<2%）；内部相为二长结构，环斑结构不很发育，矿物有钾长石（35%～40%）、中长石（40%～45%）、石英（≤5%）、角闪石（15%）、黑云母（2%），粒径 1～4mm。岩体内外接触带由于受构造作用和岩浆期后热液作用，普遍产生硅化、绢云母化和黄铁矿化，局部还出现铅、锌、银、铜等矿化，蚀变带宽达 3～4km，并形成溪口大型黄铁矿矿床。

沐尘岩体石英二长岩中锆石自形程度好，多为柱状晶形，粒长 50～300μm，长宽比值为 2～4，无色一棕黄色，透明度较好（图 2-95 上）；从锆石阴极发光照相图像（图 2-95 下）中可以看到锆石有清晰的韵律环带结构，锆石的 Th/U 比值多大于 0.3，为典型的岩浆结晶锆石特征，几乎没有继承锆石出现。对沐尘岩体采用 LA-ICPMS 锆石 U-Pb 定年，对锆石样品分析了 20 个点，这 20 个分析点年龄非常一致，给出了谐和的 $^{206}Pb/^{238}U$ 加权平均年龄为 112.7±1.2Ma（1σ，MSWD＝2.0），该年龄数据代表沐尘岩体石英二长岩的结晶年龄（图 2-96），该年龄数据与 Liu Liang et al.（2013）对沐尘岩体石英二长岩的定年结果（112.1±1.0Ma）非常一致。

图 2-95 沐尘岩体石英二长岩锆石透射光照相（上）和阴极发光照相（下）

另外，沐尘岩体中基性岩包体的定年结果（Liu Liang et al.，2013）为 112.4±1.2Ma，表明沐尘石英二长岩和基性岩包体是同时形成的，很可能是壳幔岩浆混合作用的结果。

2. 遂昌云峰镇马头石英二长岩

遂昌云峰镇马头石英二长岩位于遂昌县马头至社后一带，面积 54km²，岩体侵入早白垩世大爽组、高坞组、西山头组和馆头组火山岩及潜火山岩，还侵入早白垩世二长花岗岩体。岩体与围岩的接触面呈波状或枝杈状，围岩蚀变主要为不同程度的绿泥石化、绢云母化、绿帘石化、硅化和角岩化，蚀变带宽 100～250m 不等，一般为 10～50m。马头岩体根据岩石结构的差异划分为两个相带：边缘相宽一般 200～

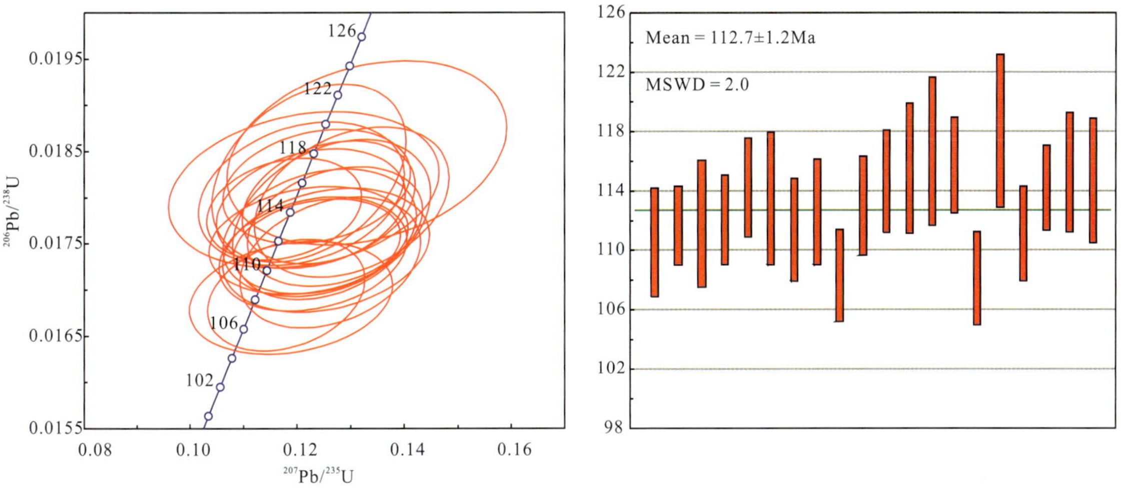

图 2-96　沐尘岩体石英二长岩锆石 U-Pb 年龄谐和图(左)和$^{206}Pb/^{238}U$ 年龄加权平均值(右)

350m,岩性为细中粒角闪黑云石英二长岩,细中粒二长结构,矿物包括钾长石(40%~45%)、斜长石(35%~36%)、石英(15%~20%)、黑云母(≤6%)、角闪石(<2%),粒径 0.5~4mm;内部相岩性为粗中粒角闪黑云石英二长岩,粗中粒二长结构,矿物包括钾长石(40%)、斜长石(34%~36%)、石英(16%~18%)、角闪石(2%~5%)、黑云母(2%~6%),粒径 2~7mm。边缘相与内部相形成同心带状的空间展布形态。岩体中常见暗色岩石包体,大小不等,长轴一般 3~15cm,大者可达 3~40cm,小者仅 1~2cm,主要产于岩体边部的局部地段,偶见包体成群出露或呈岩墙状分布。

图 2-97　遂昌马头石英二长岩锆石透射光照相(上)和阴极发光照相(下)

石英二长岩中锆石自形程度很好,多为柱状晶形,粒长 50~400μm,长宽比值为 2.5~4.5,无色—棕黄色,透明度较好(图 2-97 上),部分锆石表面可见熔蚀圆化现象;从锆石阴极发光照相图像(图 2-97 下)中可以看到锆石有清晰的韵律环带结构,锆石的 Th/U 比值多大于 0.3,为岩浆结晶锆石,部分锆石核部有继承锆石出现。采用 LA-ICPMS 锆石 U-Pb 定年,对该样品分析了 20 个点,其中 17 个分析点给出了谐和的$^{206}Pb/^{238}U$ 加权平均年龄为 112.7±1.2Ma(1σ,MSWD=2.0),该年龄数据代表云和花岗岩的结晶年龄(图 2-98)。继承锆石的分析年龄为 1840Ma、1620Ma,显示其为元古宙的继承锆石。

3. 云和花岗岩体

云和花岗岩体呈半环状分布于云和白垩纪盆地南侧,花岗岩体侵位后又有中细粒石英二长岩与细粒二长花岗岩侵入,花岗岩与石英二长岩、二长花岗岩的接触界线呈锯齿状。侵入围岩为下侏罗统枫坪组、中侏罗统毛弄组和下白垩统大爽组、高坞组,围岩具较强的角岩化、硅化和黄铁矿化等蚀变。花岗岩

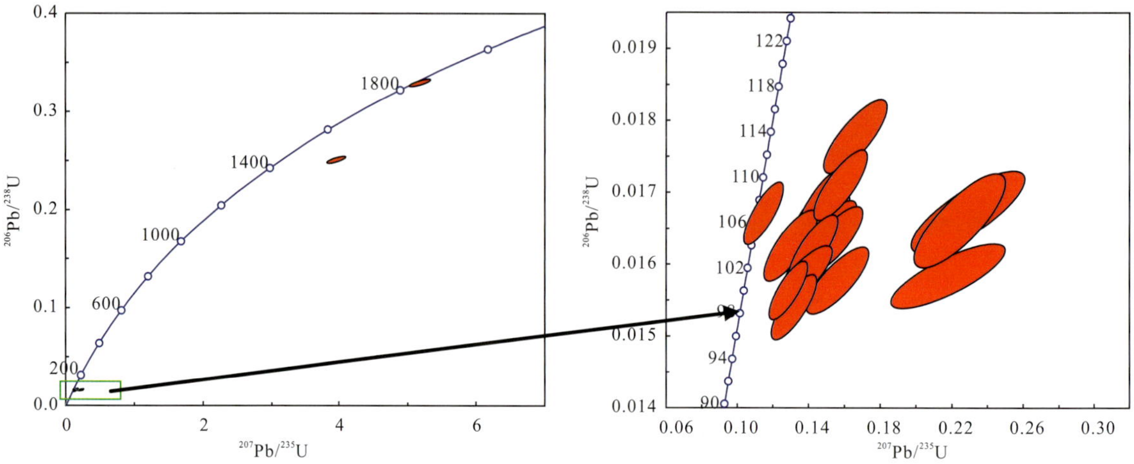

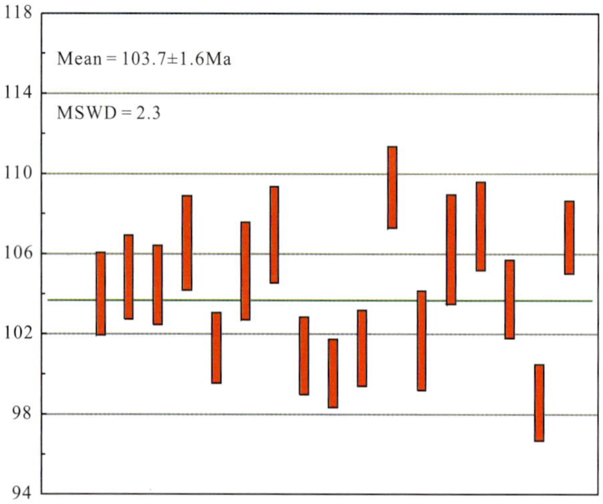

图 2-98　遂昌马头石英二长岩锆石 U-Pb 年龄谐和图(上)和$^{206}Pb/^{238}U$年龄加权平均值(下)

体成分比较均一,根据岩石结构的差异,岩体分为边缘相和内部相,边缘相岩性为含斑细粒花岗岩,呈浅肉红色,矿物含钾长石(51%)、斜长石(21%)、石英(28%),黑云母少量,斑晶含量一般为 1%~5%,粒径 1~3mm;内部相为粗中粒花岗岩,呈肉红色,矿物含钾长石(50%)、斜长石(23%)、石英(27%),黑云母少量,粒径一般 4~6mm。云和花岗岩体中锆石自形程度很好,多为短柱状晶形,粒长 50~200μm,长宽比值为 1.5~2.5,无色—棕黄色,透明度较好,部分锆石表面可见熔蚀圆化现象(图 2-99 上);有清晰的韵律环带结构(图 2-99 下),锆石的 Th/U 比值多大于 0.3,为岩浆结晶锆石,部分锆石核部有继承锆石出现。

采用 LA-ICPMS 锆石 U-Pb 定年,对样品分析了 20 个点,其中 16 个分析点给出了谐和的$^{206}Pb/^{238}U$加权平均年龄为 92.4±1.1Ma(1σ,MSWD=5.8),该年龄数据代表云和花岗岩的结晶年龄(图 2-

图 2-99　云和花岗岩锆石透射光照相(上)和阴极发光照相(下)

100)，表明岩浆的侵位时代为晚白垩世。其余两个分析点为继承锆石的年龄约 133Ma，另外两个分析点偏离谐和线，可能受到了 Pb 丢失的影响。

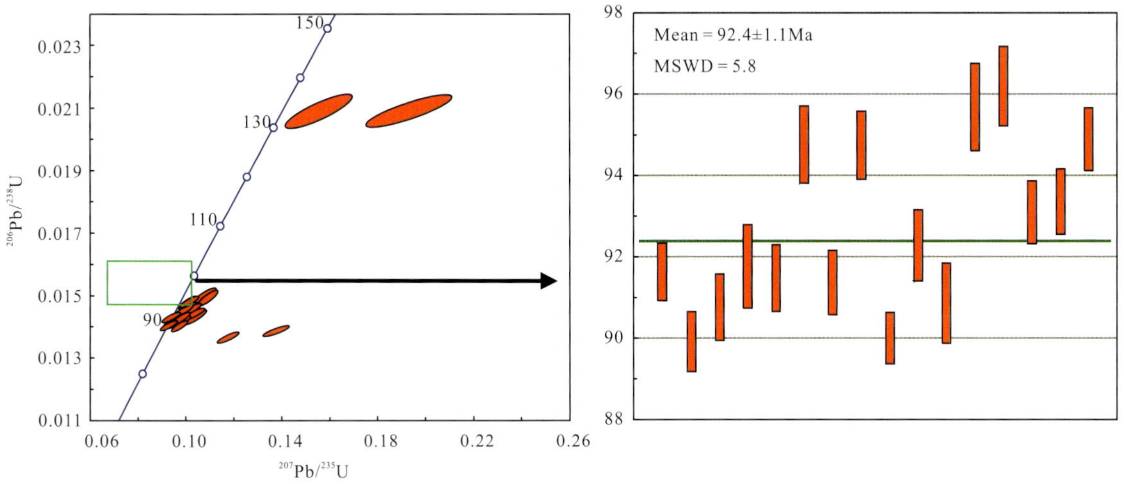

图 2-100 云和花岗岩锆石 U-Pb 年龄谐和图(左)和 $^{206}Pb/^{238}U$ 年龄加权平均值(右)

4. 前村和石平川钾长花岗岩体

前村岩体位于缙云县大洋镇前村，面积 197km²。岩体侵入于上白垩统馆头组和朝川组；石平川岩体位于前村岩体南侧 13km 处的青田县黄洋乡，侵入于下白垩统西山头组中。冯沾明等(2006)通过该地区区域重力、化探资料的综合分析，认为石平川钾长花岗岩体为前村钾长花岗岩基向南隐伏部位的再现，局部侵位较高，经剥蚀出露地表的小岩株。

前村岩体为一复式岩体，它由第一次的石英闪长岩(1km²)、第二次的细粒斑状钾长花岗岩(58km²)和第三次的细粒钾长花岗岩(138km²)组成，各次切割关系清楚。

细粒斑状钾长花岗岩呈浅肉红色，不等粒花岗结构，局部微文象结构，晶粒大小多在 0.25～1mm，少部分在 2～3mm。矿物成分为钾钠长石(50%～65%)、斜长石(3%～10%，一般 5%)、石英(30%～40%，多在 40%)、黑云母(<1%)、金属矿物(<1%)。

细粒钾长花岗岩呈不规则短轴枝状侵入围岩，浅肉红色，细粒花岗结构和文象花岗结构，晶粒大小多在 0.2～0.5mm，部分在 1～2mm。矿物成分为钾钠长石(60%)、斜长石含量(< 5%)、石英(35%～40%)、黑云母(<1%)，另有少量金属矿物(<1%)。

石平川钾长花岗岩体呈不规则长椭圆形沿北东向展布，出露面积约 1.5km²，岩体与围岩内外接触带均有钼矿脉分布，与钼成矿关系密切。岩石浅肉红色，中粗粒似斑状结构，斑晶主要为条纹长石，次为斜长石和石英，粒径 1～5mm，含量达 25%±；基质为中细粒花岗结构，粒径 0.05～0.20mm，主要矿物组成为石英(25%±)、条纹长石(22%±)、斜长石(15%±)、黑云母(3%±)。

李艳军等(2009)用 LA-ICPMS 锆石 U-Pb 定年得到石平川钾长花岗岩的 $^{206}Pb/^{238}U$ 加权平均年龄为 102.5±1.2Ma(MSWD=2.1)。

5. 鲤溪杂岩体

鲤溪杂岩体位于浙江省永嘉县北部，出露面积约 40km²，平面形态呈长轴为北西向展布的不规则椭圆状，侵位的最新地层为朝川组火山碎屑岩。鲤溪杂岩体由微细粒碱长花岗岩、细粒晶洞钾长花岗岩和中粒晶洞钾长花岗岩组成，根据岩石类型间的接触关系，可以确定它们的侵位顺序为微细粒碱长花岗岩→细粒晶洞钾长花岗岩→中粒晶洞钾长花岗岩。围岩具有较强的热接触蚀变，近岩体处可见角岩化、次生石英岩化、硅化、高岭土化等蚀变现象。

微细粒碱长花岗岩呈肉红色，微细粒花岗结构，矿物组成主要为钾长石（60%～65%）、石英（25%～30%）、斜长石（5%～10%），黑云母少量，矿物粒度一般小于 1mm。细粒晶洞钾长花岗岩呈肉红色，细粒花岗结构，可见晶洞构造。矿物成分钾长石 50%～60%，石英 25%～30%，斜长石 10%，黑云母 3%～5%，矿物粒度一般小于 2mm。中粒晶洞钾长花岗岩呈浅肉红色—肉红色，不等粒花岗结构，晶洞构造发育。矿物组成有钾长石（50%～60%）、石英（20%～30%）、斜长石（15%）、黑云母（5%），矿物粒度一般 2～5mm。

6. 梁弄岩体

梁弄岩体位于上虞县下管镇梁弄以西，呈北北东走向不规则葫芦状，总面积约 92.5km^2。侵入于下白垩统高坞组、西山头组的火山碎屑岩中，局部与上白垩统馆头组呈断层接触关系，在外接触带均可见到发育程度不同的硅化带，有时宽度可达数十米，内接触带有时可见到高坞组凝灰熔岩捕虏体，总体接触界线弯曲。

梁弄岩体为一复式岩体，由石英闪长岩-二长花岗岩-花岗斑岩-细粒花岗岩构成，以二长花岗岩为主。石英闪长岩出露面积 12.5km^2，大致可分内、外两相带，以外部相带为主，内部相带仅局部可见。内部相岩性为灰色中细粒含辉石、角闪石、黑云母石英闪长岩，细中粒半自形粒状结构，主要矿物有石英（5%）、斜长石（70%）、暗色矿物（20%），暗色矿物主要为黑云母，次为角闪石，少量辉石，另有少量磁铁矿、磷灰石等副矿物，黑云母 K - Ar 稀释法年龄为 87.8Ma，$^{40}Ar/^{39}Ar$ 法年龄为 101Ma（陈江峰等，1992）。外部相矿物主要由石英 5%～10%、钾长石 5%～10%、斜长石 60%～70%、黑云母和角闪石（15%～20%），少量磷灰石、榍石、磁铁矿等副矿物组成。二长花岗岩面积约 59km^2，总体上也可分为内、外两个相带，内部相带为细中粒黑云角闪二长花岗岩，矿物粒度 1～3mm，包括石英（20%～25%）、微纹长石（30%）、斜长石（20%～40%）、黑云母（3%～7%）、角闪石（5%～8%）以及少量磁铁矿；外部相带为浅灰微带肉红色细粒—中细粒黑云角闪二长花岗岩，矿物成分有石英（20%）、微纹长石（30%）、斜长石（40%）、黑云母和角闪石（5%～10%），副矿物有磁铁矿、榍石、锆石等。细粒花岗（斑）岩呈株状侵入于二长花岗岩和馆头组中，面积约 21km^2（图 2 - 101），矿物粒度小于 1mm，主要由石英（30%～35%）、钾长石（50%～60%）、斜长石（<15%）及少量黑云母与不透明金属矿物等组成，其 Sm - Nd 法等时线年龄为 98Ma（何仲朗，1987）。

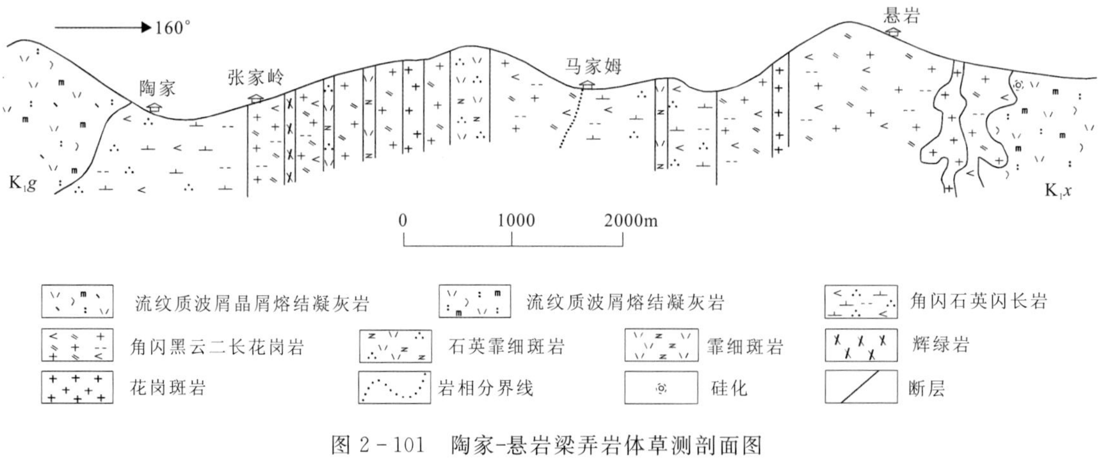

图 2 - 101　陶家-悬岩梁弄岩体草测剖面图

7. 苍南瑶坑碱性花岗岩

苍南瑶坑碱性花岗岩发育晶洞构造，晶洞内可见有长石、石英、萤石和碱性铁镁矿物（如钠铁闪石）充填，表明岩体定位较浅，主要矿物组成为条纹长石（65%±）、石英（>30%）、黑云母（3%±）、钠铁闪石

(2%～3%),副矿物主要包括锆石、萤石、独居石和钛铁氧化物等。

2.5.3.2　燕山晚期晚阶段侵入岩地球化学特征

根据同位素年龄、岩性和侵入接触关系,燕山晚期晚阶段侵入岩又可以分为两期:①115～100Ma,岩性以石英二长岩、钾长花岗岩为主;②100～85Ma,岩性以石英正长斑岩、石英正长岩为主。

115～100Ma 侵入岩 SiO_2 的范围为 56.96%～78.17%(图 2-102),除沐尘岩体为钾玄岩系列外,其他均为高钾钙碱性系列岩石(图 2-103),铝饱和指数主要为准铝质(图 2-104)。

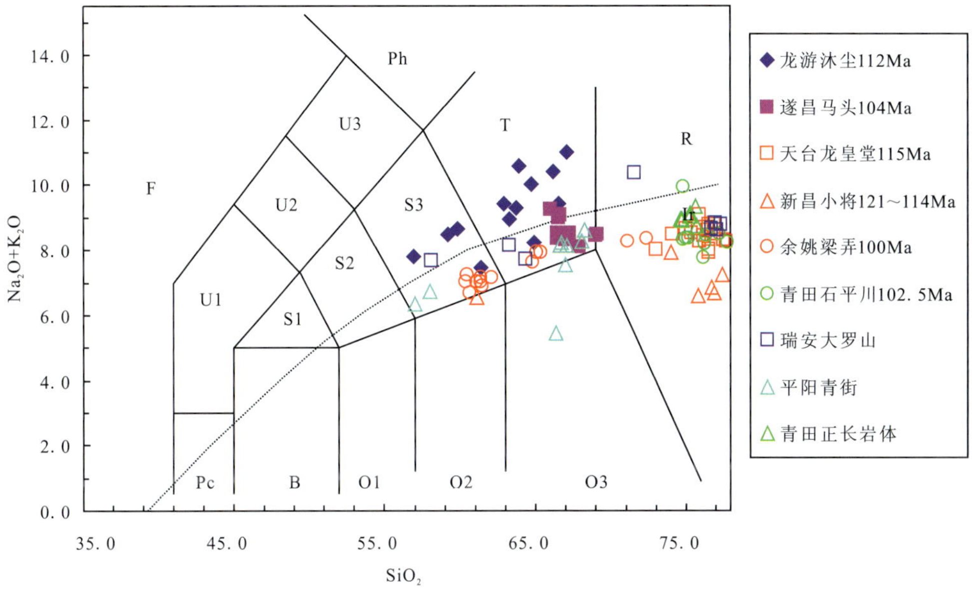

图 2-102　白垩纪晚期(115～100Ma)侵入岩的 SiO_2 -(Na_2O+K_2O)图解

(图解底图据 Le Bas,1986)

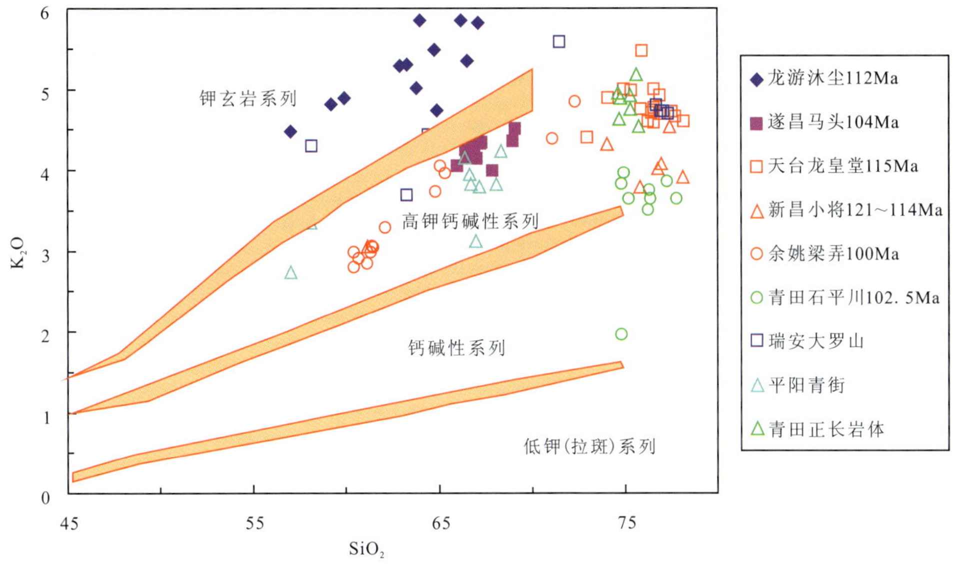

图 2-103　白垩纪晚期(115～100Ma)侵入岩的 SiO_2 - K_2O 图解

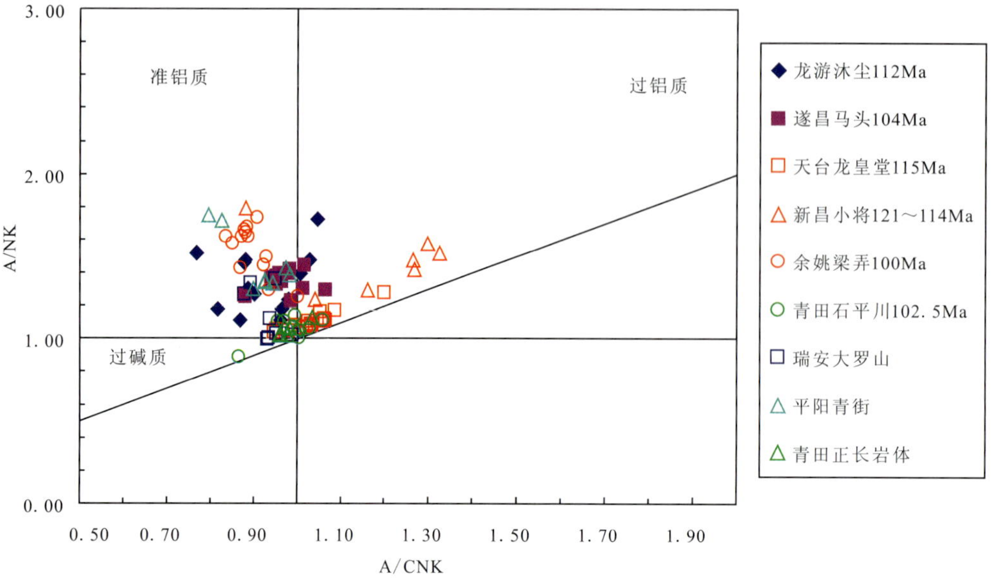

图 2-104　白垩纪晚期(115～100Ma)侵入岩的 A/NK-A/CNK 图解

115～100Ma 侵入岩稀土元素总量高，轻稀土富集[LREE/HREE=6.48～18.31，$(La/Yb)_N$=5.50～25.03]，稀土元素球粒陨石标准化分布型式为右倾曲线(图 2-105)，具明显 Eu 负异常(δEu=0.27～0.83)。微量元素 Nb、Ta 含量偏低，在微量元素原始地幔标准蛛网图中形成 Nb、Ta 的负异常(图 2-106)，表明 115～100Ma 的侵入岩具有 I 型花岗岩的特征。

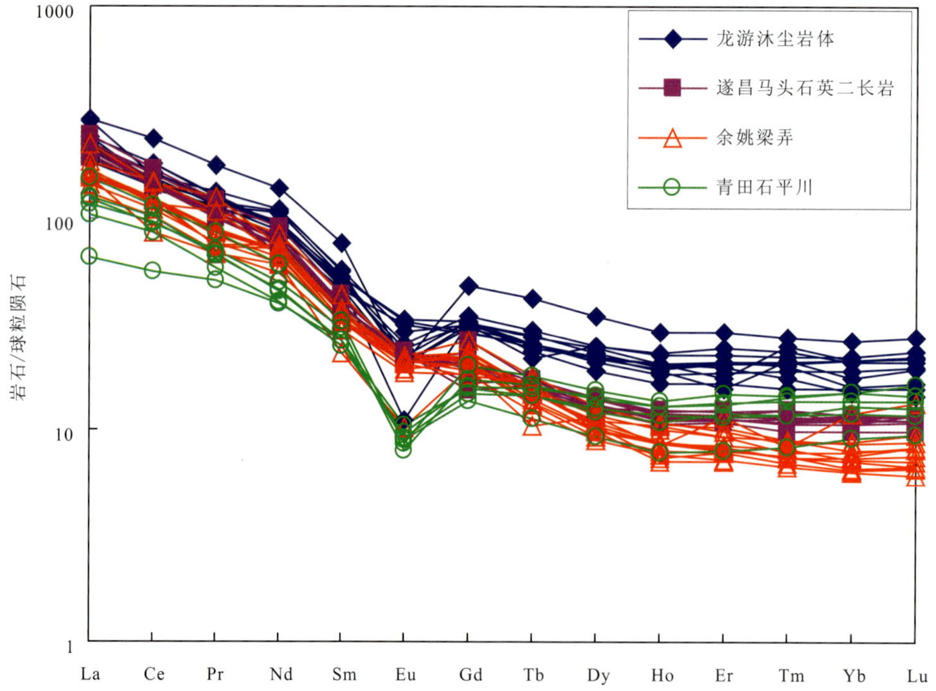

图 2-105　白垩纪晚期(115～100Ma)侵入岩标准化 REE 图解
(标准化数据来自 Sun & McDonough，1989)

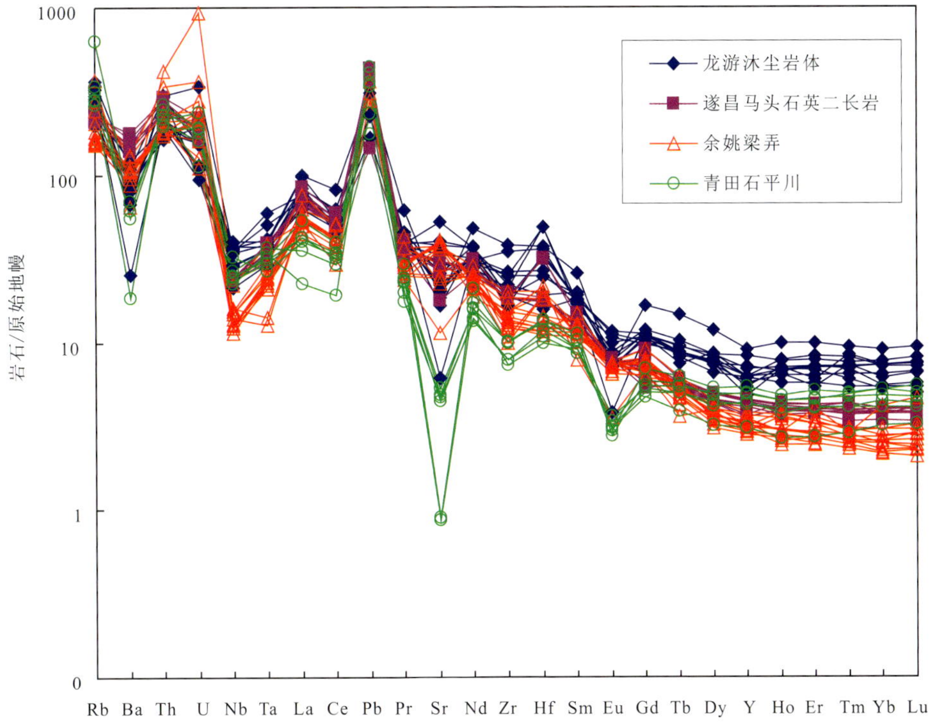

图 2-106 白垩纪晚期(115～100Ma)侵入岩标准化蛛网图解

(标准化数据来自 Sun & McDonough,1989)

Wong Jean et al.(2011)和 Liu Liang et al.(2014)对 115～100Ma 侵入岩的 Sr-Nd 同位素进行了研究,获得遂昌马头石英二长岩的 I_{Sr} 值为 0.707 62～0.708 48,$\varepsilon_{Nd}(t)$ 值范围为 −5.54～−4.85,对应的二阶段 Nd 同位素模式年龄 T_{DM2}=1.36～1.08Ga;大莱石英二长岩的 I_{Sr} 值为 0.707 96～0.708 34,$\varepsilon_{Nd}(t)$ 值范围为 −5.6～−5.51,对应的二阶段 Nd 同位素模式年龄 T_{DM2}=1.37～1.36Ga;沐尘斑状石英二长岩的 I_{Sr} 值为 0.705 84～0.706 97,$\varepsilon_{Nd}(t)$ 值范围为 −3.2～−2.4,对应的二阶段 Nd 同位素模式年龄 T_{DM2}=1.17～1.11Ga;同期沐尘暗色闪长质包体 I_{Sr} 值为 0.706 21～0.706 46,$\varepsilon_{Nd}(t)$ 值范围为 −2.6～+0.6,对应的二阶段 Nd 同位素模式年龄 T_{DM2}=1.12～0.86Ga;青田石平川钾长花岗岩的 I_{Sr} 值为 0.709 10～0.715 28,$\varepsilon_{Nd}(t)$ 值范围为 −8.76～−8.63,对应的二阶段 Nd 同位素模式年龄 T_{DM2}=1.80～1.49Ga;余姚梁弄岩体的 I_{Sr} 值为 0.707 42～0.708 12,$\varepsilon_{Nd}(t)$ 值范围为 −7.35～−4.62,对应的二阶段 Nd 同位素模式年龄 T_{DM2}=1.47～1.29Ga;龙皇堂花岗岩(t=114Ma),I_{Sr} 值为 0.705 88～0.706 72,$\varepsilon_{Nd}(t)$ 值范围为 −6.18～−4.52,对应的二阶段 Nd 同位素模式年龄 T_{DM2}=1.65～1.16Ga;山头郑石英闪长岩的 I_{Sr} 值为 0.705 00～0.708 10,$\varepsilon_{Nd}(t)$ 值范围为 −5.93～−5.64,对应的二阶段 Nd 同位素模式年龄 T_{DM2}=1.25～1.15Ga。从以上 Sr-Nd 同位素组成可以看出 115～100Ma 侵入岩的 I_{Sr} 值偏低,$\varepsilon_{Nd}(t)$ 值为 −8.76～+0.6,二阶段 Nd 同位素模式年龄也显著偏低,指示了壳幔混合作用,幔源组分在成岩过程中具有重要作用。

115～100Ma 侵入岩的锆石 $\varepsilon_{Hf}(t)$ 范围为 −7.8～−1.4(仅遂昌马头石英二长岩为 −12.9)(图 2-107),$\varepsilon_{Hf}(t)$ 对应的锆石 Hf 同位素模式年龄为 T_{DM}=1.05～0.85Ga,二阶段模式年龄 T_{DM2}=1.62～1.22Ga;与二阶段 Nd 同位素模式年龄 T_{DM2} 大体相当,指示为岩浆成因于壳幔混合作用。

100～85Ma 侵入的碱性正长岩 SiO_2 含量较高且变化不大(74.62%～79.51%),石英正长岩 SiO_2 含量范围为 63.71%～72.95%但变化较大(图 2-108),二者铝饱和指数均为准铝质-弱过铝质(图 2-109)。

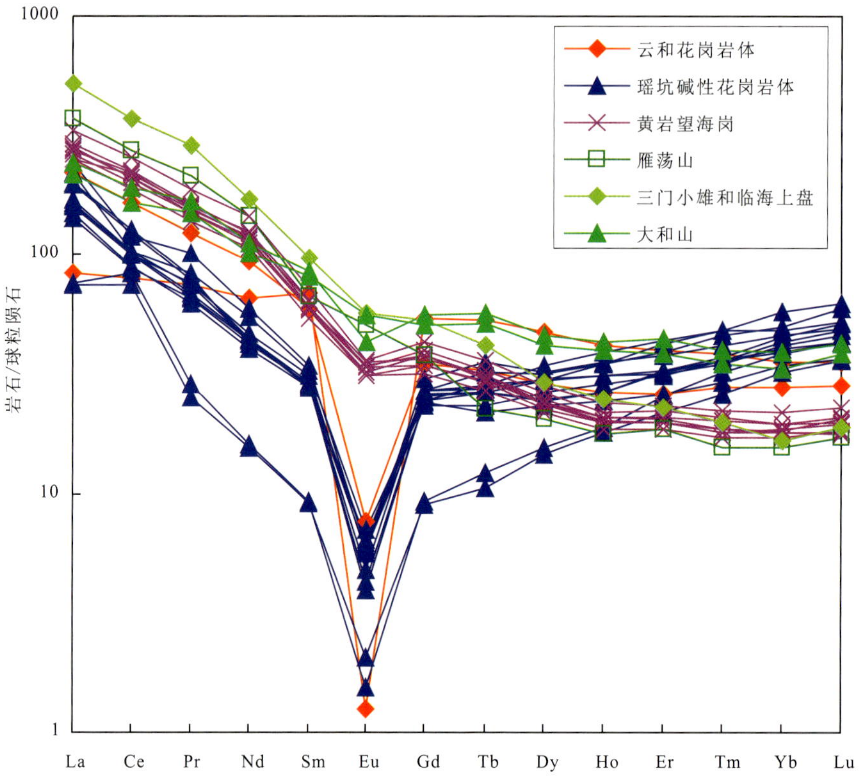

图 2-110　白垩纪晚期(115～100Ma)侵入岩标准化 REE 图解
(标准化数据来自 Sun & McDonough,1989)

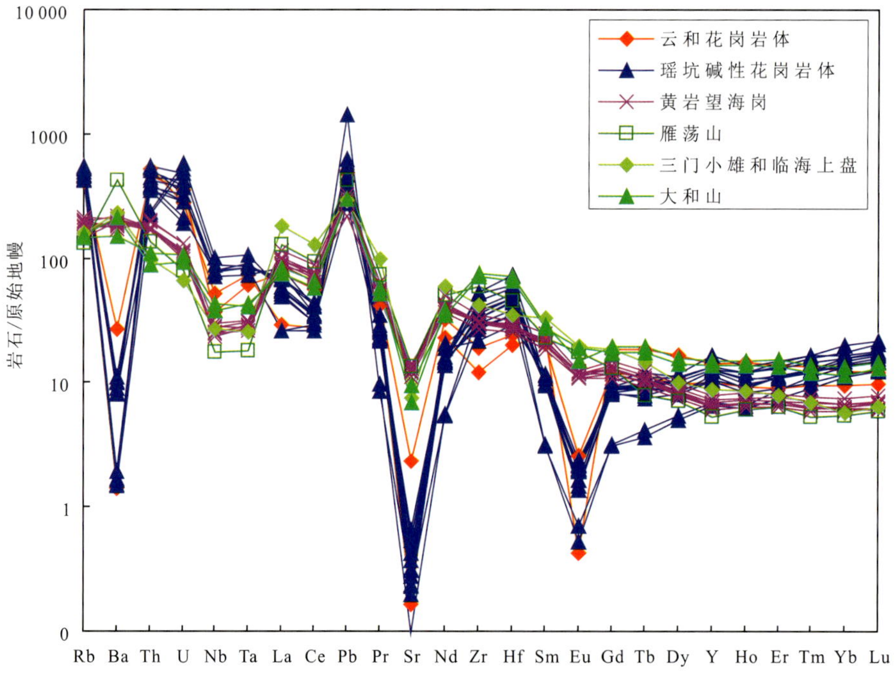

图 2-111　白垩纪晚期(115～100Ma)侵入岩标准化蛛网图解
(标准化数据来自 Sun & McDonough,1989)

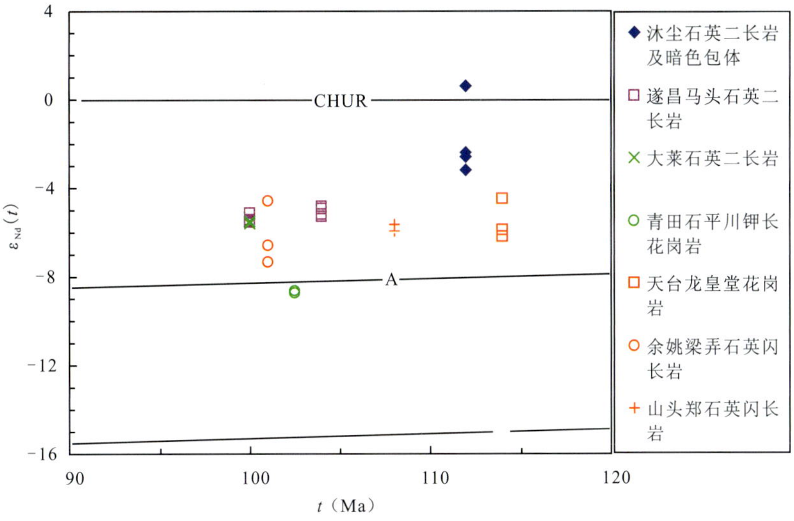

图 2-112　白垩纪晚期(115～100Ma)侵入岩 t(Ma)-$\varepsilon_{Nd}(t)$关系图

(据沈渭洲等,1993)

CHUR. 球粒陨石均一储库;A、B 区域. 华南元古代地壳演化域

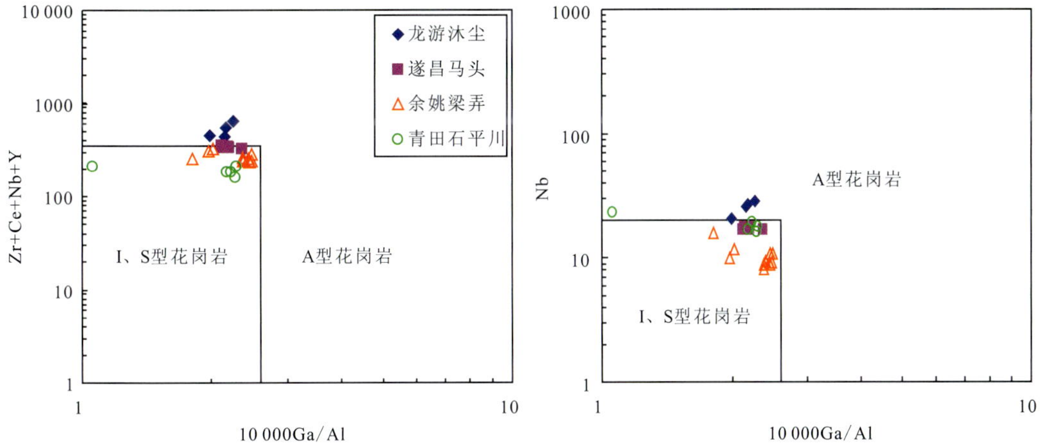

图 2-113　白垩纪晚期(115～100Ma)侵入岩岩体的构造环境判别图解

(判别图解据 Whalen et al. ,1987)

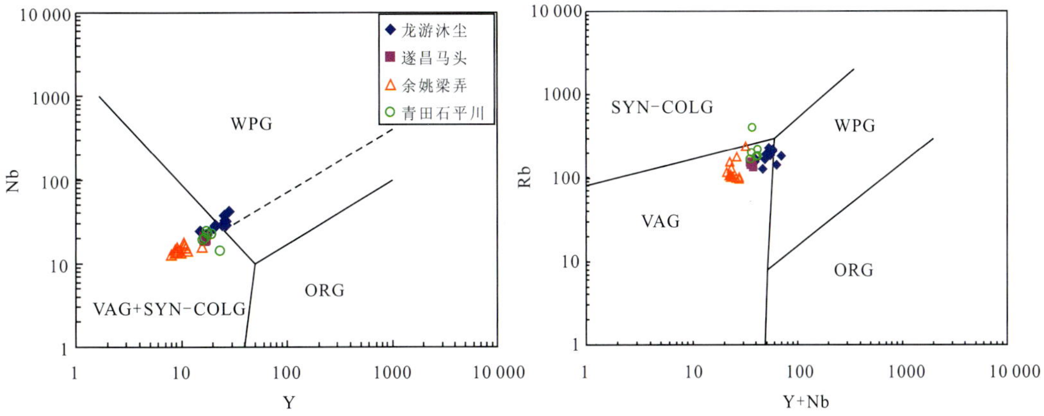

图 2-114　白垩纪晚期(115～100Ma)侵入岩的构造环境判别图解

(判别图解据 Pearce et al. ,1984)

张体制的过渡时期，由幔源岩浆及其诱发的地壳长英质岩浆混合作用（即壳幔混合作用）的产物。

100～85Ma 侵入体除瑶坑碱性花岗岩体的 $\varepsilon_{Nd}(t)$ 值非常接近于零（－1.4～－0.7），其二阶段 Nd 同位素模式年龄 T_{DM2}＝1.01～0.95Ga 也明显偏低，指示分瑶坑岩体的成岩过程中幔源组比例较大；其余石英正长斑岩如小雄岩体 $\varepsilon_{Nd}(t)$＝－4～－3.8，萧山大和山岩体 $\varepsilon_{Nd}(t)$ 值为－2.3，雁荡山岩体 $\varepsilon_{Nd}(t)$ 值负值更明显，$\varepsilon_{Nd}(t)$＝－7.1～－6.6，表明源区物质系壳幔混合作用形成。

在 t(Ma)－$\varepsilon_{Nd}(t)$ 关系图上，100～85Ma 侵入岩样品点均落入华南元古代地壳演化域的上方（图 2－115），这些特征充分说明幔源组分在 100～85Ma 侵入岩成岩过程中具有重要作用。石英正长斑岩锆石 Hf 同位素组成也表明源区物质系壳幔混合作用形成。

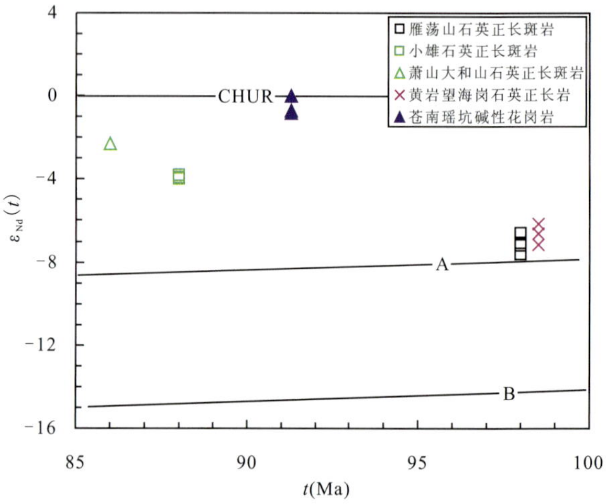

图 2－115　白垩纪晚期（100～85Ma）侵入岩 t(Ma)－$\varepsilon_{Nd}(t)$ 关系图

（据沈渭洲等，1993）

CHUR. 球粒陨石均一储库；A、B 区域. 华南元古代地壳演化域

在 Pearce（1984）的 Nb－Y 图解和 Rb－(Y＋Nb) 判别图解中，100～85Ma 的花岗岩投影点大都落在板内构造区域内（图 2－116），说明 100～85Ma 的花岗岩形成于板内伸展的构造环境。在 Whalen et al.（1987）的微量元素判别图解，100～85Ma 的花岗岩投影点均落在 A 型花岗岩区内（图 2－117）。依据 Nb－Y－Ce(3Ga) 判别图进一步区分，瑶坑碱长花岗岩更多地表现出 A_1 型花岗岩的特征，其余表现出 A_2 型花岗岩的特征（图 2－118）。

上述讨论表明，100～80Ma 的岩浆活动，是由于大陆岩石圈板块拉伸，伴随着地幔上涌和岩石圈的拆沉作用，致使大陆下地壳物质发生强烈的部分熔融，形成了高硅、高碱、贫镁铁和钙的花岗质岩浆，与此同时由于强烈地壳地幔交代作用导致大量的地幔物质与花岗质岩浆混合，最终形成了沿海广泛分布的 A 型花岗岩的原始岩浆。

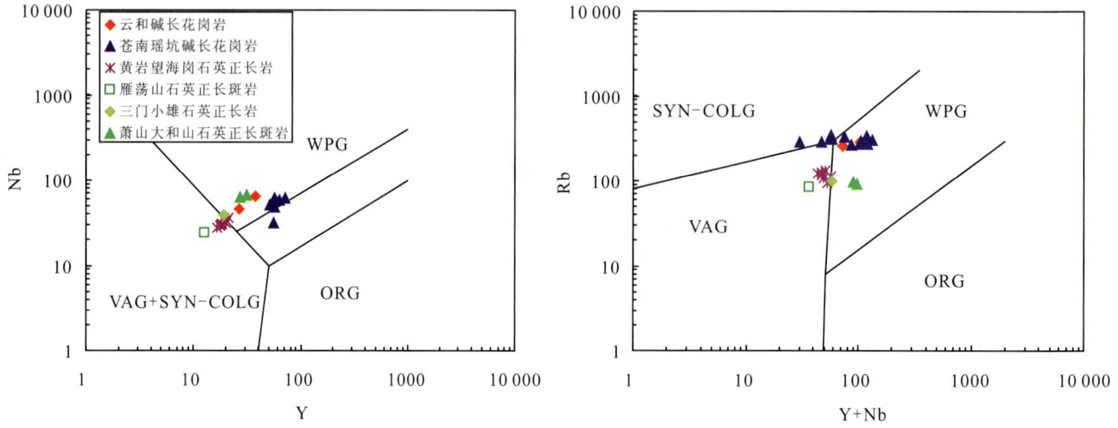

图 2－116　白垩纪晚期（100～85Ma）侵入岩的构造环境判别图解

（判别图解据 Pearce et al.，1984）

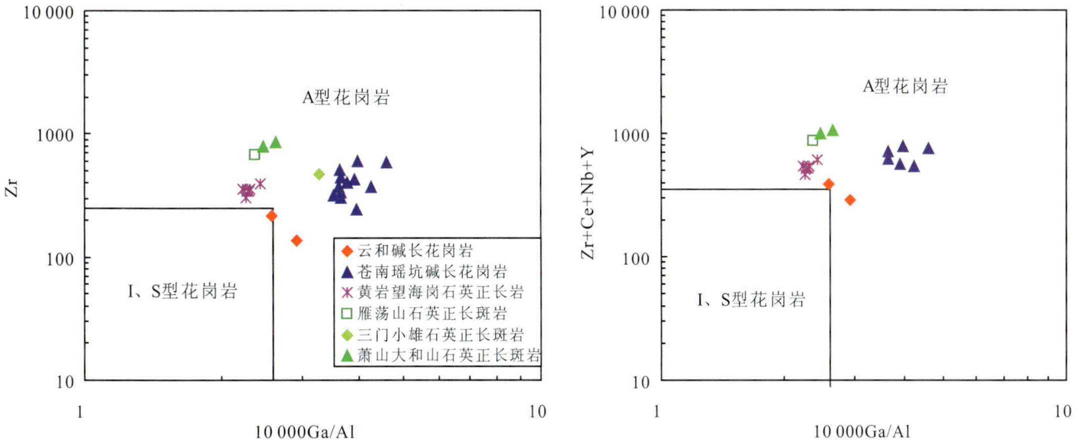

图 2－117　白垩纪晚期(100～85Ma)侵入岩岩体的构造环境判别图解

(判别图解据 Whalen et al.,1987)

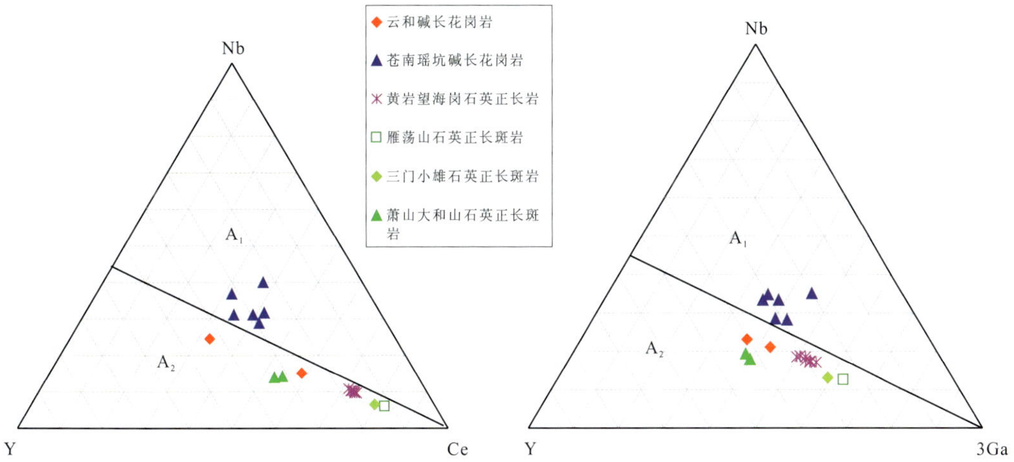

图 2－118　白垩纪晚期(100～85Ma)A 型花岗岩的 Nb－Y－Ce(3Ga)判别图解

(据 Eby,1992)

2.6　喜马拉雅期岩浆岩

喜马拉雅期沿江绍拼接带形成了一系列红色盆地,由西向东依次为金华、浦江、诸暨、绍兴等。自晚白垩世至新近纪延续时间很长,致使许多地质现象被掩盖。

浙江新生代火山活动相对较少(图 2－119),基本为单一的嵊县组(N_2s)玄武质岩浆喷溢活动,明显受北西向孝丰-三门湾断裂带东南段和近南北向余姚-永嘉断裂带联合控制,时代限于新近纪。嵊县组玄武岩在嵊州、新昌一带大片分布,多呈厚层岩流或岩被覆盖在前新生代地质体之上;在诸暨、天台、奉化、宁海、三门等地也有出露,多构成丘陵山区的残留顶盖,总面积约 550km^2。嵊县组玄武岩属大陆玄武岩,主要为碱性橄榄玄武岩及部分橄榄拉斑玄武岩组合。

喜马拉雅期侵入岩主要为超基性角砾岩、超基性岩,空间上明显受区域性北东向和近南北向深大构造控制。岩性有玻基辉橄岩、霞石苦橄辉玢岩、辉绿(玢)岩、辉绿辉长岩、橄煌斑岩及霓霞岩等,多呈小岩枝、岩筒或脉岩状产出,出露较少,零星分布,仅占侵入岩总面积的 1%。

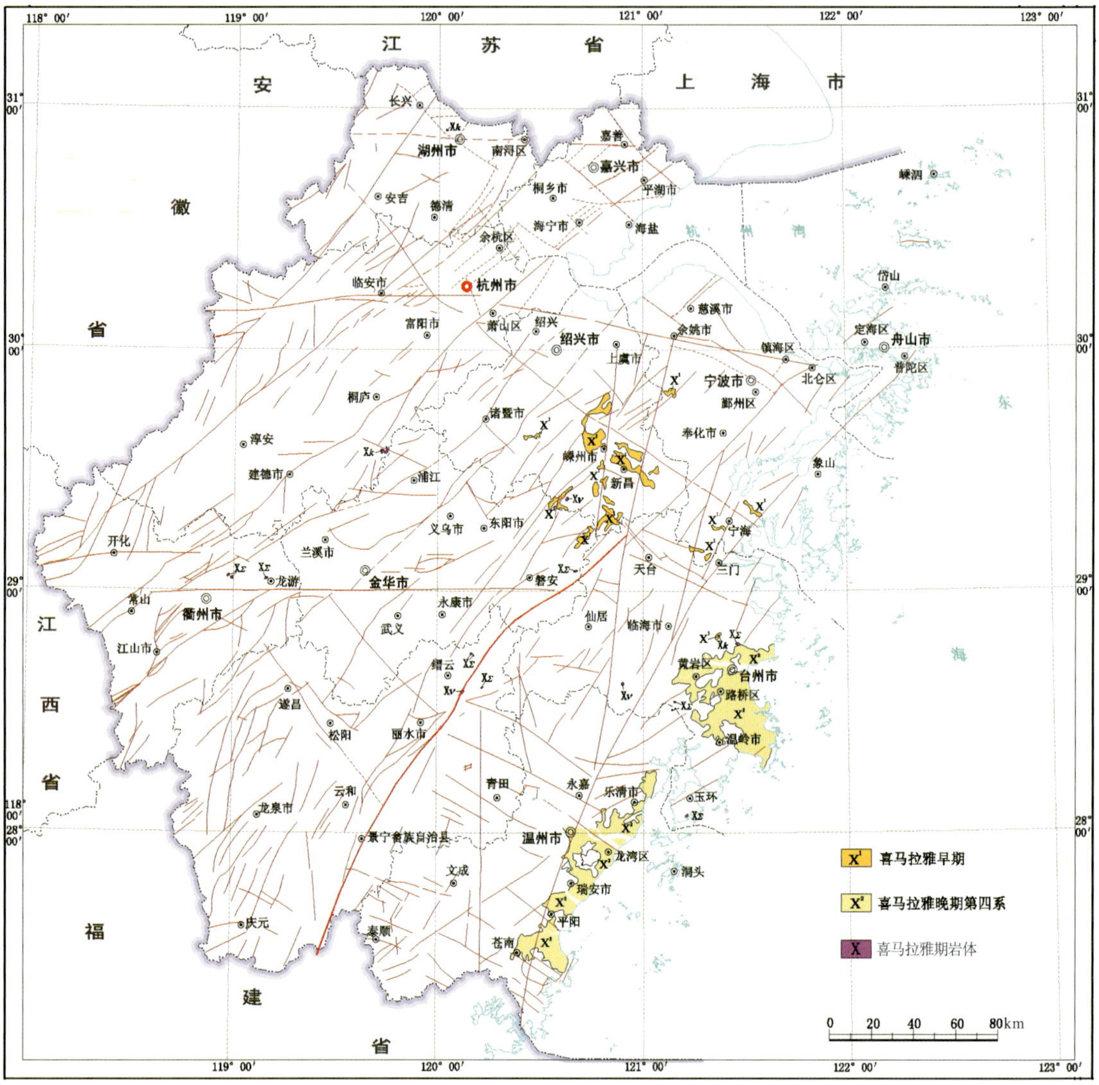

图 2－119　浙江省喜马拉雅期岩浆活动分布图

玻基辉橄岩以虎头山岩体为代表，岩体侵入于岩衢江群沉积岩中，平面上呈近圆形，直径约 18m，剖面上呈漏斗状。火山颈岩性也为玻基辉橄岩，横卧柱状节理发育，与围紫红色砂砾岩穿插接触关系清楚（图 2－120）。

玻基辉橄岩呈灰黑色，风化后呈蓝灰色，角砾状构造，常见矿物有镁铝榴石、铬透辉石、铬尖晶石、钙钛矿、石榴石、磁铁矿等，含较多的橄榄石、辉石集合体包体和榴辉岩、辉橄岩包体。岩石呈不等粒结构，斑晶为橄榄石、辉石、铬尖晶石，基石为橄榄石、辉石、铬尖晶石、钙钛矿等。

霞石苦橄玢岩以建德梓州岩体为代表，岩体成岩床顺层侵入于寿昌组粉砂岩、粉砂质泥质页岩中，局部斜切围岩，岩床厚 3～4m，最厚 5m。岩性主要为霞石苦橄岩、玻基辉橄玢岩和霞石玄武岩，分带现象清楚（图 2－121）。

霞石苦橄玢岩岩石为灰黑色，斑状结构，斑晶为蚀变的橄榄石，含量约 4%。基质由含钛辉石边的普通辉石（35%）、橄榄石（35%，大部分已蛇纹石化）、霞石（5%）、霓石（1%）、磁铁矿（5%）及沸石（10%）组成。岩石局部有含量达 40%左右的大小不一的二辉橄榄岩和橄榄岩包体，包体大小一般为 5～25cm，大者可达 70cm，小者不足 1cm，甚至呈橄榄石颗粒。橄榄岩包体黄绿色，由全自形细-中粒结构的橄榄石和斜方辉石、普通辉石及少量尖晶石组成。

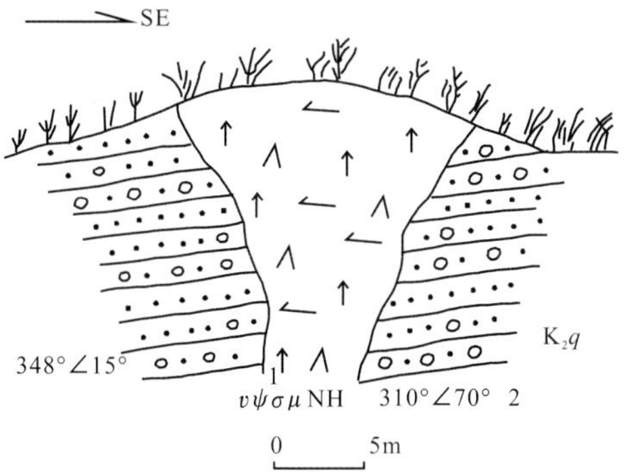

图 2－120　虎头山北侧火山火山颈剖面图

1. 火山颈(玻基辉橄岩)；2. 衢县组砂砾岩，含砾砂岩与砂岩互层；$\upsilon\psi\sigma\mu$. 玻基辉橄岩；K_2q. 白垩系衢县组

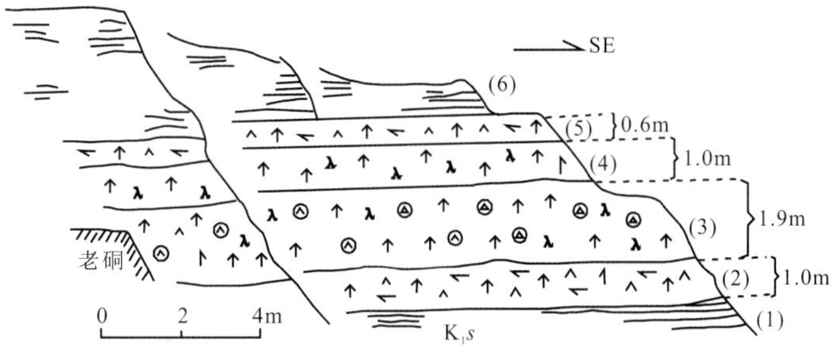

图 2－121　建德梓州霞石苦橄玢岩岩床素描图

2.6.1　岩石地球化学特征

浙江省喜马拉雅期超基性的岩石化学数据较少，主量元素(表 2－15)、稀土元素(表 2－16)和微量元素(表 2－17)结果列于表 2－15 中。

表 2－15　喜马拉雅期超基性岩主量元素表　　　　(单位：%)

岩体名称	外寮						梓洲	古楼底(乌石山)			虎头山	兰田张(11)	前洞坑(21)
岩性	超基性角砾岩						霞石苦橄玢岩	霞石橄辉玢岩			玻基辉橄玢岩	碱性超基性岩	超基性角砾岩
SiO_2	42.3	41.39	44.2	44.22	38.62	39.29	39.61	40.6	40.35	41.92	44.32	43.36	45.79
TiO_2	1.18	2.4	2.79	2	3.48	3.28	2.13	2.5	2.3	2.08	1.44	2.69	2.39
Al_2O_3	11.7	11.51	9.9	11.54	11.37	11.34	11.89	9.94	12.2	9.7	11.55	11.68	12.24
Fe_2O_3	6.33	3.11	9.07	2.2	6.99	5.93	6.11	4.92	3.98	3.59	9.19	6.27	5.99
FeO	5.58	9.96	2.96	8.76	7.58	8.6	7.54	4.98	8.82	8.23	2.64	6.45	6.25
MnO	0.18	0.18	0.15	0.17	0.22	0.22	0.19	0.18	0.19	0.17	0.21	0.2	0.2
MgO	12.82	12.77	10.53	11.4	10.5	8.54	10.31	11.75	13.37	14.37	11.96	8.1	8.31
CaO	10.31	10.47	8.28	9.87	10.61	12.9	9.41	11.03	11.23	10.39	9.58	10.48	10.3
Na_2O	3.36	3.26	0.71	2.42	1.31	0.74	4.34	4.7	5.57	2.32	3.23	2.92	1.88
K_2O	1.06	0.68	2.32	2.14	1.42	1.45	0.79	2.1	0.78	0.39	2.15	2.06	1.51
P_2O_5	0.04	1.13	1.59	1.08	0.99	1.4	1.24	1.27	1.07	0.87	0.42	1.38	1.14
Li_2O	3.7	4.54		3.6	6.01	5.62	6.22					7.18	7.31
H_2O^+							6.24				2.73		
Total	98.56	101.4	92.5	99.4	99.1	99.31	100.01				99.86		
Na_2O+K_2O	4.42	3.94	3.03	4.56	2.73	2.19	5.13	6.8	6.35	2.71	5.38	4.98	3.39
资料来源	1：25 万衢州幅，2014						1：25 万金华幅，2006					1：25 万温州幅，1998	

括号中数字为样品数。

表 2－16　上新世超基性岩稀土元素表

（单位：$\times10^{-6}$）

单元	岩性	La	Ce	Pr	Nd	Sm	Eu	Gd	Tb	Dy	Ho	Er	Tm	Yb	Lu	Y	∑REE	LREE/HREE	δEu	$(La/Yb)_N$	$(La/Sm)_N$	$(Gd/Lu)_N$	资料来源
兰田张	碱性超基性岩	158	248	35.8	166	27.7	7.47	19.3	2.5	14.2	2.34	5.2	0.63	3.91	0.55	43.8	691.6	13.2	0.94	28.99	3.68	4.34	1：25 万温州幅，1998
前洞坑	超基性角砾岩	91	91	27.5	123	23.3	6	25.8	3.6	25.6	5.2	13.5	1.57	8.9	1.12	134	447.1	4.2	0.74	7.33	2.52	2.85	
建德梓州	霞石苦橄玢岩	86.8	163	16.5	64.5	11.1	3.3	8.56	1.24	5.79	1.05	3.32	0.32	1.85	0.28	32	367.6	15.4	1.00	33.65	5.05	3.78	1：25 万金华幅，2006
		71.8	168	15	60.2	11.9	3.2	7.48	0.97	5.24	0.86	1.79	0.29	1.7	0.27	21.3	348.7	17.7	0.97	30.30	3.90	3.42	

表 2－17　上新世超基性岩微量元素表

（单位：$\times10^{-6}$）

单元	岩性	Rb	Sr	Ba	Li	Be	Cs	Nb	Zr	Hf	V	Ta	K	Mg	Sn	Th	Ni	Co	Ta	Cr	资料来源
兰田张	碱性超基性岩	46	1740	950	9.2	6	4	120	310	7.5	230	5.4	13 400	35 400	3.6	38	44				1：25 万温州幅，1998
前洞坑	超基性角砾岩	26	650	725	9.2	2.5	4.1	264	165	5.4	340	2.3	9600	42 800	4.5	8.8	153				
建德梓州	霞石苦橄玢岩		1640	610				100	310	7.5	160						182	45	3.4	135	1：25 万金华幅，2006
		21	1050	280				95	280	9.3	170					11	103	42.4	1.9	93	

浙江省喜马拉雅期超基性岩岩石化学成分中 SiO_2 含量 38.62%～45.79%，其特征表现为高钛、镁，低铝，富碱（表 2－16）。在 SiO_2 -(K_2O+Na_2O) 图解（图 2－122）上，岩石落在碱玄岩、碧玄岩、副长石岩及苦橄玄武岩区，样品都落在 Ir 线以上，表明岩石属碱性橄榄玄武岩系列，这些特征与岩石中高橄榄石和霞石是一致的。

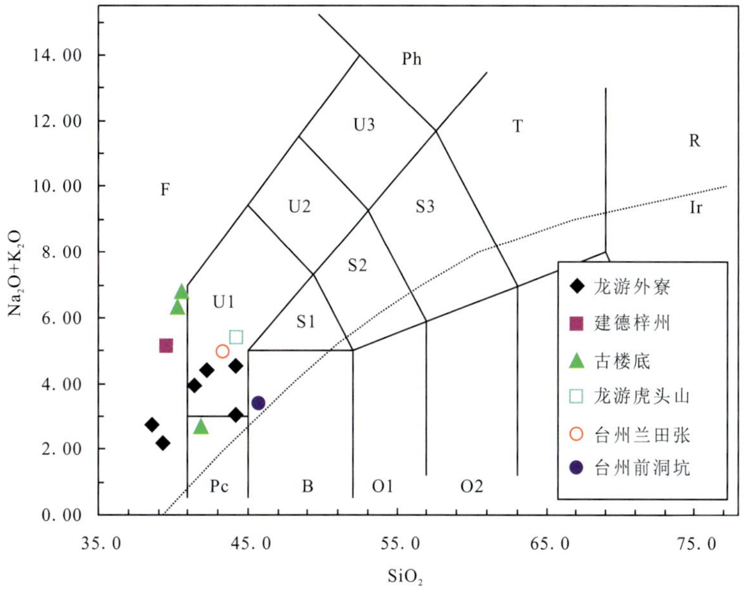

图 2－122　新生代超基性岩 TAS 图解

（据 Le Bas，1986）

Pc. 苦橄玄武岩；B. 玄武岩；O1. 玄武安山岩；O2. 安山岩；O3. 英安岩；R. 流纹岩；S1. 粗面玄武岩；S2. 玄武质粗面安山岩；S3. 粗面安山岩；T. 粗面岩、粗面英安岩；F. 副长石岩；U1. 碱玄岩、碧玄岩；U2. 响岩质碱玄岩；U3. 碱玄质响岩；Ph. 响岩；Ir. Irvine 分界线，上方为碱性，下方为亚碱性

稀土元素显示出总量高，轻稀土富集的特征［LREE/HREE＝4.2～17.7，$(La/Yb)_N$＝7.33～36.65］（表 2－17），稀土元素球粒陨石标准化分布型式图中曲线右倾（图 2－123），无明显 Eu 负异常。

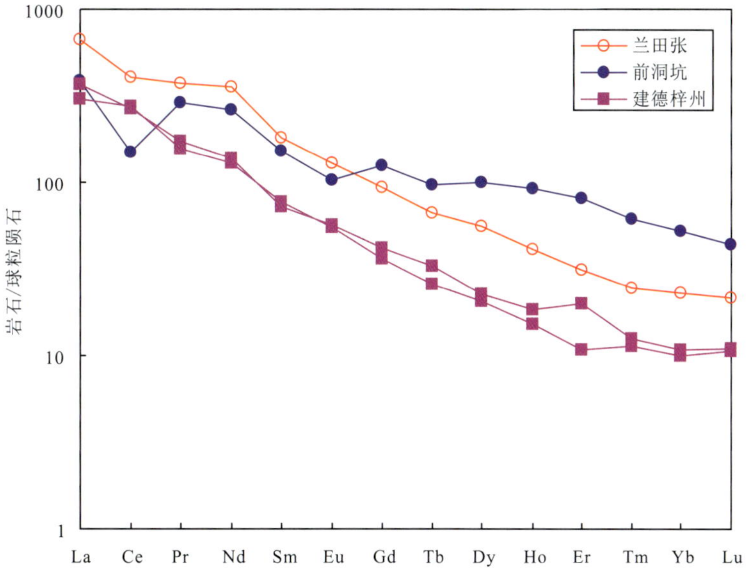

图 2－123　新生代超基性岩体球粒陨石标准化 REE 图解

（标准化数据来自 Sun & McDonough，1989）

微量元素中 Nb 含量高达(95～264)$\times 10^{-6}$，Zr、Hf 含量偏低，在微量元素原始地幔标准蛛网图中形成 Nb 正异常及 Zr、Hf 的负异常(图 2-124)。

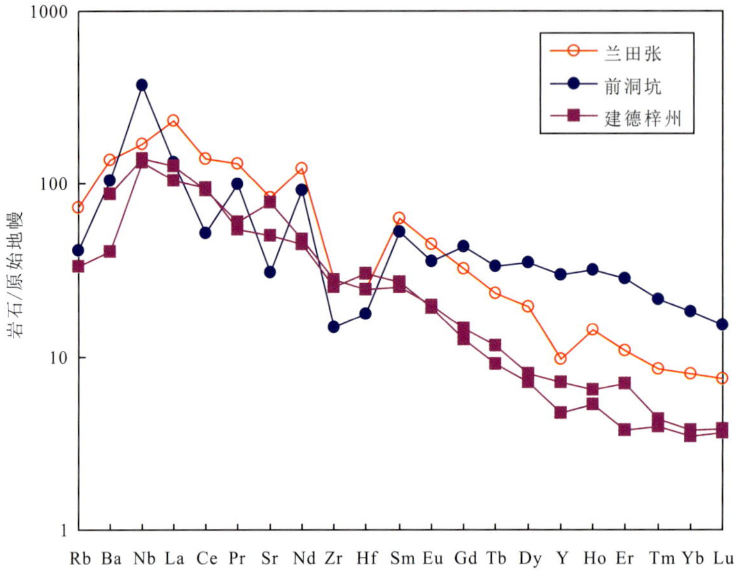

图 2-124　新生代超基性岩体原始地幔标准化蛛网图解

(标准化数据来自 Sun & McDonough，1989)

2.6.2　构造背景

新生代的岩浆活动，受北东向的深大断裂及北东向与北西向断裂交会处控制，岩浆作用以基性，超基性喷发为主，并有少量侵入岩。侵入岩与喷出岩密切相关，大部分呈岩筒和岩脉产出，岩性以碱性玄武岩为主(图 2-125)，且岩体中往往有较多的橄榄岩、二辉橄榄岩等地幔岩包体。

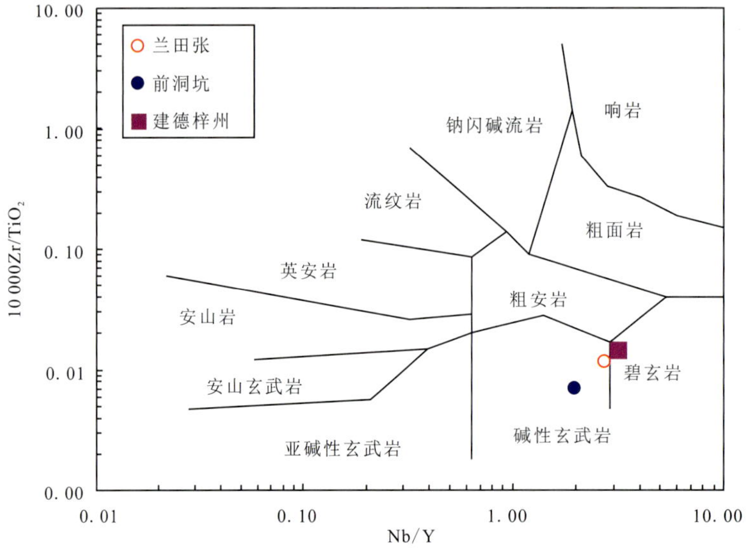

图 2-125　新生代超基性岩体(Nb/Y)-(Zr/TiO_2)图解

(据 Winchester & Floyd，1977)

新生代超基性岩的常量元素 TiO_2、K_2O、P_2O_5 投影于三角图解中，投影点均位于大陆拉斑玄武岩区间内(图 2-126)，指示超基性岩形成于板内拉张环境，这与浙江自燕山晚期由活动大陆边缘环境逐渐转化为板内环境，地幔上隆、地壳拉张不断强烈，形成类似初始裂谷的构造环境相一致。

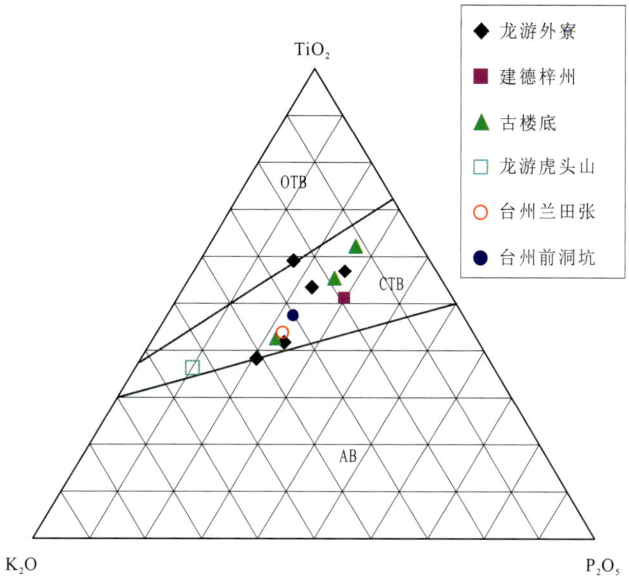

图 2-126 新生代超基性岩体 TiO_2 - K_2O - P_2O_5 构造判别图解

OTB. 大洋拉斑玄武岩；CTB. 大陆拉斑玄武岩；AB. 碱性玄武岩

第3章　构造演化与构造层划分

根据浙江省沉积建造间主要不整合面和沉积间断，结合岩浆作用、变质作用和构造变形特征，参考邻省构造研究成果，将浙江省地质构造发展过程划分成6个构造演化阶段，对应6个构造旋回。

6个地质构造发展阶段：①元古宙华夏古陆裂解-沉积-变质阶段；②新元古代华夏陆块与扬子板块南缘弧陆碰撞拼接和褶皱造山阶段；③新元古代—早古生代陆内裂陷沉积与褶皱造山阶段；④晚古生代陆表海沉积与褶皱造山阶段；⑤中生代陆缘火山活动阶段；⑥喜马拉雅拗陷沉积阶段。对应的6个构造旋回：①中条旋回；②晋宁旋回；③加里东旋回；④海西—印支旋回；⑤燕山旋回；⑥喜马拉雅旋回。按构造发展阶段的地层建造特征共划分6个构造层，14个构造亚层（表3-1）。

表3-1　浙江省构造层划分方案表（据朱安庆等，2009修改）

构造旋回	地质时代			构造运动	构造层及代号		亚构造层及代号		构造期		参考年龄(Ma)
	时代	浙西北	浙东南		浙西北	浙东南	浙西北	浙东南			
喜马拉雅旋回	Q			喜马拉雅运动	喜马拉雅构造层(X)		第二亚构造层(X^2)		喜马拉雅期	晚期	2.4
	N						第一亚构造层(X^1)			早期	65
	E										
燕山旋回	K_2			燕山运动	燕山构造层(Y)		第三亚构造层(Y^3)		燕山期	晚期	
	K_1						第二亚构造层(Y^2)			中期	145
	J_2						第一亚构造层(Y^1)			早期	
	J_1										205
	T_3										
海西—印支旋回	T_2			印支运动	海西-印支构造层(H)		第三亚构造层(H^3)		海西期	晚期	
	T_1										250
	P_2										
	P_1										290
	C_2						第二亚构造层(H^2)			中期	
	C_1						第一亚构造层(H^1)			早期	355
	D_3										
加里东旋回	S_2			加里东运动	加里东构造层(C)		第二亚构造层(C^2)		加里东期	晚期	
	S_1										428
	O_3										
	O_2										
	O_1										510
	$\in_3$										
	$\in_2$										
	$\in_1$										570
	Z_2						第一亚构造层(C^1)			早期	
	Z_1										800
晋宁旋回	Pt_3^2			晋宁运动	晋宁构造层(J)		第二亚构造层(J^2)		晋宁期		1000
	Pt_3^1						第一亚构造层(J^1)				
中条旋回	Pt_2			中条运动	中条构造层(Z)		第二亚构造层(Z^2)		中条期	晚期	1400
	Pt_1						第一亚构造层(Z^1)			早期	2500

3.1　元古代华夏古陆裂解-沉积-变质阶段

“华夏古陆”由美国学者 Grabau 于 1924 首次提出(Grabau,1923、1924),原指出露了一套区域变质岩系的中国东南部及其相邻广大地区,它们在早古生代(包括震旦纪)构成一古陆区。Grabau 的观点问世之初就得到了李四光的认可(李四光,1952)。

1945 年黄汲清沿用“华夏古陆”一词,但限指浙江南部至海南岛的沿海地区,并指出它属于加里东褶皱带(Huang T K,1945)。孙云铸(1954)认为该地区是统一的加里东褶皱造山带。陈国达(1956)和敖振宽(1956)认为该区为一前震旦纪地台活化区。马杏垣等(1961)将黄汲清所称“华夏古陆”的粤西地区改称“云开地背斜”,属加里东期地槽褶皱带,粤东、闽东、闽西北和浙东南地区称“华夏地块”。谢家荣(1961)认为应是扬子古陆南缘的加里东期地槽沉积的褶皱产物。任纪舜(1960,1964)认为所谓华夏古陆是加里东期后的古陆。郭令智等(1965)将浙赣铁路线以南地区的“华夏古陆”改称为“华南加里东褶皱带”。

20 世纪 70 年代以来,板块构造学说被用来解释华南大陆构造,出现华南沟、弧、盆构造发展的假说,“华夏古陆”再次被否定。如郭令智等(1980)将华南大陆及海域,从西北到东南,由元古宙到新生代划分为 5 个构造带,他认为华南不同时代的沟-弧-盆复合构造体系是从西北向东南方向迁移的,这一方式使华南元古宙以来的洋壳演化为大陆地壳。1975 年李春昱应用板块理论,提出自浙江丽水至广东海丰沿线(相当于政和-大浦断裂带)为一早古生代晚期板块消减带。王鸿祯(1981)提出华南东部为扬子地台东南大陆边缘海区。

到 20 世纪 80 年代中期,一门新的分支学科——碰撞大地构造学应运而生。基于此背景,许靖华(1980,1987)将华南与北美阿巴拉契亚南部中生代造山对比,提出晚前寒武纪(震旦纪)到中三叠世的洋盆,经印支运动洋盆封闭,华南地体与扬子地体发生碰撞并推覆于扬子地体之上,“板溪群”是混杂岩。

水涛等(1986,1988)通过对浙闽变质基底的深入研究,确证华夏古陆的存在,并进一步认为华夏古陆于早晋宁期与江南古陆发生碰撞,江绍断裂带为对接带,这一研究成果在地学界产生了巨大影响。朱炳泉等(1997)就黄山-温州地学断面的地球化学研究表明,华南与扬子从元古宙到新生代的幔源和壳源岩石都表现出不同的地球化学特征,反映了两区具有完全不同的地质演化历史,证实了华夏古陆的存在。

张理刚等(1994)从 Pb 同位素的角度探讨了华南大陆的构造性质,他根据 Pb 同位素组成的差异得出,所谓的“华夏古大陆”不存在统一的基底,而实际上由 3 个不同性质、不同年龄构成的 3 个基底块体,即武夷块体(省)、闽台块体(省)和南岭-海南(云开)块体(省)。

随着高精度锆石测年技术的发展,许多地质学者对闽西北和浙西南地区古元古代变质岩系做了大量的年代学工作,提供了更多更可靠“古陆块”存在的依据,越来越多的人认为华南存在一个主要由古元古代和中元古代地壳组成的变质基底,称“华夏陆块”或“华夏古陆”等。

综合近年来大量有关浙东南变质岩和基底构造研究成果,结合高精度同位素测年和岩石地球化学资料,认为江绍拼接带以东的浙东南为华夏古陆,且具有双基底结构特征(水涛等,1988),八都群为下基底,陈蔡群为上基底,上下基底形成的时间间隔大约 400Ma。

3.1.1　八都群沉积

龙泉花桥八都群副片麻岩类的 Nd 模式年龄 T_{DM} 为 2.75～2.60Ga(表 1-5),其中斜长石和石榴石单矿物的 T_{DM} 值亦为 2.7～2.6Ga(王银喜,1989)。沈渭洲、凌洪飞(1999,2000)对花桥、淡竹和大柘等花岗岩的 Sr－Nd 同位素研究结果显示，它们具有低 $\varepsilon_{Nd}(t)$ 值（－6.2～－3.0）、较高的 I_{Sr} 值（0.7083～0.7117）和古老的二阶段 Nd 模式年龄（2.83～2.53Ga），与被它们侵入的八都群片麻岩在岩体形成时的 $\varepsilon_{Nd}(t)$ 值和二阶段 Nd 模式年龄（3.20～2.61Ga）较为一致（沈渭洲等，1999、2000）。这些研究成果表明，八都群岩石可能是更古老的地壳物质循环再造的产物。不断报道的继承锆石或捕获锆石同位素年代数据（表 3－2）（胡雄健等，1991；孔祥生等，1993）说明，太古宙中国东南地区已有原始地壳存在。

表 3－2　中国东南地区代表太古宙的锆石 U－Pb 同位素年龄

序号	地区	岩系	年龄（Ma）	资料来源
1	广西	摩天岭花岗岩	2860	施实，1976
2	广西北部	四堡群	2935～2573	中南地勘局 305 大队，1981
3	福建尤溪	新桥花岗闪长岩	2713（＋112，－106）	朱玉磷，1988
4	湖南桂东	寨前二长花岗岩	≥2500	刘敦一，1988
5	湘赣边境	汤湖花岗岩	2516±6	李献华，1989
6	广东河台	震旦系石英绢云片岩	2498（＋151，－131）	陈好寿，1989
7	广东河台	云楼岗混合花岗岩	2610±57	崔遥，1989
8	浙江诸暨	陈蔡群斜长角闪岩	2641±9.4	孔祥生，1994

国内外前寒武纪地质研究表明，在太古宙晚期海陆已经分离，而且具有一定厚度的硅铝质地壳（Condie，1981），从地壳演化的观点来看，太古宙与元古宙的界限代表一种过渡（Cloud，1976），这种过渡是以克拉通地块的穿时和连续的稳化为特征，其时限为 3000～2500Ma，延续了 500Ma 以上，它被认为是地球历史上主要的造壳事件之一（Moobath，1977；Mcculloch & Wasserburg，1978），此后大规模的断裂系统产生（马杏仁和白瑾等，1978），从而在硅铝壳内形成巨型沉积盆地或形成与显生宙板块边缘相近的陆缘活动带，元古宙八都群正是在此背景下开始了沉积作用（孔祥生等，1993）。

八都群沉积大约始于 2200Ma，底部汤源组由斜长角闪岩、黑云变粒岩组成，其原岩为基性火山岩和火山质硬砂岩建造；中部（堑头组、张岩组、泗源组）为黑云（斜长）变粒岩夹黑云（石英）片岩，原岩为中基性—酸性火山凝灰岩（底部少量）、陆源碎屑岩和黏土岩；上部大岩山组由单一的黑云片岩类组成，原岩为陆源黏土岩建造。

八都群底部变质基性岩化学成分和 LREE 略有富集的特征相当于大陆拉斑玄武岩。变质沉积岩低硅高铝（SiO_2 65%±，Al_2O_3 ＞16.5%～21.0%），K_2O ＞ Na_2O，MgO ＞ CaO，K_2O/Na_2O ＝ 1～3，$Al_2O_3/K_2O+Na_2O \approx 2$，显示为成熟度较低的中酸性花岗质陆源碎屑沉积物的成分特征，其中云母片岩类则属潮湿和炎热气候带的陆相黏土（胡雄健等，1991）。

3.1.2　八都群变质变形作用

八都群中花岗二长岩、片麻状花岗闪长岩、片麻状花岗岩和花岗质麻粒岩的同位素年龄 1975～1832Ma，变质后期伟晶岩的同位素年龄 1743Ma（表 2－1），因此，八都群变质变形时间应在 1975～1743Ma 之间，这个时间段与吕梁-中条运动相对应，正是吕梁-中条运动使八都群遭受强烈的变质变形，并伴随地壳深熔作用引起的花岗质岩石侵入。

八都群变质岩石类型主要有黑云斜长变粒岩、黑云斜长石英变粒岩、黑云石英片岩和黑云片岩，普遍含有晶质石墨($\delta^{13}C = -25‰$)、铁铝榴石、矽线石和蓝晶石,局部出现石墨片岩(遂昌葛坪)、蓝晶石片岩(庆元下济)、铁铝榴石片麻岩(遂昌石板桥)和矽线石片岩(遂昌沙口),另外还有少量斜长角闪岩,偶见含单斜辉石石榴斜长角闪岩、金云母白云质大理岩①,属角闪岩相区域中高温变质,反映八都群形成于地壳较薄的早前寒武纪所特有的呈面状分布的均匀而高值的古地热环境。

依据中国变质地质图的划分方案(董申葆,1986),八都群变质相可划分为高角闪岩相和退变质作用引起的低绿片岩相,低绿片岩相仅发育在韧性剪切带中(图3-1)。

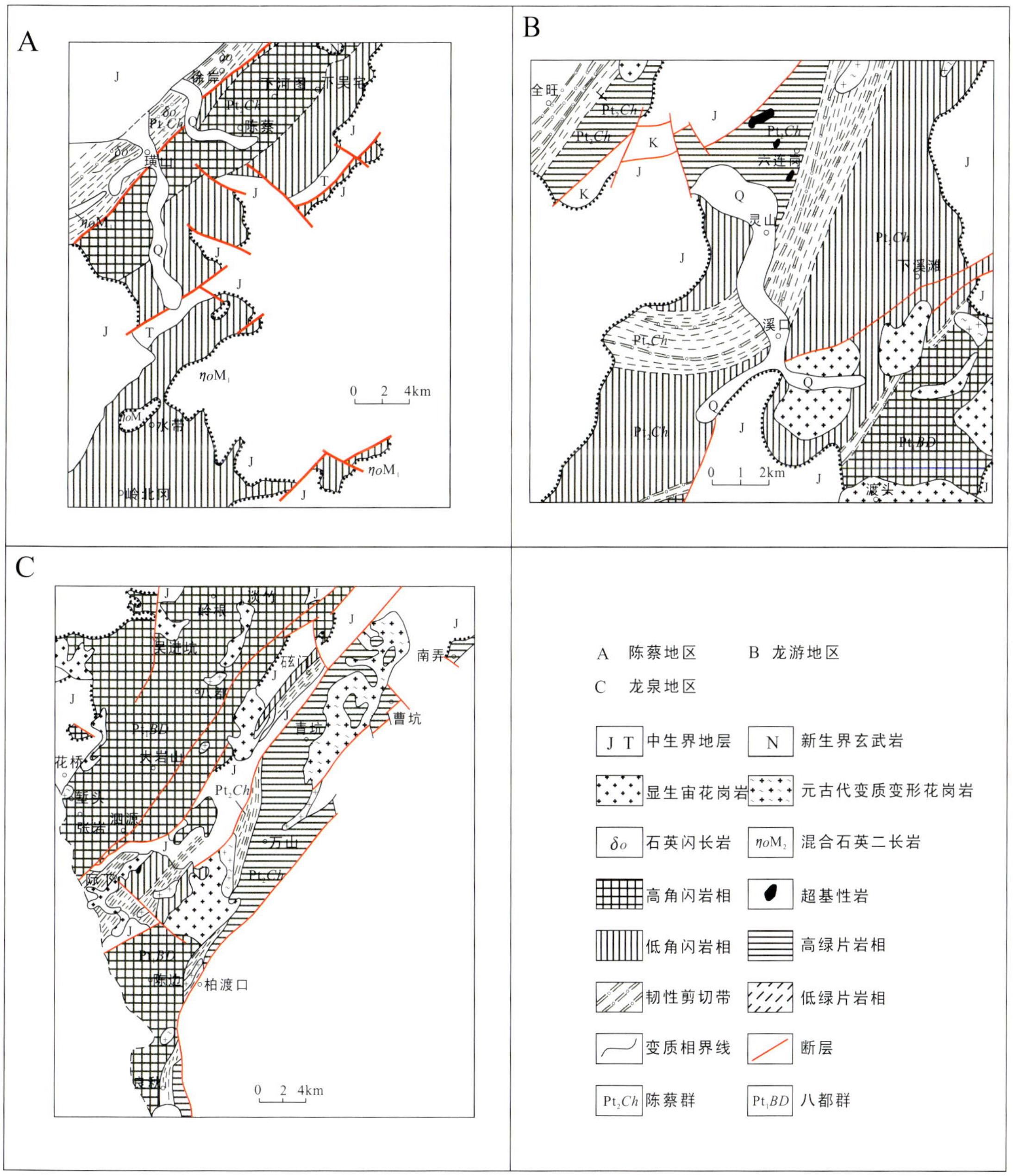

图3-1 八都群和陈蔡群变质岩相图
(据孔祥生等,1993)

① 浙西南韧性剪切带的含金性及成矿条件研究,浙江省第七地质大队,1991。

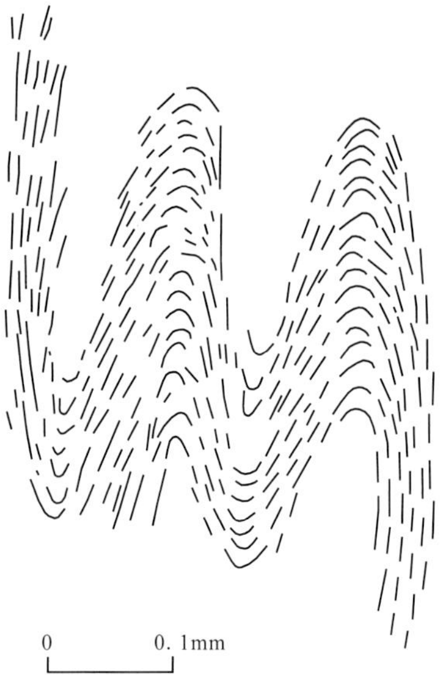

图 3 - 8　矽线石形成 F_3 褶皱

（据赵国春等，1994）

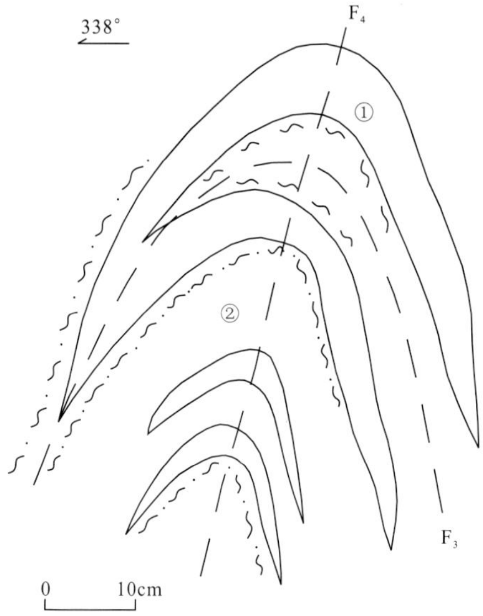

图 3 - 9　片麻理中 F_3 和 F_4 褶皱叠加

（据赵国春等，1994）

①长英质脉体；②矽线石榴黑云斜长片麻岩

石榴石-黑云母-斜长石压力计，对前进变质（D_1）、峰变质（D_2）和退变质（D_3）的温压条件进行了估算。D_1 温度 679℃，压力 0.54GPa；D_2 温度 720～777℃，压力 0.69～0.83GPa；D_3 温度 607～640℃，平均 624℃，压力 0.37～0.38GPa。二者估算的各个变质变形阶段的温压条件虽有差异，然而所估算的温压条件变化趋势一致，图 3 - 10 是根据二者估算的平均温压参数绘出的陈蔡群变质作用的 $P-T-D$ 轨迹。$P-T-D$ 轨迹具有顺时针演化特征，晋宁期变质作用早期 D_1 变形阶段主要表现为地壳加厚和构造作用引起的温压急剧增大，到变质峰期 D_2 变形阶段表现为强烈构造挤压，温压达到顶峰；加里东期变质作用 D_3 变形阶段出现明显的温压降低过程，表明地壳抬升较快，在抬升减压过程的同时，变质体的热能也在不断散失，出现明显的退变质过程。元古宙华夏古陆形成、变形序列及地质事件演化过程见表 3 - 6。

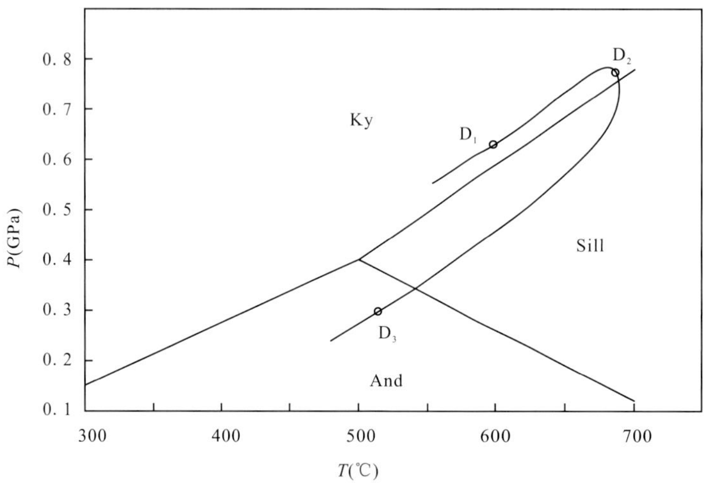

图 3 - 10　陈蔡群变质作用 $P-T-D$ 轨迹

Ky. 蓝晶石；Sill. 矽线石；And. 红柱石

（D_1、D_2、D_3 代表三个变形阶段，三相点采用 Holdaway，1971）

表 3-6 元古宙华夏古陆形成、变形序列及地质事件

时代(Ga)	构造旋回	构造环境		沉积特征		变质事件		变形事件		变形机制
		八都群	陈蔡群	八都群	陈蔡群	八都群	陈蔡群	八都群	陈蔡群	
0.68	加里东旋回					低绿片岩相动力退变质作用	低绿片岩相动力退变质作用	D_4 以北东向中等紧闭到开阔的直立褶皱，以塑性变形为主，形成较大的韧性剪切带	D_3 陡倾斜歪褶皱(F_3)和一些高角度韧性剪切带	层间滑动-粒内滑动，脆-韧性变形
0.8	晋宁旋回						角闪岩-绿片岩相区域动力-热流变质		D_2 紧闭同斜褶皱、陡倾伏歪斜褶皱和折劈理构造	粒内滑动为主，韧性变形
1.0									D_1 紧闭同斜褶皱和无根褶皱，透入性片(麻)理	
1.4			八都群结晶基底裂陷，形成的大陆型裂谷沉积环境		滨浅海相硅质岩、泥质砂岩和泥岩沉积 碳酸盐岩-大陆碱性拉斑玄武岩-中酸性火山岩(或火山碎屑岩)沉积 钙泥质砂岩、泥质砂岩和火山杂砂岩	高绿片岩相-低角闪岩相区域退质作用		D_3 层间滑动-粒内滑动，脆-韧性变形为特点，形成紧闭褶皱或区域性斜卧褶皱，伴有新生定向组构(b线理)		塑性顺层流变
2.0	中条旋回					角闪岩相区域中—高温变质与混合岩化作用		D_2 早期片(麻)理(S_1)为褶皱面，形成紧闭相似褶皱、勾状褶皱及区域性平(斜)卧褶皱 D_1 顺层掩卧褶皱、无根勾状褶皱、褶叠层及透入性顺层片理或片麻理		
2.2		太古宙花岗质原始陆壳基础上发展起来的陆内硅铝盆地裂陷沉积		陆源黏土岩 中基性—酸性火山凝灰岩、陆源碎屑岩和黏土岩 基性火山岩和火山质硬砂岩						

3.1.5　浙闽基底变质岩对比与浙闽裂谷带的建立

浙西南龙泉地区与闽北相毗邻，浙闽前寒武纪变质基底在空间上连为一体，属于同一变质地体（图3－11）。

浙闽变质基底均可划分为上、下两大构造层，闽北为麻源群（迪口组与其层位相当）和马面山群（万全群、交溪组与其层位相当），浙东南为八都群和陈蔡群。两省变质基底在岩石面貌、岩性组合、变质变形特征、原岩建造等方面均具有可对比性，即浙江的八都群和陈蔡群分别相当于福建的麻源群和马面山群。

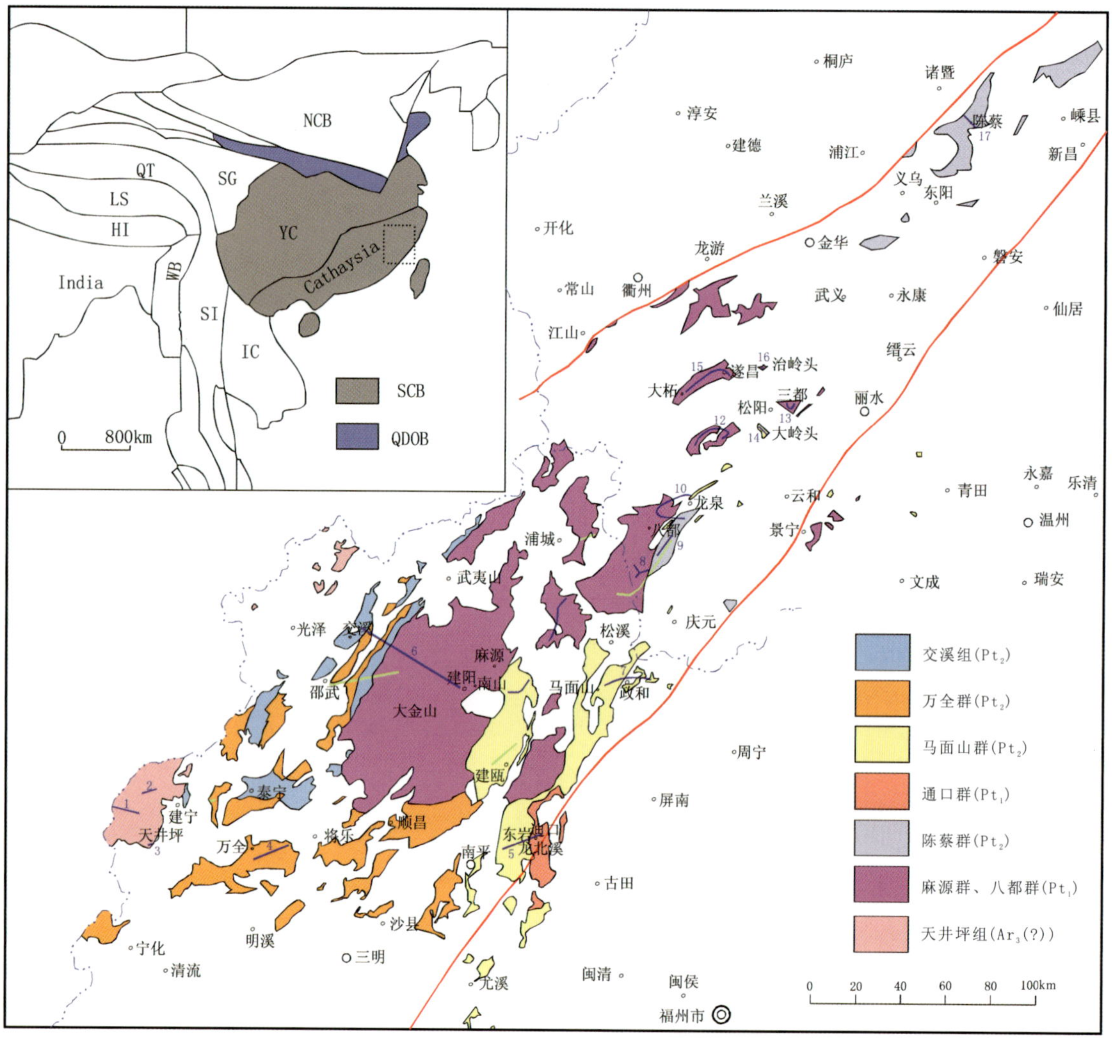

图3－11　浙闽地区变质岩地质略图

（据李春忠等，2010）

3.1.5.1　岩石学证据

闽北麻源群主要分布在南平地区的建瓯、建阳、浦城、松溪、武夷山及三明地区泰宁、建宁、将乐等地。麻源群包含大金山组和南山组，为福建省变质岩主体岩层，组成闽北前寒武纪变质结晶基底的核部。

大金山组主要岩性为一套花岗质混合岩类，夹数层斜长角闪(片)岩，偶夹白云质大理岩、石英岩。混合岩普遍发育花岗质、伟晶质及长英质脉体，多形成条带、条纹状构造，基体为灰—深灰色黑云斜长变粒岩、黑云变粒岩、黑云石英片岩、云母石英片岩，普遍含矽线石、铁铝榴石、蓝晶石、晶质石墨，局部形成石墨矿层。变质程度为低—高角闪岩相，原岩以富碳高铝的砂泥质岩类为主夹基性火山岩。

南山组岩性较单一，岩石组合为灰色、深灰色条带状、条纹状黑云斜长变粒岩、黑云(二云)石英片岩、石英云母片岩，偶夹角闪石英岩、角闪变粒岩或石榴透辉石英岩薄层或透镜体，普遍含铁铝榴石及少量蓝晶石、矽线石、十字石，变质程度为低角闪岩相，原岩为砂泥质岩。构造变形强烈，条带状石英质脉体沿片理分布，变形后呈无根勾状褶皱、平卧紧闭褶皱及透镜体、石香肠，主要反映中深构造层次塑性流变及韧性剪切变形特征。

浙西南八都群主要分布于丽水地区的龙泉、庆元、松阳、遂昌、景宁等地，以龙泉—庆元一带出露面积最大、最连续，并向南自然延入闽西北。八都群与麻源群在野外一个共同的显著特征就是普遍发育条带状混岩化花岗质脉体或石英质脉体，因而易与中元古代绿片岩相区域变质岩相区别。麻源群的代表性岩石类型为黑云斜长变粒岩、云母(石英)片岩和少量斜长角闪岩等，经历了角闪岩相中高温区域变质作用和强烈的区域混合岩化作用，形成大范围出露的混合花岗质杂岩系。八都群在宏观上表现为条带状混合花岗质片麻岩系，大量发育花岗质脉体，残留的区域变质岩石类型以黑云斜长变粒岩为主，其次为黑云石英片岩和黑云片岩，后者往往以平缓的产状出现于海拔千米的山巅之上，局部地区石榴斜长角闪岩与透辉石榴斜长角闪岩(如遂昌葛坪)，并常常与大理岩共生(如葛坪、景宁三枝树)。变粒岩与片岩中普遍含有晶质石墨、铁铝榴石、矽线石，偶见蓝晶石，显示其原岩是一套富碳高铝的碎屑岩系，属深水浊积沉积的类复理石，角闪质岩石的原岩则以基性火山岩类为主。

闽西北马面山群分为大岭组、东岩组、龙北溪组，主要在政和—南平—尤溪—德化葛坑一线出露，其中在南平后坪—尤溪梅仙—德化葛坑一带主要呈基底“天窗”出露，“天窗”面积大小不一，在南平—闽西南大田一带，也有马面山群呈断块出露，往南则隐伏于闽西南晚古生代地层之下。

大岭组岩石组合为灰—浅灰色黑云钠长片岩、黑云石英钠长片岩或钠长变粒岩间夹钠长云母片岩、云母石英片岩、黑云钠长石英片岩，局部夹薄层石英岩及石墨云母石英片岩，变质程度为高绿片岩相，原岩为中酸性(石英角斑质)火山岩间夹砂泥岩及凝灰质碎屑岩。变质特征以塑性剪切变形为主，早期平卧紧闭褶皱及片内勾状褶皱发育。本组为福建省含金层位之一。

东岩组为一套中浅变质的细碧质-石英角斑质火山岩系，岩石组合以灰绿—暗绿色钠长阳起片岩、斜长角闪(片)岩、绿泥绿帘阳起片岩为主，夹灰白色黑云钠长变粒岩、黑云(二云)二长变粒岩、云母石英片岩，局部夹大理岩，多呈透镜状、短条带状出露，变质程度为绿片岩相-低角闪岩相，原岩为钠质基-酸性火山岩为主夹砂泥岩、泥灰岩。本组为福建省内铜铅锌等矿产赋存层位之一。各地岩性变化主要表现为绿泥石、阳起石、角闪石、绿帘石等矿物种类和含量的不同，但以绿片岩为主的宏观特征均相似。变形特征以早期剪切-挤压机制下的塑性变形为主，绿片岩与大理岩互层中常见无根勾状褶皱及石香肠，单一岩性层绿片岩或钠长变粒岩中主要发育透入性密集流劈理，呈现醒目的“细纹状构造”。

龙北溪组为马面山群的主体，为一套中浅变质的浅海类复理石建造，下段以石英云母片岩、云母石英片岩为主，夹变粒岩和少量绿帘(阳起)石英岩薄层，上段以灰白色条带(条纹)状、块状含磁铁矿、透辉石、磷灰石的石英岩为主，夹(含石墨)云母石英片岩、石英云母片岩及薄层变粒岩，偶夹薄层滑石云母片岩，原岩为砂泥质岩夹钙镁硅质岩，其上段为含磷层位。变质程度为绿片岩相-低角闪岩相，具带状分布特点。变形特征以早期塑性变形为主，韧性剪切变形发育。各地岩性组合略有变化，区域性标志层条带状石英岩发育为其特征，夹有较多的透辉大理岩、白云质大理岩及少量斜长角闪(片)岩、黑云角闪片岩、绿帘绿泥片岩等。

马面山群总体呈北北东、北东东方向展布，向北东延入浙江省龙泉一带，称陈蔡群。浙江陈蔡群出露于江绍拼接带和丽水-舟山深断裂之间的龙泉县城—查田—竹舟—小梅—庆元竹口和金华—诸暨—绍兴一带。马面山群和陈蔡群同是一套绿片岩相的中—低级变质岩系，由云母变粒岩、云母(石英)片岩、绿帘斜长角闪岩、黑云阳起片岩、含磁铁石英岩、大理岩(透镜体)等组成。斜长角闪岩原岩恢复为基性火山岩,变粒岩类恢复为酸性火山碎屑岩,显示双峰式火山活动特征,根据岩石化学成分、稀土元素特征,基性火山岩可进一步判别为大陆拉斑玄武岩。陈蔡群和马面山群沉积序列类似,早期为钙泥质砂岩、泥质砂岩和火山杂砂岩沉积,其后接受碳酸盐岩-大陆碱性拉斑玄武岩-酸性火山岩(或火山碎屑岩)沉积,晚期为滨浅海相硅质岩、泥质砂岩和泥岩沉积,其火山活动具双峰式特征(碱性玄武岩和中酸性火山岩),是典型的大陆(边缘)型裂谷环境的产物。

福建麻源群大金山组以混合岩为主,夹少量斜长角闪岩,为一套无序的地层,大致相当于浙江八都群堑头组和泗源组;南山组是黑云石英片岩和变粒岩组合,与大岩山组有一定的相似性。马面山群大陈岭组与陈蔡群底部相当;东岩组为绿片岩组合夹大理岩透镜体,与陈蔡群中段岩性组合相当;龙北溪组以片岩、斜长变粒岩、石英岩(含磁铁),与陈蔡群顶层岩性组合相当。浙闽基底变质岩空间相连,岩石组合相当,且遭受过相似的构造变形影响(胡雄健等,1991;赵凤清等,1993;傅树超,1995)。具体对比见表3-7。

表3-7 浙闽基底变质岩对比

时代	浙西南			闽西北		
	群	组(段)	岩石组合	群	组(段)	岩石组合
元古宙	陈蔡群	顶层	矽线铁铝榴石变粒岩、黑云斜长变粒岩、长英质浅粒岩、斜长变粒岩、长英质片岩、二云石英片岩,偶夹石英岩、磁铁石英岩等	马面山群	龙北溪组	云母石英片岩夹石英岩、斜长变粒岩。条带状(含磁铁、透辉)石英岩夹云母石英片岩、大理岩
		中层	上部斜长角闪岩、辉石斜长角闪岩或角闪岩层;下部灰白色透闪石粗晶质白云质大理岩及灰白—浅绿色辉石橄榄白云质大理岩,间夹灰绿色斜长角闪片岩、黑云变粒岩条带		东岩组	钠长阳起(角闪)片岩、绿帘阳起片岩夹钠长变粒岩、大理岩
		底层	斜长角闪岩、二长浅粒岩、二长变粒岩、矽线含榴黑云斜长片麻岩、混合岩化黑云斜长片麻岩和斜长角闪片麻岩		大岭组	黑云钠长片岩(变粒岩)、黑云石英钠长片岩间夹钠长云母(石英)片岩
古元古代	八都群	大岩山组	黑云片岩、黑云石英片岩,局部黑云云长片麻岩	麻源群	南山组	黑云斜长变粒岩、黑云(二云)石英片岩、石英云母片岩
		泗源组	黑云变粒岩、黑云斜长变粒岩、长石石英岩、浅粒岩、黑云石英片岩、黑云片岩		大金山组	含石墨黑云斜长变粒岩、(石墨、矽线)二云片岩、云母石英片岩夹斜长角闪(片)岩
		张岩组	黑云石英片岩、黑云斜长石英片岩、黑云片岩和黑云变粒岩			
		堑头组	黑云斜长变粒岩			

3.1.5.2 岩石地球化学证据

从地球化学组成上看,浙闽地区华夏地块变质基底岩石具有相似的主量元素、稀土元素和微量元素特征。

八都群和麻源群,陈蔡群和马面山群各类岩石的化学成分列于表3-8。

八都群斜长角闪岩 SiO_2 含量46.18%~50.21%,平均47.82%,TiO_2 含量1.43%~2.42%,平均

表 3-8 浙闽变质岩化学成分一览表

（单位：%）

地层	岩石名称（样品数）	SiO_2	TiO_2	Al_2O_3	TFeO	Na_2O	K_2O	MgO	CaO	MnO	P_2O_5	Na_2O/K_2O	资料来源
八都群	斜长角闪岩(7)	47.82*	1.89	15.66	13.76	3.02	1.09	5.66	9.49	0.21	0.19	2.87	Li X H et al.,2000
		46.18～50.21**	1.43～2.42	13.64～17.02	12.18～15.67	2.67～3.4	0.78～1.53	3.87～8.08	8.86～10.01	0.17～0.26	0.13～0.24	1.85～3.81	
	片麻岩类(8)	65.84	0.71	15.05	5.26	2.40	3.47	2.24	1.84	0.07	0.12	0.77	Yu Jinhai et al.,2009;吕新前,2005
		61～69.34	0.5～1.19	13.36～17.32	3.42～7.42	1.02～3.99	2.16～4.95	1.67～2.88	0.7～3.47	0.04～0.1	0.08～0.2	0.39～1.81	
麻源群	斜长角闪岩(4)	48.07	2.32	16.78	13.68	3.56	1.18	5.14	7.75	0.20	0.31	3.12	Li X H et al.,2000
		47.28～49.03	2.21～2.26	16.11～17.9	13.05～14.45	2.89～4.08	1～1.36	4.48～5.71	7.33～7.94	0.19～0.21	0.28～0.33	2.12～3.9	
	片麻岩类(6)	66.10	0.77	15.33	5.05	2.57	2.90	1.71	3.10	0.10	0.19	1.06	Wan Yusheng et al.,2007
		61.88～68.62	0.54～1.09	13.62～17.36	3.41～5.05	1.3～3.48	1.93～5.45	1.25～1.71	1.43～5.75	0.03～0.17	0.15～0.24	0.39～1.8	
陈蔡群	片麻岩类(14)	63.10	0.98	15.66	2.99	4.22	0.13	1.93	2.35	2.09	3.33	0.75	吕新前,2005
		52.89～69.28	0.51～1.92	12.53～20.3	0.35～11.24	0～8.9	0.05～0.2	0.72～3.84	0.76～4.1	0.41～3.92	1.56～5.04	0.14～2.51	
	斜长角闪岩(30)	49.49	1.54	14.16	4.34	7.77	0.19	8.84	7.32	2.14	1.32	2.90	
		38.01～67.79	0.19～4.49	11.05～17.57	0.22～8.83	3.01～14.2	0.01～0.03	3.06～18.09	1.69～15.07	0.45～3.69	0.27～7.87	0.12～10.78	
	片岩类(5)	64.96	0.675	15.11	1.095	4.345	0.12	1.4	3.075	3.33	3.815	0.92	水涛等,1988
		70.56～59.36	0.57～0.78	13.28～16.94	0.64～1.55	3.34～5.35	0.13～0.11	1.45～1.35	1.44～4.71	4.61～2.05	3.4～4.23	1.36～0.48	
	变粒岩类(3)	72.07	0.53	13.45	0.74	2.47	0.05	1.05	1.37	2.57	3.50	0.87	
		70.73～72.93	0.43～0.69	11.92～14.33	0.43～1.14	1.69～3.83	0.04～0.08	0.85～1.36	0.96～1.96	2.33～2.82	2.05～5.64	0.46～1.14	
马面山群	片麻岩类(7)	65.46	0.61	15.42	1.36	3.02	0.10	1.93	1.89	4.45	3.59	1.25	Wan Yusheng et al.,2007 吕新前,2005
		60.59～69.22	0.44～0.76	13.35～16.83	0.39～2.54	1.51～5	0.08～0.13	1.10～4.46	1.55～2.28	2.95～6.11	2.75～3.99	0.77～1.92	
	斜长角闪岩(10)	50.19	0.54	14.33	3.10	7.02	0.19	9.57	9.93	2.59	0.63	5.45	吕新前等,2005 张祥信,2006 周丽娅等,2001
		45.69～53.5	0.3～1.12	11.05～18.3	1.95～5.69	5.31～10.23	0.13～0.28	5～16.99	5.74～12.78	1.35～3.82	0.19～1.02	1.63～12.26	
	片岩类(7)	62.06	0.79	15.83	2.09	3.85	0.15	2.52	3.08	2.81	4.00	6.81	1∶5万福建省迪口夏普幅区域地质调查报告,1980
		41.54～71.07	0.26～2.18	12.42～24.27	0.64～5.31	1.30～8.72	0.03～0.40	0.06～5.61	0.22～13.74	0.33～4.61	2.17～6.95	3.40～9.14	
	变粒岩类(35)	68.64	0.37	13.45	1.38	2.36	0.09	1.97	1.92	3.46	3.69	7.15	张祥信,2006 1∶5万福建省迪口夏普幅区域地质调查报告,1980 周丽娅等,2001 张达等,2005
		62.07～77.42	0.04～0.51	3.7～17.4	0.07～3.81	0.62～5.66	0.03～0.17	0.12～10.12	0.14～7.24	0.63～5.87	0.25～7.56	0.88～10.91	

*为均值，**为含量范围。

1.89%，Al_2O_3 含量 13.64%～17.02%，平均 15.66%，Na_2O/K_2O 比值 1.85～3.81，平均 2.87；麻源群斜长角闪岩 SiO_2 含量 47.28%～49.03%，平均 48.07%，TiO_2 含量 2.21%～2.26%，平均 2.32%，Al_2O_3 含量 16.11%～17.9%，平均 16.78%，Na_2O/K_2O 比值 2.12～3.9，平均 3.12。二者岩石化学成分参数变化范围基本一致，均值相当。同样，从表 3-8 中可以看出，八都群片麻岩和麻源群片麻岩岩石化学成分相似，陈蔡群片麻岩、斜长角闪岩、片岩和变粒岩的化学成分分别与马面山群的同类岩石相似。

在主量元素 Harker 图解上（图 3-12），除陈蔡群绿片岩的 TiO_2、MnO 和部分马面山群第二类绿片岩的 CaO 略高于其他样品外，3 个岩群的主量元素变化范围十分相似。

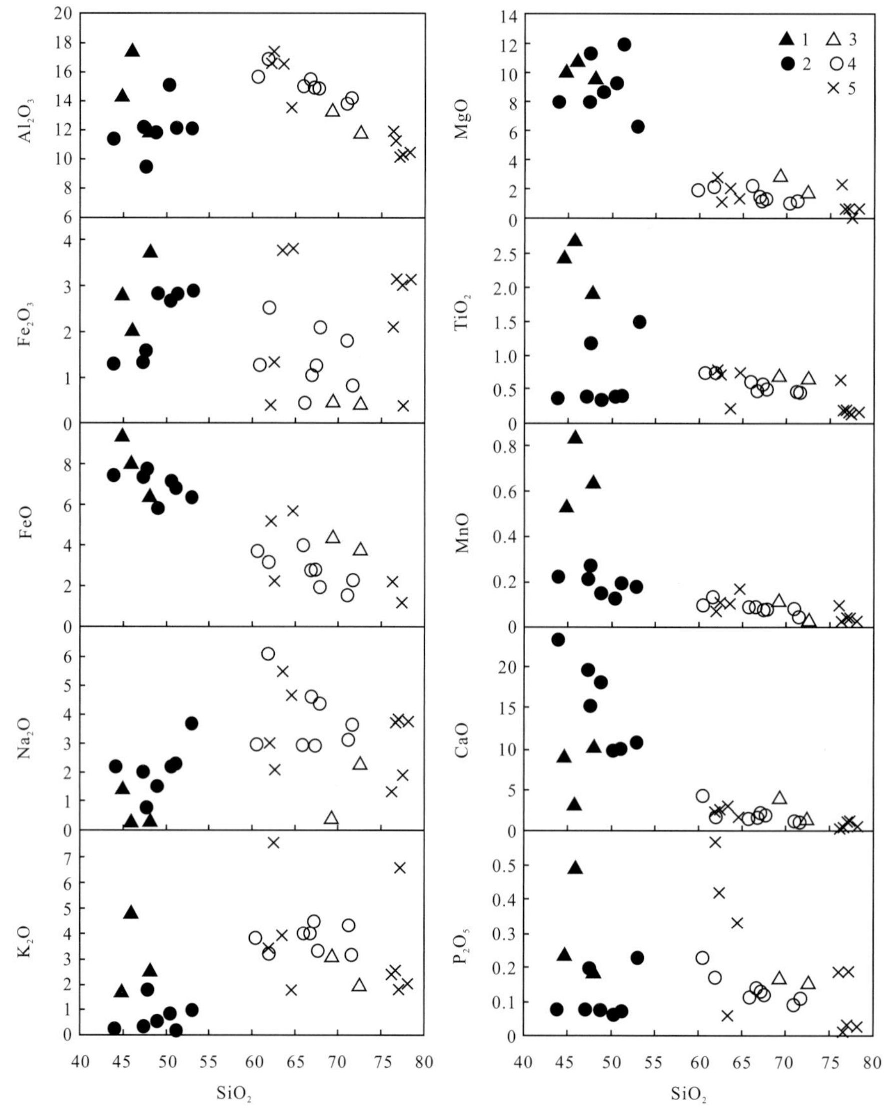

图 3-12 主量元素 Harker 图解

（据周汉文等，2008）

1. 陈蔡群绿片岩；2. 马面山群绿片岩；3. 陈蔡群变粒岩；4. 万全群变粒岩；5. 马面山群变粒岩

图 3-13 是八都群和麻源群片麻岩稀土元素配分曲线，图 3-14 是八都群和麻源群（含迪口组）片麻岩微量元素蛛网图，图中显示二者稀土元素配分模式和微量元素蛛网形态基本一致。

图 3-15 是陈蔡群和马面山群岩石的稀土元素配分曲线，图 3-16 是陈蔡群和马面山群微量元素蛛网图，图中显示二者稀土元素配分模式和微量元素蛛网形态基本一致。

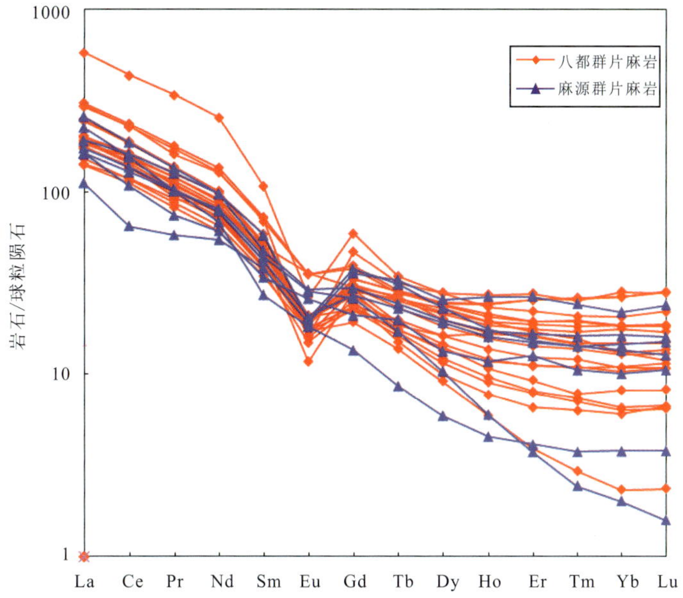

图3-13 八都群和麻源群稀土元素配分曲线图

（八都群4个样品为本次实测，其他来自吕新前，2008）

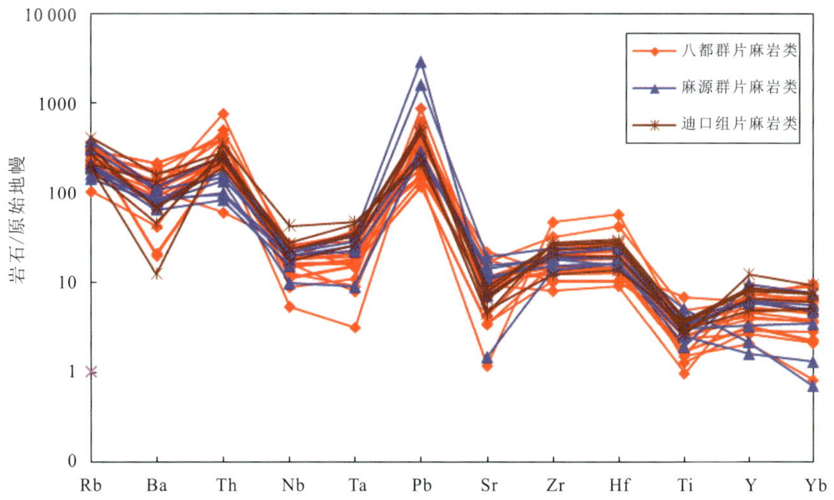

图3-14 八都群和麻源群微量元素蛛网图

（数据来源同图3-13）

3.1.5.3 岩石变质变形证据

麻源群是闽北古元古代老变质岩，经历多期次变形变质和构造叠加，20世纪90年代，赵凤清等（1993）和傅树超等（1995）对闽北变质岩构造层次探讨研究取得了显著的进展，目前普遍认为麻源群构造变形分为4期。

（1）中条旋回发生两次变形构造事件 D_1、D_2。

D_1 是麻源群是最重要的一次变质变形构造事件，具超塑性流变构造特征。褶叠层发育，形成紧闭、平卧、无根褶皱（图3-17），顶厚相似，透入性面理发育，形成片（麻）理、糜棱面理；由于剪溶作用并在拉

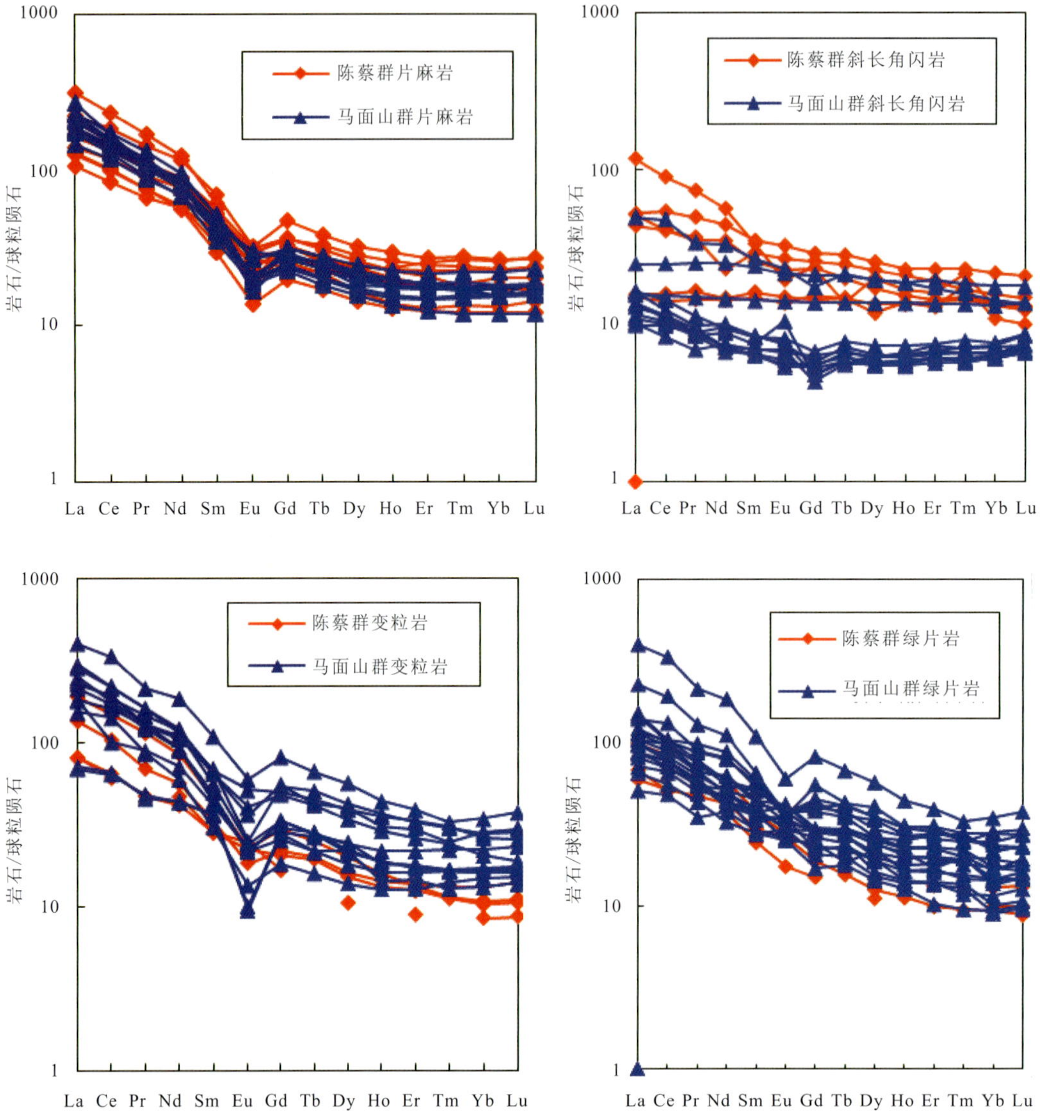

图 3－15　陈蔡群和马面山群稀土元素配分曲线

（资料来自本书；水涛等，1988；张达等，2005；王鹤年等，1998；周丽娅等，2001）

分空间形成平行片（麻）理长英质脉体普遍，伴有混合岩化及韧性剪切构造。

D_2 具有一定塑性流变特点，以弯流作用为主，形成顶厚相似褶皱，为紧闭平卧（图 3－18），轴面劈理发育，为透入性面理，局部伴有韧性剪切带，规模不大。

（2）晋宁旋回变形构造事件 D_3 以弯流作用、压溶作用及脆—韧性变形为特征。形成斜歪顶厚褶皱（图 3－19），透入性较差折劈理以局部小规模韧性剪切带构造。构造置换不明显，仅在局部剪切带中产生糜棱面理置换。

（3）加里东旋回变形构造事件 D_4 以碎裂流动脆性变形、纵弯褶皱及压溶作用为主导变形特点，形成平行褶皱、膝折构造，局部伴有非透入性折劈理，代表麻源群变形由塑性向脆性、透入性向非透入性、深层次向浅层次构造转变。

八都群构造样式与麻源群相类似（表 3－9），具有相同变形变质环境，共同组成变质体。

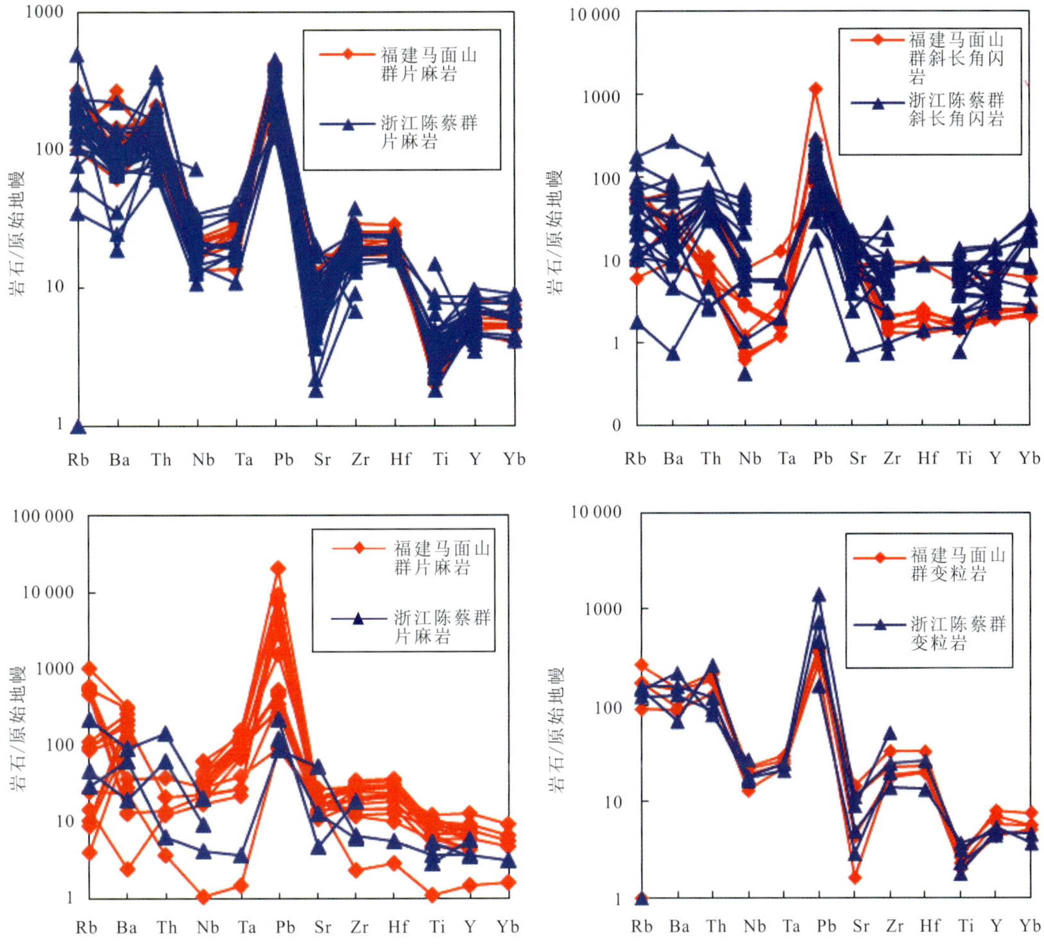

图 3-16　陈蔡群和马面山群微量元素蛛网图

（资料来自本书；浙江省地球物理地球化学勘查院，1997；吕新前，2009；周丽娅等，2001；王鹤年等，1998；Wan Yusheng，2008）

图 3-17　浦城县雷公桥村片内无根褶皱

（据傅树超等，1994）

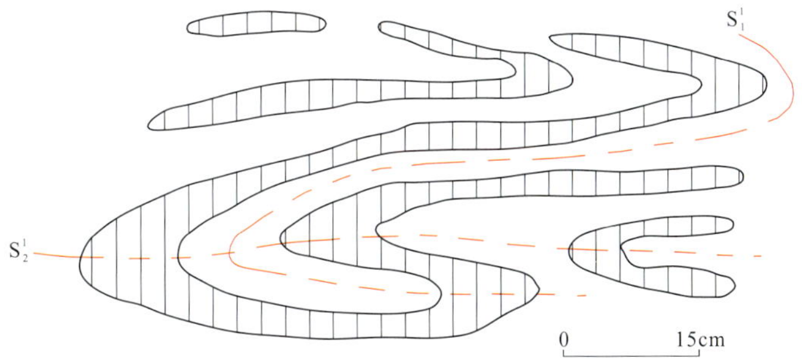

图 3-18　福建建阳杜潭麻源群黑云变粒岩中 F_1、F_2 褶皱叠加

（据傅树超等，1994）

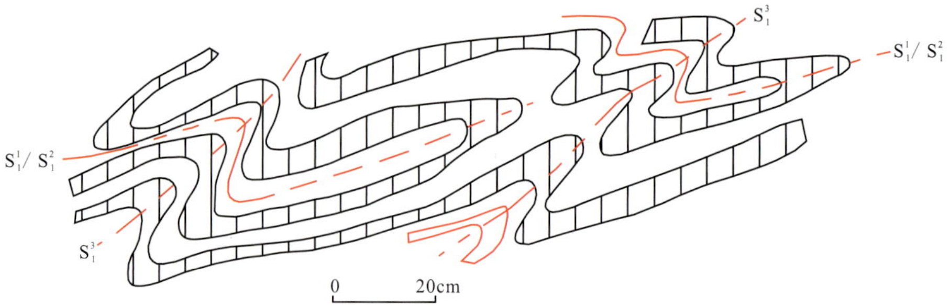

图 3-19 福建南平麻源群黑云斜长变粒岩中的 F_1、F_2、F_3 褶皱叠加样式

(据傅树超等,1994)

表 3-9 浙西八都群与闽北麻源群构造样式对比一览表

构造变形序列	构造样式		构造置换程度		变形机制		构造旋回
	八都群	麻源群	八都群	麻源群	八都群	麻源群	
D_1	无根勾状褶皱、褶叠层及透入性面理、同构造分泌结晶脉,韧性剪切带发育	紧闭相似平卧褶皱、片内无根褶皱、透入性面理及同构造分泌结晶脉,韧性剪切带发育	置换彻底发育片(麻)理	置换彻底发育片(麻)理	压扁及超塑性流变	超塑性流变	中条旋回
D_2	紧闭相似褶皱、勾状褶皱及平(斜)卧褶皱,伴有韧性剪切带、A 型褶皱、箭鞘褶皱及透入性面理构造	紧闭平卧褶皱、透入性轴面劈理、糜棱面理	置换不彻底,局部较强	置换不彻底,局部较强	粒内滑动、韧性变形	弯流作用、韧性变形	
D_3	中等紧闭至开阔的直立褶皱及其伴生非透入性褶劈理、折劈理,小型韧性剪切带	斜歪相似褶皱、非透入性折劈理,伴小型韧性剪切带	仅在软弱带中置换	仅在软弱岩层中置换	弯滑、弯流褶皱作用与脆-韧性变形	弯流褶皱作用、压溶作用与脆-韧性变形	晋宁旋回
D_4	宽缓开阔褶皱、小型膝折褶皱、稀疏折劈理	膝折开阔褶皱、轴面劈理	基本无置换	基本无置换	纵弯褶皱、压溶作用	纵弯褶皱、压溶作用	加里东旋回

马面山群构造变形可分为 3 期,其中包含晋宁旋回二期变形构造事件 D_1、D_2 及加里东旋回变形构造事件。

(1)D_1 以弯流作用为特征,形成近等斜平卧褶皱、片内勾状褶皱为主,透入性流劈理(片理、片麻理)置换早期面理,伴少量同构造分泌结晶脉(长英质脉),为深层次塑性流变。

(2)D_2 为以弯滑作用、弯流作用及压溶作用为特征,形成片内顶厚相似褶皱(图 3-20),在弱变质岩中形成间隔折劈理构造(图 3-21),为中深层次塑性流变。

(3)加里东旋回变形构造事件 D_3 以纵弯褶皱和压溶作用为特征,形成膝折构造,区域上可能呈共轭型,少量间隔劈理,无构造置换。

陈蔡群与浙闽基底马面山群具类似流变作用与变形构造样式(表 3-10),为同一变质地质体。

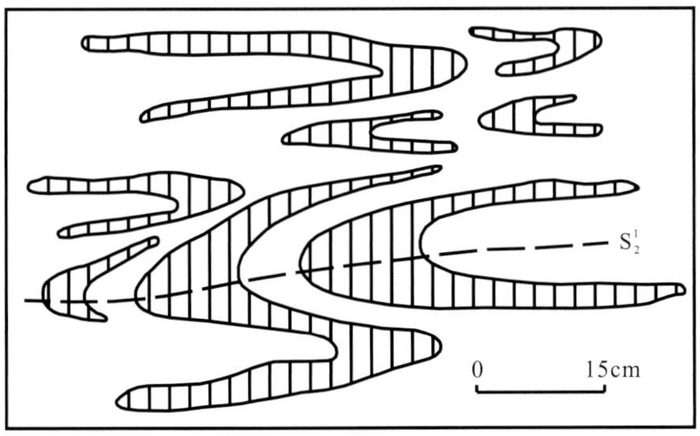

图 3-20　福建政和村马面山群变质角斑岩中 F_2 褶皱
（据傅树超等，1994）

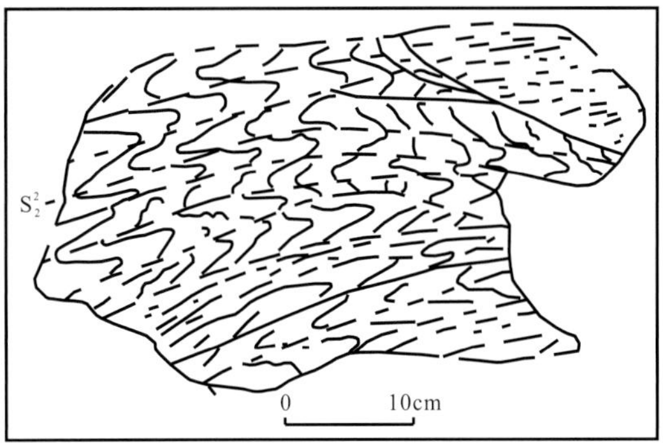

图 3-21　福建建瓯党城马面山群变质角斑岩中 F_2 褶皱及伴生间隔折劈理 S_2
（据傅树超等，1994）

表 3-10　浙西陈蔡群与闽北马面山群构造样式对比一览表

构造变形序列	构造样式		构造置换程度		变形机制		构造旋回
	陈蔡群	马面山群	陈蔡群	马面山群	陈蔡群	马面山群	
D_1	紧闭同斜褶皱、无根褶皱；透入性面理构造；并伴有黏滞状石香肠构造，中小型韧性剪切带	平卧紧闭褶皱、片内勾状褶皱为主，透入性面理（片理），伴少量同构造分泌结晶脉	置换彻底发育片（麻）理	置换彻底发育片（麻）理	弯流褶皱作用与韧性变形	弯流褶皱作用、韧性变形	晋宁旋回
D_2	开阔—紧闭褶皱、陡倾伏歪斜褶皱和折劈理构造，褶皱以顶厚褶皱；小型韧性剪切带发育	片内相似褶皱，紧闭褶皱，非透入性折劈理	仅在软弱岩层中置换	仅在软弱岩层中置换	弯滑、弯流褶皱作用与韧性变形	弯滑、弯流褶皱作用与压溶作用	
D_3	陡倾斜歪褶皱；普遍共轭膝折（带）；脆-韧性过渡型断裂带为特点	共轭膝折构造，非透入性折劈面理	无置换	无置换	纵弯褶皱与脆-韧性变形	纵弯褶皱与压溶作用	加里东旋回

3.1.5.4　同位素定年证据

近年来，随着高精度同位素定年技术的发展，浙闽基底变质岩同位素年代学研究取得了丰硕成果（表 3-11）。

从表 3-11 可以看出，八都群成岩时代的同位素年龄介于 2032～1855Ma，麻源群介于 2116～1730Ma，二者成岩同位素年龄相似，都是早元古代形成的产物。

陈蔡群变质岩的同位素年龄介于 1438～901Ma，侵位于变质岩中的辉石橄榄岩为 892Ma，陈蔡群的成岩年龄应在 1438～900Ma 之间。马面山群同位素年龄介于 1438～797Ma，其成岩时代与陈蔡群相当。值得指出的是 Sm-Nd 模式年龄系指地壳岩石中以 Sm、Nd 为代表的稀土元素从地幔储库中分离以来所经历的时间，即可代表壳幔分异时间或大陆壳的某种形成时间。通常其模式年龄应大于沉积年龄，随源岩的火成组分增加模式年龄愈加接近沉积年龄。陈蔡群斜长角闪岩原岩为基性火山岩，其全岩 Sm-Nd 等时线年龄值应基本接近陈蔡群的成岩时代。因此，陈蔡群和马面山群都为中元古代晚期的沉积产物。

表 3-11　浙闽基底变质岩同位素年龄

变质块体	采样地点	岩石名称	测试方法	年龄(Ma)	资料来源
八都群	庆元县三济乡	石榴二云条带状混合岩	单颗粒锆石 U-Pb,上交点	2032±16	胡雄健等,1991
	龙游新槽	片麻状花岗闪长岩	单颗粒锆石 U-Pb,上交点	1924±31	孔祥生等,1993
	龙泉朱黄	汤源变质火山岩	全岩 Sm-Nd 等时线法	2014±43	李曙光,1996
	龙泉淡竹	花岗闪长岩	LA-ICPMS 锆石 U-Pb	1875～1855	于津海,2007;汪相,2008
	景宁三枝树	片麻状花岗岩	单颗粒锆石 U-Pb	1863±44	甘晓春,1995
	松阳里庄岩体	二长花岗岩	单颗粒锆石 U-Pb	1870±36	甘晓春,1995
	景宁三枝树	二长花岗岩	LA-ICPMS 锆石 U-Pb	1860±13	刘锐,2009
麻源群	大金山组	细粒石墨含矽线石黑云片麻岩	锆石 SHRIMP 法	1790～1730	宋彪,2003
	迪口组	细粒黑云母片麻岩	锆石 SHRIMP 法	1850～1750	
	建宁天井坪组	斜长角闪岩	单颗粒锆石 SHRIMP U-Pb	1766±19	李献华等,1998
	天井坪地区	混合岩新成体	锆石 Lu-Hf	1831(T_{DM2})	Zeng,2008
	政和	斜长角闪岩、变粒岩、云母片岩	全岩 Sm-Nd 等时线	2116±26	袁忠信等,1991
陈蔡群	诸暨陈蔡镇	辉石橄榄岩	辉石 K-Ar	892	水涛等,1988
	诸暨丁家坞剖面	变质岩(浅粒岩、变粒岩)	全岩 Rb-Sr	901	浙江省区调队,1994
	龙泉陈山—黄家连和青坑剖面	含铁石英岩、浅粒岩和二云变粒岩	全岩 Rb-Sr 等时线	988.6～951.7	胡雄健等,1991
	诸暨丁家坞	斜长角闪岩	全岩 Rb-Sr 等时线	1129	浙江省区调二分队,1994
	诸暨陈蔡镇	斜长角闪岩	全岩 Sm-Nd 等时线	1279	周新华,1993
	金华塔石石塘—大坑剖面	片麻岩	全岩 Rb-Sr 等时线	1123	浙江省第三地质队,2000
	龙泉青坑	斜长角闪岩	全岩 Sm-Nd 全岩等时线	1376±82	胡雄健等,1991
	龙泉	斜长角闪岩	全岩 Sm-Nd 全岩等时线	1347±39	周新华,1997
	龙泉	斜长角闪岩	全岩 Sm-Nd 全岩等时线	1356±134	
	陈蔡	底部变质砾岩	锆石 U-Pb 法	1438±150	水涛等,1988
马面山群	政和县城	枕状玄武岩	U-Pb SHRIMP 年龄	797±7	舒良树,2006
	建瓯县城	枕状玄武岩	U-Pb SHRIMP 年龄	853±4	
	政和县	变质火山岩	U-Pb SHRIMP 年龄	818±9	Li X H et al.,2005
	建瓯叶坑	变石英角斑岩	单锆石 U-Pb 稀释法	1100±19	甘晓春等,1993
	政和	角闪变粒岩	角闪石 $^{40}Ar-^{39}Ar$ 年龄	1129±169	
	泰宁宝	石变角斑岩	单锆石 U-Pb 稀释法	1438±41	
	建阳—黄坑	混合岩化黑云斜长片麻岩	LA-ICPMS 锆石 U-Pb	1363±24	刘锐,2008

3.1.5.5　浙闽中元古代裂谷带

从岩石学、地球化学、同位素测年和岩石变质变形资料综合对比分析，可以确定，浙江八都群对应福建麻源群，陈蔡群对应马面山群，它们是相同时代、同一构造环境、相邻空间的沉积地层。因此，浙闽具有统一的变质基底，且具有双层结构特征，下基底为古元古代的八都群（浙江）和麻源群（福建），上基底为中元古代的陈蔡群（浙江）和马面山群（福建）。

已发表的众多锆石 U－Pb 和 Nd 模式年龄数据业已证实，浙闽地区乃至更广阔的东南岩石圈区存在着太古宙（>2.5Ga，表 3－2）的硅铝质地壳。八都群成岩环境应是太古宙花岗质原始陆壳基础上发展起来的陆内硅铝盆地；在 2200～2000Ma 间原始陆壳经历了由地壳减薄、张裂下陷，接受八都群沉积、海盆关闭；1900～1800Ma 间受吕梁-中条运动（浙闽运动）影响，开始变质变形，遭受中高温角闪岩相区域变质，形成蓝晶石-矽线石带区域变质岩，由于地壳深熔作用，引起大面积区域混合岩化作用和花岗质岩浆侵入作用，形成元古宙华夏（浙闽）陆块。从 1800Ma 起华夏陆块隆起，遭受剥蚀，这段时间大概持续了 400Ma。

至中元古晚期（1.4Ga 开始），华夏（浙闽）陆块开始拉张、减薄、裂解，形成陆内裂谷，接受陈蔡群沉积。陈蔡群早期为钙泥质砂岩、泥质砂岩和火山杂砂岩沉积，其后接受碳酸盐岩-大陆碱性拉斑玄武岩-中酸性火山岩（或火山碎屑岩）沉积，晚期为滨浅海相硅质岩、泥质砂岩和泥岩沉积，其火山活动具双峰式特征（碱性玄武岩和中酸性火山岩）。

对浙闽地区中元古代晚期（1400～900Ma）火山岩的成因，存在两种不同的观点：一种观点认为这些岩石的形成与地幔柱的活动有关，形成于板内裂谷伸展环境，是非造山作用的产物（Li Z X et al.，1999、2003；Li X H，2002、2003）；另一种观点认为华南不存在地幔柱，这些岩石形成于活动的大陆边缘，是“弧”岩浆活动背景下的弧后伸展或后造山伸展环境的产物（Wang X L et al.，2004、2006；Zhou J C et al.，2004；Zhou M F et al.，2002）。以往对马面山群、万全群及陈蔡群形成的构造环境也做过一些研究，研究者有不同的认识，如认为形成于大陆裂谷（王鹤年等，1998；张达等，2005；周丽娅，2001）、裂谷坳陷带（黄春鹏等，1991；胡雄健，1992）、岛弧裂谷（张祥信，2006）及活动大陆边缘等（张开毕，2002）。

双峰式火山岩的出现，指示大陆拉张减薄的构造环境（Pin C et al.，1993；王焰，2000；Garland F et al.，1995；Fan W M et al.，2001；Lindin J et al.，1995）。前已证明，陈蔡群基性火山岩为大陆碱性拉斑玄武岩，在龙泉地区出露的八都群片麻岩、混合片麻岩中出现众多的基性岩脉或岩墙，这些基性岩脉或岩墙未切穿其上的陈蔡群，陈蔡群中仅见少量中基性岩脉，多数是闪长岩、花岗岩和流纹岩（霏细岩）脉，揭示浙闽地区确实存在中元古代晚期的陆内裂解事件，形成浙闽中元古代裂谷带，接受陈蔡群沉积。因此，浙闽中元古代裂谷带是古元古代华夏（浙闽）克拉通在中元古代拉张、减薄、裂解，形成的陆内裂谷。由于长期地质作用的叠加改造，加上燕山期火山岩的大面积覆盖，浙闽裂谷带的空间范围难以确定，依据当前陈蔡群和马面山群的出露范围，可以大致确定裂谷带范围为：北西侧以绍兴-江山古陆拼接带为界，南东侧以舟山-丽水-政和-大浦断裂为界之北东向展布的条带（图 3－22）。

3.2　晚元古代华夏陆块与扬子板块碰撞对接与褶皱造山阶段

距今约 1.1Ga 前，扬子地块南缘为被动大陆边缘。1.1～0.9Ga 华夏陆块开始向扬子陆块汇聚，其间南华洋洋壳俯冲、消减，扬子陆块南缘江南古岛弧形成[江南岛古弧最早由郭令智等（1980）提出，泛指浙江西北部、皖南、赣北及其以西的湘北、黔东和桂北等地元古宙板溪群（广义）地层出露的狭长地带，延长约 1500km、相当于 1961 年谢家荣提出的“江南古陆”范围]，在绍兴、诸暨、浦江、开化一带形成的江南古岛弧由双溪坞群岛弧火山-沉积岩系组成（1154～891Ma），构成晋宁构造层第一亚层（J^1）；0.9～0.85Ga 间江南古岛弧与华夏地块碰撞、对接，沿对接带发育一系列大小不等的石英闪长岩（924～

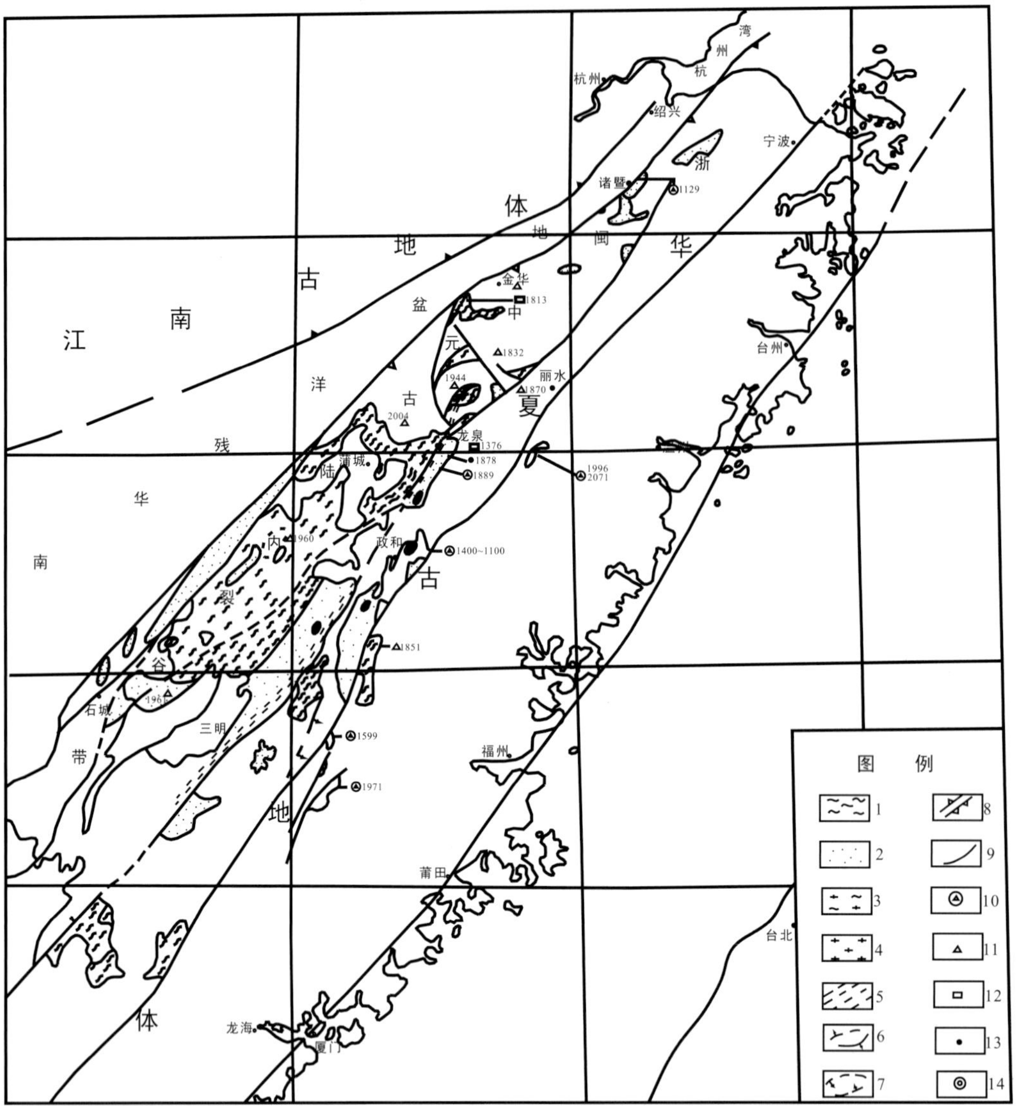

图 3－22　浙闽中元古代陆内裂谷示意图

1. 古元古代基底；2. 中元古代基底；3. 混合花岗岩；4. 花岗岩；5. 动力变质带；6. 推覆体；7. 构造窗；8. 古陆对接碰撞带；9. 后期区域性大断裂。10～14. 同位素年龄：10. 单颗锆石稀释法；11. 锆石 U－Pb 法；12. Rb－Sr 法；13. ^{39}Ar－^{40}Ar 法；14. Sm－Nb 法

832Ma)；碰撞对接造山，形成骆家门组前陆盆地磨拉石堆积、复理石建造和虹赤村组复陆屑杂砂岩建造。对接后构造松弛，扬子陆块南缘转化为陆内或陆缘拉张环境(可能与华南 Rodinia 超大陆裂解事件相关)，发育陆相双峰式火山岩(832～792Ma)和其后的花岗质岩浆侵入(793～766Ma)，前陆盆地沉积与陆相火山岩共同构成晋宁构造层第二亚层(J^2)。江绍拼接带及其两侧古元古代地质如图 3－23 所示。

3.2.1　华夏陆块向扬子板块俯冲与火山岛弧形成

1.1～0.9Ga 华夏陆块开始向扬子陆块汇聚，其间南华洋洋壳俯冲、消减，扬子陆块南缘江南古岛弧形成，在绍兴、诸暨、富阳、浦江、开化一带形成双溪坞群岛弧火山-沉积岩系。

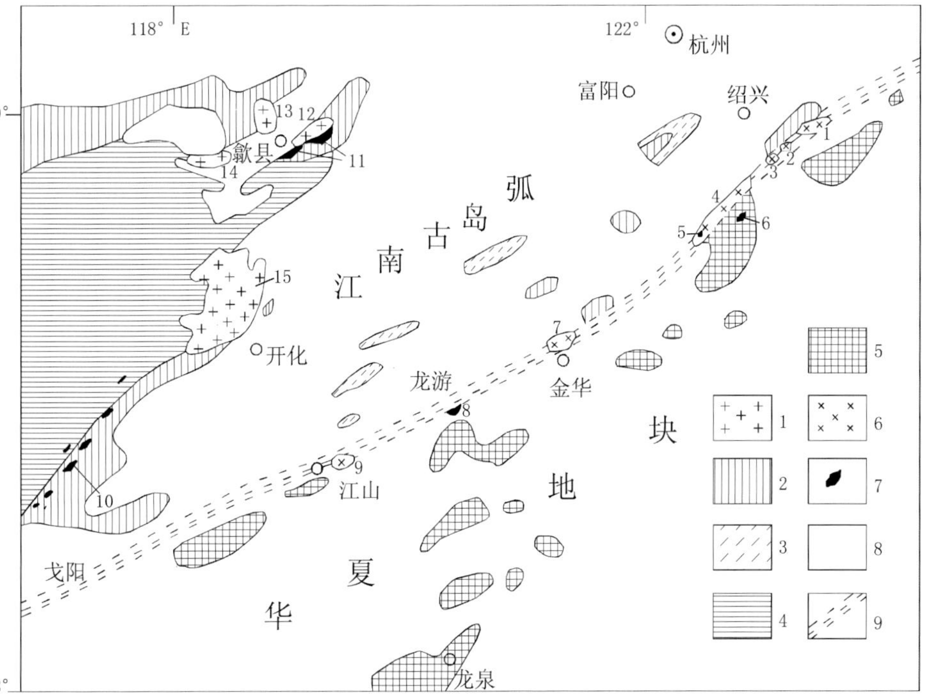

图 3 - 23　江绍拼接带及其两侧古元古代地质简图

1. 新元古代花岗岩类；2. 新元古代岛弧火山-沉积岩；3. 新元古代前陆磨拉石与陆相火山-沉积岩；4. 古、中元古代陆缘沉积变质岩系；5. 华夏地块古、中元古代变质基底；6. 新元古代闪长岩类；7. 新元古代超镁铁质岩；8. 后震旦纪地层、岩浆岩；9. 江绍拼接带。图面上数字：1. 平水石英闪长岩；2. 何山石英闪长岩；3. 桃红辉石闪长岩；4. 璜山石英闪长岩；5. 石角辉闪岩；6. 陈蔡橄榄岩；7. 北山石英闪长岩；8. 龙游橄榄岩；9. 江山石英闪长岩；10. 弋阳樟树墩蛇绿混杂岩；11. 歙县伏川蛇绿岩；12. 歙县堇青花岗闪长岩；13. 许村堇青花岗闪长岩；14. 休宁堇青花岗闪长岩；15. 石耳山花岗岩

双溪坞群底部平水组分布于绍兴平水—诸暨、浦江蒙山、金华等地，以海相基性火山岩-细碧角斑岩及浅海陆棚相的硅泥质岩沉积为主（林清龙，1992；颜铁增，2009）；在富阳市章村、北坞村和开化等地逐渐过渡为陆相中性及中酸性火山（北坞组英安质含角砾玻屑凝灰岩、安山质角砾凝灰岩，岩山组英安质火山碎屑岩、沉积凝灰岩，章村组流纹质或英安质晶玻屑熔结凝灰岩）。

沈渭洲（1993）在绍兴西裘采集的平水组细碧角斑岩采用全岩 Sm - Nd 等时线法测定的年龄为 1012Ma，浙江省区域地质调查大队（1995）淳安樟村“平水组”细碧角斑岩测定的锆石 U - Pb 年龄值为 950±25Ma，章邦桐等（1990）采集于绍兴西裘的平水组细碧角斑岩全岩 Sm - Nd 等时线年龄为 978Ma，陈志洪等（2009）在绍兴西裘采集的平水组细碧角斑岩 LA - ICPMS 锆石 U - Pb 年龄为 906～904Ma。颜铁增等（2009）在浦江蒙山平水组粉砂岩、泥质粉砂岩中采集了大量的微古植物分析样品，经南京地质矿产研究所阎永奎、汪迎平分析鉴定，计有 26 属 34 种，微古植物化石地质时代总体反映为中元古代晚期。因此平水组成岩时代应该是 1012～950Ma 较合理，即形成于中元古代晚期。

Li Xianhua et al.（2009）获得北坞组流纹岩的 SHRIMP 锆石 U - Pb 年龄 926Ma，章村组流纹岩的为 891Ma。颜铁增等在 1∶25 万金华幅区域地质调查（2001—2004）中，于浦江平湖村剖面见到了双溪坞群北坞组与平水组的上下关系，这一上下关系在常山芳村镇邵家剖面也有反映（颜铁增等，2009）。因此，双溪坞群的北坞组、岩山组和章村组的陆相火山岩成岩时代应该是晚于平水组，形成于新元古代早期。

据 1∶5 万区域地质调查和 Li X H et al.（2009）、陈志洪等（2009）、杨树峰等（2009）、颜铁增等

(2009)资料，平水组岩石的 SiO_2 含量54.46%～65.68%，Na_2O 含量2.62%～5.05%，K_2O 含量0.04%～3.08%，表现为相对富钠低钾（Na_2O/K_2O=0.49～126.25，平均13.18）。北坞组、岩山组、章村组岩石的 SiO_2 含量60.09%～73.75%，Na_2O 含量0.74%～6.10%，K_2O 含量0.75%～4.90%，与平水组相比，钾含量明显升高（Na_2O/K_2O=0.17～5.72，平均2.28），表现为钠钾相当或钠弱高于钾。采用TFeO/MgO－SiO_2 图解判别，双溪坞群岩石为钙碱性系列，在Nb/Y－Zr/TiO_2 分类图解中（图3－24），平水组位于玄武岩区域，北坞组、岩山组、章村组岩石位于安山岩区域，少量样品位于流纹岩区域。双溪坞群稀土元素丰度相对较低，$\sum REE=(63\sim179.79)\times10^{-6}$，轻稀土弱富集，$(La/Yb)_N$=2.62～12.01，轻微的Eu负异常（δEu=0.61～1.24，平均0.76），在稀土元素球粒陨石标准配分图解（图3－25）中，样品呈现轻稀土富集而重稀土亏损不明显的右倾斜配分曲线特点。在原始地幔标准化蛛网图上（图3－26）表现出Rb、Ba、Th富集，高强元素（Nb、Ta、Ti）亏损，显示为岛弧岩浆的特点。在Ti－Zr判别图解（Pearce J A，1982）和V－Ti/1000判别图解（Shervais J W，1982）中（图3－27、图3－28），平水组岩石均处于火山岛弧玄武岩区。

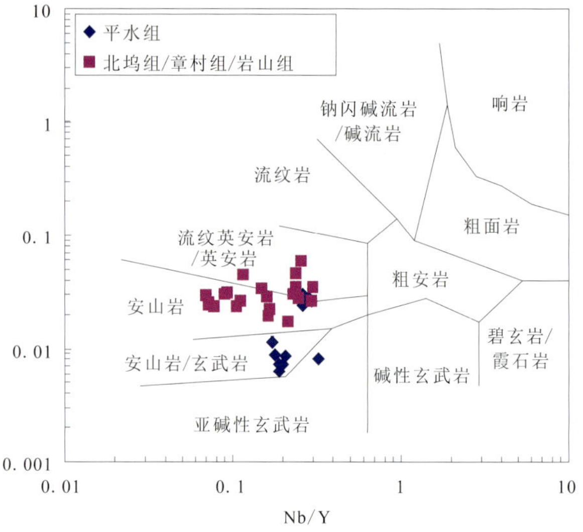

图3－24　Nb/Y－Zr/TiO_2 分类图

（图解据Winchester & Floyd P A，1977；数据来自本项目；Li X H，2009；陈志洪等，2009；杨树峰等，2009；颜铁增，2009）

Li X H et al.(2009)对双溪坞群进行了Nb－Hf同位素研究，他们应用Vervoort J et al.(1999)提出的 $\varepsilon_{Hf}(t)-\varepsilon_{Nd}(t)$ 图解，指出双溪坞群火山岩位于岛弧玄武岩与洋中脊玄武岩区域（图3－29）。

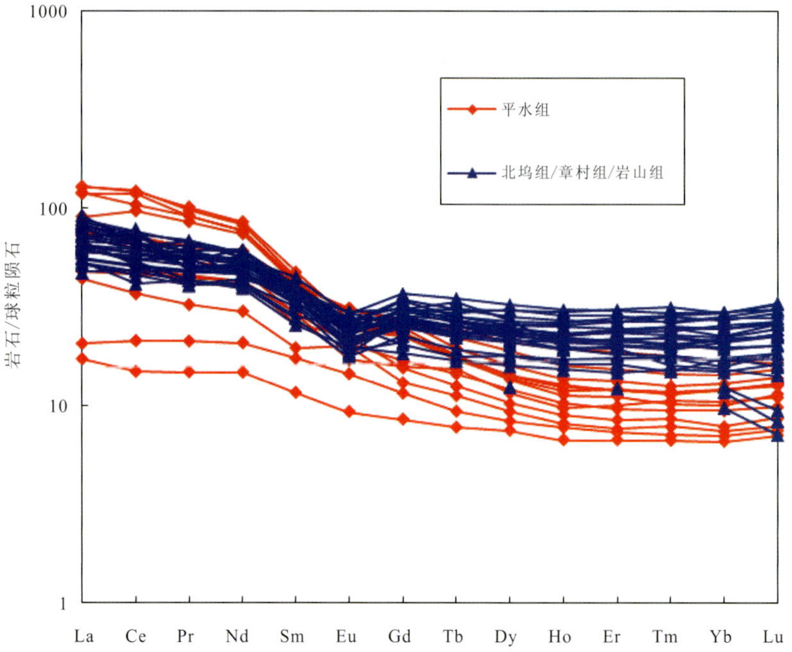

图3－25　双溪群稀土配分曲线

（数据来自本书；Li X H，2009；陈志洪等，2009；杨树峰等，2009）

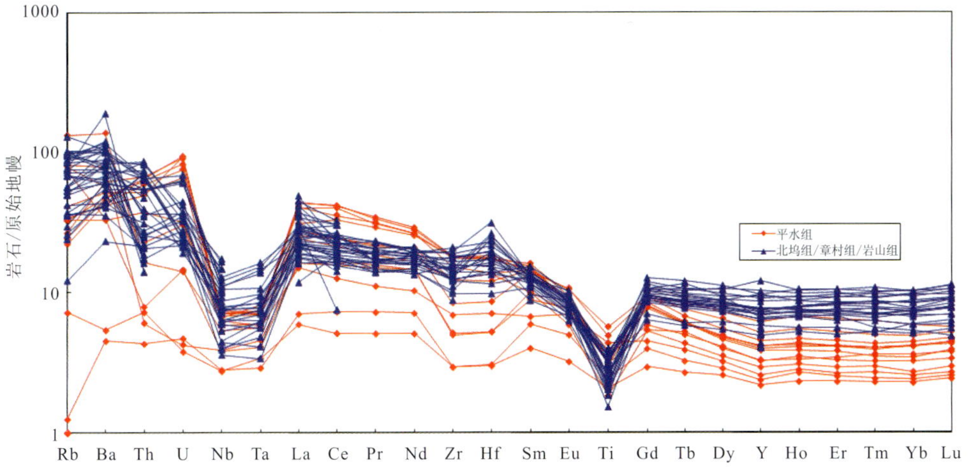

图 3-26 双溪群原始地幔标准化蛛网图

(数据来源同图 3-25)

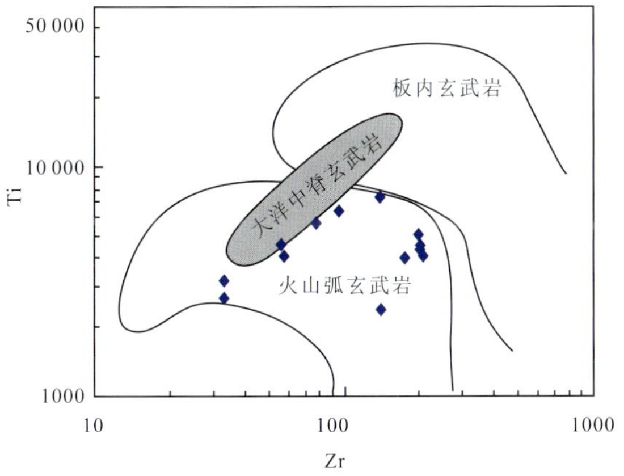

图 3-27 Ti-Zr 判别图

(据 Pearce,1982)

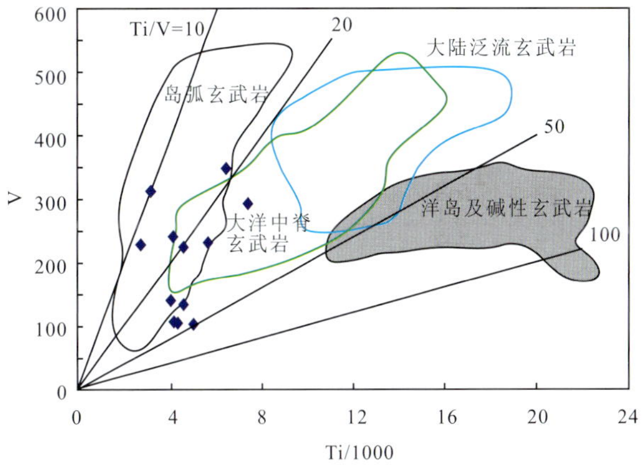

图 3-28 V-Ti/1000 判别图

(据 Shervais,1982)

(图 3-27、图 3-28 中数据来自本书;Li X H,2009;陈志洪等,2009;杨树峰等,2009)

上述讨论可以得出如下结论:约 1.1Ga,华夏陆块开始向扬子板块汇聚,其间南华洋洋壳俯冲、消减,在绍兴、诸暨、富阳、浦江、开化一带形成由双溪坞群火山-沉积岩系组成的江南古岛弧,双溪坞群底部平水组海相细碧角斑质火山岩形成于 1012~950Ma(中元古代晚期),属钙碱性岛弧玄武岩系列;随着华夏陆块向扬子陆块逐步汇聚,扬子板块南缘江南古岛弧逐步增生,开始抬升为陆,接受双溪坞群中上部的北坞组、岩山组和章村组的陆相火山沉积,这段时间大约从 926Ma 开始,到 891Ma 结束(新元古代早期)。

在江南古岛弧区(图 3-23),同一地质时期的火山岩因各地的古地理、古构造环境的差异,岩石类型及其组合也因地而异。单一的海相细碧-角斑岩系主要沿古岛弧南缘,即作为地缝合带的江绍拼

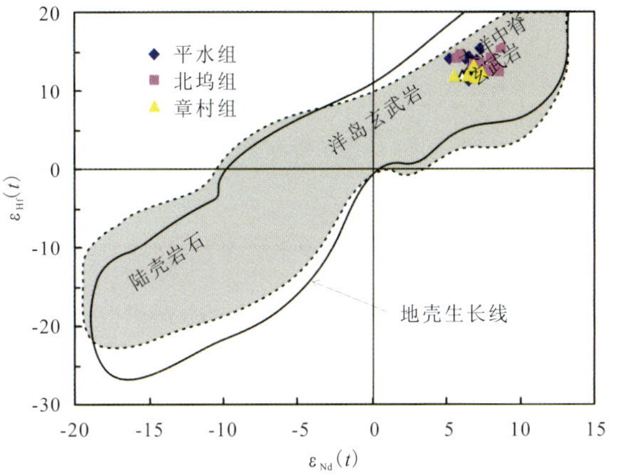

图 3-29 $\varepsilon_{Hf}(t)$-$\varepsilon_{Nd}(t)$图解

[据 Li X H et al.,2009,实线部分为现今 OIB(板内洋岛玄武岩)、MORB(洋中脊岛弧玄武岩)以及陆壳的 Hf-Nd 同位素组成区域,而灰色填充区域为于 900Ma 左右校正后的区域]

接带北侧，包括绍兴平水、浦江蒙山、金华梅家和江西弋阳铁砂街等地。在古岛弧内部则以中酸性火山岩或玄武岩/细碧岩和中酸性火山岩共同发育为特征，如富阳章村、开化和赣东北的德兴登山等地。弧后地带，在皖南祁门铺岭、歙县井潭等地，发育保存完整的弧后蛇绿岩套，由蛇纹石化方辉橄榄岩、辉石岩、伟晶岩、伟晶辉长岩、均质辉长岩、闪长岩、细碧岩、角斑岩、碧玉和大量凝灰质砂板岩等构成，Sm－Nd 年龄(1024±20)～(935±10)Ma(周新民等，1993)；在江西樟树墩、西湾、茅桥和中村等地出露的蛇绿混杂岩块，由蛇纹石化橄榄岩、堆积辉长岩、辉绿岩、闪长岩、斜长岩、斜长花岗岩、细碧角斑岩、玄武岩、安山岩等组成，Sm－Nd 年龄(1040±260)～(929±26)Ma(Chen J et al.，1991；徐备等，1989)，锆石 U－Pb 年龄 968±23Ma(李献华等，1994)，将所有已发表的赣东北蛇绿混杂岩的 17 个 Sm－Nd 年龄进行等时线回归，剔除 2 个异常年龄值，获得的年龄值为 956±48Ma，结合锆石 U－Pb 年龄 968±23Ma，有理由相信赣东北蛇绿混杂岩的结晶年龄约为 970Ma(赵建新等，1995)。

3.2.2 华夏陆块与扬子板块南缘(江南古岛弧)对接——江绍拼接带形成

华夏陆块与扬子板块南缘(江南古岛弧)在新元古代早期最终碰撞对接(图 3－30)，其直接证据是沿江绍拼接带发育一系列新元古代早期侵入的石英闪长岩岩体。

沿江绍拼接带，从绍兴至江山，依次出露平水、何山、璜山、北山和江山石英闪长岩等(图 3－30)，这些岩体普遍遭受动力变质，其主要岩石学特征见表 3－12。

表 3－12　江绍拼接带中石英闪长岩岩体的岩石学特征

岩体名称	岩石类型	侵入围岩	结构构造	矿物组合	变质作用
绍兴平水	石英闪长岩、花岗斑岩	5.43km²；围岩为双溪坞群细碧角斑岩	细粒、显微文象结构，块状构造	斜长石(55%～70%)，钾长石(2%～5%)，角闪石(8%～10%)，石英(15%～20%)；副矿物磁铁矿、磷灰石、锆石等	角闪石绿泥石化，斜长石常见变形扭曲
诸暨璜山	石英闪长岩、闪长岩	58km²；围岩为双溪坞群细碧角斑岩	中粗粒结构，块状构造	斜长石(50%～60%)，角闪石黑云母等暗色矿物(20%～40%)，石英(5%～10%)；副矿物磁铁矿、磷灰石、锆石等	斜长石绢云母化，角闪石蚀变为绿帘石、绿泥石，石英具波状消光，糜棱岩化
金华北山	石英闪长岩、花岗闪长岩、二长花岗岩、花岗岩	40km²；围岩为双溪坞群细碧角斑岩，部分骆家门组覆盖其上	中粗粒结构，块状构造	斜长石(53%～76%)，钾长石(2%～25%)，角闪石(3%～10%)，石英(5%～26%)；副矿物磁铁矿、磷灰石、锆石等	斜长石绢云母化，角闪石蚀变为绿帘石、绿泥石，石英具波状消光
江山	石英闪长岩	14.93km²；围岩为双溪坞群细碧角斑岩	中细粒结构，块状构造	斜长石(54%～75%)，钾长石(10%～20%)，角闪石(5%)，石英(8%～16%)；副矿物磁铁矿、磷灰石、锆石等	岩石普遍绿泥石、绿帘石化，石英具波状消光、亚颗粒变形现象

石英闪长岩岩体侵位时代基本一致，同位素年龄为 842～790Ma(表 3－13)，为新元古早期。据 1∶5 万陈蔡幅、平水幅、金华幅区域地质调查报告(浙江省地质矿产局，1987；Ye M F et al.，2007；银薇，2009；本书测试资料)，沿江绍拼接带侵入的石英闪长岩体 SiO_2 含量一般 54.25%～66.57%(金华北山为复式岩体，SiO_2 含量相对较高 66.3%～71.83%)，全碱含量 4.12%～8.41%，$Na_2O>K_2O$，Na_2O/K_2O 值介于 1.09～7.11 之间，与双溪坞群平水组细碧角斑岩相类似。里特曼指数 σ 值 0.82～

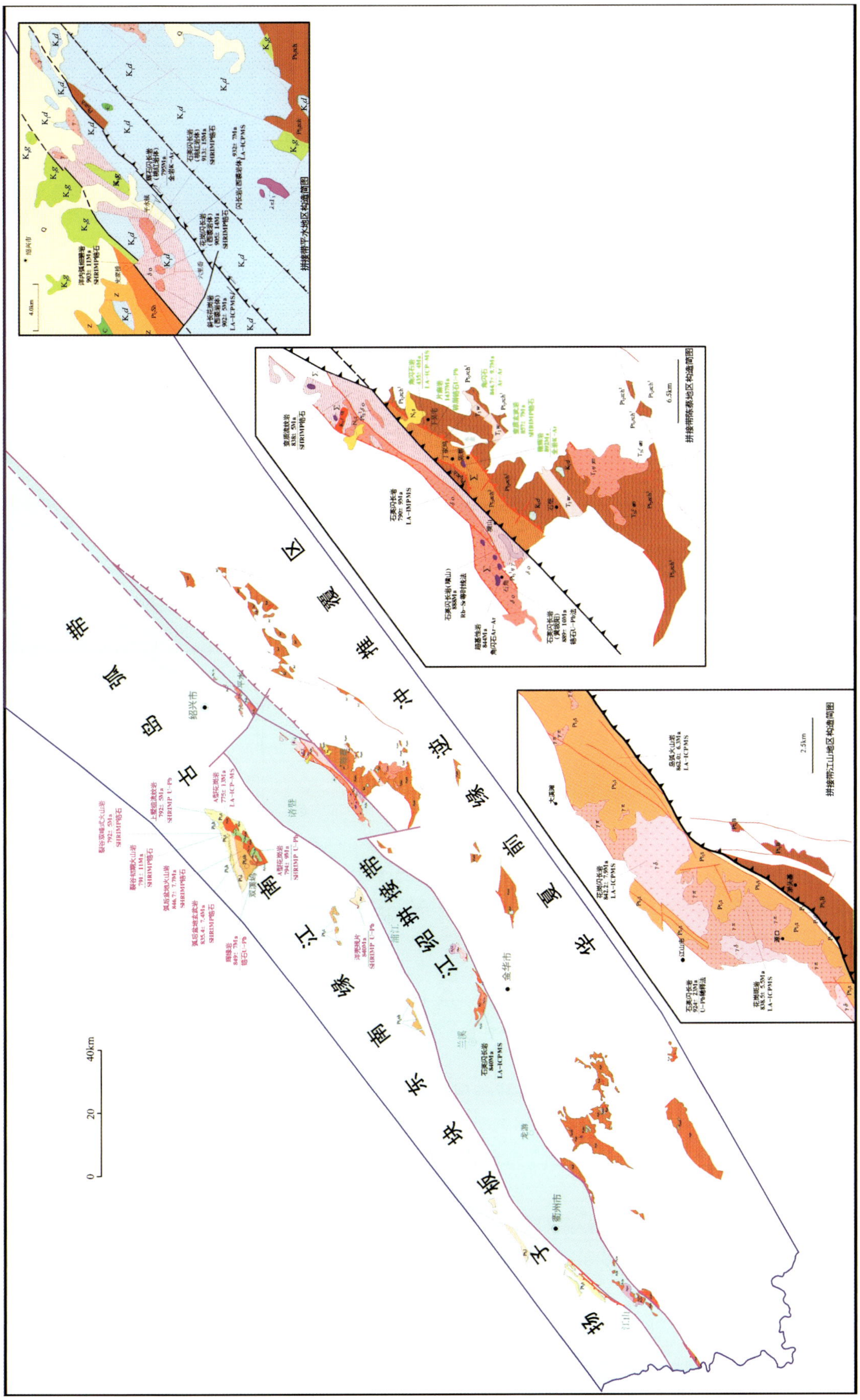

图 3－30　江绍拼接带及两侧构造与同位素年龄分布图

2.61，若以 $\sigma=4$ 为划分岩系的分界线，$\sigma>4$ 属碱性岩系（大西洋或地中海型），$\sigma<4$ 属钙碱性岩系（太平洋型），显然沿江绍拼接带侵入的石英闪长岩为钙碱性岩系，在 A/NK－A/CNK 图解中（图 3－31）桃红、平水和璜山岩体主要为准铝质，江山和北山岩体主要为过铝质。

表 3－13　江绍拼接带侵入的闪长岩岩体同位素年龄一览表

岩体名称	岩性	测试方法	年龄(Ma)	资料来源
平水岩体	石英闪长岩	角闪石 K－Ar 法	802±8	周新民，1992
诸暨马郦	石英闪长岩	LA－ICPMS	790±9	本书
璜山岩体	石英闪长岩	锆石 U－Pb 法	808	徐步台，1991
		LA－ICPMS	818±6	王孝磊，2012
		LA－ICPMS	834±10	浙江地质调查研究院，2011
金华北山(庙后)	石英闪长岩	锆石 U－Pb	832±44	浙江省地质矿产局，1987
江山岩体	石英闪长岩	LA－ICPMS	842	1∶25 万衢州幅，2014
	花岗斑岩	LA－ICPMS	838	

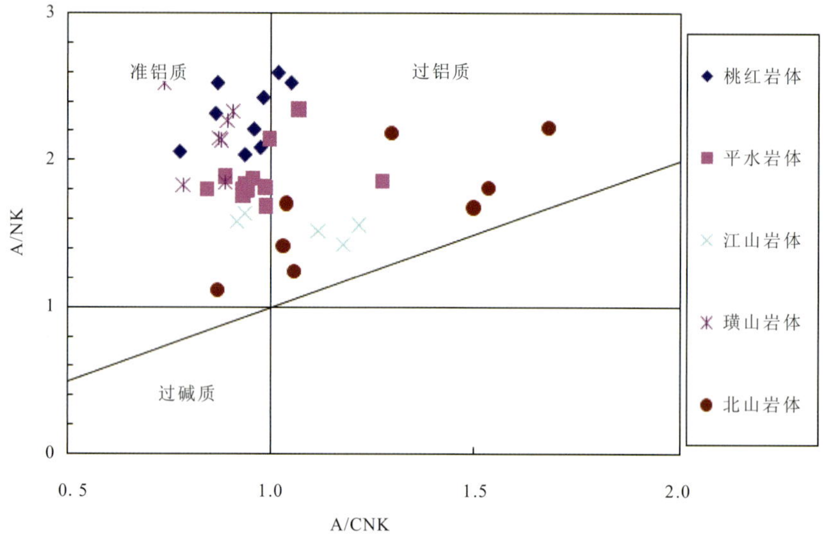

图 3－31　A/NK－A/CNK 图解
(Middlemost E A K，1991)

平水石英闪长岩稀土总量 78.61×10^{-6}～159.11×10^{-6}，平均 115.98×10^{-6}；澧浦石英闪长岩稀土总量 59.60×10^{-6}～83.12×10^{-6}，平均 73.88×10^{-6}；桃红石英闪长岩的稀土总量 52.82×10^{-6}～112.22×10^{-6}，平均 90.66×10^{-6}；北山石英闪长岩稀土总量 81.77×10^{-6}～139.98×10^{-6}，平均 111.92×10^{-6}；江山石英闪长岩稀土总量 33.10×10^{-6}～139.21×10^{-6}，平均 136.18×10^{-6}。虽然石英闪长岩稀土总量有差别，但稀土配分曲线类型一致（图 3－32），都为右倾斜，轻稀土富集，重稀土相对亏损，Eu 基本无亏损或弱亏损，稀土元素特征显示沿江绍拼接带不同地段侵入的石英闪长岩为同源岩浆和一致的岩浆演化性质，但结晶分异程度有差异。在微量元素原始地幔标准化蛛网图上（图 3－33）表现出 Rb、Ba、Th 富集，高强元素（Nb、Ta）亏损，显示为岛弧岩浆的特点。在 Nb－Y 图解中（图 3－34）石英闪长岩落入火山弧或同碰撞岩区，用（Y+Nb）－Rb 判别图解进一步判别，均为火山弧岩浆区。

石英闪长岩的 Rb－Sr 和 Sm－Nd 同位素组成列于表 3－14。平水、璜山和江山石英闪长岩的初

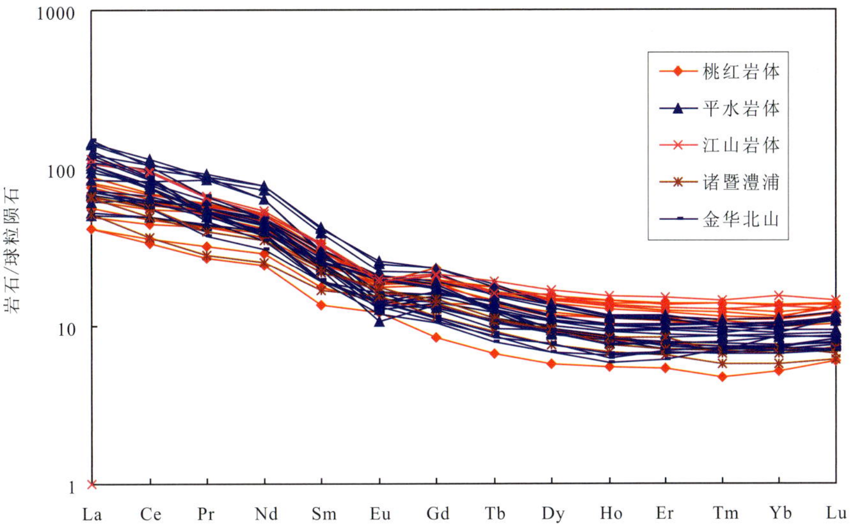

图 3-32 沿江绍拼接带侵入的石英闪长岩体稀土元素配分曲线

（数据来源：1∶5 万陈蔡幅、平水幅、金华幅区域地质调查报告，1987；Ye M F 等，2007；银薇，2009；本书测试资料）

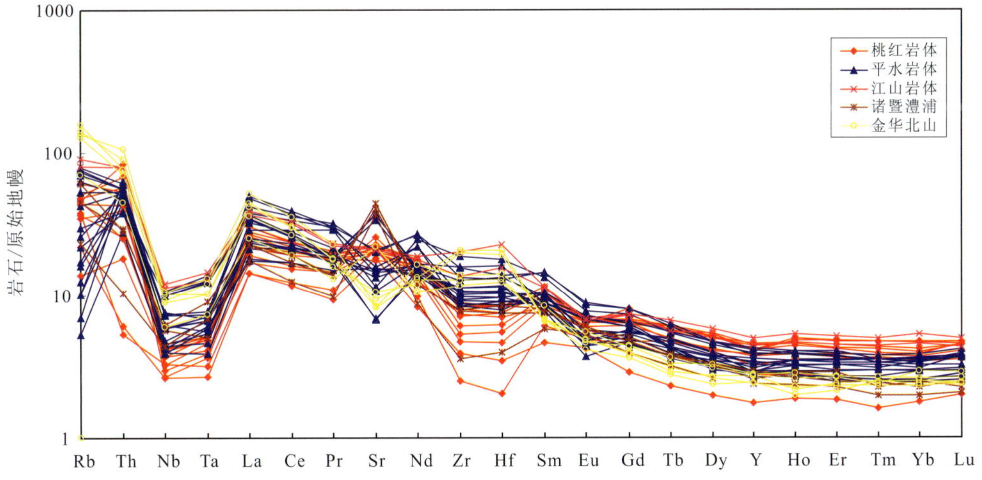

图 3-33 沿江绍拼接带侵入的石英闪长岩体微量元素原始地幔标准化蛛网图

（数据来源同图 3-32）

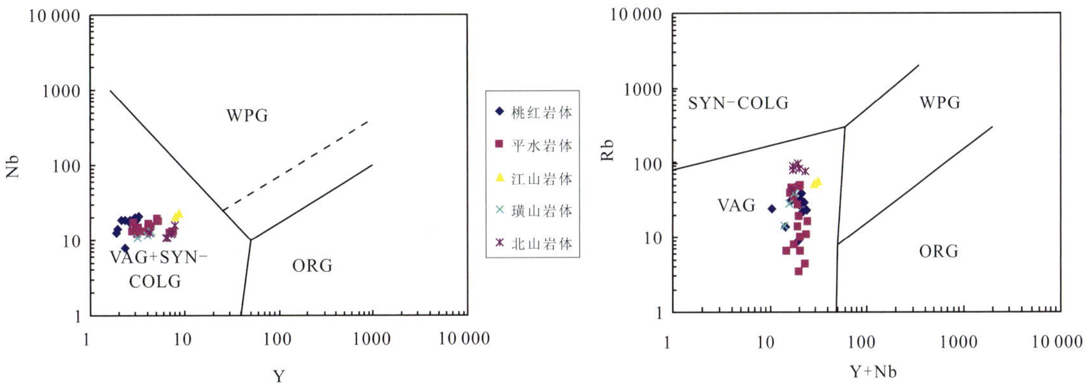

图 3-34 石英闪长岩构造环境判别图解

（图解据 Pearce et al.，1984；数据来源同图 3-32）

始$^{87}Sr/^{86}Sr$为0.7024～0.7029，均落在代表上地幔锶同位素演化特征的“玄武岩源区”范围内，说明它们直接或间接来自上地幔，没有受到外来的放射成因锶的明显混染，或可能是由玄武质的洋壳沿俯冲带消减时发生部分熔融形成的(Faure G et al.，1977)。金华北山石英闪长岩初始$^{87}Sr/^{86}Sr$值异常低，只有0.6918～0.6991，类似与广西新元古代的本洞英云闪长岩的初始$^{87}Sr/^{86}Sr$值0.7000(伍实，1979)，而后者是华南幔源型花岗岩类的典型岩体(汪德滋等，1984；徐克勤等，1984)。

表3-14　沿江绍拼接带侵入的石英闪长岩Rb-Sr和Sm-Nd同位素组成

岩体	样号	岩性	Rb	Sr	$^{87}Rb/^{86}Sr$	$^{87}Sr/^{86}Rb$	$(I_{Sr})_i$	资料来源
平水		石英闪长岩					0.7024	徐夕生，1990
璜山		石英闪长岩					0.7024	
北山	向-2	石英闪长岩	78.670	266.900	0.8510	0.709 166±20	0.6991	徐步台等，2001
	西旺-1	花岗岩	97.890	160.300	1.7640	0.712 719±18	0.6918	
江山	江-2	石英闪长岩	52.650	423.700	0.358 70	0.707 634±14	0.7029	
	江-3		58.330	421.600	0.399 50	0.707 982±11	0.7027	

岩体	样号	岩性	Sm	Nd	$^{147}Sm/^{144}Nd$	$^{143}Nd/^{144}Nd$	t(Ma)	$\varepsilon_{Nd}(t)$	T_{DM}	资料来源
平水		石英闪长岩	3.714	7.121	0.1319	0.512 493	802	4.22	1.20	资料来源同上
璜山		石英闪长岩	5.150	24.92	0.1250	0.512 447	834	4.40	1.20	
北山	向-2	石英闪长岩	2.3720	14.380	0.099 78	0.512 232±9	832	2.40	1.23	
	西旺-1	花岗岩	11.6300	71.180	0.098 83	0.512 535±7	823	2.50	0.82	
江山	江-2	石英闪长岩	4.6420	23.410	0.119 90	0.512 371±6	842	3.88	1.26	
	江-3		4.4500	22.080	0.121 90	0.512 372±7	842	3.66	1.29	

沿江绍拼接带侵入的石英闪长岩具有相似的Sm、Nd同位素特征：它们的$\varepsilon_{Nd}(t)$为2.4～4.4，均大于0，钕模式年龄(T_{DM})也基本相同，T_{DM}=1.3～1.2Ga。正的$\varepsilon_{Nd}(t)$值和低的初始$^{87}Sr/^{86}Sr$值，反映了这些岩体的物质来源与上地幔有关，它们的Nd模式年龄(T_{DM})大于它们的形成年龄，反映出其形成过程中有少量的地壳物质混染，或说明很可能是先存的地幔物质，如大洋火山岩以及包括经历过一次旋回的火山沉积岩部分熔融而成(沈渭洲等，1992)。

值得注意的是，沿江绍拼接带侵入的石英闪长岩同位素特征与双溪坞群平水组火山岩相似，后者细碧-角斑岩的Sm-Nd等时线年龄为978Ma(章邦桐等，1990)，$\varepsilon_{Nd}(t)$=4.6±0.3，$^{87}Sr/^{86}Sr$=0.7033(沈渭洲等，1992)，T_{DM}=1.4～1.2Ga；安山岩的$\varepsilon_{Nd}(t)$=5.0～6.18，T_{DM}=1.2～1.1Ga(程海等，1993)。由此说明，沿江绍拼接带侵入的石英闪长岩和双溪坞群火山岩是同源，都是由幔源岩浆通过结晶分异，或是由先存的幔源物质通过部分熔融的方式形成。

上述讨论可知，华夏陆块向扬子板块运动，洋壳俯冲，地幔物质上涌，熔融下地壳物质及俯冲沉积物，形成岛弧玄武岩浆，玄武质岩浆演化、喷发，形成江南古岛弧，最终华夏陆块与扬子板块南缘江南古岛弧拼接，沿江绍拼接带似“焊接剂”般侵入了众多新元古代石英闪长岩(842～800Ma)。华夏陆块与江南古岛弧拼接后，沿拼接带发育了若干条大型韧性剪切带(沿江绍拼接带出露的平水、璜山、北山和江山石英闪长岩普遍韧性剪切变形，局部甚至被改造成糜棱岩)，以此调整岩石圈不同层圈的构造关系。

3.2.3　江绍拼接带内岩石特征与构造变形

江绍拼接带东南界主要以出现的陈蔡群片岩类和片麻岩类及其与之相接触的一套糜棱岩化石英闪

长岩作为对接带东南缘的边界，北西界则主要以出现双溪坞群底部的平水组细碧角斑岩作为边界（图 3－30）。带内主要分布一系列石英闪长岩和超镁铁岩。

沿江绍拼接带侵入的石英闪长岩和双溪坞群火山岩是同源，都是由幔源岩浆通过结晶分异，或是由先存的幔源物质通过部分熔融的方式形成（见 3.2.2 节论述）。

诸暨石角石英闪长岩中分布有无根呈饼状的超镁铁质“层状堆晶岩”（图 3－35），其顶部还见超镁铁质球状熔岩；龙游上北山、白石山头和六连坑等地也分布有变质超镁铁质岩石，规模小，总面积不到 $2km^2$，呈无根饼状、透镜状。

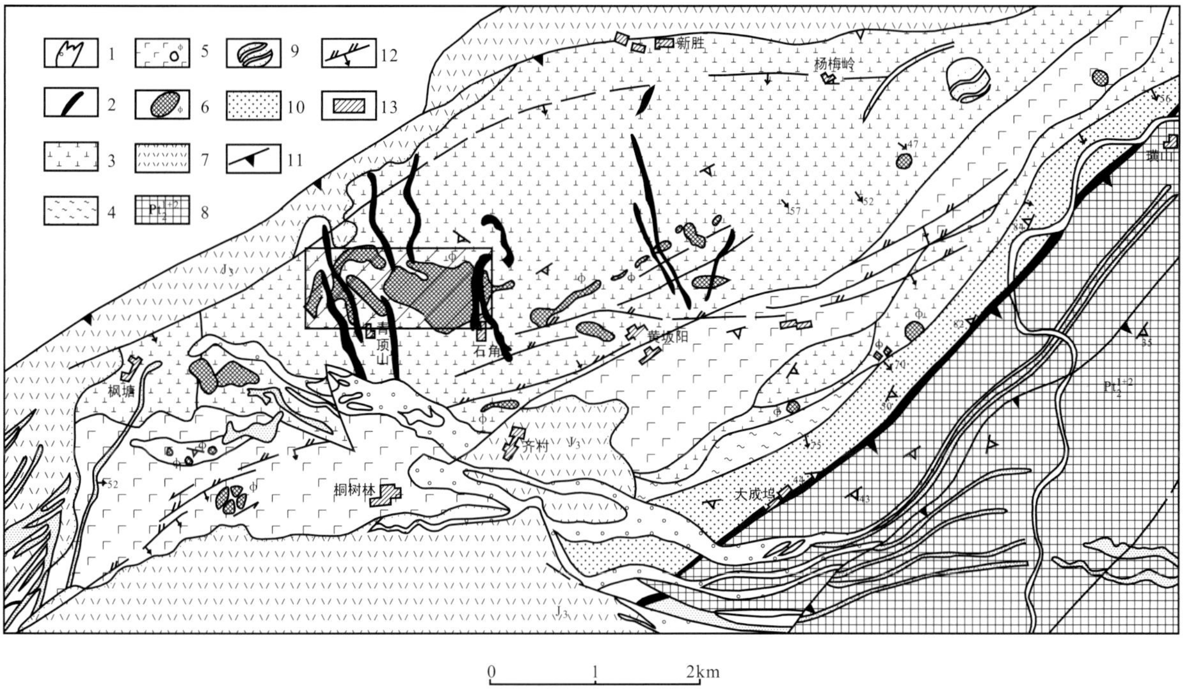

图 3－35　超镁铁质岩在石英闪长岩中呈断块状离散分布

（据水涛等，1988 改编）

1. 花岗斑岩；2. 辉绿岩脉；3. 石英闪长岩；4. 片麻岩；5. 细碧岩及角砾、集块玄武岩；6. 超镁铁质岩；7. 晚侏罗世火山岩；8. 华夏古陆基底陈蔡群；9. 蚀变细砾岩层；10. 片麻岩及糜棱岩带；11. 推覆断裂（箭头示倾向）；12. 韧性剪切带；13. 草测剖面线

诸暨石角超镁铁质岩诸暨石角超镁铁质—镁铁质“层状堆晶岩”是对接带内所见出露最大面积（$0.48km^2$）的岩体。由蛇纹石化橄榄岩、辉石橄榄岩、角闪辉石岩、辉石角闪岩及少量辉长岩等岩类组成，矿物成分主要有橄榄石、镁普通角闪石、普通辉石、透辉石，少量更—中斜长石及磁铁矿等。普遍经受角闪岩化和后期绿泥石化，具有韵律状隐层理，常量化学元素成分波动幅度较大，据角闪辉石岩石、辉角闪岩及角闪岩样品分析均值（9 件样品）为：SiO_2（42.46%）、FeO（20.50%）、Al_2O_3（9.30%）、TiO_2（1.33%）、CaO（14.32%）、MgO（10.92%）、K_2O（0.25%）、Na_2O（0.73%）。蛇纹石化辉石橄榄岩 SiO_2（35.41%）、Fe_2O_3（19.77%）、FeO（5.80%）、Al_2O_3（2.52%）、TiO_2（0.50%）、CaO（0.93%）、MgO（26.82%）、K_2O（0.18%）、Na_2O（0.15%）。具有富 Mg，贫 Ti、K 的特征。

层状堆晶岩的 *SI*（岩石固结系数）32～42，接近幔源岩浆 *SI*（40）；辉橄岩 *SI* 略高，为 51，均显示幔源成因特征。

超镁铁质—镁铁质堆晶岩，$\sum REE < 60\times10^{-6}$、$\delta Eu = 0.88 \sim 1.12$，$\sum Ce/\sum Y = 1.05 \sim 1.89$，$\delta Eu$ 为弱负异常—弱正异常，轻稀土亏损，REE 配分曲线近平坦型（图 3－37）；在 La/Sm－La 图上表现为线性正比关系，显示为地幔部分熔融所致，与大西洋雷克雅内斯洋壳样品可比（Allegre&Minster，1978）；

(La/Sm)e. f=0.48~0.810,据 Floyd & Winchester(1978)对洋中脊型玄武岩和可能的幔源型玄武岩的(La/Sm)e. f 值测定,洋中脊型玄武岩的(La/Sm)e. f 值为 0.47~0.72。据此参数,诸暨石角超镁铁质—镁铁质堆晶岩应属大洋中脊幔源分异岩浆。

见于石角超镁铁质—镁铁质堆晶岩体顶部的超镁铁质球状熔岩,多呈椭圆状或枕状,直径均在10~15cm,呈不规则状压叠堆集,球体边缘遭强烈熔蚀,为伟晶质角闪岩包裹(图 3-36)。球状体具多层同心环圈,依次由角闪石和辉石交替组成,前者较窄(1~3mm),后者较宽(5~10mm),球心则为角闪石粗大聚晶,单晶体粒径大多超过5mm。球状体边缘外层常由辉石和磁铁矿组成,辉石粒径仅在 0.06~0.45mm 之间;经电子探针对每一层圈所做的矿物化学成分测定,发现由外缘向着核部,不同层次的角闪石和辉石都有共同的元素丰度变化趋向,即大离子半径亲石元素(如 Na、K、Si)向核部丰度值增高,相反亲铁元素(如 Fe、Mg)则趋于贫化(水涛等,1987)。

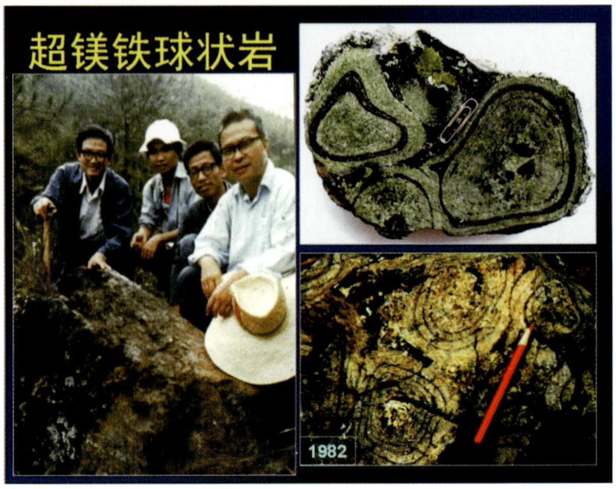

图 3-36　球状辉闪岩,核心为角闪石聚晶
(据水涛,1982)

球状岩主要化学成分:SiO_2(49.01%)、MgO(15.14%)、TFeO(8.78%)、CaO(18.40%)、Al_2O_3(5.16%)、TiO_2(0.81%)、K_2O(0.14%)、Na_2O(0.58%),显示富 Mg、Ca,贫 Ti、K、Al。

稀土总量偏低,轻稀土略亏损,分布曲线呈平坦型,具 N-MORB 型特征;包裹球状体的角闪岩基质,轻稀土略富集,配分曲线斜向型(图 3-37),岩石化学特征也显示挥发分及亲石元素(K、Na、Ti、Al)趋于富集,因而是超镁铁质岩浆连续分异作用产出的晚期熔浆。

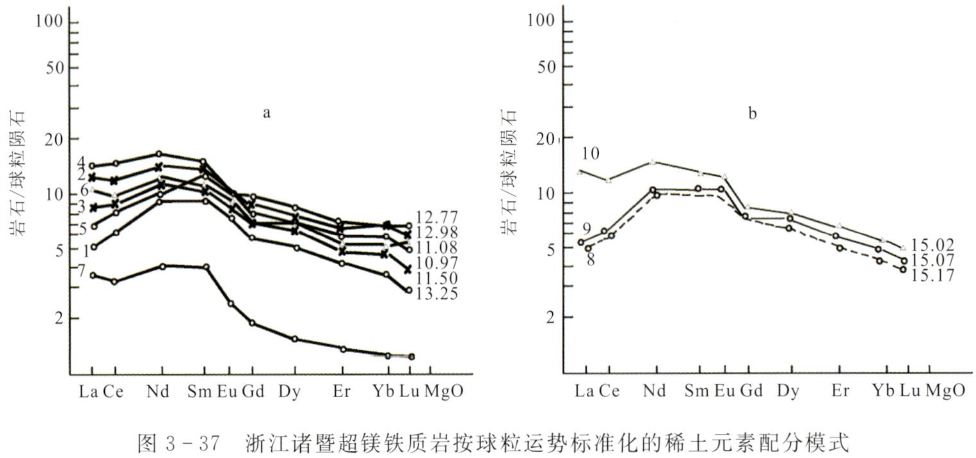

图 3-37　浙江诸暨超镁铁质岩按球粒运势标准化的稀土元素配分模式
a. 堆晶杂岩样品;b. 球状体及基质样;1~10 为样品序号,其中 7 为辉石橄榄岩

龙游上北山、白石山头和六连坑等地超镁铁质岩主体岩性为橄榄岩,主要矿物有橄榄石、斜方辉石、单斜辉石和角闪石等,依据斜方辉石、单斜辉石和角闪石相对含量,可以命名为辉石橄榄岩和角闪橄榄岩,其全岩 Sm-Nd 等时线年龄 1307Ma(孔祥生,1994)。岩石化学、微量元素、稀土元素和同位素特征表明(见第 1 章论述)其是由硅酸相对饱和(以顽辉石的出现为标志)和富流体的岩浆(结晶出原生角闪石和金云母)结晶而成。

上述讨论表明，江绍拼接带中分布的超镁铁质岩可能是华夏与扬子板块碰撞对接留下的残留洋壳或石英闪长岩侵位时包裹其中的消减洋壳。

江绍拼接带形成后，在构造应力作用下，拼接带由中深层次塑性变形向浅层次脆性变形转变，从构造形迹分析可以分为两个阶段：加里东期塑性再造阶段和中、新生代脆性改造阶段，即经历早期的韧性剪切，晚期的抬升、剥蚀和走滑形成的脆性断裂系统，它们叠加、追踪和改造成现今复杂的拼接带系统。

加里东期韧性再造阶段。晋宁运动碰撞对接形成统一陆块后，进入加里东期，随着挤压作用的继续，拼接带构造进入韧性再造阶段，沿拼接带形成区域性韧性剪切带。由于后期构造的破坏，现今沿拼接带断续出露糜棱岩带，主要有江山淤头基-社后川韧性剪切带、龙游大洲-上圩头韧性剪切带、金华北山韧性剪切带、诸暨桐树林-潘村韧性剪切带和绍兴桃红-东堡韧性剪切带等。糜棱岩原岩为晋宁期石英闪长岩、双溪坞群细碧角斑岩和部分卷入的陈蔡群变质岩。

出露最完整的韧性剪切带为桐树林-潘村韧性剪切带，该带西起龙潭顶，东至潘村，走向长 32.5km，带宽 1.5～3.5km，西南侧被晚期芙蓉山破火山口破坏，东北端被下白垩统火山岩覆盖，至绍兴平水一带，出露为桃红-东堡韧性剪切带，其变形性质、演化特征基本一致，为同一条构造剪切带体系。总体走向北东 45°左右，倾向南东为主，倾角 60°～85°，剪切带北西侧与双溪坞群火山岩、晋宁期石英闪长岩及早白垩统火山岩接触，南东侧与陈蔡群变质岩相接触，为一条重要的成矿带。在长期构造演化过程中，由于变形分解作用，使桐树林-潘村韧性剪切带应变不均一，在平面上形成线状强应变带与透镜状弱应变域的组合形式，在岩性上由千糜岩、超糜棱岩、糜棱岩、初糜棱岩及糜棱岩化闪长岩等糜棱岩化程度不一的岩石相互组合，共为一体（糜棱岩分类采用宋鸿林 1991 年提出的分类方案）。

线状强应变带中，糜棱面理发育，强烈面状构造置换，复杂的变形分解，使各种挤压流动及伸展流动构造发育，强应变中心带变质分解普遍，形成千糜岩、超糜棱岩及各类糜棱岩。根据采自 6 个不同地点、糜棱岩化程度不一的定向标本薄片统计，测得弗林指数 K 值为 0.013～0.038，最大主应变值（X/Z）可达 31.5（表 3－15），据此判断拼接带早期韧性剪切带属压偏型剪切应变，这种应变同样反映在韧性剪切带宏观构造特征上，剪切带糜棱岩面理普遍发育，尤其在强应变带中透入性新生糜棱面理对原生构造彻底置换，残留无根褶皱，构造透镜体发育，S－C 面理构造普遍，而矿物拉伸线理仅见于局部糜棱岩中。

表 3－15　糜棱岩定向切面石英晶粒变形条带应变值及弗林指数测定

薄片号	地理位置（诸暨）	岩石名称	应变值			统计组数	弗林指数（K）
			X/Z	Y/Z	X/Y		
B2	华浪湾村	初糜棱岩	11.8	9.0	1.3	10	0.038
B8	璜山村	初糜棱岩	18.9	14.3	1.3	14	0.023
B2	永湖村	糜棱岩	22.1	14.8	1.5	12	0.036
B25	上马宅村	超糜岩	27.5	21.4	1.3	12	0.015
B15	庙下畈村	千糜岩	26.4	23.1	1.4	10	0.016
B30	大成坞村	千糜岩	31.5	24.6	1.3	13	0.013
备注	弗林指数 $K=(X/Y-1)/(Y/Z-1)$						

弱应变域主要表现为糜棱面理不发育，常呈棱形、透镜状或眼球状，原岩结构、构造清晰，应变较弱，甚至无应变，主要为糜棱岩化原岩，呈透镜状、团块状，规模大小不一，大者几千米至几十千米，小者仅为显微尺度。在该剪切带糜棱岩中石英塑性拉长，呈丝带构造，而长石在边缘产生碎裂，内部应变较小，仅出现波状消光或少量脆性裂隙，构造显微网状结构，显示不同规模构造形式具有相同变形机制。这种线性强应变带与透镜状弱应变域组合，不仅在平面上，而且在剖面上构成网结状韧性剪切系统（图 3－38）。

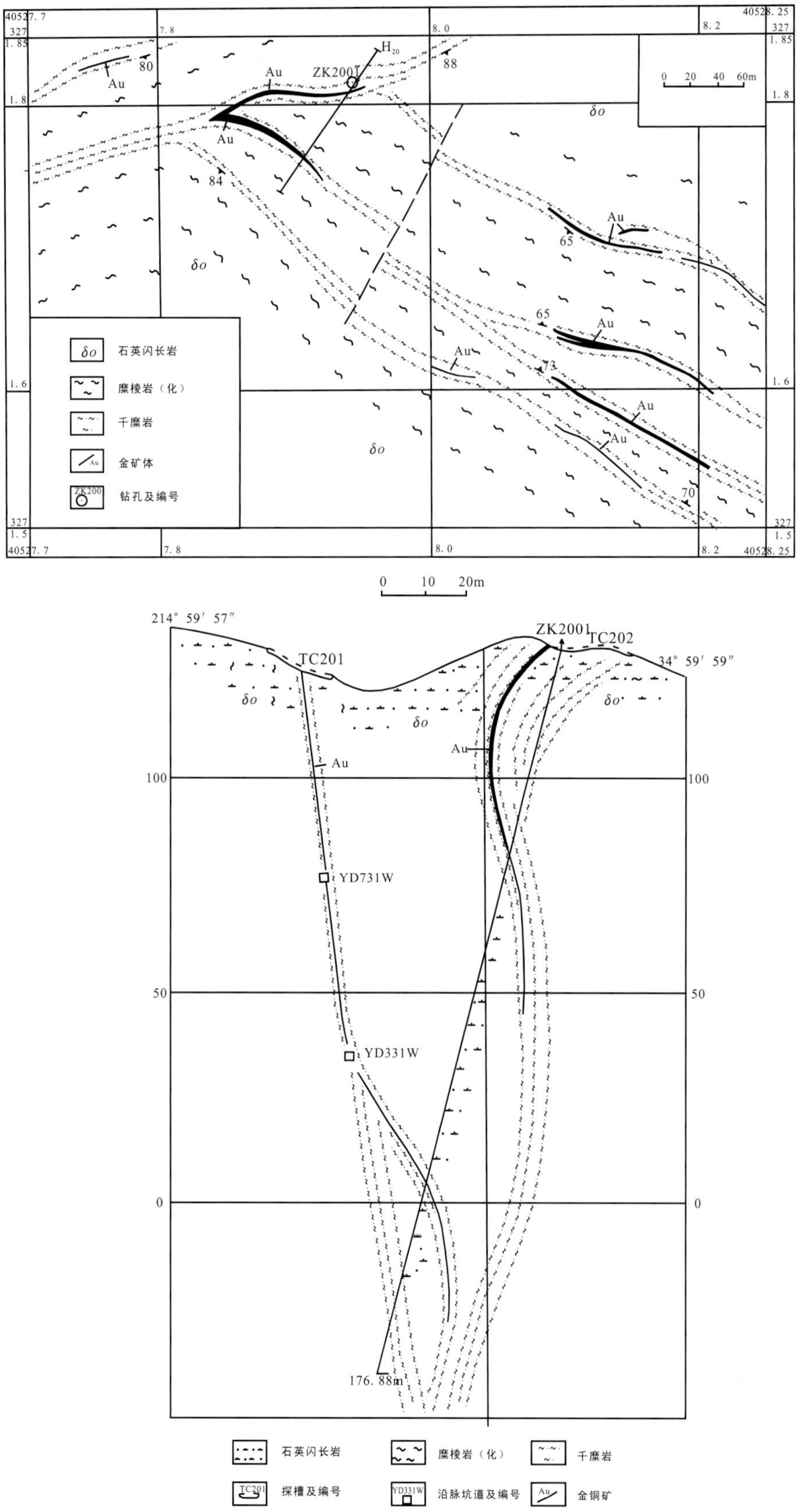

图 3-38　庙下畈金矿地质略图与 20 号勘探线剖面图

（据浙江省冶金地质队，1989）

变形环境分析。根据糜棱岩中石英晶体塑性拉长，呈条带状或丝带状构造，显示动态重结晶，反映韧性剪切带形成环境相当于低绿片岩相-低角闪岩相；糜棱岩原岩残留体中保留更长石外，其余都转化为钠长石，且随变形强度增加，去钙长石愈强，角闪石绿泥石化、绿帘石普遍，显示韧性剪切变形过程中明显的退变质化，其变形环境也相当于低绿片岩相。

中、新生代脆性改造阶段。加里东期—海西期，江绍拼接带整体隆起剥蚀，构造变形由韧性域逐步转变为脆性域。印支-燕山期，由于古太平洋板块开始向西运动，浙江地区乃至整个华南块体处于挤压环境，沿江绍拼接带出现大规模的压性脆性断裂，并且密集成带，断裂带走向以北东向为主，常常追踪、叠加改造、破坏早期的韧性剪切带。脆性断裂性质以逆掩断层为主，局部地区形成推覆构造体系，常见浙西北古生代地层向南推覆于元古宙地层之上，如江山大溪滩推覆构造，下部推覆体由震旦系休宁组（Z_1x）组成，上部推覆体由石炭纪—二叠纪地层组成，推覆于陈蔡群、上墅组、黄尖组（K_1h）之上；绍兴富盛的青龙山飞来峰推覆构造，推覆体由晚震旦世—早寒武世陆源黏土硅质建造组成，逆冲推覆于下白垩统大爽组火山岩之上，推覆断层倾向南东，倾角 20°～25°，表现为由西北向南东推覆，推覆时间为燕山晚期。

沿江绍拼接带展布的北东向脆性断裂体系具有继承性和多期活动特征，断裂形成于印支期，持续活动至燕山晚期，断裂的形成以继承早期构造面为主，尤其是在加里东期韧性剪切带的强应变带中。由于断裂长期性、继承性和多期活动特征，加上燕山期强烈的火山-岩浆作用，有利于断裂带内成矿元素迁移富集、叠加改造，使得江绍拼接带成为金、银、铅、锌等重要的成矿带。

燕山晚期（K_2）—喜马拉雅期进入以拉张为主导的构造环境，构造活动以差异性隆升、下降为特征，形成的一系列地堑式、半地堑型断陷盆地，盆地的沉积基本不受江绍拼接带的控制，但对于江绍拼接带附近的早期断陷盆地的展布仍具有一定的影响。

3.2.4 前陆盆地磨拉石堆积与陆相双峰式火山岩

磨拉石被定义为造山带中的一个构造相，是造山带的一个组成部分，特指那些发育在造山带前陆和山间盆地的沉积（李继亮，1992）。前陆磨拉石盆地是紧跟碰撞事件之后发育起来的。华夏陆块与江南古岛弧碰撞拼接，造山运动加剧，江南古岛弧区快速隆升，导致了快速的剥蚀作用，各种构造成因的山间盆地容纳了剥蚀下来的沉积物。

分布于萧山、富阳、开化和淳安西部的骆家门组底部砂砾岩，岩石成熟度低，分选性差，层理不规则，相变急剧，砾石成分主要为闪长岩、花岗闪长岩、二长岩、钾长花岗岩以及霏细岩、英安岩、片理化火山碎屑岩，为较典型的磨拉石建造。骆家门组下部为硬砂岩建造，上部为浅海相粉砂岩、泥质岩组成的复理石建造。骆家门组砂砾中花岗岩砾石锆石 U－Pb 年龄 879±4Ma（浙江省区域地质调查大队，1989）。

虹赤村组为灰紫色粗粒—中粒复陆屑杂砂岩建造。

骆家门组和虹赤村组快速堆积后，区域构造环境由碰撞造山转入伸展拉张（后造山环境），出现上墅组陆相双峰式火山岩。

上墅组为基性和酸性火山岩组合，下部以玄武岩为主，上部为灰色、紫红色流纹岩，构成一套双峰式火山岩组合，主要分布在浙西北萧山—富阳和衢州—江山等地。

不同地方分布的上墅组流纹岩或流纹质凝灰岩的同位素年龄基本相当，为 832～809Ma（刘伯根等，1995；浙江省区域调查大队，1989），属新元古界青白口系，上墅组与其上的休宁组呈平行不整合，代表了晋宁运动的结束。

火山岩岩石化学分析结果表明（表 3－16），上墅组火山岩最突出的特点是 SiO_2 含量表现出不连续性，中基性火山岩 SiO_2 含量 42.93%～59.7%，平均 51.09%；酸性火山岩 SiO_2 含量 69.8%～77.59%，平均 75.25%，期间存在明显的成分间段，缺乏 SiO_2 含量 59.8%～69.9%的中性及中酸性火山岩，构成一套双峰式火山岩组合(王焰等,2000)。根据国际地质科学联合会的火山岩化学分类(Le Bas M J et al.,1986),上墅组第一段基性火山岩包括玄武岩、粗面玄武岩、玄武安山岩、玄武粗安山岩、粗面安山岩等,第二段酸性火山岩则是流纹岩(图 3-39)。基性火山岩岩石种类多,全碱含量变化大,具有高铝富钠与偏碱性的特征,酸性火山岩岩石种类单一,为流纹岩,全碱含量变化小,具富钾低钠特征。除 SiO_2 含量间断外,Al_2O_3、K_2O、MgO 含量也是不连续变化的,Al_2O_3、Fe_2O_3、FeO、MgO、CaO 含量与 SiO_2 含量呈负相关关系,K_2O 含量与 SiO_2 含量呈正相关关系,岩石的固结指数(SI)在基性与酸性火山岩间有很大差异,基性火山岩的 SI=13.00～35.00,酸性火山岩的 SI=0.17～6.30,岩石的固结指数也是不连续的(卢成忠等,2007)。

表 3-16　上墅组岩石化学成分(%)

地层	岩性	SiO_2	TiO_2	Al_2O_3	Fe_2O_3	FeO	MnO	MgO	CaO	Na_2O	K_2O	P_2O_5	LOI	Total	数据来源
下段	玄武岩	45.18	1.85	18.30	10.18	3.23	0.41	4.17	9.34	2.70	0.08	0.31	3.75	99.86	卢成忠等,2007
		47.61	2.75	15.10	7.00	7.35	0.24	6.37	4.35	3.87	0.05	0.41	4.80	100.72	
		50.65	1.49	16.75	10.96	2.28	0.17	2.76	7.12	4.33	0.05	0.29	3.06	100.16	
	粗面玄武岩	49.8	1.7	17.70	8.84	4.41	0.11	5.18	3.68	5.32	0.09	0.24	3.17	100.73	
		50.03	1.6	17.01	10.54	2.22	0.39	6.78	1.25	5.92	0.23	0.34	3.60	100.46	
		48.43	0.83	18.94	3.95	5.51	0.23	8.06	1.90	4.16	1.36	0.31	5.33	99.62	
	安山岩	52.11	1.02	19.19	6.00	3.11	0.00	3.82	4.75	5.56	0.58	0.256	3.51	100.26	
		55.75	1.06	17.42	7.05	1.70	0.15	3.13	4.84	4.72	0.72	0.30	2.49	99.52	
		56.78	1.46	15.22	9.38	0.85	0.18	2.26	5.34	4.78	0.09	0.28	2.47	99.18	
	玄武岩	50.88	1.84	18.43	12.56		0.20	5.52	4.36	5.40	0.09	0.36	5.13	99.64	Li X H et al.,2008
		51.14	1.95	17.32	12.73		0.18	4.19	6.75	4.05	0.08	0.33	5.40	98.73	
		49.58	1.83	17.10	16.64		0.29	7.57	2.12	3.29	0.19	0.25	6.94	98.82	
		51.37	1.43	17.20	13.55		0.15	2.48	8.54	4.78	0.13	0.27	4.39	99.78	
		47.52	1.95	19.43	13.88		0.29	7.11	4.05	4.99	0.13	0.38	7.24	99.73	
		46.98	1.73	18.36	16.07		0.23	5.62	5.25	5.23	0.14	0.3	5.68	99.91	
		52.56	0.91	18.83	10.25		0.15	5.42	5.00	5.94	0.31	0.21	5.27	99.59	
		47.79	1.37	15.85	8.35		0.14	6.59	8.28	2.25	2.34	0.54	6.19	99.84	Wang Xiaolei et al.,2009
		42.93	1.27	14.86	9.54		0.20	7.99	8.96	1.63	1.68	0.48	9.42	99.12	
		52.06	0.53	14.58	9.72		0.10	8.07	10.86	1.6	0.16	0.19	1.90	99.76	
		54.39	0.73	18.15	8.81		0.14	2.73	9.90	3.52	0.29	0.26	0.87	99.78	
		53.45	0.84	19.06	10.18		0.15	3.61	6.46	5.15	0.2	0.26	1.31	100.66	
		53.42	0.78	18.99	9.27		0.15	4.18	5.84	5.79	0.12	0.27	1.25	100.06	
		56.16	0.61	19.08	8.04		0.15	3.88	2.23	7.03	0.23	0.33	2.65	100.37	
		59.70	0.55	17.64	8.0		0.15	3.72	1.82	6.99	0.15	0.34	0.87	99.92	

续表 3-16

地层	岩性	SiO_2	TiO_2	Al_2O_3	Fe_2O_3	FeO	MnO	MgO	CaO	Na_2O	K_2O	P_2O_5	LOI	Total	数据来源
上段	流纹岩	72.86	0.21	12.72	3.01		0.06	0.41	0.9	2.56	3.97	0.07	1.33	98.2	Wang Xiaolei et al., 2009
		75.17	0.2	12.44	2.22		0.03	0.11	0.61	3.69	4.31	0.03	1.03	99.93	
		76.5	0.1	11.37	1.23		0.02	0.14	0.63	3.27	4.19	0.02	1.02	98.56	
		75.95	0.11	11.99	1.46		0.02	0.1	0.64	3.13	4.71	0.02	1.14	99.36	
		71.07	0.39	14.54	2.85		0.04	0.65	1.27	2.93	3.92	0.17	1.74	99.66	
		69.8	0.44	14.54	3.27		0.05	0.87	1.78	3.62	2.97	0.17	2.22	99.82	
		77	0.1	12.34	1.04		0.01	0.15	0.44	3.42	4.6	0.01	0.82	100	
	流纹斑岩	75.89	0.12	11.58	1.61		0.03	0.08	0.51	3.38	4.52	0.02	0.39	98.21	
		76.73	0.11	11.86	1.49		0.02	0.08	0.84	5.41	0.74	0.01	0.8	98.14	
		75.97	0.11	11.63	1.47		0.03	0.08	0.6	3.06	4.55	0.02	0.53	98.13	
		76.81	0.05	12.13	0.83		0.01	0.08	0.06	3.48	4.74	0.01	0.58	98.84	
		76.26	0.04	12.3	0.8		0.01	0.06	0.22	3.99	4.35	0.01	0.55	98.6	
		73.95	0.21	13.41	2		0.02	0.31	0.81	3.35	4.2	0.04	1.16	99.57	
	流纹岩	74.01	0.38	11.25	6.15		0.04	0.26	0.17	2.83	4.88	0.01	0.22	99.99	Li X H et al., 2008
		74.59	0.35	11.26	5.83		0.04	0.26	0.16	2.64	4.89	0.01	0.53	100.04	
		74.94	0.37	11.37	5.76		0.03	0.3	0.18	2.36	4.33	0.01	0.91	99.66	
		75.32	0.37	10.58	5.69		0.03	0.25	0.17	4.57	2.89	0.01	0.41	99.87	
		75.62	0.36	10.96	5.15		0.02	0.27	0.16	2.78	4.35	0.02	0.51	99.7	
		74.64	0.35	10.89	6.64		0.05	0.02	0.1	2.69	5.03	0.01	0.12	100.41	
		74.93	0.39	11.28	6.12		0.05	0.02	0.09	4.45	2.88	0.01	0.15	100.23	
		75.2	0.39	11.27	6.28		0.05	0.03	0.09	4.93	2.22	0.01	0.2	100.47	
		74.87	0.38	10.95	6.74		0.05	0.02	0.1	2.56	5.18	0.01	0.08	100.86	
	流纹岩	76.29	0.17	10.91	3.16	0.3	0.04	0.37	0.15	2.37	5.63	0.05	0.53	100	卢成忠等，2007
		76.17	0.32	10.71	3.63	0.52	0.05	0.28	0.15	2.4	5	0.002	0.33	99.62	
		75.98	0.28	11.07	3.84	0.76	0	0.02	0.5	3.36	3.93	0.01	0.52	100.35	
	斑状流纹岩	74.77	0.27	12.63	4.13	0.44	0.05	0.61	0.12	0.2	4.22	0	2.05	99.54	
		77.29	0.18	11.64	2.42	0.74	0	0.04	0.5	5.38	1.33	0.01	0.43	100.04	
		77.59	0.25	9.63	3.33	1.42	0.12	0.24	0.39	0.66	5.39	0.03	0.56	99.7	
		76.22	0.29	10.75	4.04	0.55	0.08	0.09	0.24	2.18	5.66	0.03	0.52	100.71	

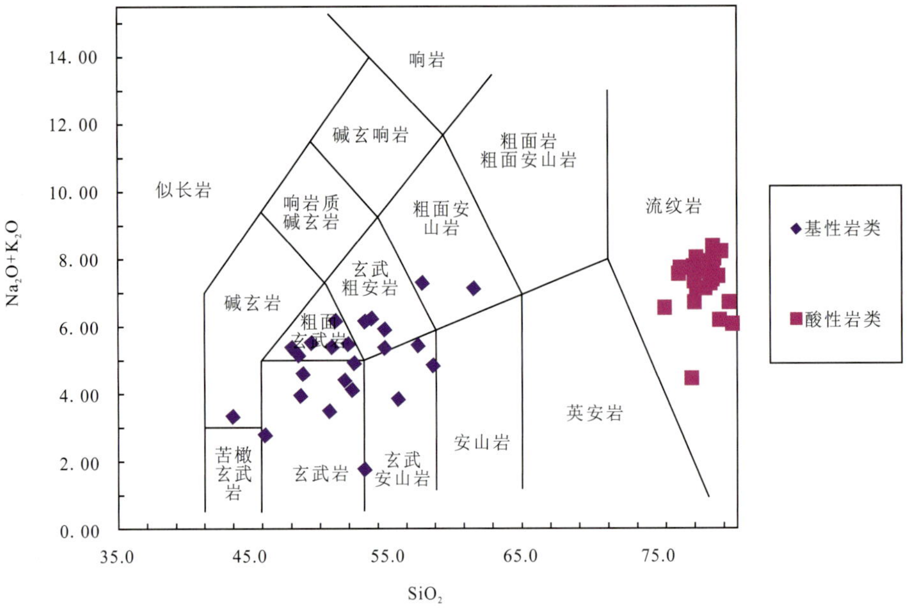

图 3-39　上墅组火山岩 SiO_2 -(Na_2O+K_2O)化学分类图(%)

(底图引自 Le Maitre et al.,1989)

微量元素分析结果列于表 3-17。从表中可以看出,基性火山岩与酸性火山岩在微量元素地球化学方面的差异亦是明显的,在微量元素蛛网图上(图 3-40),基性火山岩与酸性火山岩的分布曲线相差较大,酸性火山岩微量元素含量普遍高于基性火山岩,两者最显著的差别是酸性火山岩,低 Sr 贫 Eu 亏 Ba,富 Rb、Th、U、Nd、Zr、Hf、Sm,基性火山岩则富 Sr、Eu,亏 Rb、Th、U。

基性火山岩和酸性火山岩的稀土元素分析结果及其特征参数差异十分显著(表 3-18):一是稀土总量差异大,基性火山岩 $\sum$REE 介于 $38.52\times10^{-6}\sim183.03\times10^{-6}$,平均 93.61×10^{-6},酸性火山岩 $\sum$REE介于 $151.13\times10^{-6}\sim821.95\times10^{-6}$,平均 373.78×10^{-6};二是基性火山岩铕异常不明显,δEu=0.88～1.60,平均 1.09,酸性火山岩具有明显的负铕异常,δEu=0.09～0.55,平均 0.40;三是稀土元素配分形式不同,基性火山岩的分布型式为右倾型,酸性火山岩的分布型式为“海鸥型”(图 3-41)。微量元素和稀土元素地球化学特征表明,上墅组上段酸性火山岩并非是基性岩浆分异形成,其主要是由地壳经不同程度的部分熔融形成,也就是说上墅组基性和酸性火山岩来自两个不同的岩浆源区。

Pearce & Norry(1979)发现 Zr/Y 比值对分离结晶作用指数 Zr(Fractionation Index)作图是区分大洋岛弧、大洋中脊玄武岩(MORB)和板内玄武岩的有效方法,在 Zr/Y-Zr 图解上(图 3-42),上墅组基性火山岩落在靠近大洋中脊玄武岩(MORB)的板内玄武岩区域;在 Zr-Nb-Y 判别图解中(图 3-43),落在靠近大洋中脊玄武岩(MORB)的板内拉斑玄武岩或火山弧玄武岩,显示其形成的构造环境为陆内至陆缘裂谷或张裂环境。同样,上墅组流纹岩的 Rb 含量$(31.1\sim211)\times10^{-6}$,平均 119.1×10^{-6},明显低于分异成因的岩浆岩($>270\times10^{-6}$)(Irvine T N et al.,1971),反映其主要起源于陆壳部分熔融。上墅组流纹岩高场强元素(HFSE)元素含量高,元素组合$(Zr+Nb+Ce+Y)=350.7\times10^{-6}\sim1934.5\times10^{-6}$,平均 1166.64×10^{-6},明显高于 A 型花岗岩下限值 350×10^{-6}(Whalen et al.,1987),暗示上墅组流纹岩与 A 型花岗岩具有相似的成因,反映上墅组流纹岩形成于拉张构造环境。

上墅组双峰式火山岩喷发后期,在开化石耳山出现拉张背景下的花岗岩侵入,在诸暨次坞、道林山及富阳章村地区出现基性—酸性双峰式侵入岩组合,也说明华夏陆块与江南古岛弧碰撞拼接、褶皱造山阶段,从新元古界上墅组喷发沉积开始,转化为构造伸展拉张阶段。

表 3－17 上墅组微量元素含量(10^{-6})

地层	岩性	Li	Be	Sc	V	Cr	Co	Ni	Cu	Zn	Ga	Rb	Sr	Y	Zr	Nb	Cs	Ba	Hf	Ta	Pb	Th	U	数据来源
下段基性火山岩	玄武岩											15	229.3	51.4	172	6.5	0.41	170.8	4.9			5.75	0.92	卢成忠等，2007
												3.2	130	31.37	225	6.8	0.4	111	9			1.82	0.27	
												12	228	26	180	7	1.44	149	5.4			2.6	0.96	
	粗面玄武岩											5	222	41	179	7.8	0.53	148	5.3			2.9	1.01	
												3.2	547	32.8	119	4.1	0.24	141	4			1.52	0.15	
	上墅组玄武岩				207	61		98			23.2	1.8	60.5	37.2	150	4.92		33.3	4	0.28		0.58	0.17	Li X H et al.，2008
					191	67		95			24.1	0.97	75	36	148	4.48		39.2	3.93	0.26		0.54	0.09	
					165	72		111			22.4	0.81	48.5	26.2	148	4.67		39.2	3.91	0.25		0.56	0.18	
					111	39		68			21.9	0.78	52.3	30.9	114	3.53		27.8	2.54	0.21		0.49	0.05	
					199	83		104			19.9	0.73	79	39.6	157	4.9		25.7	3.66	0.28		0.58	0.09	
					211	63		86			19.3	2.26	97.6	34.7	134	4.03		73.6	3	0.23		0.53	0.09	
					217	22		33			17.5	5.74	242	16.2	54.6	3.11		80.5	1.46	0.18		0.85	0.21	
	玄武岩	83.4	1.14	24	188	240	34	100	43	165	15.8	78	610	19.8	103	10.7	17.7	662	2.7	0.6	29	9.73	1.96	Wang Xiaolei et al.，2009
		182	2.67	30	147	370	36.3	161	33	76	16.6	47.1	414	14.6	78	7.5	14.6	394	2	0.4	6	7.29	1.47	
		8.31	0.39	25.2	149	573	38.8	169	49.8	73.4	15	8.92	2579	10.7	49.9	1.21	2.06	91.9	1.54	0.09	2.69	0.35	0.15	
		13.7	0.58	19.4	187	13.4	23.1	21.4	114	112	22.3	7.99	1321	16.3	83.2	2.02	1.4	171	2.6	0.14	4.92	0.56	0.19	
		22.9	1.16	20.9	184	14.7	29.6	25.6	28	110	21.2	6.05	1171	16.8	76.7	1.86	1.77	139	2.53	0.11	4.52	0.49	0.16	
	玄武安山岩	24.3	0.71	21	163	9.34	29.6	20.4	30.2	108	19.7	2.78	1119	16.6	77.1	1.9	1.03	103	2.25	0.15	2.79	0.49	0.16	
		37.7	0.75	15.4	38.3	—	16.7	0.08	5.31	88.8	18.9	5.15	394	16.6	59.1	1.42	1.27	194	1.76	0.1	1.91	0.34	0.11	
		26.1	0.66	14.7	33.6	0.08	14.4	0.06	6.54	70.6	14.5	3.17	341	15.7	66.5	1.37	0.89	136	1.87	0.07	1.7	0.37	0.13	

续表 3-17

地层	岩性	Li	Be	Sc	V	Cr	Co	Ni	Cu	Zn	Ga	Rb	Sr	Y	Zr	Nb	Cs	Ba	Hf	Ta	Pb	Th	U	数据来源
上段酸性火山岩	流纹岩	30.3	2.39	13	18	20	4.3	—	24	138	21.4	188	56.4	57.9	162	11	5.72	846	5.7	0.9	39	16.4	3.47	Wang Xiaolei et al., 2009
		6.4	3.07	13	—	—	0.6	—	7	83	18.1	188	35	66.4	288	14.6	7.32	700	9.2	1.2	31	17.1	3.29	
		6.6	1.71	7	—	—	—	—	—	51	15.4	170	21.3	65.6	191	13.9	6.29	644	7	1.2	15	18	2.72	
		6.6	3.51	10	—	—	—	—	9	95	19.8	211	91.5	74.6	241	16.6	13.9	745	8.5	1.4	36	21.4	4.61	
		51.1	2.73	5	35	10	6.1	7	19	78	20.1	169	98.7	24	218	11.6	15.6	687	6.2	1	26	15.5	3.2	
		51.4	2.33	6	41	20	7.5	8	38	75	19.1	120	99.2	28	224	11.5	6.41	608	6.5	0.9	25	16.5	2.94	
		6.8	3.22	5	—	—	—	—	14	64	18.4	192	29	56.7	144	12.4	4.83	605	5.9	1	25	18.8	3.21	
	流纹斑岩	3.7	2.51	11	—	—	0.5	—	5	62	19.7	204	35.8	76.4	236	15.4	1.74	702	8	1.3	29	20.5	3.7	
		7.5	3.25	11	7	—	0.5	—	33	47	18.8	38.7	98.8	82.8	235	13.8	7.53	354	8.2	1.4	30	20.8	4.2	
		6.9	3.02	11	—	—	—	—	5	77	19.9	209	30.5	76.3	229	14.4	2.24	637	7.8	1.3	30	19.2	3.61	
		2.8	3.37	5	—	—	—	—	—	49	19.4	183	11.2	59.7	134	13.7	2.43	357	6	1.3	19	19.1	3.02	
		2.9	4.07	6	—	—	—	—	—	58	22	150	12.2	95.6	141	19.1	7.58	52.8	6.8	1.7	37	24.9	4.86	
		21.3	2.65	7	18	10	2.8	6	—	56	18.6	183	47.5	49.1	197	10.9	15	898	6.5	0.9	26	16.3	3.21	
	上墅组流纹岩				0.32	17					32.7	73.4	55	209	1341	45.4		933	31.4	2.92		10.4	2.37	Li X H et al., 2008
					0.52	11					28.1	69.9	55.8	163	1282	44.3		797	30.8	2.97		10.4	1.98	
					1.02	7.6					30.8	63.5	48.9	176	1426	46.2		540	33	3.13		11.3	2.73	
					2	17					26.5	41.1	49.1	191	1206	40.4		400	29.2	2.68		9.8	2.22	
					0.77	9.1					24.8	63.6	57.9	221	1338	43.6		613	31.2	3.07		10.8	3.21	
					8.22	25					30	76.5	44.6	259	1440	46.3		971	38.8	3.57		12.6	4.13	
					0.7	14					33.9	42.2	39.8	220	1381	42.9		468	36.7	3.7		12.3	2.46	
					0.2	8.6					33.3	31.1	22.5	224	1383	44.5		269	34.9	3.21		10.9	2.42	
					0.55	20					27.4	81.1	24.8	228	1412	43.6		974	37.4	3.77		11.6	2.18	
	流纹岩											61	81	110.12	416	15.6	1.28	264	12.2			9.7	1.2	卢成忠等，2007
												84.6	19.4	98.5	1342	40.7	2.13	864.5	20.7			9.9	1.48	
												147	64	56	952	29.1	1.85	1070	22.1			6.6	1.61	
	斑状流纹岩											56	33	36	1180	43.4	2.47	238	26.3			6.3	0.96	

表 3-18 上墅组火山岩稀土元素含量(10^{-6})

地层	岩性	La	Ce	Pr	Nd	Sm	Eu	Gd	Tb	Dy	Ho	Er	Tm	Yb	Lu	ΣREE	δEu	$(La/Yb)_N$	数据来源
下段基性火山岩	玄武岩	24.03	57.05	7.44	41.22	9.62	3.59	10.1	1.66	9.61	1.94	5.42	0.79	4.97	0.75	178.19	1.11	3.47	卢成忠等,2007
		8.96	23.22	3.19	17.51	4.8	1.72	5.3	0.91	5.72	1.18	3.39	0.5	3.13	0.47	80	1.04	2.05	
		22.5	58	8.3	37	5.9	2.08	7.9	1.21	7.4	1.4	3.8	0.53	3.4	0.53	159.95	0.93	4.75	
	粗面玄武岩	9.02	23.11	2.49	13.35	3.16	1.2	3.35	0.53	3.35	0.69	1.95	0.3	1.87	0.29	64.66	1.12	3.46	
		11.6	27	4.32	21	5.6	2.42	3.18	0.85	6.68	1.25	2.52	0.5	2.59	0.4	89.91	1.60	3.21	
		14.3	39	5.87	28	7.4	2.42	4.24	1.19	9.67	1.85	3.7	0.7	3.54	0.51	122.39	1.21	2.90	
	玄武安山岩	41.5	64	9.4	37	5.6	1.8	6.9	1.12	6.8	1.3	3.5	0.5	3.1	0.51	183.03	0.88	9.60	
	玄武岩	7.96	20.8	3.63	17.9	4.93	1.63	5.5	0.98	5.89	1.26	3.32	0.53	3.45	0.57	78.35	0.95	1.65	Li X H,2008
		17	40.5	5.83	26.3	5.78	2.01	6.12	1.03	6.01	1.24	3.24	0.5	3.34	0.55	119.45	1.03	3.65	
		6.19	17.4	3.24	15.9	4.16	1.33	4.38	0.79	4.76	0.97	2.56	0.4	2.69	0.42	65.19	0.95	1.65	
		12.8	30.7	4.24	19.2	4.53	1.57	4.59	0.83	4.91	0.98	2.6	0.39	2.5	0.39	90.23	1.04	3.67	
		11.3	31.9	5	24.8	6.18	2.21	6.22	1.12	6.5	1.33	3.55	0.55	3.53	0.56	104.75	1.08	2.30	
		8.06	21.2	3.43	16.8	4.52	1.61	4.74	0.89	5.49	1.12	3.02	0.47	3	0.47	74.82	1.06	1.93	
		6.95	16.6	2.27	10.5	2.64	0.93	2.76	0.51	2.96	0.64	1.81	0.3	1.86	0.3	51.03	1.05	2.68	
	玄武岩	33.7	68	7.8	30.7	5.92	1.9	6	0.8	4.02	0.73	2.18	0.29	1.77	0.27	164.08	0.97	13.66	Wang Xiaolei,2009
		24.2	47.9	5.44	21.3	4.08	1.36	4.1	0.56	2.81	0.55	1.55	0.21	1.34	0.19	115.59	1.01	12.95	
		5.95	13.2	1.8	8.2	2	0.83	1.95	0.27	1.7	0.36	1.01	0.15	0.94	0.16	38.52	1.27	4.54	
		8.31	18.6	2.64	12.7	3.05	1.15	2.95	0.46	2.62	0.59	1.61	0.24	1.56	0.25	56.73	1.16	3.82	
		8.57	19.4	2.63	12.3	2.97	1.14	3.02	0.45	2.63	0.58	1.65	0.22	1.72	0.26	57.54	1.15	3.57	
	玄武安山岩	7.96	18.1	2.58	11.9	2.9	1.07	2.98	0.44	2.79	0.59	1.66	0.23	1.66	0.25	55.11	1.10	3.44	
		8.19	18.7	2.64	12.8	3.13	1.22	3.04	0.46	2.76	0.57	1.72	0.23	1.53	0.22	57.21	1.19	3.84	
		6.99	17	2.49	11.9	2.95	1.14	2.99	0.42	2.63	0.56	1.57	0.23	1.5	0.24	52.61	1.16	3.34	

续表 3-18

地层	岩性	La	Ce	Pr	Nd	Sm	Eu	Gd	Tb	Dy	Ho	Er	Tm	Yb	Lu	ΣREE	δEu	$(La/Yb)_N$	数据来源
上段酸性火山岩	流纹岩	35.4	76.3	8.95	35.7	8.45	1.59	9.81	1.66	10.2	2.1	6.24	0.89	5.62	0.83	203.74	0.53	4.52	Wang Xiaolei，2009
		46.5	97.7	11.3	44.3	10.1	1.56	11.2	1.92	11.7	2.42	7.27	1.07	6.87	1.05	254.96	0.45	4.86	
		46.8	93.2	10.5	41	9.29	1.04	10.7	1.85	11.5	2.41	7.18	1.08	6.94	1.02	244.51	0.32	4.84	
		49.9	105	11.8	45.4	10.5	1.05	11.9	2.11	13	2.71	8.43	1.24	8.09	1.22	272.35	0.29	4.42	
		38.9	80.7	9.27	35.9	7.75	1.4	8.13	1.13	5.22	0.81	2.04	0.26	1.51	0.2	193.22	0.54	18.48	
		42.4	87.2	10	38.7	8.2	1.49	8.63	1.2	5.82	0.97	2.67	0.33	1.99	0.29	209.89	0.54	15.28	
		40	82.2	9.55	37.6	8.38	0.9	10.2	1.72	10.2	2.13	6.37	0.91	5.72	0.88	216.76	0.30	5.02	
	流纹斑岩	54.2	114	13.4	51.2	11.5	1.37	12.6	2.12	13.7	2.89	8.56	1.26	8.15	1.2	296.15	0.35	4.77	
		51.8	109	13	49.6	11.4	1.29	12.6	2.17	14.3	2.97	9.19	1.36	8.69	1.3	288.67	0.33	4.28	
		48.7	102	12.3	46.4	10.8	1.21	11.8	2.02	13.1	2.72	8.25	1.23	7.95	1.19	269.67	0.33	4.39	
		20.2	63.6	5.43	20.3	5.27	0.54	6.38	1.34	9.87	2.19	6.92	1.07	6.98	1.04	151.13	0.28	2.08	
		28.4	69.2	8.99	36.2	10.3	0.34	11.9	2.29	15.7	3.29	10.2	1.57	10.1	1.5	209.98	0.09	2.02	
		47.2	95	10.9	39.9	8.31	1.19	8.71	1.4	8.65	1.76	5.31	0.78	4.92	0.74	234.77	0.42	6.88	
	流纹岩	53.7	109	12.3	48.4	10.8	1.84	13.5	2.86	23.9	6.04	19.7	3.12	20.4	3.11	328.67	0.47	1.89	Li X H,2008
		101	261	40.6	177	39.9	6.03	30.6	4.37	24.8	5.07	15.5	2.4	16.3	2.59	727.16	0.51	4.44	
		73.5	179	26	115	26.5	4.21	24	3.48	22.5	5.42	18.2	2.84	18.6	2.93	522.18	0.50	2.83	
		73.2	199	32.6	147	36.9	6.1	32	4.49	24.7	5.56	19	3.15	20.2	3.1	607	0.53	2.60	
		101	257	39.4	162	35.9	5.78	29.1	4.74	28.2	6.72	22.5	3.58	24	3.61	723.53	0.53	3.02	
		82	174	19.6	68	12.9	2.01	13.9	3.84	32	8.17	29.8	4.96	31.4	5.33	487.91	0.46	1.87	
		78.7	174	22.3	96.8	20	2.95	19.1	4.11	29	6.71	20.4	3.15	20.3	3.12	500.64	0.45	2.78	
		111	283	41.8	198	48.9	6.6	35.4	5.89	34.9	7.58	21.5	3.32	20.8	3.26	821.95	0.46	3.83	
		84	209	30.4	131	29.7	4.14	23.5	4.57	30.6	6.76	21.5	3.49	21.6	3.26	603.52	0.46	2.79	
	流纹岩	48.18	208.92	21.32	99.44	23.35	1.26	20.99	3.53	20.37	4.15	12.68	2.04	14.02	2.23	482.48	0.17	2.47	卢成忠等,2007
		74.58	172.48	20.66	93.35	21.69	3.27	19.69	3.61	20.03	3.96	11.31	1.76	11.62	1.86	459.87	0.47	4.60	
		47	100	16.8	76	17.4	3.12	16.8	2.62	14.8	2.6	6.9	0.91	5.7	0.87	311.52	0.55	5.91	
	斑状流纹岩	42.9	82	8.6	33	8.5	1.01	10.7	1.84	11.6	2.4	7.2	1.11	7.4	1.19	219.45	0.32	4.16	
	斑状流纹岩	44.1	71	16	64	11.9	2.05	10.6	1.99	13.4	2.5	6.4	0.79	4.9	0.7	250.33	0.55	6.46	

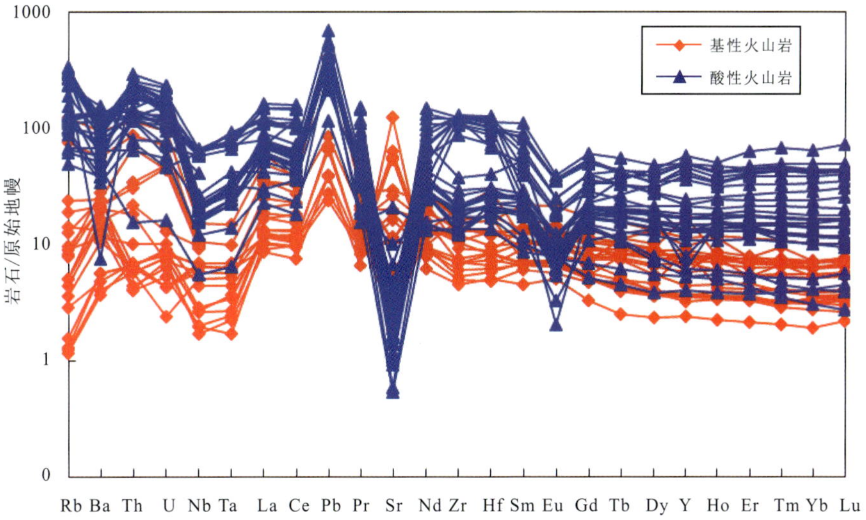

图 3-40 上墅组火山岩原始地幔标准化蛛网图

综上所述，晋宁运动早期(1～0.9Ga)，华夏陆块向扬子陆块运动，洋壳俯冲，地幔物质上涌，熔融下地壳物质及俯冲沉积物，形成岛弧玄武质岩浆，玄武质岩浆演化、喷发，形成江南古岛弧；晋宁运动中期(0.9～0.85Ga)，扬子与华夏陆块沿江山—绍兴一带完成古陆弧碰撞拼贴，褶皱造山(经历弧后盆地消亡→山前盆地磨拉石堆积)；晋宁运动晚期(0.832～0.8Ga)江绍拼接带西北侧乃至整个华南地区沿钦杭构造带开始裂解，发育拉张背景下的陆相双峰式火山岩，同时出现拉张环境下的基性—酸性双峰式侵入岩组合。进入加里东期，浙西北进一步裂解，形成陆内裂陷沉积盆地。

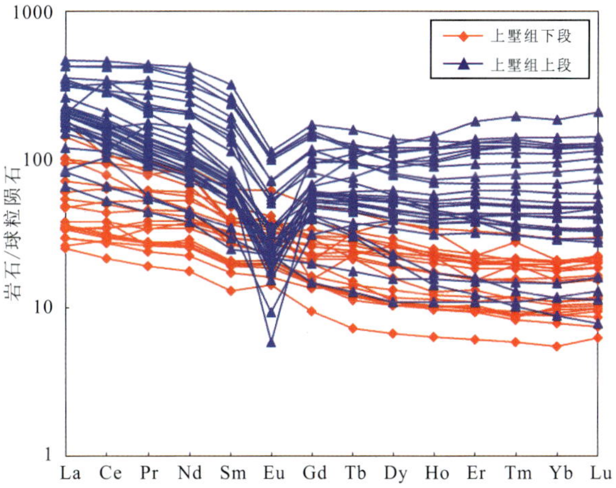

图 3-41 上墅组火山岩稀土元素配分曲线图

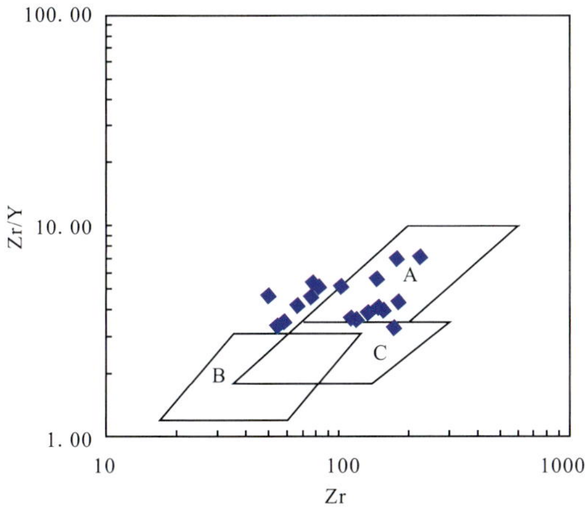

图 3-42 Zr/Y-Zr 图解

(底图据 Pearce & Norry,1979)

A. 板内玄武岩;B. 火山弧玄武岩;C. MORB 大洋中脊玄武岩

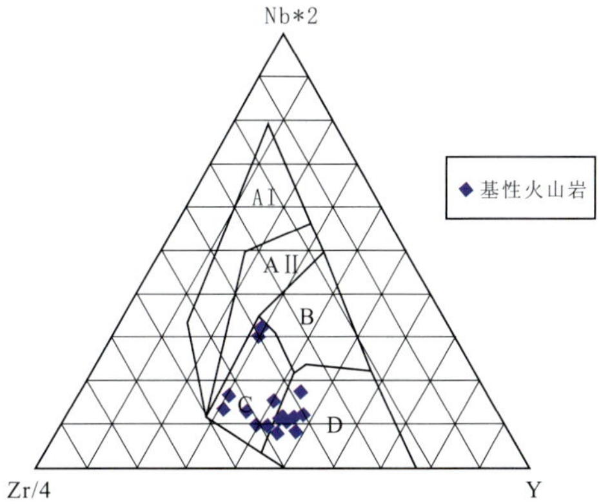

图 3-43 Zr-Nb-Y 判别图解

(据 Meschede,1986)

AⅠ. 板内碱性玄武岩;AⅡ. 板内碱性玄武岩和板内拉斑玄武岩;B. E 型 MORB;C. 板内拉斑玄武岩和火山弧玄武岩;D. N 型 MORB 和火山弧玄武岩

3.3 早古生代陆内裂陷沉积与褶皱造山阶段

晋宁运动中期扬子与华夏陆块沿江山—绍兴一带完成古陆弧碰撞拼贴，皱褶造山，晋宁运动晚期，碰撞汇聚带进入拉张伸展阶段，即构造转换阶段，以上墅组陆相双峰式火山岩喷发(0.832～0.8Ga)为标志，江绍拼接带西北侧乃至整个华南地区沿钦杭构造带开始裂解，进入加里东期，浙西北进一步裂解，形成构造转换陆内裂陷沉积盆地(图 3-44)。

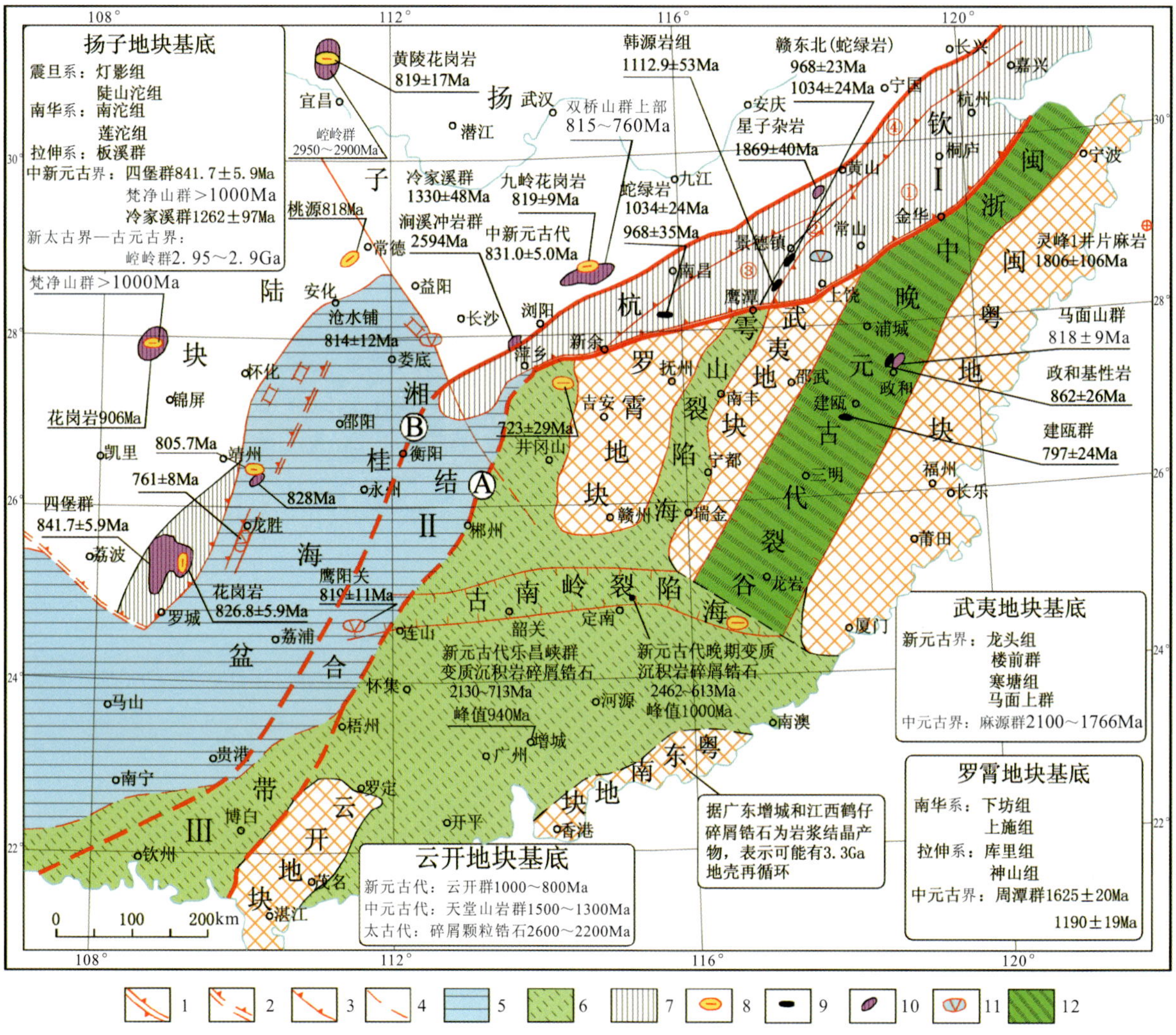

图 3-44　华南新元古代—早古生代构造格局

(据许效松等，2012 修改)

1. 古南华洋俯冲带；2. 推测古南华洋俯冲带；3. 拼合构造带边界；4. 沉积构造域结合带；5. 扬子沉积构造域；6. 华夏沉积构造域；7. 钦杭裂陷槽沉积域；8. 花岗岩；9. 超基性岩；10. 有年龄数据变质基底；11. 火山岩；12. 闽浙中-新元古代裂谷

加里东浙西裂陷盆地沉积经历 3 个阶段(表 3-19)：①陆相沉积阶段(新元古代)，形成陆相双峰式火山岩；②海陆交互沉积阶段(震旦纪)，形成磨拉石建造-类复理石建造-碳酸盐岩建造-硅质岩建造，构成加里东构造层第一亚层(C_1)；③海相沉积阶段(寒武纪—志留纪)，形成泥质碳酸盐岩建造-复理石、类复理石碎屑岩建造，构成加里东构造层第二亚层(C_2)。

表 3－19　早古生代浙西裂陷槽沉积作用

构造期	时代地层	岩性特征	沉积建造	沉积环境	沉积阶段	成矿作用
海西期	西湖组D_3x	石英砂岩	滨海-陆相碎屑岩建造	滨海相	海相沉积	
加里东期	唐家坞组S_2t	石英砂岩、少量泥砂岩	复理石、类复理石陆源碎屑岩建造	海岸或滨海环境		
	康山组S_2k	泥砂岩、砂岩、粉砂岩				
	河沥溪组S_1h	粉砂岩、泥砂岩				
	霞乡组S_1x	粉砂质泥岩、粉砂岩				
	文昌组O_3w	粉砂质泥岩、细砂岩、砂岩		浅海陆棚相		
	长坞组O_3c	粉砂质泥岩、泥岩，局部为灰岩	泥质碳酸盐岩建造	浅海陆棚相		
	黄泥岗组O_3hn	泥灰岩、钙质泥岩				
	砚瓦山组O_3yw	瘤状灰岩、泥灰岩				
	胡乐组O_2hl	黑色硅质页岩				
	宁国组O_1n	粉砂质页岩				
	印渚埠组O_1y	钙质泥岩、灰岩透镜体				
	西阳山组$\in_3x$	泥质灰岩、瘤状灰岩	硅泥质碳酸盐岩建造	浅海陆棚相		
	华严寺组$\in_3hy$	泥质条状灰岩				
	杨柳岗组$\in_2y$	白云质灰岩、饼状灰岩				
	大陈岭组$\in_1d$	白云质灰岩、硅质泥岩				
	荷塘组$\in_1h$	含碳硅质岩、含磷灰岩透镜体		边缘海湾环境		沉积型多金属层
	皮园村组Z_2p	硅质岩	硅质岩建造	海湾环境	海陆交互相沉积	
	蓝田组Z_2l	含碳硅质泥岩 白云岩 含锰白云岩	碳酸盐岩建造	浅海台地相		热水沉积型Ag、Pb、Zn、S
	陡山沱组Z_1d	白云岩、粉砂质泥岩	碳酸盐岩建造	浅海台地相		
	南沱组Z_1n	白云岩、含砾泥岩	冰成岩系	冰岸-陆架相沉积		
	休宁组Z_1x	粉砂质泥岩 粉砂岩夹泥质灰岩	类复理石建造	潮坪相、浅海陆棚相		
		砂砾岩、岩屑砂岩	磨拉石建造	陆相沉积阶段		
景宁期	上墅组Pt_3s	流纹岩 安山玄武岩	双峰式火山岩	陆相火山、裂解初始阶段	陆相沉积	火山岩型S、Cu(Au)
	虹赤村组Pt_3h	含砾杂砂岩（局部含凝灰岩）	复陆屑杂砂岩建造	潮坪相		
	骆家门组Pt_3l	砂岩、粉砂岩、泥岩	复理石建造(沉积)	浅海陆棚相		
		含砾酸性火山碎屑岩	磨拉石建造	前陆盆地		
		砾岩				

第一构造层(C_1)：休宁组形成最大厚度可达百余米的磨拉石建造和潮坪相、浅海陆棚相类复理石建造和较多的沉凝灰岩。南沱组冰成岩系发育，在间冰期形成以白云岩为主的浅海或滨海沉积。陡山沱组和蓝田组从整体上看是台地背景上沉积的泥质碳酸盐岩建造，自南侧的江山—绍兴一带至北西侧的昌化—安吉一带，其沉积环境分别由蒸发岩台地—局限台地—开阔海台地—台地斜坡带，最后过渡为盆地广海陆棚相沉积，即由南东向北西，沉积盆地水体由浅变深，水动力条件由强变弱，碳酸盐岩由多变少(图 3－45、图 3－46)，其中蓝田组形成期是浙西裂陷槽沉积期一个重要的热水沉积 Ag、Pb、Zn、S 成矿期。

第二构造亚层(C_2)：该构造层在寒武纪初期，沉积了碳硅质泥岩(含石煤)或含碳泥质碳酸盐岩建造，中晚寒武世为泥质碳酸盐岩建造；奥陶纪主要的沉积建造为钙泥质页岩、含碳硅质泥岩和泥质碳酸盐岩建造及复理石类复理石建造，在杭州—嘉兴、常山等地为碳酸盐岩建造；早志留世沉积了一套厚度

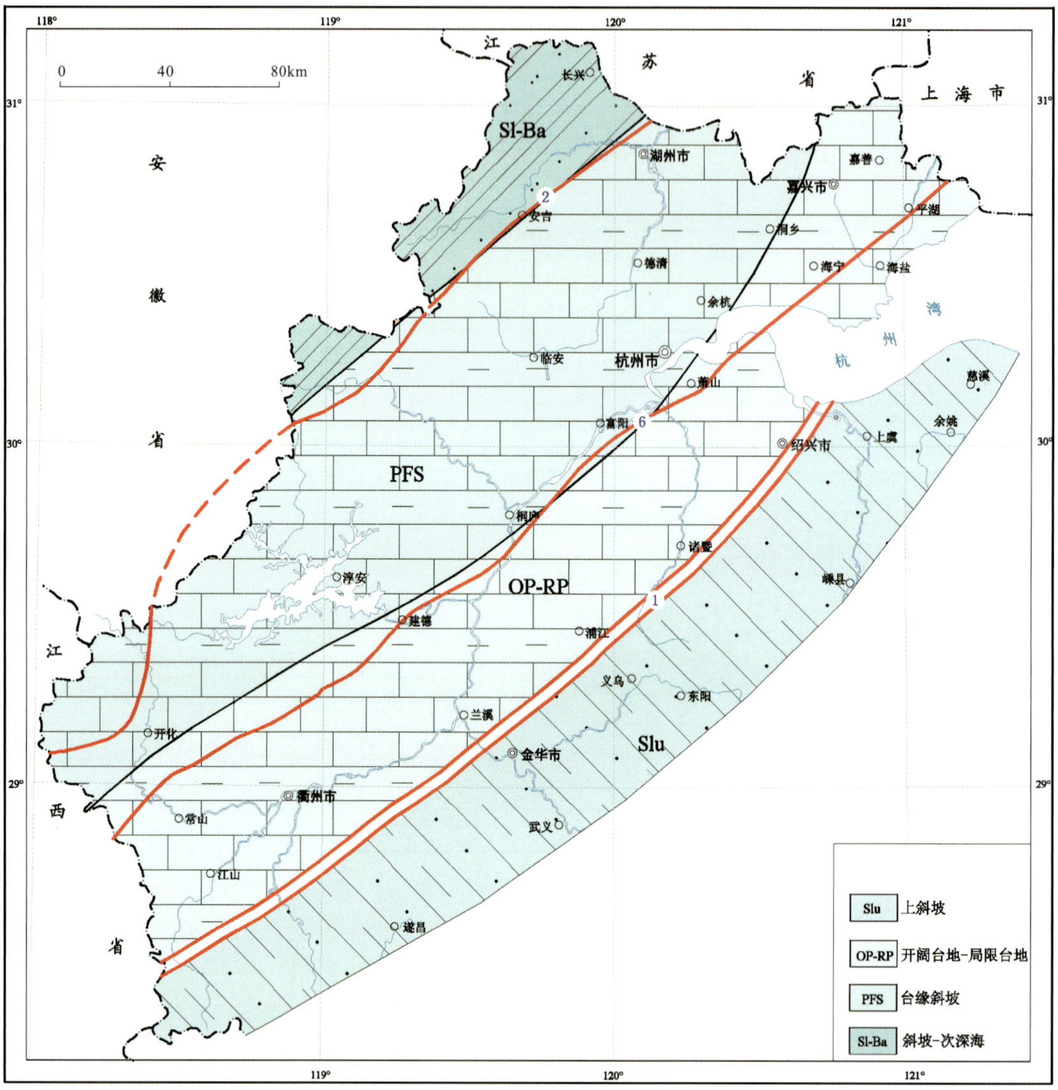

图 3-45　浙西裂陷沉积盆地震旦纪陡山沱组岩相古地理

巨大的类复理石陆源碎屑岩建造，后期由于加里东运动影响，浙江大地整体抬升，海水退却，海盆缩小，江绍拼接带未见康山期、唐家坞期沉积。局部有小规模的火山喷发，形成厚达 2.5～5.5m 酸性凝灰岩堆积。

浙江地学界过去普遍认为，加里东运动在浙西的表现是较弱的，仅表现在早古生界对下伏岩系的超覆关系上。本次研究认为，加里东运动在浙江表现十分强烈，不仅表现为简单的局部升降运动，也表现为轴迹走向北东平缓开阔的褶皱运动，同时发生了区域变质作用和局部岩浆侵入。

加里东运动断裂构造：从震旦纪岩相古地理图看（图 3-45、图 3-46），浙西裂陷盆地在震旦纪沉积时，地层岩相已明显受北东展布的萧山-球川和马金-乌镇断裂控制，说明马金-乌镇和萧山-球川断裂在新元古代晚期即浙西加里东裂陷槽发育初期就已经形成。随着浙西裂陷槽（钦杭裂陷槽的北东段）的进一步张裂，相应发育一系列大小不等的北东向断裂构造（图 3-47、图 3-48）。

加里东运动褶皱变形：陈忠大等（1996）将浙西北及其相邻的安徽、江西接壤部位的上古生界超覆界线，运用地层超覆面展平方法，制成浙西上古生界超覆面展平图（图 3-49），勾绘出浙西北地区加里东运动形成的古地质图，其构造形迹总体为轴迹北东向十分平缓的开阔褶皱，根据地层厚度与出露宽度的

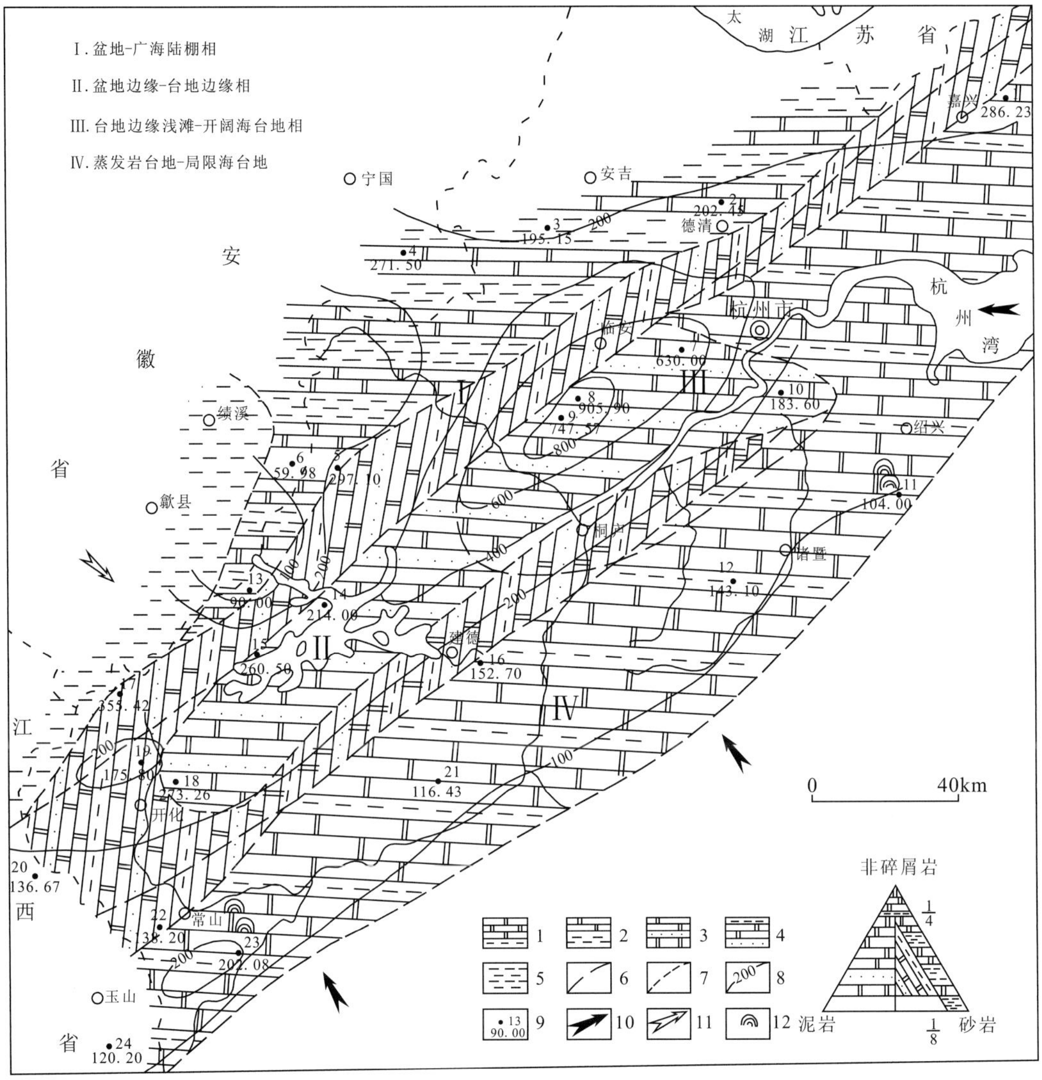

图 3-46　浙西裂陷沉积盆地蓝田组岩相古地理

1.白云岩区；2.砂泥岩、白云岩区；3.砂岩白云岩区；4.白云岩、泥岩区；5.硅质岩、泥岩区；6.相区分界线；7.岩区界线；8.等厚线；9.剖面位置、编号及厚度；10.碎屑物搬运方向；11.海侵方向；12.藻化石

比值，大体可知褶皱的地层倾角仅在 5°～6°，从超覆面下伏地层新老关系可以看出，这一北东向褶皱是向西南方向抬起的。不同空间褶皱方向是有变化的，如淳安汾口地区早古生代地层界线构成明显的叠加褶皱(图 3-50)，它是加里东东西向褶皱被印支北东向褶皱叠加所成。

浙西裂陷槽下基底双溪坞群经历了中晋宁运动的东西向褶皱、晚晋宁运动的南北向褶皱和加里东运动的近北东向褶皱；上基底河上镇群经历了晚晋宁运动的近南北向褶皱和加里东运动的近北东向褶皱。

加里东运动岩浆活动：以往地质调查研究认为浙江加里东运动岩浆作用弱，本次研究在诸暨陈蔡新发现侵入变质中的辉橄岩，其锆石 LA-ICPMS 法年龄为 435±4Ma；1∶25 万衢州幅调查中(浙江省地质调查研究院，2003)在龙游周坞里测得蛇纹石化橄榄岩 LA-ICPMS 法年龄为 415±6Ma；在龙泉测得花岗闪长岩 LA-ICPMS 法年龄为 404±3Ma，其岩石化学和微量元素特征表明其为 S 型花岗岩。浙江加里东期岩浆活动较弱，而在浙江周边特别是华夏地块的福建、江西等地有大量的加里东期花岗岩和混合岩的年代学资料，如武功山穹隆式复式花岗岩 462～428Ma(吴富江，2003；楼法生，2005)、万洋山-诸

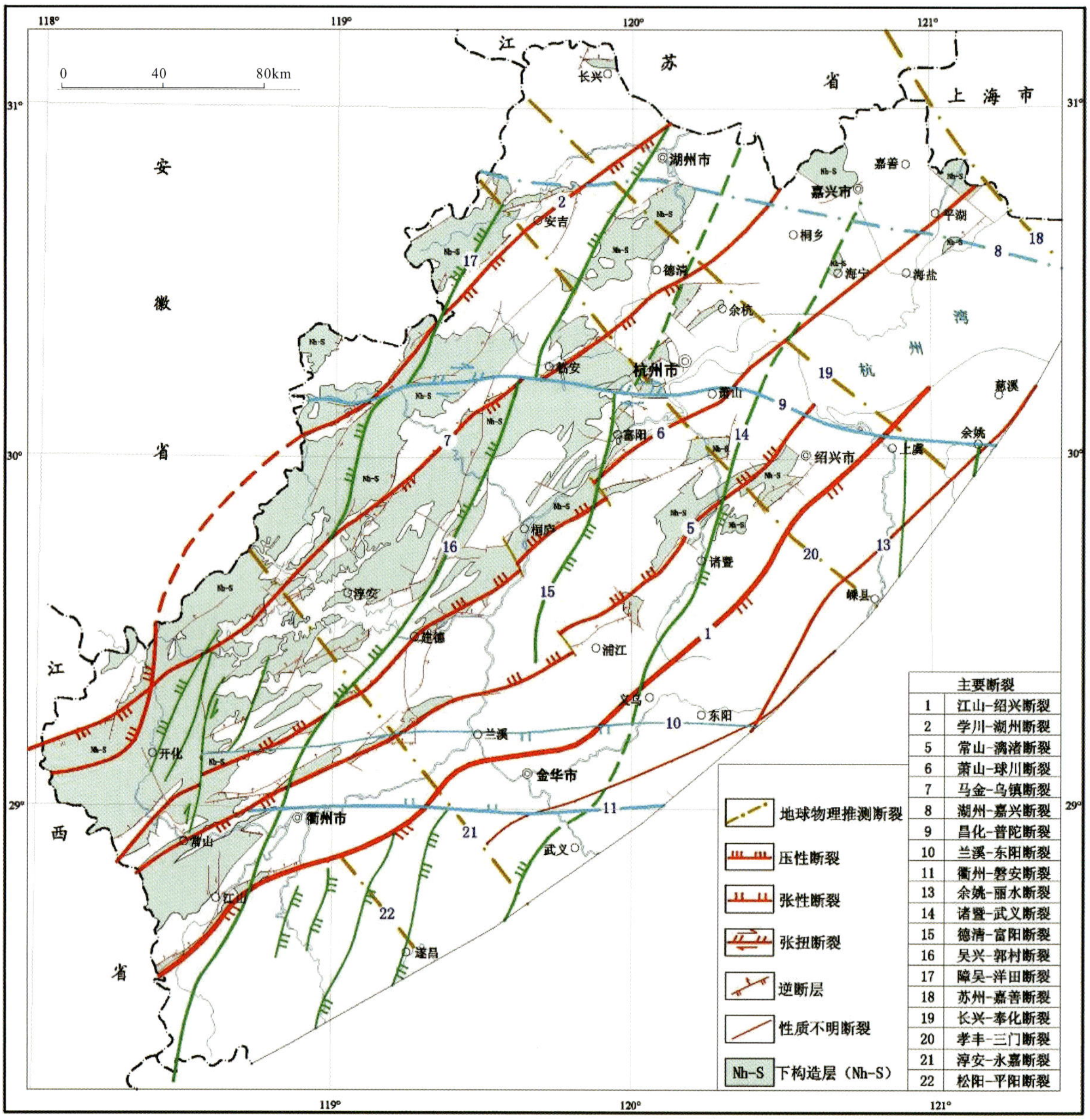

图 3-47　加里东期地层分布与现今断裂分布图

广山花岗岩复式岩基 443～414Ma（袁正新，1997）、武夷山地区花岗岩 415～400Ma 和混合花岗岩 470Ma 左右（曾勇，2000）、云开地区混合岩 449～394Ma（王江海，1999）和钾长球斑片麻状黑云母花岗岩 508～463Ma（周汉文，1994）等，它们均为华南加里东期构造热事件地壳再造的产物。

加里东期变质作用。以江绍拼接带为界，浙西北与浙东南加里东期变质程度差异较大，浙西北主要为低绿片岩相变质，新元古界上墅组和震旦系休宁组、南沱组均表现为浅变质，并发育近东西向区域透入性片理。浙东南诸暨—绍兴一带普遍遭受低绿片岩相动力退变质作用，局部形成糜棱岩或糜棱岩化，退变质作用矿物组合主要为绿泥石＋白云母，在遂昌—龙泉一带地壳热流量高，还发生地壳熔融作用，出现 S 型花岗岩侵入。

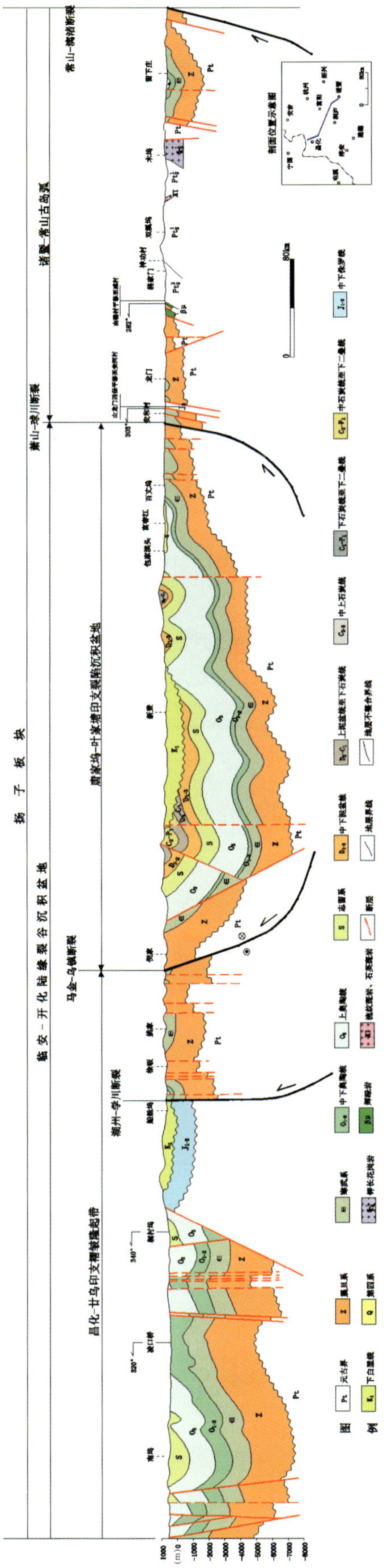

浙西地区诸暨—昌化构造剖面

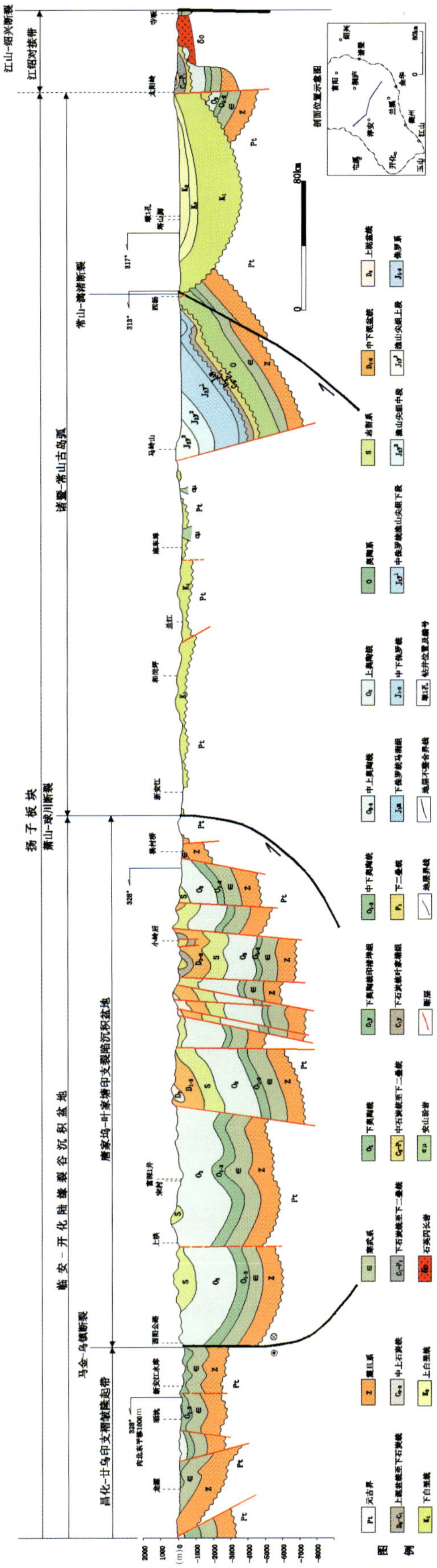

浙西地区兰溪—淳安构造剖面

图 3－48　浙西地区地震构造解译剖面图

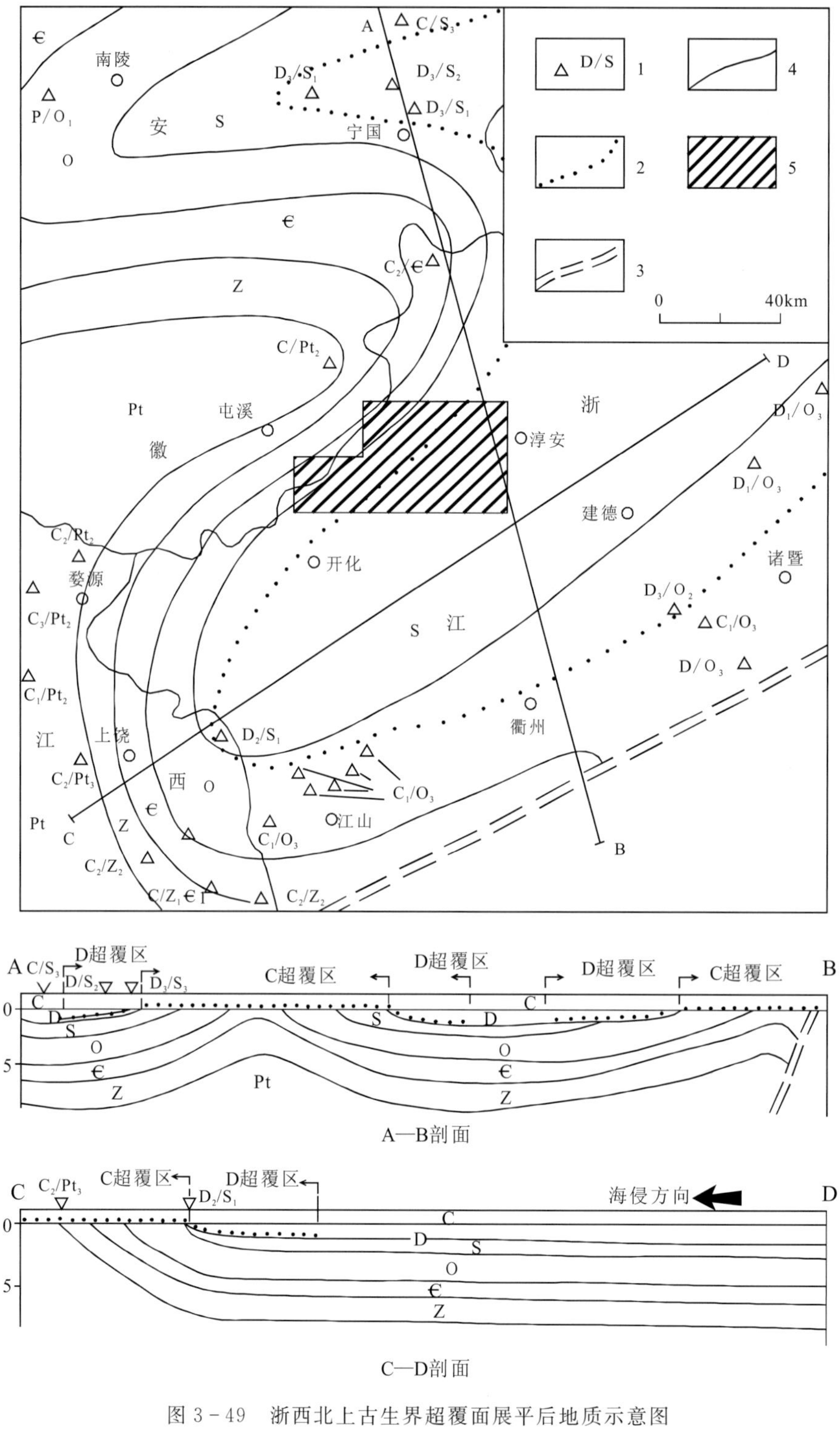

图 3-49　浙西北上古生界超覆面展平后地质示意图

（据陈忠大等，1996）

S. 志留系；O. 奥陶系；∈. 寒武系；Z. 震旦系；Pt. 元古宇；1. 超覆点；2. 超覆线；3. 江绍断裂；4. 省界；5. 工作区

3.4　晚古生代陆表海沉积与褶皱造山阶段

到中泥盆世，加里东造山带构造松弛、伸展，马金-乌镇和萧山-球川断裂重新活动，使得其间的块体整体呈地堑式下陷（图 3－48），导致浙西北拗陷，演变为陆表海沉积环境，其沉积作用与沉积环境如表 3－20 所示。

西湖期海进，沉积由五通群西湖组和珠藏坞组（图 3－51、图 3－52）、叶家塘组组成的滨岸陆屑相及沼泽相的单陆屑建造，其后因柳江上升和淮南上升影响，海侵范围未能进一步扩大，此阶段沉积的单陆屑建造及陆相含煤建造构造了海西—印支旋回第一构造亚层（H^1）。

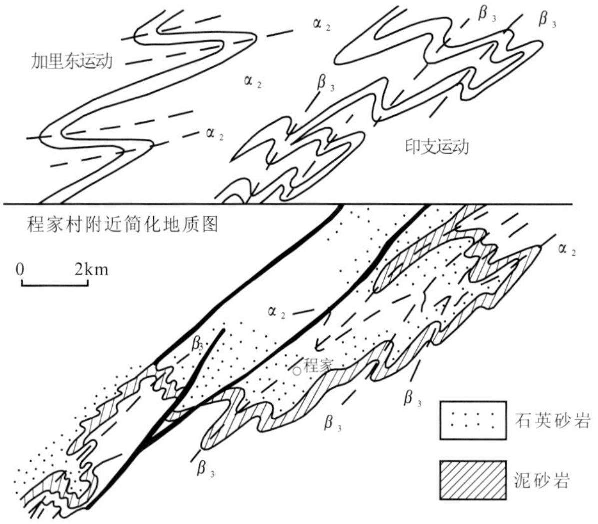

图 3－50　加里东与印支褶皱叠加

（据陈忠大等，1996）

α. 早期加里东近东西向褶皱；β. 晚期印支期北东向褶皱

表 3－20　浙西晚古生代沉积环境与沉积作用

构造期	时代地层	岩性特征	沉积建造	沉积环境	沉积阶段	成矿作用
燕山期	乌灶组T_3w	底部砂岩、粉砂质泥岩，上部砂岩	山间盆地碎屑岩建造	山间盆地	陆相沉积	
海西—印支期	周冲村组T_2z	泥晶灰岩、白云岩	浅海（镁质）碳酸盐岩建造	浅海台地环境	海相沉积阶段	
	青龙组T_1q	泥晶—粉晶灰岩	浅海碳酸盐岩建造			
	长兴组P_2c	微晶灰岩				
	龙潭组P_2l	砂泥岩、砂岩、粉砂岩、泥质粉砂岩		浅海与海湾浅沼环境		
	孤峰组P_1g	硅质岩与硅质泥岩互层	海湾硅质岩建造			
	栖霞组P_1q	泥晶灰岩、泥灰岩，夹燧石结核	碳酸盐岩建造			
	梁山组P_1l	粉砂质泥岩夹灰岩透镜体	碎屑岩建造			
	船山组C_3c	含藻球灰岩、微晶灰岩	碳酸盐岩建造	浅海台地环境		
	黄龙组C_2h	生物灰岩、粉晶灰岩				热水沉积型Cu、Pb、Zn、S矿床
	老虎洞组C_2l	白云岩、含燧石结核	镁质碳酸盐建造			
	藕塘底组C_1o	砂砾岩、泥岩夹白云岩、灰岩透镜体	陆屑滩相建造	海陆交互环境		
	叶家塘组C_1y	砂砾岩、砂岩、粉砂岩、泥岩互层	陆屑滩相沼泽相单陆屑建造		海陆交互沉积阶段	
	珠藏坞组D_3C_1	砂岩、粉砂岩、泥岩互层				
	西湖组D_3x	石英砂岩	陆相碎屑岩建造			
加里东期	唐家坞组S_2t	石英砂岩，少量泥砂岩	类复石陆源碎屑岩建造	海岸或滨海环境	滨海沉积阶段	

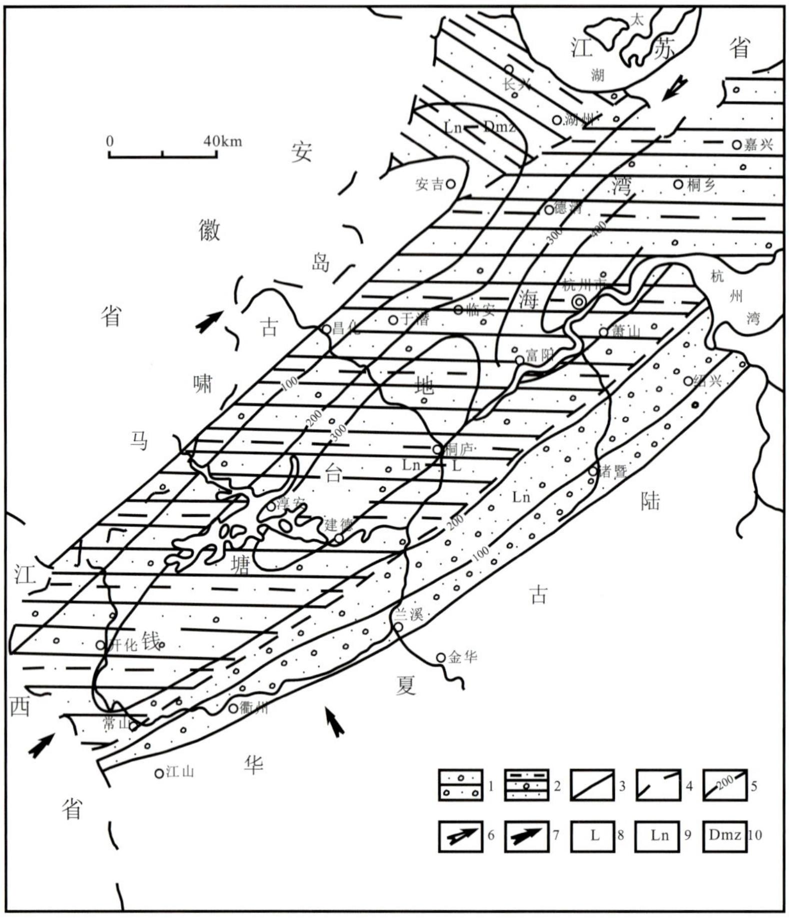

图 3-51　浙江晚泥盆世五通群岩相古地理图

（引自浙江省区域地质志，1909）

1.砂砾岩；2.泥岩、含砾砂岩；3.古陆边界；4.岩相界线；5.地层等厚线；6.海侵方向；7.沉积物搬运方向；8.陆相；9.滨海陆屑滩相；10.滨海沼泽相

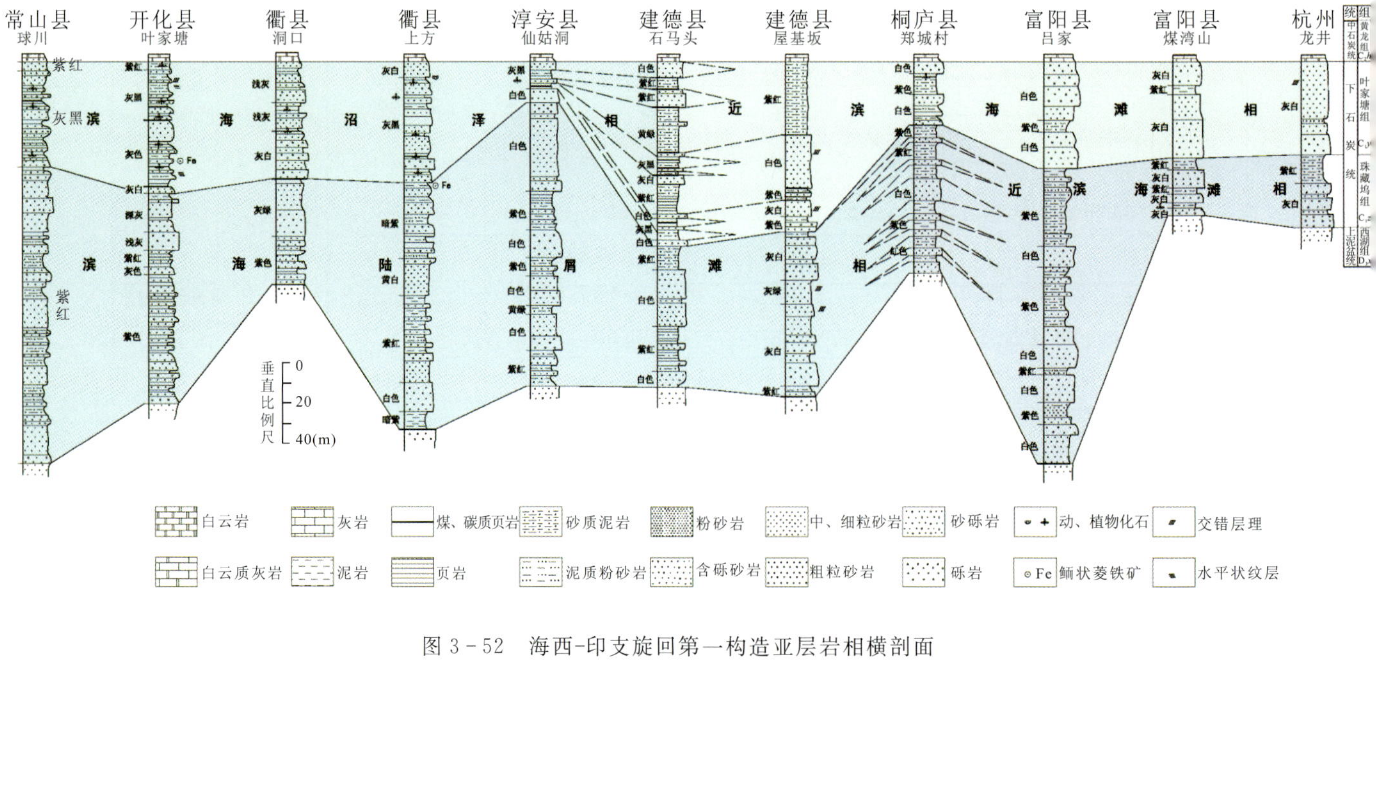

图 3-52　海西-印支旋回第一构造亚层岩相横剖面

淮南上升后，晚石炭世海盆逐步扩大，在江山—绍兴靠近浙东南蚀源区，形成滨岸陆屑滩相砂砾岩，向西北淳安—杭州一带，受萧山-球川断裂与马金-乌镇断裂控制，形成了水体相对较深的北东向海槽，连续沉积了一套碳酸盐岩建造；昌化-普陀断裂以北的湖州、嘉兴地区沉积了一套以开阔盆地相为主的碳酸盐岩建造(图 3-53)。这一阶段形成的地层由上石炭统的藕塘底组、老虎洞组、黄龙组和船山组组成，构成海西—印支旋回第二构造亚层(H^2)。

第三构造亚层(H^3)包括二叠纪及三叠纪的沉积，地层主要出露在昌化-普陀断裂以北的湖州地区，在江山等地也有零星分布。

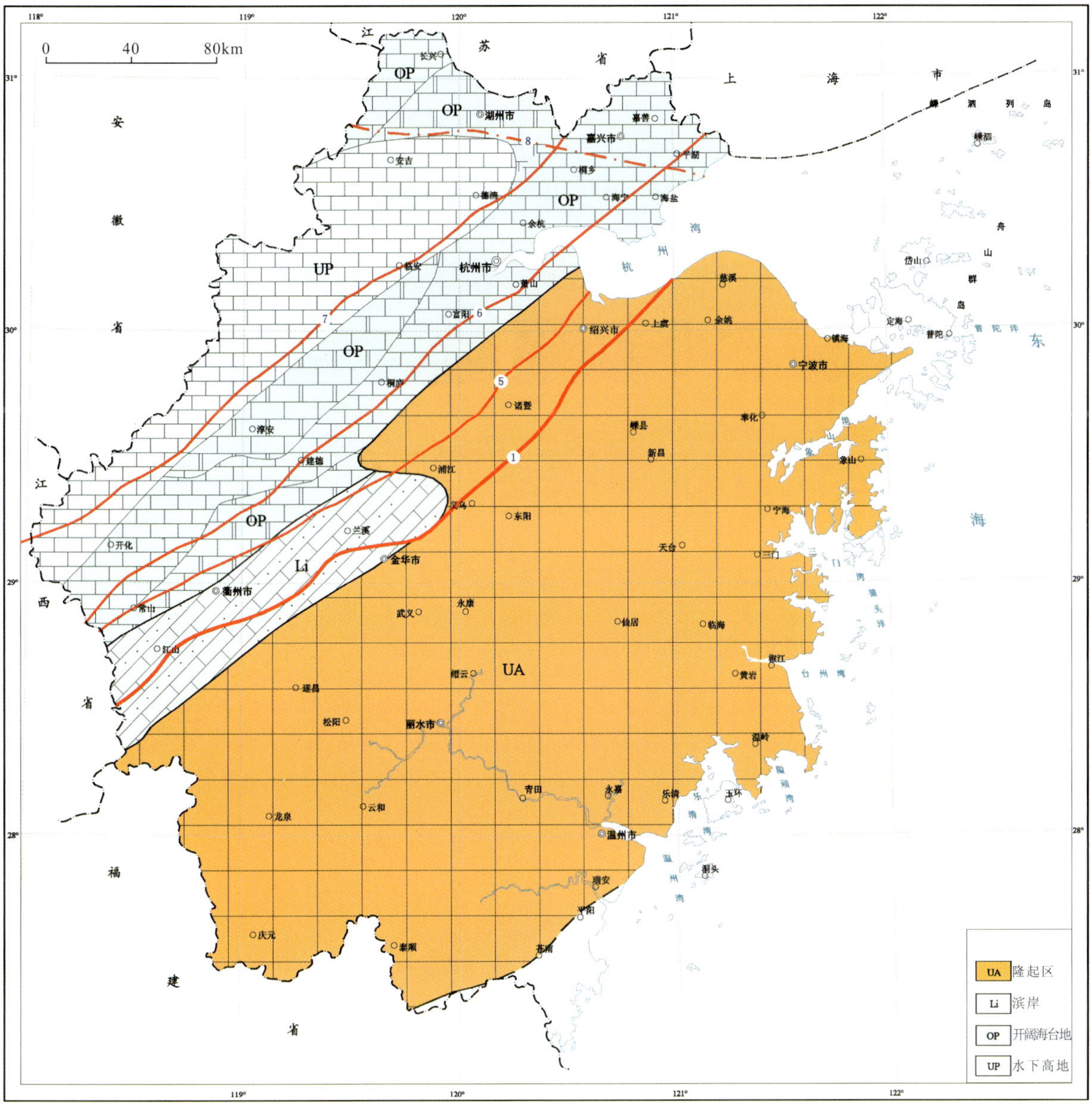

图 3-53　中石炭世岩相古地理图

海西-印支构造层的基本特征是碳酸盐岩沉积几乎为陆表海沉积，沉积建造中的单陆屑、硅泥质岩、含煤及碳酸盐岩等成分常见，其空间分布主要受北东向的马金-乌镇、萧山-球川断裂和东西向的昌化-普陀断裂、湖州-嘉兴断裂控制。

浙东南区在海西-印支构造期，总体为抬升的剥蚀源区，海西-印支构造层仅有 4～5 处零星分布，总面积在数平方千米以内，青田县芝溪头杂岩的岩性组合表现为单陆屑含煤建造，可能是滨岸潮坪环境下形成的海陆过渡相沉积。

浙江印支期火山活动弱，缺乏火山活动的证据，但浙西北的石炭系底部和二叠系疑似有火山活动的产物。如骆学全等(2012)在浙江建德岭后铜矿含矿层发现有凝灰质岩石(图 3-54)，石炭系底部白云岩和硅质岩可能是火山热泉活动的产物(周乐尧，2011)；长兴上二叠统见厚约 0.19m 的酸性凝灰岩。

LH-D2 纹层状含铜黄铁矿夹凝灰岩
（浙江岭后铜矿，-159m中段2号采场）

LH-D5-5 黏土化玻屑凝灰岩之凝灰结构（200+）

图 3-54　建德岭后铜矿含矿层凝灰质岩石
（据骆学全，2011）

浙东南华夏地块未见相应的火山活动，但印支期花岗岩类较发育，岩性有混合碱长花岗岩、混合花岗岩、混合二长花岗岩、混合花岗闪长岩及混合石英正长岩，空间分布与变质岩关系密切，如松阳混合石英二长岩，锆石 LA-ICPMS 年龄 230.4±1.8Ma，诸暨混合石英二长岩，LA-ICPMS 年龄 222.4±3.1Ma，遂昌翁山混合二长花岗岩，锆石 SHRIMP 年龄 225±1Ma(Sun et al.，2011)，遂昌靖居混合花岗岩，锆石 LA-ICPMS 年龄 215±2Ma(李万友等，2012)。根据岩石化学成分和微量元素特征判别，印支期花岗岩多为地壳重熔型，为挤压环境下的同碰撞花岗岩，个别为地壳伸展期拉张环境下的 A 型花岗岩。从整个华南来看，印支期花岗岩没有越过安化-溆浦-靖县断裂，整体呈面状展布，基本没有幔源物质残余，也没有发现与印支期花岗岩同期的火山岩(图 3-55)，如此特征显然与典型洋陆造山带成带状展布的钙碱性岩浆作用分布趋势不相吻合。华南印支期花岗岩有两个主要形成时期：一个时期是 243～230Ma，对应早三叠世末—中三叠世早期，岩浆起源于中上地壳变泥质源区，因地壳叠置加厚产生花岗岩，为挤压环境下的同碰撞花岗岩；另一个时期是 220～210Ma，对应于晚三叠世早期，因在局部地域快速自然减薄引起，岩浆起源于泥质组分＋变火成质组分的混合源区，是在“自由”空间(往往是伸展构造环境)下的后碰撞花岗岩(Wang X L et al.，2006；Wang Y J et al.，2007)。

这些花岗岩均由 I 型和 S 型过铝质花岗岩组成，印支期雪峰构造系统非洋陆碰撞属性，而是陆内构造属性。把华南内部岩浆岩的峰值时间和周缘碰撞时间相联系，华南内陆地区 244～230Ma 由于陆内地壳物质叠置加厚作用形成花岗岩事件，与华南周缘造山作用具有很好的时序耦合，尤其是现今北越 Song Ma 缝合带碰撞的峰值时间为 258～243Ma(Carter A et al.，2001)。浙江印支期岩浆活动与整个华南地区是一致的，可能是在周缘碰撞挤压情况下，地块内部地壳的叠置和后期的减薄作用引起的。

海西-印支期构造特征。从岩相古地理看，这一时期岩性岩相明显受北东向的马金-乌镇、萧山-球川断裂、学川-湖州断裂和东西向的昌化-普陀、湖州-嘉兴断裂控制；地层走向分布也明显受区域构造控

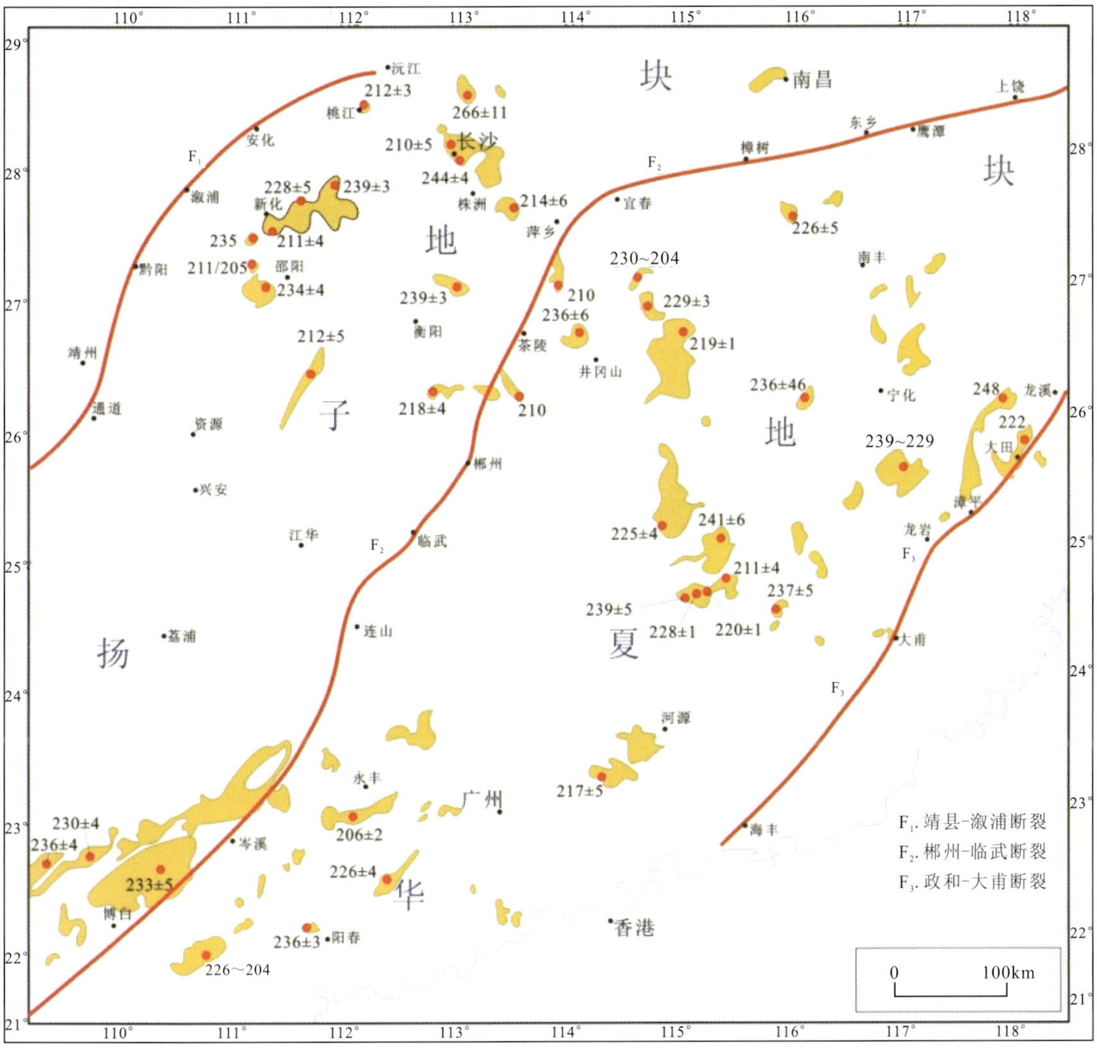

图 3-55　华南内陆地区印支期花岗岩分布图

（年代数据据王岳军，2010；单位：Ma）

制，萧山-球川断裂以西、马金-乌镇断裂以东的地区，总体呈北东向展布，浙北的湖州-嘉兴断裂以北地区，总体呈东西向展布，另外在江绍拼接带以西靠近拼接带边缘地区，也有少量呈北东向展布（图 3-56）。说明这些断裂在晚古生代陆表海沉积阶段一直处于活动状态，并控制沉积环境与沉积作用。

印支运动导致浙江全区褶皱抬升，广泛发育的褶皱与推覆构造是印支运动的特点。与加里东期构造层相比较，海西-印支期构造层总体上位于复向斜的核部地区，说明整体上下构造层和上构造层具有统一的变形历程（图 3-48），褶皱方向总体上是北北东向，叠加在加里东期北东向褶皱之上。逆冲推覆构造在不同空间推覆方向是不一样的，浙西北开化—临安一带，总体上呈现由北西向南东方向推覆，如马啸黄龙组逆冲于西阳山组之上；浙东南地区总体呈现由南东向北西推覆；浙北长兴一带总体呈现由北向南推覆。

3.5　中生代陆缘火山活动阶段

印支运动使浙江大地造山隆起（230～180Ma），从 180Ma 开始，古太平洋板块开始向欧亚大陆俯

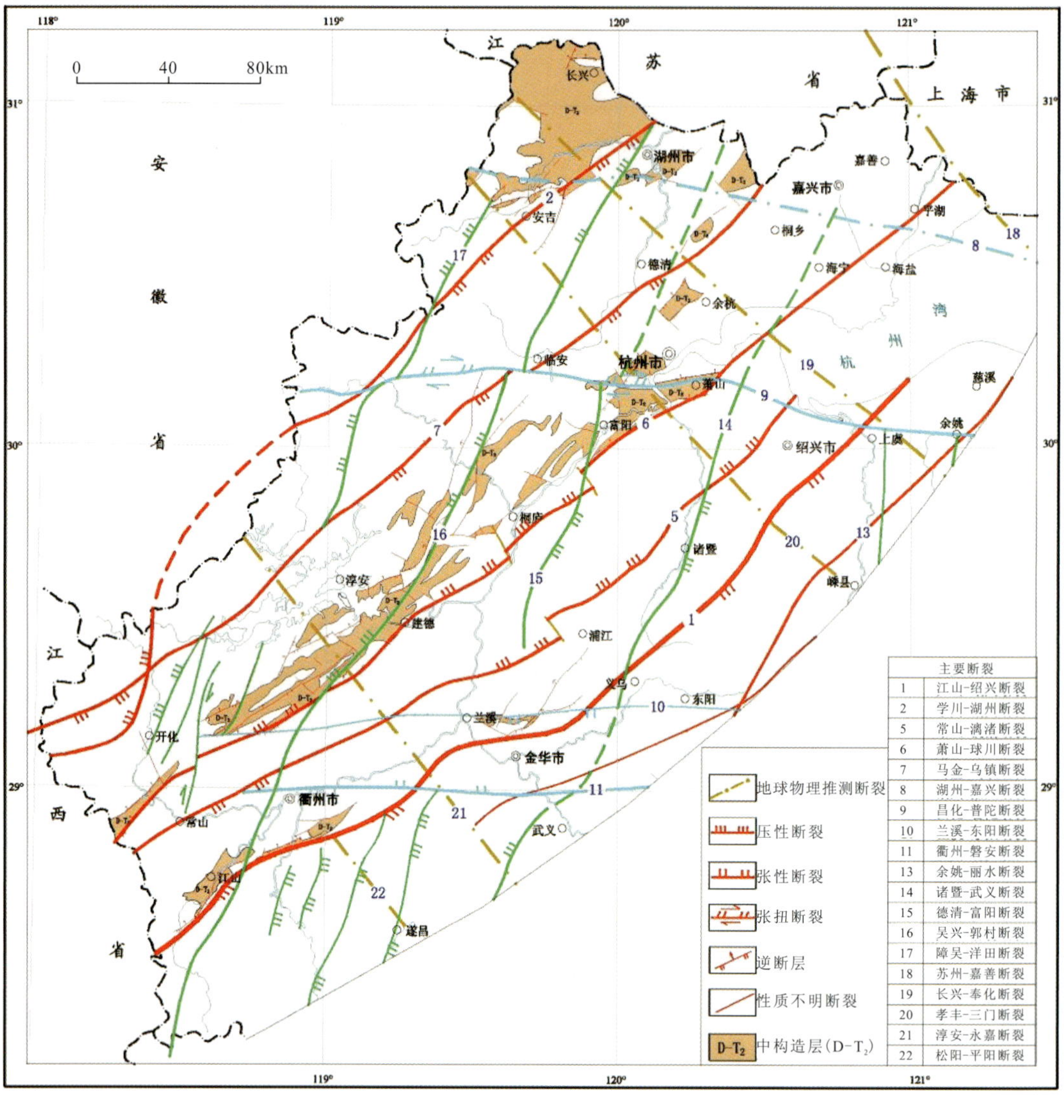

图 3-56　海西-印支构造层分布与区域断裂控制

冲，俯冲作用制约了岩浆活动(曹荣华，1990；郭令智等，1983；Lapierre H et al.，1999；Chen J F et al.，1998)。古太平洋俯冲角从早期到晚期由缓变陡，从早期180Ma俯冲板块的俯冲角约10°逐渐变为晚期85Ma的约80°(李显龙等，1999)，早期低角度俯冲，形成大规模的盖层褶皱和推覆构造，同时挤压作用造成地壳物质部分重熔，并伴随深部岩浆的部分加入，形成造山环境的Ⅰ型和S型花岗岩侵入；白垩纪开始，俯冲角逐渐变陡，俯冲带逐渐后退，岩浆弧由西向东迁移，形成大面积的火成岩，伴随花岗岩侵入(图3-57)。

燕山早期造山隆起，浙江山间洼地形成北东向狭长内陆盆地，堆积厚度不一的磨拉石建造和河湖相复陆含煤建造，由浙西北的王沙溪组(J_1w)、马涧组(J_2m)、渔尖山组(J_2y)和浙东南的乌灶组(T_3w)、枫坪组(J_1f)、毛弄组(J_2ml)组成，构成燕山构造层的第一构造亚层(Y^1)(图3-58)。受古太平洋板块早期挤压影响，该亚层在兰溪马涧一带形成宽缓的背斜和向斜构造，火成活动强度弱，仅在浙东南的毛弄组有厚度不大的酸性火山岩(锆石SHRIMP法年龄180±4Ma；陈荣等，2007)。

第一构造亚层(Y^1)以往调查研究未见相应的侵入活动，但近年随着同位素测年技术的进步，发现了一批中晚侏罗世的侵入岩。本期侵入岩主要发育于江绍拼接带及其北西侧，如桐村开化花岗斑岩

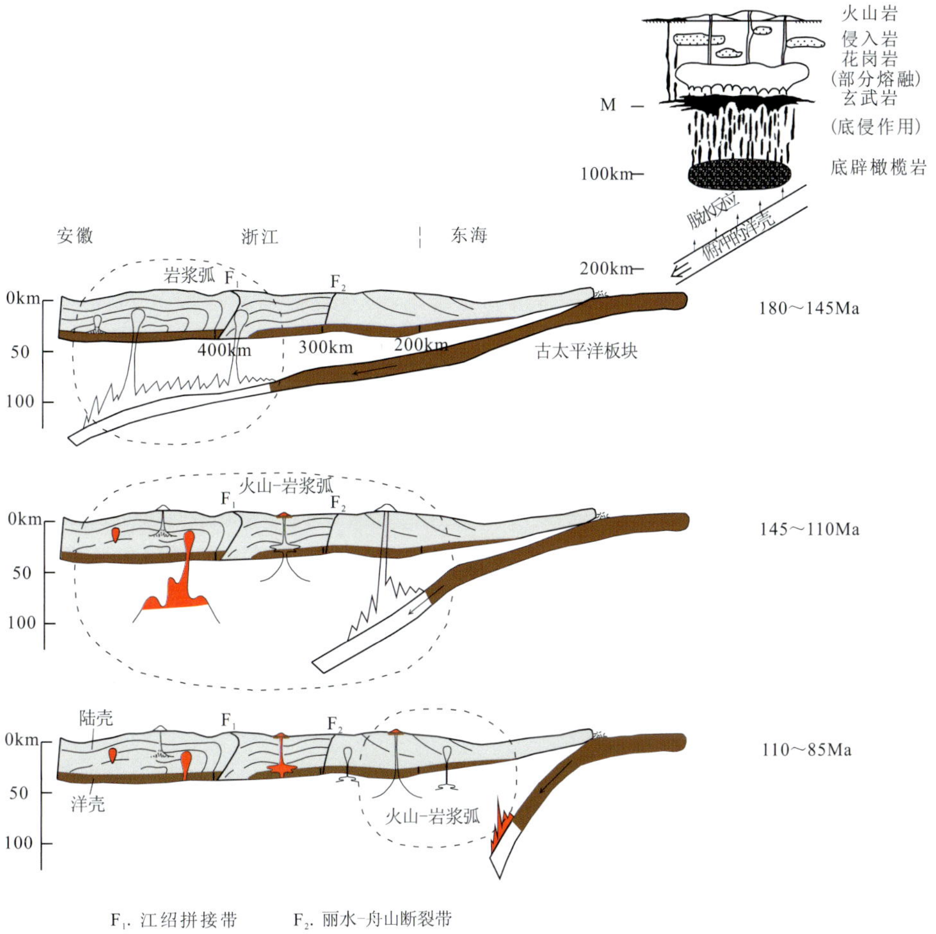

图 3-57　浙江燕山期火山-岩浆作用模式

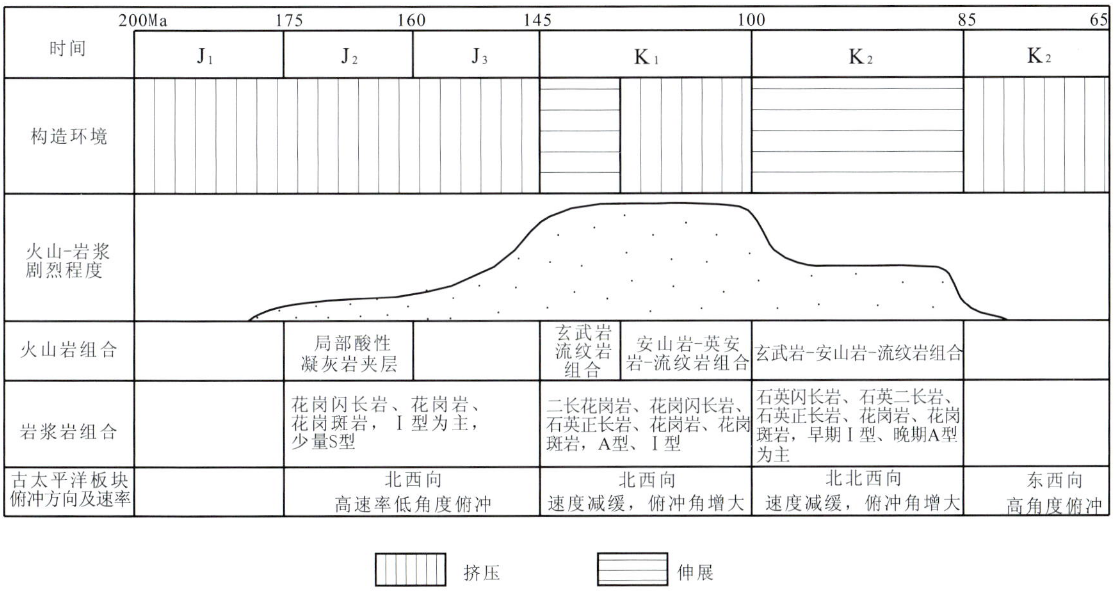

图 3-58　浙江燕山期构造转换与岩浆-火山作用关系

(167.6±2.5Ma;邱骏挺,2011)、绍兴栅溪黑云母花岗岩(150.1±2.6Ma;顾明光,2011)和广山岩体花岗斑岩(147.2±1.7Ma;顾明光,2011)、淳安开岭脚(151±3Ma;汪建国等,2010)及里陈家花岗闪长岩(148±2Ma;汪建国等,2010),江绍拼接带东南侧也有少量出露,如镇海澥浦花岗岩(177±1Ma;浙江地调院,2010)和毛断花岗斑岩(Li et al.,2011)。本期侵入体多呈岩株、岩枝状产出,个别面积大于 $100km^2$ 为岩基,岩性以花岗斑岩和花岗闪长岩为主。区域北东或北北东向构造是本期侵入岩体的控岩构造,北东或北北东向压性断裂和配套的北西向张扭性断裂的结点,是岩体的侵入通道和储岩空间。

地球化学和同位素特征表明,这些岩体据具有高硅、高碱、富铝的特征,轻重稀土强烈分异,轻稀土富集,具有微弱的 Eu 异常,属过铝质高钾钙碱系列 I 型(个别如淳安结蒙花岗闪长岩为 S 型)花岗岩,侵入的构造背景为岛弧造山环境,其岩浆来自地幔岩浆上升过程中熔融部分下地壳物质形成的壳幔混合岩浆,本期岩浆作用可形成矽卡岩型铁、锡、铜、铅锌等矿床和斑岩型钼(铜)矿床。

中侏罗世进一步隆起,使浙江几乎缺失晚侏罗世的堆积。

早白垩世浙江进入强烈的火山喷发期(145～115Ma),火山岩遍布全省,堆积了巨厚的火山-沉积岩系,浙西北称为建德群,浙东南为磨石山群,构成了燕山构造的第二构造亚层(Y^2)。

以江绍拼接带为界,浙西北第二构造亚层火山岩呈北东向带状分布,受北东向火山构造洼地或断陷盆地控制,以串珠状中心式喷发为主。火山岩岩石组合具明显区域性特征,以昌化-普陀断裂为界,北侧莫干山、天目山、百丈岭区,以安山岩-粗安岩-石英粗安岩-流纹岩组合为主,南侧龙门山区,以玄武安山岩-石英粗安岩-碱长流纹岩为主,以富钾为特征。底部的劳村组,岩性为泥质粉砂岩、砂岩、流纹质凝灰岩、流纹岩,局部夹玄武岩,为双峰式火山岩,如建德羊峨剖面玄武-安山质岩石 SiO_2 含量为 53.37%～62.73%,流纹质岩石 SiO_2 含量为 72.85%～77.62%,这两类岩石的微量元素 Zr/Nb、Ta/Hf 比值也分成两组,表明流纹质岩石与玄武-安山质岩石并非同源岩浆演化的产物,而玄武粗安岩、粗安岩和安山岩虽然 SiO_2 含量分别为 53.37%、58.51%和 62.73%,Th、Zr、Nb、Ta、Hf、Y 也有差别,但 Zr/Nb、Zr/Y、Th/Hf、Ta/Hf 比值甚为相似,表明是同源岩浆演化的产物(袁强,2013)。劳村组双峰式火山岩是从早中侏罗世(180～145Ma)古太平洋俯冲角由缓变陡,火山弧由西向东后撤造成的局部拉张伸展环境下形成的。江绍拼接带以南的浙东南地区第二构造亚层火山岩主要受北东、北北东及北西向区域性基底断裂控制,以面状群口式喷发为主,以安山岩-英安岩-流纹岩组合为主,局部出现石英粗安岩-石英粗面岩-英安岩-流纹岩组合,仅在西山头组顶部夹黑色玄武岩,反映总体是在挤压环境下形成的,在西山头组喷发时处于短暂的伸展状态。从岩石化学和微量元素地球化学特征来看,第二构造亚层的火山岩以钙碱性系列为主,局部出现酸性系列或向碱性系列过渡之趋势,显示活动陆缘特征,岩浆主要来自地幔,同时在上升过程中熔入了较多的地壳物质,在古太平洋板块俯冲角由缓变陡,火山弧由西向东后撤造成的地壳拉张伸展环境时,也有地幔残余的基性岩浆溢出。

与本期火山作用相伴的侵入岩广泛发育,空间上主要分布在丽水-舟山断裂以西的昌化-湖州、开化-杭州、常山-绍兴 3 个北东向条带和浙西南遂昌—庆元地区,丽水-舟山断裂以东地区分布甚少,江绍拼接带以西岩体侵入定位主要受北东向、近东西向区域断裂和北东向展布的火山洼地控制,浙西南地区岩体侵入定位主要受北北东向、北西向断裂和火山洼地(或火山构造制约)。岩性主要为似斑状钾长花岗岩、黑云母二长花岗岩、二长花岗岩、石英正长岩、花岗闪长岩、花岗岩和花岗斑岩,岩石化学和微量元素地球化学特征表明,本期岩体多为 A 型和 I 型花岗岩,其中受北东向构造控制的 A 型花岗闪长岩、花岗岩可形成矽卡岩型 Sn、Cu、Mo、Fe、Pb、Zn 矿床(如淳安铜山锡铁矿、余杭闲林钼铁矿等),受近东西向构造控制的 A 型中细粒斑状花岗岩、细粒花岗岩可形成岩浆气水热液型 W(Cu)、Be 矿床(如临安千亩田钨铍矿、夏色岭钨铜矿、安吉郎村钨矿等),受火山洼地或火山构造控制的花岗斑岩可形成 U 矿床(如衢州 3 号铀矿)。

晚白垩世(115～85Ma)古太平洋板块俯冲角进一步变陡,浙江地壳由早白垩世的挤压环境转换为拉张伸展环境,并伴随北东向张性右行走滑特征,早期断裂复活,形成由北东或北北东向与东西向、北东与北西向断裂联合控制的一系列晚白垩世断陷盆地(局部为火山洼地,如仙居盆地),火山喷发作用与早白垩世相比有了明显的减弱，主要接受了湖泊相、河流相沉积，期间常有不同程度的火山喷发沉积，浙西北接受衢江群（中戴组、金华组和衢县组）沉积，浙东南永康盆地接受永康群（馆头组、朝川组和方岩组）沉积、天台盆地按受天台群（馆头组、塘上组、两头塘组和赤城山组）沉积、小雄盆地沉积馆头组、朝川组和小雄组，它们构成了燕山构造层的第三构造亚层（Y^3）。

第三构造亚层火山作用呈间歇喷发（局部如仙居盆地则为强烈的连续喷发），以玄武岩-安山岩-流纹岩双峰式钙碱性火山岩为特征，相应的侵入岩主要分布在丽水-舟山断裂以东地区和南北向余姚—天台一带，岩浆岩带主要受北东向、近南北向区域断裂制约，但侵入岩空间具体定位主要受火山洼地、破火山等火山构造、断陷盆地边缘北东向和北西向断裂以及穿过盆地的近南北向断裂控制，以石英二长岩、石英闪长岩、石英正长岩、花岗岩和碱性花岗岩为主，在 94～85Ma 期间出现了较多的基性（辉绿岩）岩脉或岩墙。岩石化学和微量元素地球化学特征表明，本期主要是 A 型花岗岩，是在拉张背景下上地幔岩浆源受陆壳物质混染的产物，也有部分是 I 型花岗岩。受火山构造控制的 I 型钾长花岗岩可以形成脉状钼矿床，受近南北向构造控制的火山-沉积盆地形成浅成低温热液型银铅锌矿床，当火山构造中深部有潜火山岩体（斑岩体）时，可形成斑岩型铜钼（铅锌）矿床，上部浅成低温热液矿床和中深部斑岩型矿床一起，构成斑岩成矿系统。

浙江燕山期构造转换与岩浆-火山作用关系总结如图 3－58 所示。

3.6　喜马拉雅凹陷沉积阶段

喜马拉雅沉积按岩性及沉积建造之不同，可分为两个构造亚层。

第一构造亚层（H^1）：主要由长河组、嵊县组构成。长河组分布于昌化-普陀断裂以北的慈溪、平湖及嘉善至湖州一带，以海湾河口沉积的泥岩、粉砂岩为主的陆源碎屑建造，是地壳沉降期的陆缘凹陷沉积，嵊县期的堆积物主要分布于三门湾-嵊州北西向条带上，发育钙碱性拉斑玄武岩、碱性玄武岩，为大陆裂谷型拉张构造背景下的火山喷发产物。

第二构造亚层（H^2）则由地表所见的全新统组成。

第4章 几何构造特征与构造环境划分

采用遥感解译厘定构成地壳表层构造的存在状态、结构组成和组合系统；应用重力、航磁解译，揭示深部构造、表层构造与深部构造的相互关系；运用将今论古的比较构造地质方法，依据构造发展阶段和构造层空间展布特征，划定构造单元，编制浙江省地质构造图。

4.1 遥感构造解译

遥感解译主要是提取代表断裂构造的线性体和火山构造的环形体，以此厘定构成地壳表层构造的存在状态、结构组成和组合系统。采用1996—1999年以来获取的16景Landsat遥感卫星TM7、TM4、TM3波段数据经彩色合成，数字纠正、镶嵌，采用120°为中央经线的高斯克吕格宽带投影的影像为底图（浙江省国土资源厅信息中心提供）。

首先通过计算机自动增强提取线性和环形体影像，再进行目视解译提取线性和环形体，这样处理既降低了单纯目视提取的难度和人为性，又消除了计算机自动提取产生的非构造成因线性体和环形体噪声，提高了线性体与环形体的连续性（李长江等，2004），解译结果见图4-1。

4.2 航磁构造解译

航磁解译采用浙江省1∶20万航磁资料，推断磁性断裂主要依据线性异常、线状排列的串珠状异常、磁性异常带水平位移、线性磁异常带的明显错断或扭曲、不同形状特征的磁场分界线和线状异常带的交叉及切割；推断磁性环状火山构造主要依据环状磁异常。为了较好地区分不同深度的磁性体和断裂构造，还将平面磁异常向上延拓（0.5km、1km、2km、5km、10km）和不同方向（0°、45°、90°、135°）水平一阶导数和垂向二阶导数的综合研究，最后进行立体化关联，形成浙江省航磁推断地质构造图（图4-2）。

4.3 重力构造解译

重力解译采用浙江省1∶50万重力测量资料，判别断裂构造存在的主要依据是明显的线性重力梯度带、不同特征重力场的边界和异常形态明显线状扭曲或位移；根据岩石密度特征，推测可能的岩体类型。为了使之便于与航磁解译结果对比，将平面重力异常向上延拓0.5km、1km、2km、5km、10km和0°、45°、90°、135°水平一阶导数和垂向二阶导数的综合研究，并进行立体化关联，形成浙江省重力推断地质构造图（图4-3）。

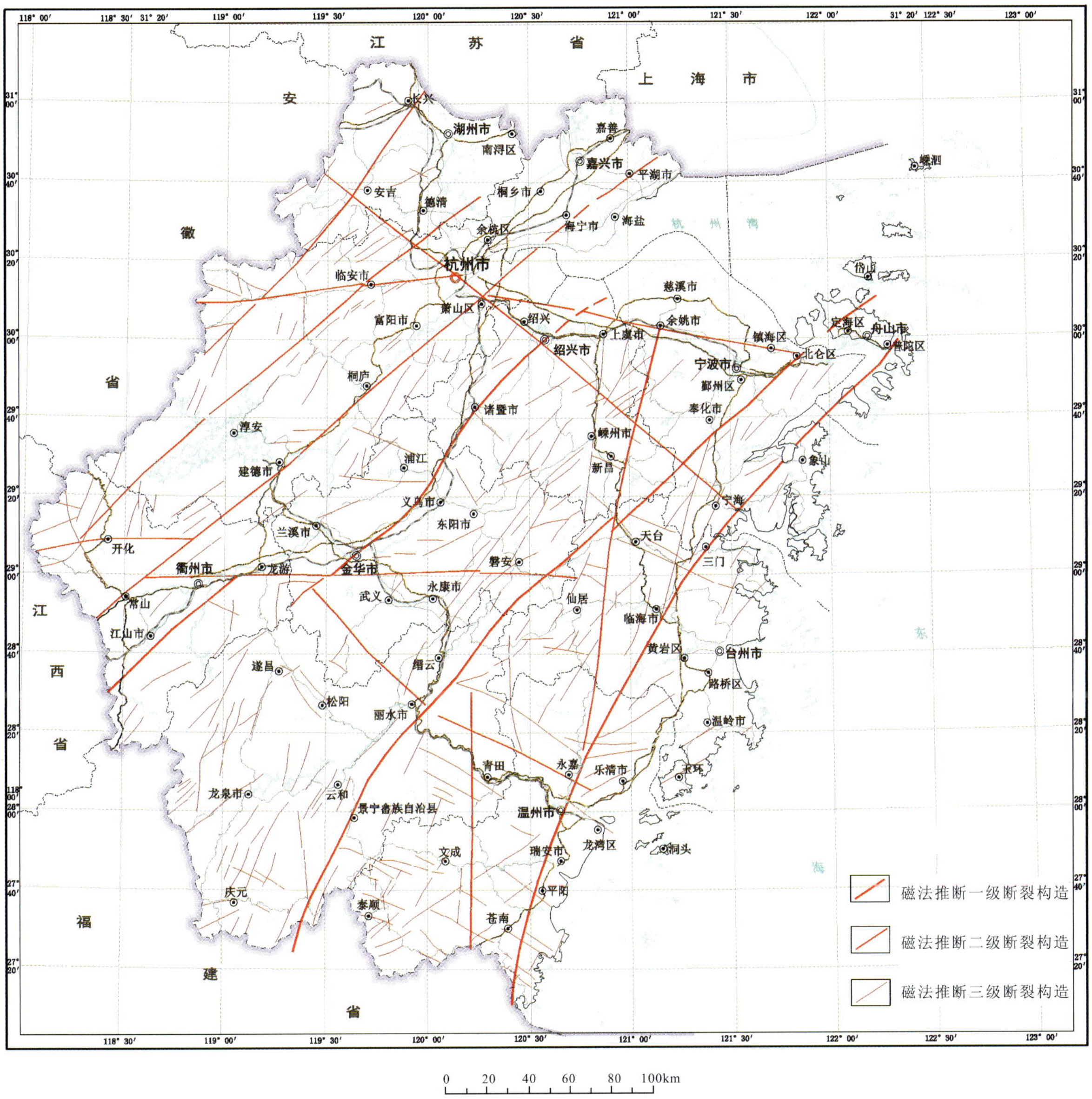

图 4－1　浙江省遥感解译地质构造图

（技术说明：本图采用 1954 年北京坐标系，采用兰勃特正轴圆锥投影。投影原点经度：120°30′00″；投影原点纬度：26°00′00″；标准割纬度 1：28°00′00″；标准割纬度 2：30°30′00″）

4.4　综合地质构造图

将浙江省遥感、航磁和重力解译的构造地质图进行关联，形成浙江省磁法、重力和遥感综合解译地质构造图（图 4－4）。以浙江省 1：50 万地质图为底图，充分吸收近年来 1：5 万和 1：25 万区域地质调查成果，依据浙江省构造演化阶段和构造层划分方案，综合编制浙江省 1：50 万综合地质构造图（附图 1）。

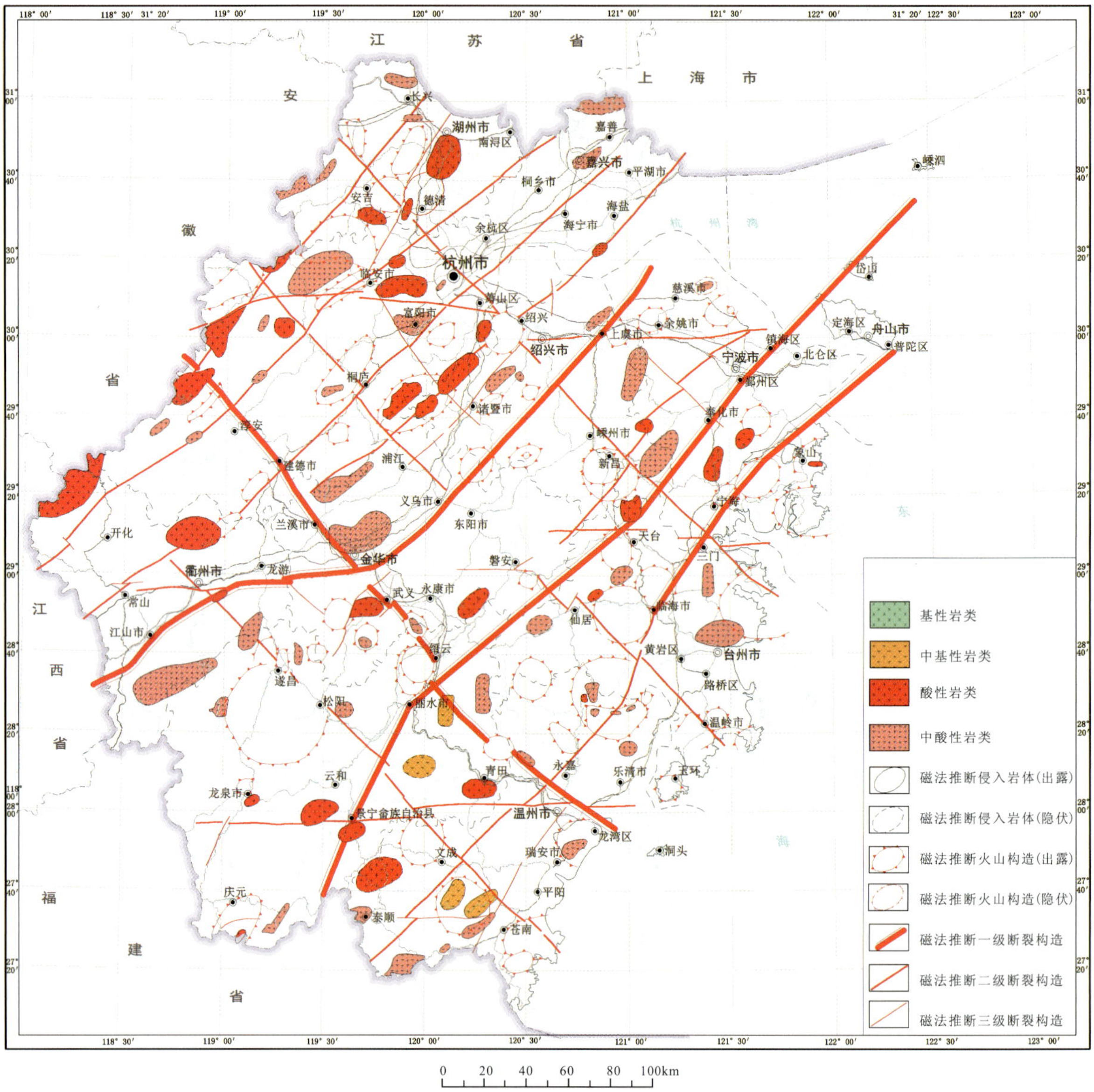

图 4－2　浙江省航磁推断地质构造图

（技术说明同图 4－1）

4.5　断裂构造

新编的浙江省 1∶50 万综合地质构造图，将以往确定的余姚－丽水断裂修正为丽水－舟山断裂。丽水－舟山断裂自福建进入浙江，经景宁－丽水－天台盆地北缘－宁波盆地南缘－舟山，向北东潜入东海。解译识别出衢州－磐安东西向断裂，该断裂切割江绍拼接带，使断裂南侧的江绍拼接带向西位移，并控制金衢盆地呈东西向长条状形态。根据断裂构造相互切割关系，结合浙江构造发展阶段，初步厘定主要区域性断裂构造的发生期次：新元古代华夏古陆裂解，形成丽水－舟山断裂；新元古代华夏与扬子板块碰撞拼接，形成江绍拼接带；晋宁末期，华夏与扬子形成统一陆块，褶皱造山，形成东西向衢州－磐安断裂和昌化－

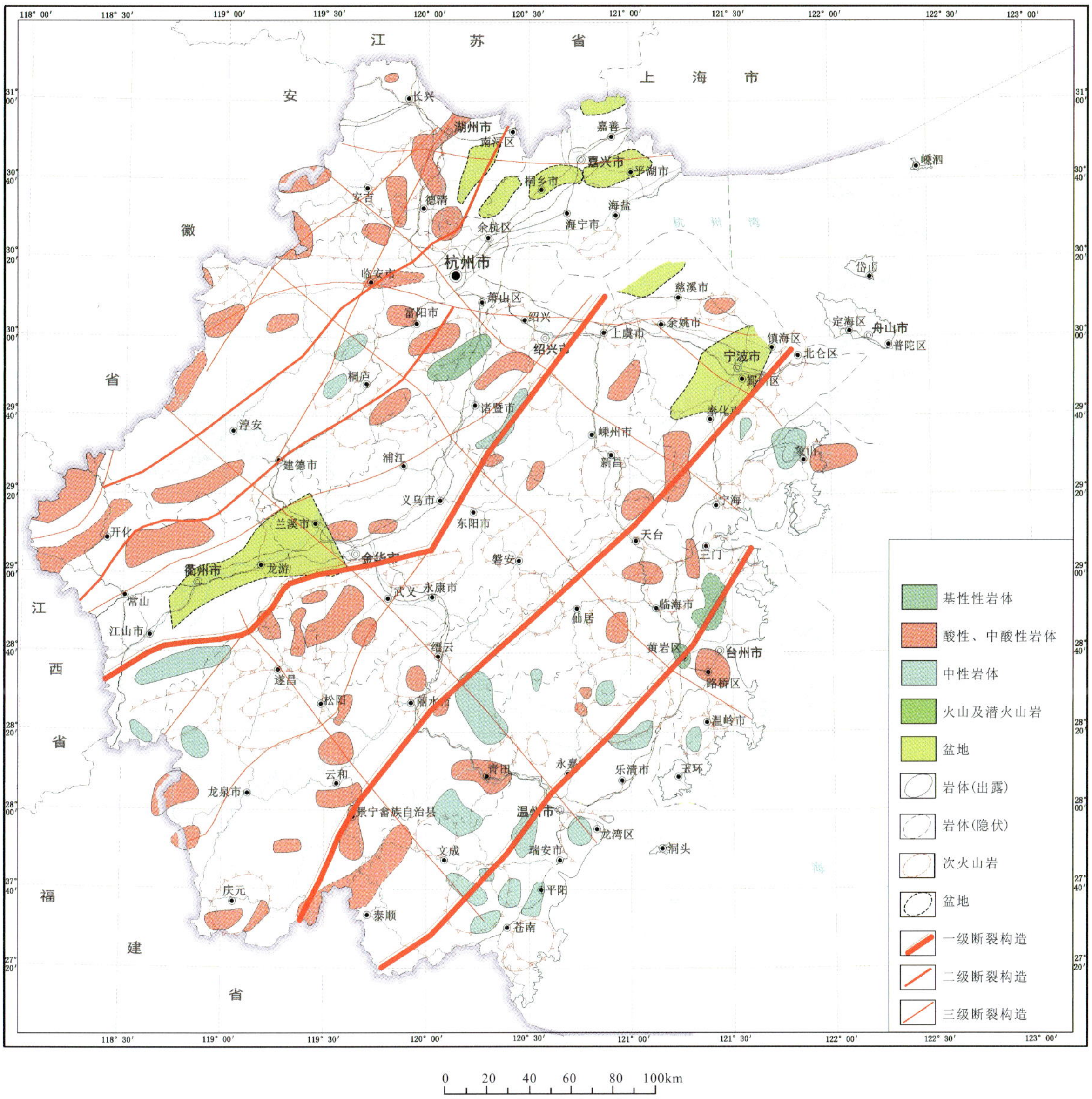

图 4-3　浙江省重力推断地质构造图

（编图参考浙江省区域重力调查报告；技术说明同图 4-1）

普陀断裂，并切割江绍拼接带；新元古代浙西北构造伸展，陆内裂陷，形成北东向萧山-球川和马金-乌镇断裂，并切割东西向构造；印支运动主要形成北北东向断裂构造；燕山期古太平洋板块向北西俯冲挤压，形成北东向温州-三门断裂和一组北西向断裂构造；燕山晚期俯冲带后撤拉张，形成一组近南北向断裂（图 4-5），各组断裂构造特征见表 4-1。

4.6　褶皱构造

浙江褶皱体系划分为：①燕山晚期褶皱，轴向主要为北北东向，直接表征的变形地层为上白垩统；②燕山中期褶皱，轴向主要为北东向，直接表征的变形地层为下白垩统；③燕山早期褶皱，轴向主要为北

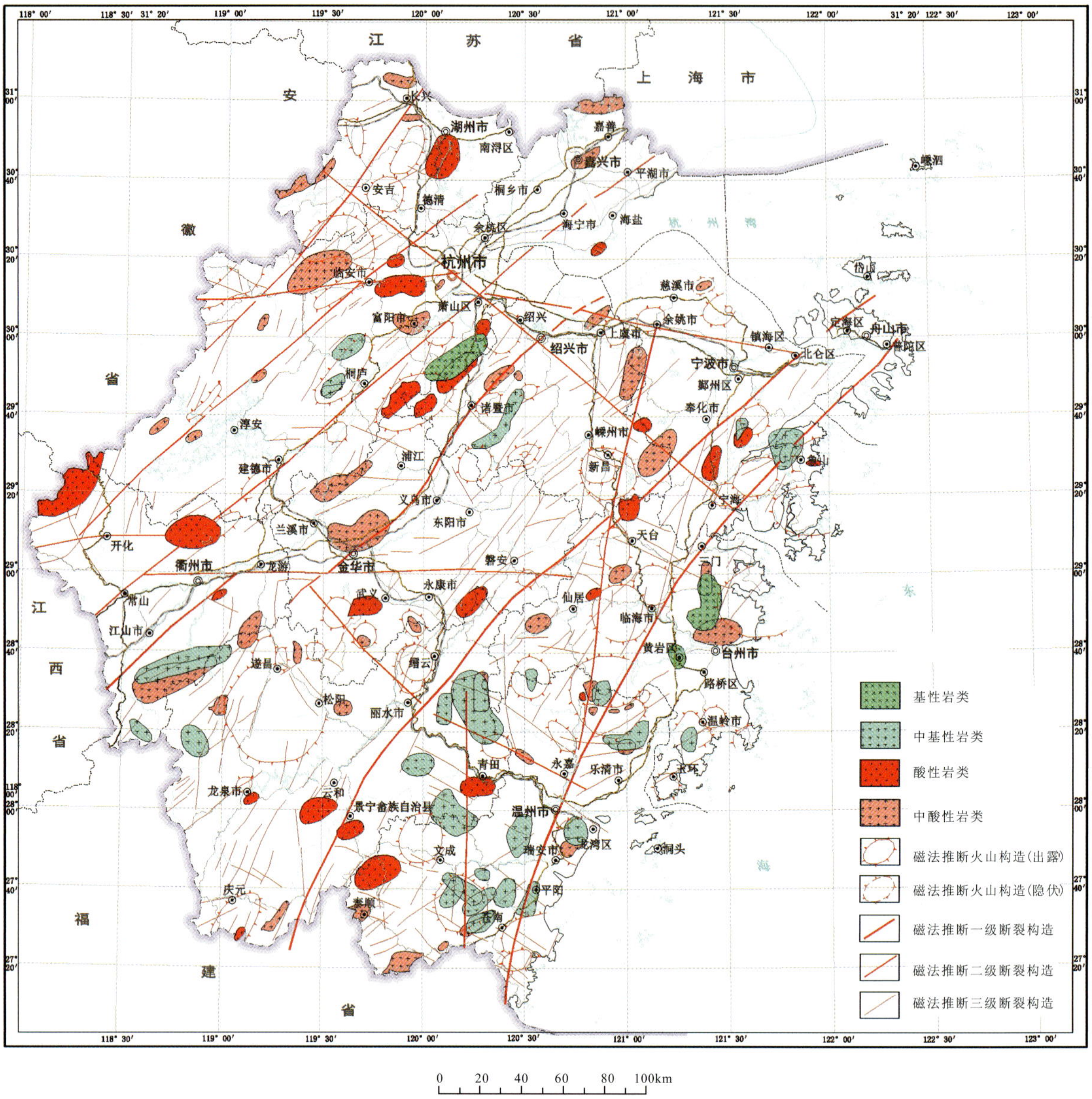

图 4-4　浙江省磁法重力遥感综合解译构造地质图

(技术说明同图 4-1)

东向,直接表征的变形地层为上三叠统—中侏罗统;④海西期—印支期褶皱,轴向总体上是北北东向,叠加在加里东期北东向褶皱之上,下构造层和上构造层具有统一的变形历程;⑤加里东期褶皱,表现为轴迹走向北东的平缓开阔褶皱变形(图 4-6);⑥前震旦纪褶皱,主要为基底八都群、陈蔡群的褶皱变形。

图 4-7 中可以明显看出,褶皱和断层具有很强的相关性,各期褶皱和各期的断裂体系均可配套。例如,义乌南边衢州-磐安东西向断裂附近存在陈蔡群的东西向褶皱;浙西北的北东向断裂伴生北东向褶皱,在后期北北东向断裂影响处,北东向皱褶和北北东向褶皱产生复合,如银山地区。值得注意的是金衢盆地中有东西向的燕山晚期褶皱,说明古基底断裂的复活。

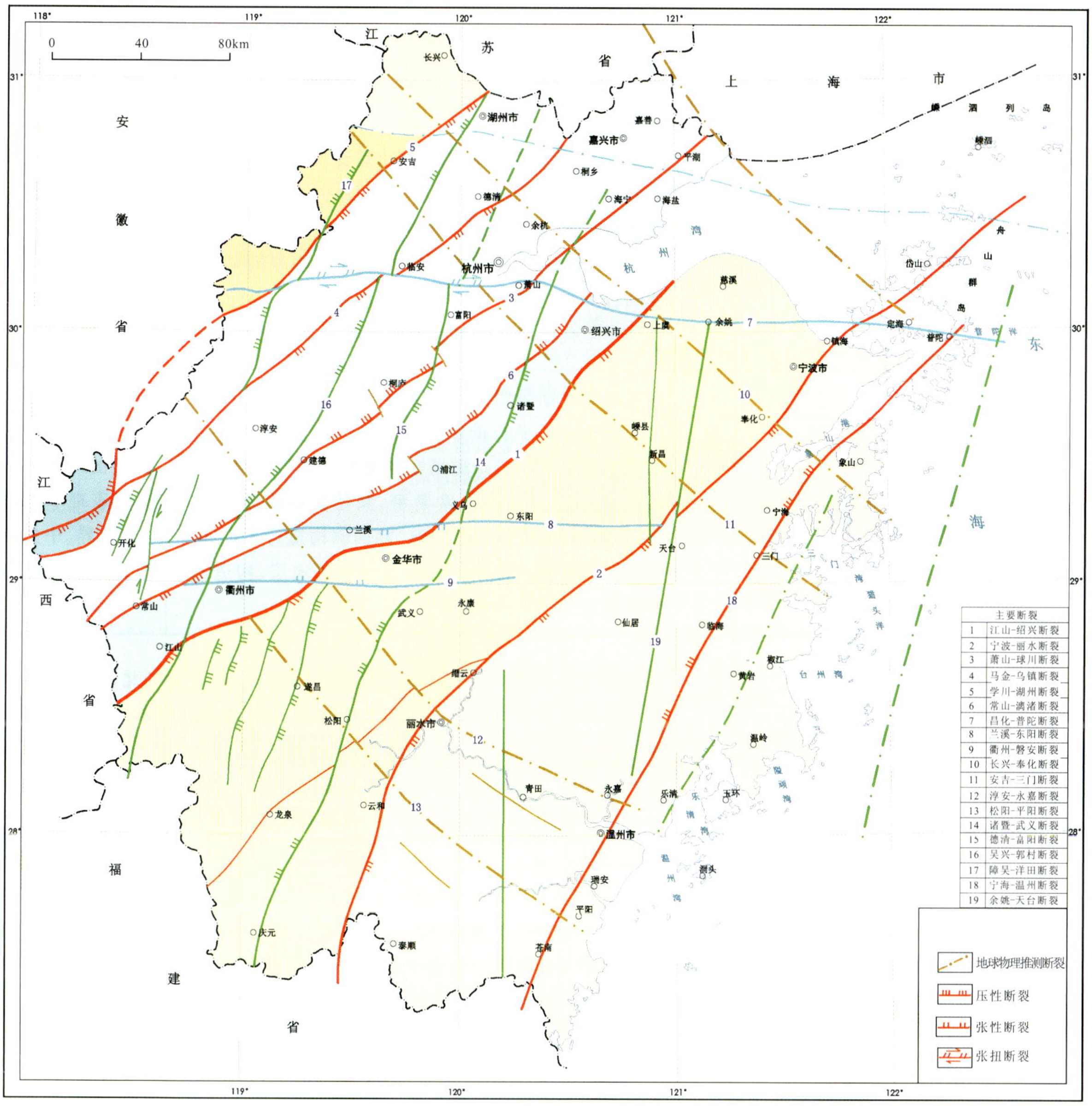

图 4-5　浙江省断裂体系图

表 4-1　浙江省主要断裂特征一览表

断裂名称	产状(°)			规模(km)	主要特征
	走向	倾向	倾角		
江绍拼接带(F_1)	30～45	南东	30～70	>280	为华夏陆块和钦杭扬子-华夏结合带的分界，走向波状转曲，略呈“S”型，由一系列平行挤压带组成，沿断裂有不同时代的频繁剧烈的岩浆活动，发育有超基性、基性、中酸性、酸性侵入岩。断裂在航磁上反映为－100～300nT 的正负相间异常带，间有杂乱高正异常点，宽达数千米
丽水-舟山断裂(F_2)	50～60	南东		>200	区域性强大断裂带，至少经历了晚元古、加里东期及其后的长期持续活动，是控制区域火山、岩浆活动的重要基底构造。断裂带其西发生块断隆起，古变质基底及中生代早期陆相煤系地层有较广泛的出露，其东块断沉陷，造成厚大的中生代火山堆积

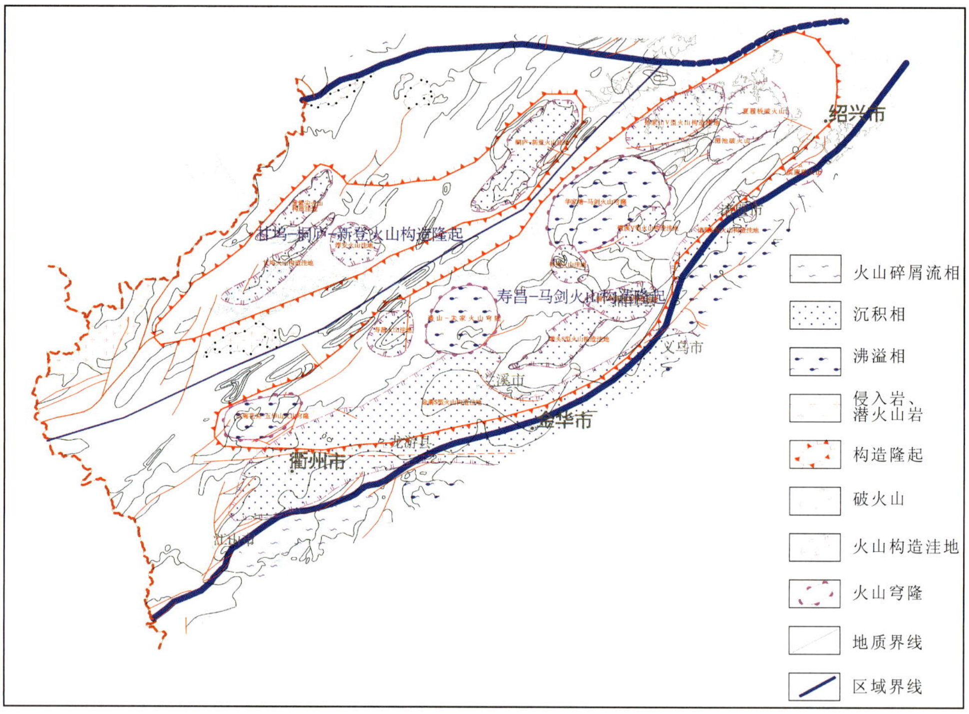

图 4－8　常山-桐庐火山喷发带地质图

（据袁强，2013）

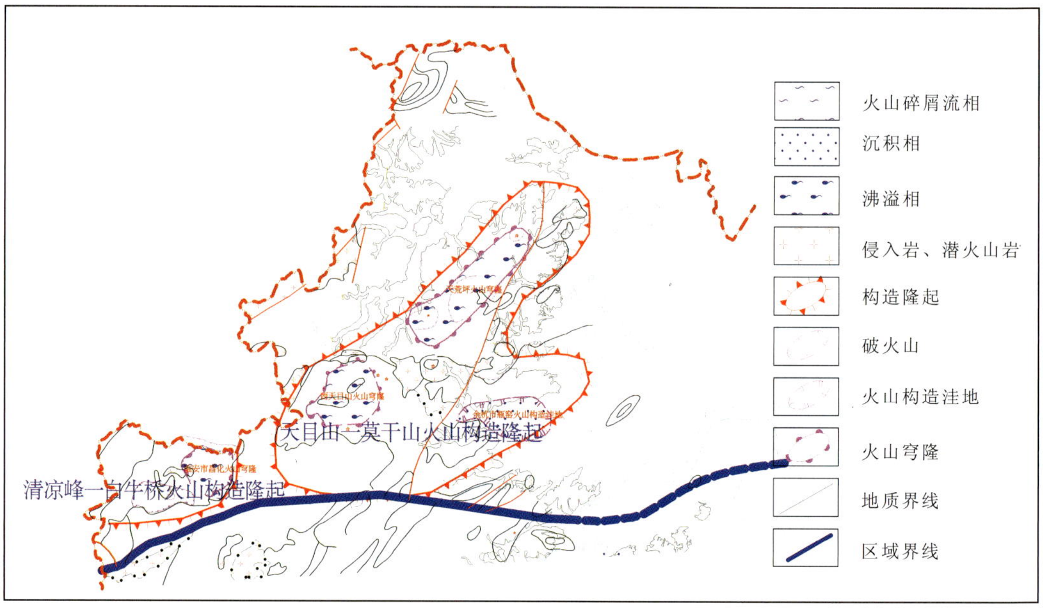

图 4－9　顺溪-湖州火山喷发带略图

（据袁强，2013）

合，岩相变化复杂，多以喷发不整合接触。火山活动多表现为裂隙-中心式喷发，火山构造主要为中心式火山机构，根据其喷发特征及堆积方式划分为 2 个Ⅱ级火山构造，即清凉峰-白牛桥火山构造隆起和天目山-莫干山火山构造隆起，4 个Ⅲ级火山构造，即临安市昌化火山穹隆、西天目山火山穹隆、天慌坪火山穹隆和瓶瑶火山构造洼地。

清凉峰-白牛桥火山构造隆起区火山岩呈北东-南西向带状分布，火山喷发受北东、北西两组断裂交叉点制约，属于串珠状裂隙式喷发，形成清凉峰破火山、天池破火山和昌化火山穹隆，火山穹隆的喷出岩呈穹状构造，中间发育潜火山岩和火山侵入岩，形成典型的火山-侵入杂岩为特征。

天目山-莫干山火山构造隆起区火山岩带明显沿着北东向学川-湖州断裂分布，并沿该带形成一系列深成侵入体。临安市东天目山火山穹隆为一保存较好的火山机构，平面上呈近南北向的椭圆形，在航卫片上具明显的环形影像，在地形、地貌上表现为放射状、环状沟壑较发育，为一中心式火山穹隆，岩石普遍具硅化、绿泥石化、黄铁矿化等蚀变。

4.7.3 遂昌-上虞火山喷发区

遂昌-上虞火山喷发区呈北东走向分布，北西以江绍拼接带为界，南东以丽水-舟山断裂带为界，南西与闽赣省界为界。白垩纪火山岩呈面式分布，区内火山活动具多旋回演化特点，形成了玄武质-安山质-英安质-流纹质-火山岩组合，岩相变化复杂，多以喷发不整合接触。火山活动多表现为裂隙-中心式喷发，火山构造主要为中心式火山机构，根据其喷发特征及堆积方式划分为会稽山火山构造隆起、丽水火山构造隆起、遂昌火山构造隆起和众多的火山构造洼地（图 4-10）。

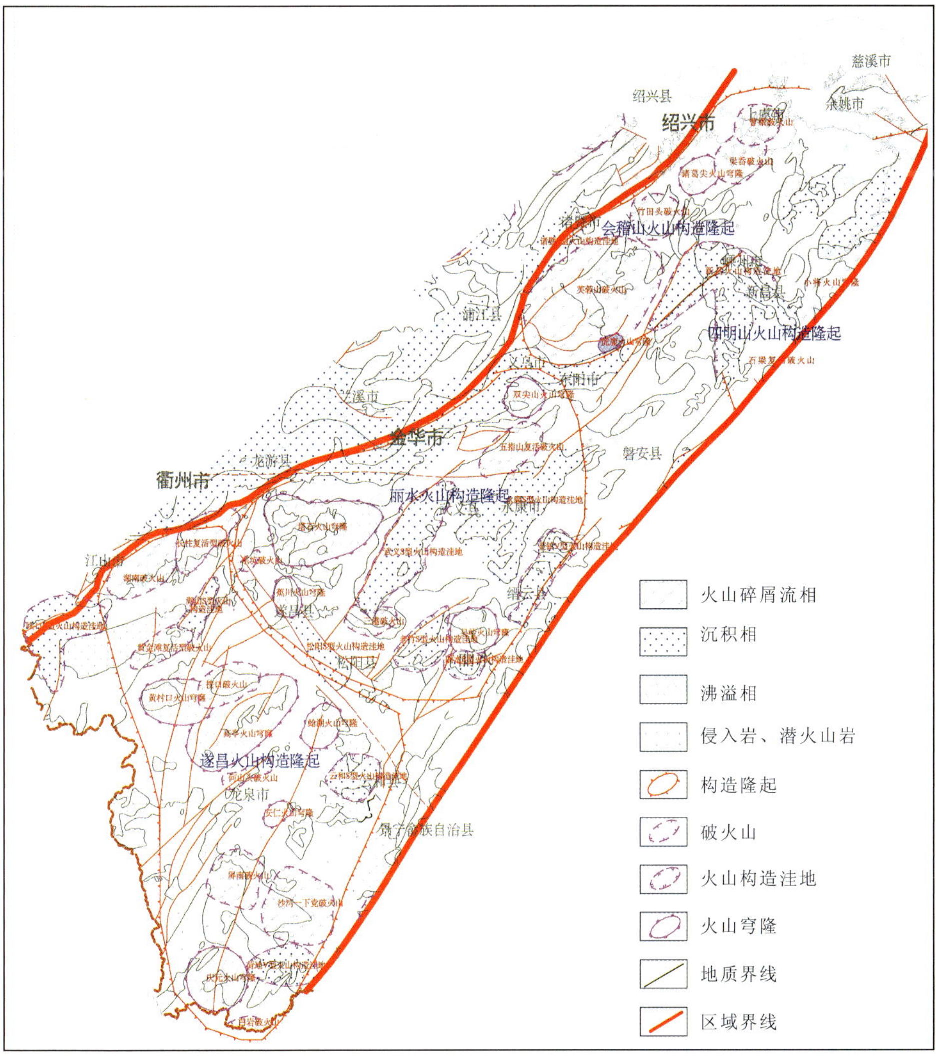

图 4-10　遂昌-上虞火山喷发区略图

会稽山火山构造隆起区发育众多呈北东向叠置排列的破火山，均分布于江绍拼接带南东侧，其中以芙蓉山破火山规模最大。芙蓉山破火山直径约 16km，面积约 $200km^2$，内部地层主要为西山头组上、下段，周围由环形断裂与前寒武纪陈蔡群变质基底和部分第一旋回大爽组及高坞组地层相隔，是在前期火山构造洼地基础上发展起来的叠式破火山机构(图 4－11)。

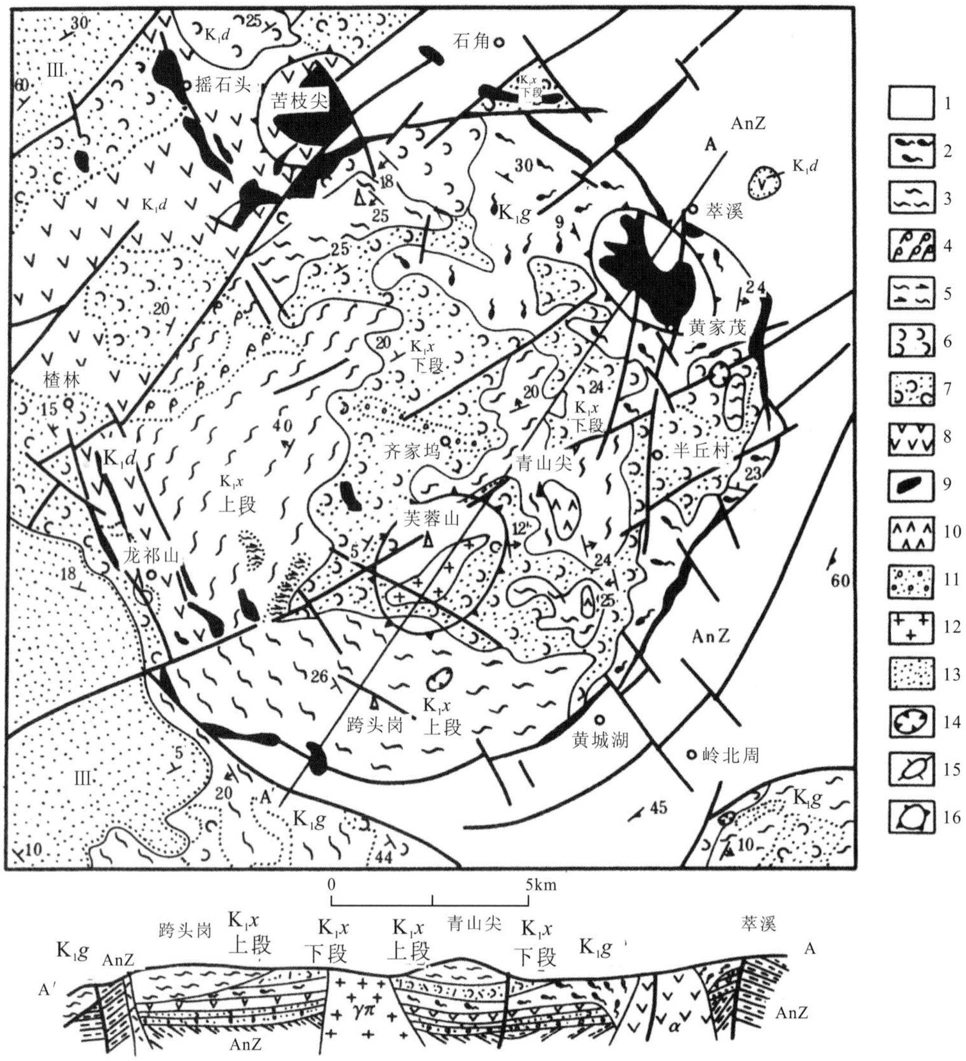

图 4－11　芙蓉山破火山构造岩相图

［据俞云文等(1991)、陶奎元等(1994)修改］

1. 前震旦系基底(AnZ)；2. 沸溢相；3. 灰流相；4. 灰云相；5. 涌流相；6. 空落相；7. 喷发-沉积相；8. 溢流相；9. 次火山相；10. 侵出相；11. 火山泥流角砾岩相；12. 火山侵入相；13. 沉积相；14. 火山通道；15. 侵出岩穹；16. 火山穹隆

芙蓉山破火山环状断裂发育并限定了破火山界限，沿环形断裂断续发育霏细斑岩岩墙、火山角砾岩、碎裂岩和硅化破碎带。岩墙长数百米到 5km 不等，宽达数米至数百米，平面上呈弧形，剖面上则呈直立或陡倾的不规则形态(图 4－12)。在区域重力上，位于厦程里、璜山和苏溪 3 个重力高间的重力低区(图 4－13)；在航磁 ΔT 平面图上(图 4－14)，呈现以芙蓉山为中心的半环状异常，其中西部的正异常边界与环形断裂相吻合。破火山内，还发育有熔岩穹丘、火山穹隆、火山洼地和火山通道。

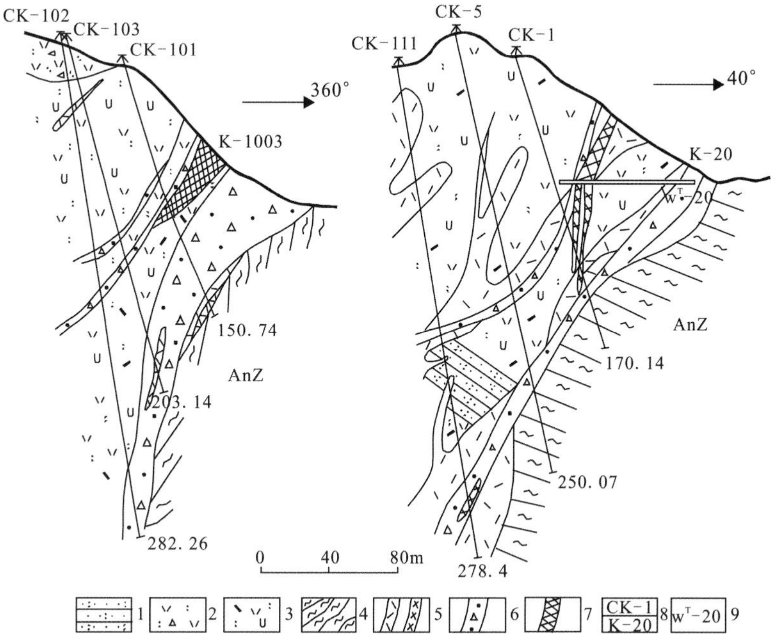

图4-12 芙蓉山破火山环形断裂勘探线剖面图

(据俞云文等,1991)

1.凝灰质砂岩;2.流纹质含角砾凝灰岩;3.流纹质晶屑凝灰熔岩;4.前震旦系变质岩;5.霏细斑岩和辉绿岩脉;6.硅化角砾岩带;7.矿体;8.钻孔、探槽位置及编号;9.平硐位置及编号

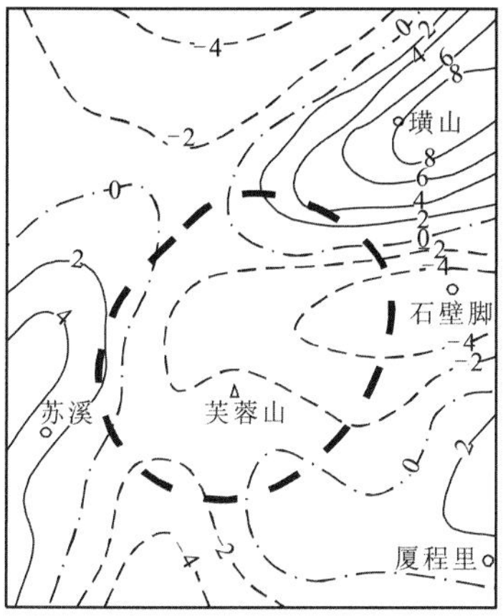

图4-13 芙蓉山破火山剩余布格重力异常图

(据俞云文等,1991)

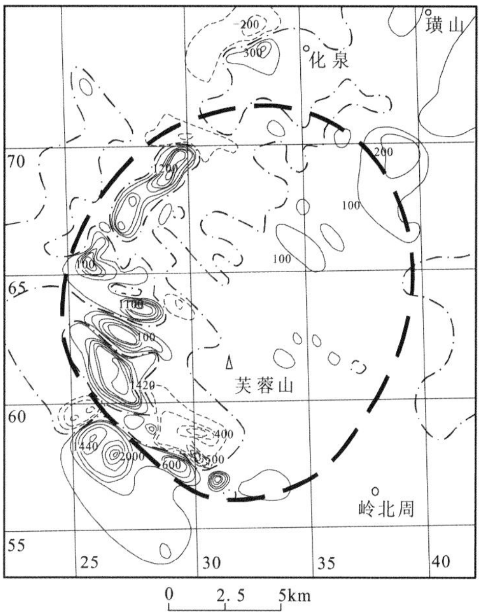

图4-14 芙蓉山地区航磁 ΔT 平面图

(据俞云文等,1991)

表 4-3 温州-舟山火山喷发区火山构造隆起主要特征

名称	范围及规模	地质概况
泰顺-平阳火山构造隆起	位于本区南部，平面形态略呈北北东向椭圆形，分布范围包括泰顺、山门、文成、平阳等地在内的南雁荡山地区，面积约 $3800km^2$	喷发区处于丽水-舟山断裂和温州-镇海北北东向深断裂南段之间，受其控制较明显，长轴与断裂方向基本一致。区内有泰顺-黄岩北东向及松阳-平阳北西向大断裂通过，交切于喷发区中部。区内火山岩地层由上侏罗统和下白垩统组成，上侏罗统呈面型分布，以高坞组、西山头组最发育，出露面积广；下白垩统主要分布于喷发区中部和南部，呈火山构造洼地形式不整合叠置于早期面型分布的火山碎屑岩之上，产状围绕洼地内倾，其内发育有白云山、双尖山等Ⅲ级火山构造。卫星影像图上南雁荡山、矾山两个次级环状影像十分清晰；在航磁异常图上，同样呈环状构造
括苍山火山构造隆起	位于本区中部分布范围大致为北至镇海，南抵宁海，西至四明山西部，东抵象山港，面积约 $4000km^2$	喷发区处于丽水-舟山断裂以东，淳安-永嘉断裂与安吉-三门断裂之间。区内有北东向温州-三门断裂和近南北向余姚-永嘉断裂通过，为本区火山活动提供了深部岩浆来源。火山岩地层由下白垩统火山岩系和上白垩统火山沉积岩系组成，下白垩统呈面型分布，以高坞组最为发育，次为西山头组；上白垩统以火山构造洼地形式叠置于早期火山岩之上。区内Ⅱ级火山构造发育，有括苍山、大箬岩、半山火山构造隆起、北雁荡山、仙居、上张、宁溪和天台等火山构造洼地
象山-定海火山构造隆起	位于宁波市以东象山—定海一带	形成于早白垩世，总体呈北东向环带状延展。地层主要由下白垩统磨石山群组成，地层产状总体表现为北向南倾，南向北倾，局部较乱。火山构造内发育的断裂构造主要有北东向、北西向、南北向和东西向 4 组，其中以北东向和北西向两组断裂占主体。该火山构造内侵入岩体比较发育，其中较大的岩体有袁村花岗岩、爵溪钾长花岗岩、小港霏细斑岩、小沙安粗岩等，其他还零星出露石英闪长岩等中性侵入岩。该巨型环形火山构造内发育 3 个次级火山构造，从北到南分别为摘箬山破火山、涂茨破火山和茶山破火山

火山构造洼地：分 S 型（沉积岩为主）火山构造洼地和 V 型（火山岩为主）火山构造洼地两种类型。

S 型火山构造洼地有横溪、宁溪-大田、花桥、宁海、天台、丁家畈等，主要受区域北北东及北东向断裂控制较明显，单个洼地总体呈北北东或北东走向，也有受北东向和北西向断裂联合控制，如天台“人”字形盆地。

宁溪-大田 S 型火山构造洼地位于本区中部宁溪—大田—三门一带，平面形态呈南宽北窄北北东向长条形，面积约 $950km^2$（图 4-20）。洼地处于区域温州-镇海断裂带范围内，从发育初期至结束，始终受区域北北东向断裂带的控制。温州-镇海断裂不仅控制了洼地延展方向及边界，而且后期对洼地的改造也非常明显。洼地内堆积了一套早白垩世火山-沉积岩地层，由馆头组、朝川组及小平田组组成。馆头组主要分布于洼地边缘，南东部产状向北西倾斜，北西部向南东倾斜，岩性为一套河湖相杂色沉积岩，底部局部可见底砾岩；中上部夹有空落相火山碎屑岩及喷溢相基性熔岩。朝川组分布于洼地边缘内侧馆头组之上，为一套中酸、酸性火山碎屑岩与沉积岩互层的岩性组合。小平田组分布于洼地中部，出露面积较小，岩性主要为喷溢相流纹斑岩。

从洼地内地层分布及岩性组合特征可见，该洼地总体以沉积为主，火山活动相对较弱。火山活动以间歇性喷发（或喷溢）为特征，喷发和沉积交替，火山岩呈不典型的双峰式组合，盆地发育晚期以中性、酸性潜火山岩沿断裂浅成侵入而结束。

天台火山构造洼地位于本区中部括苍山火山构造隆起的北缘，平面形态为“人”字形。面积约 $360km^2$，其中基岩面积 $182km^2$。地貌上总体为负地形，以低平的山丘为主，卫星影像图上洼地内影像为浅色色调，与洼地外缘早期火山岩系地层深色色调成明显的对比，洼地边界轮廓清晰（图 4-21）。洼

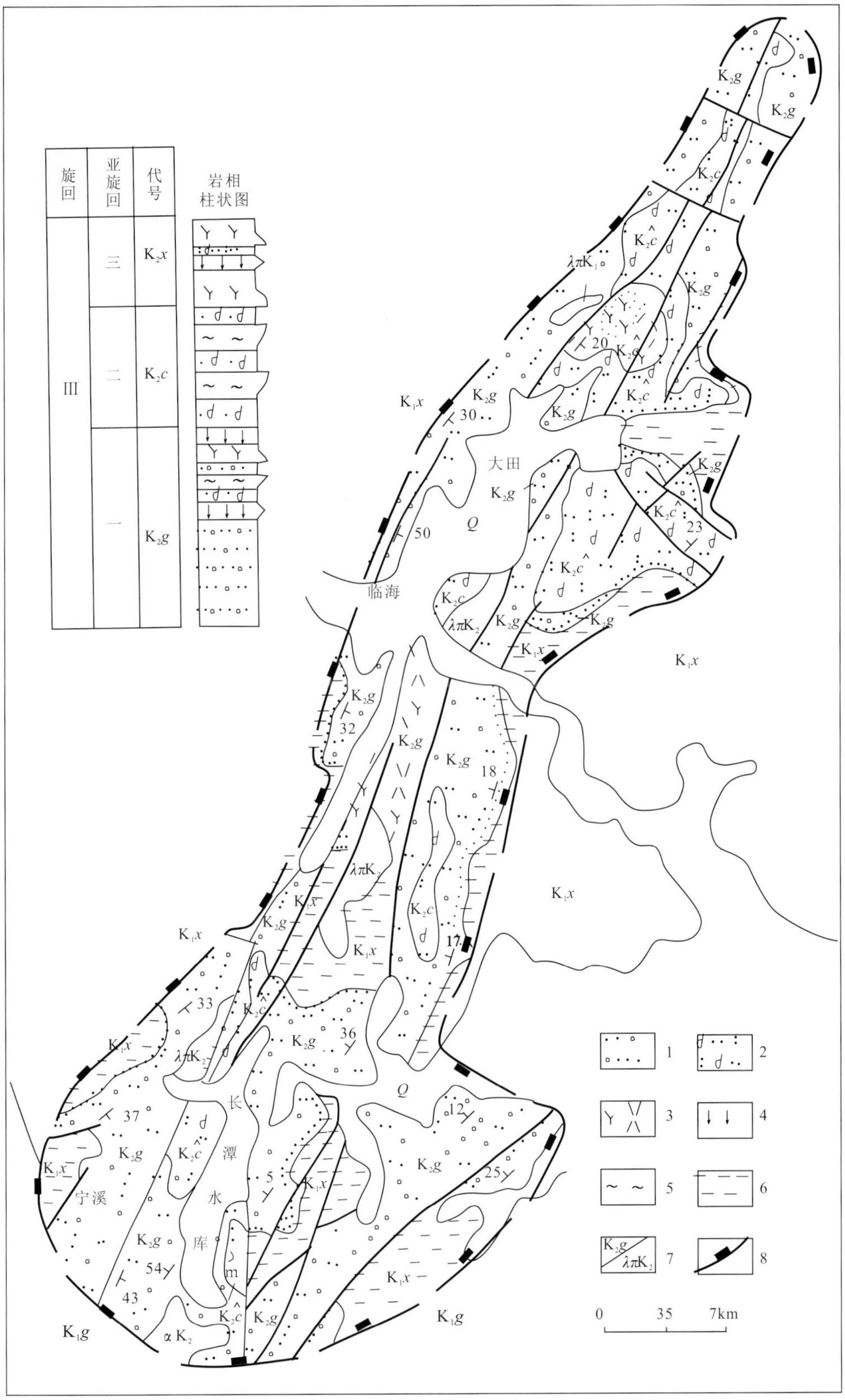

图 4-20　宁溪-大田火山构造洼地岩相略图

（转引自袁强，2013）

1. 沉积相粉砂岩、砂岩；2. 喷发沉积相凝灰质粉砂岩；3. 喷溢相流纹(斑)岩；4. 空落相流纹质含晶屑玻屑凝灰岩；5. 火山碎屑流相流纹质含晶屑玻屑熔结凝灰岩；6. 下旋回火山岩；7. 地层代号及潜火山岩代号；8. 火山构造洼地地受北东向和北西向断裂控制明显，地层产状总体由南向北倾斜，倾角一般在 10°～25°，边部与断裂接触处，地层时代南老北新，塘上组主要分布在洼地南部边缘及东部；两头塘组则相对分布在中部；赤城山组主要分布在天台城关北部北西向断裂和北西部北东向断裂洼地边缘内侧。洼地内以沉积相为主，火山喷发沉积相次之，局部可见喷溢相，潜火山岩及火山侵入岩等不发育，仅局部见有零星的上新世喷溢相玄武岩覆盖。

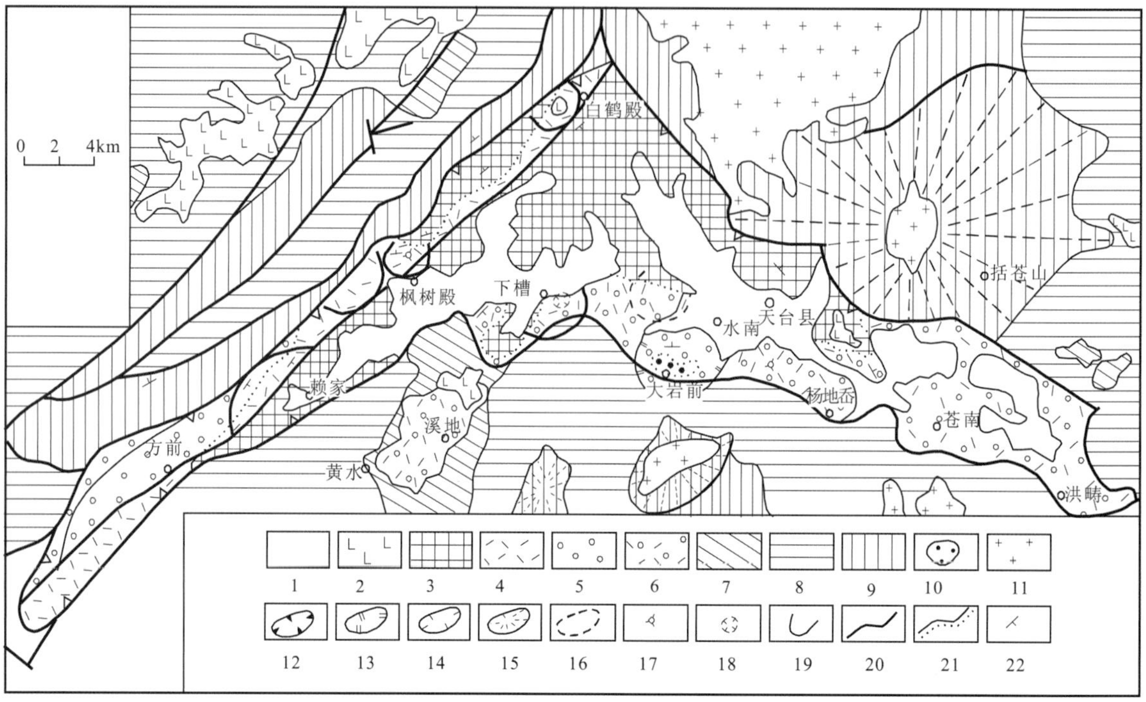

图 4-21　天台火山构造洼地地质略图

（据 1∶25 万嵊县幅区调报告和王中杰等，1988）

1. 第四系；2. 第三系玄武岩；3. $Ⅲ^{2}$ 红层相砂砾岩；4. $Ⅲ^{1-b}$酸性火山岩；5. $Ⅲ^{1-a}$红色砂砾岩；6. $Ⅲ^{1}$ 未分；7. $Ⅱ^{2}$ 亚旋回；8. $Ⅱ^{1}$ 亚旋回；9. Ⅰ旋回火山岩；10. 侵出相流纹岩；11. 火山侵入相花岗岩；12. 火山沉积洼地；13. 破火山口；14. 火山残丘；15. 火山穹隆；16. 推测火口构造；17. 火口位置；18. 火山通道构造；19. 环状断裂；20. 线状断裂；21. 地质及岩相界线；22. 产状

V 型火山构造洼地有矾山、南雁荡山、永嘉和上张火山构造洼地等，平面形态呈似圆状、半圆状或不规则短轴状，洼地边界受断裂控制特征没有 S 型火山构造洼地明显，洼地内以火山岩为主，喷发指数高达 70，仅洼地形成初期有少量沉积岩堆积。

永嘉火山构造洼地位于温州—永嘉—枫林—北雁荡山一带，平面形态呈不规则状，其长轴总体呈北东向（图 4-22），叠置在下白垩统火山地层之上，它是晚白垩世火山强烈喷发，导致深部岩浆房亏损而凹陷形成的火山构造洼地。洼地东西边界主要与下白垩统火山碎屑岩呈不整合接触，北界与半山火山穹隆和宁溪火山构造洼地呈断裂接触。地层产状围绕洼地内倾，倾角一般为 10°～25°。洼地内火山岩地层为馆头组及小平田组，发育的主要岩相有沉积相、火山碎屑流相、喷溢相、空落相、喷发沉积相及潜火山岩相。沉积相发育于洼地的西侧边部，为一套粗细相间的内陆河湖相杂色粉砂岩、砂岩，沉积相类型为辫状河、曲流河及滨浅湖相；空落相及喷发沉积相呈不规则环带状展布；火山碎屑流相在洼地内广泛发育，为一套中酸、酸性熔结凝灰岩，喷溢相发育于昆阳、大箬岩、北雁荡、中雁荡一带，岩性为流纹斑岩、玄武岩；潜火山岩相在洼地内不发育，岩性为流纹斑岩、霏细斑岩、英安玢岩及安山玢岩，形态不规则，以分布在洼地的边部居多。

小雄火山构造洼地位于东部沿海健跳—小雄一带（图 4-23），叠置于花桥火山构造洼地之上，卫星

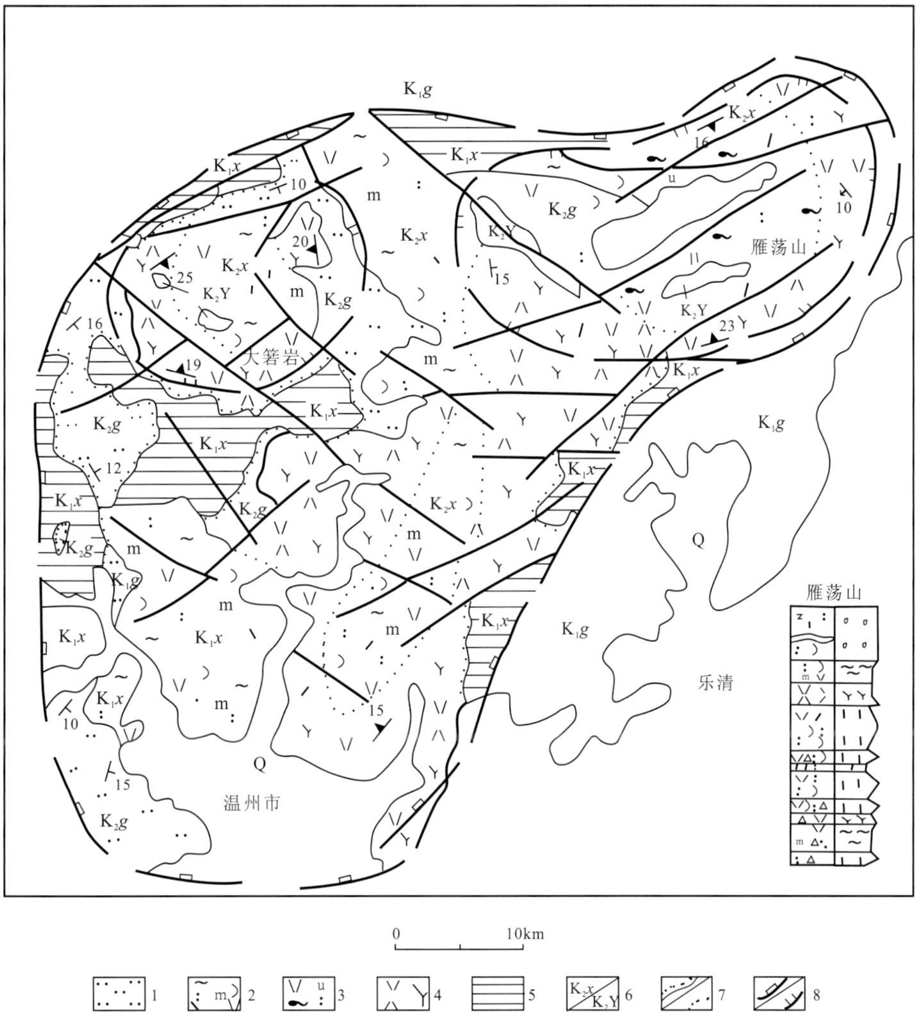

图 4-22　永嘉火山构造洼地岩相略图

1. 沉积相粉砂岩；2. 火山碎屑流相流纹质含晶屑玻屑熔结凝灰岩；3. 沸溢相凝灰熔岩；4. 喷溢相流纹（斑）岩；5. 下旋回火山岩；6. 地层代号/侵入岩代号；7. 不整合界线/渐变界线；8. 火山构造洼地/破火山

影像图上以小雄为中心的环状影像清晰。洼地发育于早白垩世火山岩层之上，由上白垩统小雄组火山岩地层组成，地层产状围绕洼地围斜内倾，倾角一般为 15°～30°，火山产物主要分布于洼地中部，围绕各自的喷发中心及火山通道呈环状、半环状分布。火山岩相主要有喷发沉积相，分布在洼地边缘，横向变化较大，厚度不稳定，岩性为凝灰质砂砾岩、凝灰质含砾细砂岩、凝灰质粉砂岩、沉角砾凝灰岩及沉含集块角砾凝灰岩；空落相洼地内不发育，仅小雄组上部底部有所出露，岩性为流纹质集块角砾凝灰岩；火山碎屑流相为流纹质含角砾晶屑玻屑熔结凝灰岩和流纹质（含晶屑）玻屑熔结凝灰岩；喷溢相为流纹岩、安粗岩、碱长流纹斑岩、石英粗面斑岩和角砾集块石英粗面斑岩，酸性熔岩主要发育于浦坝港以北地区小雄组下部；而偏碱性熔岩则发育于浦坝港以南地区的小雄组上部。火山颈相有牛山、下园山、南岙和四顾基 4 个。其中四顾基火山颈因被火山角砾集块岩覆盖，未见颈内岩性外，其余 3 个火山颈内均为酸性熔岩。规模一般不大，直径 200～300m，平面形态多呈椭圆状及圆状，与围岩呈切割关系；潜火山岩相为流纹斑岩和钾长霏细斑岩。

破火山、火山穹隆、锥火山和盾火山Ⅲ级火山构造共圈定有 23 个，其中破火山 11 个，火山穹隆 8 个，锥火山 1 个，盾火山 3 个。

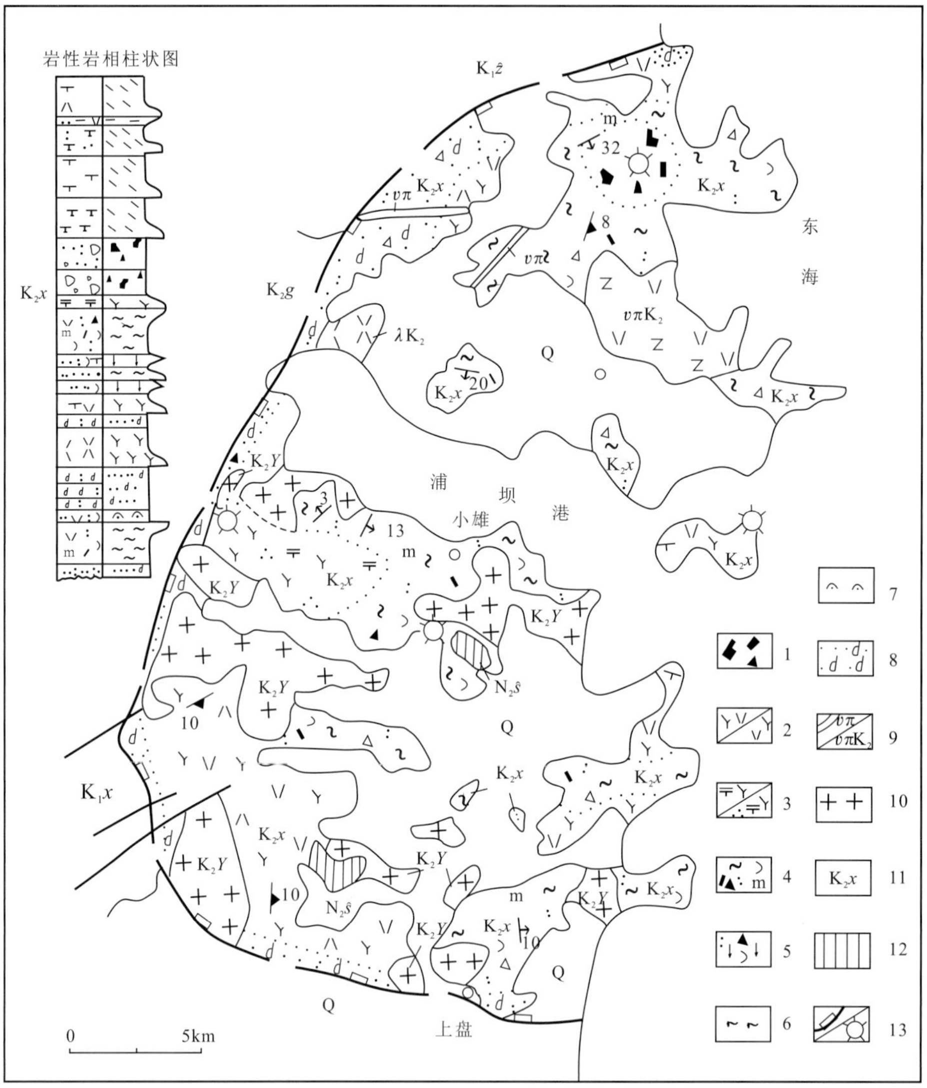

图 4-23　小雄火山构造洼地岩相略图

1. 崩落相角砾集块岩；2. 喷溢相流纹斑岩、碱长流纹斑岩；3. 喷溢相粗面斑岩、石英粗面斑岩；4. 火山碎屑流相含角砾含晶屑玻屑熔结凝灰岩；5. 空落相含角砾凝灰岩；6. 沸溢相凝灰熔岩；7. 灰云相玻屑凝灰岩；8. 喷发沉积相凝灰质粉砂岩、沉角砾凝灰岩；9. 潜火山岩；10. 侵入岩；11. 地层代号；12. 上旋回火山岩；13."V"型火山构造洼地/火口

破火山有大南、大罗山、孙坑、上井、晋岙、括苍山、石岩头、茶山、涂茨、梁岙和摘箬山 11 个。如位于本区中部临海城北石岩头一带的石岩头破火山平面形态呈似圆形，在卫片上显示十分醒目的环形影像（由两个环组成：内环和外环）（图 4-24）。破火山地形上表现为深切沟谷，外环直径 10km，内环直径 5km，内环中央为海拔 739m 的石岩头主峰，两环间为一环形山脉。在航磁图上，破火山外缘东部、西部及南部呈现平稳低缓的负异常区，破火山内为正异常，伽马强度最高达 300γ，略呈环状分布，其范围、位置及形态等特征，与现圈定的破火山基本吻合。

破火山内火山岩地层由西山头组及少量茶湾组组成。早期（西山头组火山穹隆有海溪、半山、大山和东辽、黄坦、湫水山、义页河和灵峰山下部）喷发产物见于破火山边部，呈环带状分布，产状总体呈围斜内倾，倾角 10°～25°，边界外缘外倾，倾角 25°，岩性为火山碎屑流相石英安粗质含晶屑玻屑熔结凝灰岩夹空落相流纹质含晶屑玻屑凝灰岩及喷发沉积相凝灰质粉砂岩；中期（西山头组上部）喷发产物分布于

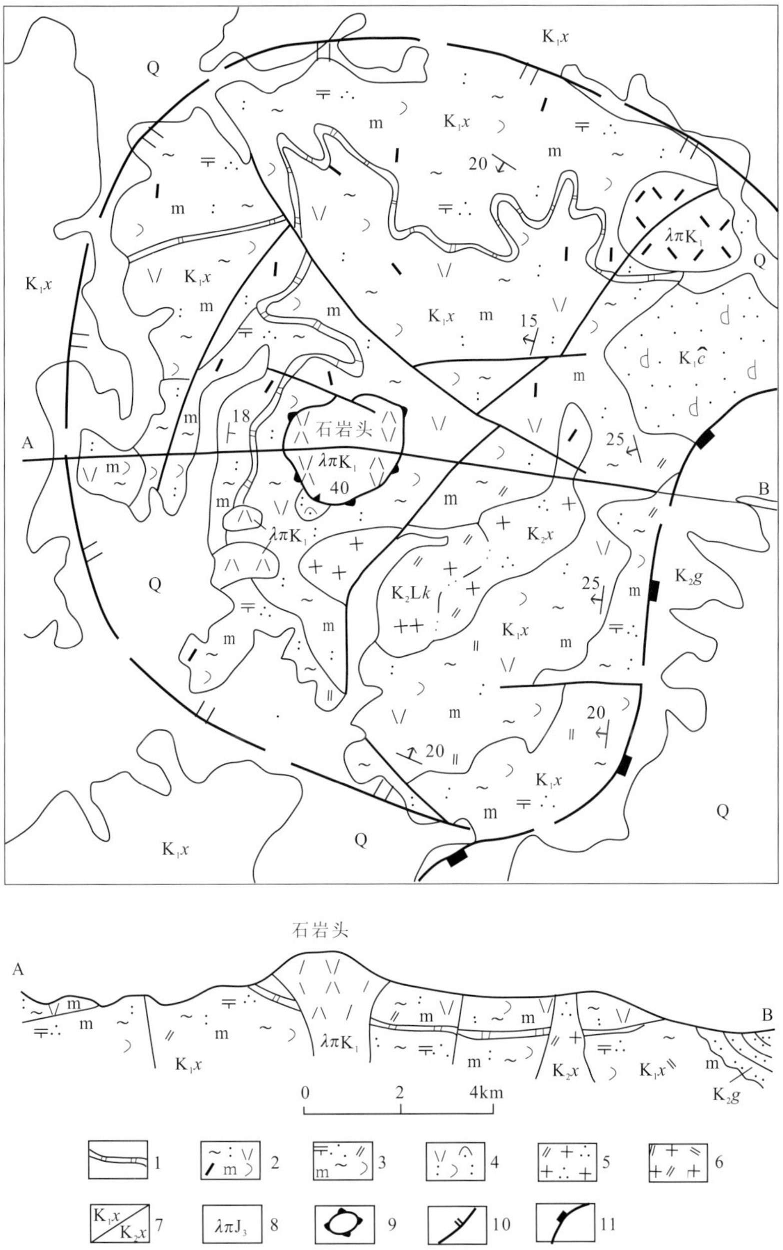

图 4-24　石岩头破火山构造岩相略图

1. 涌流堆积亚相沉凝灰岩；2. 碎屑流堆积亚相流纹质晶屑玻屑熔结凝灰岩；3. 碎屑流相石英安粗质含晶屑玻屑熔结凝灰岩；4. 灰云亚相流纹质含晶屑玻屑凝灰岩；5. 石英二长花岗岩；6. 二长花岗岩；7. 地层代号/侵入岩代号；8. 潜火山岩代号；9. 侵入岩穹；10. 破火山；11. 火山构造洼地

破火山中部，产状总体围绕石岩头流纹岩穹内倾，倾角 15°～25°，岩穹边部局部外倾，岩性主要为火山碎屑流相流纹质含晶屑玻屑熔结凝灰岩，底部为沉凝灰岩，顶部为空落相流纹质含晶屑玻屑凝灰岩，破火山中心为侵出相流纹岩穹；晚期（茶湾组）在破火山的东部边缘的原始凹地内，接受了喷发沉积相堆积，岩性为沉凝灰岩；末期侵入的潜火山岩则分布于破火山周边部位。

以半山水山火山穹隆为例叙述其特征。半山火山穹隆位于本区中部宁溪南西侧半山一带，北抵望海尖—老岗基一带；南部以弧形分布的张溪、德岙花岗斑岩体、梅坦近东西向断裂及北雁荡山破火山分界；西抵大寺基—桧梁一带；东部则被宁溪火山构造洼地所叠置，平面形态呈近圆形，地貌上中部为负地形，四周为山脉，水系呈环状、放射状展布（图 4－25）。

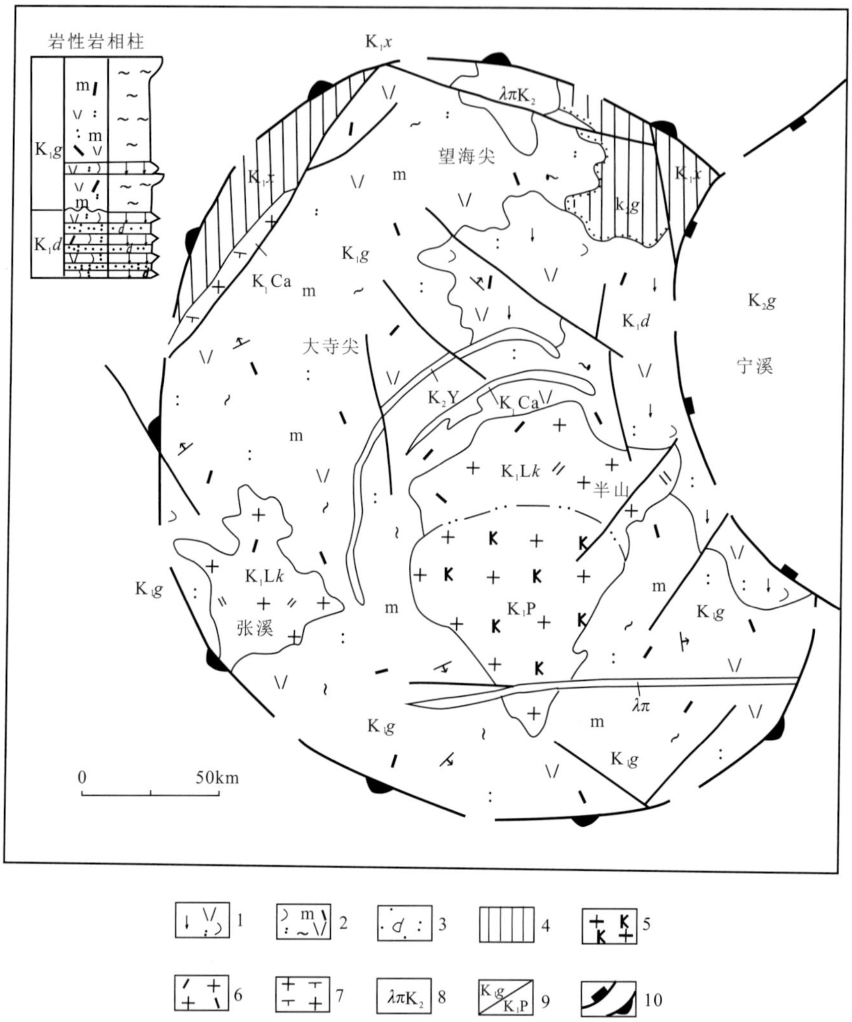

图 4－25　半山火山穹隆岩相略图

1. 空落相流纹质玻屑凝灰岩；2. 碎屑流相流纹质晶屑熔结凝灰岩；3. 喷发沉积相凝灰质粉砂岩；4. 上旋回火山岩；5. 钾长花岗岩；6. 二长花岗岩；7. 碱长花岗岩；8. 潜流纹斑岩；9. 地层代号/侵入岩代号；10. 火山构造洼地/火山穹隆

构成穹隆的火山岩地层为大爽组和高坞组，大爽组主要分布于穹隆东部边缘，岩性为火山碎屑流相酸-中酸性火山碎屑岩夹沉积岩，穹隆南部、西部及北部则为高坞组。岩性为较单一的碎屑流相流纹质晶屑熔结凝灰岩，地层产状总体围绕半山岩体外倾，倾角 8°～26°。

锥火山仅见火山产物保存较完整、构造破坏较弱的天台火山构造洼地内的鼻下许锥火山（图 4－26）。该火山构造位于天台城关南西侧，卫片上显示小型环形影像，由塘上组火山岩组成，受构造破坏较弱，保存较好。地层层序清楚：下部为沉积相紫红色凝灰砾岩、砂岩、粉砂岩等，不整合于早白垩世火山岩地层之上；中部为熔结凝灰岩组成的火山碎屑流和空落相层状岩屑玻屑凝灰岩；上部为喷发沉积相凝灰质砂砾岩、砂岩和空落相岩屑玻屑凝灰岩；顶部为一厚层状紫红色晶屑熔结凝灰岩。喷溢相英安岩主要分布在鼻下许以北的狮子岩一带，晚期由火山颈相英安质角砾熔岩沿火山通道贯入。

盾火山圈定有 3 个，分别为大岗头、簸箕弯和大陈盾火山，现以余姚大陈盾火山（图 4－27）为例叙述其特征。

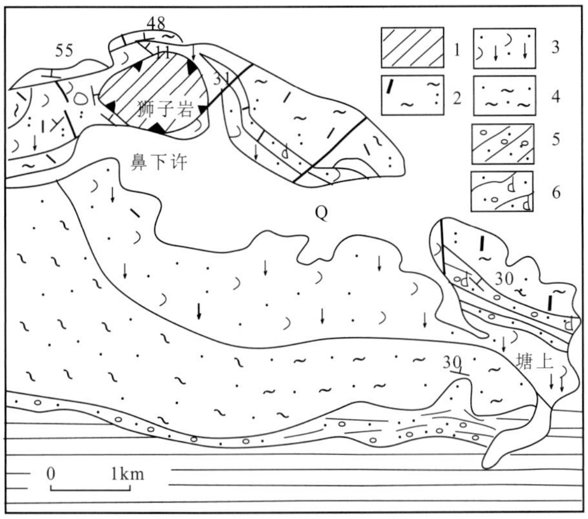

图 4-26　鼻下许锥火山图

(据东火项目,1994)

1. 英安岩、英安质角砾熔岩(岩颈);2. 碎屑流相晶屑熔结凝灰岩;3. 空落相玻屑凝灰岩;4. 碎屑流相含岩屑玻屑熔结凝灰岩;5. 沉积相砂砾岩;6. 喷发沉积相凝灰质砂砾岩、砂岩

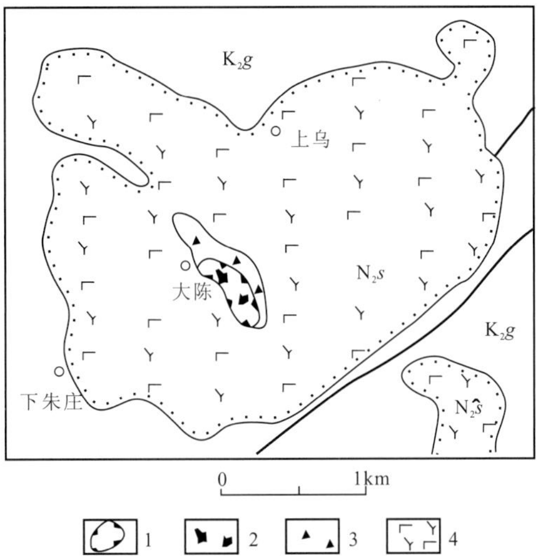

图 4-27　大陈盾火山岩相略图

1. 火山颈;2. 火山集块岩;3. 火山角砾岩;4. 喷溢相橄榄玄武岩

余姚大陈盾火山位于余姚大陈,叠置在丁家畈火山构造洼地的中北部。平面形态呈等轴状,面积约 $7km^2$。由火山颈、火山碎屑锥及熔岩被组成。火山颈出露于该火山的中部,呈北西向椭圆形,长轴约 200m,短轴约 80m。其内充填火山集块岩,由橄榄玄武质集块和角砾组成,大小不一,一般 5～25cm,个别达 30～50cm。因易风化,火山颈呈负地形。

火山颈外则由火山碎屑锥构成,由于剥蚀而保存不完整,仅呈半环状分布于火山颈的东北侧,宽 50～100m,由火山角砾岩组成,岩石较疏松,角砾大小为 2～6cm,具有一定的分选性,近火山颈旁较粗,向外逐渐变小。原始层理向外倾,倾角约 30°。围绕火山颈及火山碎屑锥分布的橄榄玄武岩和橄榄辉基岩,呈熔岩被分布,产状平缓,微向外倾斜。

4.7.5　火山构造时空特征

浙江白垩纪区域构造经历了 3 个构造域转换,早白垩世出现短暂的拉张环境,随后转换为挤压环境,晚白垩世又转换成拉张环境,不同的构造环境火山活动规模、喷发方式及控制火山活动的区域构造不同,故形成的火山构造也不尽相同。

早白垩世拉张环境形成的火山构造能识别出的主要是火山穹隆,推测当时的火山机构可能为大型平缓的层火山。而目前显示的火山穹隆,是在层火山基础上岩浆沿原喷发中心侵入,使周围地层向上拱起而形成的(穹隆中部均有侵入体)。

早白垩世挤压环境是本区火山活动最强烈的时期,发生了大规模的喷发,堆积了一套巨厚的酸性火山碎屑岩,火山机构也非常发育,主要有两种类型:一类是火山穹隆,火山喷发后火山未发生塌陷,后期岩浆继续沿原喷发中心(火口)侵入(物探资料显示有隐伏酸性侵入体存在),使周围火山岩地层上隆而形成的一种正向火山机构;另一类是破火山,火山喷发后火山发生了塌陷,形成一种负向火山机构,有些演变成破火口湖,在破火口内接受沉积,有些破火山,如括苍山及上井等,没有经历破火口湖堆积,而是表现为后期破火口复活,以破火口内小规模火山碎屑流和空落喷发,以及晚期流纹岩喷溢、侵出和潜火山岩侵入为特征。

晚白垩世拉张环境火山活动减弱，形成的火山构造类型为火山构造洼地，不整合叠置于早期火山岩地层之上，其分布呈孤岛状，以沉积及洼地内小规模火山活动为特征。边界及分布范围受区域凹陷（或断陷）控制作用较明显，断裂构造为岩浆上升和小规模火山喷发提供通道，洼地内部常形成数目不等，具有一定排列方向的小型火山机构，而断块沉陷则基本限定了火山喷发及内陆湖盆相堆积之范围。

火山构造空间组合形式有：①串珠状分布型式，即区域性断裂构造控制了火山喷发带，沿断裂出现多个火山喷发中心，区域上呈现火山构造串珠式分布，这种形式以北东向断裂控制为主，北西向和近南北向断裂也有制约，从而使不同旋回、不同类型的火山构造互相叠置，形成并列镶嵌式组合，即火山活动时间在同一个旋回，火山喷发同时或交替进行，火山产物互相穿插，互有覆盖，如石岩头破火山和黄坦火山穹隆、宁溪和永嘉火山构造洼地即为并列镶嵌式组合；②套叠式组合，火山喷发物围绕各自喷发中心呈有规律分布，形成独立的次级别火山构造，空间上晚期火山构造套叠在早期火山构造洼地之上，如永嘉火山构造洼地内套叠有大箬岩和北雁荡山破火山、天台火山构造洼地内套叠有鼻下许锥火山；③上叠截切式组合，早期形成的火山构造被晚期形成的火山构造叠置或截切，在卫片上反映为环状影像的切割和不同色调的块体叠置，如仙居火山构造洼地叠置在上张火山构造洼地和上井破火山之上。

4.8　浙江省构造环境划分

本书大地构造单元划分采用"全国重要矿产资源潜力预测评价项目"中《地质构造研究工作技术要求》推荐的方案（叶天竺等，2006）。

Ⅰ级单元为造山系、陆块区和叠加造山（裂谷）系。

Ⅱ级单元分别对造山系、陆块区、叠加造山区等Ⅰ级单元进行进一步的划分。

造山系的Ⅱ级单元包括结合带、弧盆系、岛弧、岩浆弧、地块、折返带、被动陆缘、前陆盆地、逆推带。

陆块区的Ⅱ级单元包括陆块、古陆块、基底、隆起、陆缘弧、前陆盆地、陆表海盆、碳酸盐岩台地、拗陷、逆推带、结晶基底逆推带、基底隆起带、逆冲带、褶冲带。

叠加造山区的Ⅱ级单元包括中生代、新生代岩浆弧或火山构造洼地等。

Ⅲ级构造单元是对Ⅱ级构造单元的进一步细分。造山系的Ⅱ级单元可划分为俯冲增生杂岩带、蛇绿混杂岩带（弧弧碰撞带、弧陆碰撞带），洋内岛弧带或洋岛、岩浆弧、弧后盆地、弧前盆地等；裂离地块划分为陆缘弧、前陆和弧后前陆盆地以及走滑拉分盆地、陆缘裂陷盆地或裂谷盆地、基底逆推带等。

陆块区的Ⅱ级单元可划分为被动陆缘盆地、陆表海盆地、碳酸盐岩台地、陆缘裂谷、陆内裂谷、断陷盆地、压陷盆地等。

Ⅳ级构造单元是对Ⅲ级构造单元中有明显不同特征的构造岩相组合块体（构造亚相）的细分。

构造单元的命名原则如下。

Ⅰ级构造单元：大区域地理名称＋Ⅰ级构造属性名词。

Ⅱ级构造单元：区域地理名称＋Ⅱ级构造属性名词。

Ⅲ级构造单元：地理名称＋Ⅲ级构造属性名词＋（地质时代）。

Ⅳ级构造单元：地理名称＋Ⅳ级构造属性名词（相当于大地构造相的亚相）＋（地质时代）。

从浙江省构造发展阶段与构造演化讨论可知，距今约1.1Ga前，浙江处于扬子陆块与华夏陆块之间，扬子陆块与华夏陆块被其间的古南华洋分隔；华夏（浙闽）克拉通中元古代晚期（1.4Ga开始）开始拉张、减薄、裂解，形成陆内裂谷，接受陈蔡群沉积。陈蔡群早期为钙泥质砂岩、泥质砂岩和火山杂砂岩沉积，其后接受碳酸盐岩-大陆碱性拉斑玄武岩-中酸性火山岩（或火山碎屑岩）沉积，晚期为滨浅海相硅质岩、泥质砂岩和泥岩沉积，其火山活动具双峰式特征（碱性玄武岩和中酸性火山岩）；1100～900Ma，华夏陆块向扬子陆块俯冲，扬子地块南缘由被动大陆边缘转化为活动大陆边缘，发育岛弧火山-沉积岩系-双溪坞群，形成江南古岛弧；900～850Ma，华夏地块与江南古岛弧碰撞拼接、褶皱造山，经历弧后盆地消亡到山前盆地磨拉石堆积，江绍断裂作为两个地块拼接缝合线，沿江绍拼接带侵入众多大小不等的石英闪长岩体；从新元古代上墅期开始，扬子陆缘沿钦杭构造带开始裂解，发育拉张背景下的陆相双峰式火山岩，进入加里东期，裂谷盆地继续扩大，浙西北成为裂谷沉积盆地，自震旦纪至志留纪，几乎连续堆积了巨厚的海相沉积物。加里东运动使浙东南进一步抬升，同时产生向北西方向的推覆，致使江绍拼接带南东侧可能存在过的下古生界遭受剥蚀，也使浙西北古生代沉积边缘靠近江绍拼接带，同时江绍拼接带发生强烈剪切变形，发育韧性剪切带。加里东运动浙江全部抬升为陆地，早-中泥盆世处于陆蚀阶段而缺失其沉积。

海西-印支期，萧山-球川断裂与马金-乌镇断裂重新活动，两断裂间裂陷，成为印支陆内裂陷沉积盆地，连续沉积了一套碳酸盐岩建造；马金-乌镇断裂西北侧总体为褶皱隆起；受昌化-普陀断裂和安吉-三门断裂影响，湖州—德清地区则为陆表海沉积环境；江绍拼接带东南地区总的仍然是抬升的蚀源区（仅在局部沉积了陆源碎屑岩，如芝溪头杂岩）。印支期末浙江全区褶皱抬升，岩浆活动较为微弱，广泛发育的盖层褶皱与推覆构造是印支运动的特点。

燕山期，古太平洋板块开始向欧亚大陆俯冲，俯冲作用制约了岩浆活动。古太平洋板块俯冲角由缓变陡，早期（>145Ma）低角度俯冲，处于挤压环境，主要形成大规模的盖层褶皱和推覆构造；当俯冲角逐渐变陡（145～85Ma），岩浆弧由西向东迁移，形成大面积的火成岩，期间经历了 3 个构造域转换，早白垩世出现短暂的拉张环境，随后转换为挤压环境，晚白垩世又转换成拉张环境。不同的构造环境火山活动规模、喷发方式及控制火山活动的区域构造不同，故形成的火山构造也不尽相同，总体来看，上虞—东阳一带以基底逆冲隆起为主，丽水-舟山断裂西北侧的新昌—武义一带以凹陷火山沉积为主，丽水-舟山断裂以东以火山构造隆起为特征，并受北西向淳安-永嘉断裂和安吉-三门断裂控制，明显分为文成-苍南、括苍山、象山-普陀 3 个火山隆起区。

值得指出的是遂昌—庆元地区和浙北的长兴地区与浙江周围地质块体特征差异明显。

遂昌—庆元地区位于江绍拼接带和丽水-舟山断裂之间，北西向淳安-永嘉断裂以南，该区以变质基底隆起、北北东向断裂发育和多期次岩浆作用为特点，其基底变质岩的岩石学和变质变形、岩浆活动、断裂构造特征与福建武夷隆起带可以对比，而与浙江周围地质块体特征差异明显，因此遂昌—庆元地区应是武夷隆起带的北东段。

近东西向湖州-嘉兴断裂以北的长兴地区未见基底出露，主要发育盖层构造。其中加里东构造层主要由寒武系—中志留统地层组成，震旦系仅零星分布。海西-印支期构造层发育。区内盖层褶皱发育，长兴西部以北东向复式向斜、背斜相间排列；北部发育于海西-印支期构造层中的褶皱，除北东向向斜外，尚有近东西向向斜。断裂构造发育，主要由湖州-嘉兴东西向断裂及其他北东向和东西断裂等组成。

李家彪等（1993）通过变形温度和有限应变研究，认为大致位于湖州-嘉兴断裂为界两侧变形的温度及强度有较大的差别，北部长兴地区为挠曲区，为一套伴有纵向和横向断裂的等厚褶皱分布，这些褶皱总体走向北北东向，小褶皱统计反映，其轴面均向南东倾，倾角 41°～82°不等，且无劈理出现；碳氧稳定同位素测定（张理刚，1985）表明，岩石变形温度较低，约为 350℃。因此，该区主要为脆塑性变形，压扁较弱，有限应变测量（郑振东等，1985；Ramsay et al.，1983；Ramsay，1984）表明平均缩短率为 0.90。湖州-嘉兴断裂之南为破-流劈理区，广泛发育北东向不等厚褶曲及束状线性紧密褶皱，褶皱两翼地层较陡，轴面近直立。劈理普遍可见，并与褶皱轴面平行，且均倾向叶理-流动区，倾角南区陡、北区缓。从叶理-流动区向南北两侧，劈理从流劈理逐渐向破劈理转化，并最后在与挠曲区接壤的边界处消失。碳氧稳定同位素测定表明，岩石变形温度较高，约为 420℃。压扁作用强烈，普遍见矿物、砾石压扁拉长，有限应变测量表明，平均缩短率为 0.70，表明湖州-嘉兴断裂以南地区的变形已进入黏塑性。所以浙北长兴地区的构造形变与其以南地区有显著不同。

就长兴地区推覆构造的展布方向而言，北北东向和近东西向两组占主要地位。推覆构造虽然彼此有些穿插，但它们的强弱变化、发育程度均有明显区域性特点，而且这类构造均因后期构造改造而有变

图 4-28　浙北湖州-长兴推覆构造图

①刘家岗逆冲推覆带；②马鞍山逆冲推覆带；③回龙山逆冲推覆带

化。与后期作用强度减弱地区相比，这里早期逆推构造相对明显。从图 4-28 可以看出，回龙山断裂带的东西两侧，推覆构造的方向显著不同，西侧以区域性的推覆为主，主要以北北东—北东方向延伸并由西向东逆冲推覆，东侧规模比较小，以北西西、北东东、近东西向为主并由北向南逆冲推覆(图 4-29)。两次逆冲均显示为一志留系为主滑脱层的薄皮逆冲构造，此种构造样式和苏州西部地区以志留系为主滑脱层的薄皮逆冲具有一致性(图 4-30)，说明浙江长兴地区构造变形及机制与下

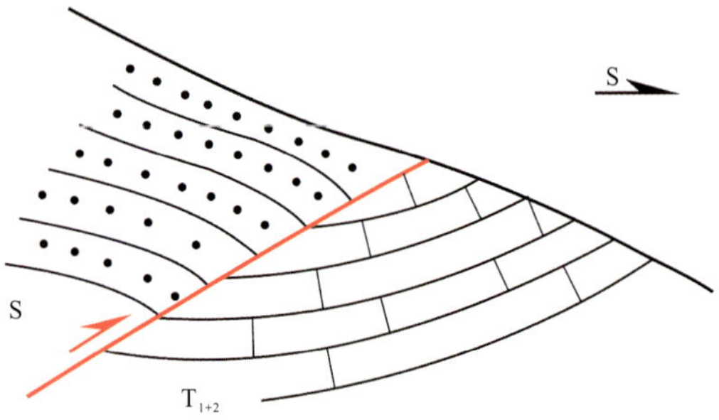

图 4-29　浙江长兴仁王山逆冲推覆图

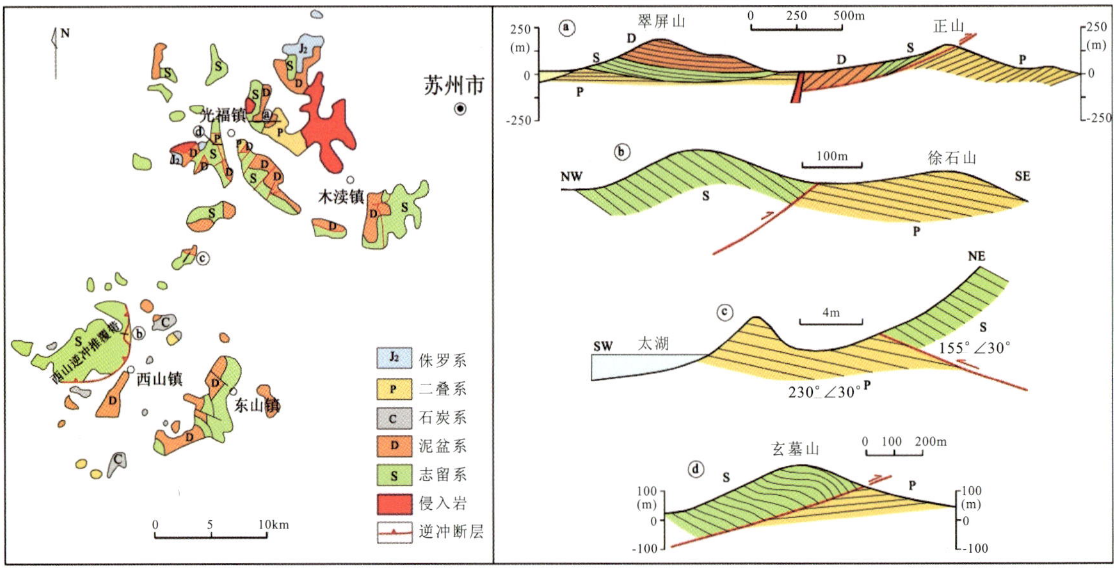

图 4-30　苏州地区以志留系为主滑脱层的逆冲推覆图

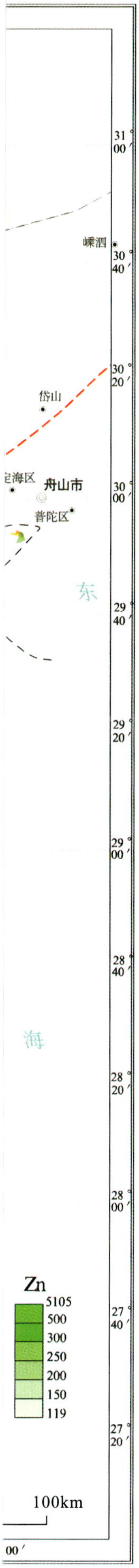
31°00′
嵊泗
30°40′
30°20′
岱山
定海区
舟山市
30°00′
普陀区
东
29°40′
29°20′
29°00′
28°40′
海
28°20′
28°00′
Zn
5105
500
300
250
200
150
119
27°40′
27°20′
100km
00′

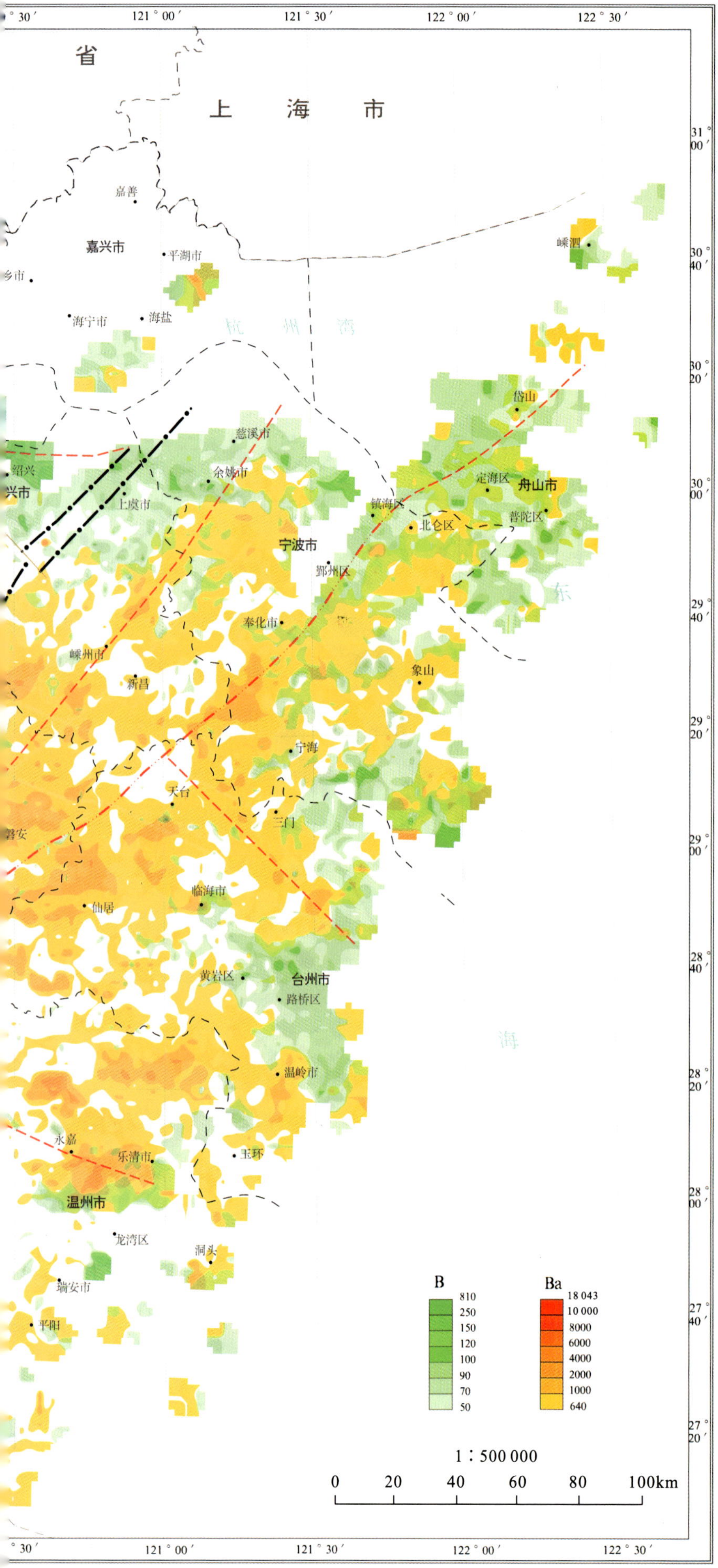
省
上 海 市
嘉善
嘉兴市
平湖市
海宁市
海盐
杭 州 湾
嵊泗
岱山
定海区
舟山市
普陀区
慈溪市
余姚市
绍兴
上虞市
镇海区
北仑区
宁波市
鄞州区
奉化市
嵊州市
新昌
象山
宁海
天台
三门
临海市
仙居
黄岩区
台州市
路桥区
温岭市
永嘉
乐清市
玉环
温州市
龙湾区
洞头
瑞安市
平阳
东
海
B
810
250
150
120
100
90
70
50
Ba
18 043
10 000
8000
6000
4000
2000
1000
640
1∶500 000
0 20 40 60 80 100km

求化学块体特征图

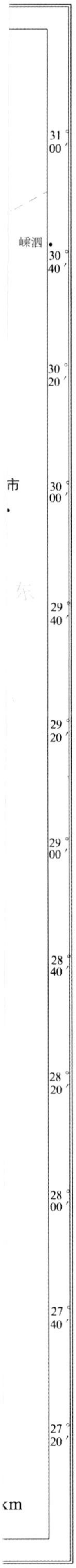

31°00′
嵊泗
30°40′
30°20′
市
30°00′
29°40′
29°20′
29°00′
28°40′
28°20′
28°00′
27°40′
27°20′
km

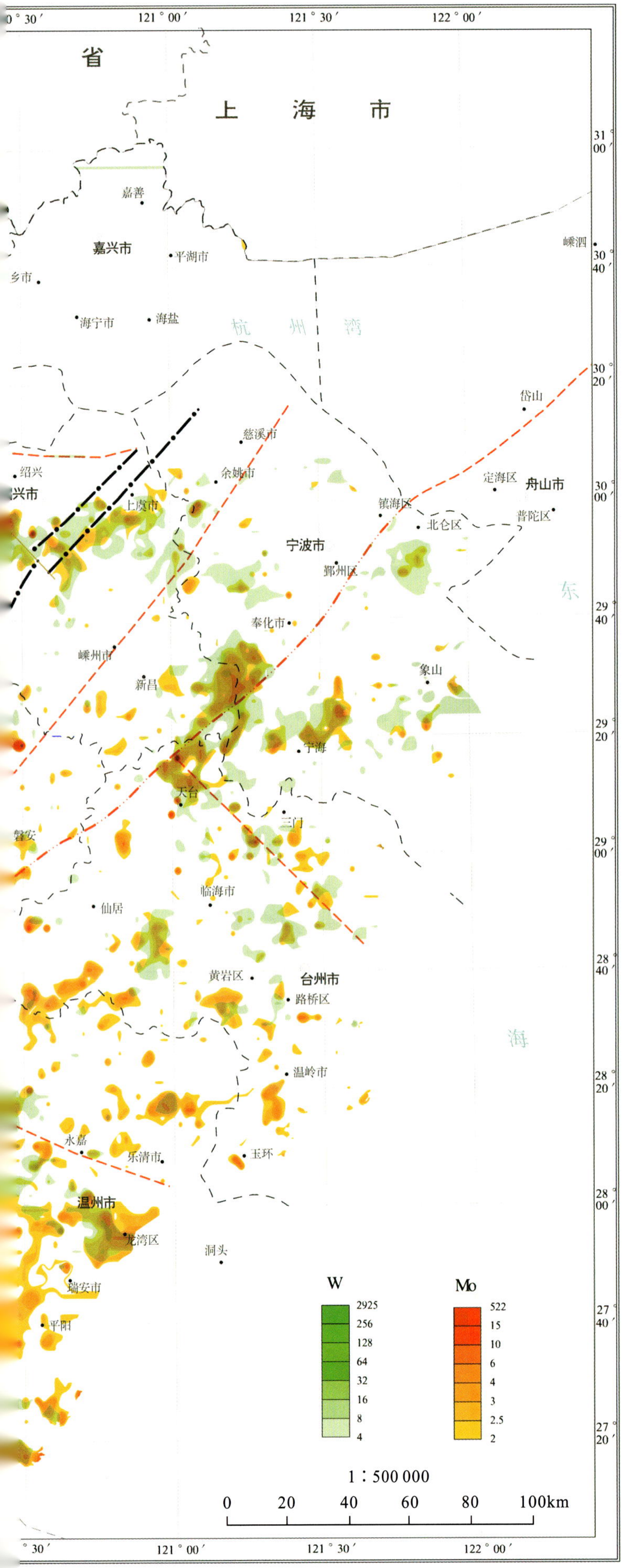

省
上 海 市
嘉善
嘉兴市
平湖市
海宁市
海盐
杭 州 湾
嵊泗
岱山
慈溪市
绍兴
余姚市
上虞市
镇海区
定海区
舟山市
北仑区
普陀区
宁波市
鄞州区
东
奉化市
嵊州市
新昌
象山
宁海
天台
三门
临海市
仙居
黄岩区
台州市
路桥区
海
温岭市
永嘉
乐清市
玉环
温州市
龙湾区
洞头
瑞安市
平阳
W
2925
256
128
64
32
16
8
4
Mo
522
15
10
6
4
3
2.5
2
1∶500 000
0 20 40 60 80 100km
121°00′
121°30′
122°00′
31°00′
30°40′
30°20′
30°00′
29°40′
29°20′
29°00′
28°40′
28°20′
28°00′
27°40′
27°20′

块体特征图

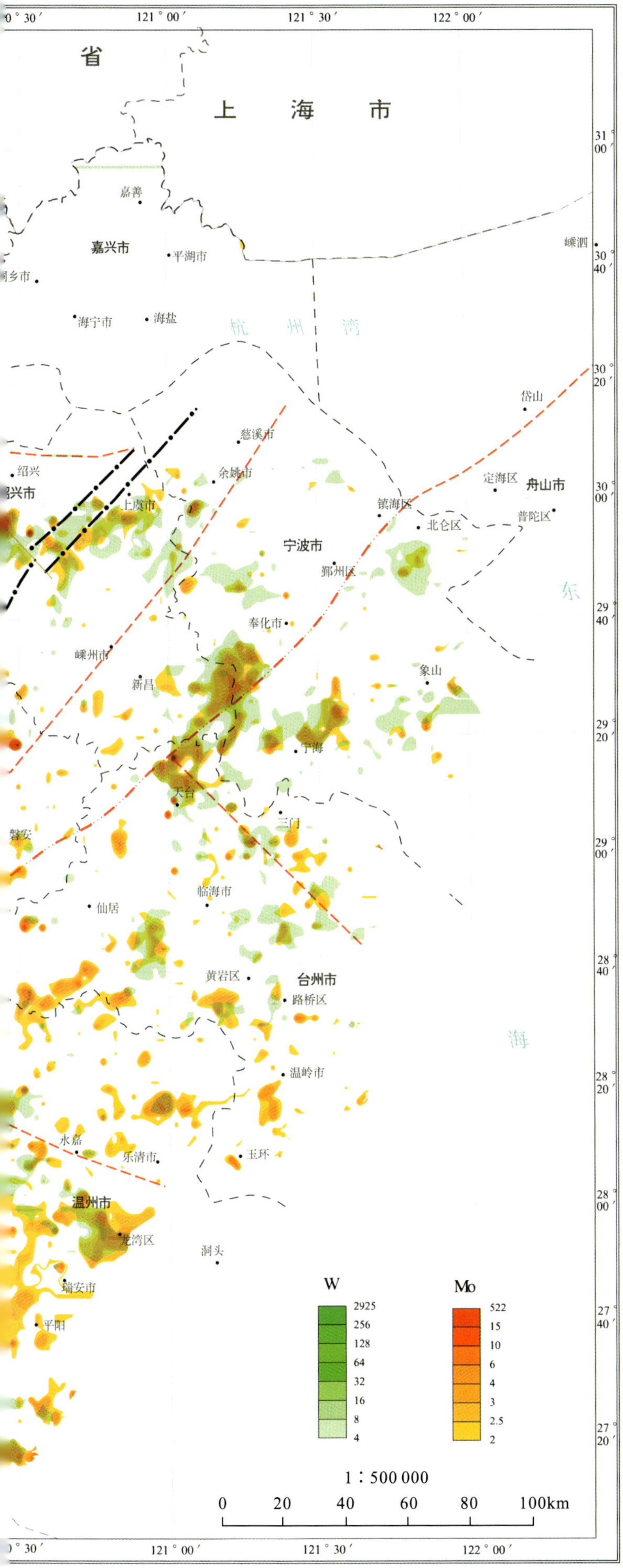

上 海 市
省
嘉兴市
嘉善
平湖市
桐乡市
海宁市
海盐
杭 州 湾
嵊泗
岱山
慈溪市
余姚市
绍兴
上虞市
定海区
舟山市
镇海区
北仑区
普陀区
宁波市
鄞州区
东
奉化市
嵊州市
新昌
象山
宁海
天台
三门
磐安
临海市
仙居
黄岩区
台州市
路桥区
海
温岭市
永嘉
乐清市
玉环
温州市
龙湾区
洞头
瑞安市
平阳
W
2925
256
128
64
32
16
8
4
Mo
522
15
10
6
4
3
2.5
2
1∶500 000
0 20 40 60 80 100km
121°00′
121°30′
122°00′
31°00′
30°40′
30°20′
30°00′
29°40′
29°20′
29°00′
28°40′
28°20′
28°00′
27°40′
27°20′

块体特征图

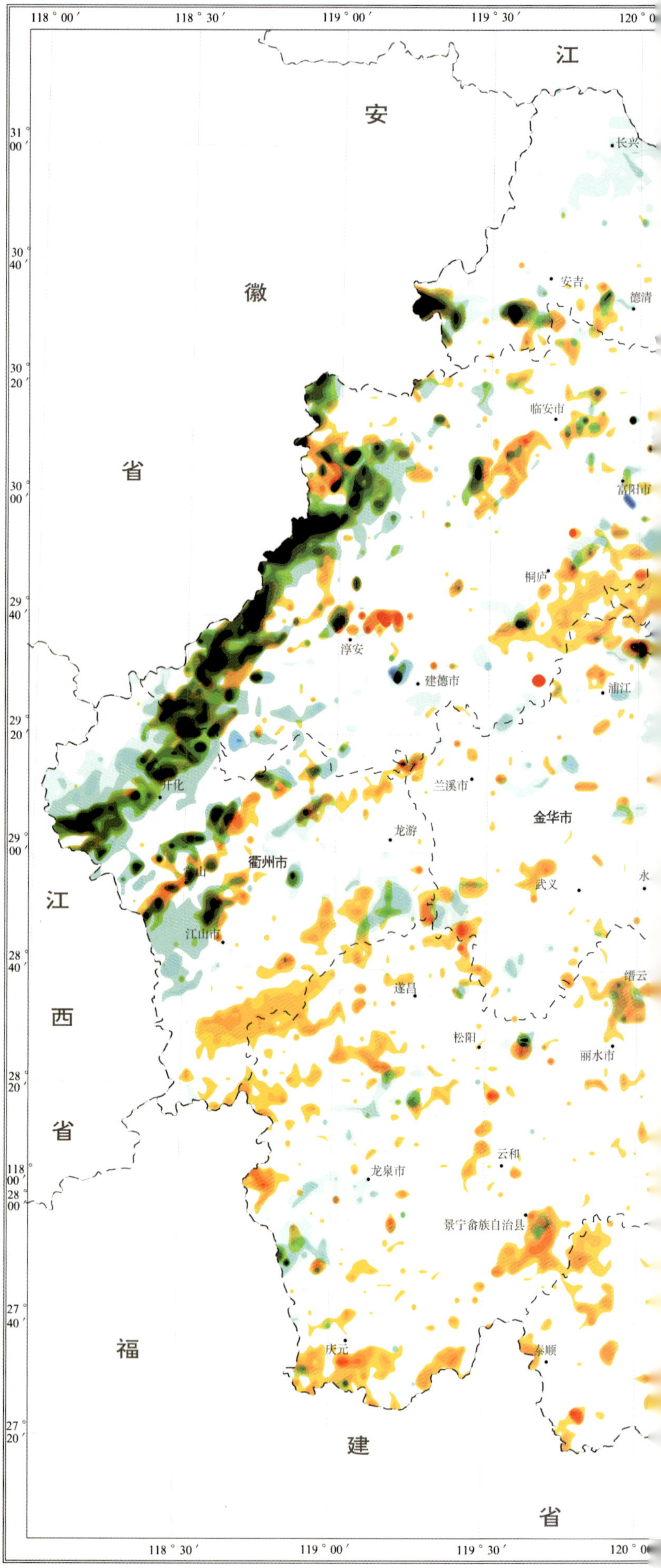

118°00′
118°30′
119°00′
119°30′
31°00′
30°40′
30°20′
30°00′
29°40′
29°20′
29°00′
28°40′
28°20′
28°00′
27°40′
27°20′
安徽省
江西省
福建省
江
长兴
安吉
德清
临安市
富阳市
桐庐
淳安
建德市
浦江
兰溪市
金华市
开化
龙游
衢州市
武义
江山市
遂昌
缙云
松阳
丽水市
云和
龙泉市
景宁畲族自治县
庆元
泰顺

图4-33　浙江省

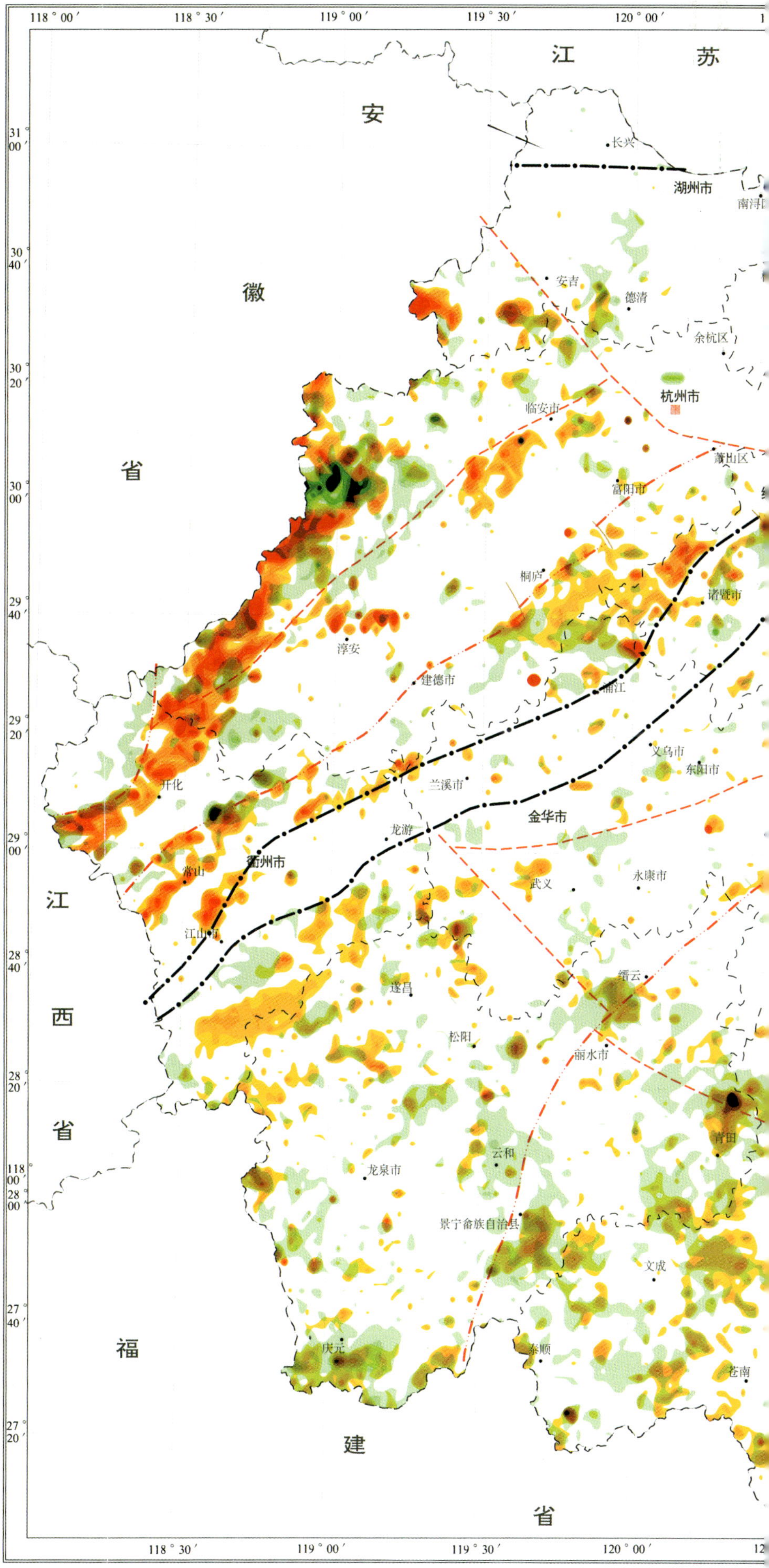

图4-34 浙江省钨-钼地球化学

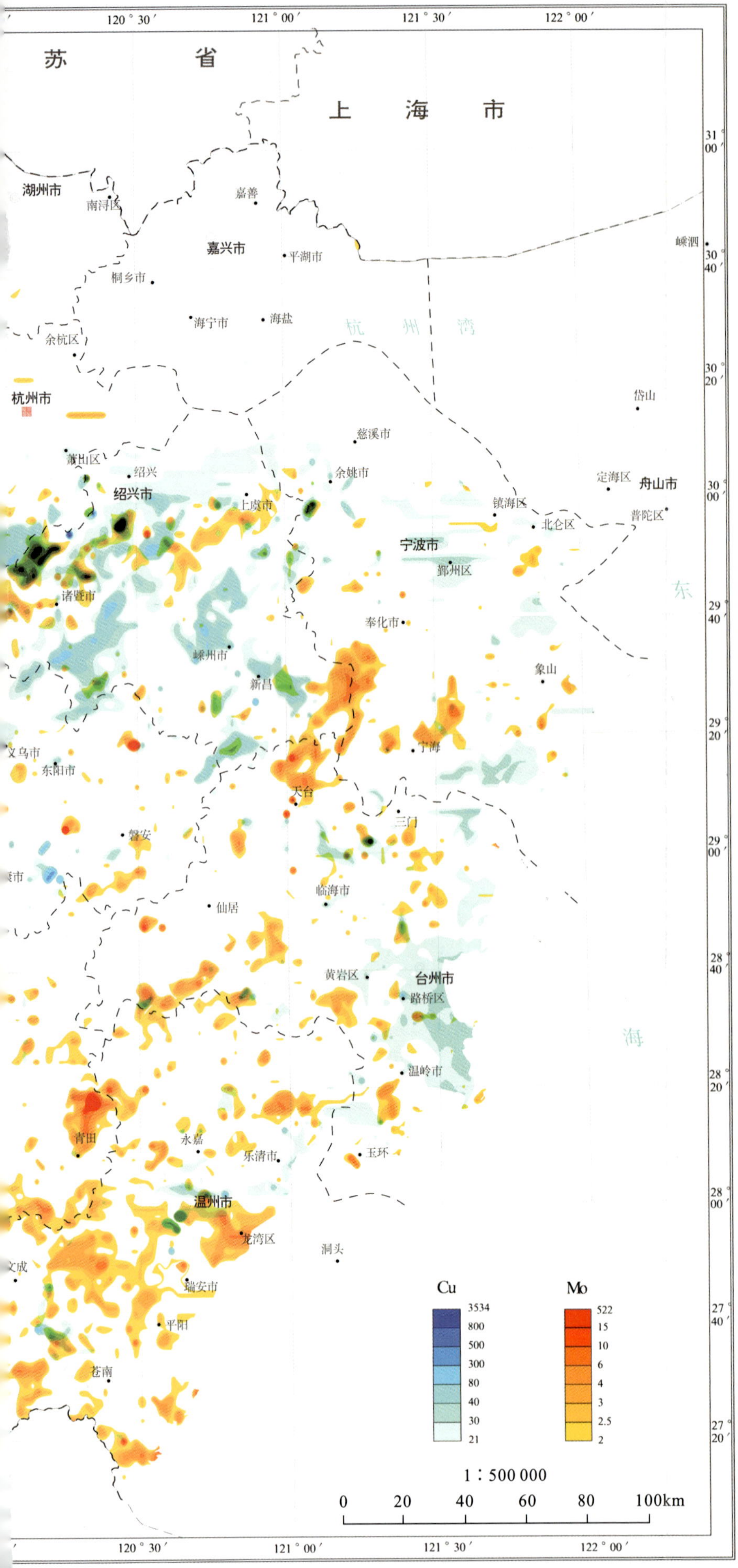

铜-钼地球化学块体特征图

扬子苏州地区可对比。

浙江省区域地球化学块体(图 4－31～图 4－34)和航磁区域场(图 4－35)特征，与地质推断的构造区块较吻合。

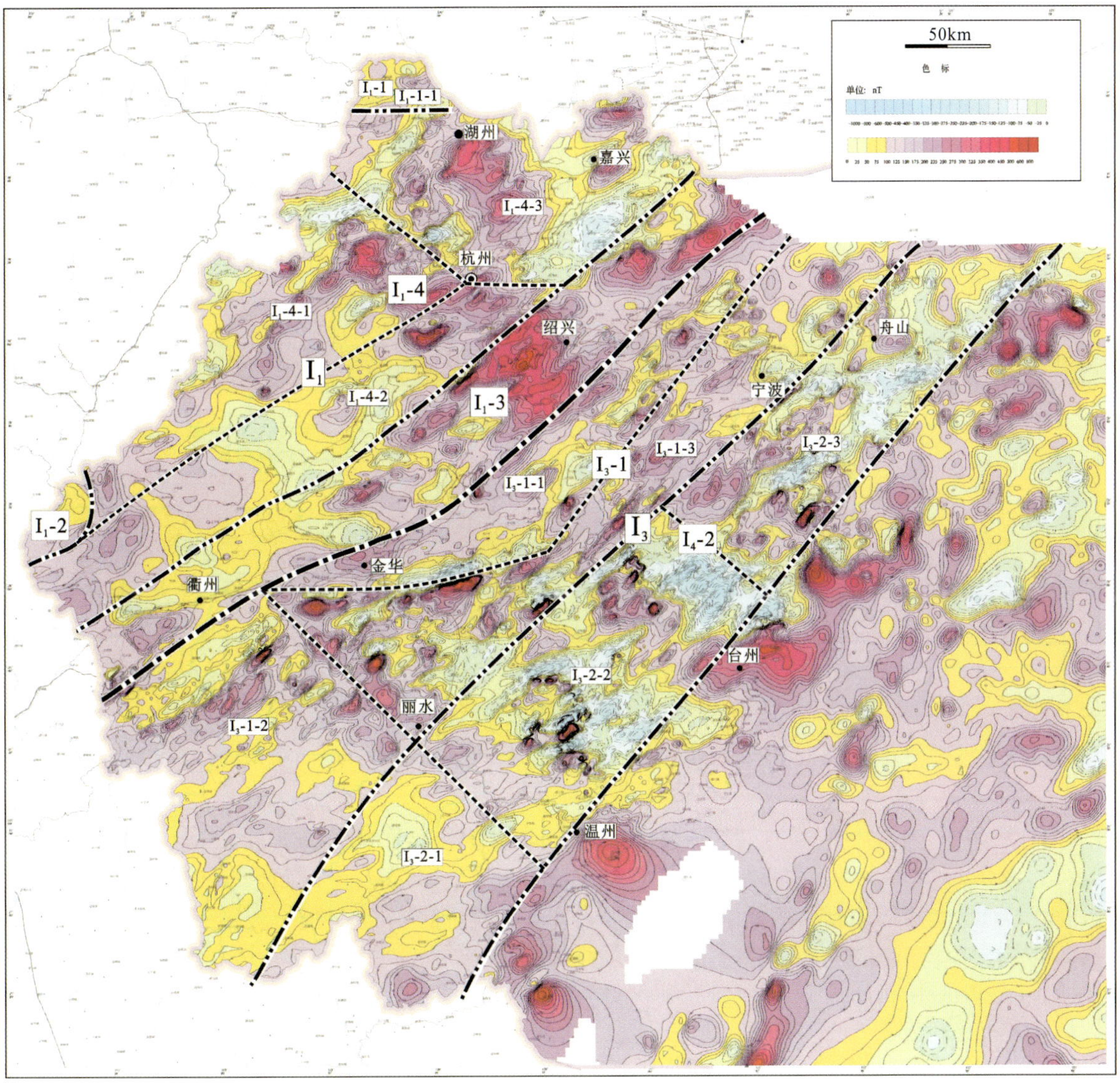

图 4－35　浙江省航磁区域场特征图

在浙江省构造演化、构造层划分和几何构造特征研究的基础上，依据特定构造部位和构造时期所发生的主要地质事件及其形成的特定的可观察、可鉴别、可测量的优势岩石-构造组合(构造相)的空间分布，并综合地球物理及地球化学块体信息厘定浙江省各级构造环境单元。全省构造单元划分为Ⅰ级构造单元 3 个，Ⅱ级 6 个，Ⅲ级 10 个(表 4－4)，图 4－36 是浙江省构造单元图。

浙江扬子板块(I_1)内Ⅱ级与Ⅲ级构造单元空间结构关系见图 4－37。华夏板块(I_3)内Ⅱ级与Ⅲ级构造单元空间结构关系见图 4－38。

表 4-4　浙江省构造单元划分一览表

Ⅰ级构造单元	Ⅱ级构造单元	Ⅲ级构造单元
I_1 扬子板块	I_1-1 下扬子陆块	I_1-1-1 长兴被动陆缘盆地(S—T)
	I_1-2 松木坞古岛弧(Pt_2)	
	I_1-3 诸暨-常山古岛弧(Pt_2)	
	I_1-4 临安-开化陆缘裂谷沉积盆地(Pt_3—S_2)	I_1-4-1 昌化-廿乌印支褶皱隆起带(D_3—P)
		I_1-4-2 杭州-开化印支裂陷沉积盆地(D_3—T_1)
		I_1-4-3 湖州-德清印支陆表海沉积盆地(D_3—T_1)
I_2 江绍拼接带		
I_3 华夏板块	I_3-1 嵊州-龙泉中元古裂谷沉积盆地(Pt_2)	I_3-1-1 上虞-东阳华夏前缘逆冲隆起带(J—K)
		I_3-1-2 武夷隆起带遂昌-庆元隆起区(J—K)
		I_3-1-3 新昌-武义中生代火山坳陷沉积盆地(K)
	I_3-2 普陀-文成中生代陆缘火山活动带(K)	I_3-2-1 泰顺-平阳火山构造隆起区(K)
		I_3-2-2 括苍山火山构造隆起区(K)
		I_3-2-3 象山-定海火山构造隆起区(K)

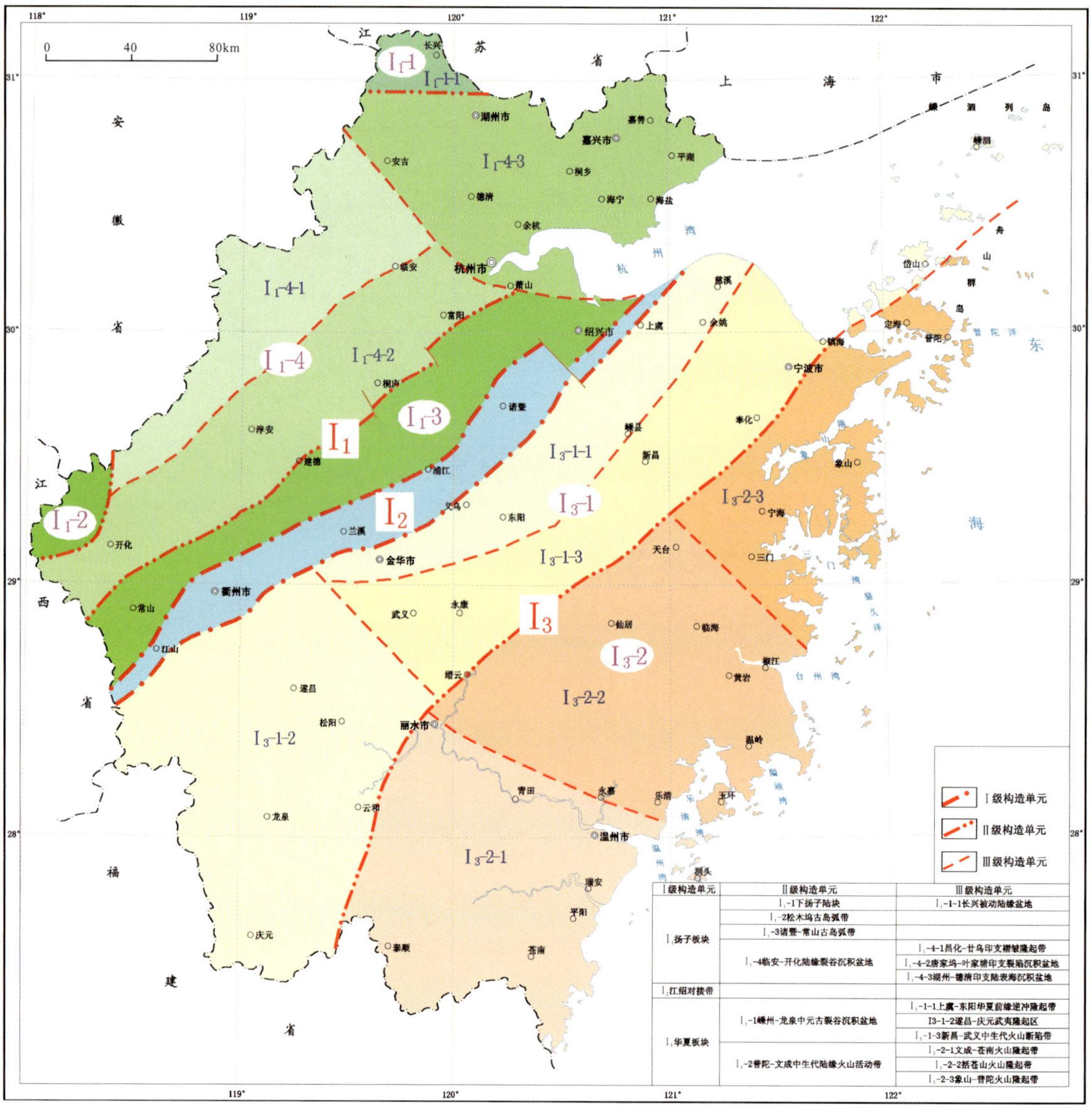

图 4-36　浙江省构造单元图

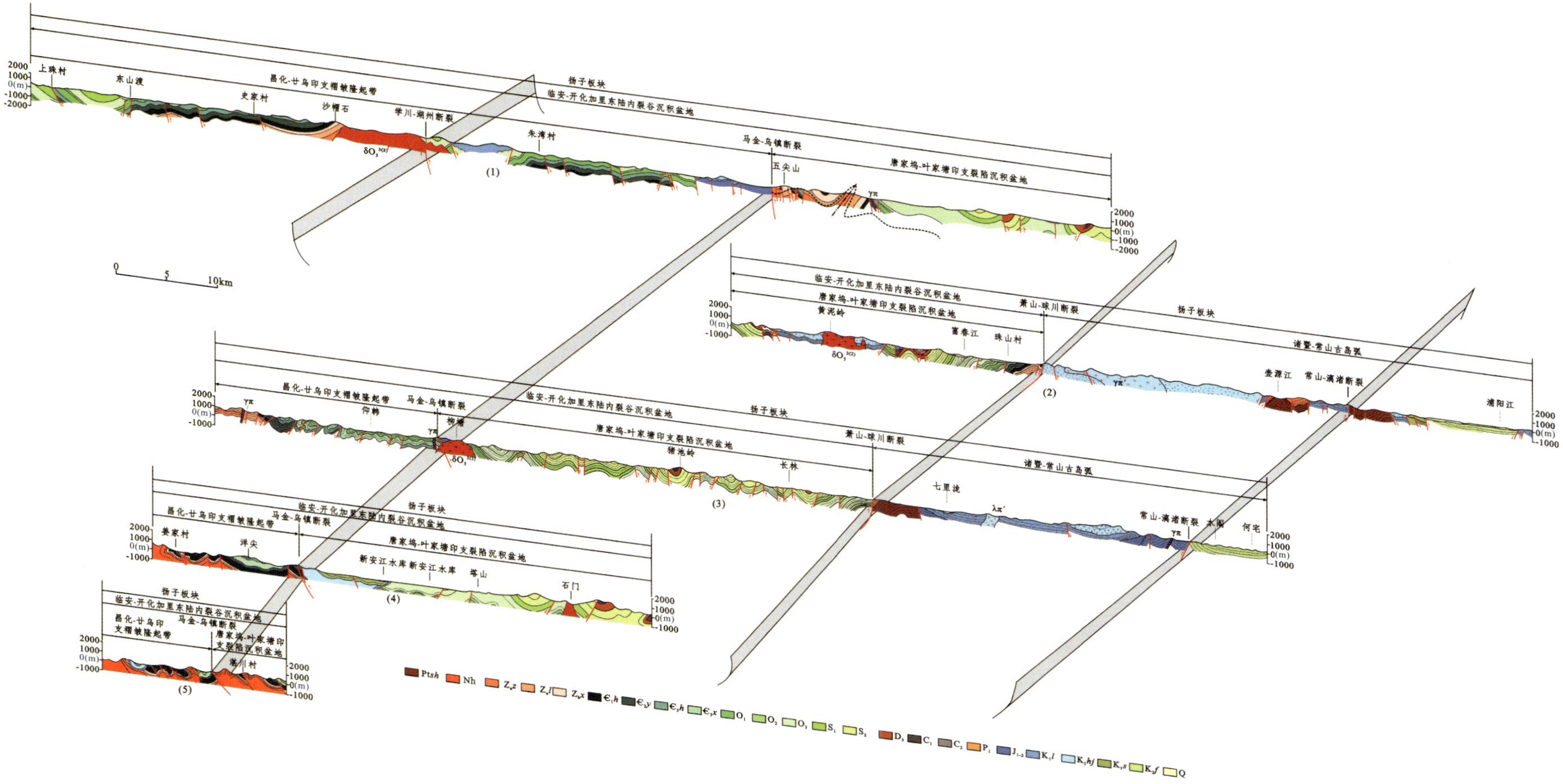

图 4－37　浙江扬子板块(I_1)内Ⅱ级与Ⅲ级构造单元空间结构关系

Pt*Sh*. 双溪坞群；Nh. 南华系；Z_az. 志棠组；Z_al. 雷公坞组；Z_bx. 休宁组；$\in_1h$. 荷塘组；$\in_2y$. 杨柳岗组；$\in_3h$. 华严寺组；O_1. 下奥陶统；O_2. 中奥陶统；O_3. 上奥陶统；S_1. 下志留统；S_2. 上志留统；D_3. 上泥盆统；C_1. 下石炭统；C_2. 上石炭统；P_1. 下二叠统；J_{1-2}. 下侏罗统—中侏罗统；K_1l. 劳村组；K_1hj. 黄尖组；K_1s. 寿昌组；K_2f. 方岩组；Q. 第四系

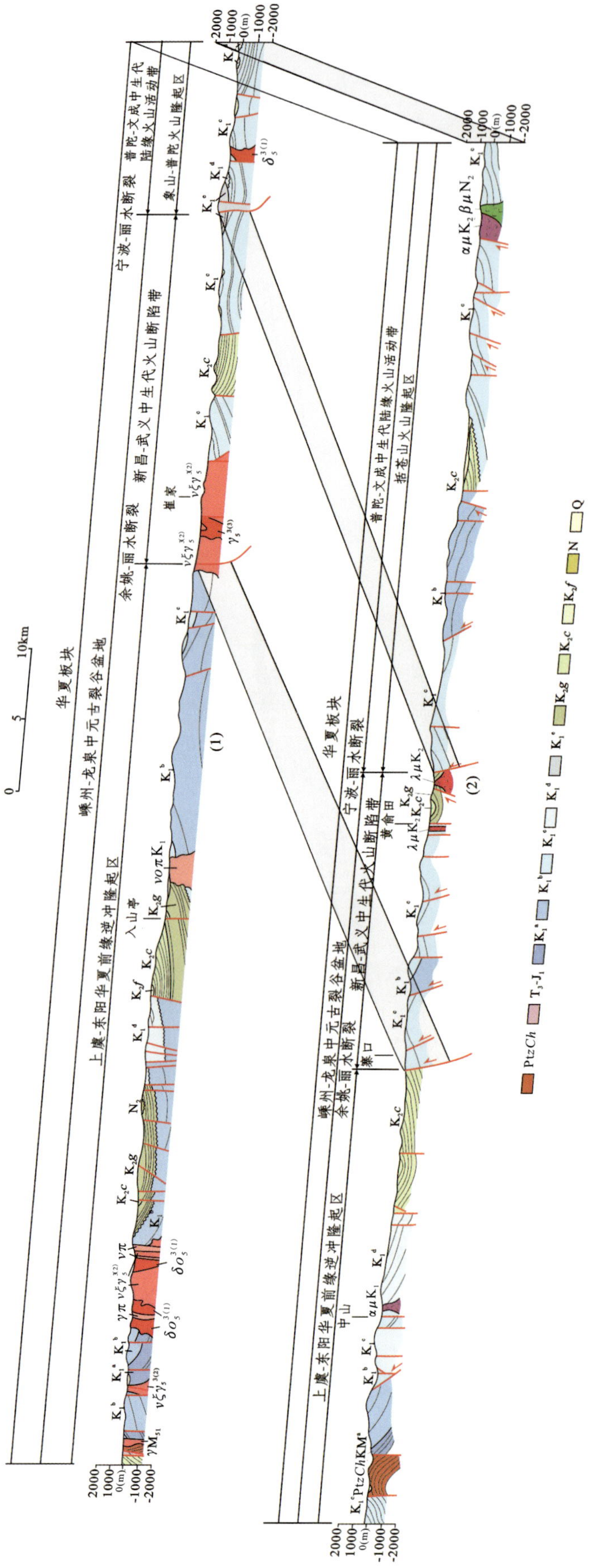

图 4-38　浙江华夏板块(I_3)内Ⅱ级与Ⅲ级构造单元空间结构关系

PtzCh. 陈蔡群；T_3-J_1. 上三叠统—下侏罗统；K_1^a. 磨石山群 a 段；K_1^b. 磨石山群 b 段；K_1^c. 磨石山群 c 段；K_1^d. 磨石山群 d 段；K_2g. 馆头组；K_2c. 朝川组；K_2f. 方岩组；N. 喜马拉雅期；Q. 第四系

第 5 章　成矿环境与内生金属矿床成矿作用

现代矿产勘查工作正经历着如下的重要转变：找矿目标从过去的寻找特定类型、特定元素的矿床转向不同类型、不同元素矿床（组合）拓展；找矿方法从过去的单一方法为主，向多学科新技术、新方法结合发展；找矿区域从过去的较小尺度（矿体、矿床层次）向更宏观的尺度（矿集区、成矿区带）延伸；有关矿床与成矿的研究，也突破了过去以单个矿床为对象，而转向以矿床组合为主体，从过去的仅关注矿床产出的具体背景，向矿床（组合）得以形成的成矿环境和动力学背景深入。这些转变归结起来可用“从单一找矿向系统找矿转变”来表述。特定环境内的矿床及其组合往往表现为同一个成矿系统的产物，在时空和成因上具有密切的联系，因此，系统找矿的重要思路之一是将已发现的矿床作为待寻找矿床的标志；另一方面，成矿系统是成矿环境的产物，因而查清成矿环境是实现系统找矿的前提（葛良胜等，2013）。

成矿环境包括地质构造环境与成矿地球化学环境，对于成矿作用和矿床类型具有专属性特点。

20 世纪 70 年代以前，成矿环境研究建立在槽台学说及其对成矿控制的基础之上（Smirnov，1977）。20 世纪 70 年代以来，由于板块构造学说的不断丰富和完善，许多矿床和构造学家开始探讨板块构造与成矿之间的关系（Wright，1982；Mitchell & Garson，1981；Sawkins，1990），由此带来了地质学和矿床学史上的一场变革。80 年代初，基于 Wilson（1968）的板块构造演化旋回研究，Mitchell & Garson（1981）和 Sawkins（1990）先后出版了《矿床与全球构造环境》《矿床与板块构造》等专著，全面总结了不同构造环境（包括大陆热点、裂谷和拗拉槽、被动大陆边缘和内部盆地、海洋环境、俯冲环境、碰撞造山环境和转换断层、大陆地壳线性断裂）中的矿床产出特征和分布规律。虽然板块构造理论完好地阐释了显生宙以来增生造山带及板块边缘的成矿系统和成矿机制，但在前寒武纪（时间上）及大陆（空间上）成矿方面却遇到了一系列的重大难题和挑战（张旗，2008；侯增谦，2010）。为了弥补板块构造理论的不足，有人提出了超大陆旋回，并发现超大陆旋回与金属成矿巨旋回之间具有惊人的一致性（Barley & Groves，1992）。由于超大陆旋回是由板块构造理论发展而来的，只能对大陆边界金属矿床的时空分布规律做出宏观解释，仍不能阐明大陆内部和特定成矿阶段的成矿规律及成矿机制。随着对地球内部结构了解的深入，20 世纪 90 年代以来地质学家们普遍认识到成岩成矿与壳-幔相互作用，特别是下地壳、岩石圈地幔/软流圈系统变迁具有密切的内在联系，从而把成岩成矿作用与大陆形成演化联系起来，从壳幔相互作用和物质-能量交换传递角度研究大陆成岩成矿过程，大陆成矿动力学的理论便应运而生。中国大陆的复杂性和多样性，为研究大陆动力条件下成矿环境和成矿作用提供了得天独厚的条件。围绕中国大陆发展演化及成矿作用的研究取得了一批重要成果，引领了世界大陆成矿理论的发展。毛景文等（2005a，2005b）分别讨论了中国南方和北方大规模成矿及其地球动力学背景；更多的学者以造山带研究为重点，系统讨论了以碰撞、伸展、陆内构造活动等过程中成矿环境与成矿作用（Chen，1994；Dewey，1988；陈衍景等，1999；顾雪祥等，2001；Goldfarb et al.，2001；王义天和毛景文，2002；邱小平，2002；姚书振等，2002；毛景文等，2005c、2012；侯增谦和杨志明，2009；侯增谦，2010；王安建等，2009；Wang et al.，2010、2013；邓军等，2010b）。

在成矿环境研究的基础上，划分成矿区带是成矿规律研究的集中表现和矿产勘查的基础，也是成矿地质背景、控（成）矿因素和矿床地质深入研究的综合性成果，成矿区带的划分级别可从全球性的成矿域，到大区域性的成矿省、区域性的成矿区带及地区性的成矿亚带、成矿小带等不同级别，成矿区带的划分与地质构造单元密切相关，但不完全等同，不同学者由于对于成矿构造（Metallotect）的认识差异或强调点的不同，往往做出不同的划分（陈毓川等，2007）。

李春昱（1980，1981）是我国最早用板块构造讨论区域成矿规律的学者之一，他在讨论中国内生金属矿床的区域成矿规律时，分出4个Ⅰ级成矿域，即卡拉麦里-索伦山缝合带以北的北方成矿域、塔里木和华北地块及其南北缘地槽区的中部成矿域、东部的滨太平洋成矿域和西南的特提斯成矿域。

郭文魁（1987）主编的《1∶400 000内生金属成矿图》以黄汲清等（1979）编制的《1∶400 000中国大地构造图》为底图，依据我国地壳发展演化及伴随的成矿作用的区域特征，划分出古亚洲、滨太平洋及特提斯-喜马拉雅3个成矿域，并将滨太平洋成矿域分为华北、东北和华南3个成矿省，共计66个成矿（区）带。

徐志刚（1990）在“七五”国家科技攻关项目“中国东部有色金属矿床综合预测研究”课题编制《中国东部铜、铅、锌、钨、锡、钼成矿图》时，曾以“矿石即是岩石，不同类型矿石往往形成于不同类型环境”（Stanton，1972）、“许多矿床往往偏爱某种地质历史和地质环境”（Guilbert & Park，1986）、“成矿省概念限用于主要构造事件内的构造阶段”（Petrascheck，1965）的思想，结合全球与中国东部构造演化及地史上成矿作用激进变化和旋回性相结合的螺旋式发展思想，以板块构造学说为主线，结合地槽学说和地台活化学说，把中国东部地壳演化和主要有色金属成矿分为三大构造发展时段，26个成矿环境区和54个成矿带。

裴荣富（1995）主编的《中国矿床模式》把矿床模式的构造背景-成矿环境-矿石组合分成前寒武纪、古亚洲、特提斯-喜马拉雅和滨太平洋4个构造成矿域，并进一步细分出27种成矿环境。朱裕生（1999）把中国分为滨西太平洋、古亚洲、秦岭-祁连-昆仑和特提斯-喜马拉雅4个成矿域，并进一步分为18个Ⅱ级成矿区（带）和22个Ⅲ级成矿带。陈毓川、朱裕生（1999）在《中国矿床成矿系列图》中分出中亚-东亚、滨西太平洋、特提斯-喜马拉雅、秦岭-祁连-昆仑和前寒武纪地块5个Ⅰ级成矿域。陈毓川等（2007）在《中国成矿体系与区域成矿评价》一书中，依据“成矿省概念限用于主要构造事件内的构造阶段”（Petras check，1965），成矿域指全球性成矿区带及成矿域大致等同构造域等思想，并依据全球和中国地壳演化历史及特征、显生宙以来全球三大构造域受全球三大地球动力学体系控制（任纪舜，1999），再考虑到秦岭-祁连-昆仑造山带的特殊性和前寒武纪地壳演化及成矿作用的特殊性，将显生宙以来中国Ⅰ级成矿区（带）划分为古亚洲、秦岭-祁连-昆仑、特提斯和滨太平洋4个成矿域，其中滨太平洋成矿域叠加在古亚洲成矿域和秦岭-祁连-昆仑成矿域东部的广大地区之上，其划分的古亚洲和秦岭-祁连-昆仑成矿域成矿时代主要为加里东期和海西期，特提斯成矿域成矿时代主要为中-新生代，这3个成矿域的矿产类型和成矿构造环境基本符合板块构造学说中威尔逊（Wilson）旋回各阶段及其相关的成矿构造环境，滨太平洋成矿域是中国东部在中-新生代时因太平洋演化而受到强烈构造-岩浆活化和成矿的地区，其矿产类型有异于其他3个成矿域。

近几年我国矿产勘查取得了突破性的进展，矿产勘查学家根据同一构造环境矿床集中成带分布特点，提出了20个重要成矿带（阿尔泰、天山-北山、大兴安岭、祁连、西昆仑、东昆仑、秦岭、辽东吉南、晋冀、豫西、班公湖-怒江、冈底斯、西南三江、川滇黔、湘西鄂西、长江中下游、钦杭、南岭、武夷和武当-桐柏-大别成矿带），浙江省江绍拼接带西北侧属钦杭成矿带，江绍拼接带南东侧，丽水-舟山断裂西北侧的遂昌—庆元一带属武夷成矿带。

同一区域构造带由于构造多旋回叠加作用，不同地段或空间所反映的构造-岩浆作用有差异，会形成不同的构造环境（包括不同地质时代），因此同一区域成矿带不同地段或空间会出现不同的成矿构造环境，导致同一成矿带内矿床分布是不均匀的，一些有成因联系的矿床在空间上会集中成群出现，即成矿省或矿集区。Bateman（1950）把成矿省定义为一个以较丰富成矿作用，并主要以一种类型为特征的地区。Petrascheck（1965）把成矿省定义为一个由成矿作用形成的，含有相关矿物成分、形态、类型和地质年代的地区，即把“成矿省概念限用于主要构造事件内的构造阶段”。В Н Смирнов（1982）在其《矿床地质学》最后一章讨论矿床的区域分布规律时，按照一定成矿时代的矿床发育地区圈定成矿省的原则，将苏联划分为阿尔卑斯、基米里、海西、加里东及里菲、元古宙和太古宙5个成矿省，同时指出，各个后继成矿时代的矿化可以叠加在先期形成的矿床分布地区而形成多旋回成矿区，强调大多数被矿化地区的成矿作用多旋回特征。

有成因联系的矿床在同一成矿环境集中分布(成矿省或矿集区)，构成成矿系列或成矿系统。程裕淇、陈毓川院士提出，成矿系列是指在一定的地质历史时期，在一定的地质构造单元，与一定的地质成矿作用有关，在不同地质构造部位形成的不同矿种、不同类型并具有成因联系的矿床自然组合(程裕淇等，1979、1983)。翟裕生(1999)按照"系统是由若干相互联系和相互作用的诸要素组成的具有特定功能的统一整体"之系统科学观点，提出"成矿系统是指在一定的地质时空域中控制矿床形成、变化和保存的全部地质要素及成矿作用动力过程，以及所形成的矿床系列、异常系列构成的整体，是具有成矿功能的一个自然系统"。因此，成矿系列就是一个成矿系统，系统是有边界的，没有边界就不成其为系统。不同系统有时是可以叠加的，叠加的桥梁是切过不同系统的深大断裂或深部上侵的穿过不同系统的岩浆作用。成矿系统蕴含在特定的地质历史阶段形成特定的成矿地质构造单元中，特定的成矿地质构造单元就是成矿环境，成矿环境的边界就是成矿系统的边界。

不同性质的构造单元或地质构造环境不但影响沉积作用和剥蚀作用，而且反映在地壳和上地幔性质、厚度和温度的变化，壳-幔各层圈的相互作用，进而导致构造作用、岩浆作用、变质作用和成矿地球化学环境的差异，形成不同类型的矿产(陈毓川等，2007)，构成不同的成矿系列，即不同成矿地质构造环境有不同的成矿属性。如火山岩赋矿块状硫化物矿床(VHMS型)形成于岛弧/弧后盆地裂谷，火山沉积岩容矿的块状硫化物矿床(VSHMS型)形成于弧后盆地裂谷，沉积岩容矿的块状硫化物矿床(SEDEX型)形成于远离弧后的陆内裂陷盆地(孙华山等，2011)；大洋中脊常产出铬铁矿床、含铂族金属的镍矿床、含铜黄铁矿矿床(塞浦路斯型)和层控锰矿床；斑岩矿床形成的板块构造环境包括岛弧、板块同碰撞和后碰撞陆内俯冲汇聚及大陆转换板块边界及陆内等构造环境。岛弧是斑岩矿床产出的主要构造环境。目前世界上已勘查发现的大型、特大型斑岩矿床，主要发育太平洋周围第三纪(古近纪和新近纪)和第四纪陆缘弧及洋内弧中。在西南地区，云南普朗特大型斑岩铜矿就是产出在与甘孜-理塘结合带有关的晚三叠世俯冲造山岛弧环境。板块同碰撞陆内俯冲汇聚构造环境形成斑岩矿床，可以班公湖-怒江燕山期斑岩成矿带为代表。在该成矿带，目前已勘查发现多不杂铜金矿和波龙铜金矿两个大型、特大型斑岩矿床，斑岩成岩成矿时代为早白垩世，斑岩矿床形成于拉萨地体与羌塘地体早白垩世发生初始碰撞后的同碰撞环境(秦建华等，2010)。形成于板块后碰撞陆内俯冲汇聚环境的斑岩矿床，在特提斯成矿带比较发育。在特提斯西段，伊朗和巴基斯坦中新世超大型斑岩矿床形成于正在发生的陆-陆碰撞构造环境(Cooke et al.，2005)。在特提斯东段，西藏玉龙和驱龙两个超大型斑岩铜矿形成的构造环境就是后碰撞陆内俯冲汇聚构造环境。玉龙铜矿形成于金沙江结合带在古近纪发生活化向西发生持续斜向陆内俯冲环境，驱龙铜矿则是形成于印度板块和亚洲板块在中新世后碰撞期持续发生的斜向陆内汇聚环境。大陆转换板块边界中形成的斑岩矿床可以西南地区丽江-金平第三纪斑岩成矿带为代表。该斑岩成矿带为富碱斑岩成矿带，以正长斑岩为主，主要形成斑岩铜金矿。斑岩矿床形成的构造环境与哀牢山-红河剪切带始新世到中新世发生的左行走滑构造环境有关。哀牢山-红河剪切断裂带，在渐新世到中新世表现为大陆转换板块边界环境(Continental Transform Plate Boundary)，是印支陆块与南中国陆块的一级边界(First - order Boundary)(Leiloup et al.，1995；Wang Erqi et al.，2000)。陆内环境，可以我国燕山期构造岩浆活化为特征的陆内造山环境及以构造体制转换为标志的非造山或后造山伸展环境为代表，产出大量的斑岩型矿床，如著名的江西德兴铜矿。

5.1　成矿环境划分

成矿环境包括地质构造环境和地球化学环境。由于地质构造和岩浆作用的长期性、继承性和叠加性特点，早期形成的成矿环境会被晚期构造-岩浆作用叠加改造，不同空间或地段会形成新的成矿环境，即地质历史上早先形成的成矿环境会被后期构造-岩浆作用叠加成矿，形成新的成矿环境。依据“成矿省概念限用于主要构造事件内的构造阶段”（Petrascheck，1965）的思想，本文提出成矿环境划分的原则为：依据构造时期所发生的主要地质事件及其衍生的主要成矿作用划定Ⅰ级成矿环境，Ⅰ级成矿环境中再划分出后期叠加的次级成矿环境。具体划分时，Ⅰ级成矿环境依据成矿作用发生时，地质构造事件形成的构造单元边界划定，后期叠加成矿环境依据后期构造-岩浆作用叠加形成的次级构造单元边界或者控制矿床集中分布（成矿集中区）的几组断裂构造、火山构造边界或特定的含矿建造圈定。

按照前文厘定浙江构造发展的6个构造旋回（中条旋回、晋宁旋回、加里东旋回、海西—印支旋回、燕山旋回和喜马拉雅旋回）和与之对应的6个地质构造发展阶段（元古宙华夏古陆裂解-沉积-变质阶段；新元古代华夏陆块与扬子板块南缘弧陆碰撞对接和褶皱造山阶段；早古生代陆内裂陷沉积与褶皱造山阶段；晚古生代陆表海沉积与褶皱造山阶段；中生代陆缘火山活动阶段和喜马拉雅沉积阶段）以及在此基础上划分的构造单元，结合浙江长期矿产勘查、地球化学调查和矿产地质研究成果资料，本书将浙江省划分成5个Ⅰ级成矿环境和20个次级成矿环境（表5-1）。

表5-1　浙江省成矿环境一览表

编号	成矿环境	编号	叠加成矿环境
Ⅰ	嵊州-龙泉元古宙裂谷成矿环境	Ⅰ-1	玉岩-八都中元古代裂谷成矿环境
		Ⅰ-2	庆元中生代火山穹隆成矿环境
		Ⅰ-3	苏村-三港中生代火山岩浆成矿环境
		Ⅰ-4	上虞-东阳华夏前缘逆冲隆起成矿环境
		Ⅰ-5	千祥-方岩中生代火山沉积盆地成矿环境
		Ⅰ-6	余姚-新昌中生代火山沉积盆地成矿环境
Ⅱ	诸暨-常山晚元古岛弧成矿环境	Ⅱ-1	寿昌-龙门潭中生代火山盆地成矿环境
		Ⅱ-2	河上-广山中生代岩浆侵入成矿环境
Ⅲ	江绍拼接带成矿环境	Ⅲ-1	金华罗店-诸暨石角中生代火山（热泉）成矿环境
		Ⅲ-2	绍兴中岙-诸暨璜山加里东动力变质成矿环境
Ⅳ	临安-开化加里东陆缘裂陷成矿环境	Ⅳ-1	淳安黄石潭-开化马金印支隆起成矿环境
		Ⅳ-2	下庄-石柱断裂成矿环境
		Ⅳ-3	学川中生代岩浆侵入成矿环境
		Ⅳ-4	长乐桥-唐舍村中生代岩浆作用成矿环境
		Ⅳ-5	岭后-白马印支裂陷沉积与中生代岩浆侵入成矿环境
		Ⅳ-6	余杭闲林埠-临安板桥中生代岩浆侵入成矿环境
		Ⅳ-7	三桥埠-妙西中生代岩浆侵入成矿环境
Ⅴ	普陀-文成中生代陆缘火山（岩浆）作用成矿环境	Ⅴ-1	青田石平川中生代火山穹隆成矿环境
		Ⅴ-2	天台-雁荡山火山穹隆-火山沉积盆地成矿环境
		Ⅴ-3	宁海-象山中生代火山（岩浆）作用成矿环境

5.2　成矿环境与成矿作用

不同成矿环境由于构造环境、岩石建造和成矿地球化学环境不同，内生金属成矿作用各有特色。同一成矿环境，由于后期构造-岩浆作用改造，不同空间会形成新的岩石建造和新的成矿地球化学环境。因此，新的成矿环境会叠加在早先形成的成矿环境之上，构成复杂的成矿系统。

5.2.1　嵊州-龙泉元古宙裂谷成矿环境

嵊州-龙泉元古宙裂谷成矿环境位于江绍拼接带与丽水-舟山断裂之间，它是由太古宙花岗质原始陆壳在 2200～2000Ma 间经历由地壳减薄、张裂下陷、接受八都群沉积，在 1900～1800Ma 间受吕梁-中条运动（浙闽运动）影响，经变质变形和地壳深熔作用，形成古元古代华夏陆块（八都群、麻源群构成），在中元古代晚期（1.4Ga）开始，再次经拉张、减薄、裂解形成陆内裂谷，接受陈蔡群（或马面山群）沉积。

八都群底部由斜长角闪岩、黑云变粒岩组成，其原岩为基性火山岩（大陆拉斑玄武岩）和火山质硬砂岩建造；中部为黑云（斜长）变粒岩夹黑云（石英）片岩，原岩为中基性—酸性火山凝灰岩（底部少量）、陆源碎屑岩和黏土岩；上部由单一的黑云片岩类组成，原岩为陆源黏土岩建造。

陈蔡群早期为钙泥质砂岩、泥质砂岩和火山杂砂岩沉积，其后接受碳酸盐岩-大陆碱性拉斑玄武岩-中酸性火山岩（或火山碎屑岩）沉积，晚期为滨浅海相硅质岩、泥质砂岩和泥岩沉积，其火山活动具双峰式特征（碱性玄武岩和中酸性火山岩）。

八都群和陈蔡群主要成矿元素统计见表 5-2。从表中可以看出，与全省上地壳元素平均值相比，八都群和陈蔡群一样，相对富集 W、Sn、Cu、Zn、Au，贫 Mo、As、Sb、Hg。聚类分析结果，八都群为 Cu、Pb、Zn、Ag、Au 组合，陈蔡群为 Cu、Zn、Pb、Au 组合，显示八都群为 Cu、Pb、Zn、Ag、Au 多金属有利成矿环境，陈蔡群为 Cu、Zn、Pb、Au 成矿有利环境。

表 5-2　八都群和陈蔡群主要成矿元素含量特征　　（单位：10^{-6}，Au 为 10^{-9}）

地层	样数(个)	W	Sn	Mo	Bi	Cu	Pb	Zn	Au	Ag	As	Sb	Hg
八都群	18	2.63	2.18	0.70	0.20	40.3	20.9	120.3	1.25	0.04	1.43	0.28	0.01
陈蔡群	18	2.18	2.28	0.25	0.64	33.2	22.4	67.4	2.01	0.06	2.24	0.21	0.01
全省	518	2.00	1.95	1.05	0.26	16.0	22.7	66.4	0.96	0.06	4.73	0.43	0.03

引自吕新前等，2010。

嵊州-龙泉中元古代裂谷成矿环境，最典型的成矿作用是二次裂解沉积期间，形成的与海底火山作用有关的铜铅锌多金属块状硫化物矿床，这类矿床空间上与碳酸盐岩密切相关，容矿岩石主要为富钙镁铁质中基性火山岩和不纯碳酸盐岩类（碳氧同位素特征表明，此类碳酸盐岩是热水沉积产物），如产于八都群中的龙泉乌岙多金属矿，产于陈蔡群中的诸暨七湾铅锌矿和铜岩山铜铅锌多金属矿，其中铜岩山矿区矿体中还保留有红色的火山碧玉。

从中条到晋宁至加里东运动，八都群经历了 4 次变质变形，中条晚期到晋宁变质变形，产生了一系列韧性剪切带，加里东期变形由塑性向脆性、透入性向非透入性、深层次向浅层次构造转变，动力变质作用产生了韧性剪切带型金银矿床，如治岭头金矿。在遂昌-庆元隆起区遭受了中条期、加里东期、印支期和燕山期多期次岩浆作用，对早先形成的块状硫化物矿床进行了多期强烈改造。

陈蔡群大约从 1.4Ga 开始沉积，到 900Ma 海槽关闭，同时华夏地块与扬子板块碰撞对接，从晋宁期至加里东期，陈蔡群经历了两期强烈变质变形，晋宁运动陈蔡群第一期变质为角闪岩相、绿片岩相区域动力-热流变质，陈蔡群第二期变质（加里东期）主要受加里东运动和江绍拼接带活动影响，普遍遭受低绿片岩相动力退变质作用，局部形成糜棱岩或糜棱岩化，韧性剪切主要发生在靠近江绍拼接带的上虞-东阳华夏前缘逆冲隆起带。变质变形对早先形成的块状硫化物矿床进行了多期强烈改造。

印支期本区处于挤压褶皱抬升环境，上虞-东阳华夏前缘进一步逆冲隆起，遂昌—龙泉一带变质基底也进一步隆升，原地半原地混合花岗岩类较发育。

进入燕山期早期，由于古太平洋板块向欧亚板块低角度快速俯冲，本区岩浆活动较弱，仅在丽水与松阳之间的毛弄组有厚度不大的酸性火山岩（锆石 SHRIMP 法年龄 180±4Ma；陈荣等，2007），与其对应的侵入岩仅出露岩株或岩枝状镇海澥浦花岗岩（177±1Ma）和毛断花岗斑岩（Li et al.，2011）。中侏罗世进一步隆起，使本区缺失晚侏罗世的堆积。

早白垩世开始，本区进入强烈的火山喷发期（145～115Ma），堆积了巨厚的火山-沉积岩系，主要受北东、北北东及北西向区域性基底断裂控制，以面状群口式喷发为主，岩石组合以安山岩-英安岩-流纹岩组合为主，局部出现石英粗安岩-石英粗面岩-英安岩-流纹岩组合，根据火山喷发特征及堆积方式可以划分为会稽山火山构造隆起、丽水火山构造隆起、遂昌火山构造隆起和众多的火山构造洼地，与之对应的岩浆侵位主要受北北东向、北西向断裂和火山洼地（或火山构造制约），岩性主要为似斑状钾长花岗岩、黑云母二长花岗岩、二长花岗岩、石英正长岩、花岗闪长岩、花岗岩和花岗斑岩，岩石化学和微量元素地球化学特征表明，本期岩体多为 A 型和 I 型花岗岩。

晚白垩世（115～85Ma）本区由早白垩世的挤压环境转换为拉张伸展环境，并伴随北东向张性右行走滑特征，早期断裂复活，形成由北东或北北东向与东西向、北东与北西向断裂联合控制的一系列晚白垩世断陷盆地（局部为火山洼地，如仙居盆地），岩石组合以玄武岩-安山岩-流纹岩双峰式钙碱性火山岩为特征，相应的侵入岩主要分布在丽水-宁波断裂以东地区和南北向余姚—天台一带，岩浆岩带主要受北东向、近南北向区域断裂制约，但侵入岩空间具体定位主要受火山洼地、破火山等火山构造、断陷盆地边缘北东向和北西向断裂以及穿过盆地的近南北向断裂控制，以石英二长岩、石英闪长岩、石英正长岩、花岗岩和碱性花岗岩为主，在 94～85Ma 期间出现了较多的基性（辉绿岩）岩脉或岩墙。岩石化学和微量元素地球化学特征表明，本期主要是 A 型花岗岩，是在拉张背景下上地幔岩浆源受陆壳物质混染的产物，也有部分是 I 型花岗岩。

本区火山岩与侵入岩主要成矿元素含量特征见表 5-3、表 5-4（吕新前，2010）。

表 5-3 火山岩主要成矿元素含量特征 （单位：10^{-6}，Au 为 10^{-9}）

时代	地层		样数（个）	W	Sn	Mo	Bi	Cu	Pb	Zn	Au	Ag	As	Sb	Hg
白垩系	朝川组	上段	14	2.29	2.07	0.48	0.23	5.6	26.1	96.5	1.44	0.06	1.69	0.23	0.01
		下段	36	1.96	1.59	1.39	0.27	12.0	26.6	65.7	0.96	0.06	4.31	0.51	0.02
	馆头组		72	1.80	1.94	1.65	0.26	10.4	21.0	62.4	0.81	0.07	6.47	0.39	0.06
	九里坪组		23	3.03	1.97	0.58	0.16	5.2	21.8	57.0	0.72	0.06	2.91	0.26	0.05
	茶湾组		19	3.76	2.28	2.12	0.25	15.8	29.3	68.7	0.61	0.06	12.20	0.89	0.03
	西山头组		46	2.08	1.52	0.41	0.25	7.2	22.0	59.9	0.85	0.06	2.48	0.27	0.03
	高坞组		38	3.41	1.66	1.76	0.24	9.8	38.3	60.4	0.64	0.15	1.00	0.14	0.05
	大爽组		28	1.61	1.13	0.50	0.19	7.9	25.8	62.4	0.82	0.06	1.73	0.28	0.02
火山岩平均值			276	2.49	1.77	1.11	0.23	9.24	26.4	66.6	0.87	0.07	4.10	0.37	0.03
全省上地壳平均值			518	2.00	1.95	1.05	0.26	16.0	22.7	66.4	0.96	0.06	4.73	0.43	0.03
比值				1.25	0.91	1.06	0.88	0.58	1.16	1.00	0.91	1.17	0.87	0.86	1.00

表5-4 侵入岩主要成矿元素含量特征 （单位：10^{-6}，Au为10^{-9}）

时代	岩体名称及岩性	样数（个）	W	Sb	Mo	Bi	Cu	Pb	Zn	Au	Ag	Mn	As	Sb	Hg
燕山晚期	青田正长花岗岩	7	2.39	1.31	0.80	0.10	4.20	25.6	33.9	1.15	0.05	299	0.54	0.65	0.06
	龙泉墩头花岗斑岩	4	1.90	2.98	0.56	0.99	6.0	36.6	47.1	1.65	0.61	350	0.64	0.12	0.01
	平均值	11	2.21	1.92	0.71	0.42	4.9	29.6	38.7	1.33	0.25	318	0.58	0.46	0.04
燕山早期	洪公岭石英正长斑岩	14	1.58	2.83	2.16	0.12	12.7	28.8	117.4	1.37	0.06	796	2.56	0.59	0.01
	二十八都正长花岗岩	8	1.63	5.06	0.32	0.69	3.2	34.4	36.0	1.15	0.08	312	0.89	0.10	0.01
	龙泉小焦山正长花岗岩	11	3.0	1.95	0.32	0.18	6.9	52.5	60.0	0.78	0.07	281	2.16	0.40	0.01
	龙泉下湾二长花岗岩	3	0.89	1.63	0.22	0.13	12.2	36.0	42.9	1.27	0.10	293	0.17	0.34	0.01
	青田海溪花岗岩	8	1.11	0.72	0.46	0.06	6.4	18.2	23.0	1.45	0.04	417	0.54	0.10	0.03
	景宁二长花岗岩	16	1.73	1.53	0.64	0.10	4.9	20.7	30.5	0.56	0.05	518	0.34	0.06	0.06
	平均值	60	1.79	2.28	0.85	0.19	7.4	30.7	56.5	1.02	0.06	487	1.28	0.27	0.03
加里东期	龙泉下湾混合二长花岗岩	4	1.55	1.53	1.17	0.24	21.7	26.6	31.8	1.16	0.11	201	1.18	0.19	0.01
	龙泉墩头花岗闪长岩	3	0.92	2.19	0.20	0.10	6.0	34.4	65.3	0.50	0.06	510	0.51	0.25	0.01
	平均值	7	1.28	1.81	0.75	0.18	15.0	29.9	46.2	0.88	0.09	333	0.89	0.22	0.01
浙江省地壳丰度			2.00	1.95	1.05	10.0	16.0	22.7	66.4	0.96	0.06	542	4.73	0.43	0.03
全省酸—中酸性岩体平均值			2.64	3.47	1.23	8.4	8.4	28.9	65.5	0.89	0.07	503	2.25	0.39	0.02

从表5-3、表5-4中可见，白垩纪火山岩W、Pb、Ag相对富集，贫Cu，其他成矿元素含量与全省上地壳平均值相当。侵入岩随侵入时代由老到新，W、Sn、Bi、Au、Sb、Ag、Hg等元素含量逐渐升高，Mo、Cu降低，其他元素变化不明显。与全省上地壳平均值相比，燕山晚期岩体比值大于1的有W、Sn、Bi、Pb、Au、Ag、Hg；小于1的有Mo、Cu、Zn、Mu、As、Sb。燕山早期6个岩体比值大于1的有Sn、Au、Ag 3种元素，其他均小于1。加里东期岩体比值大于1的只有Pb和Ag两元素，其他小于1。燕山早期到晚期岩体元素含量变化总趋势与燕山早期到燕山晚期火山岩地层变化的总趋势相一致。从火山-岩浆侵入作用地球化学特征分析，本区是火山岩型Ag-Pb-Zn和岩浆型W-Sn-Mo-(Au)成矿的有利环境。

由于火山和岩浆作用，本区早先形成的裂谷成矿环境受到了强烈的改造和叠加，不同构造地段形成新的成矿构造环境，按照构造-岩浆作用的差异性，可进一步划分出6个次级燕山期成矿环境，次级成矿环境名称和构造岩浆特征与成矿作用类型见表5-5。

5.2.2 诸暨-常山新元古代岛弧成矿环境

诸暨-常山新元古代岛弧成矿环境位于江绍拼接带和萧山-球川断裂之间。

1.1～0.9Ga华夏陆块开始向扬子板块汇聚，其间古南华洋洋壳俯冲、消减，扬子板块南缘江南古岛弧形成。在绍兴、诸暨、浦江、开化一带形成由双溪坞群海相基性火山岩-细碧角斑岩与浅海陆棚相的硅泥质岩沉积及其后的陆相安山质和英安质火山碎屑岩（1154～891Ma）组成的江南古岛弧，本期岛弧火山作用形成以海相火山岩赋矿的块状硫化物矿床（VHMS型）和陆相英安质火山碎屑岩为容矿岩石的含铜金明矾石黄铁矿矿床，典型矿床为绍兴市西裘铜矿床和萧山岩山含铜金明矾石黄铁矿矿床。

江绍拼接带中主要地层岩石为双溪坞群和晋宁期石英闪长岩。周乐尧等(1991)研究了双溪坞群金及主要成矿元素地球化学性质(表 5-7),指出双溪坞群是一富金、铜、钼建造,主要载金岩石为细碧岩和角斑质凝灰岩,富集岩石为千糜岩,拼接带变质变形过程中,金经历了三期矿化叠加。朱平(1994)对晋宁期石英闪长岩主要成矿元素特征进行了研究,指出石英闪长岩 Au 平均含量为 3.36×10^{-9},而糜棱岩化或千糜岩化石英闪长岩含量$(2.2\sim32.3)\times10^{-9}$,显示石英闪长岩在动力变质、韧性剪切过程中发生明显的迁移富集,是金的良好成矿环境。

表 5-7 江绍拼接带中双溪坞群成矿元素含量特征 (单位:10^{-6},Au 为 10^{-9})

参数	成矿元素									
	Au	Ag	Cu	Pb	Zn	As	Sb	Bi	Hg	Mo
平均含量	7.53	0.059	88.78	16.87	91.66	2.14	0.42	1.17	6.44	9.37
富集系数*	1.90	0.84	2.48	1.12	1.27	0.89	2.10	1.17	71.56	15.62

* 元素平均含量与世界同类岩石平均比值。

在金华—诸暨石角一带,江绍拼接带中发育众多规模较小(Ⅴ级)的火山构造,火山通道相往往发育隐爆角砾岩型金矿化,如摇石头、苦枝尖金矿点和金鸡岩金矿床,江绍拼接带与白垩纪盆地连接地段,发育热泉型金矿化,如罗店金矿。

江绍拼接带成矿环境按动力变质强度和韧性剪切带发育程度及后期火山作用叠加改造程度,进一步可划分出金华罗店-诸暨石角中生代火山(热泉)成矿环境(Ⅲ-1)和绍兴中岙-诸暨璜山加里东动力变质成矿环境(Ⅲ-2),两个次级成矿环境特征见表 5-8。

表 5-8 江绍拼接带成矿环境结构特征

编号	名称	构造环境	(火山)岩浆作用	成矿作用
Ⅲ-1	金华罗店-诸暨石角中生代火山(热泉)成矿环境	金华罗店-诸暨石角段拼接带,发育白垩纪Ⅴ级火山通道或火山穹丘,火山通道相常发育隐爆角砾岩,脆性断裂成为成矿热液或热泉通道	白垩纪火山喷发和沿火山通道或火山穹丘侵入的潜火山岩	火山热液型或火山热液隐爆角砾岩型金矿,热泉型金矿
Ⅲ-2	绍兴中岙-诸暨璜山加里东动力变质成矿环境	绍兴中岙-诸暨璜山段拼接带,加里东期动力变质,北东向韧性剪切带发育,印支-燕山期脆性断裂追踪、叠加改造韧性剪切带	加里东期闪长岩脉、花岗岩脉和燕山期花岗岩脉、霏细岩脉、流纹岩脉侵入	韧性剪切带型金矿

5.2.4 临安-开化加里东裂谷成矿环境

扬子和华夏陆块与扬子板块完成弧陆碰撞拼贴,褶皱造山,碰撞汇聚带进入拉张伸展阶段,即构造转换阶段,以上墅组陆相双峰式火山岩喷发双峰式侵入岩组合(0.832～0.8Ga)为标志,江绍拼接带西北侧乃至整个华南地区沿钦杭构造带开始裂解,形成北东向萧山-球川、马金-乌镇、学川-湖州等深大断裂(控制震旦纪地层展布)。进入加里东期,浙西北进一步裂解,形成构造转换陆内裂陷沉积盆地。

临安-开化加里东陆内裂陷盆地沉积经历了 3 个阶段:①陆相沉积阶段(新元古代晚期),形成陆相双峰式火山岩;②海陆交互沉积阶段(震旦纪),形成磨拉石建造-类复理石建造-碳酸盐岩建造-硅质岩建造；③海相沉积阶段（寒武纪—志留纪），形成泥质碳酸盐岩建造-复理石、类复理石碎屑岩建造；到中志留世褶皱抬升为陆。

加里东陆内裂陷沉积盆地发育初期形成的北东向萧山-球川、马金-乌镇、学川-湖州等深大断裂控制了临安—开化地区整个加里东期沉积环境和沉积岩石建造，说明它们的活动是长期的，它们切穿深部不同构造层圈，使深部含矿流体能以其为通道，特别是不同线性构造的节点或交叉点通道更为通畅。深部含矿流体上升，进入沉积海盆，形成热水沉积成矿环境。构造的长期性、脉动性和继承性，有利成矿物质的反复叠加，多重富集作用有利形成大型、超大型矿床，如淳安银山银多金属矿床就产于北东向学川-湖州断裂和北西向淳安-永嘉断裂交叉处。

临安-开化加里东裂陷盆地沉积期间，海底热水沉积作用主要有两期。第一期是震旦系蓝田组沉积期，特征的热水沉积岩石组合为含锰白云岩＋硅质泥岩、粉砂岩＋含硅白云质灰岩，岩石一般发育热水喷溢沉积条纹构造，热水沉积形成层状、似层状银（金）铅锌多金属矿床，空间上处于北东向区域深断裂（或不同方向断裂节点或交叉点）及其两侧附近，矿体的形貌和结构特征取决于距热液通道系统（喷口）的远近和海底的地形，远源矿床通常为整合的层状矿体，近源的矿床具有“上层下脉”双层结构（如开化外际底银铅锌矿）。第二期是寒武系荷塘组沉积期，为一套硅质页岩、粉砂质页岩、含钼岩系、碳质页岩、页岩夹灰岩透镜体组成，其中含钼岩系主要由含钼磷块岩、含磷、镍、钼、铜（铂、钯）等金属硫化物层组成，金属硫化物层为主要含钼层位，厚 0.1～0.6m，研究组在评价桐庐县东溪钼镍多金属矿时，在含钼层位中还发现铂、钯矿化，Pt$(0.1\sim1.6)\times10^{-6}$，Pd$(0.05\sim1.10)\times10^{-6}$，以往寒武系中含钼多金属层均认为是封闭或半封闭还原海湾环境的沉积产物，但该金属层中的 Ni、Mo、Pt、Pd 等均为高温元素，正常的封闭或半封闭还原海湾环境是难以富集此类元素的，该层岩石尚未发现火山活动迹象，仅以硅质沉积为主，硅质岩的化学组成和微量元素、稀土元素特征研究表明，它是海底热水沉积成因。

到中泥盆世，加里东造山带构造松弛、伸展，马金-乌镇和萧山-球川断裂重新活动，使得其间的块体整体呈地堑式下陷，导致浙西北拗陷。淳安—杭州一带，受萧山-球川断裂与马金-乌镇断裂控制，形成了水体相对较深的北东向海槽沉积环境。受昌化-普陀断裂影响，其以北的湖州、嘉兴地区演变相对开阔的陆表海沉积环境。拗陷早期沉积为滨岸陆屑相及沼泽相的单陆屑建造；中期连续沉积了一套碳酸盐岩建造；晚期二叠纪及三叠世的浅海碳酸盐岩沉积主要发生在昌化-普陀断裂以北的湖州—长兴一带。

杭州-开化印支裂拗沉积盆地中的石炭系黄龙组底部常有厚几十厘米的底砾岩，下段为白云岩、白云质灰岩，之上具有透镜状、团块状硅质岩，在建德岭后矿区除硅质团块外，还有碧玉和喷气角砾状白云岩、灰岩、铅锌矿石，研究表明透镜状、团块状硅质、碧玉系热水沉积产物，骆学全等(2012)在浙江建德岭后铜矿含矿层发现有凝灰质岩石，因此，黄龙组沉积时有热水或火山喷流沉积成矿作用，形成似层状铜铅锌多金属矿床（燕山期岩浆叠加?）。

表 5－9 为临安-开化加里东裂谷成矿环境地层成矿元素含量特征，从表中可见，与中国东部大陆地壳平均含量相比，加里东构造层普遍富 W、Sn、Mo、Pb、Au、Ag、Sb、Bi、Hg、As，印支构造层富 Hg、Sb，为燕山期岩浆作用形成矽卡岩型和热液脉状矿床奠定了成矿物质基础。

燕山早期（>145Ma）本区为挤压环境，岩浆沿北东向断裂或北东向背斜核部等构造薄弱部位上升侵位，本期侵位的岩浆岩主要是 I 型花岗闪长岩、二长花岗岩、花岗岩和花岗斑岩（167～145Ma），分布在开化桐村、临安河桥和安吉港口等地，仅淳安梓桐花岗闪长岩为地壳重熔的 S 型。白垩纪开始，本区火山强烈喷发期，以昌化-普陀断裂为界，南侧形成淳安宋村、甘坞、桐庐-新登等呈现北东走向长椭圆状火山构造洼地，北侧形成顺溪-湖州火山喷发带。早白垩世构造短暂伸展，出现劳村组玄武岩-流纹岩双峰式岩石组合喷发，其后构造转换为挤压环境，喷发了一套安山岩-英安岩-流纹岩岩石组合，与火山作用对应的侵入岩有花岗闪长岩、石英闪长岩、二长花岗岩、正长岩、花岗岩和花岗斑岩（141～124Ma），以 A 型花岗质岩石为主，仅在桐庐火山构造洼地和安吉港口出现 I 型花岗岩。晚白垩世本区构造转换成伸展拉张环境，火山-岩浆作用渐趋平息，仅在湖州-临安断裂的临安泗岭出现同位素年龄 93.4～89.8Ma 的 A 型黑云母花岗岩。

表 5-9　临安-开化加里东裂谷成矿环境地层成矿元素含量特征　(单位：10^{-6}，Au 为 10^{-9})

系	统	组	W	Sn	Bi	Mo	Cu	Pb	Zn	Au	Ag	Hg	As	Sb	样数(个)
二叠系	下统	栖霞组	0.44	0.55	0.12	0.80	15.26	10.99	16.47	0.73	0.042	0.048	1.79	0.33	54
石炭系	上统	船山组	0.34	0.55	0.11	0.38	10.38	11.44	6.50	0.76	0.040	0.072	2.07	0.40	28
	中统	黄龙组	0.30	0.50	0.14	0.33	12.26	11.47	9.61	0.81	0.030	0.038	1.49	0.20	48
奥陶系	上统	文昌组	1.81	2.90	0.30	0.45	24.44	14.94	68.40	1.00	0.057	0.029	7.15	0.47	33
		长坞组	2.31	2.33	0.33	0.35	28.90	20.55	101.26	0.90	0.049	0.023	3.54	0.40	39
		黄泥岗组	1.95	1.79	0.42	0.35	27.17	19.17	73.34	0.69	0.040	0.019	4.14	0.46	23
	中统	砚瓦山组	1.38	2.43	0.29	0.72	24.05	23.61	53.51	0.86	0.043	0.029	6.31	0.45	12
		胡乐组	0.91	6.03	0.37	7.07	40.02	14.80	55.27	1.64	0.098	0.098	30.58	10.10	10
	下统	宁国组	1.73	2.53	0.51	2.75	33.35	22.31	85.75	0.73	0.055	0.062	5.55	0.90	38
		印诸坞组	1.24	2.69	0.29	0.42	23.61	15.41	81.04	0.97	0.055	0.019	3.31	0.43	50
寒武系	上统	西阳山组	1.17	1.72	0.24	0.52	24.36	13.70	49.63	0.84	0.062	0.036	31.34	0.77	21
		华严寺组	0.49	0.65	0.09	0.71	14.42	12.67	10.37	0.57	0.042	0.028	4.23	0.83	12
	中统	杨柳岗组	1.02	1.40	0.22	5.54	24.97	14.68	31.36	0.98	0.175	0.088	13.09	1.85	31
	下统	大陈岭组	0.71	0.56	0.13	1.73	12.22	14.06	94.23	1.06	0.044	0.026	3.75	0.78	6
		荷塘组	1.65	1.37	0.32	10.98	20.81	17.96	22.04	0.96	0.375	0.178	13.01	1.92	15
震旦系	上统	蓝田组	1.13	1.13	0.21	10.59	14.54	14.75	47.68	0.67	0.073	0.041	3.59	0.44	13
		陡山沱组	0.62	1.03	0.12	1.02	18.54	15.40	26.81	0.66	0.048	0.031	3.74	1.06	19
	下统	南沱组	1.43	2.77	0.33	0.60	20.35	10.59	62.24	1.10	0.076	0.015	3.99	0.74	6
		休宁组	1.27	2.09	0.25	4.64	13.37	16.19	65.81	0.82	0.067	0.020	4.69	0.73	44
中国东部大陆地壳(迟清华和鄢明才，2007)			0.60	1.40	0.15	0.50	26.00	15.00	76.00	0.90	0.055	0.007	2.40	0.18	

本区燕山期侵入岩的成矿元素含量特征见表 5-10。

表 5-10　临安-开化加里东裂谷成矿环境燕山期侵入岩成矿元素含量特征

(单位：10^{-6}，Au 为 10^{-9})

岩体	个数(个)	Cu	Pb	Zn	Mo	Sn	W	Au	Ag	As	Bi	Sb
花岗斑岩、花岗岩(>145Ma)	46	193.4	32.42	55.51	39.53	1.45	4.95	5.1	0.851	8.05	0.49	34.38
花岗岩、二长花岗岩、闪长岩(145～115Ma)	78	6.49	30.94	49.61	1.79	9.58	4.38	0.64	0.08	4.79	0.81	0.19
中国东部花岗岩平均含量(鄢明才等，1997)		5.5	26	40	0.7	2.2	1	0.5	0.06	1.2	0.24	0.13

燕山早期Ⅰ型花岗(斑)岩与中国东部同类岩石相比，成矿元素富集系数 $K_{Cu}=35.16$，$K_{Mo}=56.47$，$K_{W}=4.95$，$K_{As}=6.7$，$K_{Sb}=264.46$，$K_{Ag}=14.18$，$K_{Pb}=1.25$，$K_{Zn}=1.39$，$K_{Bi}=2.04$，明显富集 Cu、Mo、W、Ag、As、Sb，是斑岩型钼铜矿床形成的有利环境(如桐乡村钼铜矿床)。燕山晚期花岗质侵入岩以富

W、Sn、Bi、As(Mo)为特征，是岩浆热液型或矽卡岩型 W、Sn、Mo(Bi)或多金属矿床形成的有利环境，如千亩田钨铍矿、铜山锡铁多金属矿和闭林埠钼铁矿等。其中含黑云母花岗岩，系富水岩浆，围岩加里东构造层或印支构造层成矿物质丰富，寒武系和石炭系碳酸盐岩建造为成矿有利围岩，可以形成热液脉状或矽卡岩型矿床。另外区内区域性断裂长期活动，断裂带内长期有热液活动(多数有霏细岩脉分布)，可形成细微浸染型金矿，如下庄-石柱断裂带内及其两侧有众多的金矿床(点)分布。

临安-开化加里东裂谷成矿环境(Ⅳ)受印支拗陷沉积与褶皱造山和燕山期岩浆(火山)作用叠加改造，按拗陷沉积、构造性质和岩浆(火山)作用特点，可细分出淳安黄石潭-开化马金印支隆起成矿环境(Ⅳ-1)、下庄-石柱断裂成矿环境(Ⅳ-2)、学川中生代岩浆侵入成矿环境(Ⅳ-3)、长乐桥-唐舍村中生代火山-岩浆成矿环境(Ⅳ-4)和岭后-白马印支拗陷沉积盆地与中生代岩浆侵入成矿环境(Ⅳ-5)。临安-开化加里东裂谷成矿环境结构见表 5-11。

表 5-11　临安-开化加里东裂谷成矿环境结构特征

编号	名称	构造环境	(火山)岩浆作用	成矿作用
Ⅳ-1	淳安黄石潭-开化马金印支隆起成矿环境	印支褶皱隆起带，北东向加里东期同生断裂与北西向永嘉-淳安断裂交会处	白垩纪花岗闪长岩、花岗岩侵入，发育北东向长条状火山穹隆构造	加里东期热水沉积改造型银铅锌硫化矿床、层间热液交代型金银矿、燕山期脉状锑矿床、斑岩型钨钼矿床等
Ⅳ-2	下庄-石柱断裂成矿环境	下庄-石柱断裂带，带内岩石主要为晋宁构造第一构造层细碧角斑岩建造、第二构造层的陆相双峰式火山岩建造和加里东第一构造层	沿断裂带常见燕山期霏细岩或霏细斑岩脉侵入	细微浸染型金矿床
Ⅳ-3	学川中生代岩浆侵入成矿环境	昌化-普陀断裂与学川-湖州断裂交会部位，发育加里东构造层	多期次花岗质岩浆活动，早期(136Ma)二长花岗岩，晚期(125～114Ma)花岗斑岩、花岗岩侵入	与岩体有关的石英脉型钨铍矿、钨铜矿，围岩中矽卡岩铜铅锌多金属矿床、热液充填型锑矿床、斑岩型锡矿床(?)
Ⅳ-4	长乐桥-唐舍村中生代火山-岩浆成矿环境	区域性北东向、东西向和北西向断裂交会处，燕山期发育长轴为近东西向的火山穹隆构造，出露围岩主要为加里东第二构造层	沿断裂构造和火山穹隆边缘构造发育三期花岗质岩浆侵入，第一期(141～137Ma)挤压环境的Ⅰ型花岗闪长岩、二长花岗岩，第二期拉张背景下的(133～123Ma)A 型二长花岗岩、花岗岩，第三期拉张环境的(93～90Ma)A 型黑云母花岗岩	石英脉型钨钼矿、矽卡岩型银、铜铅锌多金属矿床
Ⅳ-5	岭后-白马印支裂陷沉积盆地与中生代岩浆侵入成矿环境	北东向、北北东向和北西向区域断裂交会处，出露地层主要为加里东构造层和印支构造层	燕山期两期花岗质岩浆侵入，第一期(>145Ma)挤压环境下的Ⅰ型花岗岩、花岗斑岩，第二期(138～128Ma)挤压向拉张背景转换下的 A 型花岗岩、花岗斑岩	加里东构造层的蓝田组热水沉积改造型银铅锌硫化物矿床；印支构造层的黄龙组底部热水或喷流沉积改造型铜(金)多金属矿床；燕山期斑岩型钼铜矿床、锡矿床，矽卡岩型锡铁、钼铁矿床

5.2.5 普陀-文成中生代陆缘火山(岩浆)成矿环境

普陀-文成中生代陆缘火山(岩浆)作用成矿环境位于丽水-舟山断裂以东的白垩纪陆缘火山活动带。早白垩世(145～115Ma)本区处于挤压环境,区域上火山作用总体受北东向构造制约,呈北东向条带状展布,带内受北西向淳安-永嘉和安吉-三门断裂控制,形成3个火山构造隆起区:泰顺-平阳火山构造隆起、括苍山火山构造隆起和象山-定海火山构造隆起。火山喷发主要受北东、北西向及近南北向区域性断裂控制,以面状群口式喷发为主,以钙碱性安山岩-英安岩-流纹岩组合为主,局部出现石英粗安岩-石英粗面岩-英安岩-流纹岩组合。晚白垩世(115～85Ma)本区由挤压环境转换为拉张伸展环境,早期断裂复活,同时形成近南北向的一组张性断裂,出现由北东向、北东与北西向断裂联合控制的晚白垩世火山-沉积盆地(局部为火山洼地,如仙居盆地),火山喷发作用与早白垩世相比有了明显的减弱,主要接受了湖泊相、河流相沉积,期间常有不同程度的火山喷发沉积,接受天台群(馆头组、塘上组、两头塘组和赤城山组)沉积、小雄盆地沉积馆头组、朝川组和小雄组。间歇喷发的火山岩以玄武岩-安山岩-流纹岩双峰式钙碱性火山岩为特征,与火山喷发对应的侵入岩有Ⅰ型钾长花岗岩、花岗岩、石英闪长岩等,以钾长花岗岩为主,侵入体空间分布主要受火山构造控制。在浙东沿海出现A型碱性花岗岩,晚期出现了较多的基性岩脉或岩墙。

本区白垩纪火山岩和侵入岩成矿元素特征见表5-12。从表中可见,与中国东部花岗质岩石相比,白垩纪火山岩普遍富Cu、Zn、W、As、Sb,朝川组Au含量相对较高,高坞组Ag含量相对较高,在青田孙坑和临海龙珠山火山盆地中的朝川组流纹质凝灰岩、凝灰质粉砂岩中Pb平均含量达到530×10^{-6},Zn为252×10^{-6}(据龙珠山和洪岩头勘查资料计算),为火山岩型铅锌铜多金属矿床形成奠定了丰富的成矿物质。本区花岗质侵入岩均富Sn、W、Mo,晚早白垩世受火山构造控制的Ⅰ型钾长花岗岩可以形成脉状钼矿床(石平川钼矿),受火山盆地或盆地边缘近南北向构造控制的Ⅰ型花岗岩可以形成浅成低温热液型(或斑岩成矿系统)银(金)铅锌铜(钼)矿床,如天台大岭口银(金)铅锌矿、黄岩五部银铅锌矿床等,沿海A型花岗岩可以形成斑岩型钨钼矿床(象山柴岙钨钼矿)。

表5-12　普陀-文成中生代陆缘火山(岩浆)作用成矿环境火山岩与侵入岩成矿元素含量特征

(单位:10^{-6},Au为10^{-9})

岩石地层		Cu	Pb	Zn	Mo	Sn	W	Au	Ag	As	Bi	Sb
白垩纪火山岩	赖家组(K_2l)	14	24.1	60.6	0.35	1.57	1.75	0.84	0.07	3.86	0.29	0.51
	塘上组(K_2t)	5.7	27	50.3	0.48	1.54	1.73	0.61	0.05	5.25	0.21	0.55
	朝川组(K_2c)	8.8	26.3	81.1	0.94	1.83	2.13	1.2	0.06	3	0.25	0.37
	馆头组(K_2g)	10.4	21	62.4	1.65	1.94	1.8	0.81	0.07	6.47	0.26	0.39
	祝村组(K_1z)	9.4	2.63	71.4	0.43	1.64	2.24	0.83	0.05	1.16	0.16	0.23
	九里坪组(K_1j)	5.2	21.8	57	0.58	1.97	3.03	0.72	0.06	2.91	0.16	0.26
	茶湾组(K_1c)	15.8	29.3	68.7	2.12	2.28	3.76	0.61	0.06	12.2	0.25	0.89
	西山头组(K_1x)	7.2	22	59.9	0.41	1.52	2.08	0.85	0.06	2.48	0.25	0.27
	高坞组(K_1g)	9.8	38.3	60.4	1.76	1.66	3.41	0.64	0.15	1	0.24	0.14
	大爽组(K_1d)	7.9	25.8	62.4	0.5	1.13	1.61	0.82	0.06	1.73	0.19	0.28
白垩纪侵入岩	145～115Ma花岗闪长岩	6.49	30.94	49.61	1.79	9.58	4.38	0.64	0.08	4.79	0.81	0.19
	115～85Ma钾长花岗岩、碱性花岗岩	10.37	35.27	77.95	1.63	2.94	2.8	1.21	0.09	3.05	0.33	0.28
中国东部花岗岩平均含量(鄢明才等,1997)		5.5	26	40	0.7	2.2	1	0.5	0.06	1.2	0.24	0.13

普陀-文成中生代陆缘火山(岩浆)作用成矿环境按区域断裂构造、火山构造和侵入岩特征,可进一步划分为 3 个次级成矿环境,其结构特征归纳见表 5-13。

表 5-13 普陀-文成中生代陆缘火山(岩浆)作用成矿环境结构特征

编号	名称	构造环境	(火山)岩浆作用	成矿作用
V-1	青田石平川中生代火山穹隆成矿环境	永嘉-淳安北西向构造带与近南北向构造复合区,叠加石平川火山穹隆构造	早白垩世高钾钙碱性流纹质火山岩,晚白垩世(102Ma)拉张环境 I 型高钾钙碱性花岗质岩浆侵入	火山热液型铅锌矿、与钾长花岗岩有关的石英脉型钼矿
V-2	天台-雁荡山中生代火山-沉积盆地成矿环境	天台-乐清近南北向构造带,叠加火山穹隆和火山沉积断陷盆地	早白垩世高钾钙碱性流纹质火山岩,晚白垩世拉张环境盆地双峰式火山岩和 A 型花岗质岩浆侵入(98Ma)	火山热液型银(金)铅锌多金属矿(或斑岩成矿系统)、浅成低温热液型金银矿
V-3	宁海-象山中生代火山(岩浆)作用成矿环境	北东向区域断裂构造与火山穹隆构造复合区	早白垩世高钾钙碱性流纹质火山岩,晚白垩世(98～88Ma)A 型花岗质岩浆侵入	火山热液型铅锌(银)矿、脉状钨矿和斑岩型钨钼矿

5.3 构造-岩浆演化与内生金属矿床成矿作用

根据浙江构造演化和岩浆作用轨迹,结合长期矿产勘查资料和成矿规律研究成果。浙江内生金属成矿作用可以分为 6 个成矿期:华夏陆块元古宙浙闽裂谷海底块状硫化物矿床(VSHMS 型)成矿期、新元古代华夏陆块向扬子板块俯冲形成的火山岛弧型块状硫化物矿床(VHMS 型)成矿期、浙西北加里东裂陷沉积盆地热水沉积改造型硫化物矿床(SEDEX 型)成矿期、江绍拼接带及基底变质岩加里东区域动力变质(韧性剪切)型金矿成矿期、海西-印支期拗陷沉积盆地热水沉积改造型硫化物矿床(SEDEX 型)成矿期、燕山期岩浆(火山)作用成矿期(斑岩型、矽卡岩型、岩浆热液脉状和火山热液型矿床)。

5.3.1 华夏陆块元古宙浙闽裂谷块状硫化物矿床成矿期

华夏太古宙原始陆壳 2200～2000Ma 间经历了由地壳减薄、张裂下陷、接受八都群沉积。八都群底部为基性火山岩和火山质硬砂岩建造;中部为中基性-酸性火山凝灰岩、陆源碎屑岩和黏土岩;上部为陆源黏土岩建造。海相火山岩沉积期间形成了海底块状硫化物矿床,如龙泉的乌岙铅锌矿,这是浙江大地可追溯的第一次金属成矿作用。1900～1800Ma 间受吕梁-中条运动(浙闽运动)影响,八都群变质变形,并伴随地壳深熔作用,引起大面积区域混合岩化作用和花岗质岩浆侵入作用,形成元古宙华夏(浙闽)克拉通,从 1800Ma 起华夏陆块隆起,遭受剥蚀。大约从 1400Ma 开始,华夏陆块开始裂解,形成浙闽新元古代裂谷,接受陈蔡群沉积。陈蔡群沉积期间,出现大陆碱性拉斑玄武岩-酸性火山岩(或火山碎屑岩)沉积,形成铜铅锌多金属块状硫化物矿床,如诸暨铜岩山铜多金属矿床和七湾铅锌矿床等,这是浙江大地可追溯的最早的第二次金属成矿作用。因此,华夏陆块元古宙浙闽裂谷海底块状硫化物矿床(VSHMS 型)成矿期实际上包括古元古代与八都群沉积有关、新元古代与陈蔡群沉积有关的二期 VSHMS 矿床,赋矿层位均为富钙镁铁质中基性火山岩和不纯碳酸盐岩(变质后为含榴黑云片麻岩、斜长片麻岩、斜长角闪岩和大理岩等)。

5.3.2 新元古代火山岛弧型块状硫化物矿床成矿期

1.1～0.9Ga 华夏陆块开始向扬子板块汇聚、俯冲，扬子板块南缘形成江南古岛弧。在绍兴、诸暨、富阳、浦江、开化一带形成双溪坞群岛弧火山-沉积岩系(1012～890Ma)，构成诸暨-常山新元古代岛弧。双溪坞群底部平水组细碧角斑岩喷发沉积时(1012～920Ma)形成了海底块状硫化物矿床，如诸暨平水铜矿。双溪坞群上部岩山组沉凝灰角砾岩、凝灰质细砂岩中赋存有明矾石-黄铁矿-(金)矿床。

5.3.3 加里东裂陷沉积盆地热水沉积改造型硫化物矿床成矿期

晋宁运动中期(0.9～0.85Ga)，扬子板块与华夏陆块沿江山—绍兴一带完成弧陆碰撞拼贴，褶皱造山(经历弧后盆地消亡—山前盆地磨拉石堆积)；晋宁运动晚期(0.832～0.8Ga)碰撞汇聚带进入拉张伸展阶段，即构造转换阶段，江绍拼接带西北侧乃至整个华南地区沿钦杭构造带开始裂解，发育拉张背景下的陆相双峰式火山岩，进入加里东期，浙西北进一步裂解，形成构造转换陆内裂陷沉积盆地。加里东期岩相古地理表明，浙西北裂陷沉积受北东向区域断裂马金-乌镇、萧山-球川和学川-湖州断裂控制，这些断裂是同生断裂，它们切穿深部不同构造层圈，使深部含矿流体能以其为通道，进入沉积海盆，形成热水沉积矿床。浙西北加里东裂陷沉积盆地海底热水沉积作用主要有两期。第一期是震旦系蓝田组沉积期，热水沉积形成层状、似层状银(金)铅锌多金属矿床和黄铁矿矿床，空间上矿床处于北东向区域深断裂(或不同方向断裂节点或交叉点)及其两侧附近，矿体的形貌和结构特征取决于距热液通道系统(喷口)的远近及海底的地形，远源矿床通常为整合的层状矿体(如淳安银山银多金属矿床)，近源的矿床具有"上层下脉"双层结构(如开化外际底银铅锌矿)，这类矿床通常受印支褶皱造山和燕山期岩浆作用叠加改造。第二期是寒武系荷塘组沉积期，沉积钼镍多金属矿层，含矿岩系为一套硅质页岩、粉砂质页岩、含钼(镍)岩系、碳质页岩、页岩夹灰岩透镜体组成，其中含钼岩系主要由含钼磷块岩、含磷、镍、钼、铜(铂、钯)等金属硫化物组成，厚0.1～0.6m。浙西北加里东裂陷沉积盆地热水沉积改造型硫化物矿床主要分布在淳安黄石潭-开化马金印支隆起成矿环境。

5.3.4 加里东动力变质(韧性剪切)型金矿成矿期

以江绍拼接带为界，浙西北与浙东南加里东期变质程度差异较大，浙西北主要为低绿片岩相变质，新元古界上墅组和震旦系休宁组、南沱组均表现为浅变质，并发育近东西向区域透入性片理。浙东南的上虞—东阳一带的陈蔡群和浙西南遂昌—龙泉一带的八都群普遍遭受低绿片岩相动力退变质作用，局部韧性剪切形成糜棱岩或糜棱岩化，构成韧性剪切带。陈蔡群主要发育北东向韧性剪切带。八都群主要发育北北东向韧性剪切带，局部为近东西向韧性剪切带，近东西向韧性剪切带可能为含金矿(化)带，如治岭头矿区金矿体就赋存在近东西向韧性剪切带中。加里东运动对江绍拼接带进行了强烈的韧性再造，沿对接带形成区域性北东向韧性剪切带，主要有江山淤头基-社后川韧性剪切带、龙游大洲-上圩头韧性剪切带、金华北山韧性剪切带、诸暨桐树林-潘村韧性剪切带和绍兴桃红-东堡韧性剪切带等。韧性剪切带中糜棱岩原岩主要为晋宁期石英闪长岩和双溪坞群细碧角斑岩，卷入少量陈蔡群变质岩。晋宁期石英闪长岩和双溪坞群细碧角斑岩是区内富金岩石建造，韧性剪切过程中金迁移富集，形成韧性剪切型金矿，如绍兴中岙、石其金矿，诸暨璜山、庙下畈金矿等。加里东期韧性剪切带型金矿是浙江重要的金矿类型，空间上主要分布在绍兴中岙-诸暨璜山加里东动力变质成矿环境和松阳-八都中元古代裂谷成矿环境。

5.3.5　海西-印支期坳陷沉积盆地热水沉积改造型硫化物矿床成矿期

海西-印支期，淳安—杭州一带，受萧山-球川断裂与马金-乌镇断裂控制，形成了水体相对较深的北东向海槽沉积环境。黄龙组沉积时，沿岭后-临安北北东向断裂发育海底热水（或喷流）沉积成矿作用，在建德岭后矿区可见硅质团块、碧玉和喷气角砾状白云岩、灰岩、铅锌矿石等热水沉积产物，形成岭后似层状铜铅锌多金属矿床，矿床形成后受到燕山期岩浆叠加改造。这类矿床空间上分布在岭后-白马印支裂陷沉积盆地与中生代岩浆侵入成矿环境。

5.3.6　燕山期岩浆（火山）作用成矿期

燕山期岩浆（火山）成矿作用分布范围广，成矿作用叠加在早期形成的各个成矿环境中，形成的矿种和矿床类型丰富多彩，是浙江最主要的成矿期，主要金属矿种有金、银、铅、锌、钨、铜、钼、锡、铀等，矿床类型有斑岩型、矽卡岩型、岩浆热液脉状和火山热液型矿床。按岩浆喷发（侵入）时间、形成的构造背景和形成的矿床类型可以分为燕山早期（＞145Ma）岩浆成矿作用、燕山晚期早阶段（145～115Ma）火山-岩浆热液成矿作用和燕山晚期晚阶段（115～85Ma）火山-岩浆热液成矿作用。

5.3.6.1　燕山早期（＞145Ma）岩浆成矿作用

燕山早期火山作用弱，岩浆侵入主要分布在江绍拼接带以西，昌化-普陀断裂以南区域，表现为深部岩浆上升，熔融部分地壳物质（或地壳部分熔融），形成以 I 型为主，少量 S 型花岗岩侵入。岩性以二长花岗岩、花岗闪长岩和花岗斑岩为主。二长花岗岩和花岗闪长岩主要分布在昌化-廿乌印支褶皱隆起带的临安河桥（147.2±1Ma）、淳安开岭脚（151±3Ma）、梓桐（149±1Ma）、里陈家（148±2Ma）和诸暨-常山古岛弧的绍兴广山—栅溪（150±2.6Ma）等地，这些岩体侵入到早古生代碳酸盐岩石建造，往往形成矽卡岩型铁矿或矽卡岩型多金属矿床，如河上-广山中生代岩浆侵入成矿环境的绍兴漓渚铁矿就是广山-栅溪花岗闪长岩体沿背斜轴部侵入，沿早古生代地层层间断裂交代形成矽卡岩型铁矿，围绕广山岩体还分布有广山铁铜矿、寺坞铅锌矿、谢坞铁铜锌矿和皇游堂铜锌矿等；河桥二长花岗岩、花岗闪长岩岩体周边与早古生代碳酸盐岩建造接触带部位常有矽卡岩型（或热液交代型）铅锌铜多金属矿（化）点。花岗斑岩主要分布岭后-白马印支裂陷沉积盆地与中生代岩浆侵入成矿环境中开化桐村和天井坞一带，岩体有黄柏坑、宋家庄、桐村、上三溪、天井坞、兰花坞花岗斑岩（172～157Ma），主量元素、微量元素特征和铷锶同位素组成表明它们是以壳源为主的壳幔混合型 I 型钙碱性花岗岩，形成于挤压向伸展转化之过渡环境，这类斑岩体出露面积小，富含铜钼和挥发分元素（表 5－14），为铜钼成矿斑岩体，形成的矿床有桐村斑岩型钼铜矿、里山岭和兰花坞斑岩型铜矿。

表 5－14　燕山早期（＞145Ma）花岗斑岩成矿元素和挥发分特征　（单位：10^{-6}）

岩体名称	Cu	Mo	S	Cl	F	资料来源
桐村	203.4	45.05	1457.42	44.19	856.57	浙江省地质三大队，2013
里山岭	225.77		143.02	45.14	1614.05	
兰花坞			172.55	36.45	483.32	
中国东部花岗岩	0.7	5.5	90	52	485	鄢明才等，1997

值得注意的是下庄-石柱断裂成矿环境(Ⅳ-2)。下庄-石柱断裂带平面呈北东东—北东—北北东走向弧形展布。

南段由2～4条平行断裂组成，倾角70°～80°，剖面组合呈叠瓦状，卷入地层为河上镇群、震旦系、中下奥陶统，带内奥陶系呈透镜构造岩片。断裂带宽250～750m，岩石挤压破碎强烈，劈理发育，局部(开化张家湾)带宽约500m，具多次活动；局部沿断裂分布的震旦系岩片，形成强烈的硅化岩破碎带宽达40余米，石龙头剖面研究表明，断裂破碎带具有分带性，断裂带中部为强硅化带或强烈挤压破碎带，向外侧过渡为碎裂岩带。

北段断裂带宽200～1000m不等，走向北东—北北东向、倾向北西，倾角为30°～80°，剖面上显示上陡下缓的犁式特征，卷入地层中元古界—寒武系，上盘平水组、上墅组、震旦系逆冲于震旦系和寒武系之上。在开化高岭，上盘平水组发育轴面产状与断面近平行的片褶构造，下盘发育密集劈理和同斜紧闭褶皱，断裂带中岩层强烈挤压破碎揉皱，并有多期基性脉岩侵入；在淳安余家，断裂带中发育构造透镜体、密集的挤压片理，形成片褶，多条断层组成呈叠瓦状组合。

沿断裂带贯入大量闪长(玢)岩和石英霏细斑岩脉。

区域地球化学测量结果表明，下桩-石柱断裂带及其两侧是金高背景区，金含量大于5×10^{-9}的异常集中分布在下桩-石柱断裂带中，构成金异常带。沿断裂带已发现金矿床1处(石龙头)，金矿点5处(瑶坑、瑶田、下山、下坞、大坝底和老龙源)，其中石龙头金矿床，矿体产于下庄-石柱断裂带中，属破碎蚀变岩微细浸染型金矿，I号矿体控制走向长近2km，金品位1～9g/t，含矿岩石主要为上震旦统板桥山组碎裂岩-糜棱岩化粉砂质泥岩-泥质粉砂岩和部分霏细斑岩。载金矿物以黄铁矿和毒砂为主、石英少量。硅化、毒砂化、绢云母化与金矿化关系密切。

石龙头金矿含矿霏细斑岩经K-Ar法测定，年龄为152.02Ma；大坝底金矿点含矿闪长玢岩经K-Ar法测定，年龄为146.5Ma(金维松等，2013)，据此可以推测，下庄-石柱断裂成矿环境金成矿时代应为燕山早期晚阶段(晚侏罗世)，对应的区域构造背景为挤压环境向伸展环境过渡阶段。

5.3.6.2 燕山晚期早阶段(145～115Ma)火山-岩浆热液成矿作用

燕山晚期早阶段(145～115Ma)浙江出现大规模火山喷发，以江绍拼接带为界，浙西北火山喷发呈北东向带状分布，以串珠状中心式喷发为主，受北东向构造控制，形成火山构造洼地或断陷盆地，火山岩岩石组合具明显区域性特征，以昌化-普陀断裂为界，北侧莫干山、天目山、百丈岭区，以安山岩-粗安岩-石英粗安岩-流纹岩组合为主，南侧龙门山地区，以玄武安山岩-石英粗安岩-碱长流纹岩为主，岩石性质为钙碱性系列。浙东南地区火山喷发主要受北东、北北东及北西向区域性基底断裂控制，以面状群口式喷发为主，以安山岩-英安岩-流纹岩组合为主，局部出现石英粗安岩-石英粗面岩-英安岩-流纹岩组合，岩石性质以钙碱性系列为主，局部出现向碱性系列过渡之趋势。

与本期火山作用相伴的侵入岩广泛发育，空间上主要分布在丽水-舟山断裂以西的昌化—湖州、开化—杭州、常山—绍兴3个北东向条带和浙西南遂昌—庆元地区，丽水-舟山断裂以东地区分布甚少。岩性主要为A型和I型黑云母二长花岗岩、二长花岗岩、石英正长岩、花岗闪长岩、似斑状钾长花岗岩、花岗岩和花岗斑岩。

与本期火山作用有关的火山热液成矿作用主要发生在构造环境由挤压转换为伸展拉张阶段，浙西北主要为劳村组和黄尖组喷发期，浙东南主要为西山头组喷发期。矿床类型与矿种在不同空间有着明显的差异。

与本期岩浆作用有关的矿床主要是岩浆热液型钨铍矿、钨(铜)矿，矽卡岩型铁矿、锡铁多金属矿、铅锌多金属矿和钼铁矿等，在淳安黄石潭-开化马金印支隆起成矿环境可能存在斑岩型钨(铜)矿，岭后-白马印支裂陷沉积盆地与中生代岩浆侵入成矿环境可能存在斑岩型锡矿床。

1. 浙西北火山热液成矿作用

浙西北火山热液成矿作用(145～115Ma)主要发生在金华罗店-诸暨石角中生代火山(热泉)成矿环

境和寿昌-龙门潭中生代火山盆地成矿环境。

金华罗店-诸暨石角成矿环境成矿作用主要为火山热液型金(钼)床。火山热液型金(钼)矿床与劳村组火山喷发时形成的断裂构造、火山通道或火山穹丘有关(图 5-1)。典型矿床有金华市曹宅镇金鸡岩金(钼)矿床,该矿床位于江绍拼接带中段与金华大盘山近东西向弧形构造东段交切部位,金矿体受北东断裂构造控制,地表产于劳村组流纹质火山碎屑岩,深部赋存于隐爆碎裂的石英霏细斑岩中(角砾大小混杂,硅质胶结,胶结物中富含星点状黄铁矿和团粒状萤石)。钼矿体产于双尖头矿段北东向构造带中的石英霏细斑岩体内外接触带。在芙蓉山破火山口西侧江绍拼接带中劳村组火山岩中还分布有摇石头、苦枝尖金矿点。

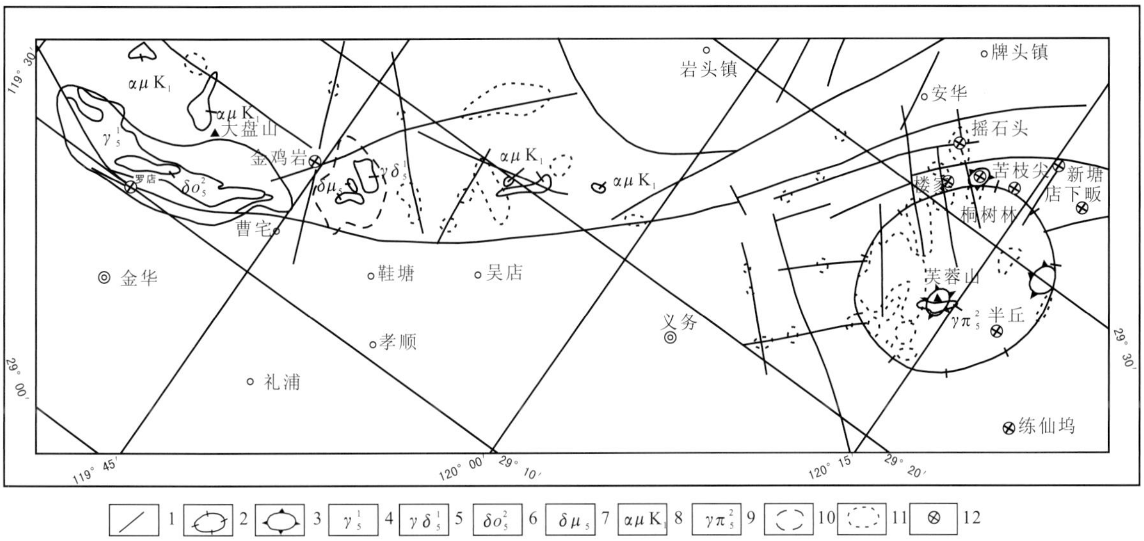

图 5-1　金华-诸暨火山热液改造型金矿分布图

1. 断裂;2. 破火山口;3. 火山穹隆;4. 花岗岩;5. 花岗闪长岩;6. 石英闪长岩;7. 闪长玢岩;8. 次安山玢岩;9. 花岗斑岩;10. 航磁推断深部岩体分布(-500m);11. 航磁推断次火山岩体;12. 金矿点

寿昌-龙门潭中生代火山盆地成矿环境主要成矿作用为火山热液铀矿床。火山盆地呈北东向条带状展布,盆地长约 200km,宽 8～25km,其内发育有 31 个Ⅲ级火山构造,其中破火山口 5 个,火山洼地 7 个,构造火山盆地 13 个,火山穹隆(熔岩穹丘)6 个,大多数Ⅲ级火山构造具有良好的铀成矿地质条件,均是产铀的重要构造场所(图 5-2),3 号铀矿就位于该成矿环境南西段的新路火山断陷盆地内。

2. 浙西北岩浆热液成矿作用

浙西北岩浆热液成矿作用(145～115Ma)主要发生在淳安黄石潭-开化马金印支隆起成矿环境(Ⅳ-1)、学川中生代岩浆侵入成矿环境(Ⅳ-3)、长乐桥-唐舍村中生代火山-岩浆成矿环境(Ⅳ-4)、岭后-白马印支裂陷沉积盆地与中生代岩浆侵入成矿环境(Ⅳ-5)、余杭闲林埠-临安板桥中生代岩浆侵入成矿环境(Ⅳ-6)和三桥埠-妙西中生代岩浆侵入成矿环境(Ⅳ-7)。各个成矿环境岩浆热液成矿构造环境、岩浆作用特点、围岩建造和岩浆热液成矿特征见表 5-15。

3. 浙东南火山-岩浆热液成矿作用

浙东南火山-岩浆热液成矿作用(145～115Ma)。主要发生在玉岩-八都中元古代裂谷成矿环境(Ⅰ-1)、庆元中生代火山穹隆成矿环境(Ⅰ-2)、苏村-三港中生代火山岩浆成矿环境(Ⅰ-3)、青田石平川中生代火山穹隆成矿环境(Ⅴ-1)和宁海-象山中生代火山(岩浆)作用成矿环境(Ⅴ-3)。

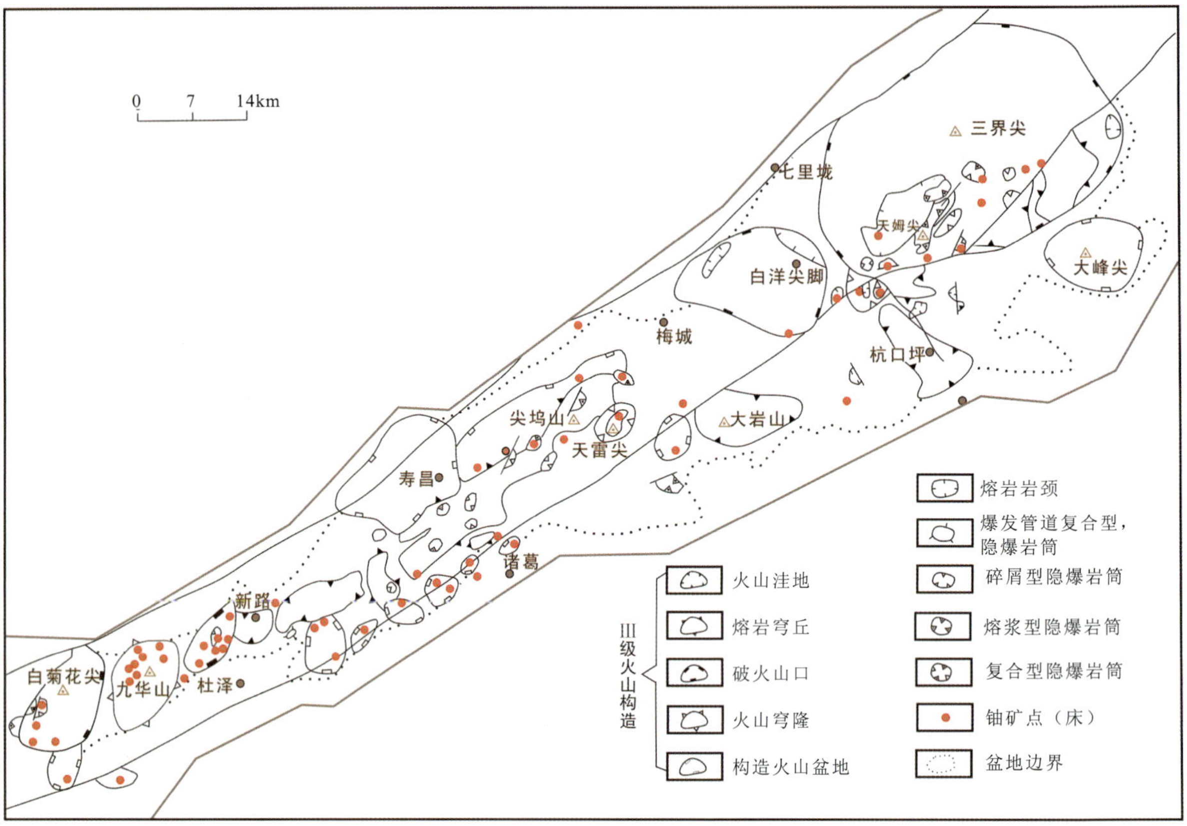

图 5-2　寿昌-龙门潭中生代火山盆地成矿环境火山构造与铀矿化简图

表 5-15　浙西北岩浆热液成矿作用(145～110Ma)特征

成矿环境	构造环境	岩浆作用	围岩建造	成矿特征
淳安黄石潭-开化马金印支隆起成矿环境(Ⅳ-1)	加里东裂陷盆地沉积，经历加里东褶皱造山和印支隆起，发育加里东期区域性北东向同生断裂和印支期北东向复式褶皱构造	A型花岗岩、花岗闪长岩(126～125Ma)沿北东向断裂或北东向背斜构造核部侵入	类复理石建造-碳酸盐岩建造-硅质岩建造，其中蓝田组为热水沉积含矿建造	主要是对蓝田组热水沉积矿床进行叠加改造，如银山矿区和潘家矿区，其中潘家矿区大铜坑花岗岩钨多金属矿床为斑岩成矿系统。花岗闪长岩小岩株可能与锑成矿关系密切
学川中生代岩浆侵入成矿环境(Ⅳ-3)	昌化-普陀断裂和学川-湖州断裂交会区域，加里东裂陷盆地沉积，经历加里东褶皱造山和印支隆起，发育加里东期区域性北东向同生断裂和印支期北东向复式褶皱构造	学川A型花岗岩，早期为二长花岗岩(136.8Ma)，晚期黑云母斑状花岗岩、细粒花岗岩(125～114Ma)	类复理石建造-泥质、硅质岩建造	岩浆热液石英脉型钨铍矿(千亩田)和钨铜矿(夏色岭)，矿脉主要分布在岩体缓倾斜接触带或瘤状突起部位“角岩顶盖”之下的岩体边缘相中

续表 5-15

成矿环境	构造环境	岩浆作用	围岩建造	成矿特征
长乐桥-唐舍村中生代火山-岩浆成矿环境(Ⅳ-4)	昌化-普陀断裂、学川-湖州断裂、马金-乌镇断裂和安吉-三门断裂交会区域。加里东裂陷盆地沉积，经历加里东褶皱造山和印支隆起，叠加早白垩世火山穹隆构造	早期 A 型 I 型花岗闪长岩、二长花岗岩、正长花岗岩(141～130Ma)，晚期 A 型黑云母钾长花岗岩、花岗岩(128～123Ma)	泥质碳酸盐岩建造-复理石、类复理石碎屑岩建造	与花岗闪长岩有关的矽卡型银铅锌矿，与二长花岗岩、花岗岩有关的钨(钼)矿，如安吉港口、章村的矽卡岩型银铅锌矿和郎村钨(钼)矿
岭后-白马印支裂陷沉积盆地与中生代岩浆侵入成矿环境(Ⅳ-5)	马金-乌镇断裂和萧山-球川断裂之间，加里东裂陷盆地沉积，叠加印支拗陷盆地沉积，经历加里东和印支褶皱造山，发育北东向褶皱构造	A 型和 I 型黑云母花岗岩、花岗斑岩、花岗闪长岩等(134～125Ma)，如儒洪黑云母花岗岩	泥质碳酸盐岩建造-复理石、类复理石碎屑岩建造、单陆碎屑建造及陆相含煤建造和碳酸盐岩建造	与黑云母花岗岩有关的似层状矽卡岩型锡、铁、铜矿床，与花岗斑岩有关的矽卡岩型锡多金属矿床和与花岗闪长岩有关的矽卡岩型铅锌矿床，代表矿床有铜山锡铁矿、双溪口锡多金属矿床和大溪边铅锌矿床
余杭闲林埠-临安板桥中生代岩浆侵入成矿环境(Ⅳ-6)	马金-乌镇断裂和萧山-球川断裂之间，昌化-普陀断裂和安吉-三门断裂交会区域。加里东裂陷盆地沉积，经历加里东和印支褶皱造山，发育北东向褶皱构造	花岗闪长岩呈岩株状侵入(132Ma)，如千家村花岗闪长岩、闲林埠、中泰花岗闪长岩等	类复理石建造-碳酸盐岩建造-硅质岩建造和泥质碳酸盐岩建造-复理石、类复理石碎屑岩建造	与花岗闪长岩有关的矽卡岩型铁铅锌矿、矽卡岩型钼铁矿和矽卡岩型钨钼矿，矿体多产于岩体内外接触带
三桥埠-妙西中生代岩浆侵入成矿环境(Ⅳ-7)	学川-湖州断裂和湖州-临安断裂之间，印支陆表海盆地沉积，叠加早白垩世火山构造盆地	花岗闪长岩、花岗岩呈岩株状侵入	下部为类复理石建造-碳酸盐岩建造，上部为碳酸盐岩建造	与花岗闪长岩、花岗岩侵入有关的矽卡岩型铁铅锌矿，与花岗闪长岩有关的矽卡岩型金矿(大银山金矿)

玉岩-八都中元古代裂谷成矿环境(Ⅰ-1)与火山热液成矿作用有关的金银、银铅锌或多金属矿床(点)大都定位在变质岩天窗或断块隆起的内、外缘，与基底变质岩系关系密切，同时与火山-潜火山作用以及相伴的断裂或硅化蚀变带的发育密不可分。区内金银矿有龙泉八宝山金银矿床、上银岭湾、洋财洞、烂浆湖金银矿点，银铅锌矿(化)点星罗棋布，主要分布在供村—蛤湖、河里—东畲两条北东向矿带和松岩—大毛砚背东西向矿带之上，矿床(点)围绕火山环形构造相对集中分布，构成以火山构造(岩浆热中心)为中心的成矿集中区，空间展布上总体呈现出分带性，外带为非金属矿(叶蜡石、高岭土)，中带为铅锌多金属矿，内带多为金银矿。控矿火山构造是与区域断裂构造复合的、多数叠加在Ⅱ级火山构造之上的Ⅲ级火山构造，且多发育侵入岩或潜火山岩。

庆元中生代火山穹隆成矿环境(Ⅰ-2)为一椭圆形，直径近 20km 的火山穹隆构造。北西及西部以花岗岩墙为界，北部和南部以环状断裂为界，穹隆内为爆发流纹质角砾熔结凝灰岩，流纹质晶屑凝灰岩等，核部为仙桃山钾长花岗岩、花岗岩等。围绕穹隆构造发育众多的金银、铅锌多金属、钨钼矿(点)，构成一成矿集中区，具明显分带特征，外带为金银，中带为铅锌多金属，内带为钨钼。代表矿床为桉树坳铅锌矿，矿体产于花岗斑岩内及与二长花岗斑岩、流纹质火山碎屑岩接触部位。

苏村-三港中生代火山岩浆成矿环境(Ⅰ-3)中火山-岩浆热液成矿作用主要表现为3种形式。一是与火山构造(岩浆热中心)有关的火山热液(或隐爆角砾岩筒)型(银)铅锌矿，如治岭头产在华峰尖火山机构东侧的杨梅岗铅锌矿段，矿脉呈半环状围绕火山机构，矿体围岩为火山岩，向深部贯入变质岩；产在华峰尖火山通道中的隐爆角砾岩筒型银铅锌矿。二是与花岗斑岩有关的岩浆热液型钼矿，如松阳鲁峰钼矿和象溪钼矿，矿体围岩为火山岩和八都群变质岩，矿体产于岩体内外接触带。三是与石英二长岩、石英正长岩(133～112Ma)有关的岩浆热液型多金属矿床，如龙游灵山多金属矿床，矿体产于陈蔡群变质岩中。

青田石平川中生代火山穹隆成矿环境(Ⅴ-1)中火山-岩浆热液成矿作用主要受永嘉-淳安北西向断裂带和石平川火山穹隆复合控制，矿床类型有石英脉型钼矿、火山沉积-热液改造型似层状铅锌矿和火山热液脉状铅锌矿床，围绕火山穹隆构造，总体呈现内带钼矿，外带铅锌矿之分带特点。石平川石英脉型钼矿床受沿火山穹隆侵位的钾长花岗岩制约，钼矿体大部分产于岩体的内外接触带，距岩体顶面上、下各100m范围内，围绕岩体呈不完整的环状分布。孙坑洪岩头铅锌矿产于西山头组中以英安岩类为主的层状火山熔岩与火山沉积层接触带部位附近或火山沉积岩的层间断裂带中，可能为火山沉积-热液改造型矿床；山根铅锌矿为产于火山碎屑岩断裂中脉状铅锌矿床；银坑铅锌矿为产于石英闪长岩体与火山碎屑岩接触带中的脉状矿床。

宁海-象山中生代火山(岩浆)作用成矿环境(Ⅴ-3)中火山-岩浆热液成矿作用主要受北东与北西断裂和火山穹隆构造复合控制，矿床类型有火山沉积改造型铅锌矿(临海龙珠山似层状铅锌矿)、火山热液充填交代型脉状银铅锌矿床(临海洪桥银铅锌矿、宁海储家铅锌矿)、岩浆热液型脉状铅锌矿(象山沈山岙铅锌矿，产于二长花岗岩体内断裂中)和斑岩型钨钼矿(如产于花岗斑岩中的象山柴岙钨钼矿)。

5.3.6.3 燕山晚期晚阶段(115～85Ma)火山-岩浆热液成矿作用

晚白垩世(115～85Ma)浙江构造环境由挤压环境转换为拉张伸展环境，早期断裂复活，同时形成近南北向的一组张性断裂，出现由北东向控制或北东与北西向断裂联合控制的晚白垩世火山-沉积盆地，火山喷发作用与早白垩世相比有了明显的减弱，主要接受了湖泊相、河流相沉积，期间常有不同程度的火山喷发沉积，间歇喷发的火山岩以玄武岩-安山岩-流纹岩双峰式钙碱性火山岩为特征，相应的侵入岩以A型碱性花岗岩为主(少量Ⅰ型花岗岩)，分布在浙东沿海一线。

燕山晚期晚阶段(115～85Ma)火山-岩浆热液成矿作用主要发生在由余姚-乐清近南北向拉张断裂带控制的余姚-新昌火山-沉积盆地成矿环境(Ⅰ-6)和天台-雁荡山火山成矿环境(Ⅴ-2)，北东向断裂控制的千祥-方岩火山-沉积盆地成矿环境(Ⅰ-5)。

余姚-新昌火山-沉积盆地成矿环境(Ⅰ-6)火山或潜火山热液成矿作用主要受晚白垩世火山-沉积盆地边缘断裂或断裂构造与火山构造复合控制。新昌晚白垩世火山-沉积盆地位于早白垩世北西向构造带中，拔茅火山构造洼地叠置在新昌火山-沉积盆地东南侧，近南北向断裂通过火山构造洼地。拔茅火山构造洼地周边发育犁木和小龙亭穹状火山构造、后岸破火山构造和千官岭火山通道，与之对应的火山或潜火山热液型矿床有千官岭金银矿、后岸银矿、犁木银矿和西山银矿，构成拔茅银矿田。矿床定位受南北向断裂构造与火山构造联合控制，矿体多数赋存在近南北向次级断裂构造中。矿区或矿体深部常有晚白垩世侵位的酸性斑岩体，近年后岸银矿深部勘查发现良好的铜(铅锌)矿体，显示深部可能存在斑岩型矿体。因此，火山盆地中的银铅锌矿可能是斑岩成矿系统的浅部矿床表现，深部有寻找斑岩型矿床的前景。

千祥-方岩火山-沉积盆地成矿环境(Ⅰ-5)火山或潜火山热液成矿作用主要受晚白垩世火山-沉积盆地基底近东西向断裂和盆地边缘北东向断裂及潜火山岩联合控制。王塘坑金矿床定位于在盆地边缘北东向断裂带中，矿体赋存于与北东向断裂配套的次级北西向断裂中，成矿与潜火山岩-安山玢岩密切相关。杨梅山金矿也赋存于盆地边缘北东向断裂中。柏杨铅锌矿则是位于盆地边缘与北东向断裂构造相关的隐爆角砾岩筒中。

天台-雁荡山火山-沉积盆地成矿环境（Ⅴ-2）与余姚-新昌火山-沉积盆地成矿环境（Ⅰ-6）相同，火山或潜火山热液成矿作用主要受晚白垩世火山-沉积盆地边缘断裂或断裂构造与火山构造复合控制。天台大岭口银铅锌矿为区域南北向断裂构造与晚白垩世火山构造边缘断裂复合部位控制，矿体赋存于北北西向-近南北向断裂带和北东向层间破碎带中，潜火山岩-流纹斑岩为成矿提供热水溶液，并从深部带来成矿物质；黄岩五部铅锌矿受晚白垩世宁溪盆地西侧和半山火山穹隆构造之间的近南北向断裂控制，潜火山岩体-石英霏细斑岩是携带成矿物质和成矿热液的主要来源。南北向断裂边缘仙居溪口还出现脉状金银矿体。

根据上述讨论，将浙江省构造-岩浆演化、形成的成矿环境和成矿作用特征归纳成图 5-3。

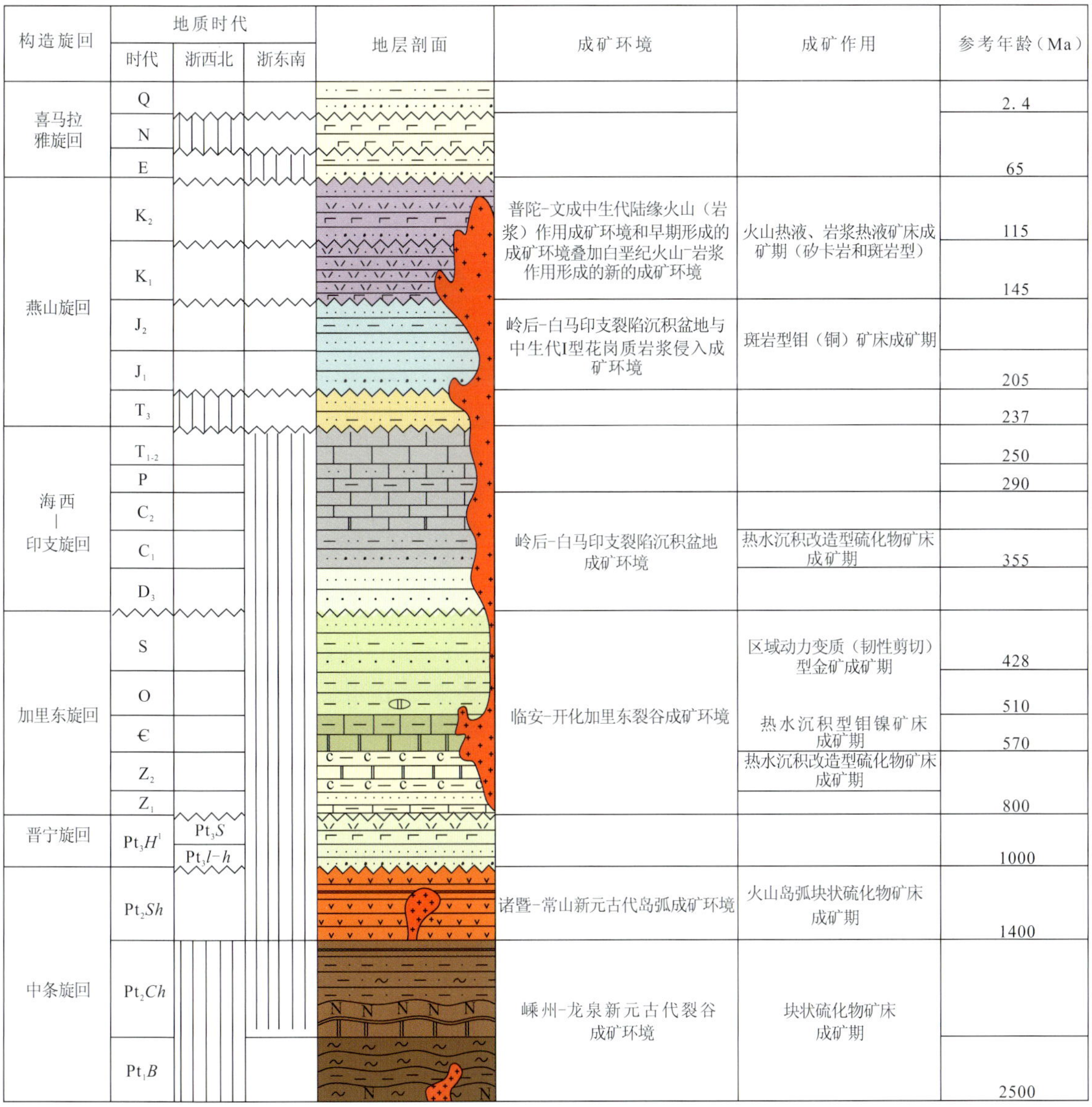

图 5-3 浙江省构造演化-成矿环境-成矿作用关系图

第6章　典型矿床成矿模式与找矿模型

按构造岩浆演化轨迹与成矿作用关系，浙江内生金属成矿作用分为华夏陆块元古宙浙闽裂谷海底块状硫化物矿床成矿期、新元古代华夏陆块向扬子板块俯冲形成的火山岛弧型块状硫化物矿床成矿期、浙西北加里东期陆缘裂陷沉积盆地热水沉积改造型硫化物矿床成矿期、江绍拼接带及基底变质岩加里东期区域动力变质（韧性剪切）型金矿成矿期、浙西北杭州-开化海西-印支期拗陷沉积盆地热水沉积改造型硫化物矿床成矿期、燕山期岩浆（火山）热液矿床成矿期（斑岩型、矽卡岩型和浅成低温热液型）6个成矿期。

6.1　华夏陆块元古代浙闽裂谷块状硫化物矿床

华夏陆块元古宙浙闽裂谷海底块状硫化物矿床成矿期形成的矿床主要分布在嵊州-龙泉中元古代裂谷带玉岩-八都中元古代裂谷成矿环境和上虞-东阳华夏前缘逆冲隆起成矿环境中。矿床有赋存于八都群中的龙泉乌岙多金属矿、遂昌葛坪铅锌矿、东风银矿、徐村银铅锌矿等，矿点和矿化点众多，以龙泉乌岙铅锌矿床为典型代表；赋存于陈蔡群中的有诸暨铜岩山多金属矿、七湾铅锌矿、吴子里铅锌矿、上虞银山坝锅锌矿、岱山冷峙多金属矿、东阳南岸多金属矿、龙泉南弄铅锌矿、银场银铅锌矿等，以诸暨七湾铅锌矿床为典型代表。

这类矿床分布在基底变质岩“天窗”，重力场为低值正剩余重力布格异常和平稳低缓正航磁场区。矿体总体呈层状、似层状，赋矿层位原岩都为中基性海相火山岩和不纯碳酸盐岩，主成矿时代与围岩沉积时代一致，经历变质变形（混合岩化）改造富集和后期构造-岩浆作用叠加改造富集。

6.1.1　龙泉乌岙多金属矿床

乌岙多金属矿位于嵊州-龙泉中元古代裂谷带，玉岩-八都裂谷成矿环境（Ⅰ-1）。区内古元古代八都岩群和中元古代陈蔡群变质岩系呈断块出露。变质岩系之上有零星分布的下侏罗统枫坪组和分布广泛的下白垩统火山-沉积岩系，发育以燕山期花岗岩为主的酸性—中酸性侵入岩体。基底构造以北东-南西向为主，盖层构造以北北东-南南西向断裂为主（图6-1）。

6.1.1.1　矿区地质

矿区八都岩群变质岩自下而上分为5个岩性层，第一岩性层为条带状黑云斜长混合岩、眼球状混合岩及少量变粒岩，厚度大于500m；第二岩性层主要为混合岩化黑云斜长片麻岩及混合岩，厚200～300m；第三岩性层为含矿层，富含闪锌矿、方铅矿、黄铜矿、黄铁矿、磁黄铁矿的石英绿泥石岩、绿泥透辉绿帘石岩及透辉阳起石岩，厚0.2～45m；第四岩性层主要由混合岩化斜长二长片麻岩组成，其次为黑云斜长片麻岩、含榴黑云斜长片麻岩、含石墨片麻岩、硅线石片麻岩等，本层常见细脉状多金属矿化，厚130～170m；第五岩性层，下部为云母片岩夹黑云石英片岩，上部以石英云母片岩为主，含硅线石石英云母片岩、含石英黑云母片岩次之，厚度大于100m。第一至四岩性层，相当于泗源组，第五岩性层为大岩

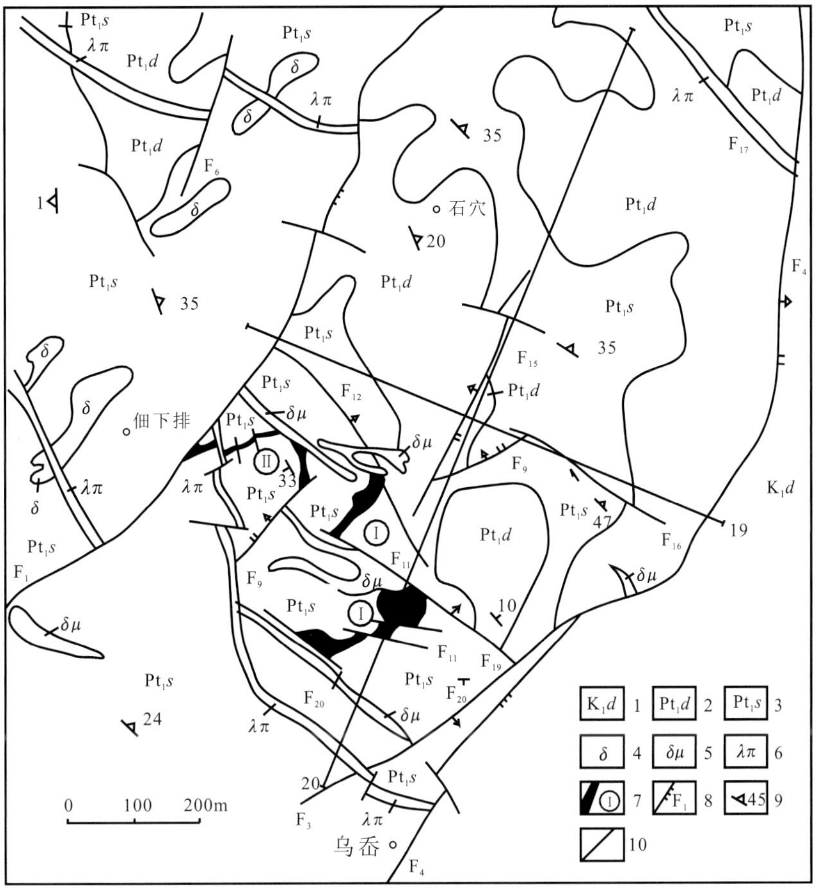

图 6-1　龙泉乌岙多金属矿床矿区地质图

(据许金坤等,1986)

1. 下白垩统大爽组;2. 八都群大岩山组;3. 八都群泗源组;4. 闪长岩脉;5. 闪长玢岩脉;6. 流纹斑岩脉;7. 多金属矿体及块段号;8. 断裂;9. 片麻理产状;10. 剖面位置及编号

山组。

变质原岩主体由泥质岩、黏土质长石石英砂岩、杂砂岩组成,有少量火山岩存在。据胡雄健等(1991)研究,乌岙矿区花岗质片麻岩在 SiO_2-TiO_2 图解上几乎全落在火成岩区(图 6-2)。含矿层原岩恢复也较困难。据许金坤(1986)研究,从含矿层化学组成来看,原岩可能属杂砂岩夹不纯碳酸盐岩类(表 6-1);据稀土配分模式(具有铕正异常),其与八都岩群中斜长花岗岩相类似(图 6-2)。综观八都岩群形成在中条旋回优地槽发育时期,陆源碎屑沉积伴随海相火山活动也是合理的,含矿层原岩可归为富钙铁镁质中基性火山岩和(或)不纯碳酸盐岩岩类组成。

区内下白垩统火山岩属磨石山群大爽组。岩性下部为流纹质晶屑凝灰岩夹薄层凝灰质砂岩、粉砂岩,上部为含砾晶屑凝灰岩夹少量流纹岩。

(1)矿区构造。矿区八都岩群构成北西向轴面近直立的开阔拱形构造,属于锦溪-竹垟复背形的横向次一级褶曲,北东翼片理倾向北东,倾角 20°~40°,南西翼倾向南,产状平缓。矿区断裂可分为 3 期,即成矿期、成矿后早期和晚期断裂。成矿期断裂主要为北西西走向,规模小、断距不明显,大多为闪长玢岩充填,另一组为北东走向;成矿后早期断裂主要为北西西走向和北东走向两组,前者破坏矿体规模较大;晚期断裂有北西走向、北东走向两组,前者被石英斑岩充填,后者规模较大。

(2)矿区出露的侵入岩有闪长岩、闪长玢岩、石英斑岩,均为脉体,规模小。

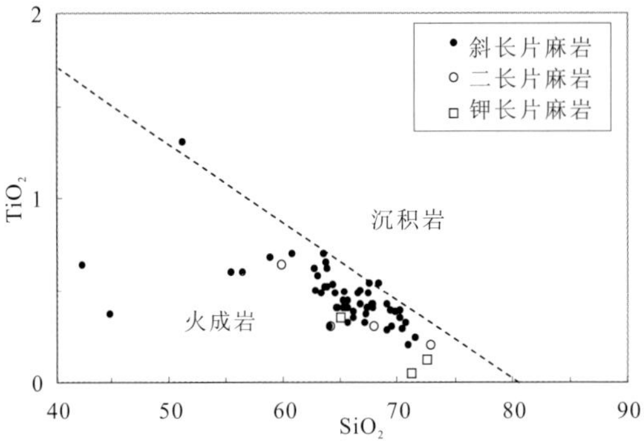

a.龙泉乌岙矿区长英质片麻岩类SiO_2-TiO_2图解(%)

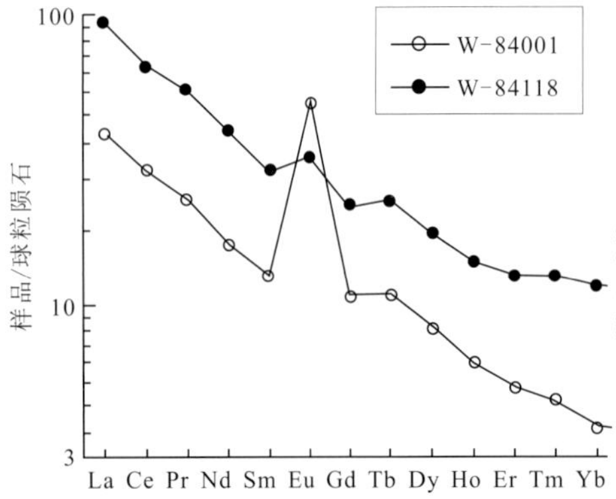

b.乌岙矿区含矿层蚀变岩REE标准化图

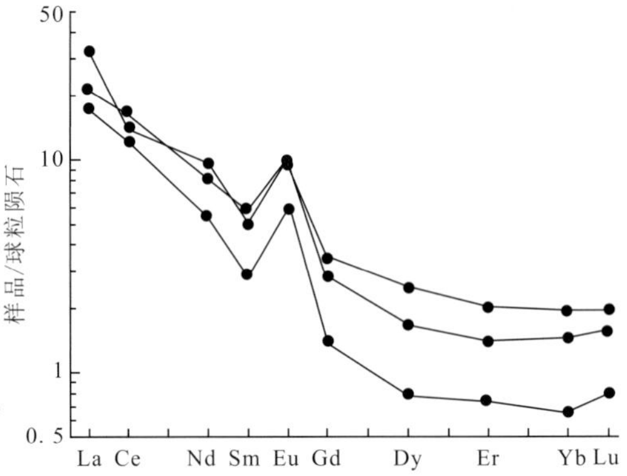

c.龙泉汤源奥长花岗岩REE标准化图

图 6-2　乌岙矿区变质岩和含矿层原岩判别

(数据引自许金坤等,1986)

表 6-1　乌岙多金属矿床含矿层的岩石化学组成

(据许金坤等,1986)

岩石名称	样品数(个)	岩石化学组成(%)											
		SiO_2	TiO_2	Al_2O_3	FeO	Fe_2O_3	MnO	MgO	CaO	Na_2O	K_2O	P_2O_5	烧失量
石英绿泥石岩	8	40.89	0.41	15.70	15.63	3.99	0.82	5.35	5.98	0.10	0.88	0.24	7.87
绿帘石岩	1	57.08	0.15	12.40	6.13	4.09	0.66	2.52	10.82	0.02	0.15	0.30	5.30
阳起透辉石岩	1	43.95	0.25	9.65	7.25	6.75	1.95	3.84	21.86	0.15	0.10	0.04	4.81

闪长岩:呈小岩枝出露矿区西部,地表分布面积仅几十至几百平方米,呈北北东-南南西向雁行排列,向深部呈不规则的脉状、岩枝状,与八都群变质岩呈侵入接触,又为闪长玢岩、石英斑岩穿插。闪长岩锆石 U-Pb 同位素年龄为 346.6±15.8Ma,表明闪长岩形成在加里东晚期,属钙碱性—碱性系列岩石,$K_2O>Na_2O$。

闪长玢岩:矿区较为发育,呈长数十到数百米,宽几米到十几米的岩脉群产出,呈北西-南东、北西西-南东东分布,与矿体呈侵入接触,而被下白垩统地层所覆盖。闪长岩与闪长玢岩空间上二者紧密相关,岩石化学矿物组合相似,为同源不同阶段的产物,二者 Cu、Pb、Zn、Ag 元素含量均较高,对成矿有一定的叠加作用。

石英斑岩北西向展布,穿切闪长玢岩和上侏罗统岩层,属燕山期之次火山岩。

(3)矿区内片麻岩发育混合岩化，片麻岩、混合岩化片麻岩向条带状混合岩过渡，常形成花岗质伟晶质团块。

条带状混合岩化黑云斜长片麻岩锆石、磷灰石 U－Pb 法测定，U－Pb 谐和曲线上交点为 2004.6±10Ma，系原岩蚀源区形成年龄；下交点为 508.4±68Ma，可能是加里东期构造热事件年龄，与变质岩全岩 Rb－Sr 法等时线年龄值 456.7Ma 相吻合(许金坤等，1986)。

6.1.1.2　矿体特征

该矿体呈大透镜状，赋存于八都群黑云斜长片麻岩的矿化蚀变岩层中，与片理产状相一致(图 6－3)。含矿层走向长 1000m，倾向 1200m，似等轴状，厚 0.2～43.59m，其中工业矿体走向长 700m，倾向长 650m，倾向 5°～20°，倾角 5°～20°，平均厚度 10.22m。矿床平均品位 Pb 2.04%，Zn 2.64%，Cu 0.165%，共伴生组分有 Ag 31.47×10^{-6}(赋存于方铅矿中)，Sn 0.01%～0.15%、Cd 0.0024%。经勘探证实，乌岙为中型多金属矿矿床。

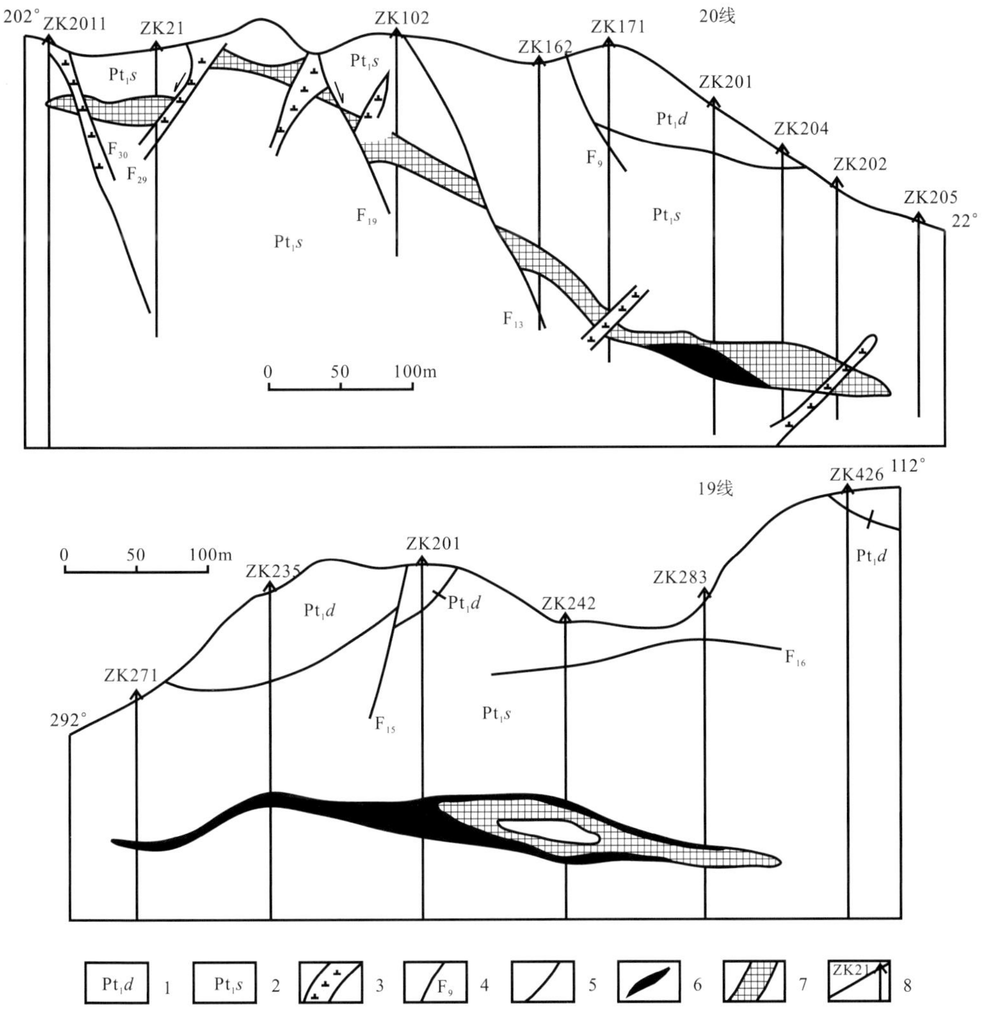

图 6－3　乌岙多金属矿床矿体剖面图

(据许金坤，1986)

1. 大岩组；2. 泗源组；3. 闪长玢岩；4. 断裂；5. 推测地质界线；6. 铜矿体；7. 铅锌矿体；8. 钻孔及编号

6.1.1.3 矿石矿物组成

矿石矿物主要有闪锌矿、方铅矿、磁黄铁矿、黄铜矿，次要的有磁铁矿、黄铁矿、白铁矿，以及微量白钨矿、自然铋、辉铋矿、自然银、辉银矿等。脉石矿物主要有阳起石、透闪石、绿帘石、石榴石、绿泥石、石英等，次要有透辉石、方解石、云母、萤石，以及少量硅灰石、符山石、榍石、磷灰石，微量锆石、金红石、石墨等。

6.1.1.4 成矿期次划分

根据矿石结构构造、矿物共生组合、穿插交代关系可分为 3 个成矿期。

(1)同生沉积期(矿源层形成期)：海底火山气液活动带来的铅锌等成矿物质沉积于盆地形成铅锌金属层，局部形成条带状，层纹状铅锌贫矿层。

(2)变质-混合岩化热液期(主成矿期)：可分为变质热液阶段和混合岩化热液阶段。变质热液阶段为矿源层(贫矿层)受变质热液作用，成矿物质活化、迁移、集中形成以铅锌为主的矿体，并局限于与围岩片麻理一致的拱形软弱构造中，矿石呈浸染状、条带状、层纹状。矿石类型有含石榴石阳起石铅锌矿石、阳起石铅锌矿石和绿帘石铅锌矿石。混合岩化热液阶段为混合岩化热液对矿体叠加改造富集形成块状富矿。一般富矿矿体上下盘混合岩化强烈，长英质脉体明显增多，多呈块状多金属矿石，以残余结构、假象结构、镶边结构、重结晶加大结构为特点，以块状、浸染状、斑杂状构造为主。矿石类型有含绿泥石铅锌矿石、铅锌磁黄铁矿石和多金属硫化物矿石。

(3)岩浆期后热液期：矿区闪长岩、闪长玢岩侵入期后的热液活动伴随铜、银、铅的矿化，形成细脉状铜铅矿石，局部穿切或叠加于早期矿石并切穿闪长玢岩。常见交代假象结构和残余结构，以及细脉状浸染状构造。矿石类型有含银黄铜矿铅矿矿石、含银磁黄铁矿黄铜矿矿石。

6.1.1.5 围岩蚀变

围岩蚀变主要有类矽卡岩化、绿泥石化、绿帘石化，其次为透闪石-阳起石化、硅化、碳酸盐化及黄铁矿化等。类矽卡岩化富钙、铁、镁质岩石受高温变质热液作用产生大量透辉石、钙铁辉石和少量钙铁榴石等。绿帘石化、透闪石-阳起石化：变质热液或混合岩化热液交代形成含水钙铁硅酸盐，产生绿帘石阳起石透辉石蚀变岩，并伴有条带状铅锌矿化。绿泥石化：发育广泛，近矿围岩特别强烈。硅化：发生在混合岩化期，分布不均匀，产在矿体中呈硅质团块，或在矿体与片麻岩之间。碳酸盐化：与变质热液有关，与条带状铅锌矿石关系密切。黄铁矿化：局部分布在矿体与围岩接触部位或破碎带。

6.1.1.6 主要控矿条件

(1)赋矿围岩：乌岙多金属矿的赋矿岩石是以绿泥石、绿帘石、透辉石、钙铁辉石为主的蚀变岩。矿层内部蚀变岩含富钙的硅酸盐矿物如透辉石、钙铁辉石、阳起石和绿帘石等。矿层顶底部则发育石英绿泥石岩或绿泥绿帘石岩，并向绿帘石化混合岩、混合黑云斜长变粒岩、片麻岩过渡。蚀变岩类在很大程度上受原岩类型制约，富钙蚀变岩尤其是透辉石蚀变岩的原岩可能为不纯碳酸盐岩或中基性火山岩，而矿层顶底板部分的蚀变岩多为混合岩类。

(2)控矿构造：矿体呈透镜状，与围岩面理整合，说明矿体赋存于区域变质晚期，地块上升隆起产生挠曲作用时，形成拱顶构造扩容带，原来的富钙铁镁质岩石经揉皱集中成透镜体，经变质热液交代成矿，构成特有的形态。

(3)区域变质和混合岩化作用对成矿的控制：区域变质作用形成的变质热液，促使原始沉积形成的矿源层(金属层)内的矿质活化、迁移，富集形成工业矿体。矿区 ZK201 孔矿层品位高，厚达 20m，其上下片麻岩均发育不同程度的混合岩化，尤其底板 20m 内强烈混合岩化。混合岩化强度与矿体富化程度成正相关，表明混合岩化在一定程度上控制矿化强度和矿石品位。

(4)岩浆活动与成矿的关系:矿区内分布加里东晚期闪长岩和闪长玢岩,时间上晚于多金属矿形成时期,但因其 Cu、Pb、Ag 含量较高,当侵入于矿床附近时,对矿体产生 Cu、Ag 等成矿元素的叠加改造。

6.1.1.7　成矿物质来源和成矿物化条件

1. 成矿物质来源

(1)硫同位素:矿石中硫化物中的硫同位素 $\delta^{34}S$ 变化区间−0.1‰～+7.5‰,与区域八都岩群变质岩中黄铁矿、黄铜矿硫同位素 $\delta^{34}S$=+4.71‰相一致(表 6-2),表明硫源来自深部,混入部分海水硫,经变质、混合岩化作用被均一化。

表 6-2　乌岙矿床矿石中硫化物的硫同位素组成

矿物	样品数(个)	$\delta^{34}S$(‰)变化区间	平均值(‰)	标准差
方铅矿	21	−0.1～+4.13	+1.83	0.93
闪锌矿	18	+2.25～+7.50	+4.38	1.28
黄铜矿	10	+3.5～+5.76	+4.38	0.72
磁黄铁矿	8	+2.26～+4.42	+3.59	0.68
黄铁矿	7	+1.36～+5.55	+4.18	1.35

(2)氢氧同位素:岩矿石中 $\delta^{18}O$=+1.88‰～+10.37‰,岩矿石包裹体水 $\delta^{18}O_{H_2O}$为−9.08‰～+4.75‰,δD=−127.9‰～−83.7‰。氢氧同位素组成特征,由表 6-3 和图 6-4 可推知,变质岩中石榴石、黑云母氢氧同位素组成偏向于变质水,有雨水的参与;新生长英质脉体中石英和混合岩化片麻岩中石英所含混合岩水的氢氧同位素组成更接近变质水;矿石中石榴石和方铅矿、闪锌矿包裹体中的氢氧同位素显示成矿热液有较多雨水的混入。根据以上矿石氢氧同位素组成特征,推断成矿热液系统水为变质水或混合岩化水与雨水混合而成。

表 6-3　岩(矿)石氢氧同位素测试结果

样品号	样品名称	矿物名称	δD(‰)	$\delta^{18}O$(‰)		备注
				矿物中的氧	水中的氧	
W-83-01	块状矿石	方铅矿	−97		−3.89	包裹体水
W-83-02	块状矿石	闪锌矿	−100		−9.08	包裹体水
W-0-3	混合岩化片麻岩	石榴石	−127.9	+8.38	+3.64	δD为包裹体水
W-0-3	混合岩化片麻岩	石英		+9.06	+3.44	
W-0-46	长英质脉体	石英	−83.70	+9.36	+3.46	δD为包裹体水
W-0-40	条带状混合岩	石英		+10.37	+4.75	
W-0-37	含榴黑云斜长片麻岩	石榴石		+1.88	−2.86	
W-0-72	浸染状铅锌矿石	石榴石	−115.20	+4.13	−0.80	δD为包裹体水
W-0-30	浸染状铅锌矿石	石英		+7.10	−0.02	
W-K-Ar-1	伟晶质团块	黑云母	−109			羟基
W-L-4	黑云斜长片麻岩	黑云母	−111			羟基

(3)铅同位素：铅同位素组成变化范围$^{206}Pb/^{204}Pb$为17.604～18.254，$^{207}Pb/^{204}Pb$为15.100～15.757，$^{208}Pb/^{204}Pb$为37.53～39.273，基本属于正常铅，$^{208}Pb/^{204}Pb$-$^{206}Pb/^{204}Pb$相关图上(图6-5)，矿石铅可分为3类，第一类位于克拉通化上地壳区与大洋火山岩区过渡部位，主要为浸染状铅锌矿石中的铅；第二类为典型克拉通化地壳区铅，均为块状铅锌多金属矿石中的铅；第三类介于一、二类的过渡位置。第一类铅为海底火山热液从深部地壳带入海底沉淀而成，第二、三类铅属碎屑物质中的表生成因铅(即八都群中的岩石铅)，在混合岩化热液作用下被交代活化进入成矿溶液与第一类铅混合而成。

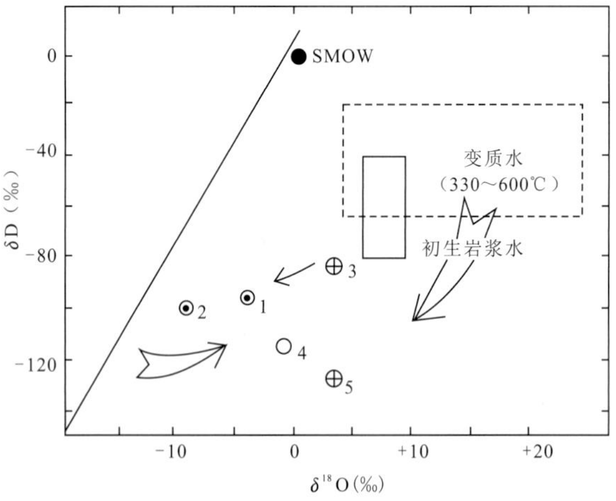

图6-4　乌岙多金属矿床δD-$\delta^{18}O$图解

(据许金坤，1986)

1. 方铅矿；2. 闪锌矿；3. 混合岩-石英；4. 浸染状矿石-石榴石；5. 变质岩-石榴石

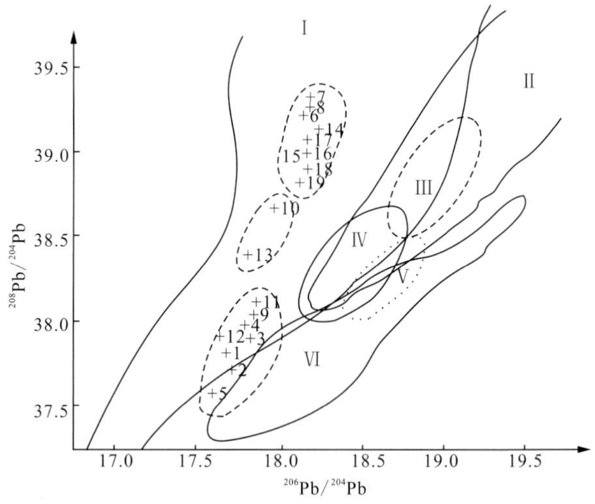

图6-5　乌岙矿床$^{208}Pb/^{204}Pb$-$^{206}Pb/^{204}Pb$相关图

(据许金坤，1986)

Ⅰ. 克拉通化上地壳；Ⅱ. 非克拉通化上地壳；Ⅲ. 深海沉积区；Ⅳ. 成熟岛弧区；Ⅴ. 初生岛弧区；Ⅵ. 大洋火山岩区

综上可以认为，矿床成矿物质主要来自早期海底火山喷发沉积形成的金属层，部分从陆源碎屑的交代过程中带出，少量为后期岩浆活动叠加的。

(4)成矿时代：矿床可划分为3个成矿期，即①海底火山气液同生沉积成矿期，据赋矿围岩八都群碎屑锆石、磷灰石U-Pb谐和图上T_1年龄2004Ma，可知该成岩期时代应为2000Ma；②Rb-Sr等时线最大年龄1813Ma，为区域变质-混合岩化热液主成矿期；③叠加矿化期，508～456Ma为加里东期变质改造期，346.6Ma有闪长岩、闪长玢岩侵入，并对已成矿体进一步叠加银铅矿化。

2. 成矿物化条件

(1)成矿温度、压力：脉石矿物包裹体均一法温度平均值为325～337℃(表6-4)，爆裂法温度为310～450℃(表6-5)，各矿石类型成矿温度差别较小。以黄铁矿-方铅矿、闪锌矿-方铅矿等矿物对计算硫同位素平衡温度在300～500℃之间，可以认为矿床形成温度为中偏高温。矿石中脉石矿物包裹体压力测定平均值为22.3～32.8MPa，属中浅成热液成矿范畴。

表6-4　脉石矿物包裹体均一温度　　(单位：℃)

矿石名称	矿物名称	测定数(个)	区间	平均值	标准差	$T(x\pm2\delta)$
浸染状铅锌矿石	石榴石	9	294～388	325	31	325±62
块状铅锌金属矿石	石英	23	214～399	337	42.5	337±83

注：数据引自浙江省第七地质大队，1986；测试单位：贵阳地球化学研究所，通过压力校正后的温度。

表 6-5　矿石中硫化物的爆裂温度　　（单位：℃）

矿石名称	矿物名称	温度区间	峰值
块状铅锌金属矿石	磁黄铁矿	340～450	370
块状铅锌金属矿石	黄铜矿	391～414	363
块状铅锌金属矿石	黄铜矿	310～436	352
含铜铅锌矿石	黄铜矿	310～436	352

注：数据引自浙江省第七地质大队，1986；测试单位：浙江省地矿局实验室。

(2)成矿溶液性质：矿石中气液包裹体 H_2O 的含量为 0.029%～0.966%，CO_2 为 0.011%～0.086%。H_2O 的含量变化区间远远大于 CO_2 的变化区间，H_2O/CO_2 为 0.71～38.57。随矿物形成先后，矿物包裹体中 H_2O/CO_2 逐渐变小，显示 CO_2 相对富集。方铅矿、闪锌矿气液包裹体中主要阳离子、阴离子含量相对于包裹体水的质量百分数为：Ca^{2+} 2.2%～4.6%，Mg^{2+} 0.24%～1.93%，K^+ 0.68%～4.6%，Na^+ 5%～5.93%，F^- 0.17%～9.63%，Cl^- 9.58%～16.25%。

包裹体的盐度及密度：矿石中石英盐度为 9.4%～17%，密度为 0.84g/mL，石榴石中盐度为 15.1%～18.8%，密度为 0.9g/mL；片麻岩中石英盐度为 4.2%～19.4%，密度为 0.79g/mL。

6.1.1.8　矿床成因和成矿模式

乌岙多金属矿床为层控型海底火山喷发沉积、区域变质-混合岩化热液和后期岩浆作用改造叠加作用，多期多阶段形成的叠改型铅锌多金属矿床（图 6-6）。在古元古代地槽环境下，海底火山喷发携带

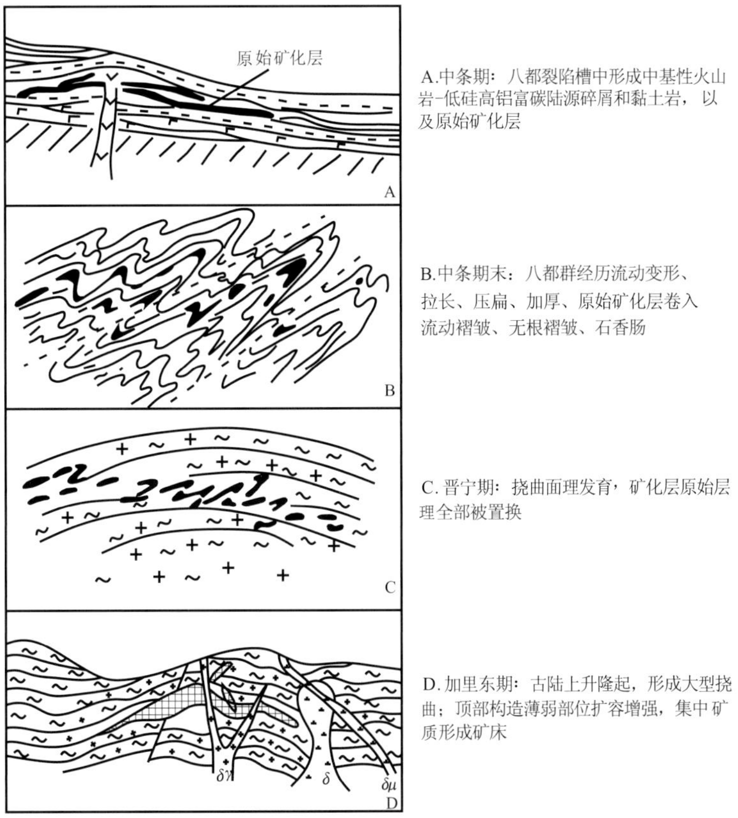

图 6-6　乌岙多金属矿床成矿模式

（据许金坤等，1987）

成矿物质与陆源碎屑同时沉积,形成金属富集层,为本矿床提供成矿物质的供源层;加里东早期的区域变质热液使矿源层中的成矿物质活化、迁移,在同变质期形成的构造-岩性层中富集形成铅锌矿层;加里东早-中期,混合岩化热液活动使成矿元素进一步活化富集,形成挠曲的透镜状铅锌多金属矿体;加里东晚期中性岩浆期后热液改造和叠加矿化形成细脉状、脉状含银铜铅矿石。

6.1.1.9 找矿模型

(1)矿床产于嵊州-龙泉中元古代裂谷带玉岩-八都裂谷成矿环境(Ⅰ-1),八都群出露"天窗",重力场为低值正剩余重力布格异常和平稳低缓正航磁场区。

(2)赋矿层位古元古代八都群石英绿泥石岩、绿泥透辉绿帘石岩及透辉阳起石岩,原岩为不纯碳酸盐岩或中基性火山岩。

(3)较强的区域变质-混合岩化叠加后期岩浆活动。

(4)水系沉积物组合异常主要为Pb+Zn+Cu+Ag,其次为Sn+Mo+Ni+Co。

(5)矿体原生异常前缘元素为As、Sb,矿体上盘指示元素为Pb、Zn、Ag、Cd,矿体下盘指示元素为Cu、Bi。

(6)矿石具低阻、高极化率,以自然电位法、激电中梯、激电测深等方法配合,可探查矿体空位位置,追索矿体范围。

6.1.2 诸暨七湾铅锌矿床

诸暨七湾铅锌矿床位于嵊州-龙泉中元古代裂谷带,上虞-东阳华夏前缘逆冲隆起成矿环境(Ⅰ-4)。

6.1.2.1 矿区地质

矿区内出露地层为中元古界陈蔡群,矿区西部还分布有下白垩统高坞组晶屑熔结凝灰岩。陈蔡群岩性可划分3个岩性层,下部为黑云斜长片麻岩、石英角闪片岩、石英绢云母片岩,具条带状混合岩化,为第一含矿层,有22号、25号矿体赋存于其中;中部岩性为矽线石黑云斜长片麻岩、角闪片岩(原岩为基性火山岩)、大理岩互层夹石英岩、石墨片岩等,为第二含矿层,矿体众多,主要有1号、6号、3号矿体,均产于大理岩层底部,大理岩和围岩均被交代形成绿帘石岩;上部岩性层为石英云母片岩、长石石英片岩,夹大理岩,为第三含矿层(图6-7)。

陈蔡群经受多次变形、变质重结晶,原始层理已不复存在,现今面理均为构造置换面理,在大理岩、矽卡岩中可见透辉石、蛇纹石、方解石条带,具有转折端、折叠层和A型褶皱;长英质脉体形成石香肠、勾状褶皱、流劈理等构造形迹。与区域上陈蔡群一样,七湾矿区经历了3次变质变形。晋宁期D_1是陈蔡群处于深层次塑性变形,发育透入性面理-片麻理,构造置换彻底,片麻理趋近于S_1面;D_2为中深层次变形特征,塑性变形为主,压溶作用普遍,形成紧闭同斜褶皱、陡倾伏歪斜褶皱和折劈理构造,褶皱以顶厚褶皱为特征。加里东期D_3变形在区域上形成一系列不同规模的陡倾斜歪褶皱(F_3)和一些高角度韧性剪切带,轴面面理不发育,仅在局部出现应变滑劈理。沿剖面显示平卧褶皱和低角度推覆,属于D_2变形期(图6-8、图6-9)。

成矿后的断裂有北东向、北西向、东西向、南北向4组,除北东向断裂为压扭性质之外,其余均为张扭性断裂,并有燕山期岩脉充填。

矿区混合岩化作用较普遍,并与成矿关系密切。晋宁晚期-加里东期混合岩化使陈蔡群变质岩形成条带状混合岩,眼球状混合岩,混合花岗岩等。

矿区侵入岩主要是印支期花岗岩、伟晶花岗岩(338～237Ma),燕山期石英斑岩、霏细斑岩、英安玢岩等脉岩(117Ma),均为沿断裂、裂隙充填。

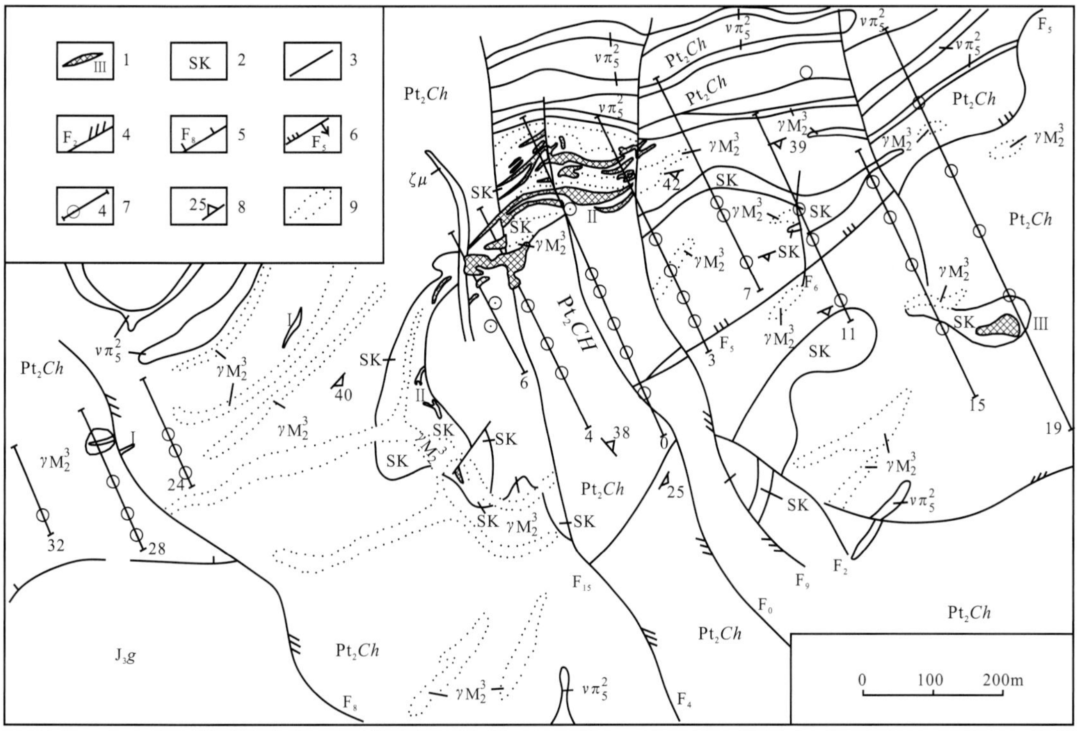

图 6-7　七湾铅锌矿区地质略图

（据浙江省区域矿产总结，1988）

1. 铅锌矿体；2. 矽卡(混合)岩；3. 性质不明断层；4. 扭性断裂及编号；5. 张性断裂及编号；6. 压性断裂及编号；7. 勘探线及编号；8. 片理产状；9. 混合岩化界线

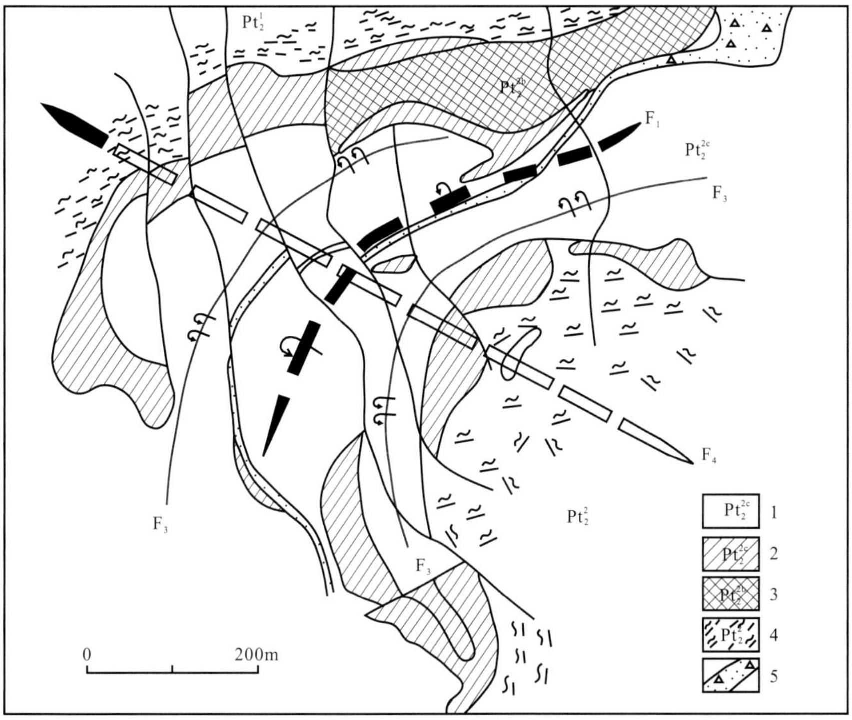

图 6-8　七湾矿区褶皱构造纲要图

（据水涛，1988）

1. 浅粒岩；2. 矽卡岩；3. 大理岩；4. 片麻岩；5. 断层角砾岩

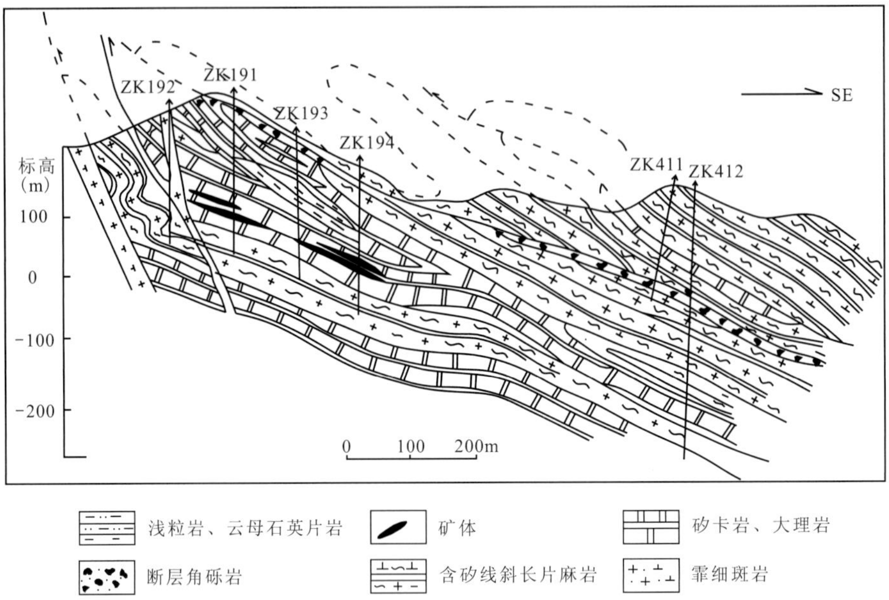

图 6-9　七湾矿区地质构造解译图

（据水涛，1988）

6.1.2.2　矿床地质特征

矿体规模、形态：含矿带长达 2km，共有 3 个含矿层，以第三含矿层为最好。矿区共 39 个矿体，其中第一含矿层有 2 个矿体，第三含矿层有 1 个矿体，第二含矿层有 36 个矿体。矿体呈似层状、不规则透镜状，以矿巢、矿团产出，平行排列，产状与围岩大体一致，产于与矽线石黑云斜长片麻岩互层的薄层大理岩中。主矿体约 10 个，长 100～335m，斜深 70～240m，平均厚 1.64～3.96m。

矿石矿物以闪锌矿为主，多数属铁闪锌矿，次为方铅矿、黄铜矿，少量斑铜矿、方铜矿，伴有黄铁矿、磁黄铁矿和毒砂；脉石矿物有石榴石、透辉石、绿帘石、绿泥石、方解石、绢云母、石英等。

矿石构造为半自形—它形晶粒结构，乳滴状、交代包含结构；块状、浸染状、条带状、角砾状、团块状、细脉状构造。矿石类型以闪锌矿矿石为主，其次为黄铜矿闪锌矿石、多金属矿石、磁黄铁矿石。

矿石品位 Zn 为 5.03%～5.74%；Pb 仅见于 28 号、38 号矿体中，品位为 0.59%～3.80%；Cu 见于 25 号、35 号、38 号矿体中，品位为 0.30%～0.59%；Ag 分布在铅锌矿石中，东矿段 Ag 36.5×10^{-6}，Au 0.1×10^{-6}。

6.1.2.3　矿床同位素特征

(1)硫同位素：七湾矿床及相邻同类型矿点同位素组成见表 6-6。

七湾矿床硫同位素众值在 $\delta^{34}S$(5‰～7‰)，呈塔式分布。各硫化物 $\delta^{34}S$ 值依黄铁矿＞闪锌矿＞磁黄铁矿＞方铅矿顺序变化，表明成矿过程中硫同位素分馏达到平衡，经计算成矿溶液中总硫同位素值约为 3‰，说明硫主要来自深部。

据矿物以硫同位素分馏原理计算成矿温度，如表 6-7 所示。

矿床成矿温度为 174～382℃之间。据 f_{O_2}-pH 关系图，对应 $\delta^{34}S_{\Sigma S}$值时，矿化条件为弱碱性及低氧逸度。

(2)碳、氧同位素组成：七湾大理岩碳同位素均值为＋2.008‰与海相碳酸盐 $\delta^{13}C$ 值相接近。大理岩的 $\delta^{18}O_{SMOW}$ 均值 11.708‰，亦在海相碳酸盐岩范围之内(表 6-8)。

表 6-6　七湾及相邻矿点硫同位素组成

（据张志兰，1988）　（单位：‰）

矿区＼矿物	黄铁矿	闪锌矿	磁黄铁矿	黄铜矿	方铅矿
七湾	5.4～8.1* / 6.6(3)	1.7～7.3* / 6.2(16)	5.9(1)	—	2.5～5.2* / 3.7(3)
铜岩山	0.7(1)	—	—	2.4(1)	−2.9(1)
石壁	4.8(1)	3.7(1)	—	—	—

注：* 为变化范围/平均值（件数）。

表 6-7　七湾矿床硫同位素平衡温度

矿床	共生矿物对	Δi 值	平衡温度（℃）	爆裂温度（℃）
七湾	黄铁矿-闪锌矿	0.7	382	300～340(8)
	黄铁矿-方铅矿	2.9	343	
	闪锌矿-方铅矿	2.2	330	
	黄铁矿-闪锌矿	1.2	227	
	黄铁矿-闪锌矿	1.5	174	
石壁	黄铁矿-闪锌矿	1.1	249	

表 6-8　七湾矿床碳、氧同位素组成

（据张志兰，1988）　（单位：‰）

矿床	样品	$\delta^{13}C_{PDB}$	$\delta^{18}O_{PDB}$	$\delta^{18}O_{SMOW}$	$\delta^{18}O_{SMOW}$	δD_{SMOW}
七湾	大理岩	0.684～3.594 / 2.008(5)	−22.436～15.122 / −18.599(5)	7.732～15.271 / 11.708(5)		
	矽卡岩中方解石	−6.560～6.046 / −6.362(4)	−21.745～21.668 / −21.670(4)	8.444～8.523 / 8.491(4)	3.928～9.007 / 3.976(4)	
	早期白色方解石脉	−6.412	−24.522	5.581	0.792	
	晚期透明方解石脉	−5.409	−13.592	16.849	12.059	
石壁	矽卡岩中方解石	−3.418	−22.467	7.700	3.184	
七湾	闪锌矿中包裹体水				−13	−86

注：横线上为变化范围，横线下为平均值（件数）。

七湾矽卡岩中方解石 $\delta^{13}C_{PDB}$ 为 −6.362，以及早、晚期方解石脉的 $\delta^{13}C_{PDB}$ 值分别为 −6.412、−5.409，都与大理岩中数值有差异。可能在成矿热液中碳与围岩大理岩的碳未达到同位素平衡。按方解石爆裂温度 300～320℃来计算的各类方解石形成时的平衡水，总 $\delta^{13}C_{CO_2}$ 值矽卡岩为 −4.392(4)，早、晚期方解石脉为 −4.014(2)，其值与深源碳相近。研究表明，有关的碳主要是深源的，并有部分围岩碳加入。石壁矿点 $\delta^{13}C_{CO_2}$ 为 −1.448，明显为深源碳与围岩碳的混合。

七湾矽卡岩中方解石 $\delta^{18}O_{SMOW}$ 为 8.491，早期方解石为 5.581‰，与大理岩和晚期方解石的 $\delta^{18}O_{SMOW}$ 均有明显的差异。按方解石形成温度计算成矿热液中 $\delta^{18}O$ 值，矽卡岩方解石形成时平衡水为 3.976‰；

早期和晚期方解石有关的平衡水为 0.792‰和 12.059‰。以上表明，矽卡岩阶段与白色方解石形成时成矿热液是变质水与雨水混合而成。晚期方解石阶段热液中的氧与围岩进行了同位素平衡交换，而其 $\delta^{18}O$ 值与大理岩相近。

(3)铅同位素特征：七湾和铜岩山矿床铅同位素组成见表 6－9。

表 6－9　七湾及铜岩山矿区铅同位素组成

矿区	样品(样数)	$^{206}Pb/^{204}Pb$	$^{207}Pb/^{204}Pb$	$^{208}Pb/^{204}Pb$	资料来源
七湾	闪锌矿(7)	17.214～18.019 / 17.793	14.592～15.584 / 15.409	37.368～39.309 / 38.026	张志兰，1988
铜岩山	黄铜矿(1)	17.775	15.422	37.879	
地幔		18.10	15.42	37.70	Hoefs，1980
造山带		18.86	15.62	38.83	
参加造山带的下地壳		17.27	15.29	38.57	
参加造山带的上地壳		19.33	15.73	39.08	

七湾和铜岩山矿区铅同位素组与地幔铅同位素组成接近，与造山带和地壳铅同位素组成判别明显。矿区出露有部分金属矿化的印支期 S 型花岗岩、伟晶状花岗岩(年龄值为 338～237Ma)，叠加了部分下地壳物质，这可能是导致矿区铅同位素与地幔铅同位素微少判别的原因。

从矿床硫、铅、碳、氧同位素组成特征来看，七湾铅锌矿成矿物质主要来自地幔物质，印支期岩浆作用叠加了部分下地壳物质。因此，七湾铅锌矿床是海底火山形成的块状硫化物矿床。

6.1.2.4　成矿模式

七湾铅锌矿床产于嵊州－龙泉中元古代裂谷带陈蔡群拉斑玄武岩－碳酸盐岩－碳质板岩－碎屑岩建造中，矿体产于与矽线石黑云斜长片麻岩互层的薄层大理岩中，矿体形态受大理岩－片麻岩多次紧密褶皱、叠瓦推覆、压扁拉断等变形制约，呈似层状、透镜状。

同位素地质研究表明，成矿物质硫、铅、碳等分别来自岛弧拉斑玄武岩和海相碳酸盐类。

七湾铅锌矿床是中元古裂谷环境中与海底火山作用有关的块状硫化物矿床。

经晋宁晚期－加里东期变质变形作用进一步改造富集成矿，印支期受 S 型花岗岩侵入，矿床受到叠加改造，燕山期岩浆作用再次对矿床进行改造，形成现今的矿床形貌。

6.1.2.5　找矿模型

(1)矿床形成于嵊州－龙泉中元古代裂谷带，玉岩－八都裂谷成矿环境(Ⅰ－1)和上虞－东阳华夏前缘逆冲隆起成矿环境(Ⅰ－4)中陈蔡群出露区域，重力场为低值正剩余重力布格异常和平稳低缓正航磁场区。

(2)矿床赋存于陈蔡群拉斑玄武岩－碳酸盐岩－碳质板岩－碎屑岩建造中，矿体产于与矽线石黑云斜长片麻岩互层的薄层大理岩中。

(3)较强的区域变质－混合岩化叠加后期岩浆活动。

(4)水系沉积物组合异常主要为 Pb＋Zn＋Cu＋Ag。

(5)矿石具低阻、高极化率，以自然电位法、激电中梯、激电测深等方法配合，可探查矿体空位位置，追索矿体范围。

6.2　新元古代火山岛弧型块状硫化物矿床

新元古代华夏陆块向扬子板块俯冲形成的火山岛弧型块状硫化物矿床（VHMS 型）成矿期成矿环境为诸暨-常山新元古代岛弧成矿环境。

1.1～0.9Ga 华夏陆块开始向扬子陆块汇聚，其间古南华洋洋壳俯冲、消减，扬子陆块南缘江南古岛弧形成。在绍兴、诸暨、浦江、开化一带形成由双溪坞群平水组海相基性火山岩-细碧角斑岩及浅海陆棚相的硅泥质岩沉积及其后的陆相安山质和英安质火山碎屑岩组成（1154～891Ma）的江南古岛弧，本期岛弧火山作用形成以海相火山岩赋矿的块状硫化物矿床（VHMS 型）和陆相英安质火山碎屑岩为容矿岩石的含铜金明矾石黄铁矿矿床，典型矿床为绍兴市西裘铜矿床（成矿时代与赋矿火山岩相同）和萧山岩山含铜金明矾石黄铁矿矿床。

6.2.1　绍兴西裘铜矿床

西裘铜矿床产于江绍拼接带北东段的北西侧诸暨-常山中元古代岛弧成矿环境。

6.2.1.1　矿区地质

矿区出露地层为中元古代双溪坞群平水组，其上与震旦系以断层相接触。平水组自下而上可分 4 个喷发旋回（在矿区仅见 3 个旋回）：第一旋回分布于矿区中部，上部为酸性火山-沉积岩，夹石英角斑质熔岩及鲕状灰岩，为铜矿所在层位；下部为重结晶角斑岩，底部含数米厚的砾岩；第二旋回出露于矿区西北部，上部为石英角斑质火山碎屑岩，已变质为石英绢云母片岩，黄铁矿化明显；中部为石英角斑质碎屑熔岩及角斑岩，下部为细碧岩及细碧角砾熔岩，底部含一层厚数米的砾岩；第三旋回分布于西北部的妃子岭—上灶一带，下部为细碧玢岩，中下部为细碧玢岩与含钙质粉砂质硅质岩互层，中上部为细碧质晶屑凝灰岩、角砾玻屑凝灰岩及角斑质凝灰岩夹泥质硅质岩、硅质泥岩，上部为沉凝灰岩、硅质粉砂岩、泥质粉砂岩等（图 6－10）。

岩石组合的特点是：①以中酸性为主，基性岩较少；②有海相细碧角斑岩、鲕状灰岩、碧玉、海藻等，又有陆相熔结凝灰岩；③各旋回自下而上，自基性向中酸性演化；④所见长石均为原生钠更长石（An<14），岩石经绿片岩相浅变质。岩石化学特点是富钠、低氧化度和饱和水，$Na_2O>K_2O$，$Na_2O/(Na_2O+K_2O)$达 0.73～0.89，n＝80.13～92.8，$Fe_2O_3<FeO$。CA 指数 59，AR＝1.32～2.18，$\delta<1.8$，属钙碱性偏钙性系列。

矿区的侵入岩自深成至浅成—超浅成相均有发育（图 6－11）。

深成岩：斜长花岗岩呈岩株产出，不规则地侵入于平水组及斜长花岗斑岩中，局部为矿体顶板围岩。该岩体中心部分西端相变为石英闪长岩。岩石呈灰绿色、灰白色，半自形粒状结构。主要成分为斜长石、角闪石及绿泥石等。副矿物为磷灰石、钛磁铁矿。蚀变主要是绿泥石化，少量绿帘石化。

蚀变斑状花岗岩呈北东-南西向分于矿区东南部。岩石呈暗灰绿色，变余花岗结构，似斑状结构，片状-片麻状构造，主要成分有斜长石、石英、蚀变暗色矿物等。斜长石多被绿帘石、绢云母、绿泥石等次生矿物集合体代替，残余部分已变成钠长石。矿物强烈塑性变形和重结晶，使岩石具强烈片理化。

蚀变花岗岩呈带状分布于矿体东南侧，主要出露于坑道，为矿体直接底板，其东南与蚀变斑状花岗岩呈断层接触。岩石强烈绿泥石化，肉眼仅见大量绿泥石和少量石英颗粒或矽质团块。

浅成岩：花岗斑岩分布于矿区中部，呈岩墙或岩脉侵入于平水群中，局部为矿体直接顶、底板围岩。岩石呈灰绿色，斑状结构，斑晶为板条状自形晶斜长石，基质由微粒状长石、石英、绿泥石等集合体组成。

中基性脉岩：根据岩石矿物成分和结构不同，可分为以下两种，即闪长岩脉，岩石呈灰绿色—暗黄绿

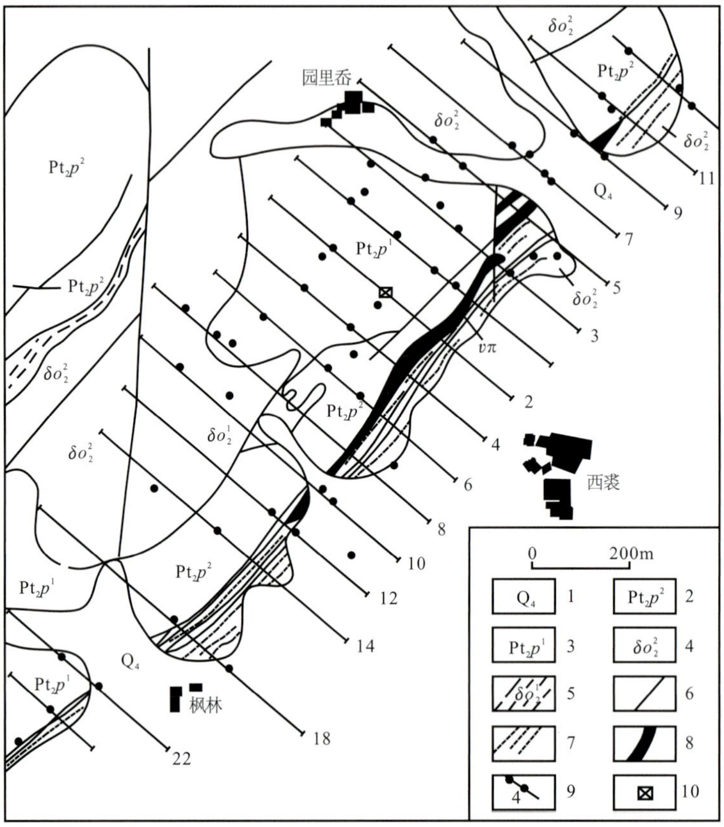

图 6-10　西裘铜矿矿区地质图(据 1：5 万平水幅区调报告,1990)

1. 全新统;2. 平水组第二旋回;3. 平水组第一旋回;4. 晋宁期石英闪长岩;5. 糜棱岩石英闪长岩;6. 断层;7. 糜棱岩带;8. 铜矿体;9. 钻孔及勘探线编号;10. 生产井

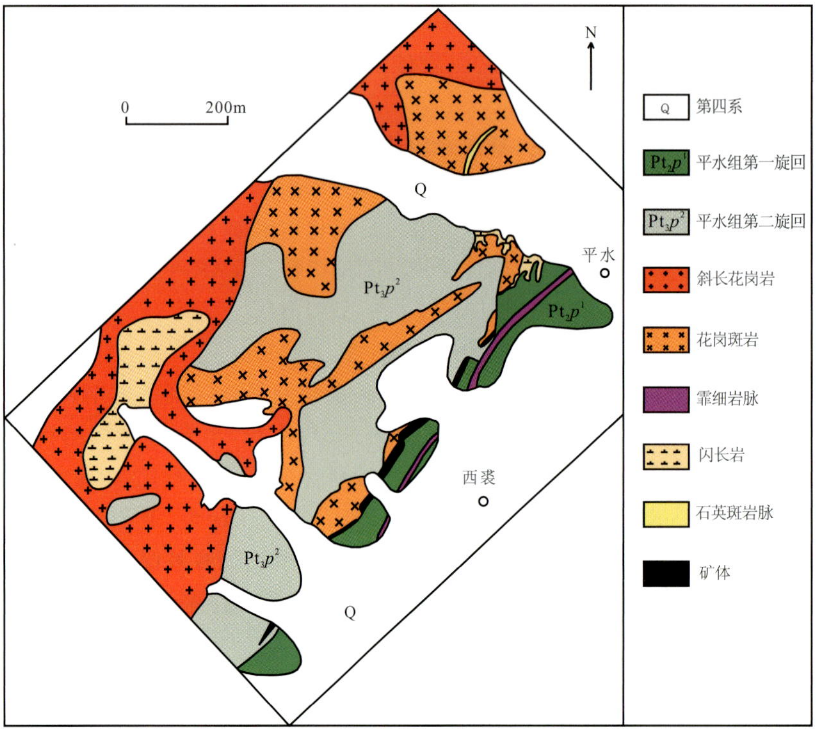

图 6-11　西裘矿区侵入岩分布图

(据李春海,2008 修改)

色，半自形细粒结构，主要成分为斜长石、角闪石，其次为石英；闪斜煌斑岩脉，岩石呈暗绿色，细粒结构或细粒斑状结构，斑晶为角闪石，呈聚斑状，部分已蚀变为绿泥石，基质主要由角闪石和较少的斜长石，斜长石已被微粒绿帘石集合体代替。

酸性脉岩：霏细岩脉，呈脉状产出，充填于矿区断裂中，走向 NE60°，倾向南东，倾角 60°～70°，岩石灰白色略带黄色，肉眼可见无斑隐晶结构，矿物成分为石英和绢云母，与围岩接触处均片理化；石英斑岩脉，呈不规则脉状产出，灰白色，斑状结构，斑晶为石英、钾长石，基质由石英、钠长石、钾长石集合体组成。

矿区内褶皱构造不明显，主要是由平水群细碧角斑岩系组成的倾向北西、倾角中等的单斜构造。矿区内断裂构造发育，主要有北东向、北西向、北北东向和东西向几组断裂，与区域构造特征基本一致。

6.2.1.2　矿体特征

西裘铜矿为一中型铜矿床，共圈定铜硫矿体 19 个，单硫矿体 1 个，除主矿体与上覆角斑质熔凝灰岩呈微角度不整合外，其余下部各矿层均与岩层整合，并有同步褶曲。显示成矿作用与火山喷发沉积同步性。1 号矿体最为主要，占总储量的 95%，长 1050m，厚 0.21～47.95m，平均 8.8m，延深最大 750m 以上，以 Cu、Zn 为主。其余矿体均系盲矿，长 20～650m 不等，厚 0.72～10.99m，在下盘与主矿体平行产出（图 6－12）。

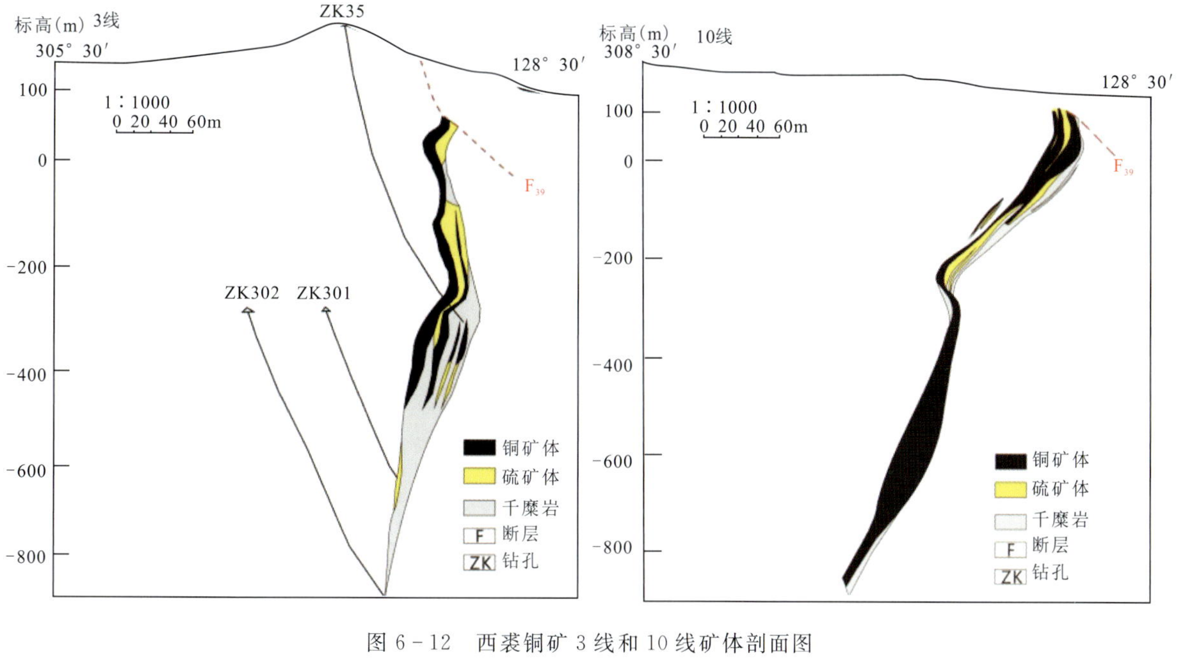

图 6－12　西裘铜矿 3 线和 10 线矿体剖面图

6.2.1.3　矿石特征

矿石矿物以黄铁矿为主，占矿石矿物总量 81%，黄铜矿 10%，闪锌矿 8.8%，脉石矿物有石英、绢云母、方解石、重晶石。其他少量磁铁矿等、方铅矿、碧玉、萤石、白云石。

以组成的主要硫化物不同，可分 3 种矿石类型：铜锌黄铁矿石、含铜黄铁矿石、黄铁矿石。

矿石结构为半自形—它形晶粒状、压碎状、乳浊状、胶状结构，呈块状、条带状、揉皱状、角砾状构造，稠密浸染和浸染构造，具有沉积韵律和微细层纹（图 6－13）。

矿石平均品位 Cu 1%、S 14.66%、Zn 1.69%、Au 0.49×10^{-6}、Ag 10.96×10^{-6}、Se 0.0026%、$BaSO_4$ 6.58%。

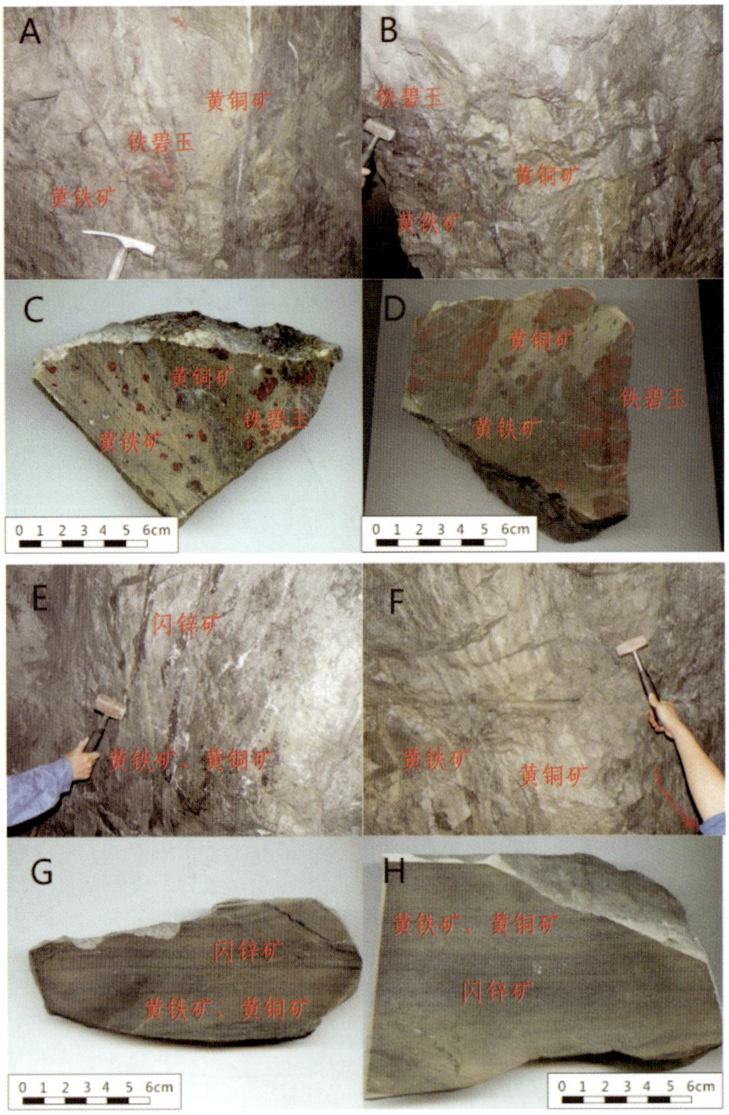

图 6-13　块状矿石、条带状矿石野外和光面照片

（据倪培，2012）

（A、B、C、D. 块状矿石；E、F、G、H. 条带状矿石）

6.2.1.4　矿化分带性和蚀变

矿石矿物和特征性矿物具垂直分带现象，自上而下，可以分为3个带（图6-14）：①重晶石-铁碧玉-黄铁矿-黄铜矿带，主要为条带状矿石，重晶石和铁碧玉较多，铁碧玉有时还可见鲕状结构，透镜状产出；②闪锌矿-重晶石-黄铁矿-黄铜矿带，均为条带状矿石，重晶石含量减少，闪锌矿条带状分布；③黄铜矿-黄铁矿-磁铁矿带，主要为块状矿石，有时可见少量的磁铁矿。

蚀变分布具不对称性，顶盘岩石蚀变轻微，为弱绿泥石化。底板岩石蚀变强烈，具筒状蚀变。在矿体中心部位，矿体下盘火山碎屑岩中发育次生石英岩化→黄铁矿、黄铜矿化筒状蚀变核，向外过渡为绢云母化→绿泥石化，远离中心则蚀变渐次减弱。

地球化学分带特征为：①主要成矿元素Cu、Zn、Au及高温元素Co、Ni的浓集中心与主矿体相吻合；②矿体上盘晕不发育，而底盘晕发育，负Na_2O晕在下盘呈漏斗状；③水平方向由中心到边部Co、Ni、Mo、Cu、Au→Zn、Pb、Ag→Ba、As、Sb、Hg递变，Cu/Zn渐次减少，与矿物分带一致。

6.2.1.5 成矿物化条件

(1)成矿温度:黄铁矿爆裂温度 200～300℃,与一般块状硫化物矿床一致。

(2)硫逸度(f_{S_2}):据矿床闪锌矿中 FeS 分子百分含量平均 1.8%,换算的硫逸度为－12。

(3)氧逸度(f_{O_2}):据矿床稳定矿物组合黄铜矿、黄铁矿、硬石膏和方铅矿,由图解换算得氧逸度为－43～－38。

(4)pH 值:在矿床中绢云母是稳定矿物,利用 $\lg f_{O_2}$ 和 $\lg f_{S_2}$ 近似值求得矿床形成时的 pH 值为 4.7～5.2,表明早期溶液为弱酸性。

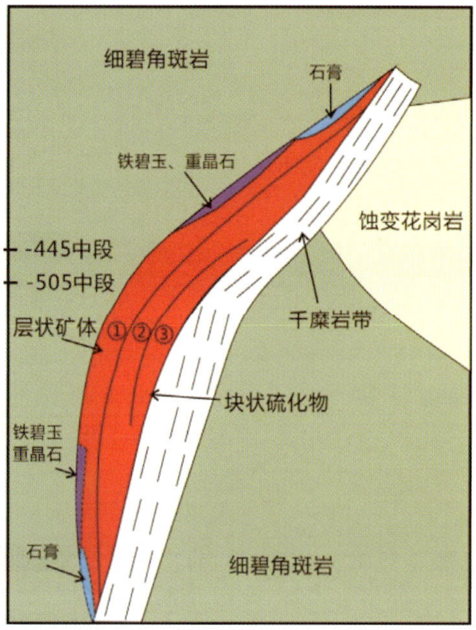

图 6－14　平水铜矿特征性矿物分带示意图
(据倪培,2012)
①重晶石-铁碧玉-黄铁矿-黄铜矿带;②闪锌矿-重晶石-黄铁矿-黄铜矿带;③黄铜矿-黄铁矿-磁铁矿带

6.2.1.6 成矿时代

矿床产于平水群第一旋回上部的细碧角斑岩系里,矿床的顶底板均为细碧角斑岩,同时,矿体呈层状或似层状产出,与细碧角斑岩的关系为整合关系,说明矿床与这套细碧角斑岩建造有着密切的关系,即平水铜矿的成矿地质体为这套细碧角斑岩系。

据倪培等(2012)测定,矿区赋矿围岩石英角斑岩 U－Pb 谐和年龄为 921±7Ma,细碧岩 U－Pb 谐和年龄为 911±16Ma;后期侵入的西裘石英闪长岩 U－Pb 谐和年龄为 909±7Ma,花岗岩 U－Pb 谐和年龄为 908±8Ma;块状矿石旁矿化石英脉 U－Pb 谐和年龄为 921Ma。李春海等(2010)对含硫化物石英脉中锆石进行了 LA－ICPMS U－Pb 精确测年,CL 图像和 Th/U 比值显示锆石多为岩浆成因,测年数据分为 5 组:988～981Ma、950±15Ma、926±13Ma、899±21Ma 和 120～93Ma。由此可见,西裘铜矿成矿作用与围岩-细碧角斑岩系同时形成,成矿年龄为 920Ma,后期受到白垩纪热事件影响。

6.2.1.7 矿床成因机理

1. 成矿物质来源

(1)成矿元素:据章邦桐、黄有年分别计算的主矿体与平水组第一旋回火山岩的 Cu、Pb、Zn 原子百分比分别为 0.43∶0.02∶0.55 及 0.39∶0.05∶0.56,二者十分接近;矿石中 Se 为(17～98)$\times10^{-6}$,平均 30$\times10^{-6}$,Ni 为 10$\times10^{-6}$(痕量),Co 平均大于 10$\times10^{-6}$,Co/Ni>1(王执钧,1981),表明成矿与火山岩浆活动有关,矿源来自深部,由火山作用携带至近海底(据包裹体形成的压力,计算的成矿深度为 1.74～3.33km)。

(2)硫同位素:矿石中黄铁矿、黄铜矿 $\delta^{34}S$ 为－6.23‰～3.35‰,离差 9.58‰,平均－0.38‰,变化范围较小;考虑到矿石中有生物残骸交代成因的文石存在,故推测是由于火山气液的幔源硫与生物还原硫混合所致。西裘铜矿 $\delta^{34}S$ 主体上与世界上其他块状硫化物矿床硫同位素基本一致(图 6－15)。

(3)铅同位素:黄铁矿、黄铜矿的铅同位素属正常铅,矿石铅源属幔源岩浆铅,与晋宁期岛弧火山作用有关。

(4)氧同位素:脉石石英、碧玉 $\delta^{18}O$ 为 7.82‰～9.51‰,为热液石英,与平水组火山岩同属幔源。

(5)成矿介质来源:经测定重晶石中 SO_3 的 $\delta^{34}S$ 为 17.8‰,$\delta^{18}O$ 为 19.43‰,与由海水和岩浆水混合而成的热卤水中硫酸盐 $\delta^{18}O$=12‰～23‰(古雷里,1967)值相当,$\delta^{34}S$ 也较海水为低(寒武纪海水 $\delta^{34}S$ 为±40‰)说明重晶石的硫酸根不是直接来自海水。脉石方解石 CO_3^{2-} 的碳、氧同位素,$\delta^{13}C$ 为－1.8‰～

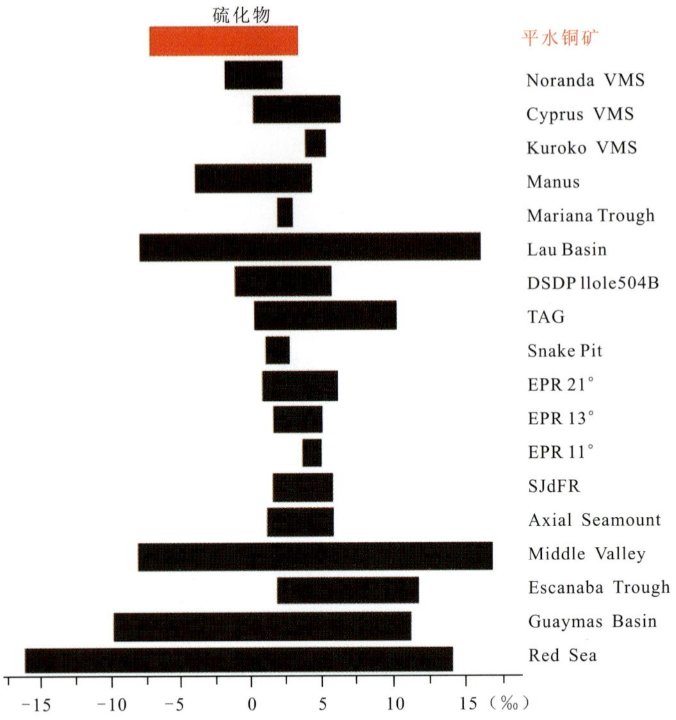

图 6-15 块状硫化物矿床硫同位素分布图

2.27‰,与海水相碳酸盐 $\delta^{13}C$(−3‰~2‰)相当,$\delta^{18}O$(PDB)为−26.05‰~−23.12‰,说明矿石中 CO_3^{2-} 主要来自海水,但受火山热液碳混合。

上述证据说明西裘铜矿是海底火山喷发-沉积矿床,即以火山岩为赋矿岩石的块状硫化物矿床(VHMS 型)。

2. 成矿模式

西裘铜矿床成矿作用过程和成矿模式如图 6-16、图 6-17 所示。

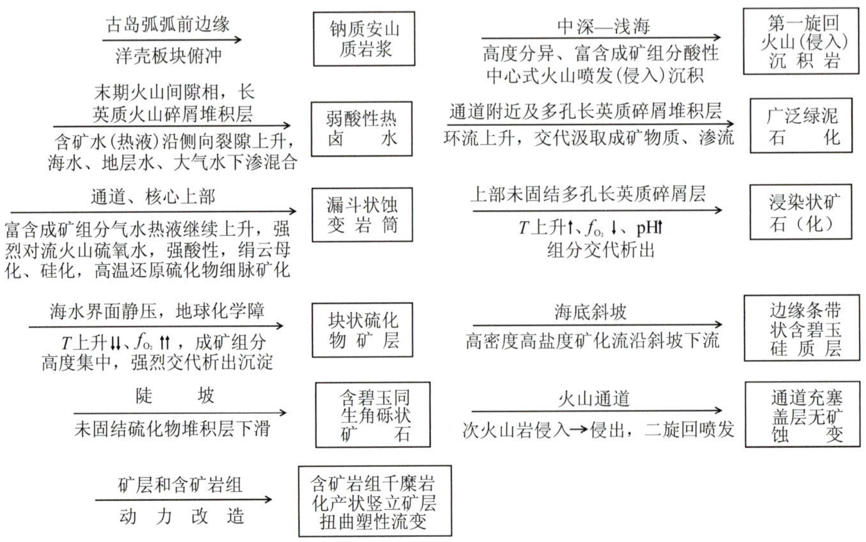

图 6-16 西裘铜矿床成矿作用过程图

(据黄有年,1992)

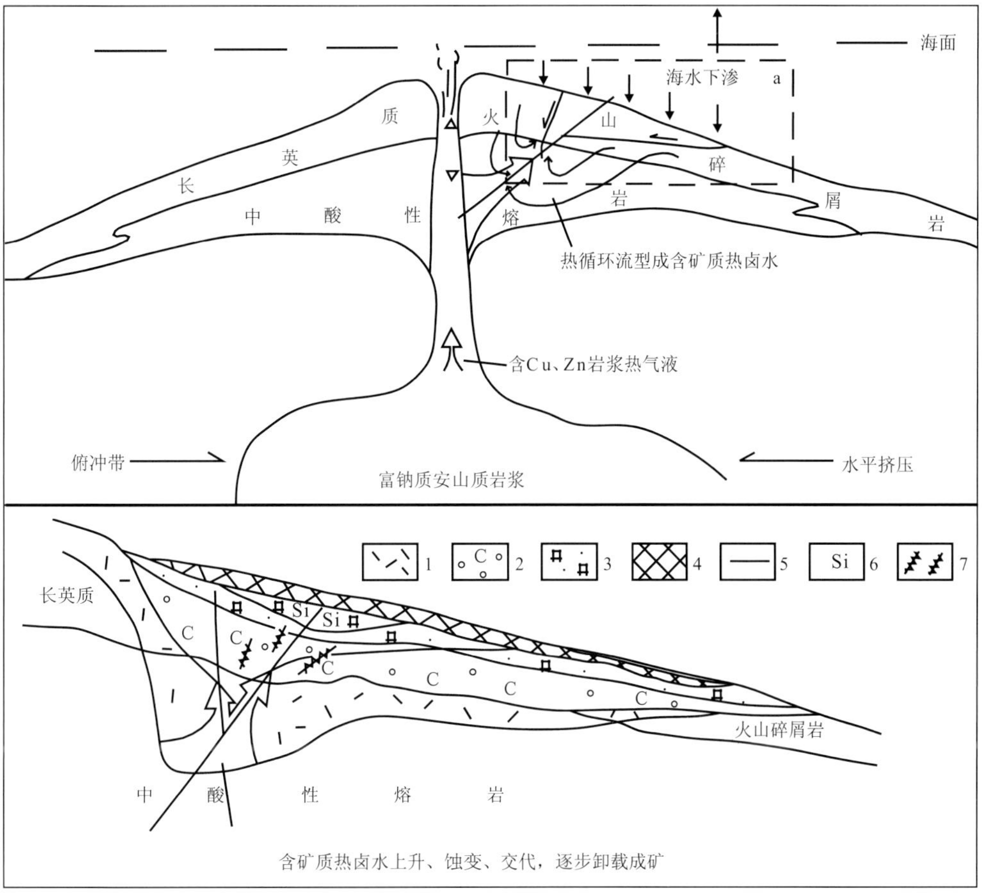

图 6-17　西裘铜矿成矿模式图

(据黄有年,1992)

1. 绿泥石化带;2. 绢云母石英岩化带;3. 浸染状铜、硫(锌)矿体;4. 块状锌铜(钡)矿体;5. 纹层状、碧玉(同生角砾状)矿石;6. 次生石英岩化;7. 细脉状矿化;下图为 a 部分放大

6.2.1.8　找矿模型

(1)矿床产于诸暨-常山中元古代岛弧成矿环境,矿床定位在重力梯度密集带和正负磁场结合部位。出现与火山岩同源异相的次火山,可能指示古成矿的火山中心存在。

(2)矿体赋存在富含 Cu、Zn、Au 的富钠质中基性—中酸性火山岩组合中。

(3)发育 Cu、Pb、Zn、Ag、Au、Ba、As、Hg、Sb 等地球化学晕。矿体原生晕上盘较弱,分布范围窄,下盘晕发育,分布范围宽。

(4)矿体和含矿层具有高极化激发率(6%～10%),低至中等电阻率,自然电场异常明显。

(5)地表具有铁帽、铁染和浅色蚀变带,蚀变带并向底盘作漏斗状延展。

6.2.2　萧山岩山含铜金明矾石黄铁矿矿床

萧山岩山含铜金明矾石黄铁矿矿床产于常山-诸暨中元古代岛弧成矿环境。

中元古界双溪坞群组成走向 NE65°,向北东东倾伏的背斜,由核部向两翼依次出露北坞组、岩山组和章村组。北坞组为片理化英安质玻屑凝灰岩,章村组为片理化流纹英安质晶屑熔结凝灰岩。处于中

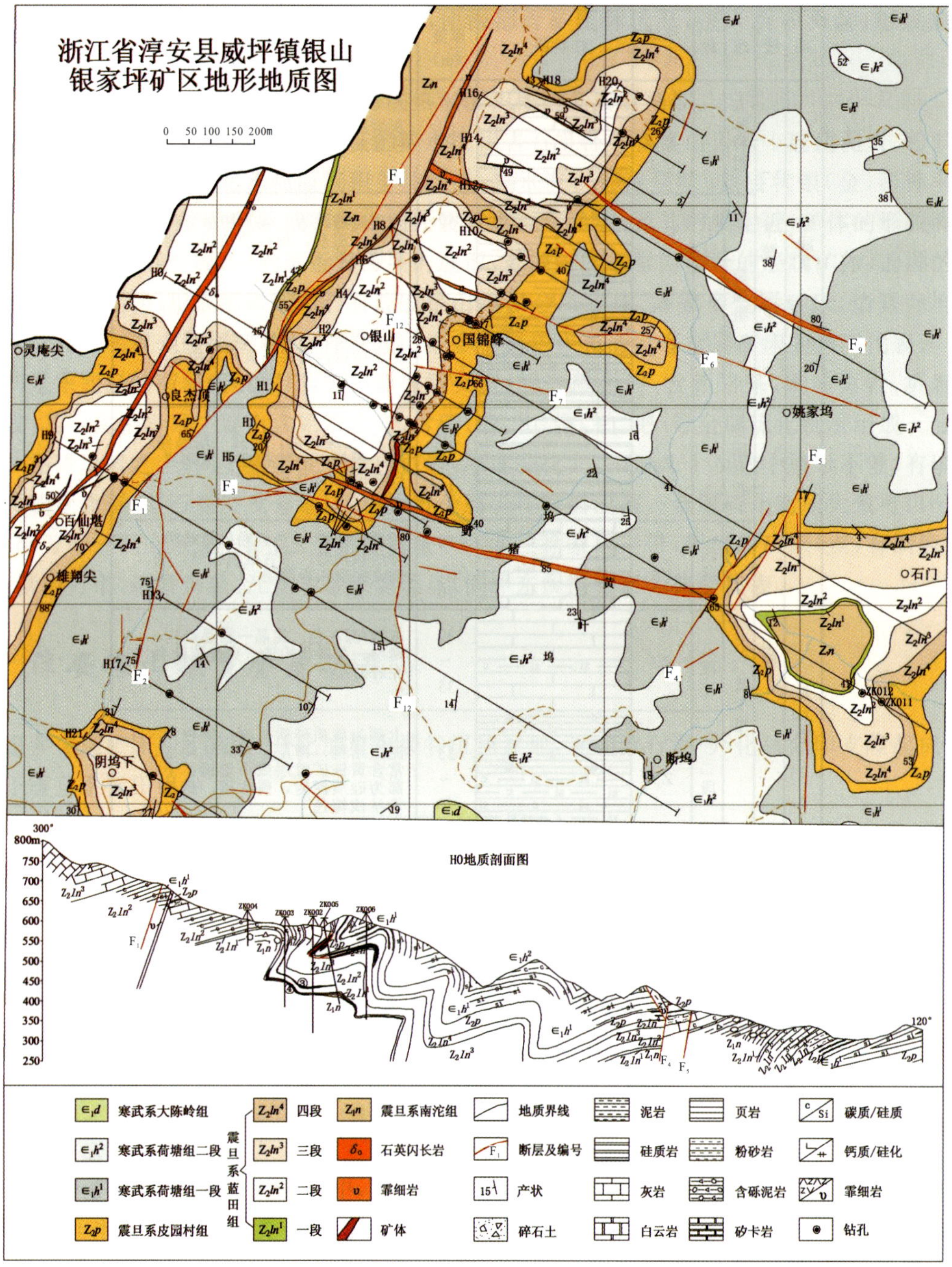

图 6 - 22　银山矿区地质图
（据浙江省第一地质大队资料，2013 修编）

矿石矿物种类主要有方铅矿、闪锌矿、磁黄铁矿、黄铜矿、黄铁矿、毒砂等，偶见锡石、白钨矿等；脉石矿物主要有透辉石、绿泥石、绿帘石、石英、方解石等。矿石构造以条带状为常见（图 6 - 23），条带由硫化物（黄铁矿、闪锌矿）、热水沉积的灰白色硅质白云岩和背景沉积的灰黑色钙质泥岩组成，是典型的热水喷溢沉积条纹，另有网脉状、浸染状和团块状构造。矿石结构以它形粒状、自形粒状、半自形不等粒结构和团粒状结构为主，另外少部分交代结构以及环带结构也比较发育。

闪锌矿是该矿床的主要金属矿物，多呈棕褐色，偶尔可见少量呈棕红色，粒径一般在 0.01～10mm 之间，变化范围广，多呈半自形或它形粒状结构。以条带状产出为主，也可见少量呈浸染状和细脉状产出。根据电子探针分析结果，其 Fe 含量在 3.68%～8.34%之间，平均 5.86%；方铅矿主要呈浸染状和细脉状产出，Ag 含量普遍较高，最高能达 2.77%；黄铜矿含量较少，在矿体中分布不均匀，呈浸染状和少量细脉状分布，粒径较大，呈它形粒状结构，和方铅矿、闪锌矿、黄铁矿等紧密共生，黄铜矿中含有少量 Ag，最高能达到 0.3%，平均 0.17%；矿石中的黄铁矿多呈它形中细粒集合体，常与其他硫化物矿物伴生，近矿围岩中黄铁矿多呈中粗粒半自形-自形晶体呈浸染状嵌布于脉石矿物中，其晶形以立方体为主，粒径较大，也有呈细脉状或者团块状产出，此种黄铁矿常呈细粒结构，粒度较细。

矿石镜下鉴定未发现银的独立矿物，电子探针分析结果表明，银主要赋存于方铅矿和黄铜矿中，闪锌矿、黄铁矿、磁黄铁矿以及毒砂中基本不含或含极少量银。矿石的化学分析表明，铅含量较高的矿石，银含量也明显偏高，银铅成明显的正相关关系，推测银主要以类质同象形式赋存于方铅矿中。

矿体两侧围岩遭受了不同程度的蚀变，主要蚀变类型有矽卡岩化、硅化、绿泥石化、绢云母化等，其中矽卡岩化和硅化最为发育，且与矿化密切相关。

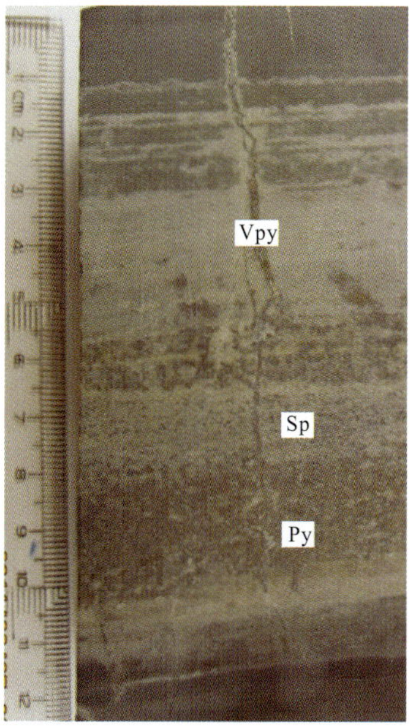

图 6-23　条带状矿石

Py. 黄铁矿；Sp. 闪锌矿；V_{py}. 石英黄铁矿细脉

6.3.1.3　矿床地球化学特征

2000 年浙江省地球物理地球化学勘查院开展了矿区 1∶1 万土壤地球化学测量，发现矿区 Ag、Pb、Zn、Cu、Bi 等元素异常发育，各元素异常中心套合较好，且异常分布与蓝田组出露范围一致，证实 Ag、Pb、Zn、Cu、Bi 等土壤异常是有效的地球化学找矿标志。

ZK2102 孔剖面揭示了矿区完整的蓝田组和皮园村组地层，通过系统采样，定量分析了蓝田组和皮园村组常量元素及微量元素含量。

1. 常量元素

皮园村组硅质岩 SiO_2 含量 90.12%～95.96%，并以相对富 CaO、MgO，贫 Al_2O_3 为特点。据 Adachi et al. 的研究，Fe、Mn、Al 等主要元素对于区分热水与非热水沉积具有重要意义，沉积物中 Fe、Mn 的富集主要与热水的参与有关，而 Al 的富集则与陆源物质的介入有关。Bostrom et al. 认为海相沉积岩的 Al/(Al+Fe+Mn)比值是衡量沉积物中热水沉积物含量多少的标志。Adachi et al. 研究热水沉积的硅质岩样品时指出，Al/(Al+Fe+Mn)比值由纯热水的 0.01 到远海生物沉积的 0.60，并编绘了热水沉积与非热水的 Al-Fe-Mn 三角图解。矿区皮园村组硅质岩在 Al-Fe-Mn 三角图解投影点均位于热水硅质岩区（图 6-24），说明矿区皮园村组硅质岩主要是热水沉积作用的产物。

蓝田组以相对富 SiO_2、Al_2O_3、CaO、MgO 和 TiO_2 为特征，从底部到顶部 SiO_2、Al_2O_3、MnO、TiO_2 变化成正相关，并表现出明显的 3 个高含量段（图 6-25、图 6-26）。Bostrom(1983)提出海底热液沉积物与水成沉积物的元素组成在 Fe-Mn-(Co+Ni+Cu)×10 三角图解中有各自明显的集中区，在 Fe-Mn-(Co+Ni+Cu)×10 三角图解中（图 6-27），矿区皮园村组和蓝田组岩石全部落在现代海水热水沉积物分布区（蓝田组有一个样品落在靠近热水沉积物分布区位置），说明矿区皮园村组和蓝田组主要是热水沉积成因。从蓝田组底部到顶部 SiO_2、Al_2O_3、MnO、TiO_2 变化成正相关，并表现出明显的 3 个高含量段分析，蓝田组沉积期间有 3 个高峰热水沉积阶段。

2. 成矿元素与微量元素

表 6-10 是矿区蓝田组成矿元素与微量元素结果。从表中可以看出，银山矿区蓝田组 Cu、Pb、Zn、As、Co、Ni、Ga、Sb、Bi、B 等比皖南和浙西地区蓝田组平均值高，富集系数 2.8～32。

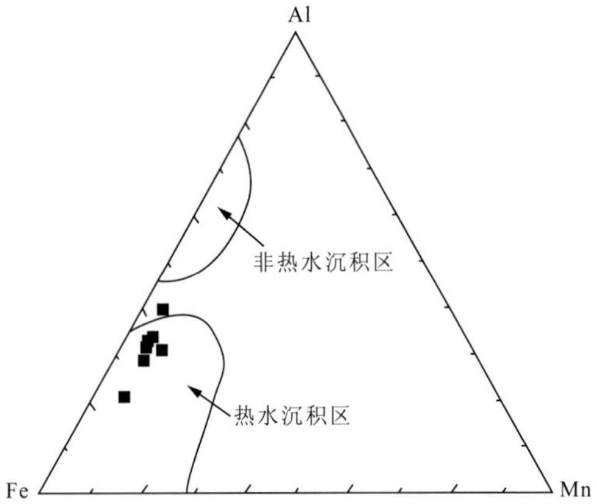

图 6-24　皮园村组硅质岩 Al-Fe-Mn 图解

(图解据 Adachi et al.,1986)

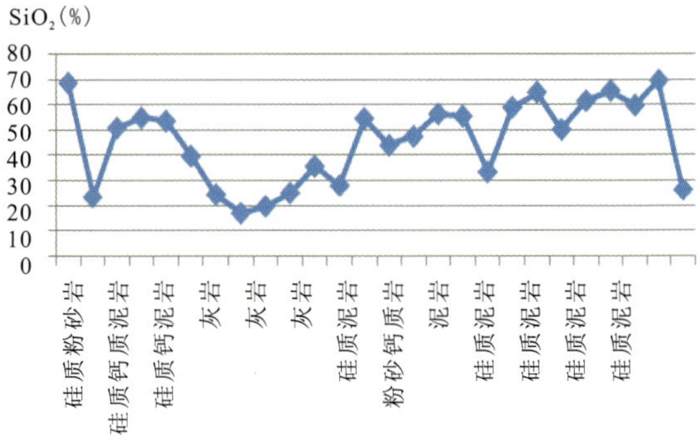

图 6-25　蓝田组 SiO_2 含量变化图

(左为顶部,右为底部)

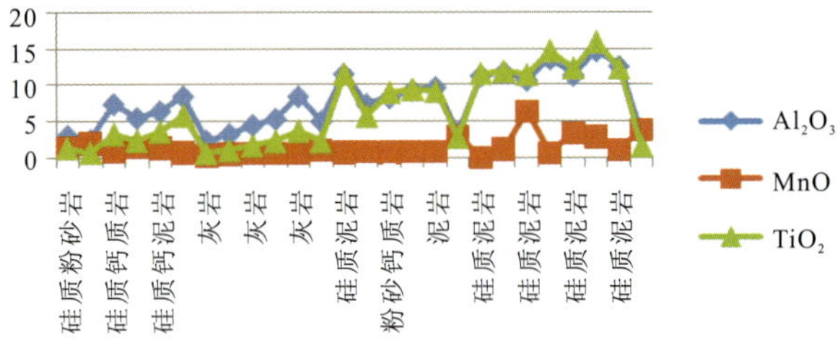

图 6-26　蓝田组 Al_2O_3、MnO、TiO_2 变化曲线图

(左顶右底,MnO 和 TiO_2 单位为 10^{-3},Al_2O_3 单位为 10^{-2})

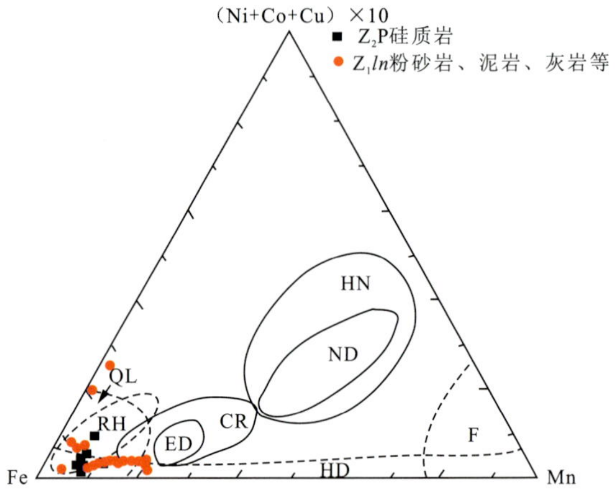

图 6-27　不同成因沉积物(岩)的 Fe-Mn-(Co+Ni+Cu)×10 三角图解

(据 Crerar et al.,1982;底图引自刘家军,1996)

HN. 正常水成沉积物区;ND. 水成结核;HD. 热水沉积物;CR. 热水铁锰壳沉积物;ED. 东太平洋中脊沉积物;RH. 红海热水沉积物;F. Franciscan 热水沉积硅质岩区;QL. 秦岭泥盆系铅锌矿热水沉积岩区

表 6-10　蓝田组成矿元素与微量元素　　(单位:10^{-6})

样品名称	样品数(个)	Cu	Pb	Zn	As	Co	Ni	Ga	Sb	Bi	B	资料来源
矿区蓝田组	26	109.1	171.9	231.2	115.5	15.7	67.7	14.1	6.1	3.2	39.8	本文
皖南蓝田组	9	56	24	154	38	11	54		2.2			李双应,2001
浙西蓝田组		15.6	15.3	23.1	3.19	5.4	10.6	3.8		0.1	16	浙江物探院

As、B、Sb 是热水含金属沉积物的特征元素,Marchig(1982)指出,As 是区别热水含金属沉积物、远洋沉积物和成岩含金属沉积物很好的标志。热水含金属沉积物中 As 的含量约在 100×10^{-6} 以上,而后两者仅为 10×10^{-6},银山矿区 As 的平均含量 115.5×10^{-6},因此银山矿区蓝田组 As 可以与热水含金属沉积物对比。

银山矿区蓝田组中 Ag 与 As 存在良好的正相关关系，李双应(1982)研究皖南地区蓝田组中银多金属矿床时也发现 Ag 与 As 有一定的正相关关系。Fouquet et al.(1991)在研究 Lau 弧后盆地热水沉积时指出，Lau 弧后盆地热水沉积物是富 Ag 的，而且 Ag 与 As 成正比，表明银山矿区可能存在类似于 Lau 弧后盆地的热水沉积。

深海沉积物(钙-硅质带)中 Sb 含量$(2.8\pm0.8)\times10^{-6}$，成岩含金属沉积物中 Sb 含量$(2.1\pm0.2)\times10^{-6}$，东太平洋脊的热水含金属沉积物中 Sb 含量$(2.5\pm0.9)\times10^{-6}$，红海含金属沉积物中 Sb 含量$(7\pm4)\times10^{-6}$(Marchig，1982)，银山矿区蓝田组 Sb 平均含量 6.1×10^{-6}，与红海含金属沉积物类似。

图 6－28 是银山矿区蓝田组从底部到顶部 Pb、Zn、Cu、As、B 含量变化曲线，图中可以看出，Pb、Zn、Cu、As、B 具有良好的正相关性，从下至上有 3 个高含量分布段，与 SiO_2、Al_2O_3、MnO、TiO_2 变化曲线一致，佐证了蓝田组沉积期间有 3 个高峰热水沉积阶段。

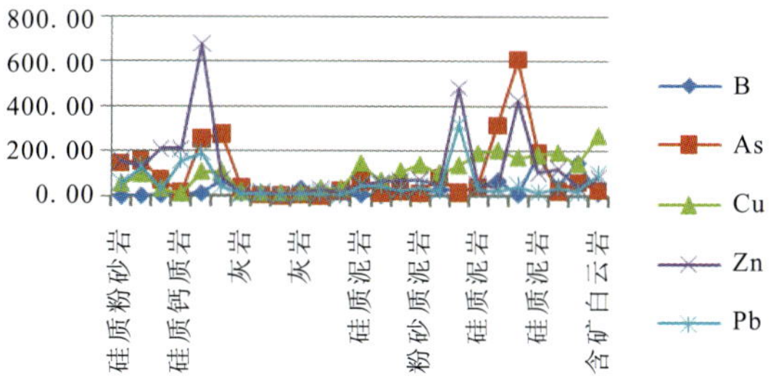

图 6－28　银山矿区蓝田组 Pb、Zn、Cu、As、B 含量变化曲线图

(左顶右底，单位 10^{-6})

3. 稀土元素

稀土元素含量特征及 δCe、δEu、LREE/HREE 比值是区分热水沉积和非热水沉积的重要标志。Shimizu et al.(1977)研究了热水成因与非热水成因硅质岩的 Ce 含量，发现热水成因硅质岩的 Ce 为负异常，δCe 平均值为 0.29，非热水沉积硅质岩的 Ce 为正异常，δCe 平均值为 1.2。徐跃通(1996)研究浙江西裘晚元古代层状热水沉积硅质岩时，获得的稀土总量为 10.28×10^{-6}，δCe 为 0.59。Marchig et al.(1982)研究指出，热水含金属沉积物具有低的稀土总量和明显的 Ce 负异常。

皮园村组硅质岩稀土总量(表 6－11)为 13.07×10^{-6}，稀土总量低，LREE/HREE 为 3.17，轻稀土相对富集，δEu 为 0.74，δCe 为 0.37。蓝田组稀土总量 160.49×10^{-6}，LREE/HREE 为 6.09，轻稀土相对富集，δEu 为 0.94，δCe 为 0.36，显示矿区皮园村组和蓝田组为较典型的热水沉积成因。

表 6－11　银山矿区地层稀土元素含量　　(单位：10^{-6})

<table>
<tr><td>地层</td><td>样品数(个)</td><td>La</td><td>Ce</td><td>Pr</td><td>Nd</td><td>Sm</td><td>Eu</td><td>Gd</td><td>Tb</td><td>Dy</td><td>Ho</td><td>Er</td><td>Tm</td><td>Yb</td><td>Lu</td></tr>
<tr><td>皮园村组</td><td>8</td><td>1.89</td><td>3.56</td><td>0.6</td><td>3.09</td><td>0.73</td><td>0.13</td><td>0.79</td><td>0.13</td><td>0.8</td><td>0.18</td><td>0.53</td><td>0.07</td><td>0.5</td><td>0.08</td></tr>
<tr><td>蓝田组</td><td>23</td><td>195.78</td><td>31.93</td><td>52.5</td><td>7.81</td><td>35.52</td><td>7.24</td><td>1.55</td><td>6.96</td><td>1.04</td><td>6.14</td><td>1.26</td><td>3.85</td><td>0.53</td><td>3.59</td></tr>
<tr><td colspan="2">计算指标</td><td colspan="3">ΣREE</td><td colspan="3">LREE/HREE</td><td colspan="3">δEu</td><td colspan="3">δCe</td><td colspan="2">测试单位</td></tr>
<tr><td colspan="2">皮园村组</td><td colspan="3">13.07</td><td colspan="3">3.17</td><td colspan="3">0.74</td><td colspan="3">0.37</td><td colspan="2" rowspan="2">浙江省地质中心实验室</td></tr>
<tr><td colspan="2">蓝田组</td><td colspan="3">160.49</td><td colspan="3">6.09</td><td colspan="3">0.94</td><td colspan="3">0.36</td></tr>
</table>

在北美页岩标准化 REE 分布模式图上，热水沉积岩的 REE 配分曲线均表现出不同程度的向左倾斜，倾斜程度越高，热水沉积岩中热水沉积物的比例就越大。矿区皮园村组和蓝田组在经北美页岩标准化 REE 分布模式图上(图 6－29、图 6－30)显示出略向左倾斜的曲线，Ce 负异常明显，反映了矿区赋矿地层具备热水沉积物稀土配分的基本特征。

6.3.1.4　矿床成因

岩石化学和微量元素特征及稀土配分模式证明，银山矿区出露的皮园村组和蓝田组是热水沉积为

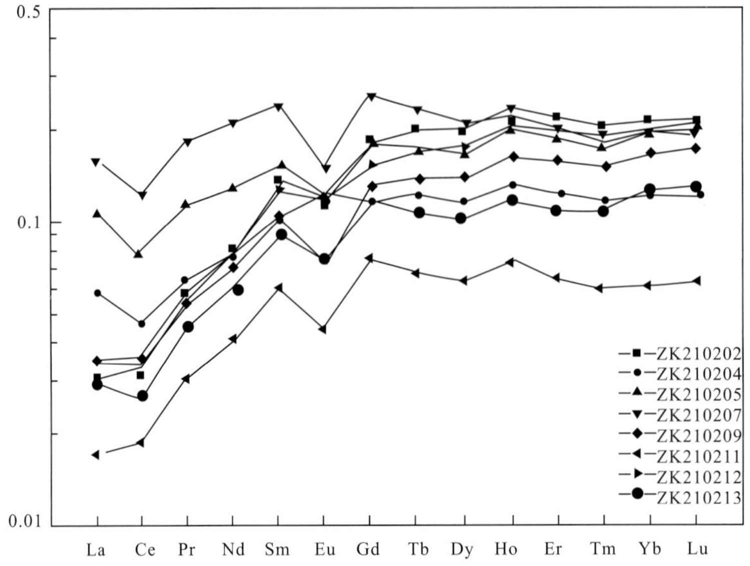

图 6-29　皮园村组经北美页岩标准化 REE 分布模式图

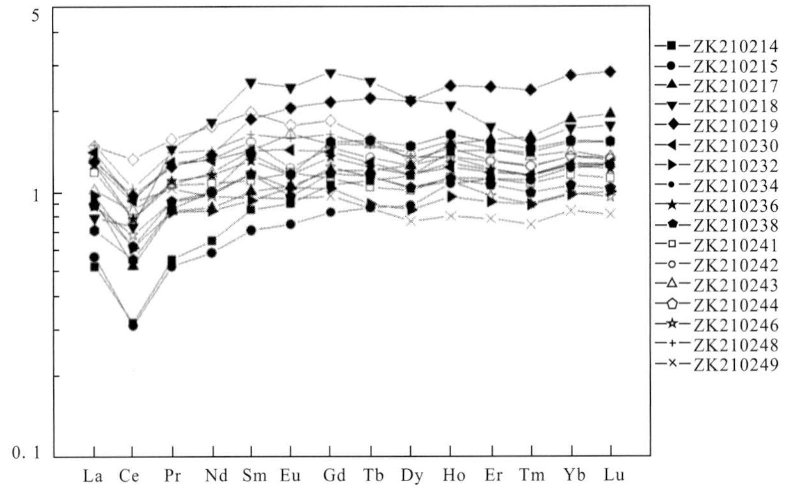

图 6-30　蓝田组经北美页岩标准化 REE 分布模式图

主的一套碎屑岩、硅质岩和碳酸盐岩组合；蓝田组沉积期间发育 3 个热水沉积高峰阶段，相应出现 3 个 Ag、Pb、Zn、Cu 等富集层位；银铅锌多金属矿体均产于蓝田组内，矿体基本形态呈层状、似层状，随地层和褶皱的形态变化而变化，主矿体赋存于银山倒转背斜倒转翼紧闭向斜转折端部位，矿体呈鞍状；矿石矿物成分简单，矿石构造常见热水喷溢沉积条纹构造，据此推断，银山银多金属矿床应该属以热水沉积成因为主，后期受构造叠加改造富集的热水沉积改造型矿床。

6.3.1.5　找矿模型

银山式热水沉积改造型矿床形成于加里东开化-临安裂谷沉积盆地中，在浙西和皖南地区成矿作用主要发生在蓝田组沉积期间，矿体赋存于蓝田组中，蓝田组是寻找本类矿床的主要层位。

热水沉积作用受断裂控制明显，皖南地区呈北东向展布的祁门-三阳坑-万家桥深大断裂及其羽状断裂控制着铁锰矿床和银铅锌多金属矿床呈带状分布，浙西地区北东向马金-乌镇和萧山-球川区域断裂控制着震旦纪地层空间分布格局，区域断裂带及其两侧蓝田组是主要的成矿地段。

成矿地段的蓝田组应具有热水沉积作用的特征岩石组合——含锰白云岩＋硅质泥岩、粉砂岩＋含硅白云质灰岩，岩石一般发育热水喷溢沉积条纹构造。

矿区 Ag、Pb、Zn、Cu、Bi、B、Ba 等元素异常发育，各元素异常中心套合较好，且异常分布与含矿地层（蓝田组）出露范围一致；矿化分带现象较明显，从热水上升的喷流中心向外可依次出现 Cu→Ag→Pb→Zn→Mn→Fe，据此可以查证热水活动发生的中心及所波及的范围，识别出潜在矿床周围存在的地球化学晕和矿化中心带，由此发现矿床的位置所在。

大量勘查资料表明，热水沉积改造型矿床，其矿体的形貌和结构特征取决于距热液通道系统（喷口）的远近及海底的地形，远源矿床通常为整合的层状矿体，近源的矿床具有“上层下脉”双层结构，如加拿大 Sullivan、Tom、Jason 矿床；德国 Ammelsberg 矿床，我国湖南沃溪 W－Sb－Au 矿床。因此，本区寻找银山式矿床也应注意热水通道系统附近的脉状或网脉状矿体。

6.3.2　桐庐东溪镍钼矿床

桐庐东溪镍钼矿床产于开化－临安加里东陆内裂陷沉积盆地，矿体赋存于寒武系荷塘组。

6.3.2.1　成矿地质背景

含量矿地层为荷塘组，由一套硅质页岩、粉砂质页岩、含钼岩系、碳质页岩、页岩夹灰岩透镜体组成，矿层产于下寒武统荷塘组下部。含钼岩系主要由含钼磷块岩、含磷、镍、钼、铂、钯等金属硫化物层组成，金属硫化物层为主要含钼层（图 6－31），长近 2500m，厚 0.18～0.28m，最厚达 0.6m，最薄为 0.13m，平均厚为 0.23m。

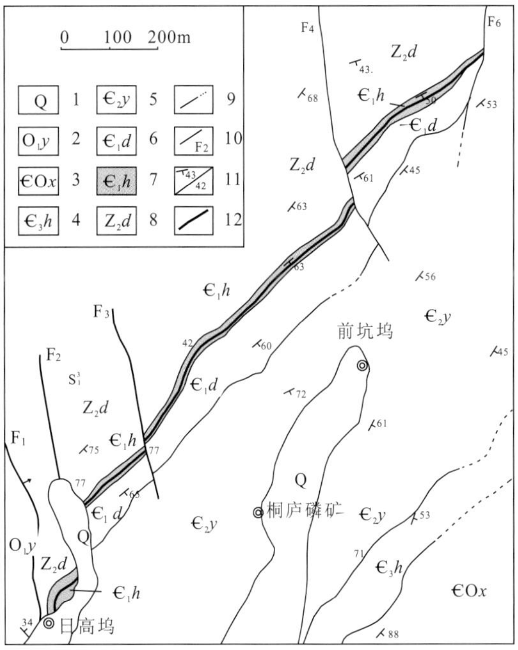

图 6－31　桐庐东溪矿区地质略图

1. 第四系；2. 印渚埠组；3. 西阳山组；4. 华严寺组；5. 杨柳岗组；6. 大陈岭组；7. 荷塘组；8. 灯影组；9. 实测、推测地质界线；10. 断层及编号；11. 地层产状及倒转产状；12. 含钼金属层

6.3.2.2　矿物组分和结构构造

金属矿物主要有镍黄铁矿、β－针硫镍矿、砷二硫镍矿、辉钼矿，以及少量的辉砷镍矿、砷黝铜矿、闪锌矿、方铅矿、淡砷铜矿、锐钛矿等。脉石矿物有石英及玉髓等。

矿石具结核状、胶状、鲕状、草莓状、环带状构造，条纹结构。

矿石含 Ni 0.10%～0.98%，Mo 0.07%～1.4%，U 0.008%～0.044%，Pt 0.13×10^{-6}，Pd 0.11×10^{-6}，Tl 0.028%，Se 0.0768%。

经物相研究，镍矿物以砷二硫镍矿和辉砷镍矿为主，次要的为含镍黄铁矿、β－针硫镍矿，它们普遍保有胶状结构，在金属层中呈条带集合体、胶状细晶集合体或星散状。

钼主要与碳、硫、黏土一起呈胶状集合体，以硫化钼为主，有时在热变质作用下可形成辉钼矿。Ni、Mo 常常相伴依存，两者成正相关关系；Ni、Mo、Pt 地表品位较之深部为低，尤其 Ni、Mo 更显著。

6.3.2.3　矿层土壤化探异常

矿层 Sb、P、Ni、Mo、Cu、Pb、Ag、Sn 异常明显，峰值与矿层对应好，V、Zn 异常范围大，峰值与矿层对应较差（图 6－32）。

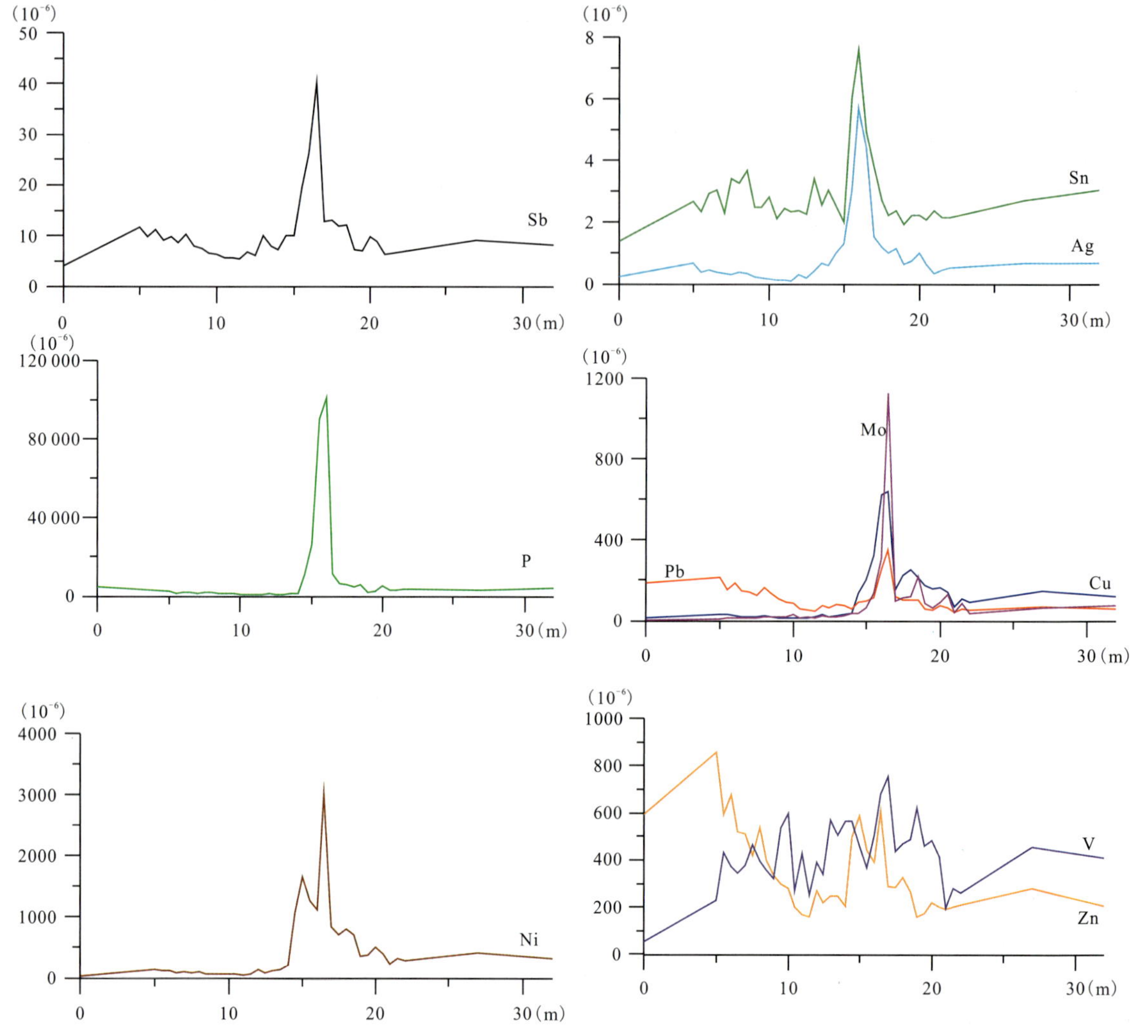

图 6－32 矿层土壤化探异常图

6.3.2.4 矿床成因类型及找矿模型

矿区荷塘组 Th/U 在 0.09～0.59 之间，显示为明显的缺氧环境；V/Sc 比变化于 10.3～140.6 之间，V、Sc 的相关系数为 0. 57，具有明显的正相关关系；V/(V ＋ Ni)比值，接近或大于 0.7，指示晚早寒武世原始沉积环境为缺氧环境。

含矿层 Sb 含量大于 10×10^{-6}，远高于深海沉积物$(2.8\pm0.8)\times10^{-6}$，δCe 为负值，显示含矿层为热水沉积特征。因此矿床可能是缺氧环境中热水沉积型矿床。

(1)矿床产于开化-临安加里东陆内裂陷沉积盆地缺氧环境，矿层赋存在荷塘组底部含薄层磷块岩建造中。

(2)Sb、P、Ni、Mo、Cu、Pb、Ag、Sn 异常明显，峰值与矿层对应好。

6.4 加里东期区域动力变质(韧性剪切)型金矿床

加里东运动对江绍拼接带进行了强烈的韧性再造，沿拼接带形成区域性北东向韧性剪切带，韧性剪切带中糜棱岩原岩主要为晋宁期石英闪长岩和双溪坞群细碧角斑岩，卷入少量陈蔡群变质岩。晋宁期石英闪长岩和双溪坞群细碧角斑岩是区内富金建造，韧性剪切过程中金迁移富集，形成韧性剪切型金矿。加里东期韧性剪切带型金矿是浙江重要的金矿类型，空间上主要分布在绍兴中岙-诸暨璜山加里东动力变质成矿环境。

赋矿剪切带一般宽 1～3m，最宽可达 20m；长数十米至 1km 以上，分布在主干构造带的北西侧，可分为 3 组，第一组平行主构造带（走向 NE40°～60°），长度较大，倾向南东，缓倾至中等，相当于主剪切面，产有代表性矿床——璜山金矿；第二组走向北西，倾向北东（20°～50°），或倾向南西（210°～230°），倾角缓至陡，相当于斜交共轭的剪切面，此类金矿有庙下畈、新塘矿床，庙下畈矿床处于北东向与北西向赋矿剪切带收敛复合地段；第三组为近南北走向，倾向东西向（260°～290°），倾角 60°～70°，大致相当于张性面，以桐树林矿点为代表。

赋矿剪切带中的千糜岩带经后期脆性变形和蚀变，呈蚀变角砾岩化碎裂岩带或蚀变构造破碎带。

已知与韧性剪切带相关的小型金矿床、矿点、矿化点约有 68 处，包含近 300 条矿脉、矿化脉（图 6－33）。其中金储量在 1t 以上的有 4 处，其他探明少量储量的有 6 处，累计已探明在 9t 左右。据各矿床矿石类型的特点，可划分为蚀变破碎带型金矿床、黄铁矿石英脉型金矿床、硅化千糜岩型金矿床 3 类。

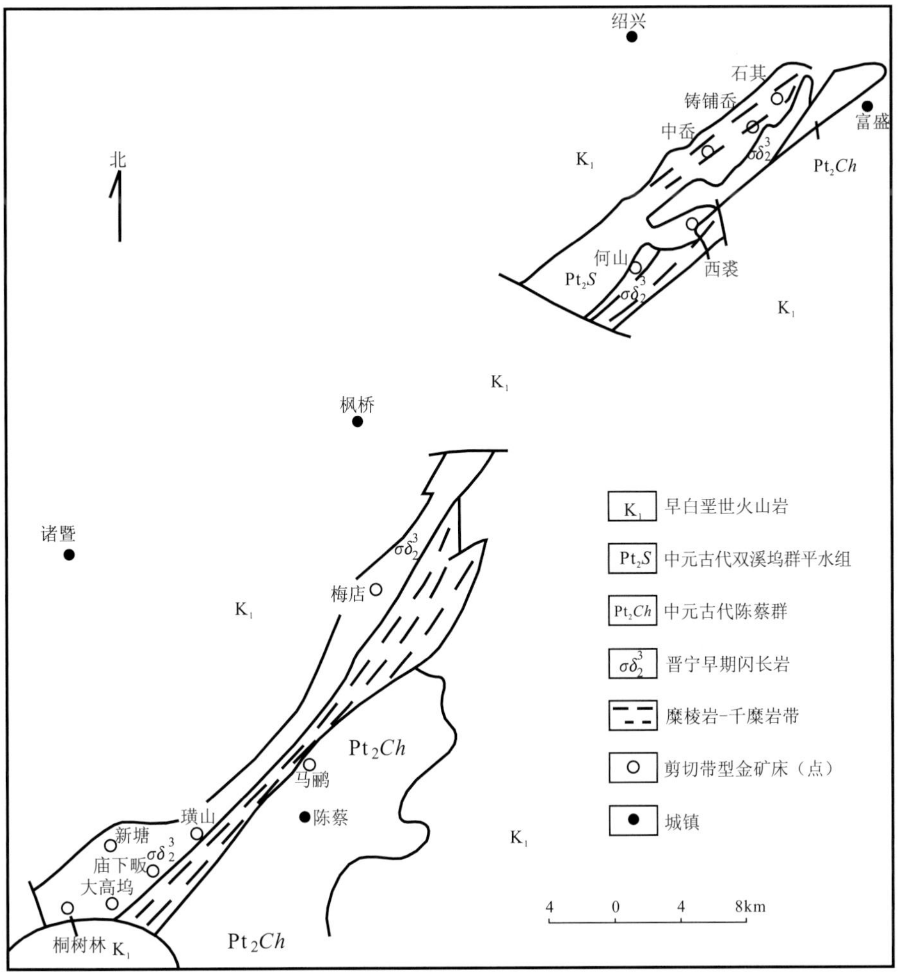

图 6－33　绍兴中岙-诸暨璜山加里东动力变质成矿环境金矿床(点)分布图

黄铁矿石英脉型金矿床以璜山金矿为代表。石英脉壁界线清楚、平直或呈折线、楔形，呈现充填成因的形态特点，同时普遍经受碎裂和角砾化。一条矿体往往由几段石英脉构成，石英脉体首尾侧现（中岙、璜山）或有无矿间断（庙下畈），矿体呈断续串珠状。部分矿床含金石英脉延深大于走向长度，与走向滑移的构造性质有关。含金石英脉一般矿石矿物占矿物总量的5%～20%，其中黄铁矿占95%～99%，金矿物以自然金、含银自然金、银金矿、金银矿为主，多数矿床出现碲金矿是一特点。自然金成色高，Au/Ag≥1。偶尔有毒砂、黝铜矿出现。未见其他砷、锑矿物或硫盐矿物。矿石常见晶粒结构、交代结构外，碎裂结构，角砾化构造亦是常见的矿石构造。说明无论是石英脉形成过程，或是含金硫化物成矿过程，都处在构造脆性变形的脉动条件下。

硅化千糜岩型金矿床以绍兴石其、铸铺岙为代表。千糜岩经轻微硅化，金属硫化物呈微细浸染状分布，总含量在5%以内。千糜岩由石英、绢云母组成，石英呈玉髓状微粒结构，粒度一般小于0.1mm，沿片理走向排列，具波状消光，常具压碎结构。矿石微细孔隙发育，黏土矿物极少。含金矿物粒径绝大部小于0.02mm，呈微细-次显微状嵌布于石英和绢云母间的孔隙中，部分次显微状金与微细黄铁矿有关。矿石矿物组分与石英脉型亚类无大差别，含金硅化千糜岩与未矿化的千糜岩无明显界线或以构造面相间隔。蚀变种类也相对简单，即硅化和绢云母化。此类金矿床可能相当于剪切带金矿化早期演化阶段的产物。

蚀变破碎带型金矿床以马郦为代表。产于江山-绍兴断裂带南东侧1km，围岩为陈蔡群第二段下河图组，原岩由斜长片麻岩、斜长角闪岩、透镜状大理岩、石墨石英岩、浅粒岩等组成，形成北东走向的蚀变破碎带。矿化组分、蚀变类型与其他矿床（点）相类似，但韧性剪切作用相对较弱，代之以脆性阶段的构造破碎带。矿床的蚀变分带不十分显著，近矿浅色蚀变带发育在矿体的两侧，与千糜岩相一致，主要以绢云母化、绿泥石化、黄铁矿化为主，含Au可达670×10^{-9}。深色蚀变带则发育在浅色带外侧，以绿帘石化、绿泥石化、绢云母化、碳酸盐化为主，蚀变范围较为宽阔，含Au自100×10^{-9}逐步降至20×10^{-9}。

倪培等(2012)调查研究了西裘铜矿体底部韧性剪切型金矿体，测得含金石英脉的石英$^{87}Sr/^{86}Sr$初始值为$0.703\ 48\pm0.000\ 28$，获得Rb-Sr等时线年龄为506 ± 10Ma(MSDW=2.6)。陈好寿(1997)测得璜山金矿含金石英的包裹体流体Rb-Sr等时线年龄为396.9 ± 34.5Ma。中岙穿切金矿脉的闪长岩脉年龄为371Ma(郑人来，1989)，由此可见，本区剪切带型金矿主要成矿期在500～400Ma，即加里东晚期。

在庙下畈、马郦、大青山见到金矿体被岩脉切错，岩脉年龄值有223Ma、150Ma和123Ma不等。被后期岩脉切割改造的这些矿床（点）都有银、铅、锌增高的现象。可以推测，印支-燕山构造期间，由于江山-绍兴断裂带的继承性活动，乃至向西逆冲，可能受到构造热事件改造。

6.4.1 璜山金矿

以璜山金矿床为例，具体描述韧性剪切带金矿的地质地球化学特征和成矿模式与找矿模型。

6.4.1.1 成矿地质背景

矿床位于江绍拼接带北东段绍兴中岙-诸暨璜山加里东动力变质成矿环境。

江绍拼接带北东绍兴-诸暨段加里东期北东向走滑，韧性剪切，沿拼接带形成一条宽2～6km，长约60km以上的韧性剪切带，卷入韧性剪切的主体岩石为带中晋宁期石英闪长岩和新元古代双溪坞群海相火山岩，少量陈蔡群变质岩。印支-燕山期构造抬升，多期弹塑性及脆性形变叠加，同时经历岩浆热事件，热液交代作用广泛发育。

璜山石英闪长岩岩体，沿江绍拼接带呈带状分布，长约28km，宽1～4km，面积大于$30km^2$。岩体北西侧与上侏罗统火山岩系呈断层接触；南东侧与中元古界陈蔡群变质岩的关系因韧性剪切作用而变得模糊不清。岩体的主要岩性为石英闪长岩，局部过渡为闪长岩，岩体中有较多的残留体存在，其成分有细粒暗色闪长岩、辉石角闪石岩、角闪石岩等。岩石呈灰色，细中粒—中粗粒半自形粒状结构，矿物具明显的压晶结构和片麻状构造。岩石化学、微量元素、稀土元素和Sr同位素地球化学特征表明，璜山石英闪长岩属钙碱性岩，幔源岩浆成因。加里东期遭受区域性韧性剪切作用，多形成糜棱岩和糜棱岩化岩石，强烈处形成千糜岩，是璜山等金矿床的直接赋矿围岩(图6-34)。

控矿构造为璜山韧性剪切带，该带长5km以上，宽一般10～20m，走向NE60°，倾向南东，倾角60°±，

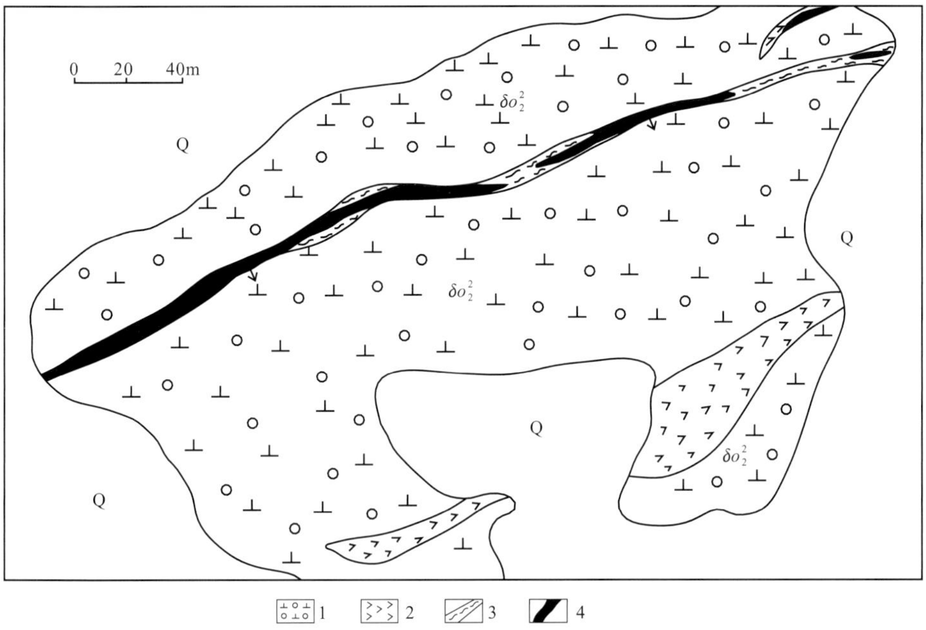

图 6-34　璜山金矿地质略图
（据周乐尧，1995）
1. 石英闪长岩；2. 角闪辉石岩；3. 韧性剪切带；4. 金矿体

深部趋缓。从该剪切带呈反“S”型展布，NW 向次级千糜棱带与之呈“入”字形相交的锐角指向判断，主干韧性剪切带（千糜岩带）属左旋剪切。卷入该剪切带内的岩石主要是石英闪长岩。经韧性剪切后形成绢云绿泥千糜岩、绿泥绢云千糜岩和绢云石英千糜岩，以及少量糜棱岩。构造岩组成的矿物主要有长石、石英、绢云母及绿泥石等。绢云母、绿泥石和拉长石英平行定向分布，形成密集片理和带状构造。长石则呈残斑再现，并被云母或拉长石英包围形成眼球状构造。眼球构造具“甩尾”现象，且两端连线（S 面理）与片理（C 面理）呈一定角度相交，显示控矿构造属简单平移韧性剪切性质。塑性变形石英具波状消光，并见亚颗粒出现，具典型“核-幔”结构。塑变石英残核具齿状边缘，并被同构造动态重结晶的细粒新生石英包围。白云母解理出现弯曲，且多为应力矿物 2M 型多硅白云母，其 b_0 值（多硅白云母其中一个方向的晶胞参数）为 90.13nm（属中压相系），显示千糜岩带形成的较高温压环境。

6.4.1.2　矿体形态特征

矿体为千糜岩带中的含金黄铁石英脉（图 6-35），Ⅰ号矿体总长 557m，厚 0.19～8.92m，平均值 2.63m，延深 50～205m；总体走向 NE60°，倾向南东，倾角 45°～76°，平均 60°。矿体呈不规则脉状产于控矿千糜岩带中，膨缩明显，千糜岩带走向偏转处、剖面上倾角变缓处矿体增厚变富。Ⅱ号矿体位于Ⅰ号矿体北东端北西侧（下盘）40～50m 处，呈扁豆状，走向 NE58°，倾向 SE，倾角 55°～59°，长 55m，厚 0.78～1.38m，平均 0.99m，斜深 80m。

6.4.1.3　矿石特征与围岩蚀变

矿石矿物中含金矿物主要为自然金，少量碲金矿、碲金银矿和碲金汞矿，其他主要为黄铁矿（占金属矿物的 98%），次为黄铜矿、方铅矿、闪锌矿，微量碲铅矿、碲汞矿、碲镍矿等，金属矿物占矿石总量的 20%～25%，属富硫化物型矿石。脉石矿物主要为石英，其次为绢云母、方解石、铁白云石、黑电气石、绿泥石等。

金主要以自然金和碲金矿独立矿物存在，以裂隙金、晶隙金和部分包体金的形式分布于黄铁矿中（占矿石中金的 99.9%）。微量次显微金赋存于黄铜矿、方铅矿、石英和黑电气石中，自然金粒径 0.002

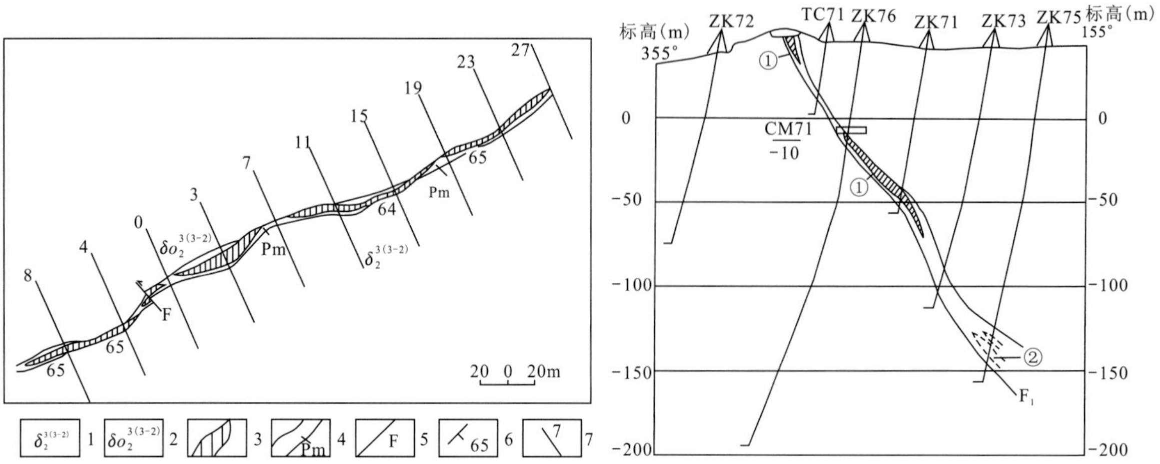

1～10m中段矿体形态

图 6-35　璜山金矿矿体形态特征图

1. 闪长岩;2. 石英闪长岩;3. 金矿体;4. 含金蚀变千糜岩;5. 断层;6. 矿体产状;7. 勘探线

～0.13mm,成色 950,Au/Ag 为 16～62,一般 18～22。Ti 金矿粒度 0.01～0.1mm,含 Au 42.6%～47.28%、Ag 0.15%～0.22%、Ti 51.88%～56.83%。矿石中有用组分主要是金,伴生元素银、硫可综合回收。矿石 Au 品位(8.5～22)$\times10^{-9}$,平均 9×10^{-9},含硫 5.12%。

矿化阶段可分为:①块状石英-黄铁矿阶段;②石英-黄铁矿-黄铜矿阶段;③石英-方解石阶段。块状石英-黄铁矿阶段主要为块状石英,粗晶黄铁矿和黑电气石共生组合,是石英发生大量充填交代的阶段;石英-黄铁矿-黄铜矿阶段是金的主要富集阶段,大致可分为黄铁矿-石英-绿泥石-自然金和黄铁矿-黄铜矿-铁白云石-自然金等矿物共生组合,石英和黄铁矿多呈它形细粒状;石英-方解石阶段为成矿过程的最晚阶段。

围岩蚀变主要为硅化、黄铁矿化、绢云母化、绿泥石化、黑电气石化、铁白云石化及碳酸盐(方解石化)等。

6.4.1.4　成矿物理化学条件和成矿物质来源

1. 成矿物化条件

(1)成矿温度:石英包裹体均一法测温结果(已做压力校正)185～334℃,属中低温热液型。

(2)成矿压力:按 $P-T$ 图解求得成矿压力为 28.4～46.4MPa,成矿深度属中浅部位。

(3)成矿流体性质:以富 CO_2、H_2O 为特征。Na^+ 为主要阳离子,Cl^- 为主要阴离子,其次是 SO_4^{2-} 和 F^-;$Na^+/(Ca^{2+}+Mg^{2+})$ 为 1.21～3.16、F^-/Cl^- 为 0.25～0.65、SO_4^{2-}/Cl^- 为 0.15～0.37,属典型 Na-Cl 热液体系。

(4)成矿流体盐度:2.06%～5.28%。

(5)成矿溶液 pH 值:第一阶段为 6.04,第二阶段降为 4.77,说明热液成矿过程经历了从弱碱性(因中性水在 $T\geqslant200$℃时,其 pH 值约为 5.5)到弱酸性的演化途径,这种物化环境,一方面有利于 SiO_2 的大量沉淀(形成石英),同时也为矿液中氯络合物和硫氢络合物的解离、沉淀创造了良好的条件。

(6)成矿环境的氧逸度:氧逸度 $\lg f_{O_2}$ 早阶段为 $-35.7\sim-33.2$,晚阶段为 $-42\sim-38.8$,说明随成矿温度不断下降,成矿环境的氧逸度呈逐渐降低的趋势,反映了成矿过程由相对氧化环境(有利于成矿物质进入溶液、活动迁移)向还原环境(有利于矿质沉淀)转化的地质过程。硫逸度 $\lg f_S$ 早阶段为 $-14\sim-9$、晚阶段为 $-10\sim-6$。

2. 成矿物质来源

区内主要赋矿围岩石英闪长岩平均含 Au3.36×10^{-9}，略低于维氏值，平水组平均含 Au7.68×10^{-9}，当它们遭受区域及动力变质时，Au 等成矿元素活动迁出，并在动力变质韧性剪切带剪切应变最强烈的中心地带具高渗透性的千糜岩带内初始富集（经测定千糜岩平均含 Au 达 32.33×10^{-9}），说明矿区岩石具备成矿物质基础。

矿石硫同位素 $\delta^{34}S$ 为 +2.08‰～+3.9‰，均值 +2.97‰，求得总硫 $\delta^{34}S_{\Sigma S}$ 为 +2.4‰ 与围岩石英闪长岩硫同位素（+1.96‰）相近，说明硫源主要来自矿体围岩——石英闪长岩。

矿石黄铁矿铅同位素：据陈好寿（1996）成果，经围岩的矿石、石英等 5 组 21 个样铅同位素测定，$^{206}Pb/^{204}Pb$ 为 17.566～17.844，$^{207}Pb/^{204}Pb$ 为 15.424～15.570，$^{208}Pb/^{204}Pb$ 为 37.417～38.855。铅同位素组成变化不大，μ、ω 值低，处在岛弧铅与地幔铅演化曲线之间，说明铅主要来自围岩——幔源型石英闪长岩。

3. 成矿流体成因

矿石中石英平衡水的 $\delta^{18}O$ 为 +0.20‰～+4.31‰，δD 为 −49.56‰～45.52‰，变化范围小，流体水源均一，在 δD - $\delta^{18}O$ 相关图上，样点靠近变质水，并有部分重合，说明成矿流体主要是变质水，可能有少部分大气降水混入（周乐尧，1995）。陈好寿（1996）研究了璜山金矿矿石流体包裹体中的流体性质，指出璜山金矿床石英流体包裹体的铅同位素组成，μ、ω 值以及低的初始锶同位素组成（0.7042、0.7041）揭示成矿流体来自幔源岩石变质水。

上述表明，璜山金矿成矿物质主要来自幔源型石英闪长岩，成矿流体主要来自变质水，有少部分天水混入。

6.4.1.5 成矿时代和成矿模式

经 6 个含金石英脉矿石样品 Rb - Sr 同位素分析，Rb/Sr 等时线年龄为 358±22Ma，含金石英流体包裹体 Rb/Sr 等时线年龄为 396.9±34.5Ma（陈好寿，1996）。该矿床成矿大致在 400～350Ma，相当于加里东晚期—海西期早期。

璜山金矿属韧性剪切带型动力变质中温热液型矿床。

加里东期，双溪坞群及侵入于江绍拼接带中的石英闪长岩经受了区域动力变质作用，形成韧性剪切带。在变质作用过程中，弥散在原岩孔隙或裂隙中的以 H_2O 和 CO_2 为主的溶液，在应力及高温作用下具很高的化学活动性和溶解度，并萃取了从围岩中析出的 Si、Fe、Na、Au、S 等组分，形成含矿流体。在韧性剪切向脆性变形阶段，含矿流体沿韧性剪切带中发育的裂隙贯入充填形成含金黄铁矿石英脉体。由于应力间歇性，继承性的作用，使千糜岩揉皱，石英脉形成构造透镜体，并被压碎产生裂隙，导致金叠加富集，形成金矿体。江绍拼接带加里东动力变质成矿环境金矿成矿模式见图 6 - 36。

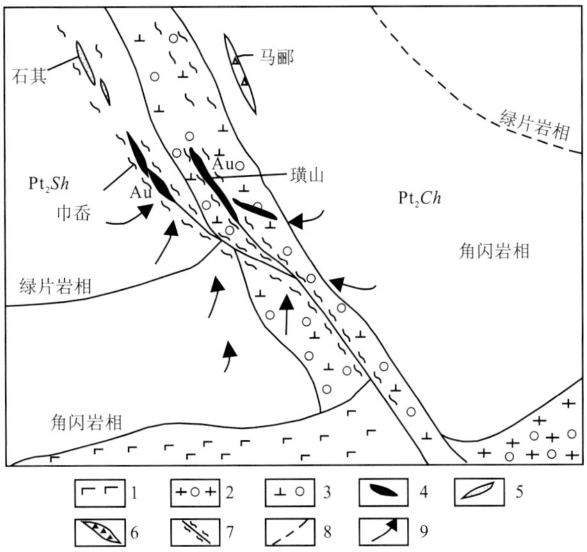

图 6 - 36 江绍拼接带加里东动力变质成矿环境金矿成矿模式

1. 玄武质岩石；2. 花岗质岩石；3. 石英闪长岩；4. 含金石英脉；5. 含金硅化千糜岩；6. 含金蚀变破碎带；7. 韧性剪切带；8. 推测变质相界线；9. 成矿流体流动方向

6.4.1.6 找矿模型

（1）矿床产出环境为江绍拼接带动力变质环境，带内发育含金岩石建造，即新元古代岛弧火山岩（双

6.5.2.3　矿物特征

矿床矿石类型多，矿物组合有较大差异。主要金属矿物按品位排序依次为胶状黄铁矿、黄铜矿、闪锌矿、方铅矿、磁铁矿，少量斑铜矿、辉铜矿和硫盐、黝铜矿等矿物。Ⅱ号矿体中含微量自然金、银金矿、辉银矿、碲银矿。脉石矿物以石英、白云石、蛇纹石为主，少量绢云母、高岭石、方解石，痕量石膏（表6-12）。

按主要矿物组合，可划分以下矿石类型。

（1）含铜白云石矿石：呈暗灰—暗紫—墨绿色，由白云石、磁（赤）铁矿、黄铜矿、黄铁矿、蛇纹石组成，细至微粒状（0.07～1mm）浸染状、微脉状、莓群状、同心环状结构，构成微细条纹、皱纹状构造，显示塑性流动现象，具有交代藻类的富藻潮坪沉积的特征。此类矿石产于Ⅰ号矿体中段白云岩段的最下部。

（2）条带状—块状多金属矿石：主要由（胶状）黄铁矿、黄铜矿、闪锌矿、方铅矿组成，以Cu、Zn为主，伴有Au、Ag，是组成Ⅱ号矿体和部分Ⅰ号矿体的矿石类型。

（3）块状含铜黄铁矿矿石：由大量（胶）黄铁矿、黄铜矿组成，呈块状、角砾状构造，往往构成向斜凹部厚矿体，部分沿断裂充填呈脉状含铜黄铁矿，若遭受次生富集作用，可形成大量斑铜矿、辉铜矿，含Cu可达20%以上。

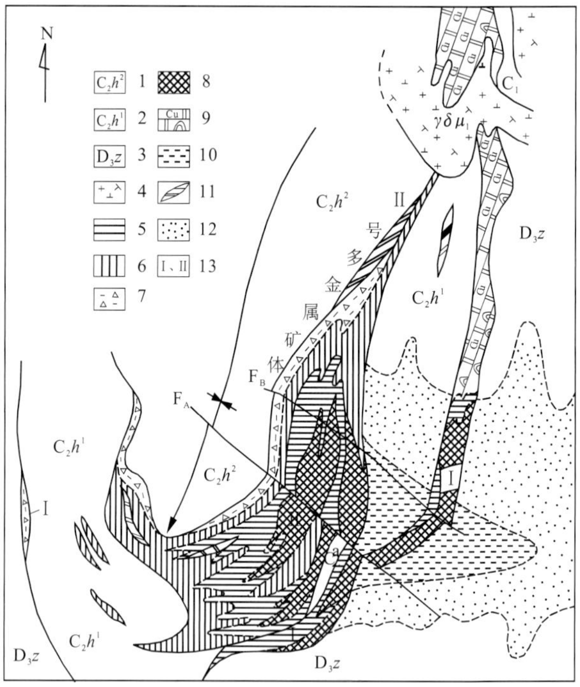

图6-41　建德岭后铜矿床-50m水平Ⅱ矿体矿石相分布图

（据曹淑英，1988）

1. 中石炭统大理石化黄龙灰岩；2. 中石炭统底部白云岩；3. 珠藏坞组砂页岩；4. 燕山期花岗闪长岩；5. 条带—块状多金属矿石相；6. 角砾—条带状铅锌矿石相；7. 角砾条带状单锌矿石相；8. 块状含铜黄铁矿石相；9. 含铜白云岩矿石相；10. 细脉矿化带；11. 铁质碧玉岩；12. 蚀变筒；13. Ⅰ、Ⅱ号矿体

表6-12　岭后铜矿床矿石矿物组分

矿石类型		矿物成分：矿石矿物	矿物成分：脉石矿物	矿石品位（%）	代表性矿体
铜矿石	含铜磁铁矿石	黄铜矿为主，磁铁矿、赤铁矿、黄铁矿次之	白云石、石英为主，碧玉、滑石、高岭石次之	Cu 1～2 低者0.5～0.17	Ⅰ
铜矿石	含铜蛇纹石、白云石矿石	斑铜矿、黄铜矿、辉铜矿为主，赤铁矿次之	蛇纹石、白云石为主，滑石、石英、方解石、叶蛇纹石次之	Cu 0.5～0.8 高者1	Ⅰ
铜矿石	矽卡岩铜矿石	辉铜矿、斑铜矿、黄铜矿、赤铁矿	石榴石、透辉石为主，石英、方解石、绿泥石、绿帘石次之	Cu 0.91 最高11	Ⅰ
铜锌矿石		黄铜矿、闪锌矿、少量方铅矿	白云石、石英、方解石	Zn 2.88 Pb 1.96 Cu 0.79	Ⅱ
多金属黄铁矿石		黄铁矿、黄铜矿、闪锌矿、黝铜矿、自然金、银金矿、辉银矿	石英、方解石、白云石、绿泥石、黄玉、金云母、绢云母	Cu 3.62 Zn 3.63 S 27.5	Ⅰ、Ⅱ
含铜黄铁矿石		黄铁矿、黄铜矿、斑铜矿、白铁矿	石英、方解石、高岭石	Cu 2.64 S>26.31	Ⅰ、Ⅱ

注：据朱安庆等，2002。

(4)角砾状—条带状铅锌矿石：主要产在Ⅱ号矿体中心和顶部，由(胶)黄铁矿、闪锌矿、方铅矿、石英、白云石、方解石等组成，矿体边部则以闪锌矿为主，角砾状、条带状、浸染状构造。

(5)含铜矽卡岩矿石：仅见于花岗闪长玢岩岩株接触带。矿石呈紫褐色，有石榴石、透辉石、石英、绿泥石等，数量少，分布局限。

矿化具有分带性。一般具有矿体下部品位高，向上变贫的趋势，矿体中段品位较低，而两侧偏高，显示矿化有脉动性。

矿石具条带状、层纹状、滑动揉皱状构造，粒序层理、莓群状、胶状结构，反映矿石具同生-成岩作用成矿特点；气爆沉积角砾构造、砂和砾屑结构，反映水下喷气沉积成矿作用的特征。

6.5.2.4　蚀变类型及分带

矿区具有两期蚀变。早期与海底热水沉积(或热泉喷气)成矿有关的底板砂页岩的褪色，硅化、绢云母化、高岭土化以及硫化物细脉群发育在主矿体的南段(块状含铜黄铁矿矿石区段)的下盘砂岩中。

晚期蚀变为与燕山期花岗闪长斑岩岩枝侵入有关的矽卡岩化、大理岩化，发育于岩枝周围，且部位较高，发育在主矿体的上盘岩石中。

6.5.2.5　成矿的物化条件

岭后铜矿床地质测温见表6-13，属中偏低温成矿。

表6-13　建德铜矿矿体测温及包裹体特征

矿体	矿石类型	测试矿物	均一温度(℃)	爆裂温度(℃)	包裹体特征
Ⅰ	块状含铜黄铁矿	石英、黄铁矿	281±15	310	包体少，一般2～8μm，以单相为主，气液比以30%～50%为主
			286±19	315	包体少而小，气液比10%～20%
Ⅱ	块状黄铜矿	石英、黄铜矿、黄铁矿	262±14	290	
	块状多金属矿石	石英、闪锌矿		270	
	条带状铅锌矿	石英	154±27		包体少而小，单相为主，气液比5%～15%

注：据成都地质学院曹淑英(1988)资料。

矿石包裹体成分富K^{+}、Ca^{2+}、HCO_3^{-}，以及N_2、CH_4；盐度不高(5.3%)(表6-14)。

表6-14　岭后铜矿床矿石矿物包裹体流体成分　(单位：$\times10^{-6}$)

液相	K^{+}	Na^{+}	Ca^{2+}	Mg^{2+}	F^{-}	Cl^{-}	HCO_3^{-}	
	4.7	1.9	13.3	1.2	1.9	2.8	72.8	资料来源于曹淑英等，1988
气相	H_2	N_2	CO_2	CO	CH_4	盐度(%)		
		13.2		1.6	32.8	5.3		

6.5.2.6　成矿物质来源

(1)硫同位素：据大量$\delta^{34}S$测定数据，黄铁矿$\delta^{34}S$均值1.5‰，黄铜矿0.98‰，闪锌矿0.94‰，方铅

矿$-0.94‰$,反映成矿体系中硫同位素分馏达到平衡,各种金属硫化物的$\delta^{34}S$均值接近于零,离散度小,反映硫源单一,稳定均化,应为深源硫。

(2)铅同位素:据胡永和等(1993)所获矿石铅同位素资料(图 6-42,表 6-15),矿床铅同位素比值变化范围小,属正常铅,在铅构造模式图上,处在造山带演化曲线附近,属壳源铅。采用 Holmes-Houtermans(H-H)单阶段演化模式计算得到 Pb 同位素模式年龄值在 456～329Ma 之间,表明矿石铅与赋矿地层同生成因。

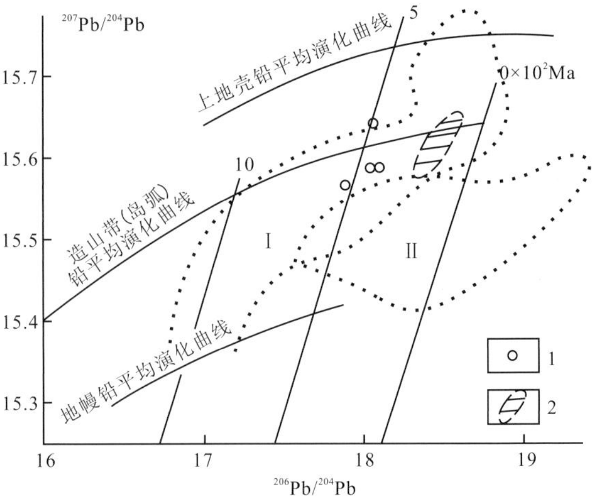

图 6-42　矿石铅同位素分布图

(据曹淑英,1988)

1.岭后矿床;2.日本黑矿;Ⅰ.克拉通化地壳相;Ⅱ.大洋玄武岩

据周济元和黄继钧(1987)资料,成矿晚阶段方解石$\delta^{13}C$(PDB)为$-4.397‰\sim-2.259‰$(均值$-3.328‰$),为浅源碳,来自海水沉积物,即来自围岩。方解石$\delta^{18}O$为$-20.545‰\sim-16.117‰$(PDB),均值$-18.331‰$,反映成矿过程中有大量雨水参与。

6.5.2.7　矿床成因类型

矿石具有快速堆积的胶状莓群状黄铁矿,以及同生沉积的层纹、揉皱、滑动等构造,矿石具有块状含铜黄铁矿-块状条带状多金属矿石-层纹状含铜白云岩的分带,以及伴有角砾状铅锌矿石和角砾状白云岩、角砾状灰岩等喷气-角砾现象。

区域上赋矿层位未见原始成矿元素的富集迹象,矿区及邻近地区晚泥盆世—上石炭世地层中尚未见明显的火山物质沉积或火山岩堆积。硫同位素具有均一、稳定深源的特点。铅同位素表明属正常铅、壳源铅,具有与地层层位相近的模式年龄值。碳、氧同位素显示海水和海底沉积物是成矿物质的重要来源。

燕山期中酸性小岩体侵入,导致黄龙组碳酸盐岩重结晶大理岩化和接触带的矽卡岩化,以及对早期沉积特征显著的矿体叠加富化和沿断裂充填块状硫化物大脉的存在,证实岩浆热液对矿床进行了叠加改造的作用。

从上述证据分析,岭后铜矿床应属海底热水(或喷流)沉积矿床,其成矿模式见图 6-43。

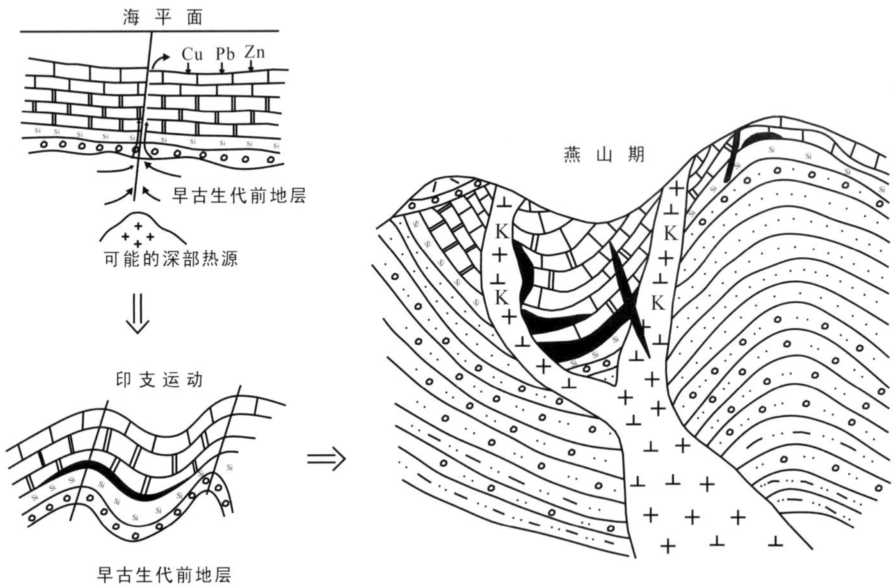

图 6-43　岭后铜矿成矿模式图

表 6-15　岭后铜矿床矿石铅同位素测定结果

序号	样品原号(采样地点)	测定矿物	Pb 同位素组成			φ	H-H 模式年龄(Ma)	源区主要特征值			资料来源
			$^{206}Pb/^{204}Pb$	$^{207}Pb/^{204}Pb$	$^{208}Pb/^{204}Pb$			$\mu^{238}U/^{204}Pb$	$\omega^{232}Th/^{204}Pb$	Th/U	
1	L-2	黄铁矿	18.014	15.536	38.040	0.6020	376	9.38	37.85	3.90	胡永和,1993
2	L-4	黄铁矿	18.021	15.523	37.998	0.6001	356	9.36	37.50	3.88	
3	L-5	黄铁矿	17.983	15.509	37.930	0.6011	366	9.33	37.28	3.87	
4	L-18	黄铁矿	19.107	15.554	37.908						
5	—50/11 采场	方铅矿	18.001	15.549	37.976	0.6044	397	9.40	37.74	3.89	王执均,1990
6	—50S111-2-2	方铅矿	18.110	15.661	38.331	0.6097	451	9.61	39.80	4.01	
7	—50S111-1-29	方铅矿	18.078	15.627	38.190	0.6080	434	9.55	39.02	3.95	
8	—50S111-西翼	方铅矿	18.077	15.583	38.299	0.6031	383	9.46	39.05	3.99	
9	ZK47-4-1	方铅矿	17.958	15.573	38.116	0.6102	456	9.46	38.88	3.98	
10	角砾状条带状铅锌矿石	方铅矿	18.091	15.653	38.341	0.6101	455	9.60	89.88	4.02	曹淑英,1988
11	块状多金属矿石	方铅矿	17.971	15.560	38.072	0.6078	432	9.43	38.47	3.95	
12	块状含铜黄铁矿石	方铅矿	18.148	15.580	38.120	0.5979	329	9.45	37.81	3.87	
13	块状多金属矿石	黄铁矿	18.130	15.586	38.054	0.5998	349	9.46	37.68	3.85	

6.5.2.8 找矿模型

(1)矿床产于开化-杭州印支裂陷沉积盆地,赋矿层位石炭系老虎洞组(或黄龙组底部)。

(2)北东向与北西向断裂带交会地段,北东或北北东向区域断裂带及其两侧,具有热水(或喷流)沉积特征岩石组合;硅质岩(或燧石条带、燧石团块)+硅质白云岩+白云岩,岩石中黄铁矿呈胶状莓群状。

(3)矿体常赋存在北东走向的背斜或向斜核部。

(4)常有沿背斜核部贯入的中酸性岩枝或岩脉。

(5)地球物理特征为重力高,低阻高极化。

(6)化探特征为土壤 Cu、Mo、Ag、Pb、Zn 等异常组合,具明显水平分带,Cu、Pb、Zn、Ag 衬度高,内带含量规模大。

6.6 燕山期岩浆(火山)热液矿床

印支运动使浙江大地造山隆起,进入燕山期(大约 180Ma 开始),古太平洋板块开始向欧亚大陆俯冲。燕山早期(>145Ma)低角度俯冲(曹荣华,1990;郭令智等,1983;Lapierre H et al.,1999;Chen J F et al.,1998),形成大规模的盖层褶皱和推覆构造,同时挤压作用造成下地壳物质部分重熔,并伴随深部岩浆的部分加入,形成造山环境的I型和S型中酸性—酸性花岗岩(部分为浅成斑岩体)侵入。燕山晚期早阶段(145~115Ma)浙江构造环境由短暂的伸展环境转为挤压环境,进入强烈火山喷发阶段,形成大面积的火成岩,并伴随A型、I型及少量S型中酸性—酸性花岗岩侵入;燕山晚期晚阶段(115~85Ma)古太平洋板块俯冲带后撤,岩浆弧由西向东迁移,构造环境由挤压转换为拉张伸展环境,火山喷发减弱,发育火山-沉积断陷盆地(少量火山构造洼地),在 115~100Ma 间,江绍拼接带以南,沿北西向、近南北向和北东向断裂构造分布的火山穹形构造中发育I型及A型浅成或潜火山相高钾酸性花岗(斑)岩,100~85Ma 间构造进一步伸展,浙东沿海出现A型晶洞花岗岩。

6.6.1 燕山早期岩浆热液矿床

燕山早期(>145Ma)浙江火山作用强度弱,仅在浙东南的毛弄组有厚度不大的酸性火山岩(锆石 SHRIMP 法年龄为 180±4Ma;陈荣等,2007),主要表现为岩浆侵入作用。侵入岩岩性以花岗斑岩和花岗闪长岩为主,花岗斑岩空间上主要分布在江绍拼接带北西侧的开化-杭州印支裂陷沉积盆地的岭后-白马中生代岩浆侵入成矿环境,花岗闪长岩主要分布诸暨-常山中元古代岛弧带的河上-广山中生代岩浆侵入成矿环境中。江绍拼接带以南本期侵入活动弱,目前所知仅龙泉毛断辉钼矿矿区的钻孔中有晚侏罗世花岗斑岩(Li et al.,2011)。

岩体多以岩株、岩枝产出,受区域性北东向基底构造控制,常沿断裂带或印支期褶皱的核部侵位,形成北东向“线状”岩体或呈串珠状分布的岩体群。花岗斑岩为过铝质高钾钙碱系列同熔型(I型)花岗岩,岩体富集 Cu、Mo、Au、Ag、S 等元素,侵入围岩主要是奥陶纪地层,形成斑岩型钼(铜)矿床。花岗闪长岩有两种成因类型:一是同熔型(I型)花岗岩,属准铝质高钾钙碱性系列,富集 Cu、Pb、Zn 等,侵入围岩主要是震旦纪和早古生代地层,形成矽卡岩型铁、铜、钼、铅、锌矿床,如栅溪-广山花岗闪长岩岩体;二是重熔型(S型),属过铝质高钾钙碱性系列,侵入围岩为震旦系蓝田组,形成成矿物质双重来源的叠加改造型斑岩成矿系统,典型矿床为淳安潘家铜钨多金属矿。

燕山早期由于构造挤压,浙西地区一些区域断裂表现为推覆性质,如下庄-石柱断裂带由一系列平面上呈叠瓦状或上陡下缓的犁式断裂组成,沿断裂带贯入大量闪长(玢)岩和石英霏细斑岩脉,形成强烈的硅化破碎带,发育细微浸染型金矿床,典型矿床为开化石龙头金矿。

6.6.1.1　斑岩型矿床

燕山早期与Ⅰ型花岗斑岩有关的斑岩型矿床主要产于开化-杭州印支裂陷沉积盆地的岭后-白马中生代岩浆侵入成矿环境，目前已知的矿床有开化桐村钼矿、常山兰花坞铜矿床等，以桐村钼矿为典型代表。

1. 桐村钼矿成矿地质背景

矿区出露的地层：寒武系西阳山组（$\in_3 x$）灰黑色薄—中厚层状含灰岩透镜体的泥质灰岩；奥陶系印渚埠组（$O_1 y$）青灰色钙质泥岩和含钙质结核的泥岩；宁国组（$O_1 n$）黑色含碳质泥质页岩和黑色含碳中薄层状硅质页岩；胡乐组（$O_2 h$）黑色薄—中厚层状硅质岩夹硅质页岩；砚瓦山组（$O_3 y$）薄层状瘤状灰岩和薄层状泥质灰岩互层；黄泥岗组（$O_3 h$）为灰蓝色或灰绿色中—薄层状含灰岩瘤钙质泥岩；长坞组（$O_3 c$）泥岩、细砂岩（图 6-44）。

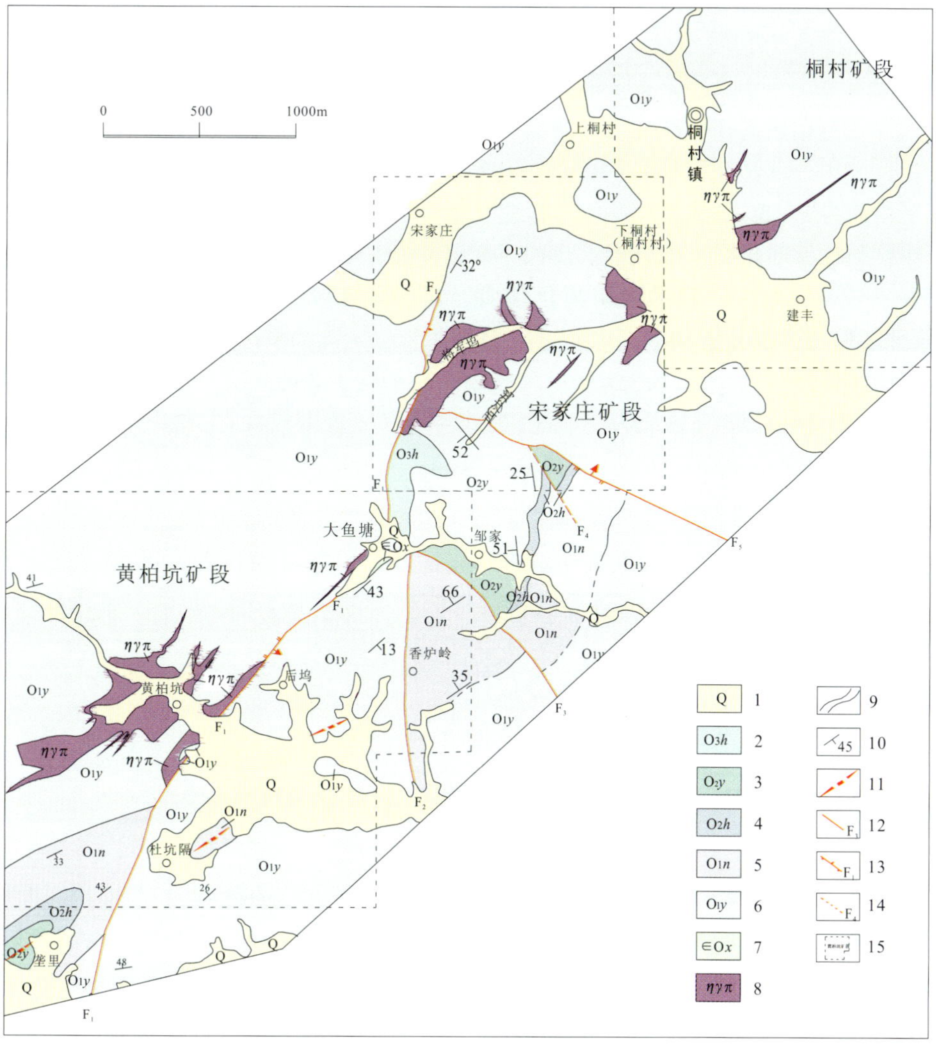

图 6-44　浙江省开化县桐村矿区矿段划分示意图

（据浙江省第三地质大队，2008）

1. 第四系；2. 黄泥岗组钙质泥岩；3. 砚瓦山组瘤状灰岩；4. 胡乐组层状硅质岩夹硅质页岩；5. 宁国组含碳质泥质页岩；6. 印渚埠组薄层钙质泥岩；7. 西阳山组泥质灰岩；8. 二长花岗斑岩；9. 实（推）测地层界线；10. 地层产状；11. 向斜轴；12. 实测性质不明断层及编号；13. 实测逆断层及编号；14. 实测正断层及编号；15. 矿区边界线及名称，图中黑色横线为宋家庄矿段钼（铜）矿Ⅰ号矿体 0 号勘探线剖面位置矿区构造：矿区位于南华山—开化（大溪边）一线以震旦系为核部的复背斜南西段南东翼，区内发育4组断层构造。北东向断裂表现为45°～60°方向延伸以压性为主的断裂，断裂局部含矿，如将军坞钼矿即赋存于该组断裂中；北北东向断裂表现为5°～15°方向延伸的压扭性断裂，规模较大，为成矿后构造，如宋家庄Ⅰ号矿体即被其错切；北西向断裂表现为走向300°～310°的张扭性断裂，是区内最发育且形成最早的一组断裂，多被北东向、北北东向断裂错切；东西向断裂有早晚期之分，早期为压扭性断裂，属北东向构造的配套构造，它控制着中基性岩脉的侵位（如刘家湾、宋家庄一带的闪斜煌斑岩脉），晚期为张扭性断裂，为北西向断裂的配套构造，一般规模不大，造成破碎角砾岩带。

矿区岩浆岩：区内岩浆活动强烈，出露以中酸性岩体为主，从北东-南西依次分布着桐村、将军坞和黄柏坑3个较大的二长花岗斑岩体，斑岩体受北东向压扭性断裂和北西向张性断裂构造结点制约。岩性主要为二长花岗斑岩和花岗斑岩，岩体锆石U-Pb年龄为168±2.3Ma（张德会，2012）。脉岩有闪长煌斑岩、文象花岗岩、霏细斑岩、二长花岗细晶岩、辉绿岩和辉石玄武岩等，侵入时间较斑岩体晚。

岩体SiO_2含量变化范围63.14%～79.19%。Na_2O含量为0.08%～5.41%，平均为2.80%；K_2O含量为2.63%～7.10%，平均为4.21%；全碱含量（Na_2O+K_2O）变化在3.41%～3.92%之间；Na_2O/K_2O范围是0.02%～1.45%；莱特碱度率（AR）为1.40～3.87，平均为2.43；δ变化范围为0.65～3.42，均小于3.3，为过铝质高钾钙碱性岩。岩的稀土总量（$\sum$REE）变化于37.61×10^{-6}～226.77×10^{-6}，平均值为134.44×10^{-6}；LREE/HREE比值变化于8.28～25.37，平均为19.83；$(La/Yb)_N$在7.71～54.47之间，平均值为36.60；δCe平均为0.96，变化于0.91～1.01；δEu变化范围为0.64～0.98，平均值为0.87。球粒陨石标准化稀土配分模式反映了矿区4个矿段的岩浆岩稀土配分模式一致，均为右倾轻稀土型，显示为同源岩浆和一致的岩浆演化性质。岩体具有较高的大离子亲石元素（Rb、Ba、K、U、Th）和相对低含量的高场强元素（Nb、Ta、Zr、Hf、HREE）。$(^{87}Sr/^{86}Sr)_i$值为0.709 25～0.719 82，平均0.712 21；$\varepsilon_{Sr}(t)$值均为正值且数值较大，为70.2～220.3，平均152.4。$\varepsilon_{Nd}(t)$值为−6.7～−2.0，平均为−5.1，反映其源区是以古老地壳物质为主。Nd模式年龄T_{DM}范围较大，主要集中于2029～1628Ma，表明花岗岩源岩可能为古元古代的老基底（张德会，2012）。

2. 矿体地质特征

钼矿（化）体主要分布在斑岩体及其外接触带。按矿体产出的空间位置，可以将桐村矿区分为宋家庄矿段、将军坞矿段、花山底矿段、大鱼塘矿段和黄柏坑矿段共5个矿段，其中宋家庄矿段矿化情况较好。钼矿（化）体呈浸染状或细脉状产出于斑岩体、矽卡岩与围岩中。

宋家庄矿段由Ⅰ号和Ⅱ号矿体组成。Ⅰ号矿体倾向95°～105°，倾角18°～35°不等，地表控制走向长度约260m，控制斜深620m，钼单层工业矿矿体视厚度一般2.94～5.34m，最大视厚度达（Pd1中）约15.8m，一般品位0.06%～0.125%，最高0.5%，平均0.101%，单工程累计钼矿体厚度44.05m（Pd1中），平均品位0.083%。铜单层视厚度约19.25m，Cu加权品位0.514%，在ZK25中见2层Cu矿体，品位分别为0.52%和0.42%，厚度分别为4.65m和4.58m（图6-45）。

Ⅱ号矿体，地表因第四系厚度较大未得到控制，浅部由ZK3控制，见4层矿体，视厚度分别为1.15m、3.34m、3.38m、7.28m，Mo品位分别为0.063%、0.059%、0.045%、0.106%，前3层Cu品位分别为0.13%、0.15%、0.43%，见矿孔深分别为27.66～28.81m、31.99～35.33m、45.43～48.76m和80.65～87.93m。

3. 矿石矿物与结构构造

矿区矿石类型以晶粒状、交代状和薄膜状为主，常见浸染状和细脉—网脉状构造（图6-46）。

浸染状矿石形成于岩浆期后热液成矿早期，辉钼矿均匀分布于花岗斑岩体内，矿石主要由辉钼矿、黄铁矿、黄铜矿和花岗斑岩造岩矿物组成，金属硫化物粒度较细，以自形—半自形分布于石英、钾长石和斜长石颗粒之间，呈浸染状分布。该类矿石多分布于矿体底部及边部弱蚀变区域。

细脉—网脉状矿石为矿区主要矿石类型，常见的细脉有石英-辉钼矿脉、石英-辉钼矿-黄铁矿脉、石

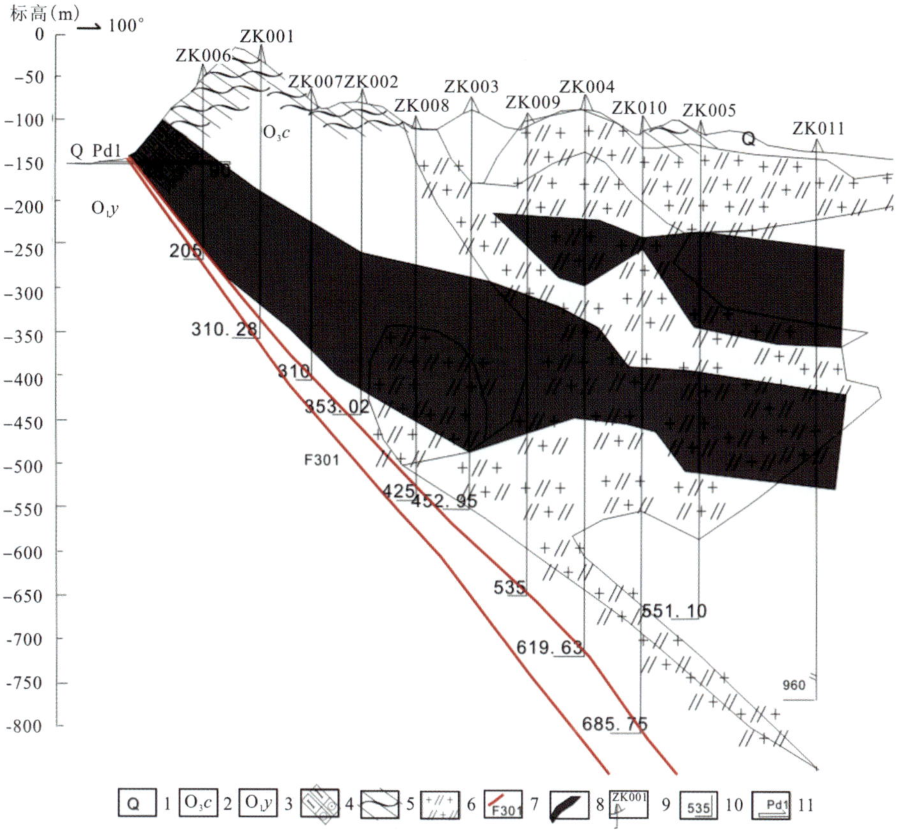

图 6-45　宋家庄矿段钼(铜)矿Ⅰ号矿体 0 号勘探线剖面图

(据浙江省第三地质大队修改,2008)

1.第四系;2.上奥陶统长坞组;3.下奥陶统印渚埠组;4.矽卡岩;5.角岩;6.蚀变二长花岗岩;7.断层及编号;8.钼矿体;9.钻孔及编号;10.钻孔孔深(m);11.完工平硐及编号

英-钾长石-辉钼矿脉、石英-黄铁矿脉及石英方解石脉,它们充填节理裂隙,形成网脉状矿石,该类矿石形成相对较晚,多叠加在浸染状矿石之上。

矿物成分矿石中金属矿物主要由辉钼矿、黄铜矿、黄铁矿、方铅矿和闪锌矿(偶见)、磁黄铁矿(偶见)组成。辉钼矿,呈团粒状、团块状、细脉状及细晶浸染状产出,晶形往往呈它形,仅少部分为鳞片状;黄铜矿以团块状、团粒状为主,部分为细晶浸染状;黄铁矿多以团块、团粒状为主。以矽卡岩为含矿岩石的脉石矿物主要是石榴石、透辉石、石英、方解石和绿泥石等;以角岩为含矿岩石的脉石矿物主要是绢云母、石英和长石;以花岗斑岩为含矿岩石的脉石矿物主要是长石、石英和黑云母。

矿物结构主要有粒状鳞片变晶结构、交代结构、自形—半自形结构和交代残余结构等。

粒状鳞片变晶结构:主要为白云母鳞片—叶片状,片径 0.02～0.25mm,杂乱分布,局部有变为黑云母的趋势;石英呈近等轴粒状,大小 0.02～0.15mm,粒间镶嵌状。

交代结构:钾长石部分与石英呈文象状交生,局部被石英交代。

自形—半自形结构:主要为黄铁矿、钾长石、石英、斜长石和石榴石呈自形—半自形晶。

交代残余结构:石榴石假象,少量方解石分布残留石榴石粒间。

4. 围岩蚀变

围岩蚀变类型有花岗岩侵入所引起的围岩角岩化、矽卡岩化及后期叠加的热液蚀变(钾化、绢云母化、硅化、绿泥石化、叶蜡石化、绿帘石化和碳酸盐化等)。

图 6-46　开化桐村矿床矿石照片

（据金维松，2012）

a. 宋家庄 Pd1 石榴石矽卡岩中脉状辉钼矿化；b. 宋家庄 ZK005 中的浸染状辉钼矿、黄铁矿矿化；c. 桐村村东 G205 国道旁花岗岩中的含辉钼矿石英脉；d. 开化桐村 S17 省道 P1 剖面斑状二长花岗岩中的发育黄铜矿、辉钼矿石英脉；e. 宋家庄 ZK002 中角岩中辉钼矿化；f. 宋家庄 ZK802 钻孔中团块状铜钼矿

角岩化：花岗斑岩体与围岩接触部位，发生了比较强烈的热接触变质作用，形成角岩或角岩化岩石，其组分比较单一，主要有石英、云母质成分和绿泥石，以及少量砂屑和粉砂屑。

矽卡岩化：当岩体侵位于中、浅部位的含钙质变质粉砂岩等围岩时，通过含矿气水热液的交代作用，形成矽卡岩，在宋家庄矿段 Pd1 多见。

钾化：在已有的钻孔岩芯中一般在钻孔深部出现，而且范围小。蚀变矿物主要为钾长石和黑云母，钾长石呈暗红色或肉红色，结晶颗粒细；钾长石发育处，伴有石英硫化物细脉或网脉产出，与钼矿化关系密切。

硅化：矿区范围内硅化作用比较发育，其主要特征为脉幅 0.1～5cm 的石英或石英-方解石脉较发育，其中 0.1～1cm 的石英脉多见，在花岗斑岩和角岩中均可见。石英脉两侧多见辉钼矿细脉，脉内多发育黄铜矿团粒。

绢云母化：是一种重要的中温围岩蚀变，主要由含钾质的碱性热液交代围岩中的长石类矿物或其他的铝硅酸盐矿物，形成鳞片状绢云母。矿区中多数蚀变的花岗岩均为长石(钾长石和斜长石)绢云母化。鳞片状的绢云母化岩石中见有辉钼矿及黄铜黄铁矿等金属矿物。

绿泥石化：多为成矿晚期热液蚀变的产物，含矿带及两侧的围岩中均发育不同程度的绿泥石化，多为黑云母绿泥石化。

碳酸盐化：分布于石英脉两侧，是热液活动晚期低温阶段的产物，主要形成方解石。

蚀变分带及特征：矿区蚀变类型在空间上呈现规律的分布，每个蚀变相带明显表现出相互叠加的现象，从而形成蚀变组合分带。矿区常见的蚀变组合有以下几种类型。

钾化带：位于蚀变带内侧，以发育钾长石化＋硅化＋黄铁矿化为主，其晶形发育较完全，黑云母和钾长石很少发生其他蚀变，此带矿区少见。

绢英岩化带：其蚀变类型为绢云母化＋硅化＋黄铁矿化。钾化交代作用逐渐被取代。原岩中的斜长石和钾长石均不同程度地被绢云母及石英交代，但并非完全交代，亦保留假象，故斑岩中的结构仍清晰完整。原有石英均保留，且往往发生次生长大现象。本蚀变带分布于钾化带外侧，两者之间无明显界线，在过渡地段呈交叠和穿插关系，基本上与钼矿化带对应。

泥化带：其蚀变类型为高岭石化＋绢云母化＋硅化＋黄铁矿化。对应于斑岩体外缘，该蚀变带基本无矿化，同量叠加在其他蚀变带时，使矿化增强。

矽卡岩化带：在矿区 Pd1 附近出现，规模较小，其蚀变矿物主要为石榴石和透辉石，亦见符山石。

接触热变质蚀变：表现为围岩地层的角岩化，形成角岩，其成分主要为中等强度绢云母化和泥化，但矿化不强。

桐村钼(铜)矿岩体的蚀变组合与国内外常见的斑岩型矿床基本相似，由岩体中心向外依次为钾化带、绢英岩化带和泥化带，其中绢英岩化带较发育，其蚀变分带如图 6－47 所示，可见与斑岩型矿床的“二长岩”分带模式相近。本矿区矿体纵向上从深部到浅部，分别发育钾化带、绢英岩化带和泥化带。绢英岩化带是辉钼矿化和黄铜矿化较强的蚀变带，而且蚀变带范围大于岩体大小。

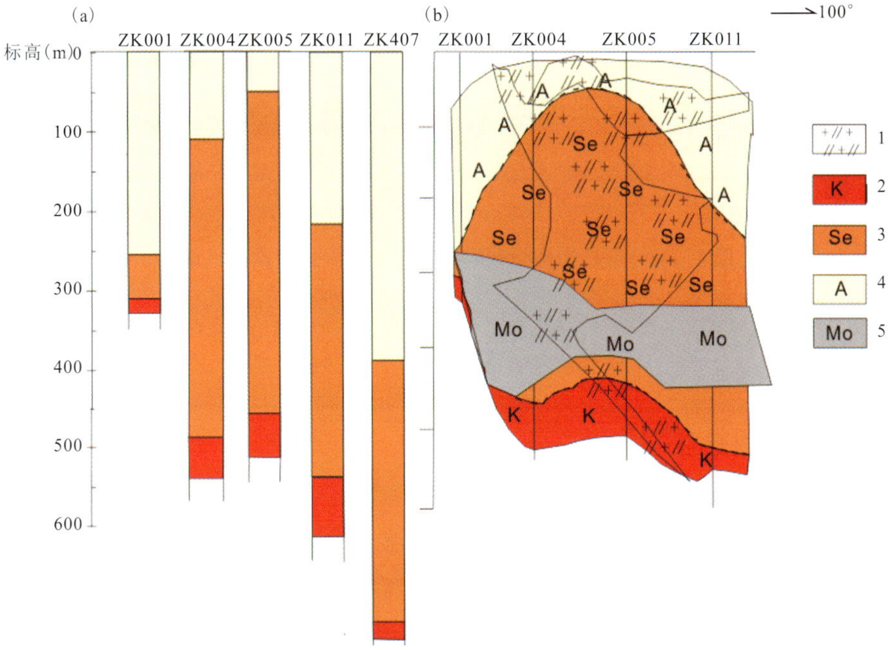

图 6－47　矿区蚀变分带图(a)以及蚀变矿化岩体分带剖面示意图(b)

(据张德会，2012)

1. 蚀变二长花岗岩；2. 钾化带；3. 绢英岩化带；4. 泥化带；5. 辉钼矿体

5. 矿床地球物理地球化学特征

地面高精度磁测表明，成矿斑岩体为正磁异常，根据磁异常可以推断岩体深部的形态特征和推测深部隐伏斑岩体，为深部隐伏矿体的寻找提供依据（金维松，2012）。矿区土壤地球化学测量表明，发育Cu、Mo、W、Au、Ag、Hg、Mn、Pb、Sb、Zn、Bi、As异常，其中Mo、Cu异常浓集中心与矿体对应较好。矿体原生异常具有分带性，前缘晕Sb－As－Hg，近矿晕Au－Mo－Zn－Pb－Cu，尾晕W－Ag－Bi。前缘晕元素和近矿晕元素与尾晕元素在轴向剖面上出现交集（图6－48中绿色的圆圈内），暗示深部可能有隐伏矿体。

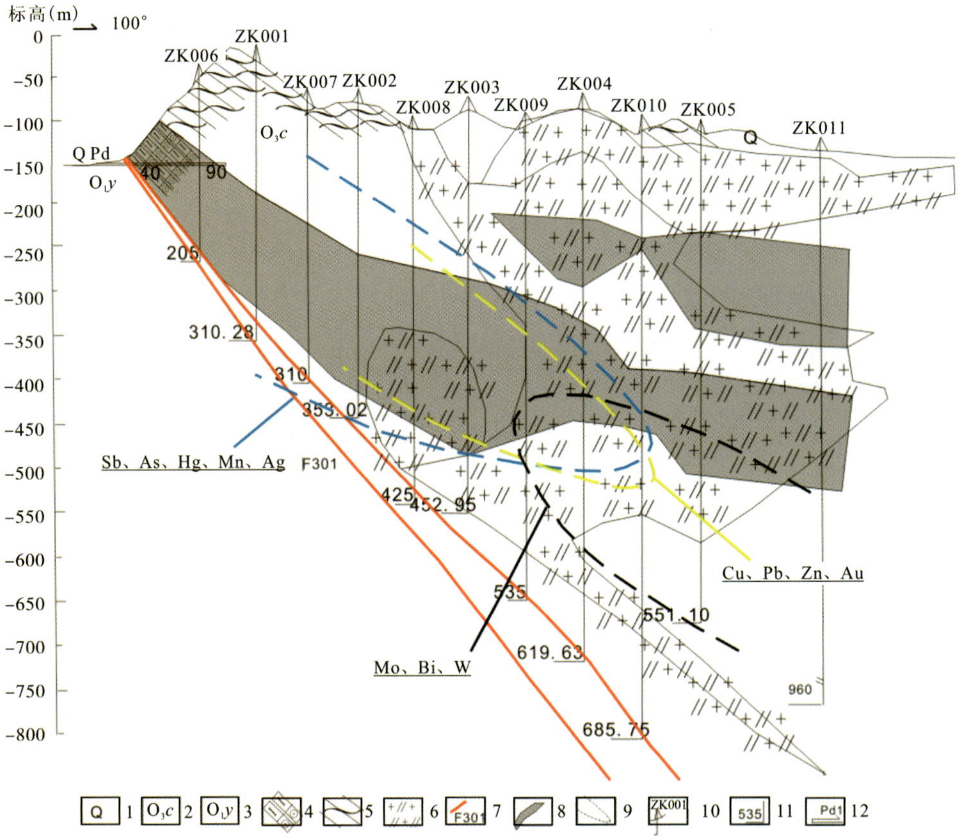

图6－48　桐村钼（铜）矿床地质地球化学找矿模型示意图

（据浙江省第三地质大队修改，2008）

1.第四系；2.上奥陶统长坞组；3.下奥陶统印渚埠组；4.矽卡岩；5.角岩；6.蚀变二长花岗岩；7.断层及编号；8.钼矿体（工业矿体＋低品位矿体＋矿化带）；9.原生晕分带；10.钻孔及编号；11.钻孔孔深(m)；12.完工平硐及编号

6. 成矿期与成矿阶段划分

根据矿化特征和矿物组合关系，矿床成矿期划分为2期6个成矿阶段。

成矿期：气水热液期是桐村钼（铜）矿床的主要成矿期。当花岗斑岩体侵入后，伴随岩浆的结晶和演化，从岩浆中分离出的气水热液携带岩浆中大量的成矿元素和挥发组分，沿着构造裂隙从深部向上部运移，当到达岩体顶部或围岩中时，由于物理化学条件的变化，成矿元素如Mo和Cu以金属硫化物的形式从热液中析出，并富集成矿。同时，在岩体及其围岩中发生蚀变作用，广泛发育石英绢云母化和青磐岩化，局部出现角岩化和矽卡岩化等。

表生期：在内生条件下形成的钼（铜）矿床因长期遭受风化剥蚀而在地表出露，并在大气、水和生物作用下形成褐铁矿、孔雀石、铜蓝和钼华等，矿区表生期矿化不发育。

主要成矿阶段：主要分为早期矽卡岩化阶段、含水矽卡岩化阶段、硫化物-钾化阶段、石英-绢云母-硫化物阶段、纯辉钼矿化石英阶段、石英碳酸盐阶段共 6 个阶段。

早期矽卡岩化阶段：主要形成石榴石、透辉石、方柱石及符山石等早期矽卡岩矿物。

含水矽卡岩化阶段：亦称矽卡岩晚期阶段，这一阶段的开始为矿化初始富集阶段，生成磁铁矿（不多见）及少量辉钼矿和黄铁矿。同时，伴随着这期蚀变作用，产生绿帘石、透闪石等含水的矽卡岩矿物。

硫化物-钾化阶段：含有一定量的 HCl 和 H_2S 等的金属组分，与斑岩和围岩发生反应时，在斑岩内形成黑云母化和钾长石化，在围岩中形成角岩。同时，流体中的 H_2S 与金属元素络合物形成自形和半自形的黄铁矿、黄铜矿和辉钼矿。

石英-绢云母-硫化物阶段：主要为辉钼矿、石英、黄铜矿和黄铁矿等矿物组合，并产生绢云母化、硅化、绿泥石化和碳酸盐化等。

纯辉钼矿化石英阶段：主要为辉钼矿和石英组合，即石英脉中仅见辉钼矿细晶或细脉。

石英碳酸盐阶段：主要形成石英和方解石脉，脉宽一般为 0.1～1mm，其中偶见辉钼矿和黄铁矿化。此阶段的出现标志气水热液成矿期的结束。

对比这 6 个成矿阶段的矿物共生组合特点，本矿床以石英-绢云母-硫化物成矿阶段为主，其他成矿阶段也有强、弱不同程度的表现。

7. 成矿时代

桐村岩体锆石 U－Pb 谐和年龄为 169～156Ma，黄柏坑岩体锆石 U－Pb 谐和年龄为 166～158Ma，宋家庄 166±2Ma。桐村矿床辉钼矿的 Re－Os 同位素年龄为 163.9±1.9Ma（Zeng Q D et al.，2012），反映桐村矿区成岩成矿近于同时发生，成岩和成矿是一个连续的过程，即成岩成矿为同期构造-岩浆活动的产物，具有斑岩型矿床的特征。

8. 矿床成因

成矿花岗斑岩呈小岩株或岩枝，是以古老地壳熔融、混染部分地幔物质的高钾钙碱性过铝质或准铝质 I 型花岗岩，岩浆为氧化型磁铁矿系列，形成于挤压造山环境或挤压向伸展转化过渡时期，岩体铜、钼丰度高（桐村岩体 Cu203.4×10^{-6}，Mo45.05×10^{-6}，里山岭花岗斑岩 Cu225.77×10^{-6}；张德会，2012），富硫等挥发分。

矿石流体包裹体以气液包裹体为主，均一温度主要集中在 130～410℃，属于中低温流体；流体包裹体的盐度（w_{NaCl}）主要集中在 6%～8%，最高不超过 15%，盐度较低。均一压力变化范围较大，为（30～600）×10^5Pa，推测成矿深度 2.3～10.2km。

成岩成矿近于同时发生。石英流体包裹体 $\delta D_{V\text{-}SMOW}$ 介于－82.5‰～－56.0‰，极差 16.5‰，平均－66.4‰；$\delta^{18}O_{V\text{-}SMOW}$ 介于 8.4‰～12.3‰，极差 3.9‰，平均 10.0‰，显示成矿流体为岩浆水与大气降水的混合溶液。矿石 $\delta^{34}S$ 值为－4.7‰～4.8‰，平均－1.3‰，与大多数岩浆岩 $\delta^{34}S$ 值范围±5‰（Ohmoto et al.，1979）一致，表明硫应为岩浆来源。铅同位素特征表明，岩浆和成矿物质主要来源于古老地壳，有部分幔源物质的混染。

钼矿（化）体主要分布在斑岩体及其外接触带。矿石结构构造与围岩蚀变表现为较典型的斑岩型矿床特征。

9. 找矿模型

（1）燕山早期斑岩型钼（铜）矿床产于开化-杭州印支裂陷沉积盆地的岭后-白马中生代岩浆侵入成矿环境。

（2）成矿花岗斑岩呈小岩株或岩枝，是以古老地壳熔融、混染部分地幔物质的高钾钙碱性过铝质或准铝质 I 型花岗岩，岩体铜、钼丰度高，富硫等挥发分。

（3）成矿中酸性岩体具有弱磁性，磁异常呈面状分布，磁法反映的断裂构造极其交会部位和磁法圈定的半隐伏、隐伏岩体及其接触带是找矿的有利部位。

(4)矿体产在岩体内外接触带，围岩蚀变类型有围岩角岩化、矽卡岩化及叠加的热液蚀变(钾化、绢云母化、硅化、绿泥石化、叶蜡石化、绿帘石化和碳酸盐化等)，角岩带和碎裂蚀变花岗岩是找矿的间接标志。

(5)发育 Cu、Mo、W、Au、Ag、Hg、Mn、Pb、Sb、Zn、Bi、As 土壤异常，一定规模线性较好且 $\omega(Mo)>100\times10^{-6}$ 的土壤异常是找矿的直接标志。

(6)矿体原生异常具有分带性，前缘晕 Sb－As－Hg，近矿晕 Au－Mo－Zn－Pb－Cu，尾晕 W－Ag－Bi。

6.6.1.2 矽卡岩型矿床

燕山早期花岗闪长岩、花岗岩主要分布在诸暨-常山中元古代岛弧带河上-广山中生代岩浆侵入成矿环境(栅溪、广山细粒花岗岩、花岗闪长岩)、临安-开化加里东裂陷沉积盆地中余杭闲林埠-临安板桥中生代岩浆侵入成矿环境(千家村、闲林埠、中泰花岗闪长岩)、淳安黄石潭-开化马金印支隆起成矿环境(程家-姚家花岗闪长岩)和岭后-白马印支裂陷沉积与中生代岩浆侵入成矿环境以及昌化的河桥二长花岗岩。岩体多呈小岩株或岩枝(面积数至 50km²，最大 100km²)呈北东向循印支期褶皱轴部侵入。

岩石化学、微量元素、稀土元素和同位素地球化学研究表明，成矿岩体是铝质饱和程度不一的钙碱性同熔型(I 型)花岗岩，侵位于古生代地层中。相关的层位主要有上震旦统陡山沱组和蓝田组，下寒武统大陈岭组，中、上寒武统杨柳岗组和华严寺组，上奥陶统文昌组，以及石炭系—二叠系，形成矽卡岩型或热液交代型 Fe、Cu、Mo、Pb、Zn、Sb 矿床。矿床(点)往往围绕岩体构成成矿集中区(矿田)，单个岩体构成的矿田一般沿褶皱轴向或斜交、横跨褶皱轴向分布。若干个矿田的展布则受区域性断裂、重力梯度带延展控制，如漓渚、千家村、闲林埠、五山关几处岩体和矿田，即受北西向构造、重力梯度走向转折部位的控制。矿床在矿田中的定位，主要在褶皱枢纽倾伏、转折部位，岩性层间析离、滑动、错断以及岩体接触带的曲折、突变、分叉和包围的部位(图 6－49)。

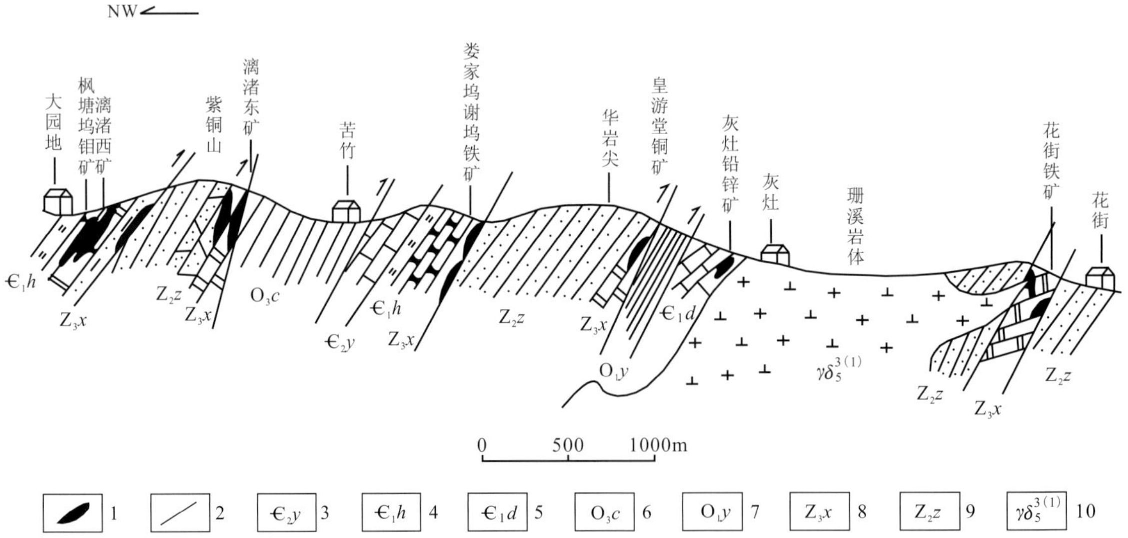

图 6－49 漓渚-花街矿床(点)分布剖面图

(据 1∶5 万漓渚幅报告，1981)

1. 矿体；2. 断层；3. 杨柳岗组；4. 荷塘组；5. 大陈岭组；6. 长坞组；7. 印渚坞组；8. 西峰寺组；9. 志棠组；10. 花岗闪长岩

含矿花岗闪长岩岩体具有弱—中等磁性，可引起数百到数千 nT 的异常。含有磁铁矿、磁黄铁矿的矽卡岩因其形态、产状的不同，具有线状、短轴状正负相伴的磁异常，可据此演算求其产状、规模等要素。

一般围岩发生角岩化，若具碳硅质岩时会形成磁黄铁矿角岩，产生较强的异常干扰。岩体密度略小于古生代地层，重力场呈弱负异常。重磁结合，可推测岩体产状和隐伏延伸方向。一般岩体周围有 Cu、Mo、Zn、Pb、Ag、Sb、Bi 等元素的分散流和次生晕异常。

岩体内接触带有自变质带，斜长石增多，并有透辉石、石榴石出现，岩石酸度降低，钙镁质增加。围岩接触带形成囊状、透镜状矽卡岩，叠加热液矿化阶段，形成的矿化蚀变分带不明显，如闲林埠。沿层位形成似层状矽卡岩和矿体，如漓渚、上台门。似层状矽卡岩矿化一般都有分带现象，紧邻岩体地段以石榴石矽卡岩为主，出现铁、铜、钼矿化；向外以透辉石矽卡岩和多金属铅锌矿化为主。远离岩体时则出现单独的铅锌、锑等矿点。

含矿矽卡岩都叠加绿帘石、阳起石等含水矽卡岩矿物和绿泥石、石英、绢云母等热液蚀变矿物。围岩为砂泥质、硅碳质岩石时，经接触变质形成角岩，如石英质角岩、透辉石角岩、堇青石角岩、黑云母角岩等。

不同矿区黄铁矿 Co/Ni>1，不同围岩中硫化物 $\delta^{34}S$ 全为正值，分布范围狭窄，塔式效应显著，数值变化小，说明硫为岩浆热液带来的深源硫。

典型矿床有绍兴漓渚铁矿、余杭闲林埠钼铁和三宝台锑矿，现以绍兴漓渚铁矿为例介绍如下。

1. 矿区地质背景

漓渚铁矿床位于诸暨-常山中元古代岛弧带河上-广山中生代岩浆侵入成矿环境。矿区震旦系—奥陶系地层组成北东向背斜褶皱，南西端倾伏，北东端撒开，分岔为数支被切割的褶皱翼部，并向南东倒转。广山-珊溪岩体沿背斜轴部侵入，并向北东延伸，走向 NE40°～50°，向西侧倾斜，总面积近 100km^2（中心部位为第四系覆盖）。早期为花岗闪长岩（$\gamma\delta_5^{2(1)}$）侵入，形成珊溪岩体和广山岩体的东南部分；晚期中粒花岗岩（$\gamma_5^{2(2)}$）和细粒花岗岩从广山岩体西侧和南西段侵入。花岗闪长岩锆石 U－Pb 年龄 150.1±2.6Ma，细粒花岗岩 147.1±1.7Ma。

岩体侵入广山背斜的中段，褶皱北西翼均受到不同程度的矿化蚀变，东南翼基本为岩体所吞蚀。漓渚矿床位于背斜的北东段，距岩体约 3km，西矿段铁矿体主要沿志棠组与陡山沱组层间断裂和灯影组及荷塘组间断裂交代成矿。东矿段铁矿体则受志棠组与奥陶系长坞组间断裂控制（图 6－50、图 6－51）铁矿属中型矿床。钼矿产在西矿段铁矿体的上盘，即荷塘组底部薄层含碳硅质泥质岩中，矿化沿层分布，且矿化层挤压破碎严重，铁矿体成为钼矿化的底板。

2. 矿体形态特征

铁矿床西矿段长 6km，由 4 条矿体组成，矿体呈似层状、透镜状，矿体长 100～2400m，厚 1～27m，倾向 310°～320°，倾角 45°～60°，产状与断裂、地层基本一致（图 6－52）。在铁矿体顶盘，荷塘组底部有似层状钼矿体，与铁矿体大致平行产出。钼矿体沿走向呈透镜状、扁豆状，单矿体长 200m，厚 0.67～12.36m，含钼 0.028%～0.102%，由 1～4 层组成，断续延长达 3km（图 6－53）。铁矿床东矿段长 1.3km，矿体呈透镜状、扁豆状、脉状，矿体长 1250m，为断裂切为 5 段，厚 1.5～66m，以 I 号矿体规模为最大，向深部分叉呈多层出现（图 6－54）。

3. 矿物组合、矿石类型

铁矿体矿石矿物以磁铁矿为主，赤铁矿、假象赤铁矿次之。铁矿体深部有少量闪锌矿、黄铁矿、辉钼矿等硫化物细脉。脉石矿物以矽卡岩矿物为主，绢云母、绿泥石、石英、方解石等次之。矿物组分以东矿段为代表，见表 6－16。

铁矿石类型：磁铁矿矿石，赤铁矿、褐铁矿矿石。

铁矿石化学组分：TFeO 平均 28.37%～33.85%，东矿区略高于西矿区，沿倾向品位降低。伴生组分：Mn 0.27%～0.86%，最高 2%；Mo<0.005%，Ni 0.004%～0.008%，Cd 0.002%，Ga 0.001%；S 0.356%～0.697%，Zn 0.31%～0.55%，P 0.044%～0.093%，As 0.003%～0.004%，Cu 0.01%。

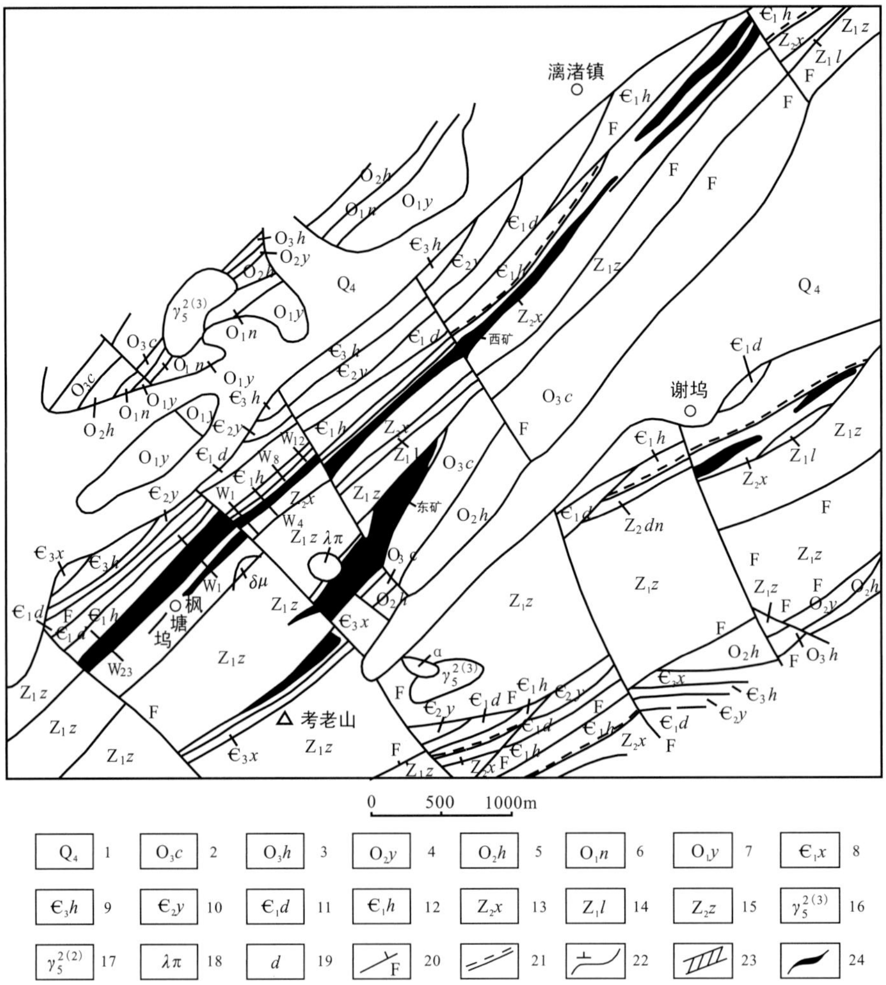

图 6-50　漓渚铁矿地质略图

（据浙江省区域矿产总结，1988）

1. 第四系；2. 长坞组；3. 黄泥岗组；4. 砚瓦山组；5. 胡乐组；6. 宁国组；7. 印渚埠组；8. 西阳山组；9. 华严寺组；10. 杨柳岗组；11. 大陈岭组；12. 荷塘组；13. 西峰寺组；14. 雷公坞组；15. 志棠组；16. 早期侵入岩；17. 晚期侵入岩；18. 石英斑岩；19. 安山岩；20. 断裂；21. 假整合；22. 地质界线与产状；23. 钼矿体；24. 铁矿体

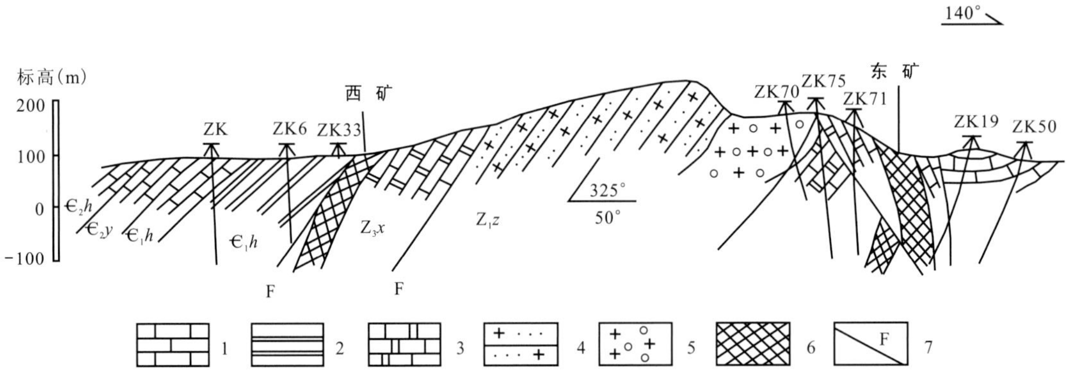

图 6-51　漓渚铁矿剖面图

（据浙江省有色金属地质勘查局提供，2009）

1. 灰岩；2. 硅质岩；3. 白云质灰岩；4. 长石石英砂岩；5. 石英斑岩；6. 磁铁矿体；7. 断裂

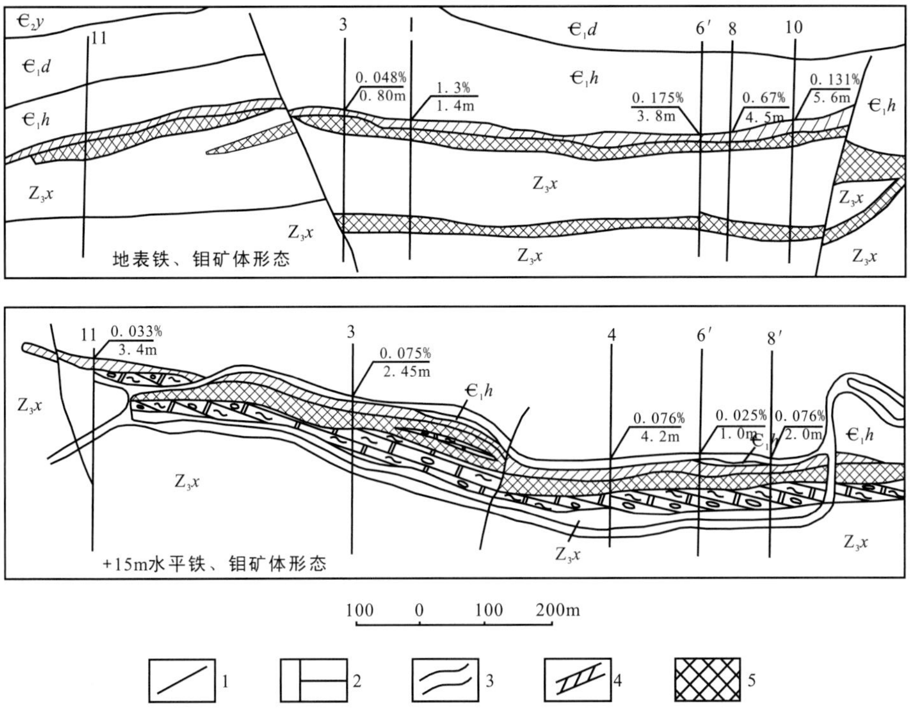

图 6-52 漓渚铁矿西矿段铁矿体与钼矿体形态图

1. 断裂；2. 勘探线（钼品位/厚度）；3. 铁矿开采巷道；4. 钼矿体；5. 铁矿体

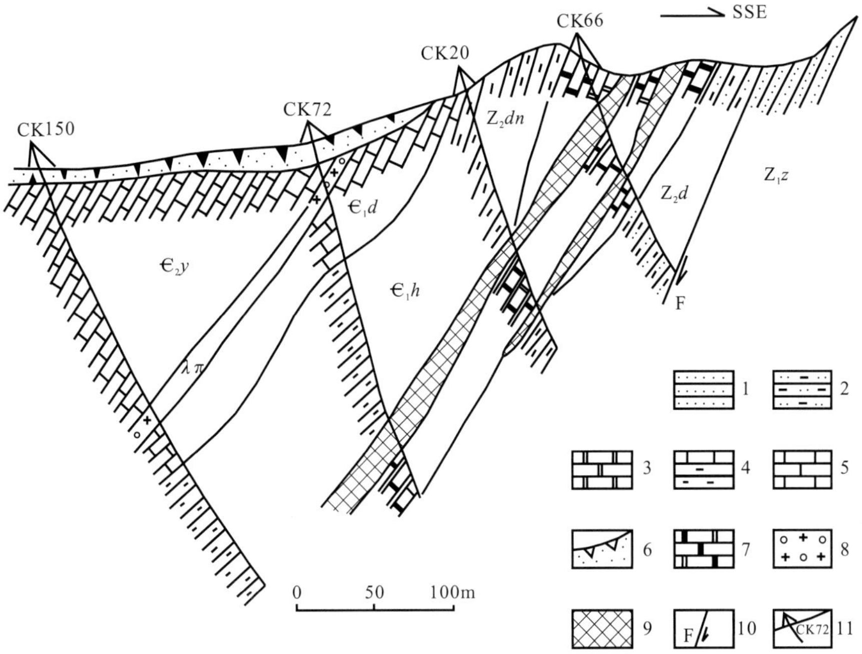

图 6-53 漓渚铁矿西矿区 W_4 线地质剖面图

1. 砂岩；2. 粉砂质泥岩；3. 白云岩；4. 硅质页岩；5. 石灰岩；6. 腐殖土；7. 矽卡岩；8. 石英斑岩；9. 铁矿体；10. 断层；11. 钻孔及编号

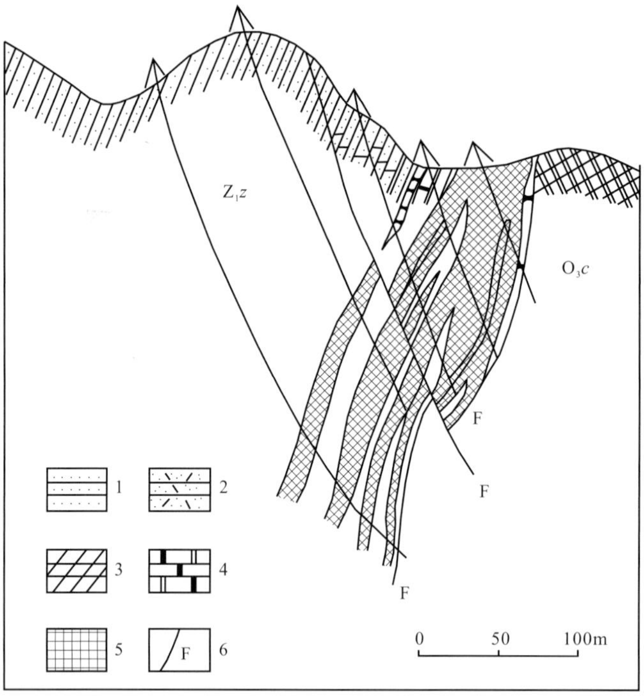

图 6-54　漓渚铁矿东矿段 E_{10} 线地质剖面图

1. 砂岩；2. 沉凝灰岩；3. 角岩；4. 矽卡岩；5. 铁矿体；6. 断层

表 6-16　漓渚铁矿东矿区矿石特征表

矿石类型	结构	构造	矿石矿物			脉石矿物	
			铁矿物	硫化物	氧化物	硅酸盐矿物	其他
磁铁矿石	自形—半自形结构	块状、条带状、浸染状、角砾状构造	磁铁矿、赤铁矿、钛铁矿、镜铁矿	闪锌矿、黄铁矿、黄铜矿、方铅矿、磁黄铁矿、辉钼矿	软锰矿	石榴石、透辉石、透闪石、阳起石、绿帘石、黝帘石、硅灰石、绢云母、黑云母、白云母、绿泥石、蛇纹石、方柱石、石英	方解石、白云石、水镁石、磷灰岩、锆石、萤石
赤铁矿、褐铁矿矿石	胶状、条带状、同心圆状结构	土状、细脉状构造	赤铁矿、假象赤铁矿、褐铁矿	辉铜矿、毒砂			

钼矿体矿石矿物以辉钼矿、辉砷镍矿、方硫镍矿、黄铁矿为主，次有闪锌矿、方铅矿、黄铜矿、磁铁矿；脉石矿物有石英、石墨、黑云母、白云母、绿泥石、钙铝榴石、叶蜡石、滑石等。矿石具片柱状、半自形—它形粒状、针状变晶结构，条带状、条纹状、块状构造。叶片状辉钼矿顺层理排列，粒径 0.06～0.24mm。薄层微粒状隐晶质辉钼矿（粒径 0.01mm 以下）、闪锌矿、黄铜矿组成“金属层”，层厚 1～10mm 不等，与硅质、绢云母、叶蜡石构成条带状矿石，主要分布在含矿层下部。

矿石化学成分，在“金属层”（厚 1～10cm）中为：Mo 0.54%～2.57%，Ni 0.119%～3.06%，V_2O_5 0.25%～1.19%；鳞片状石煤中：Mo 0.01%～0.52%，V_2O_5 0.177%～0.866%；块状石煤中：Mo 0.01%～0.3%，V_2O_5 0.03%～1.7%；薄层石煤中：Mo 0.005%～0.95%，V_2O_5 0.005%～1.37%，其他尚伴生有 Pb、Ag、Sr、Ba、Ga、Mn、Ti、Cr 等元素。

4. 矿化阶段、蚀变类型

早期矽卡岩阶段：自形—半自形石榴石、透辉石、磁铁矿。

晚期矽卡岩阶段：石榴石、符山石、绿帘石、阳起石等，以及磁铁矿、赤铁矿、镜铁矿。

硫化物阶段：黄铁矿、磁黄铁矿、闪锌矿、黄铜矿、辉钼矿，以及热液蚀变矿物石英、方解石等。

蚀变类型：陡山沱组、灯影组中含镁钙质碳酸盐岩与寒武系中钙质碳酸盐岩发育镁质、钙质矽卡岩化，伴有硅化、绿泥石化、滑石化、绢云母化，其他泥质岩发育角岩化。

钼矿化层围岩矽卡岩化、硅化、角岩化、石英岩化、叶蜡石化、滑石化、碳酸盐化。

5. 成矿温度条件

据一般矽卡岩阶段形成条件，根据CΓ索洛维耶夫等人实验资料对比，石榴石形成温度在800℃以下，磁铁矿交代石榴石、较后期的黑色闪锌矿温度约500℃，棕褐色闪锌矿为340℃，故铁矿成矿温度在500～550℃。

6. 控矿因素和矿床成因类型

铁矿：有利的斜穿层位的断裂带，以及有利交代的镁、钙质碳酸盐岩岩石。部分层位（陡山沱组）铁质较高（达10%），可能提供部分铁矿质来源。

钼矿：荷塘组底部富Mo、V、Ni碳质硅质层和热水沉积成因的含钼金属层，为形成钼矿体提供矿质来源。原始富集的层位和含钼金属层受岩浆热力作用，在形成铁矿床的同时或稍后，发生迁移富集，形成透镜状、扁豆状钼矿层。

铁矿床：接触交代-矽卡岩型。

钼矿床：热水沉积-热液改造型。

成矿时代：花岗闪长岩锆石U-Pb年龄150.1±2.6Ma，细粒花岗岩147.1±1.7Ma。与磁铁矿共生的黑云母K-Ar年龄为147.2Ma。矿床成矿年龄与岩体侵入时间基本一致。

7. 矿田概况和找矿标志

围绕广山岩体，其北东端尚有谢坞、皇游塘几处小型花岗闪长岩株分布。自漓渚铁矿床循南西方向，依次有考老山（铁）、甘溪坞（铁）、广山（铁铜）、江藻（锌）、寺坞岭（铅锌）等矿点。自漓渚向南东，依次有谢坞（铁、锌、铜）、皇游堂（铜、锌）。矿床类型大都为接触交代型，矿化层位为震旦系灯影组和中上寒武统。寺坞岭为寒武系断裂带中的充填交代铅锌矿床。

（1）地质找矿标志：①燕山早期中酸性岩体侵入；②震旦系—寒武系碳硅质岩碳酸盐岩类发育；③地层褶皱，走向断裂破碎发育；④接触变质、自变质作用、热液蚀变现象明显；⑤矿化露头的直接发育和广泛矽卡岩化、大理岩化、角岩化。

（2）物化探标志：①中酸性岩体的正值低背景磁场；②接触带磁铁矿化所致正值高梯度线型磁异常和泥炭质泥质岩角岩化、磁黄铁矿化所致正值杂乱磁异常；③具有线型沿接触带或沿层位、沿断裂延伸的地球化学异常，以及元素异常的分带性；④具有线型延伸的激电、电阻率、自然电位异常。

6.6.1.3 叠加改造型斑岩矿床

潘家铜钨多金属矿是浙西北地区新近勘查的大—中型铜-钼-钨多金属矿床（浙江省第一地质大队，2013）。矿区位于淳安县城265°方向，直距约40km处，地理坐标为：东经118°34′40″，北纬29°35′30″。行政区划隶属淳安县姜家镇管辖。

1. 成矿地质背景

矿区位于临安-开化加里东裂陷沉积盆地中淳安黄石潭-开化马金印支隆起成矿环境。

矿区地层：主要为震旦系，分布于水口湾至大铜坑一带（图6-55）。

震旦系地层特征概述如下。

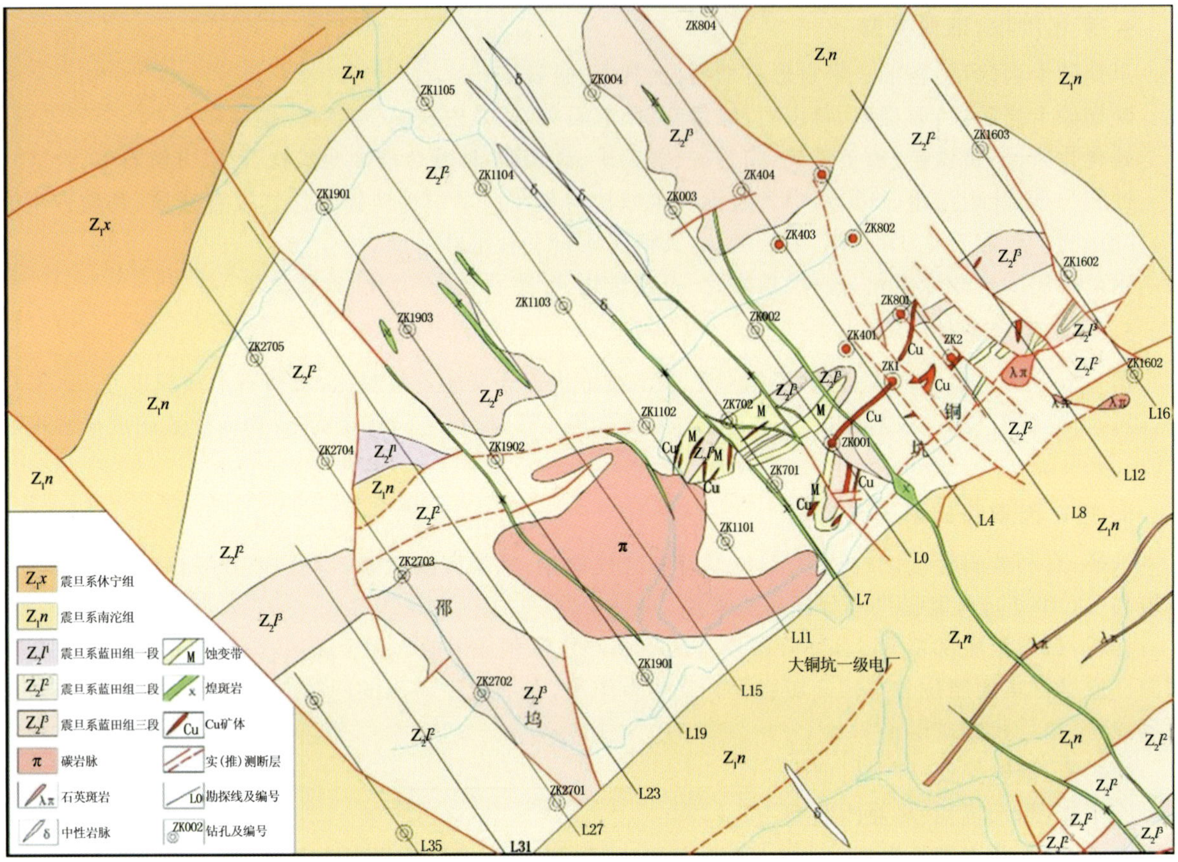

图 6－55　潘家铜钨多金属矿矿区地质简图

（据浙江省第一地质大队，2013）

震旦系上统蓝田组（Z_2l）：矿区内广泛分布，可分为四段，由老至新分别为：①蓝田组一段（Z_2l^1），主要为黑灰色细晶白云岩，矿区出露较少，仅在西侧有零星分布，与下伏南沱组呈整合接触；②蓝田组二段（Z_2l^2），主要为青灰色厚—中层硅质泥岩、灰黄色—棕红色中厚层粉砂质泥岩，夹薄层粉砂质泥岩、泥岩，矿区内多蚀变为斑状红柱石、堇青石角岩、硅质角岩、石英角岩；③蓝田组三段（Z_2l^3），主要为灰黑色中—薄层含碳硅质岩，夹少量薄层状硅质岩，局部夹白云质灰岩，或云质灰岩团块、硅质岩团块，矿区内多蚀变为硅质角岩、钙质角岩、矽卡岩等，为矿区主要赋矿层位；④蓝田组四段（Z_2l^4），主要为青灰色厚层砂岩，夹厚层状白云质砂岩，顶部夹一层厚层状白云质灰岩，本段与上覆皮园村组呈整合接触。

震旦系下统休宁组（Z_1x）：主要分布于矿区的北西侧，为一套灰色凝灰质细砂岩、粉砂岩和泥岩，呈韵律交互产出，发育大量潮汐层理、沙纹层理和韵律层理，厚度大于 1380m。与上覆南沱组含砾砂质泥岩整合接触。

震旦系下统南沱组（Z_1n）：主要分布于矿区外围四周，依据岩性特征可为上、中、下 3 个部分。上部和下部以灰色或青灰色含砾砂质泥岩为主，夹不稳定的含砾砂岩透镜体，砾石成分复杂，主要有变质砂岩、硅质岩、灰岩、花岗岩等，磨圆度好—差不等，层理不显，局部夹厚度不大的白云岩；中部为暗灰色含粉砂白云岩，厚 197m。与上覆蓝田组岩性突变，接触面略有起伏，呈整合接触。该层在矿区内多蚀变为含砾千枚岩、含砾角岩。

矿区构造：矿区褶皱构造和断裂构造发育，构造线方向主要为北东-南西向，其次为北西、北北西向（图 6－55）。

褶皱构造：主要为大铜坑-潘家向斜，矿区内长 3.3km，宽 2.8km。轴面倾向北西，走向北东（40°～50°），北东向倾伏，倾伏角为 10°～20°。向斜核部地层为震旦系蓝田组，两翼为南沱组、休宁组，该向斜为矿区重要赋矿构造。

断裂构造：矿区的断裂构造主要为两期，北东向纵断层和北西向横断层。①纵断层：矿区内主要分布 5 条纵断层，沿褶皱轴向北东-南西展布，规模较大，长度可达 2.8～3.3km。该系列断层在北西-南东挤压环境下，与褶皱构造同期形成的逆向断层，与成矿关系密切，是重要的导矿、赋矿构造。②横断层：矿区内北西向横断层十分发育，达 20 多条，走向北西(310°～330°)，倾向北东或南西，倾角 70°～90°，长 1～3km，断距 10～200m。断层多为张性或张扭性，形成时间较晚，常切错北东向断层或使地层发生平移，为成矿后的破矿构造。

矿区岩浆岩：主要为大铜坑花岗闪长斑岩(158.1±1.8Ma)，脉岩类主要有煌斑岩、辉绿玢岩等。大铜坑岩体与成矿作用关系密切。

大铜坑岩体主要出露于矿段中心邵坞与大铜坑附近，呈不规则的岩株状沿大铜坑-潘家向斜核部北东向逆断层侵入，岩体自南西向北东倾伏，倾伏角 17°左右，出露面积约 0.3km^2。岩性为花岗闪长斑岩，岩石具细粒不等粒结构、花岗结构、似斑状结构。斑晶占 65%～70%，斑晶粒径可达 0.5～2.5cm，主要由石英、斜长石、钾长石、黑云母、角闪石组成，偶见钾长石巨斑晶(图 6-56)。基质 30%～35%，主要为石英、斜长石、角闪石、黑云母组成，粒度小于 0.2mm，以石英为主，占 50%以上，斜长石常蚀变为绢云母、水云母。

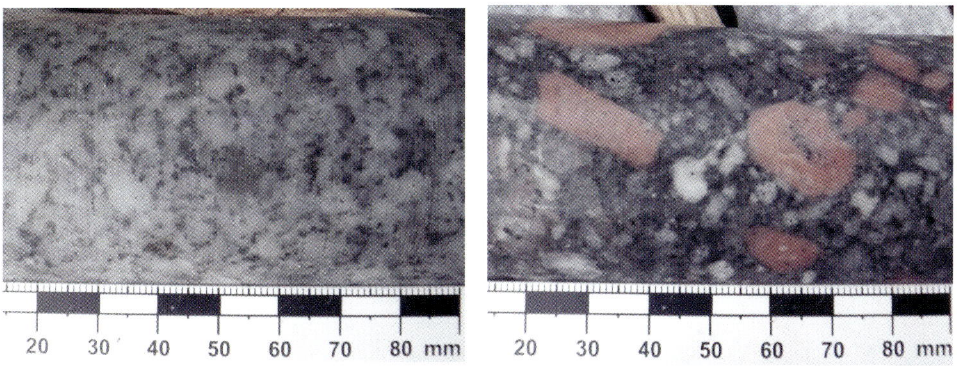

a.花岗闪长岩　　b.含钾长石斑晶花岗闪长岩

图 6-56　潘家矿区大铜坑岩体手标本特征

(据浙江省第一地质大队,2013)

岩体主量元素分析结果见表 6-17。岩浆岩分类命名的 TAS 图(图 6-57)和 Q′-F′-Anor 图解(图 6-58)投点结果基本一致，为花岗闪长岩和二长花岗岩系列，属中酸性侵入岩。

据 A/NK-A/KNC 判别图(图 6-59)显示，潘家岩体具明显的过铝质特征。

A/KNC 值曾被广泛用来判断 I 型(A/CNK<1.1)和 S 型花岗岩(Chappell & White,1974)，潘家矿区岩浆岩的 A/CNK 值较大，为 1.32～2.09，均值为 1.59，大于 1.1，应为 S 型花岗岩。

岩浆的氧化还原电位主要体现在变价元素上(Ishara,1977；赵振华，1997；韩吟文等，2003)。一些变价元素的比值常常可以用来判断体系的氧化还原状态，例如一般岩石中 $Fe^{3+}/Fe^{2+}>1$ 时，反映岩浆形成于氧化状态，$Fe^{3+}/Fe^{2+}<1$ 时，反映岩浆形成于还原状态。潘家岩体 Fe^{3+}/Fe^{2+} 值为 1.05～7.79，均值为 2.97，较为离散，反映岩体整体为氧化环境。

岩石化学指数特征：

(1)里特曼指数 $\sigma=(K_2O+Na_2O)^2/(SiO_2-43)$。该值表示岩浆岩某一系列岩石或单一岩石的碱性程度，$\sigma<4$ 的属于钙碱性岩系(太平洋型，其中 $\sigma=1\sim1.8$ 为钙性)；$\sigma>4$ 为碱性岩系(其中，$Na_2O>K_2O$ 为大西洋型，$K_2O>Na_2O$ 为地中海型)。

表 6-17　潘家铜钨多金属矿床岩浆岩主量元素分析表(%)

样品原号	ma-19	ma-20-1	ma-21	ma-22	ma-24	ma-25	ma-26-1	ZK1101-Si-1	ZK1101-Si-3	ZK1101-Si-6
岩性(野外定名)	花岗闪长斑岩(钾长石巨斑晶)	花岗闪长斑岩(钾长石巨斑晶)	花岗闪长斑岩(含钾长石巨斑晶)	花岗闪长斑岩(较新鲜，见矿化)	花岗闪长斑岩(蚀变)	花岗闪长斑岩(见矿化)	花岗闪长斑岩(蚀变)	斜长花岗斑岩	斜长花岗斑岩	斜长花岗斑岩
SiO_2	83.78	78.14	68.74	69.79	68.43	68.71	67.8	67.26	67.44	67.75
TiO_2	0.775	0.101	0.505	0.421	0.481	0.4	0.478	0.48	0.3	0.67
Al_2O_3	6.15	11.05	14.52	14.95	14.74	11.93	14.02	14.18	15.94	15.46
Fe_2O_3	3.39	1.3	3.43	2.67	3.46	6.64	3.7	2.77	3.66	5.8
FeO	2.49	1.11	2.78	1.54	2.84	2.16	2.82	0.45	0.52	0.67
MnO	<0.004	0.022	0.08	0.046	0.034	0.039	0.04	0.049	0.037	0.087
MgO	0.521	0.059	1.15	0.786	1.12	0.838	1.04	1.01	0.92	1.2
CaO	1.15	0.681	2.09	2.63	2.5	1.96	2.72	3.58	3.42	4.03
Na_2O	0.331	2.98	1.23	3.37	3.08	0.728	2.46	2.1	2.15	2.52
K_2O	2.45	4.71	4.38	4.38	4.06	3.03	4.08	4.89	4.31	3.07
P_2O_5	0.047	0.009	0.152	0.134	0.151	0.131	0.152	0.1	0.08	0.1
烧失量	1.37	0.93	3.69	0.7	1.91	5.05	2.96	3.24	0.26	0.1
Total	102.454	101.092	102.747	101.417	102.806	101.616	102.27	100.109	99.037	101.457
文献来源	本文	本文	本文	本文	本文	本文	本文	浙江省第一地质大队，2012		

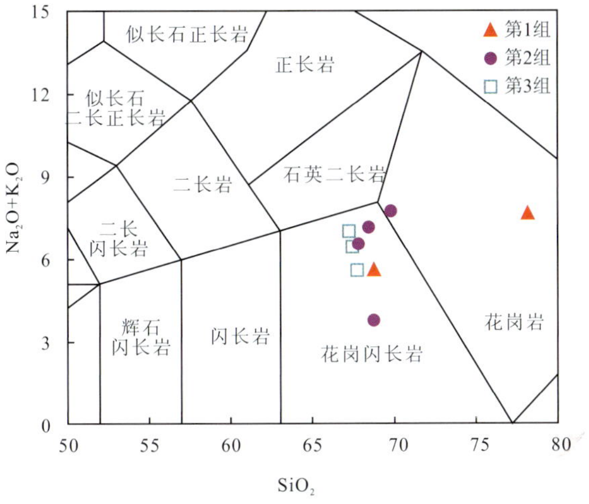

图 6-57　潘家铜钨多金属矿岩浆岩 TAS 分类图

（图解据 Middlemost，1994）

注：数据来自本专著及浙江省第一地质大队，2013；第 1 组为斜长花岗斑岩（含钾长石巨斑晶）；第 2 组为斜长花岗斑岩（部分样品蚀变强烈）；第 3 组为斜长花岗斑岩

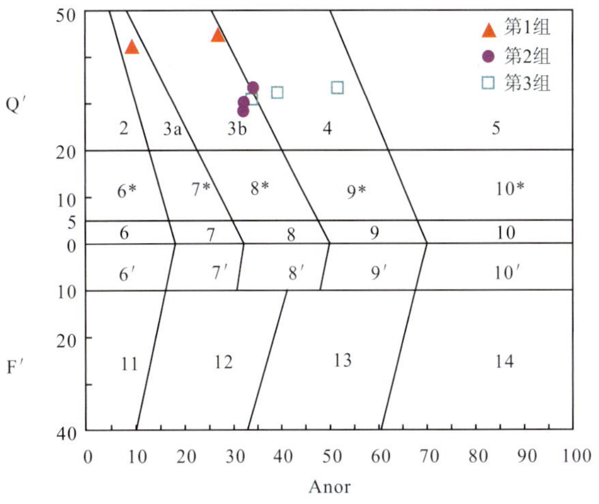

图 6-58　潘家铜钨多金属矿岩浆岩 Q′-F′-Anor 分类图

（图解据 Streckeisen & Le Maitre，1979）

Q′＝100Q/(Q＋Or＋Ab＋An)；F′＝100(Ne＋Lc＋Kp)；Anor＝100An/(Or＋An)

2. 碱长花岗岩；3a. 花岗岩；3b. 二长花岗岩；4. 花岗闪长岩；5. 英云闪长岩；6＊. 碱长石石英正长岩；7＊. 石英正长岩；8＊. 石英二长岩；9＊. 石英二长闪长岩；10＊. 石英闪长岩；6. 碱长正长岩；7. 正长岩；8. 二长岩；9. 二长闪长岩；10. 闪长岩；6′. 含副长石碱长正长岩；7′. 含副长石正长岩；8′. 含副长石二长岩；9′. 含副长石二长闪长岩；10′. 含副长石闪长岩；11. 副长石正长岩；12. 副长石二长正长岩；13. 副长石二长闪长岩；14. 副长石闪长岩

潘家成矿岩体 σ 值为 0.19～2.25，均值为 1.56，整体上＜4，属太平洋型钙碱性岩系，碱质特征均为 $K_2O>Na_2O$，可能因钾化影响，部分蚀变样品 $K_2O>Na_2O$ 值达 3.5～7.5。

（2）碱度率指数 $AR=[Al_2O_3+CaO+(Na_2O+K_2O)]/[Al_2O_3+CaO-(Na_2O+K_2O)]$。在 SiO_2 相同的条件下，*AR* 值越大，岩石相对越为碱性。潘家成矿岩体 *AR* 值从 1.74～4.81，集中于 2.2～2.5，均值 2.41，高于扬子板块花岗闪长岩（2.11），显示出潘家成矿岩体偏碱性特征。

（3）分异指数：*DI*＝Q＋Or＋Ab＋Ne＋Kp（CIPW 标准矿物）。该值由 Thornton & Tuttle（1960）提出，用以表示岩浆分异演化和岩石酸碱性程度，一般说来，其值愈小，表示岩浆分异程度愈高，酸性程度也愈高。潘家矿区岩体的 *DI* 值为 68.10～93.65，集中于 70～80，均值 77.65。徐克勤等（1992）和陈光远等（1993）指出，W、Sn 矿化花岗岩 *DI*＞88，Au、Cu 矿化花岗岩 *DI*＜88。本区岩浆岩 *DI* 值大于一般花岗闪长岩（*DI* 为 67），多数小于 W、Sn 矿化花岗岩，说明其分异程度中等，对 Cu 矿的成矿可能较为有利。

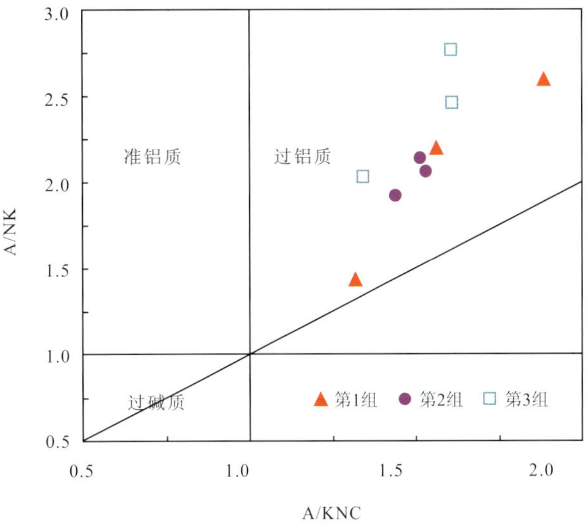

图 6-59　潘家铜钨多金属矿岩浆岩 A/NK-A/CNK 判别图解

[$A/KNC=Al_2O_3/(CaO+Na_2O+K_2O)$；$A/NK=Al_2O_3/(Na_2O+K_2O)$ 分组图例同图 6-57]

2. 矿床地质特征

潘家铜钨多金属矿主要有两种矿化类型。

(1)岩体内的钨钼矿(化)带。受大铜坑岩体控制,主要为钨、钼、铜等多金属矿化(图 6-60)。矿化主要呈厚层状、层状、似层状等,分布形态与岩体顶板界线基本一致。矿化带规模较大,连续性好,长约 1000m,宽 200~500m,垂直厚度 200~600m。矿化带蚀变类型主要有叶蜡石化、云英岩化、绢云母化、钾长石化、钠长石化等,云英岩化与矿化关系最为密切。矿化带中钨钼常为共生产出,且钨矿矿化时间早于钼矿。

a.岩体石英脉中的自形—半自形黄铁矿

b.角岩中似层状辉钼矿

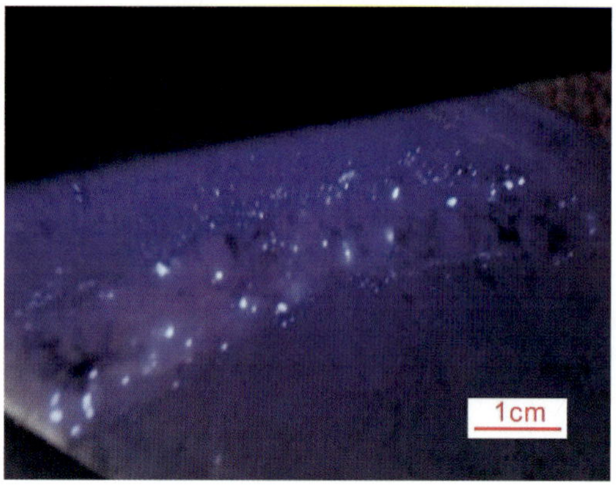

c.浸染状白钨矿荧光

d.围岩裂隙石英脉中辉钼矿

图 6-60　潘家矿区典型矿化特征

(2)地层内的钨铜多金属矿(化)带。矿化主要分布于震旦系蓝田组地层内,主要受蓝田组三段矽卡岩、钙质角岩及黄铁矿化角岩控制,主要为钨、铜、钼、铅、锌、银等多金属矿化。矿化与地层产状基本一致,呈层状、似层状展布。矿化带总体呈北东-南西走向,自南西向北东方向具有矿化程度变强、厚度变大的趋势。矿化连续性好,规模大,延伸较长,长约 2400m,宽 200~900m,厚 30~200m。矿化带的蚀变类型主要有矽卡岩化、黄铁矿化、磁黄铁矿化、绢云母化、高岭土化、碳酸盐化、角岩化等,靠近岩体的围岩热变质程度较深,多蚀变为角岩,肉眼难辨原岩成分,薄片鉴定显示主要为含钙、泥、砂质以及硅质岩石。矿化带钨铜共生现象常见,且石英细脉较多的地段钨铜含量也较高。另外,在靠近岩体一侧的围岩地层裂隙中分布有脉状的钼矿(含少量的钨)。

3. 矿体特征

潘家铜钨多金属矿区共圈定出 6 种类型的矿体,即钨矿、钼矿、钨钼矿、铜、钨铜、铅锌银矿。其中,岩体及其接触带附近主要为钨矿、钼矿；围岩地层中主要为钨矿、铜矿、钨铜矿及铅锌银矿体。

（1）岩体内的矿体。矿体主要分布于大铜坑岩体内及其接触带附近，矿体呈层状、似层状、透镜状及脉状展布。矿体主要由钨矿、钼矿、钨钼矿组成，大小共有 99 个矿体，工业矿体 50 个，低品位矿体 49 个（浙江省第一地质大队，2012）。其中，钨钼矿体有 24 个（工业钨钼矿体有 18 个），钨矿体 28 个（工业钨矿体 10 个），钼矿体 47 个（工业钼矿体有 22 个）。

（2）地层内的矿体。矿体主要分布于矿区大铜坑附近 0～12 线之间的岩体外接触带蓝田组三段，出露标高 200～550m。矿体呈层状、似层状、透镜体状展布。矿体主要由钨矿、铜矿、钨铜矿组成，可分为 18 个小矿体，其中工业矿体 11 个，低品位矿体 7 个。在矿区西南侧 35 号勘探线的 ZK3501 揭露了蓝田组地层中尚存在铅锌银矿体，共 7 个矿体，其中 5 个为工业矿体，2 个为低品位矿体。矿体总厚度达 12.14m（工业矿体总厚约 9.7m），工业矿体的平均品位 Pb 2.07%，Zn 2.54%，Ag 177.5×10^{-6}。

4. 矿石特征与围岩蚀变

矿石类型主要有 6 种组合类型：黄铁矿-黄铜矿矿石、含白钨矿黄铜矿矿石、白钨矿矿石、辉钼矿-白钨矿矿石、石英脉型辉钼矿矿石、铅锌银矿石。矿石矿物以白钨矿、黄铜矿、辉钼矿、黄铁矿、方铅矿、闪锌矿、辉银矿为主，其次为斑铜矿、孔雀石、磁黄铁矿等。脉石矿物主要有石英、方解石、黑云母、白云母、绿泥石、透闪石、透辉石、叶蜡石、滑石、蛇纹石等。

矿石结构：主要以自形—半自形晶粒状结构、半自形—它形晶粒状结构、充填交代结构、包含结构、细脉充填结构等为主，少部分为变晶结构等。

矿石构造：主要为浸染状、星点状、细脉状、斑块状，其次为团块状、角砾状。白钨矿主要呈星点状、细脉状，少数呈浸染状。辉钼矿主要呈星点状、细脉状。黄铜矿主要呈浸染状、细脉状，少数呈斑块状。铅锌矿主要呈斑块状分布。

岩体中围岩蚀变类型主要有叶蜡石化、云英岩化、绢云母化、钾长石化、钠长石化等，其中，云英岩化与矿化关系最为密切。

地层中的蚀变类型主要有矽卡岩化、黄铁矿化、磁黄铁矿化、绢云母化、高岭土化、碳酸盐化、角岩化等，靠近岩体的围岩热变质程度较深，多蚀变为角岩。

5. 矿床地球化学

（1）稀土元素：潘家矿区成矿岩体稀土元素分析数据列于表 6-18。潘家花岗闪长斑岩的 $\sum$REE 值为 70.76×10^{-6}～193.30×10^{-6}，均值 147.08×10^{-6}；LREE/HREE 值为 3.10～13.78，均值 9.14，为明显的轻稀土富集型；$(La/Yb)_N$ 剔除两个异常值 1.13 和 20.29，分布范围为 8.32～13.15，均值 10.86；δEu 值为 0.45～0.91，均值 0.56，具有较明显 Eu 负异常。稀土元素球粒陨石标准化分布型式图（图 6-61）显示，潘家矿区成矿岩体为右倾的海鸥型曲线，Eu 谷明显，整体上明显深于 I 型花岗岩（无 Eu 谷），略浅于 A 型花岗岩（深 Eu 谷），显示出潘家成矿岩体整体上具 S 型花岗岩的特征。

吴锁平等（2007）统计认为：国内 A 型花岗岩中 REE（Eu 除外）元素含量（219.03×10^{-6}）远高于 S 型（173.14×10^{-6}）及 I 型（114.71×10^{-6}）。潘家成矿岩体的 $\sum$REE 剔除明显蚀变（矿化）的样品后，分布范围为 122.4×10^{-6}～193.3×10^{-6}，均值 157.1×10^{-6}，$\sum$REE 较为分散，但整体上远低于 A 型花岗岩，高于 I 型花岗岩，与 S 型花岗岩较为接近。稀土元素含量说明，潘家成矿岩体成因类型整体上应属 S 型花岗岩。

（2）微量元素：潘家矿区成矿岩体微量元素分析数据列于表 6-19。微量元素原始地幔标准化蛛网（图 6-62）中显示：潘家成矿岩体微量元素富集大离子亲石元素 Rb、Th、U，明显亏损大离子亲石元素 Ba、Sr、Ti 和高场强元素 Nb、Ta，不同于 A 型和 I 型花岗岩，具 S 型花岗岩的特征。一般认为，Ba、Sr 的亏损反映了岩浆较完全的分离结晶作用；而 Rb、Th、U 的富集和 Nb、Ta 的亏损则显示了陆壳物质的岩浆来源特征。微量元素特征反映了潘家成矿岩体为一套以陆壳重熔为主且分异程度较高的花岗闪长岩。

赋矿部位。

硅质岩夹蚀变泥岩、泥质粉砂岩段：视厚度 27～71m，岩性以硅质岩类（碎裂状硅质岩和岩块为硅质岩的碎裂岩）为主，约占 50%，其余为蚀变泥岩、泥质粉砂岩，大部分具矿化现象，其下部见一层低品位金矿体。

碎裂砂泥岩夹碎裂砾岩段（仅见于 87、97 线）：岩性以（碎裂）泥岩、粉尖质泥岩夹碎裂砾岩组成，视厚度 33.62～70.54m。

F_2 断裂分布于杨桥-石龙头 F_1 断层带的北西侧虹桥—杨桥一带，长度约 2600m，与 F_1 断层呈小角度斜交，倾向北西，倾角 50°～70°，构造形迹主要表现为上墅组绿泥石蚀变岩推覆于休宁组泥质粉砂岩之上，地表显示为宽度约 2m 的挤压带，有大量石英脉分布。

F_3 断裂分布于杨桥一带，是 F_1 断层的派生构造，长度约 1500m，为皮园村组覆盖于南沱组之上，倾向北西，倾角 65°～75°。

F_4 断裂分布于杨桥—石龙头一带，为 F_1 断层的派生构造，南沱组与奥陶系长坞组呈断层接触带，长度约 7200m，倾向北西，倾角 60°～70°，断裂带宽 2～5m。

北西向断裂从南西至北东依次为 F_6、F_7、F_8。该组断裂形成时间较晚，切割了 F_1、F_3、F_4 等北东向断裂，使早期构造体错位，水平错距 4～45m。其中 F_8 为区域性断层，长度约 4km，错距约 600m。

近东西向断裂矿区仅见 F_5，长度约 600m，宽度 2～3m，倾向近北，倾角 75°左右。该组断裂错切北东向断裂（F_3、F_4），错距约 100m。

区内岩浆活动主要发育于下庄-石柱断裂中英安玢岩、闪长玢岩、霏细岩脉等，一般呈岩脉产出，规模小。

沿下桩-石柱断裂带已发现金矿床 1 处（石龙头），金矿点 5 处（瑶坑、瑶田、下山、下坞、大坝底和老龙源）。

瑶田金矿点位于石龙头金矿东侧约 3.5km，矿点产在平行于下庄石柱断裂带的北东向压性为主的构造带中，金品位（0.2～2.86）$\times10^{-6}$，含矿岩石为上震旦统板桥山组强片理化粉砂质泥岩，近矿围岩主要矿化蚀变为黄铁矿化、硅化、绢云母化。

下山金矿点位于石龙头金矿含矿构造带南西延伸方向，金品位（0.5～4.17）$\times10^{-6}$，银品位（10～550）$\times10^{-6}$，矿体规模不清。含矿岩石为上奥陶统印渚埠组强片理化粉砂质泥岩和少量霏细斑岩，近矿围岩主要矿化蚀变为黄铁矿化、毒砂化、硅化、绢云母化。矿体倾向总体北西，倾角 55°～65°，矿石中含金石英脉流体包裹体均一法测定平均温度为 184.85℃，显示其为中低温热液型矿床。

下坞金矿点规模不清，金品位（0.4～8.24）$\times10^{-6}$、银品位（5.9～184）$\times10^{-6}$、铅品位 0.54%～3.92%、锌品位 0.15%～0.86%，矿体赋存于上寒武统华严寺组层间破碎带中，含矿岩石为强片理化粉砂质泥岩，近矿围岩主要矿化蚀变为黄铁矿化、毒砂化、硅化、绢云母化。矿体倾向总体南东，倾角 35°～45°。

大坝底金矿点：矿体赋存于北东向压性断裂带中，金品位（1.20～5.66）$\times10^{-6}$，含矿岩石为上奥陶统印渚埠组粉砂质泥岩及少量脉状花岗闪长岩、闪长玢岩，近矿围岩矿化蚀变为黄铁矿化、硅化、绢云母化。经 K-Ar 法测定，含矿闪长玢岩年龄为 146.5Ma，为燕山早期脉岩。

2. 矿体地质特征

（1）矿体赋存部位及围岩特征：石龙头金矿区的 F_1 断裂带贯穿全区，金矿化体受其控制甚为明显，为赋矿构造带。赋矿岩性为蚀变粉砂质泥岩和碎裂岩，遭受多期构造应力作用，常被强烈挤压破碎以及重新胶结，以岩石碎裂程度高、蚀变显著（黄铁矿化、绢云母化）为其特征（图 6-73）。

（2）矿体形态、规模及品位变化：矿（化）体呈似层状产于构造带中，由于构造作用的多期次性和不均一性，使同一条矿化带中的矿体呈断续分布。矿化体走向较稳定，呈 NE40°～45°展布，倾向北西，倾角 75°左右。石龙头金矿有 3 个矿段，自南向北分别为杨桥矿段、石龙头矿段和里洪丘矿段，可划分出 4 个

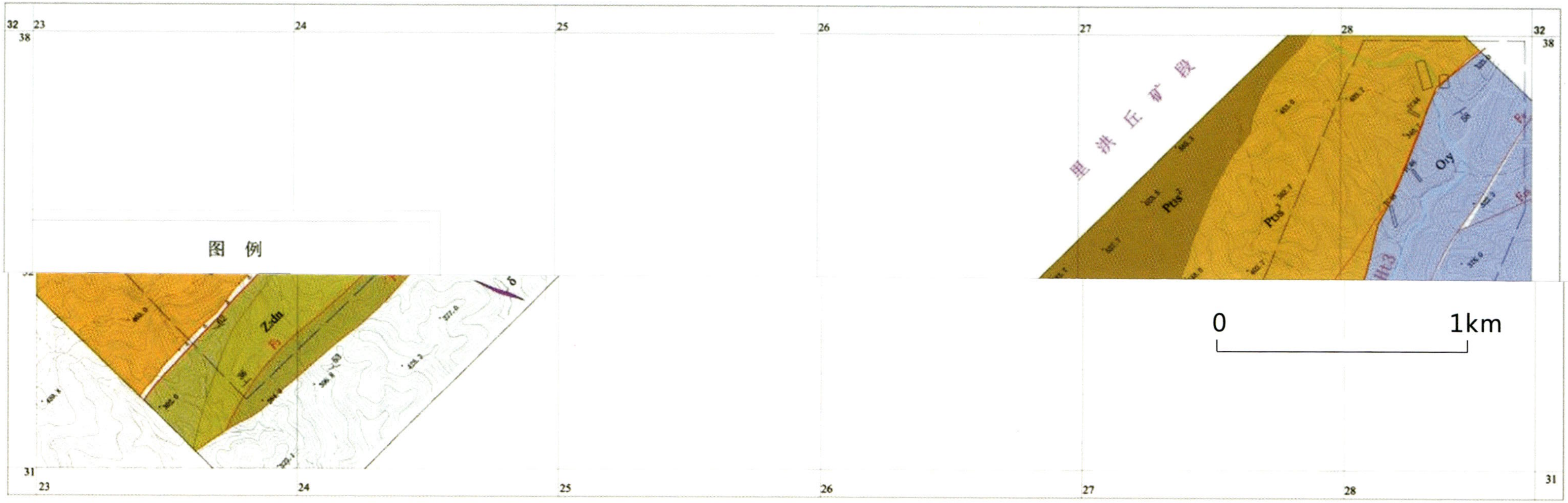

图6-72　石龙头金矿矿区地质简图
（据浙江省第三地质大队，2012，修改）

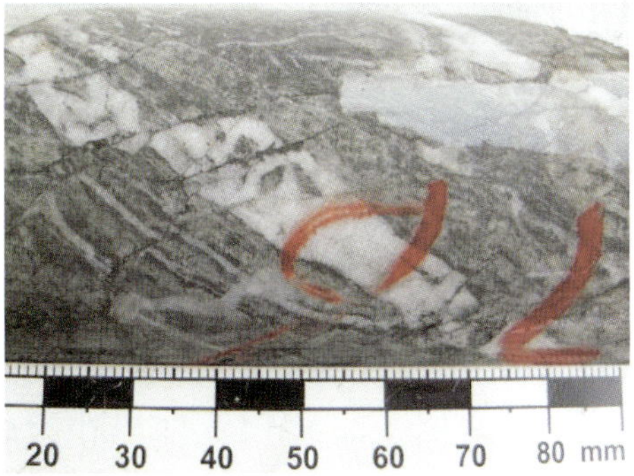

a. 碎裂蚀变粉砂质泥岩

b. 糜棱岩化黄铁矿化泥岩

c. 糜棱岩化、绢云母化和条带状黄铁矿化

d. 碎裂石英脉充填脉状黄铁矿

e. 稀疏浸染状黄铁矿化蚀变霏细斑岩

f. 构造角砾岩

图 6-73　石龙头金矿主要含金岩石特征图

矿化带(图 6-72)。

Ⅰ号矿化带:位于矿区南西段之杨桥一带 77～11 线之间,长度约 1300m。可分为Ⅰ、Ⅱ两个矿(化)体。Ⅰ号矿(化)体赋存于 F_1 断层带第二岩性段蚀变粉砂质泥岩段中,分为 3 个支矿体:Ⅰ-1 矿体的地表矿体长约 515m,厚度 0.77～10.27m,平均厚度 2.67m,单工程品位 $(1.45～4.14)\times10^{-6}$,加权平均品位 2.46×10^{-6},浅部矿体多产出在标高+50m 以上,长度约 780m,单工程视厚度 0.91～30.8m,平均 3.63m,单工程品位 $(1.223～3.252)\times10^{-6}$,加权平均品位 2.549×10^{-6},矿体整体上有向南西方向侧伏的趋势,侧伏角约 26°;Ⅰ-2 矿体走向长度 315m,单工程视厚度 1.81～5.66m,平均 3.03m,单工程品位 $(2.30～6.84)\times10^{-6}$,加权平均品位 4.687×10^{-6};Ⅰ-3 矿体由 ZK2901、ZK2101、ZK1101 所揭露,走向长度 315m,单工程视厚度 3.30～4.16m,平均 3.59m,单工程品位 $(1.394～1.574)\times10^{-6}$,加权平均品位 1.513×10^{-6}。

Ⅱ号矿体赋存于 F_1 断层带的第三岩性段蚀变砂泥质碎裂岩中，地表无控制。钻孔中分布于 77～45 线之间，长约 620m。视厚度 1.20～3.95m，平均厚度 2.99m。单工程品位(1.203～2.05)×10^{-6}。

Ⅱ号矿化带：位于矿区中段石龙头村一带，长约 310m，宽 4～12m。地表工程控制均为单工程见矿，矿(化)体连续性差，Au 品位(1.31～3.84)×10^{-6}，厚度 1.13～3.01m。

Ⅲ号矿化带：位于Ⅱ号矿化带的北东端，矿化带长约 205m，宽 8～12m，仅 TC18 见矿体 5 层，Au 品位(1.4～4.58)×10^{-6}，厚度 0.85～1.08m。

Ⅳ号矿化带：位于矿区北东端的里洪丘矿段，走向长度约 750m。8 号土壤剖面处地表可见构造带宽度约 6.5m，矿体视厚度 2m，Au 品位 1.83×10^{-6}；相邻的 TC50 中为矿化，视厚度 1.23m，Au 品位 0.72×10^{-6}；南西方向的 TC52 中为矿化，视厚度 0.85m，Au 品位 0.18×10^{-6}；TC54 中为矿化，视厚度 3.30m，Au 品位(0.24～0.48)×10^{-6}；TC56 中为矿化，视厚度 5.30m，Au 品位(0.1～0.32)×10^{-6}。

3. 矿石特征

(1)矿物组分：石龙头金矿主要的金属矿物为黄铁矿、毒砂，少量的黄铜矿、闪锌矿、方铅矿、辉铜矿、黝铜矿、银黝铜矿，极少量赫碲铋矿等，其中黄铁矿和毒砂是最重要的载金矿物；非金属矿物主要为石英、绢云母、水云母类黏土矿物、白云石，少量金红石、磷灰石、榍石等，其中脉状石英和黏土矿物是最重要的载金非金属矿物。

(2)矿石类型、结构构造以及嵌布特征：金矿物主要以银金矿和含银自然金形式存在，少量自然金。黄铁矿和毒砂作为石龙头金矿最重要的载金金属矿物，占主要金属矿物的 99%以上。黄铁矿多呈不规则它形及半自形—自形粒状晶，自形晶晶形以立方体、五角十二面体为主，亦可见少量八面体，一般呈浸染状、脉状构造；毒砂主要呈自形—半自形粒状结构，浸染状、细脉浸染状构造。载金的非金属矿物主要为石英和黏土矿物，石英多呈脉状构造。

本矿区中黄铁矿的一个重要特征是与脉石矿物形成复杂的嵌布特征，嵌布形式有：①黄铁矿沉淀在脉石矿物上，形成包裹脉石矿物的外环带(内核非金属矿物有磷灰石、白云石、石英等)；②与脉石矿物(含有机质)形成圈层状胶粒；③与脉石胶状、尘状物高度混合成富含非金属物质的黄铁矿聚合胶团，属主要的含金黄铁矿。另外，常见黄铁矿与毒砂紧密连生、交生(图 6-74)(紫金矿冶设计研究院，2012)。

(3)金矿的赋存形式：石龙头金矿金的赋存状态包括独立金和包裹金，矿石中的独立金仅占 5%～7%，而包裹金则占 93%～95%(图 6-75，紫金矿冶设计研究院，2012)，因此包裹金是金的主要存在形式。包裹金主要赋存的矿物为黄铁矿、毒砂、脉石英和黏土矿物，金矿物颗粒较细，一般小于 20μm，如黄铁矿的嵌布粒度主要分布在 0.02～0.15mm(62.44%左右小于 0.15mm)，毒砂嵌布粒度主要集中在 0.01～0.074mm(80.41%左右小于 0.074mm)。

扫描电镜下发现金矿物的嵌布特征是以黄铁矿包裹金(银金矿、含银自然金和少量自然金)为最主要形式，包裹金包括黄铁矿粒间金、黄铁矿和毒砂粒间金、不纯黄铁矿胶粒中吸附金、黄铁矿粒间空洞和黄铁矿粒内空洞中金矿物、富砷环带中的金、黄铁矿的富砷内核中的金(图 6-75)，粒度多为 1～10μm(微米级)，毒砂、脉石英以及黏土矿物中则以纳米级的金为主。研究显示，矿石中晶格金存在的可能性较小。

(4)蚀变分带与矿化：石龙头金矿的围岩蚀变类型主要有绢云母化、硅化、褐铁矿化、黄铁矿化，其次为绿泥石化、高岭土化、碳酸盐化等。其中，绢云母化、硅化和黄铁矿化与金矿化关系最为密切。

石龙头金矿区的矿化一般沿 F_1 断裂及其旁侧次级断裂发育，均为单一的金矿化。矿化分带与区域地球化学特征基本吻合，元素分带规律由南西-北东(杨桥→石龙头→里洪丘)依次为 Au→As、Ag、Zn/Au→Cu、Zn/Au 异常，元素异常受断裂带控制。

4. 土壤化探异常

石龙头金矿区土壤地球化学测量共圈定了 3 个 Au 异常，分布于杨桥、石龙头和外洪丘—里洪丘一带，其编号分别为 Ht_1、Ht_2、Ht_3(图 6-72)，以杨桥矿段的 Ht_1 异常发育最好，元素组合为 Au-As、

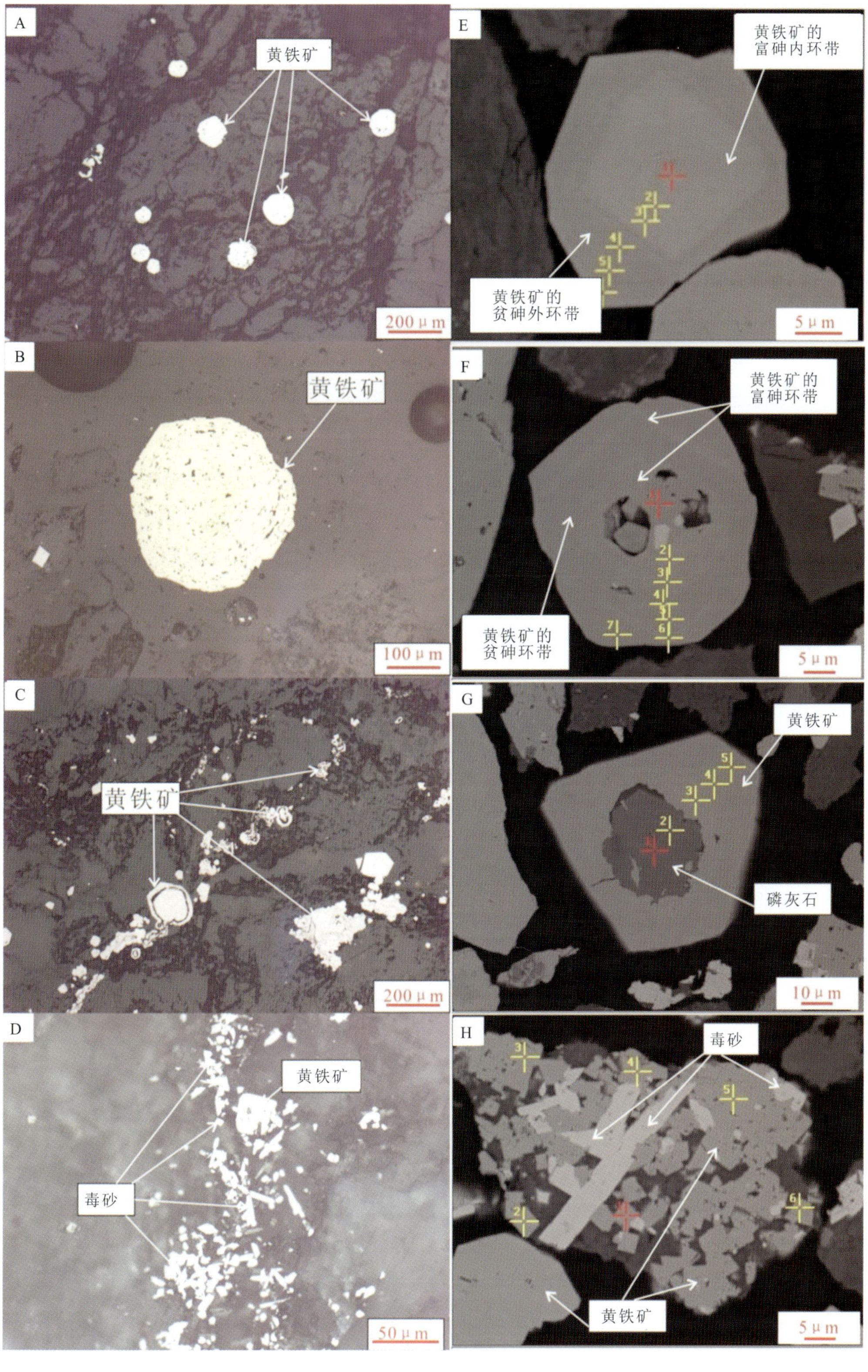

图 6-74　石龙头金矿矿石中黄铁矿和毒砂的嵌布特征图

(图 A～D 是反光显微镜下照片；E～H 是扫描电镜下背散射图像)

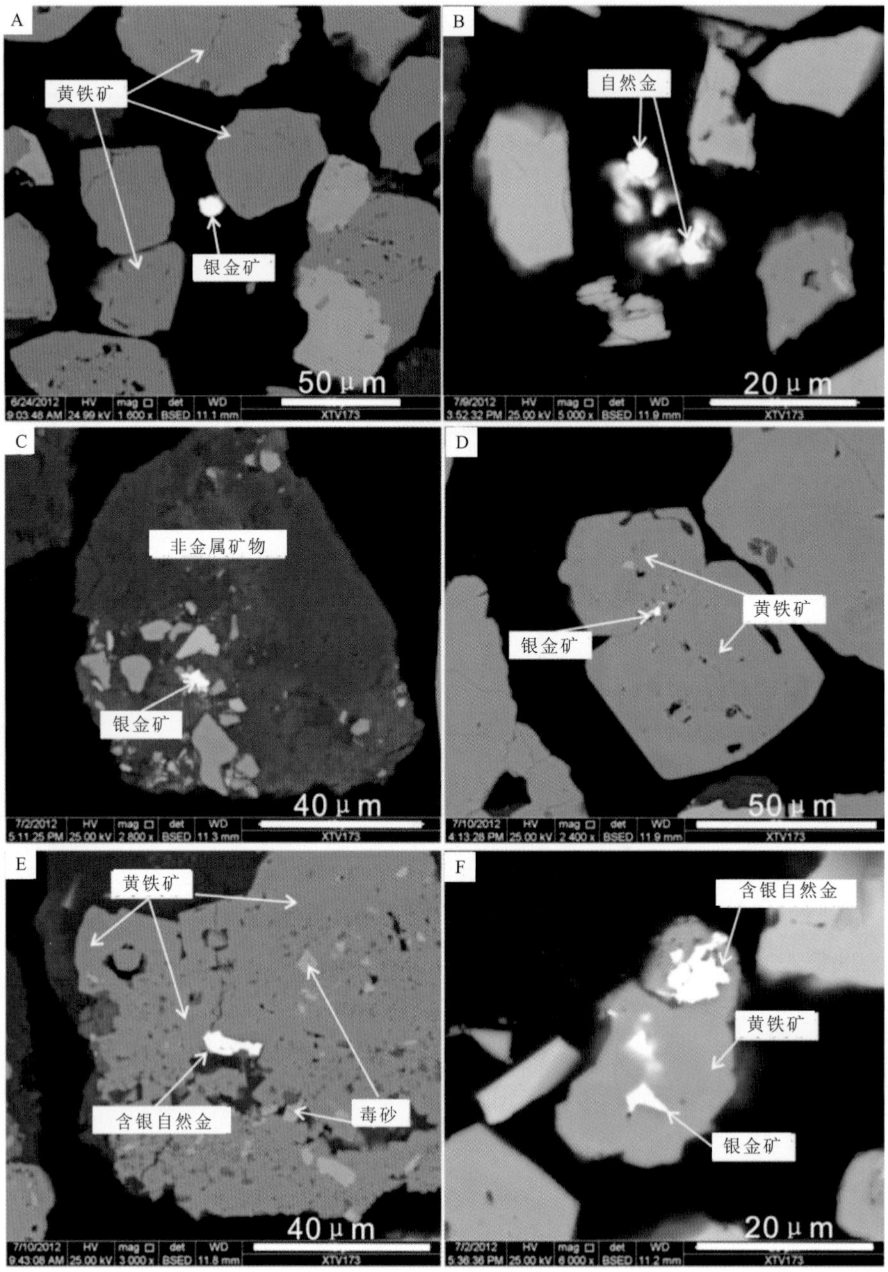

图 6-75　石龙头金矿金矿物赋存状态扫描电镜背散射图

Ag、Zn(表 6-23,图 6-76)。Au 最高含量 600×10^{-9},平均含量 26.3×10^{-9},异常含量高,衬度大,三级浓度反映清晰。As 最高含量 4000×10^{-6},平均含量 571×10^{-6},Au 与 As 异常套合性好,Ag、Cu、Pb、Zn 元素有异常反映,但含量均较低。异常走向呈北东向线状展布,主要分布在 F_1 断裂带上,受 F_1 断裂控制尤为明显。

石龙头矿段 Ht_2 异常元素组合为 Au-Ag、Cu、Zn,呈现两个异常中心,分别对应Ⅱ号矿化带和Ⅲ号矿化带,异常中心长度分别为 460m 和 540m,Au 最高含量 90×10^{-9},平均含量 7.77×10^{-9},异常衬度 1.94(表 6-23,图 6-77)。

里洪丘矿段 Ht_3 异常元素仅见 Au,Au 最高含量 52×10^{-9},平均含量 8.2×10^{-9},异常衬度 1.37(表 6-23,图 6-78)。

表 6-23　石龙头金矿主要成矿元素异常特征表

元素 \ 位置参数	杨桥			石龙头			外里洪丘—里洪丘		
	异常下限	平均含量	衬度	异常下限	平均含量	衬度	异常下限	平均含量	衬度
Au(10^{-9})	4	26.3	6.58	4	7.77	1.94	6	8.2	1.37
As(10^{-6})	100	571	5.71						
Ag(10^{-6})	0.2	0.4	2.0	0.2	0.41	2.05			
Cu(10^{-6})	40	48.1	1.2	40	46	1.15			
Pb(10^{-6})	30	44	1.46	40	58.6	1.46			
Zn(10^{-6})	150	196	1.36	70	260	3.07			
元素组合	Au-AsAgZn			Au-AgCuZn			Au		
形态	条带状			条带状					
规模	长 2000m，宽 100m			长 1700m，宽 50～200m			Ht_{3-1}：长 1900m，宽 200m		
异常编号	Ht_1			Ht_2			Ht_3		

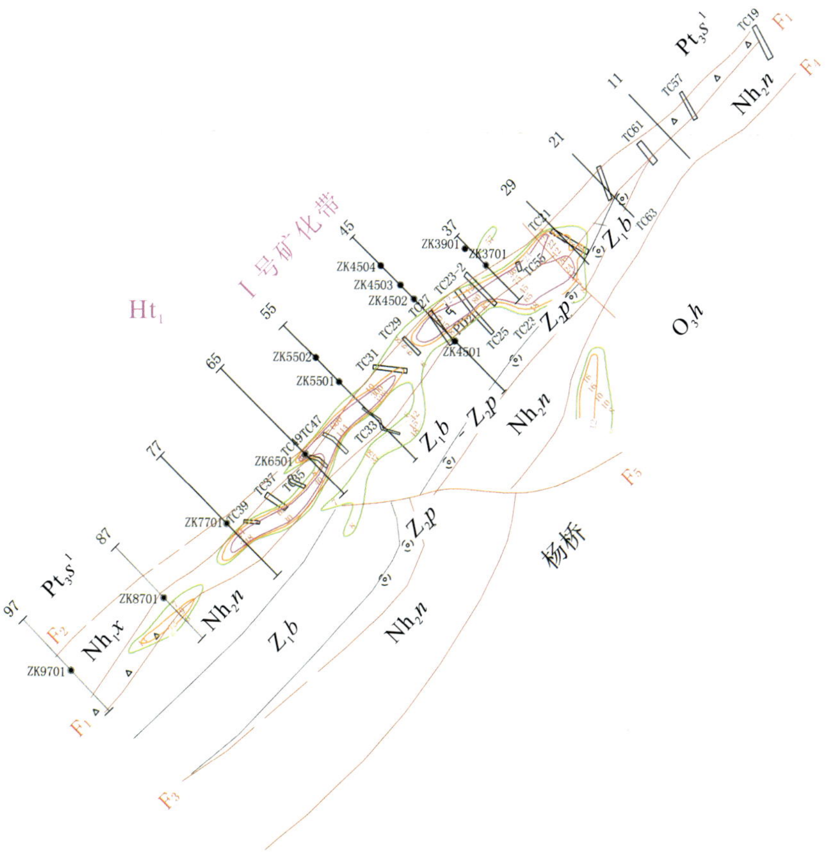

图 6-76　石龙头金矿杨桥矿段 Au 土壤异常图

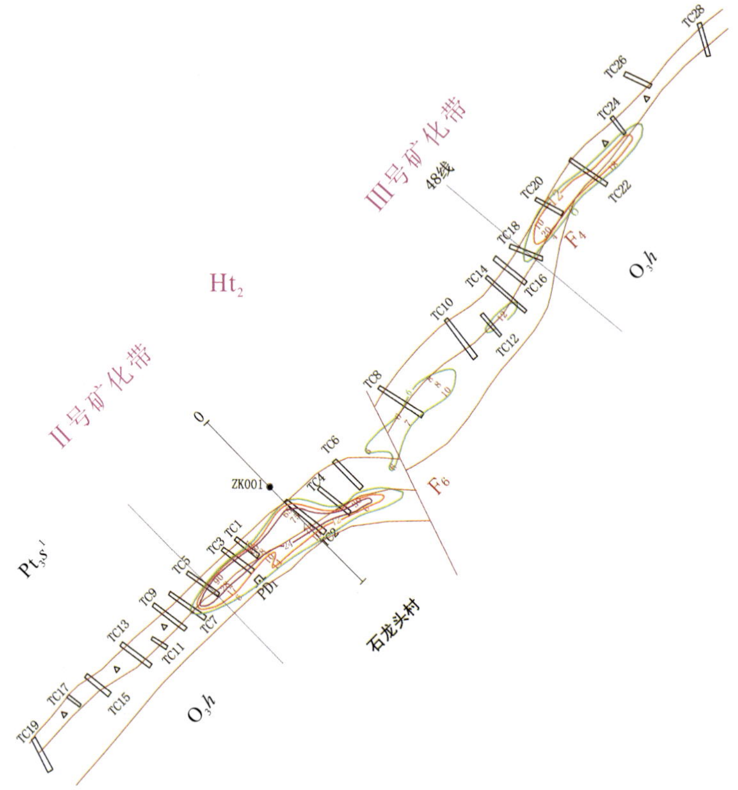

图 6－77　石龙头金矿石龙头矿段 Au 土壤异常图

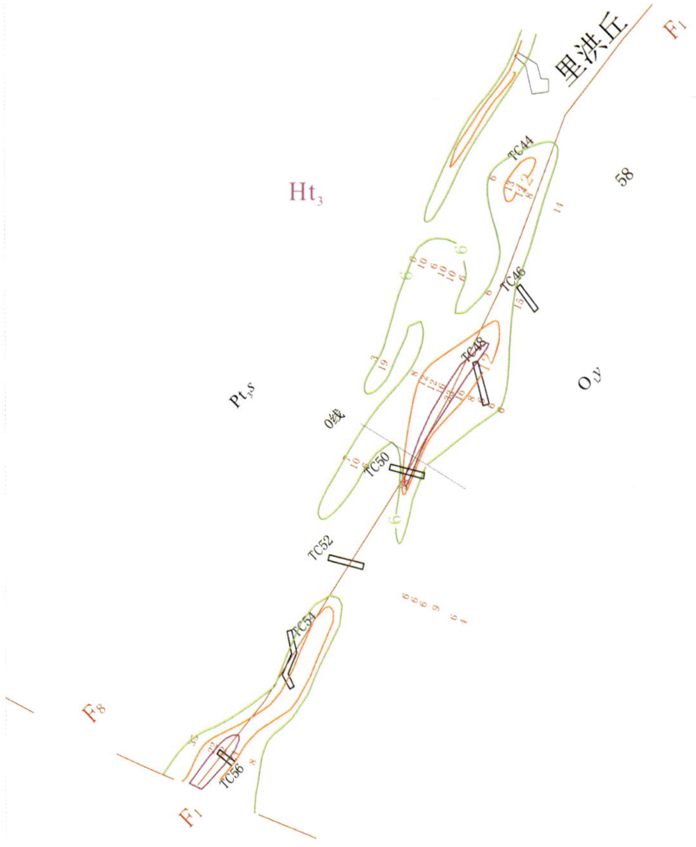

图 6－78　石龙头金矿里洪丘矿段 Au 土壤异常图

5. 矿床成因

石龙头金矿体赋存在断裂带蚀变碎裂岩中，独立金仅占 5%～7%，包裹金占 93%～95%，主要载金矿物为细粒浸染状黄铁矿和微细粒浸染状毒砂，金矿物粒度细（1～10μm），属细粒浸染型金矿。

石龙头金矿含矿霏细斑岩经 K－Ar 法测定，年龄为 152.02Ma；大坝底金矿点含矿闪长玢岩经 K－Ar 法测定，年龄为 146.5Ma，据此可以推测，下庄-石柱断裂成矿环境细粒浸染型金矿成矿时代应为燕山早期晚阶段（晚侏罗世），对应的区域构造背景为挤压环境向伸展环境转换阶段。

围岩蚀变硅化、绢云母化和浸染状黄铁矿化。

燕山早期本区为挤压环境，早期形成的下庄-石柱断裂带再次活动，表现为北西向南北推覆性质，沿断裂带形成一系列平面上呈叠瓦状或上陡下缓的犁式断裂组合；燕山早期晚阶段本区由挤压环境向伸展环境转换，沿断裂带贯入闪长（玢）岩和石英霏细斑岩脉，断裂带成为热水溶液运移通道，热水溶液萃取地层中的金和硅等物质，成为含金热流体，当构造环境物理化学条件改变时，形成强烈的硅化、黄铁矿（毒砂）化破碎带，热液中的金随黄铁矿（毒砂）矿物的生长而被包裹其中，形成细微浸染型金矿床。

6. 找矿模型

（1）矿床位于下庄-石柱断裂成矿环境中。

（2）断裂构造带中发育一系列由推覆作用引起的上陡下缓叠瓦状断裂。

（3）断裂带卷入不同时代岩石，岩石碎裂，并往往发育中酸性岩脉。

（4）断裂带中岩石发育硅化、黄铁矿（毒砂）化、绢云母化、绿泥石化、高岭土化、碳酸盐化等。

（5）发育 Au、As、Ag、Zn、Cu 等土壤化探异常，异常浓集中心与金矿体空间对应较好。

6.6.2　燕山晚期早阶段岩浆热液矿床

燕山晚期早阶段（145～115Ma）侵入岩广泛发育，空间上主要分布在丽水-舟山断裂以西的昌化-湖州、开化-杭州、常山-绍兴 3 个北东向条带和浙西南遂昌—庆元地区，丽水-舟山断裂以东地区分布甚少。岩性主要为花岗闪长岩、二长花岗岩、黑云母花岗岩、似斑状钾长花岗岩、石英正长岩和花岗斑岩，岩石化学和微量元素地球化学特征表明，本期岩体多为 A 型和 I 型花岗岩。

成矿岩体主要是黑云母花岗岩、二长花岗岩、花岗闪长斑岩、似斑状钾长花岗岩和花岗斑岩，主要分布在临安-开化加里东裂陷沉积盆地中昌化-廿乌印支褶皱隆起带（I_1－4－1）的长乐桥-唐舍村中生代火山-岩浆成矿环境、学川中生代岩浆侵入成矿环境、杭州-开化印支裂陷沉积盆地（I_1－4－2）的岭后-白马印支裂陷沉积与中生代岩浆侵入成矿环境、余杭闲林埠-临安板桥中生代岩浆侵入成矿环境和湖州-德清印支陆表海沉积盆地（I_1－4－3）的三桥埠-妙西中生代岩浆侵入成矿环境；嵊州-龙泉中元古代裂谷带新昌-武义中生代火山坳陷沉积盆地（I_3－1－3）的余姚-新昌中生代火山沉积盆地成矿环境。主要成矿岩体和矿化特征见表 6－24。形成的矿床类型有岩浆热液脉状矿床、矽卡岩型矿床和斑岩型矿床。

6.6.2.1　岩浆热液脉状-矽卡岩型矿床

与岩浆热液脉状-矽卡岩型矿床有关的岩体为黑云母花岗岩、黑云母二长花岗岩和花岗闪长岩，如学川中生代岩浆侵入成矿环境的千亩田黑云母花岗岩和岭后-白马印支裂陷沉积盆地与中生代岩浆侵入成矿环境的儒洪黑云母花岗岩、常山黑云母二长花岗岩。这类岩体侵位受东西向和北东向构造联合控制，岩体一般剥露程度不大，如学川、儒洪岩体边缘相、过渡相部分还保存较多（图 6－79、图 6－80），岩前岩体刚刚剥露了岩体顶端，沿岩体走向，尚有若干小岩枝陆续出露，显示岩体顶界面突起。黑云母花岗岩富水和 Be、Nb、W、Sn、F 等，形成岩浆热液型或岩浆热液石英脉型 W、Sn、Be 矿（千亩田、夏色岭、岩前和姜家矿床等）；当围岩为碳酸盐岩建造时，也可以顺层交代，形成似层状含锡磁铁铅锌矽卡岩型矿床（铜山、白沙畈、洞坞和大溪边矿床等），在岩体倾伏走向线上（或有隐伏的小岩体）围岩热蚀变晕中可

表 6-24　燕山晚期早阶段(145～115Ma)主要成矿岩体和矿化特征

构造环境	成矿环境	成矿岩体	矿化类型	围岩性质	赋矿部位	矿体形态及规模	矿石类型	围岩蚀变
昌化-廿乌印支褶皱隆起带	长乐桥-唐舍村中生代火山-岩浆成矿环境	唐舍花岗闪长岩体(I型,137Ma)	Fe、Cu、Zn、Ag	蓝田组一段(Z_2l^1)白云质灰岩	岩体外接触带	呈南北向不规则形态	矽卡岩交代型矿石,Cu 0.2%～1.03%,Zn 5.39%,Ag 77×10^{-6}	矽卡岩化、硅化、黄铁矿化
		凤凰山花岗岩(A型,137Ma)	Cu、Pb、Zn、Sn	荷塘组含灰岩夹层的硅质页岩	岩体外接触带	北东和东西向断裂和层间节理裂隙。矿体呈透镜状、似层状、团块状	热液交代型矿石,Cu 0.02%,Pb 0.03%,Zn 0.1%,Sn 0.008%	矽卡岩化、硅化、黄铁矿化
		郎村细粒花岗岩(A型,125Ma)	W(上黑钨下白钨矿)、Mo、Cu、Pb、Zn、Ag	休宁组角岩化粉砂岩、含砾粉砂岩,灯影组白云质灰岩	岩体外接触带围岩中和岩体内接触带均有分布	石英脉型,北东向成带分布,少数北西向。多金属矿带呈东西向展布	石英脉型钨钼矿石,WO_3 0.545%～2.579%,Mo 0.166%～1.493%;矽卡岩交代型矿石,Cu 1.23%,Zn 3.96%,Ag 147×10^{-6}	硅化、矽卡岩化、角岩化为主,次有大理岩化
	学川中生代岩浆侵入成矿环境	千亩田黑云母花岗岩(A型,125Ma)	W、Be	震旦系休宁组砂岩、千枚岩、角岩和南沱组含砾千枚岩、含砾角岩	"角岩顶盖"之下的岩体边缘相中,较大矿脉可上延围岩中	含钨石英脉型,成群分布	含钨石英脉型矿石,绿柱石黑钨矿石英脉型矿石,WO_3 1.23%,BeO 0.481%	钾长石化、钠长石化和云英岩化
		夏色岭细粒花岗岩(A型,123Ma)	W	震旦系南沱组含砾粉砂岩、含砾角岩	岩体外接触带围岩中和岩体内接触带均有分布	石英脉型,成带分布	黑钨矿石英脉型矿石,WO_3 1.646%(含Cu)	岩体内接触带云英岩化,外接触带黄玉(萤石石英云母角岩、石英云母角岩
杭州-开化印支裂陷沉积盆地	岭后-白马印支裂陷沉积盆地与中生代岩浆侵入成矿环境	儒洪黑云母花岗岩(A型,133～129Ma)	Fe、Cu、Sn、Pb、Zn	奥陶系细碎屑岩、瘤状或条带状灰岩、硅质岩等	岩体外接触带或外围地层中,矿床或矿点沿岩体周围分布	北东向脉状、似层状交代型	交代型矿石(块状、细脉状和浸染状矿石)	自岩体向外蚀变延伸数千米,主要是矽卡岩化、角岩化
		常山岩前黑云母二长花岗岩(A型,125Ma)	W、Sn、Mo(Cu、Pb、Zn)	寒武系杨柳岗组(为主)、西阳山组和奥陶系印渚埠组碳酸盐岩地层	岩体内外接触带,主要是外接触带的北西和北东向断裂构造	脉状矿体,似层状交代矿体	含锡钠长石化花岗岩矿石,石英脉型钨锡矿石	钠长石化、矽卡岩化、硅化和角岩化
		芙蓉花岗岩体(A型,126Ma)	Sn	震旦系休宁组泥质粉砂岩、粉砂质泥岩及寒武系西阳山组泥质灰岩夹饼状灰岩	岩体外接触带北东向断裂带及其旁侧平行的次级构造裂隙以及层间破碎带为赋矿构造	北东向脉状、似层状交代型	交代型矿石(细脉状和浸染状矿石)	矽卡岩化、角岩化
	余杭闲林埠-临安板桥中生代岩浆侵入成矿环境	闲林埠花岗闪长岩(A型,132Ma)	Fe、Mo、Cu	寒武系华严寺组灰岩、白云质灰岩	岩体外接触带矽卡岩	矿体呈透镜状,产状受接触带控制	交代型矿石(块状、条带状、浸染状、充填胶结状、残余条带状矿石)	透辉石矽卡岩化、硅化、大理岩化、黄铁矿化和绿泥石化
新昌-武义中生代火山坳陷沉积盆地	余姚-新昌中生代火山沉积盆地成矿环境	余姚上冯花岗斑岩(I型,137.0Ma)	Cu、Mo	西山头组晶玻屑凝灰岩	岩体内外接触带,围岩裂隙和岩体内裂隙	沿裂隙带充填交代脉状矿体	石英细脉和不规则团块矿石	硅化、钾化、高岭土绿泥石化、黄铁矿化
		上虞横塘花岗闪长斑岩(I型)	Cu、Mo	陈蔡群云母石英片岩和斜长片麻岩	岩体内外接触带裂隙和北东、北北东断裂中	不规则脉和不规则透镜状	细脉浸染状、浸染状,少量团块状矿石	黑云母化带、云英岩化带、石英-钾长石化带、石英-绢云母化带(不强)、石英-绿泥石-水白云母化带
湖州-德清印支陆表海沉积盆地	三桥埠-妙西中生代岩浆侵入成矿环境	大银山花岗闪长岩	Au	黄龙组白云岩、含硅质灰岩	岩体外接触带矽卡岩中	扁平透镜状,长85.6m,宽29m,厚14.22m	矽卡岩交代型矿石,Au8.7×10^{-6}	矽卡岩化、硅化、绢云母化、褐铁矿化和黄铁矿化

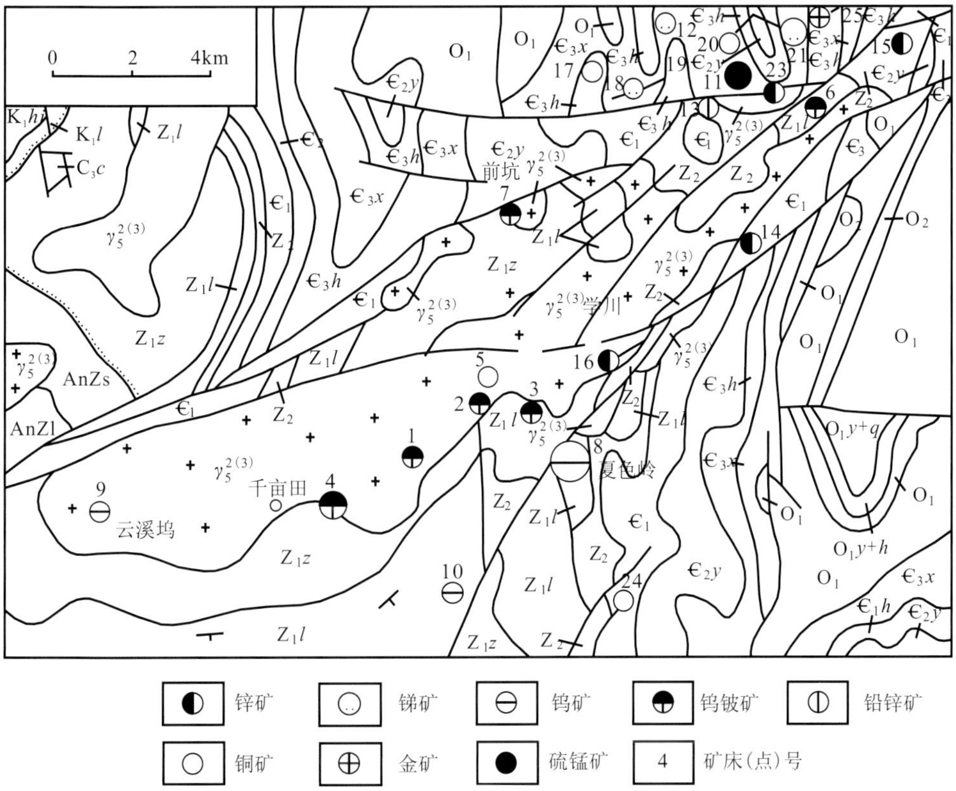

图 6-79　学川岩体与矿床(点)分布图

(据梁修睦等,1982;地层代号同前)

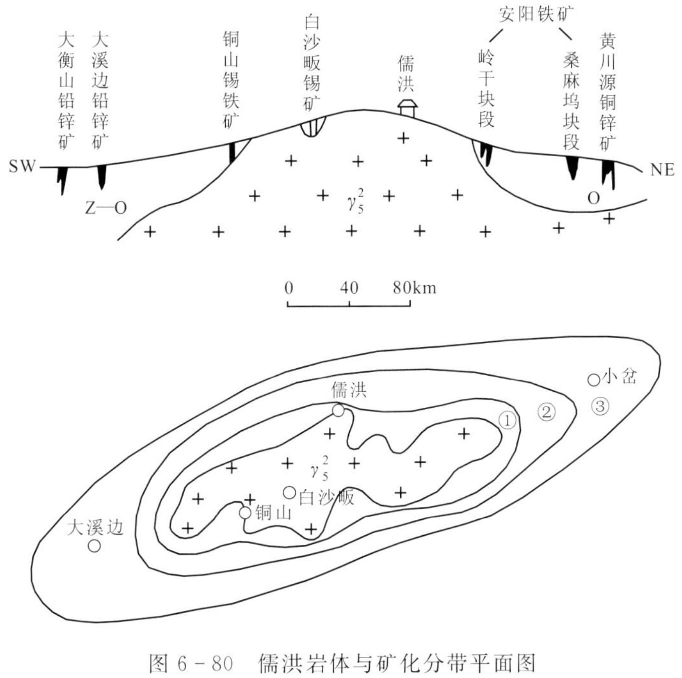

图 6-80　儒洪岩体与矿化分带平面图

(浙江省区域矿产总结,1988)

陈蔡群下河图组(Pt_2x)变质岩，呈天窗出露，外围被中生代火山岩覆盖。上部为一套云母石英片岩，呈显微鳞片花岗变晶结构，变余片状构造，片理清楚。下部为蚀变斜长片麻岩，具显微鳞片花岗变晶结构，透镜状—似片麻状构造。岩石遭受了不同程度的蚀变，在顺裂隙蚀变作用较强的情况下叠加了硅化作用，形成绢英岩，为矿区铜钼矿化的主要层位。

陈蔡群成矿元素丰度值见表6-25，对浙江省地层丰度值标准化(图6-85)显示，陈蔡群地层Cu的丰度值较高，其次为Au、Ag，可为Cu、Au、Ag等的成矿提供有效物源。

表6-25　陈蔡群成矿元素丰度表

岩系地区	样数(个)	Au	Ag	Cu	Pb	Zn	Mo	Sn	W	As	Sb	F	资料来源
陈蔡群	60	1.24	0.063	42.48	16.18	90.53	0.59	1.46	2.42	1.74	0.22		吴坤泉等，1991
陈蔡群	158	2.97	0.185	57.00	15.00	0.70							孔祥生等，1995
浙东南均值		1.12	0.07	21.70	23.50	75.30	0.67		2.28			582	吴坤泉等，1991
浙江省丰度值		0.96	0.06	16.00	22.70	66.00	1.05	1.95	2.00	4.73	0.43	586	

注：Au含量为10^{-9}，其余为10^{-6}。

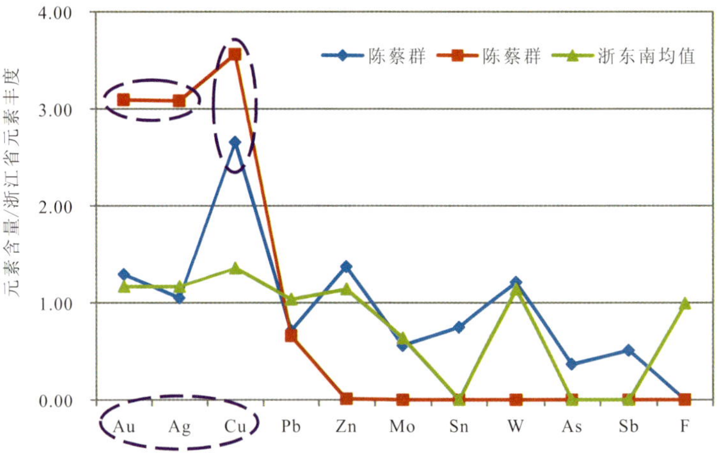

图6-85　陈蔡群主要元素含量/浙江省元素丰度值标准化图

矿区断裂构造发育，全区共28条断裂，其中北东—北北东向压扭性断裂最为发育，为主要控岩构造。成矿岩体沿北东—北北东向断裂构造侵入定位于陈蔡群中，岩体与围岩的接触带附近，由岩体冷缩而产生的构造软弱带和区域性断裂复合部位形成的裂隙为矿液运移、富集的有利地段。北西向、近东西向断裂形成于成矿期后，为破矿构造，但错距不大，对矿体的破坏程度较小(图6-84)。

2. 成矿斑岩体特征

矿区主要分布有东山、横塘、郑岙3套侵入体，为控矿岩体，受区域断裂控制，呈北东向展布。另外，矿区还可见闪长玢岩、辉绿玢岩、流纹岩脉沿北北东向断裂充填侵入。

东山岩体：分布于矿区西南，呈哑铃状，面积约0.04km²，为一杂岩体。早期为石英闪长玢岩侵入，其中含较多围岩角砾，粒径可达10cm。角砾成分有石英黑云片岩、角岩、闪长玢岩等，呈次棱角状，角砾间被长石、石英、方解石、石膏、绿泥石、绿帘石，可见少量浸染状黄铁矿、黄铜矿矿化。岩石基质结构变化大，可见长条状斜长石定向排列，斑晶为聚斑状、炸裂状、碎屑状，似为潜火山岩浆活动产物。晚期为花岗闪长斑岩，为浅成侵入体，规模较大，构成东山杂岩体的主岩体，岩石具斑状结构，斑晶含量占20%

～40%。岩石的主要成分为钾长石(49.8%～66.8%)、石英(15.3%～25.6%)、斜长石(0.7%～16.2%)和黑云母(7.1%～16.3%),副矿物主要有磁铁矿、磷灰石等。

横塘岩体:分布于矿区中部,呈飞燕状,面积约 0.055km²,由石英闪长玢岩和花岗闪长斑岩组成,岩性特征与东山岩体相似。

郑岙岩体:分布于矿区北东部,呈菱形,面积约 0.245km²,岩性为花岗闪长岩。岩石具斑状结构,斑晶含量约占 81.6%～84%。岩石的主要成分为钾长石(45.1%～65.5%)、石英(20%～30.4%)、斜长石(6.6%～11.9%)和黑云母(7.2%～13.5%),副矿物主要有磁铁矿、磷灰石、榍石和锆石等。

上述3个岩体均属主动侵位的浅成脉岩,上部边缘出现侵入角砾岩。铜钼矿化主要富集在岩体(东山岩体)前缘或上盘围岩中。蚀变具有分带性,如东山含铜斑岩自岩体边缘至围岩依次为石英-黑云母化带、石英-绿泥石化带;郑岙含钼矿化岩体自岩体中心至围岩,蚀变也呈现明显的分带性,依次为云英岩化带、石英-钾长石-绿泥石化带、石英绢云母化带、黑云母绢云母化带。铜钼矿化富集于石英-钾长石-绿泥石化带内。

岩体岩石化学特征。由表6-26可知,横塘矿区石英闪长岩 SiO_2 含量为 62.09%～64.79%,均值为 63.28%,属中偏酸性岩类;花岗闪长岩 SiO_2 含量为 67.48%～68.52%,均值为 68.06%,属酸性岩类。岩浆岩 A/NK-A/KNC 判别图(图6-86),横塘矿区岩浆岩均属于过铝质,依据 Si_2O-K_2O 岩石系列分类,横塘矿区含矿主岩体花岗闪长岩均属于高钾钙碱性系列。

表6-26　横塘铜矿岩浆岩主量元素分析结果表

岩体名称	样号	岩性	化学成分(%)												
			SiO_2	TiO_2	Al_2O_3	Fe_2O_3	FeO	MnO	MgO	CaO	Na_2O	K_2O	P_2O_5	H_2O	烧失量
东山岩体	301-2	花岗闪长斑岩	67.48	0.4	42.34	0.03	3.18	0.13	1.5	4.01	3.3	3.16	0.1	1.68	2.13
	301-3	石英闪长玢岩	64.79	0.52	14.96	0.36	3.66	0.06	2.12	4.44	3.94	2.36	0.13	1.9	1.97
	301-11	石英闪长玢岩	62.09	0.64	16.31	0.31	4.3	0.06	2.96	5.27	3.26	2.64	0.14	2.12	2.29
郑岙岩体	1201-10	花岗闪长斑岩	68.2	0.44	14.07	0.23	3.15	0.15	1.35	3.32	5.86	3.06	0.14	1.24	1.31
	1201-7	花岗闪长斑岩	68.04	0.48	15.29	0.6	3.26	0.04	1.6	3.32	3.26	2.7	0.17	1.46	1.26
		花岗闪长斑岩	68.52	0.36	14.62		3.7	0.01	1.32	2.86	3.6	3.16	0.12	1.2	1.01
横塘岩体	401-2	石英闪长玢岩	62.96	0.6	15.22		4.6	0.005	2.59	3.9	3.53	2.72	0.16		2.5
黎彤值		花岗闪长斑岩	64.98	0.52	16.33	1.89	2.49	0.09	1.94	3.7	3.67	2.95	0.32	0.83	
		石英闪长玢岩	60.51	0.73	16.7	2.84	3.49	0.14	2.54	4.63	3.68	2.65	0.46	0.88	

岩石化学指数特征具体有如下几个方面。

(1)里特曼指数[$\sigma=(K_2O+Na_2O)^2/(SiO_2-43)$],横塘矿区岩体 σ 值为 1.41～3.16(<4),均值为 2.04,属太平洋型钙碱性岩系,碱性程度中等,碱质特征为 $Na_2O>K_2O$。

(2)碱度率指数:$AR=[Al_2O_3+CaO+(Na_2O+K_2O)]/[Al_2O_3+CaO-(Na_2O+K_2O)]$,在 SiO_2 相同条件下,AR 值愈大,岩石或岩系相对愈为碱性。横塘矿区岩体 AR 值为 1.32～3.11,变化范围较大,由西向东岩体碱性程度逐渐升高,即碱度率为:东山岩体(均值为 1.68)<横塘岩体(1.97)<郑岙岩体(均值为 2.44)。

(3)分异指数:DI=Q+Or+Ab+Ne+Kp(CIPW 标准矿物),该值由 Thornton & Tuttle(1960)提出,用以表示岩浆分异演化和岩石酸碱性程度的重要指数,一般来说,其岩浆分异程度愈高,酸性程度也愈高,其值愈小则反之。横塘矿区岩体的 DI 值在 55.55～81.72 之间变化,变化范围较大。从西向东,东山岩体(55.55～68.13,均值为 61.14)、横塘岩体(65.36)和郑岙岩体(71.99～81.72,均值为 76.35)的 DI 指数升高,说明岩体分异程度由西向东变高,酸性程度也变高。W、Sn 矿化花岗岩 $DI>88$,Au、

Cu 矿化花岗岩 *DI*<88(徐克勤等,1992;陈光远等,1993),本区的岩浆岩分异程度较 W、Sn 矿化花岗岩低,与 Au、Cu 矿化花岗岩一致,对 Au、Cu 成矿有利。

成岩构造环境:根据 R_1-R_2 成因分类图解(图 6-87),横塘矿区岩体处于板块碰撞前的花岗岩区,此类岩浆岩来源于太平洋板块向亚洲板块俯冲碰撞前消减的活动大陆边缘,属钙碱性 I 型花岗岩(Batchelor et al.,1985)。

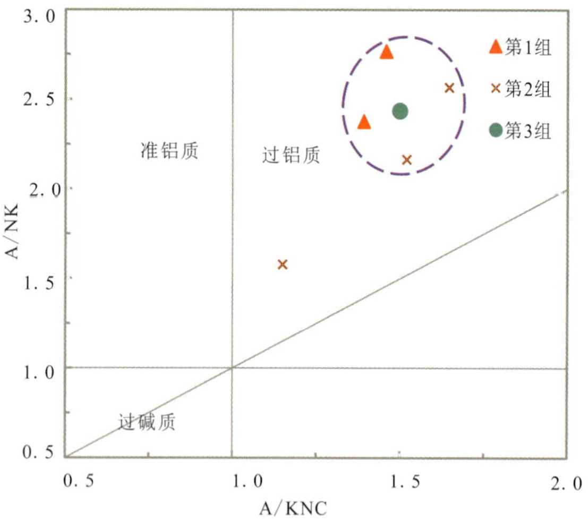

图 6-86 横塘铜矿岩浆岩 A/NK-A/KNC 判别图

A/KNC= Al_2O_3/($CaO+Na_2O+K_2O$);A/NK = Al_2O_3/(Na_2O+K_2O);第 1 组.东山岩体;第 2 组.郑岙岩体;第 3 组.横塘岩体

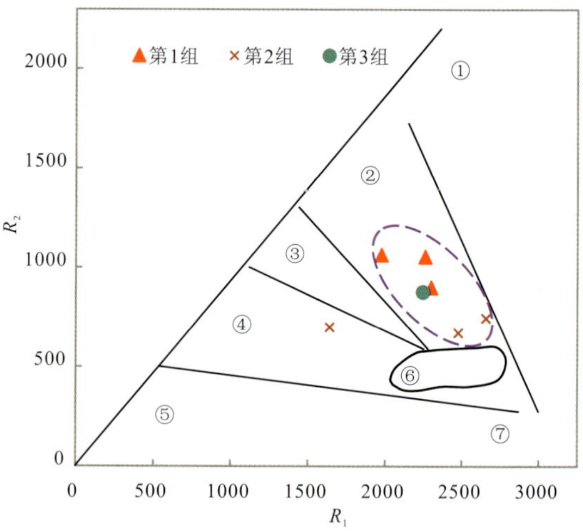

图 6-87 横塘铜矿岩浆岩 R_1-R_2 构造环境判别图

(图解据 Batchelor & Bowdden,1985)

①地幔分离;②板块碰撞前;③碰撞后的抬升;④造山晚期;⑤非造山期;⑥同碰撞期;⑦造山期后;第 1 组.东山岩体;第 2 组.郑岙岩体;第 3 组.横塘岩体

成岩温度:Sylvester(1998)在研究碰撞过铝质花岗岩时,提出用 Al_2O_3/TiO_2 比值来作为源区岩石部分熔融温度的指示剂,他认为当岩石的 Al_2O_3/TiO_2 比值大于 100 时,源区部分熔融温度小于 875℃,当岩石的 Al_2O_3/TiO_2 比值小于 100 时,源区部分熔融温度大于 875℃。横塘矿区岩体除东山岩体一个样品 Al_2O_3/TiO_2 比值达 105.85,其他样品 Al_2O_3/TiO_2 比值为 22.88~40.61,均值为 29.79,均小于 100,说明横塘矿区岩体主岩体部分熔融温度大于 875℃。

成岩深度和成岩压力:花岗岩的侵位深度,在大于 6km 的时候,H_2O^+ 的值随着深度的增加变小,但在小于 6km 的时候,则大致有以下正相关的关系(王彬等,2013),$H_2O^+=3\%\sim5\%$(3~6km),$H_2O^+=2\%\sim3\%$(1.5~3km),$H_2O^+=1\%\sim2\%$(1~1.5km),$H_2O^+=0.2\%\sim1\%$(<1km)。横塘矿区岩体 H_2O 值为 1.20%~2.12%(仅一个值大于 2),均值为 1.6%,处于 1%~2%分区,对应的成岩深度为 1~1.5km。因此,可推测横塘岩体为浅成侵入定位,侵位深度为 1~1.5km。花岗岩侵位的压力可依据静岩压力($P=\rho gh$,$\rho=2750kg/m^3$,$g=9.8m/s^2$)进行推算,推测的压力范围为深度 27.0~40.4MP。

氧化还原条件:岩浆的氧化还原状态通常与岩浆形成时的环境有关,深源花岗岩浆来源于深部无碳物质的氧化环境,形成的岩浆氧化还原电位较高。浅源花岗岩浆来源于较浅部有含碳围岩的还原环境,形成的岩浆氧化还原电位较低。岩浆的氧化还原电位主要体现在变价元素上(Ishara,1977;赵振华,1997;韩吟文等,2003)。因此一些变价元素的比值常常可以用来判断体系氧化还原状态的标志,例如一般岩石中 Fe^{3+}/Fe^{2+} 比值大于 1 时,反应了岩浆形成于氧化状态,Fe^{3+}/Fe^{2+} 比值小于 1 时,反应了岩浆形成于还原状态。气态组分的类型和相对含量也可以指示岩浆的氧化还原条件,当岩浆中 CO_2、H_2O 含量越高则反应岩浆越处于氧化环境状态。由表 6-26 可知,横塘矿区除东山岩体一个花岗闪长斑岩的样品 Fe^{3+}/Fe^{2+} 值达 117.78,其他岩体 Fe^{3+}/Fe^{2+} 值为 6.04~11.3,均值为 11.99,均大于 1,反映了横塘岩体形成于较高的氧化状态。岩浆所处氧化还原环境与铜多金属成矿作用有一定的成因联系,高氧逸度有利于铜的成矿，因为只有当岩浆熔融源区呈现高氧逸度时，赋存在源区岩浆硫化物中的 Cu、Au 等成矿元素才能随硫化物的氧化而富集到岩浆熔体中，有利于随后岩浆演化和上侵时 Cu、Au 等成矿物质从熔体中析出而发生大规模成矿作用（Wyborn et al.，1994；Sun et al.，2004）

矿区斑岩体含矿性：花岗岩成因系列 Na_2O-K_2O 图解（图 6-88）显示，矿区斑岩体均为 I 型花岗岩。

将本区花岗岩的岩石地球化学特征与 Au、Cu 有关的花岗岩类特征（徐克勤等，1992）进行对比（表 6-27）表明，矿区岩体地球化学与 Au、Cu 有关的花岗岩类的岩石地球化学特征一致。

横塘铜矿岩浆岩 Cu 平均含量（表 6-28）特征表明，矿区分布的各类岩体 Cu 含量远远高于华南褶皱系花岗岩、花岗闪长岩以及闪长岩的平均含量（迟清华等，2007），而成矿岩体的蚀变往往导致 Cu 矿化的巨量富集，是形成 Cu 矿体的基本条件。

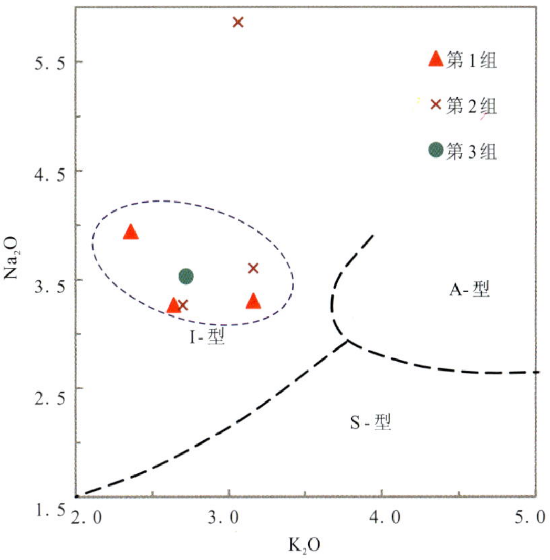

图 6-88　横塘铜矿岩浆岩 Na_2O-K_2O 图解

（底图据 Collis et al.，1982）

第 1 组. 东山岩体；第 2 组. 郑岙岩体；第 3 组. 横塘岩体

表 6-27　与 Au、Cu 有关的花岗岩类及本区岩体地球化学特征对比

与 Au、Cu 有关的花岗岩类岩石地球化学特征	本区花岗岩的岩石地球化学特征
富 FeO、MgO、CaO，平均值分别为：FeO＝3.68%，MgO＝1.34%，CaO＝2.61%	FeO，含量为 3.15～4.6，均值为 3.69；MgO 含量为 1.32～2.96，均值为 1.92；CaO 含量为 2.86～5.27，均值为 3.87
$Na_2O/K_2O>0.8$	Na_2O/K_2O 值为 1.04～1.92，均值为 1.36，大于 0.8
A/NKC＜1.10	东山岩体的一个花岗岩样品（2.623）A/NKC＞1.1，其他样品均 A/NKC＜1.1
DI＜88	*DI* 值为 55.55～81.72，均值为 68.26＜88

表 6-28　横塘铜矿岩浆岩 Cu 平均含量表

岩石区域	岩石名称	Cu 平均含量（10^{-6}）	样品数（个）	蚀变强度	资料来源
横塘矿区	花岗闪长斑岩	290	68	弱蚀变	浙江省冶金地质大队，1978
		500～700	178		
		1200～1500	25		
	石英闪长玢岩	800～1200	17	弱蚀变，含矿化	
		2700	20		
	闪长玢岩	150～200	12	弱-无蚀变	
		200～2500	33	强蚀变，含矿化	
	石英斑岩	100～200	56	无蚀变	
华南褶皱系	花岗岩	4.9			迟清华等，2007
	花岗闪长岩	25			
	闪长岩	23			

3. 矿体特征

横塘铜钼矿体产于中元古界陈蔡群变质岩与燕山期花岗闪长斑岩、石英闪长玢岩体的内外接触带以及岩体侵入前形成的北东—北北东向的断裂带中(图 6-89)。

横塘铜钼矿属贫矿,共圈定 22 个矿体,呈北东向展布,其中铜矿体 17 个,钼矿体 5 个。铜矿以 1 号、2 号、9 号为最大,埋深 15～128m。1～3 号矿体呈透镜状,赋存于东山岩体上盘围岩片麻岩中,呈北东向展布,倾向 110°～160°,倾角 40°～80°,长 255～763m,厚 0.9～68.88m,北东段隐伏,中段厚度最大,西端分叉变薄,向深部尖灭。钼矿体主要见于郑岙岩体外接触带,呈不规则脉状或脉带,各矿脉带间距 10～50m,长约 100m,厚 3.06～25.01m。

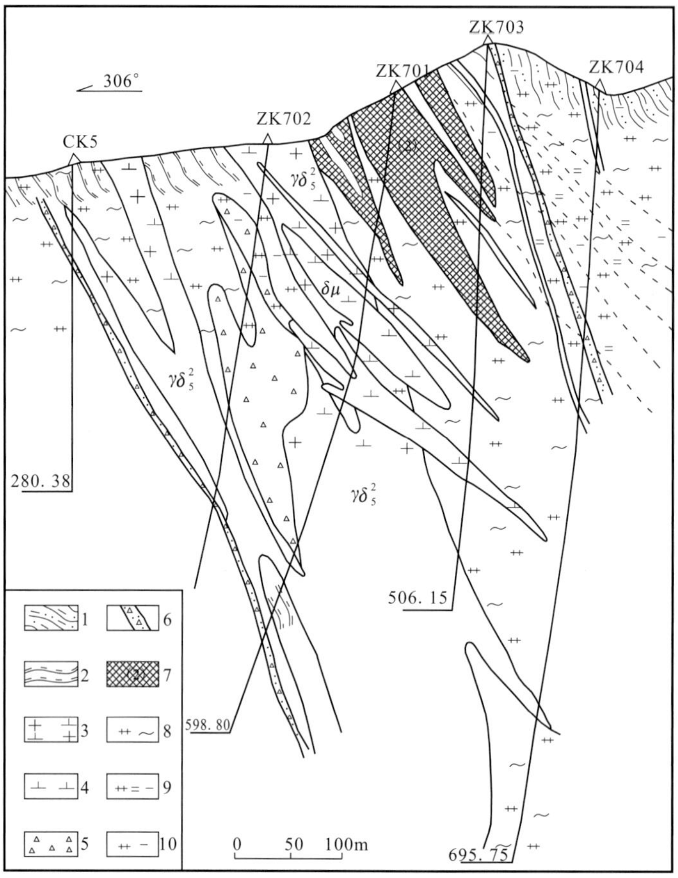

图 6-89　上虞横塘铜矿区东山 7 线剖面图

(改自浙江省区域矿产总结,1988)

1. 云母石英片岩;2. 蚀变片麻岩;3. 花岗闪长岩;4. 闪长玢岩;5. 侵入角砾岩;6. 挤压破碎带;7. 表外铜矿体及编号;8. 石英-绿泥石化带;9. 石英-绿泥石-水白云母化带;10. 石英-黑云母化带

1 号铜矿体:呈不规则脉状赋存于东山岩体(花岗闪长斑岩)上盘的接触带与呈北东—北北东向断裂带内的蚀变斜长片麻岩中。矿体主要分布于 11～4 线,矿体长约 763m(推测长度约 65m),厚 1.40～32.91m,平均厚度约 14.56m,最大延深 290m 以上。矿体产状为走向北东 20°～50°,倾向南东,倾角 49°～70°,沿走向或倾向多有分叉现象。矿体含铜品位为 0.22%～0.41%,平均 0.26%,沿走向或倾向变化不大。

2 号铜矿体:呈不规则透镜状,赋存于 1 号铜矿体上侧的蚀变斜长片麻岩中,两者相距 15～25m。矿体主要分布于 9～3 线,矿体长约 375m(推测长度约 75m),厚 1.43～44.13m,平均厚度约 21.8m,最大延深 252m 以上。矿体产状同 1 号铜矿体，沿走向或倾向也多有分叉现象。矿体含铜品位为 0.20%～0.29%，平均 0.25%，局部地段含钼品位可达 0.027%～0.041%，沿走向或倾向变化不大。

3 号铜矿体：呈不规则脉状，赋存于横塘岩体（石英闪长玢岩与花岗闪长斑岩）倾斜上侧内外接触带中（主要为外接触带蚀变斜长片麻岩、侵入角砾岩和钙镁硅酸角岩中）。矿体主要分布于 1～4 线，矿体长约 255m（推测长度约 39m），厚 0.90～68.68m，平均厚度约 25.63m，最大延深 290m。矿体产状为走向北东 30°～40°，倾向南东，倾角为 51°～80°，矿体两端均有分叉现象。矿体含铜品位 0.21%～0.41%，平均约 0.25%，品位变化沿走向或倾向 4 线处稍高（可能因氧化次生富集），其余变化不大。

5 条钼矿体：呈长条状或板状赋存于郑岙岩体（花岗闪长斑岩）南侧接触带上（主要为外接触带蚀变斜长片麻岩中），仅分布于 8 线处，各条矿体平行排列相距 15～50m。5 条矿体的推测长度均约 100m，平均厚度约 3.06～25.01m，钼矿品位 0.024%～0.049%，矿体产状与岩体基本一致。

4. 矿石特征

矿石类型、矿物组分及结构构造。横塘铜矿按铜、钼矿的含矿特点和赋矿岩石的性质可划分出七种铜矿石类型和两种钼矿石类型。矿石类型与矿物组分特征列于表 6-29。其中，铜矿石以含黄铁矿、黄铜矿蚀变片麻岩类型最为常见，含黄铁矿、富黄铜矿强蚀变片麻岩和含辉钼矿、黄铜矿碎裂蚀变片麻岩两种类型含铜较富，钼矿石以含硫化物石英脉蚀变片麻岩较为常见。

表 6-29　横塘矿床矿石类型、结构构造分类表

矿石类型	自然类型	矿石主要结构构造	金属矿物		脉石矿物
			主要	次要	
铜矿石	含黄铁矿、富黄铜矿强蚀变片麻岩	浸染状		辉铜矿、斑铜矿、磁铁矿	石英、绢云母、绿泥石、钾长石、黑云母、方解石、硬石膏等
	含黄铁矿、黄铜矿蚀变片麻岩	粗脉、细脉、浸染状	黄铜矿、黄铁矿	辉钼矿	石英、碳酸盐、叶绿泥石、水云母等
	含辉钼矿、黄铜矿碎裂蚀变片麻岩	裂隙晶洞充填团块	黄铜矿	辉钼矿、黄铁矿	石英等
	含黄铜矿、钙镁硅酸角岩	细脉浸染状	黄铜矿	磁铁矿、黄铁矿	透闪石、阳起石、绿帘石、硬石膏、磷灰石等
	含黄铜矿黑云母角岩	细脉浸染状	黄铜矿	磁铁矿	石英、黑云母、钾长石、绿泥石、磷灰石等
	铜钼矿化蚀变斑岩	细脉浸染状	黄铜矿	黄铁矿、辉钼矿	伊利石、水云母、碳酸盐等
	含黄铜矿闪长玢岩	细脉状为主、浸染状次之	黄铁矿	黄铜矿	碳酸盐、硬石膏等
钼矿石	含硫化物石英脉蚀变片麻岩	薄膜状、团块状、少量浸染状	辉钼矿	黄铜矿、黄铁矿	石英、绢云母等
	含辉钼矿碎裂蚀变片麻岩	裂隙和空洞充填、细脉状、团块状	辉钼矿	黄铁矿	石英等

矿石矿物以黄铜矿、辉钼矿、黄铁矿为主，辉铜矿、斑铜矿次之；脉石矿物为石英、绢云母、绿泥石、透闪石、阳起石、硅灰石、石膏及方解石等。

矿石结构：以它形—半自形为主。矿石构造：细脉浸染状为主，脉宽 0.5～1mm，其次为浸染状。

5. 蚀变分带与成矿期次划分

横塘铜矿斑岩体蚀变分带不甚明显。因后期热液作用不强，早期钾质蚀变形成的钾长石多未被蚀变，广泛分出现在各蚀变带。自岩体中心向外蚀变分带大体可划分出黑云母化带、云英岩化带、石英-钾

长石化带、石英-绢云母化带(不强)、石英-绿泥石-水白云母化带。郑岙岩体侵入区蚀变较强,分带明显,东山岩体和横塘岩体侵入区蚀变分带相对较弱。

矿化与围岩蚀变关系密切,具体特征如下。

(1)早期阶段为黑云母化气液阶段:主要发育于近矿围岩中,形成浸染状黄铁矿、磁铁矿及少量萤石、钾长石、硬石膏、重晶石等。

(2)中期阶段为云英岩化、石英-钾长石化气液阶段:发育于岩体边缘及围岩中,见交代形成的团块状、脉状钾长石充填,有少量浸染状辉钼矿、黄铜矿伴生,据石英、钾长石包裹体测温资料气相为400～444℃。液相为320～384℃。

(3)晚期为石英-绿泥石-水云母蚀变热液阶段:为主要成矿期,蚀变矿物组合包括绿泥石、石英-绿泥石-水白云母、石英-绢云母-伊利石以及石英-绢云母。含矿热液成分中有 Si^{4+}、K^{+}、OH^{-}、S^{2-} 等离子带入和 Na^{+}、Ca^{2+}、Mg^{2+} 带出,有利于Cu、Mo元素的富集。本阶段形成的主要矿物为黄铜矿、辉钼矿、黄铁矿、石英、方解石、绿泥石、绿帘石、伊利石、水云母、绢云母等。石英包裹体测温为:150～375℃,热液经历了从高温到中温的演化过程(图6-90),主成矿温度为中温。本期石英-硫化物脉主要形成于早期的石英-绢云母化阶段和晚期的石英、绿泥石、绿帘石、碳酸盐化阶段,尤其是晚期黄铜矿形成的主要阶段。

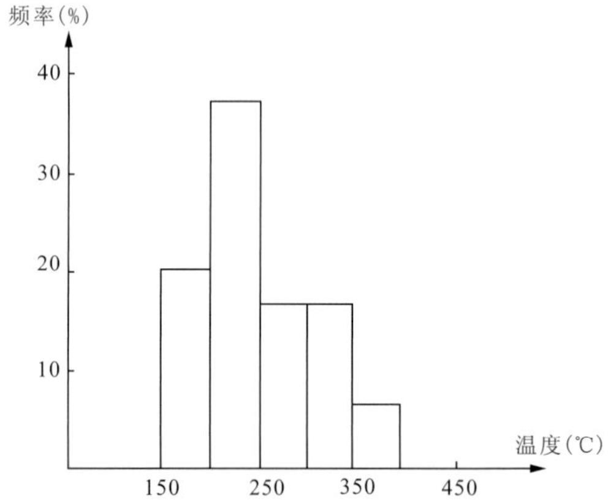

图6-90 横塘铜矿石英包裹体均一温度频率直方图
(据浙江省区域矿产总结,1985)

(4)末期阶段为碳酸盐化阶段:主要见有方解石脉分布,偶见黄铜矿、黄铁矿星点及团块状绿泥石等。

6. 矿床成因

横塘矿床的矿体基本围绕沿北东—北北东向侵入的燕山期高钾钙碱性I型花岗岩类与中元古代陈蔡群变质岩的接触带分布。自斑岩体向围岩,矿化蚀变分带明显,石英-绢云母化带和石英-绿泥石-水云母化带为主要矿化蚀变带,且以后者为最。矿体由细脉浸染状矿石组成(黄铜矿、黄铁矿、辉钼矿等),呈面型分布,主要赋存于岩体上盘的上述蚀变带中。

斑岩体中Cu、Mo含量普遍较高,如Cu丰度可达华南同类岩体的10倍以上,为成矿母岩。矿区陈蔡群变质岩Cu含量也较高,可达浙江省平均丰度值的3倍以上,可提供一定的矿质来源。

成矿深度与岩体侵位深度一致,推测为1～1.5km,为浅成矿床。成矿温度经历了高温到中温的演化,石英-绿泥石-水云母化蚀变期石英包裹体测温为150～375℃,主成矿温度应为中温。

综上所述,根据矿体空间分布、产出形态、蚀变特征以及矿石结构构造特征,横塘铜钼矿具有斑岩型矿化的基本特征,应为斑岩型铜钼矿床。

7. 找矿模型

(1)矿床产于临安-开化加里东陆缘裂陷沉积盆地或嵊州-龙泉中元古代裂谷带燕山晚期早阶段岩浆侵入成矿环境。

(2)花岗闪长斑岩或花岗斑岩沿褶皱构造轴部或区域断裂带附近侵位。

(3)岩体或围岩具钾化、硅化、绿泥石、高岭土和绢云母化蚀变。

(4)发育Cu、Mo、W、Au、Ag、Pb、Zn土壤化探异常。

6.6.3 燕山晚期早阶段火山热液矿床

燕山晚期早阶段(145～115Ma)陆缘火山作用,形成众多火山热液型金、银、银铅锌和铀矿床。依据矿床赋矿层位和矿床与火山构造关系以及主要成矿元素组合特点，可以分为基底隆起区与火山构造有关的金银、银(铅锌)矿床，火山构造洼地中与火山喷发-沉积有关的铅锌磁铁矿矿床和火山构造盆地中火山岩型铀矿床。

6.6.3.1　基底隆起区与火山构造有关的金、银、铅锌多金属(钼)矿床

基底隆起区与火山构造有关的金、银、铅锌多金属(钼)矿床主要分布在嵊州-龙泉元古宙裂谷带中，玉岩-八都元古宙裂谷成矿环境、庆元中生代火山穹隆成矿环境、苏村-三港中生代火山岩浆成矿环境和上虞-东阳华夏前缘逆冲隆起成矿环境。江绍拼接带中也有少数此类矿床，如金华金鸡岩金(钼矿)。

金银矿床　金银代表性矿床有遂昌治岭头金银(铅锌)矿床、龙泉八宝山金银矿床、东阳罗山银金矿床和武义弄坑银矿床等。

矿床与基底变质岩系关系密切，定位在变质岩天窗或断块隆起的内、外缘。部分矿床的矿体直接赋存在变质岩系之中，如治岭头金银矿体赋存于八都岩群含榴黑云斜长片麻岩、混合岩化黑云斜长片麻岩中，受控于早期韧性剪切带内韧-脆性构造断裂，含矿构造断裂展布于变质岩之内，被中生代火山岩覆盖(不向上贯入中生代火山岩)，矿体赋存于不整合面下 100～200m 以内的范围，随不整合面而起伏。东阳罗山金银矿赋存于陈蔡群，其上为火山岩不整合面屏蔽。八宝山金银矿的控矿、容矿构造则贯穿变质岩和盖层火山岩，浅部矿带都产在火山岩中，向下延伸贯穿不整合面，在糜棱岩化黑云斜长片麻岩中也有赋存，浅部矿带展布产状，与矿区西侧出露的糜棱岩带面理是一致的。其他如武义弄坑、遂昌梭溪局下等银矿点，矿区虽未出露变质岩系，但据火山岩系层序推测，变质岩埋深在 400～500m 以下。

矿床受火山构造制约。与矿床相关的火山岩系大都是下白垩统西山头组，属于燕山晚期早阶段火山喷发第二旋回安玄岩-英安岩-流纹岩建造，属高钾钙碱系列岩石，岩性主要为流纹质晶屑玻屑熔结凝灰岩、流纹质含角砾晶屑玻屑熔结凝灰岩和流纹质含角砾玻屑凝灰岩，夹英安质晶屑玻屑熔结凝灰岩和沉凝灰岩，顶部见基性熔岩。以强烈喷发—爆发为特点，堆积大量的火山碎屑岩、碎屑熔岩、空落凝灰岩，形成正向火山机构。治岭头金银矿位于牛头山层状火山的南西麓，有华峰尖小型火山机构(塌陷破火口)和与之相伴的大量潜火山岩及脉岩，金银赋存在变质岩中韧性剪切带内韧-脆性断裂中，晚期形成的火山机构环状放射状断裂给铅锌、黄铁矿成矿提供了空间。八宝山矿床处于巨型剪切带上叠断陷火山洼地，容矿构造受控于火山洼地边缘断裂和基底剪切带继承性断裂活动。金鸡岩金矿赋存在火山岩系中北东向区域断裂破碎带中，石英霏细斑岩沿断裂贯入，继而发生隐爆，在石英霏细斑岩隐爆角砾岩内及断裂带中形成矿体。

成矿温度一般为 120～360℃，大多为 200～250℃，矿化晚期阶段温度低于 200℃。成矿压力为 20～60MPa，埋深 1～2km。均发育硅化、绢云母化、黄铁矿化、绿泥石化、碳酸盐化等中低温蚀变，自矿带向外，通常依次为强硅化(交代石英岩或脉石英岩、强硅化蚀变岩、黄铁绢英岩)、绢云母化绿泥石化带，青磐岩化带，各矿床都有典型的中低温矿物出现，如冰长石、玉髓、螺状硫银矿、淡红银矿等。

治岭头金银矿总硫组成 $\delta^{34}S_{\Sigma S}$ 为 4.70‰，八宝山金银矿化总硫值 4.47‰，与各矿区八都岩群变质岩中浸染状黄铁矿 $\delta^{34}S$ 4.71‰、4.75‰，十分接近。铅同位素显示，矿质具多期多源特点，主要来自古老壳源铅——上地壳。依据 $^{208}Pb/^{206}Pb$ 与 $^{207}Pb/^{206}Pb$ 图解，计算成矿物质对变质岩和火山岩的依赖程度，治岭头金银矿的变质岩铅源占 60%，八宝山则以火山岩铅源占主要地位，从硫铅同位素特征推测，这类矿床的金银主要来自基底变质岩。

以治岭头金银矿床为例，详细解剖该类矿床成矿特征，其他主要矿床的成矿特点见表 6 - 30。

治岭头金银矿区位于嵊州-龙泉元古宙裂谷带苏村-三港中生代火山岩浆成矿环境，矿床定位于大柘变质岩断块的北东延伸部分，牛头山层火山的南麓，为治岭头金银硫铅锌多金属矿田中的一个大型金银矿床。

表 6-30　基底隆起区与燕山晚期早阶段火山作用有关的金银矿床表

矿床名称	基底和盖层	控矿、容矿构造	火山机构	矿体围岩和蚀变	矿体形态	矿石类型 主要组分	矿物组成	成矿物化条件	同位素年龄值
东阳罗山(岭脚)金银矿(191)	中元古界陈蔡群，含榴矽线黑云斜长片麻岩和混合石英二长岩，上侏罗统大爽组不整合覆于矿区东侧	片麻岩面理倾向 62°～80°，倾角 50°～80°，发育北东—北东东向压性断裂破碎带群，走向 30°～70°，倾向南东，倾角 75°～87°，带宽 1km，长 1.5km	芙蓉山破火山构造外侧，发育潜火山岩和脉岩。火山岩下伏不整合面对金银矿化有屏蔽作用。矿体富集在不整合面下 50～150m	含矿围岩为混合岩化黑云斜长片麻岩和混合石英二长岩，硅化、黄铁矿化、黄铁绢英岩化与金银矿化密切，外侧有绢云母化、碳酸盐化、绿泥石化、青磐岩化	矿化带 26 条，有 6 条厚 1～1.5m，延深 50～150m	交代脉石英、硅化蚀变岩：Au 4.03×10^{-6}；Ag 534.09×10^{-6}；储量比 Au：Ag=1：130	金银矿物：自然金、金银矿、自然银、螺硫银矿、深红银矿、硫碲银矿等；硫化物：黄铁矿、方铅矿、闪锌矿、黄铜矿、黝铜矿、硫化物占 1%～5%；脉石：石英、绢云母、水云母、方解石、萤石、绿泥石、斜长石、自然金成色 86.1%	黄铁矿 $\delta^{34}S$ 4.65‰，铅同位素 μ=9.53～10.08	含金银矿化花岗斑岩 132Ma
龙泉八宝山金银矿(261)	古元古界八都群黑云斜长片麻岩，发育北东向韧性剪切带。大爽组火山岩不整合其上	火山断陷洼地边缘断裂，与基底韧性剪切带复合控矿、容矿	基底韧性剪切带张裂形成北东向火山断陷洼地，矿区南侧有火山机构	含矿围岩晶屑凝灰岩和黑云斜长片麻岩。自矿体向外为：强硅化蚀变岩→黄铁绢英岩→冰长石绢云母化→青磐岩化	北东向收敛状矿化带群，长大于 1500m，其中矿体呈脉状、透镜状	含金银蚀变型、含金银蚀变破碎带型和含金银石英脉型矿床 Au 4.63×10^{-6}，Ag 112×10^{-6}；储量比 Au：Ag=1：23	金银矿物：金银矿、银金矿、螺状硫银矿；硫化物：黄铁矿、毒砂、方铅矿、闪锌矿、黄铜矿、磁黄铁矿；脉石：石英、绢云母、冰长石、正长石、玉髓；硫化物占总量小于 5%	早期成矿 250～310℃，晚期成矿 200℃，末期 90℃，成矿压力 18～21MPa	火山岩全岩 Rb-Sr 法，146～140Ma，次火山岩全岩 K-Ar 稀释法，145.7～132Ma，铅锌矿石 $^{40}Ar-^{39}Ar$ 法，98.6Ma
武义弄坑银矿(181)	大爽组下部凝灰岩、砂砾岩。基底八都群隐伏，深度约 400～500m	火山隆起边部东西向与北东向断裂控制矿化块段，北东东向裂隙带容矿	牛头山层状火山南东麓	矿体产在火山岩中，自矿体向外：石英脉→次生石英岩→强硅化绢英岩→硅化黄铁矿化→面型叶蜡石化(绢云母化)硅化、绿泥石化	多条平行羽状矿化带成群分布，北东走向，陡立。矿体呈透镜状、囊状、小短脉	含金银石英脉、含金银次生石英岩。金矿体 Au 5.85×10^{-6}，Ag 64.88×10^{-6}。银矿体 Au 0.34×10^{-6}，Ag 116.7×10^{-6}。Au：Ag=1：260	金银矿物：自然银、金银矿、碲银矿、辉银矿、自然金；硫化物：黄铁矿、黄铜矿、黝铜矿、闪锌矿、方铅矿、硫化物 1%～2%；脉石：石英、玉髓、绢云母、冰长石	石英均一法 160～240℃ 黄铁矿 $\delta^{34}S$3.58‰ 铅同位素 μ=9.15～9.55	
金华金鸡岩金(钼)矿(163)	上侏罗统劳村组沉积岩夹晶屑凝灰岩熔岩角砾岩等，不整合覆盖在双溪坞群和古生界地层之上	发育北东向断裂破碎带，有石英霏细斑岩贯入，控制矿化的展布	熔岩穹丘，由隐爆角砾岩(石英霏细斑岩)、球泡流纹岩、角砾熔岩熔结凝灰岩充填	矿体产在流纹质火山碎屑岩和石英霏细斑岩断裂带中。钼产在霏细斑岩内外接触带，具隐爆现象。主要有萤石化、黄铁矿化，硅化、绢云母化、绿泥石化	矿体呈脉状、透镜状，尖灭再现，大致平行，南东倾，倾角 70°～85°	金矿石平均 Au 8.33×10^{-6}，Ag (5～10)×10^{-6}，钼矿石 0.115%	矿石矿物：黄铁矿、银金矿、闪锌矿、方铅矿、辉钼矿；脉石：长石、绢云母、萤石、石英、高岭土、绿泥石；黄铁矿、萤石为 Au 载体	金成矿温度 340℃，压力 472×10^5 Pa，硫化物 $\delta^{34}S$ 3.43‰，火山岩黄铁矿 3.55‰，系统硫源 3.06‰，流体 K、Na、Cl 为主，F 高，CO_2>CO>CH_4，盐度(NaCl)3.6%	火山碎屑岩全岩 K-Ar 法 146～126Ma；石英霏细斑岩全岩 K-Ar 法，104～94Ma；含金次生石英岩成矿 K-Ar 法，100～98Ma；铅模式年龄 342～182Ma

1. 矿区地质背景

矿区内出露地层有基底古元古界八都岩群变质岩系和下白垩统磨石山群大爽组火山岩系(图6-91)。八都岩群呈天窗出露约6km²,岩性为黑云二长片麻岩、黑云斜长片麻岩、浅粒岩及变粒岩等,属角闪岩变质相带,局部混合岩化。该套变质岩金的背景含量较高,其中黑云斜长片麻岩含Au平均值11.63×10^{-9},变粒岩含Au平均值11.43×10^{-9}。片麻岩中有变质石英闪长岩,呈舌状侵位。据石英闪长岩中锆石U-Pb法谐和曲线上交点为1826±12Ma和1926±10Ma,属中条期侵位。

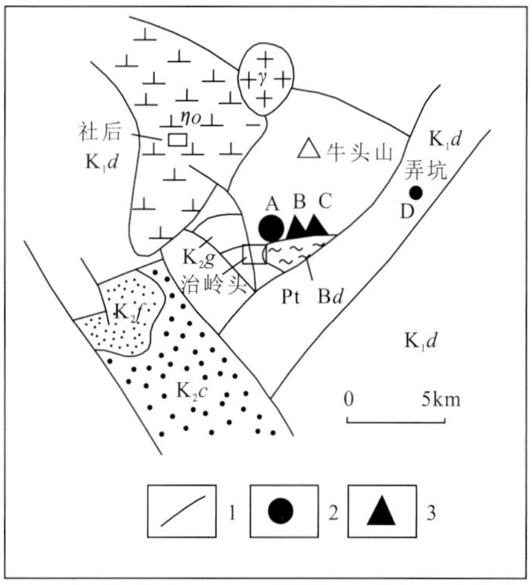

图6-91 治岭头区域地质略图

1. 断裂;2. 金银矿床;3. 铅锌矿床;A. 治岭头;B. 杨梅岗;C. 局下;D. 弄坑

磨石山群大爽组覆盖了周围地段,其下部为流纹质晶屑玻屑凝灰岩、熔结凝灰岩、集块岩、凝灰质砂砾岩;中部为凝灰质砂岩、安山质凝灰岩、霏细流纹斑岩;上部为石泡、球泡流纹岩及脱玻珍珠岩。矿区中部为华峰尖塌陷式火山通道,直径约1km,属牛头山层火山的寄生火口,充填火山角砾岩、凝灰岩以及霏细斑岩、安山玢岩(图6-92)。矿区内燕山期脉岩、次火山

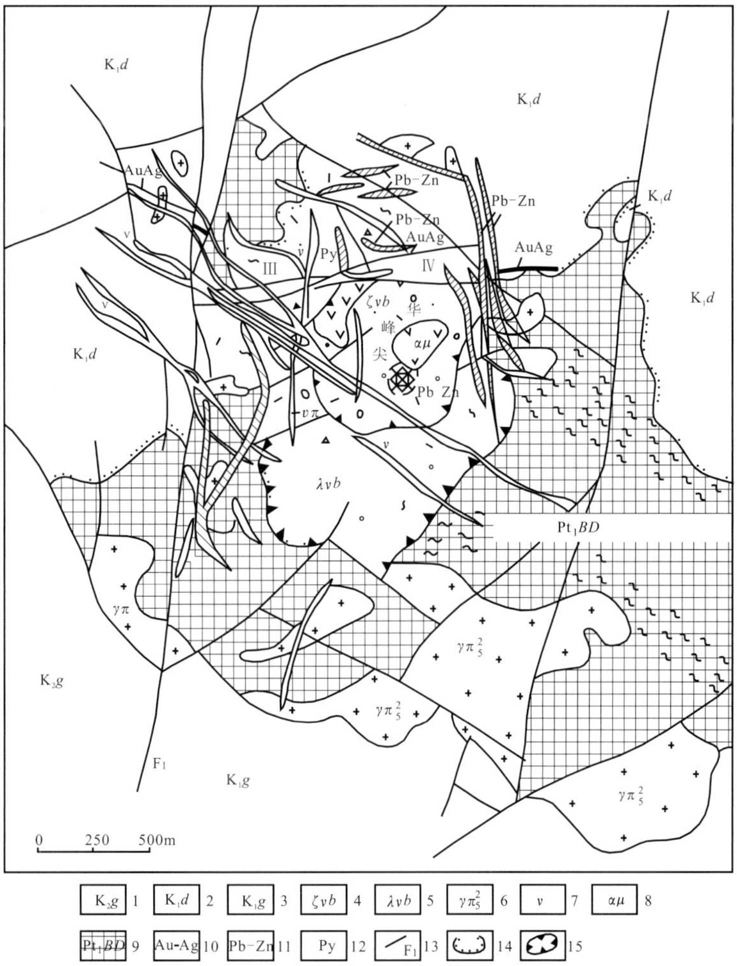

图6-92 治岭头矿区地质图

(据周俊法,1996)

1. 馆头组;2. 大爽组;3. 高坞组;4. 英安质角砾凝灰岩;5. 流纹质角砾凝灰岩;6. 花岗斑岩;7. 霏细岩;8. 安山玢岩;9. 八都群变质岩;10. 金银矿床(投影位置);11. 铅锌矿体;12. 黄铁矿体;13. 断层及编号;14. 不整合;15. 火山通道

岩极为发育，呈岩脉、小岩株产出，主要有霏细斑岩、花岗斑岩、石英闪长玢岩、安山玢岩、钠长斑岩等，一般长数十米至数百米，宽数米至十余米。次火山岩、脉岩侵入于变质岩或火山岩中，并切穿金银矿体。

矿区以西3km有社后石英二长岩体，面积大于30km²，黑云母K-Ar法年龄值为133.6±2.4Ma。

矿区基底构造形态：八都岩群面理走向北西，因强烈褶皱变形，原岩层理构造已无从辨认。矿区东南侧局下、刘坑一带眼球状片麻岩发育，为早期糜棱岩带，经静态重结晶改造的结果。北东向充填金银矿脉的张扭性断裂与片麻理近于直交，属韧脆性裂隙，可能属主剪切带中T型、R型裂隙。盖层为磨石山群火山碎屑岩和沉积岩组成，地层倾角平缓（10°～25°）倾向多变，没有形成明显的褶皱。

成矿后期断裂构造十分发育，分为北西向、北东向、近南北向、北西西向及北北东向5组。北西向一组断裂和北北东、近南北向断裂对后期铅、锌硫铁矿成矿起着控制作用。

2. 矿体特征

矿床自20世纪中叶勘查开发黄铁矿起，历经勘查黄铁矿、铅锌矿、金银矿的几个阶段，逐步认识各类矿石独特的控矿条件，构成治岭头金银多金属矿床复合的成矿模式。主要有5种矿化体产出：①产在华峰尖火山通道北侧，在八都岩群北东向韧脆性裂隙中充填金银、多金属交代石英脉，受到上覆火山岩的屏蔽影响，矿体沿火山岩不整合面下方隐伏延展；②产在华峰尖火山通道内，与爆破-塌陷角砾岩有关的银铅锌矿筒；③华峰尖火山通道东北侧，产在火山岩中，受北西向半环状构造控制的铅锌矿带（杨梅岗矿段）；④华峰尖火山机构北侧火山岩中的铅锌脉群；⑤产在近南北向断裂带，贯穿于火山岩和变质岩中的黄铁矿脉。

（1）金银矿体：金银矿体呈复脉状，赋存于八都岩群韧脆性断裂中，总延长约2250m，为F_1、F_{42}分割成3段。F_1以西为西块段，长约350m，呈北西向展布，单个脉体北西西向，倾向南西，分布在100～300m标高水平。F_1～F_{42}之间为中块段，长约1200m，矿脉走向由东西，渐变为北东东，产状（135°～155°）∠（35°～62°），单脉体呈左行雁列，长65～400m，赋存于400～650m标高水平。F_{42}以东为东块段，长700m，矿带走向近东西向，倾向南—南西，倾角36°～57°，矿体长175m，赋存于标高440～620m。

矿体由交代、充填形成块状玉髓状含金石英岩、含金脉石英团块、含金石英网脉及黄铁绢英岩化片麻岩构成。矿带顶界与上覆火山岩的不整合面同步起伏，一般向下延深在200m左右。不整合面以上的火山岩有蚀变，但无矿脉形成，也没有风化壳的存在（图6-93、图6-94）。

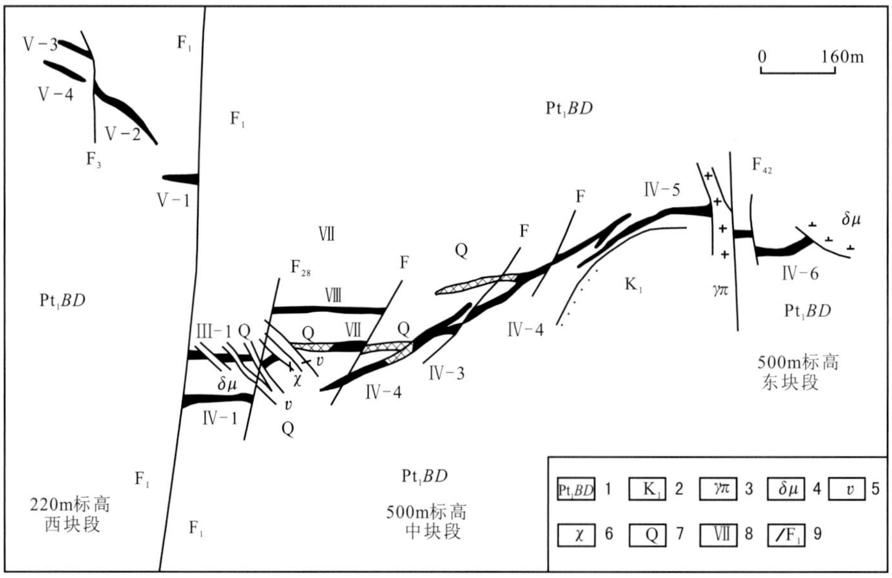

图6-93　治岭头金银矿床金银矿体平面展布图

1. 变质岩；2. 火山岩；3. 共同斑岩；4. 闪长玢岩；5. 霏细岩；6. 煌斑岩；7. 石英脉；8. 金银矿体；9. 断层

(2)铅锌矿有 3 种产出状态。①产在华峰尖火山通道中的隐爆角砾岩筒型铅锌矿，矿体赋存于通道中心位置，赋存标高 200～720m，矿体呈直立筒状，直径 80～100m，矿体平均品位 Pb＋Zn 5%～6%，含银 16×10^{-6} 以上，具有浸染状、富角砾状等矿石构造，矿体围岩为火山碎屑岩、霏细斑岩，矿体可达中型规模(图 6－95)。②产在华峰尖火山机构东侧的杨梅岗铅锌矿段，有 5 条矿脉带，走向北西，渐变为近南北向，呈半环状围绕火山机构，矿体围岩为火山岩，向深部贯入变质岩，主矿体长 800m 以上，厚 4.95m，延深 415m，产状(226°～260°)∠(62°～77°)。矿带平行展布，有侧脉分支、归并的特点。矿石组分较简单，金属矿物有黄铁矿、闪锌矿、方铅矿等；脉石矿物有石英(玉髓)、绢云母，其次为长石类、碳酸盐类。矿石品位 Pb 0.93%、Zn 2.85%，有效硫 12.08%，银 22.08×10^{-6}。近矿围岩蚀变以绢云母化、黄铁矿化、绿泥石化为主，其次为硅化、绿帘石化、蔷薇辉石化和碳酸盐化，偶见萤石化。矿体属中小型规模。

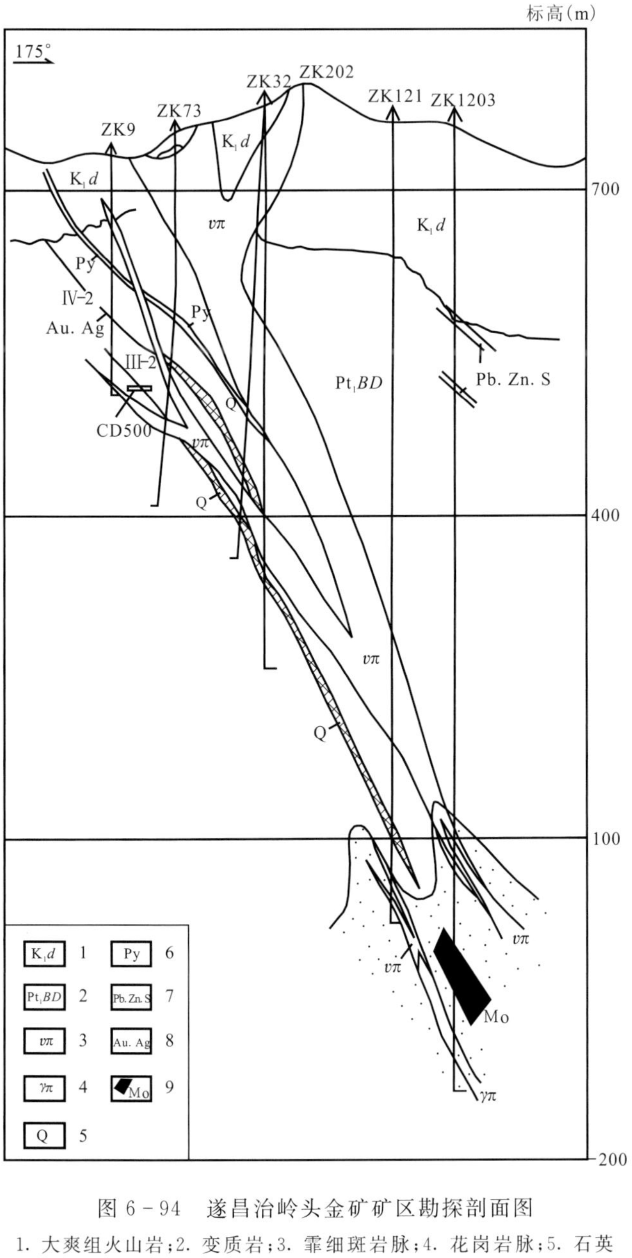

图 6－94　遂昌治岭头金矿矿区勘探剖面图

1. 大爽组火山岩；2. 变质岩；3. 霏细斑岩脉；4. 花岗岩脉；5. 石英脉；6. 黄铁矿体；7. 铅锌硫矿体；8. 金银矿体；9. 钼矿体及矿化体

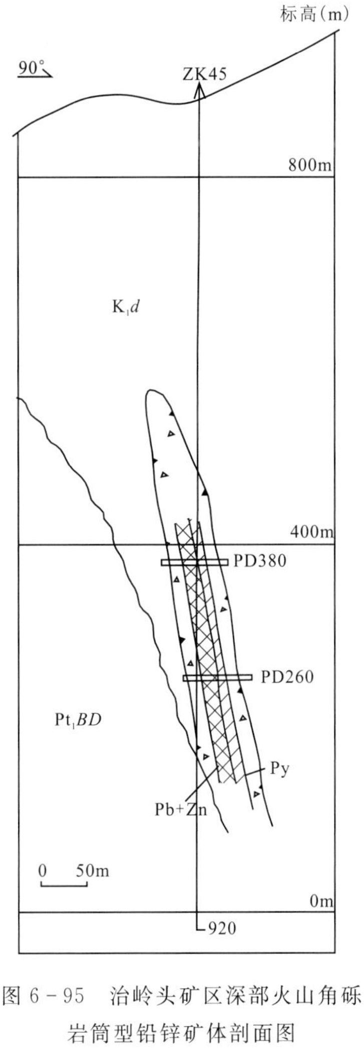

图 6－95　治岭头矿区深部火山角砾岩筒型铅锌矿体剖面图

③产在华峰尖北侧的铅锌矿段，在火山岩中呈东西向走向的 6 条铅锌矿脉带，主矿脉长约 650m，余者 300～400m，倾向延深大于 200m，赋存标高 600～800m，倾向南西，倾角 60°～70°，矿石矿物组分和围岩蚀变与杨梅岗矿段相类似，矿石 Pb0.89%，Zn 0.87% 伴有 Ag、Cd、S 等组分。矿脉相隔较疏，品位较低，规模近中型。

(3)黄铁矿：位于华峰尖火山通道的西侧，黄铁矿大脉作近南北—北北东向分布，切穿金银矿体和铅锌矿带。黄铁矿带长 600～1000m，分支矿带长 200～300m，在会合处矿化加宽，共有矿脉 10 余条。矿带中富矿透镜体长 20～30m，串珠状分布，膨缩变化，宽 0.7～1.0m，膨大处 2～5.6m，产状(275°～290°)∠(50°～70°)，分支脉(220°～260°)∠(45°～60°)。

矿石矿物以黄铁矿为主，少量方铅矿、闪锌矿、黄铜矿；脉石以石英为主，少量萤石、方解石、重晶石、叶蜡石。

矿石组分：S 24.88%，Ag(10～15)$\times 10^{-6}$，Cu 小于 0.1%，Pb 0.41%～2.07%，Zn 0.59%～18.85%，Te 0.0014%～0.0122%，Se 0.0003%～0.0008%。

3. 矿石特征

依矿床的研究程度，重点对金银矿体特征介绍如下。

(1)矿石的主要有用组分为金，银属同体共生，为线性相关。单个矿体平均含金(8.42～46.17)$\times 10^{-6}$，含银(165.10～684.86)$\times 10^{-6}$，Au∶Ag 为 1∶14.82～1∶26.07，矿区平均 Au∶Ag 为 1∶22。伴生有用组分铜、铅、锌、硫等均可综合利用。

(2)矿石组分：主要矿石矿物为黄铁矿，次为方铅矿、含铁闪锌矿、黄铜矿、磁黄铁矿，少量硫铁铜矿、硫锰矿、碲铋铅矿、辉铅铋银矿、硒硫锑铜银矿以及金银矿物。其中黄铁矿占矿石矿物 95%以上，其他矿物占总量的 5%左右。脉石矿物以石英为主，次为蔷薇辉石、菱锰矿及含水硅酸盐矿物(如绢云母、绿泥石等)、萤石、方解石、冰长石等。

主要金银矿物有银金矿(成色 509～615)、金银矿(成色 216～284)、自然银、微量自然金、辉银矿及碲金矿、碲银矿等，以及银的硫盐矿物。金银类矿物与金属硫化物(主要为黄铁矿)和脉石矿物(主要为石英)关系密切，以裂隙金为主，少量呈包体出现。矿石中主要金银载体矿物为黄铁矿、石英，其次为方铅矿、闪锌矿。

(3)矿石主要构造类型为浸染状构造、斑杂状构造、角砾状构造、条带状—环状构造、块状构造及脉状构造等；矿石结构主要类型为自形晶粒状结构、镶嵌结构、它形晶粒状结构、交代残余结构、充填交代结构、乳浊状结构及包含结构等。

(4)矿石类型：主要分三大类共六亚类。

Ⅰ类：石英脉型，$Ⅰ_1$ 亚类为含金银石英脉；$Ⅰ_2$ 亚类为含金银黄铁矿石英脉；$Ⅰ_3$ 亚类为含金银黄铁矿多金属石英脉。

Ⅱ类：交代脉石英岩型，$Ⅱ_1$ 亚类为含金银交代脉石英岩；$Ⅱ_2$ 亚类为含金银黄铁矿交代脉石英岩；$Ⅱ_3$ 亚类为含金银黄铁矿多金属交代脉石英岩。

Ⅲ类：蚀变岩-石英网脉带型。

4. 成矿阶段划分及围岩蚀变

成矿阶段划为早、晚两期共 7 个成矿阶段，包括 10 种矿物共生组合，其中早期成矿是主要的。

早期成矿矿物共生组合分 4 个阶段。

硅酸盐-石英阶段：形成蔷薇辉石-菱锰矿-石英组合。

含金黄铁矿-石英阶段：含金黄铁矿-石英组合(少量 Au、Ag)。

金银-硫化物-石英阶段：(Au、Ag 主成矿期)有金银类矿物-多金属硫化物-石英组合、辉银矿-金银矿(自然银)-多金属硫化物组合、碲银矿-金银类矿物-黄铁矿组合。

碳酸盐阶段：石英-方解石组合。

晚期成矿(银的叠加矿化)矿物共生组合分 3 个阶段。

石英-黄铁矿阶段：石英-黄铁矿组合。

含银(微量金)硫化物-石英阶段：有黄铁矿-方铅矿-闪锌矿-毒砂组合、黄铁矿(闪锌矿)硫锰矿-蔷薇辉石-石英组合。

萤石-碳酸盐阶段：萤石-方解石组合。

近矿围岩主体为黑云斜长片麻岩、黑云二长片麻岩，以及少量变粒岩和浅粒岩。蚀变主要类型为绢云母化、硅化、绿泥石化及黄铁矿化等。其他次要的蚀变有蔷薇辉石化、含锰碳酸盐化、绿帘石化等。晚期蚀变有黄铁绢英岩化。

矿体围岩蚀变具有对称水平分带，大致从正常围岩到矿体依次为绿泥石化绢云母化带、硅化绢云母化带、强绢云母化硅化带及交代脉石英岩 4 个带。

5. 成矿物化条件及成矿机理

成矿物化条件：矿物包裹体特征是气液包裹体以液态为主，也有少量石盐子矿物或液态 CO_2 的多相包裹体，从早期到晚期含子矿物或液态 CO_2 的多相包裹体逐渐减少。

成矿温度：一般早期成矿阶段较高，为 350～400℃；晚期成矿温度较低，为 119～380℃，属中(低)温矿床。

成矿流体成分：早期成矿流体成分主要为 K^+、Ca^{2+}、Mg^{2+}、Cl^-、HCO_3^-、SO_4^{2-} 等，富含 CO_2 和 CH_4。晚期成矿流体成分为 K^+、Na^+、Cl^-、HCO_3^-、SO_4^{2-} 等，CO_2 含量低，基本不含 CH_4。

成矿流体盐度：早期 10.12%～16.02%，晚期为 4.07%～7.85%。早期盐度与八都群变质流体盐度 4.51%～18.26%近似。

成矿流体 pH 值：早期流体 pH 均值为 4.56，晚期流体 pH 均值为 5.14。按温度为 200～300℃推算，均在弱酸—弱碱范围内，为矿液中金的络阴离子团的解体和沉淀创造了条件。

6. 成矿物质来源

(1)成矿流体成因：治岭头矿区早期成矿流体的 $\delta^{18}O$ 为 −8‰～+3.1‰；均值+1.62‰，δD 为−61‰～−59‰；晚期 $\delta^{18}O$ 为−3.9‰～2.1‰，平均−3.17‰，δD 为−58‰～−73‰，在 $\delta D-\delta^{18}O$ 相关图上(图 6-96)，早期流体非常接近八都岩群变质水。成矿流体 $\delta^{13}C$ 为−0.12‰，接近零值，反映了八都岩群变质成因碳同位素组成特征。晚期成矿流体处于中生代古大气降水与岩浆水之间，更趋近于古大气降水，其 $\delta^{13}C$ 为−5.4‰～−5.6‰，接近岩浆(火山)热液碳同位素组成特征。因此治岭头晚期成矿流体为火山(岩浆)热液流体与古大气降水的混合流体。

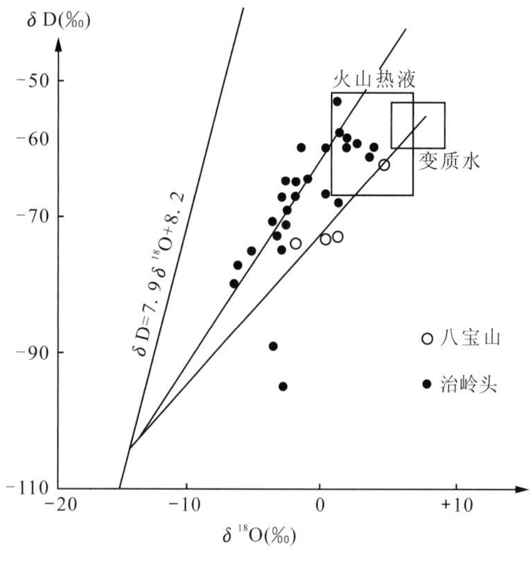

图 6-96　成矿流体氢氧同位素组成图
(据郑淑惠，1982)

(2)成矿元素来源：早期成矿物质金、银来自古元古界八都岩群变质岩。治岭头外围八都岩群黑云斜长片麻岩及变粒岩含金大于 11×10^{-9}，为地壳丰度值的近 3 倍，无疑为金的富集成矿提供了物质基础。另外早期矿体中黄铁矿的 Ag/Au、Ni/Co 比值与矿区外围变质岩中细粒分散状黄铁矿的相应元素比值十分接近(表 6-31)，且变质岩人工重砂中尚见金银类矿物细粒，表明金、银等成矿元素来自围岩变质岩。晚期成矿物质来源根据晚期矿体中粗晶黄铁矿的Ag/Au、Ni/Co 比值与火山岩、次火山岩中细脉黄铁矿的相应元素比值非常接近，反映其来自火山热液。

表 6－31　黄铁矿微量元素特征表

地质体	黄铁矿状态	样数(个)	平均含量(10^{-6})				Ag/Au	Ni/CO
			Au	Ag	Ni	Co		
早期矿体	细粒浸染	7	117.74	695.36	91.57	71.29	5.90	1.28
晚期矿体	粗晶团块、脉状	10	1.67	65.76	14.90	33.30	39.38	0.45
变质岩	细粒分散	5	8.50	65.60	383.20	205.16	7.72	1.87
火山岩、次火山岩	脉、细脉	3	0.33	14.00	4.70	20.33	42.42	0.23

(3)硫源的讨论：矿区已知硫同位素资料，如表 6－32 所示。由表知硫化物之间硫同位素分馏达到平衡，$\delta^{34}S_{Py}>\delta^{34}S_{Sp}>\delta^{34}S_{Gal}$，数据具有代表性。各类地质体中黄铁矿硫同位素的均值，有自变质岩→金银早期细浸染矿化→金银晚期粗晶团块矿化→铅锌矿体→黄铁矿体→火山岩、次火山岩→后期脉岩逐个增高的规律，即由 4.71‰→5.30‰→5.97‰→5.92‰→5.88‰→6.09‰→6.36‰。以上显示矿化硫源，前期与围岩变质岩的硫相关，后期与火山岩、次火山岩的硫相关。

表 6－32　不同类型地质体硫同位素组成表

地质体类型	硫化物构造	测定矿物	样品数(个)	δ^{34}S 均值(‰)	$\delta^{34}S_{\Sigma S}$(‰)	资料来源
金银矿体	细粒浸染	Py	25	+5.30	+4.70	郑人来，1988
		Sp	4	+2.65		
		Gal	4	+1.22		
		Py+Sp+Gal	33	+4.48		
	粗晶团块	Py	10	+5.97		
		Sp	3	+5.72		
		Py+Sp	13	+5.91		
		Py+Sp	16	+5.92		周俊法，1991
后期黄铁矿	脉状	Py	5	+5.88		郑人来，1988
变质岩	细粒分散	Py	6	+4.71		郑人来，1988
火山岩、次火山岩	脉、细脉	Py	4	+6.09		郑人来，1988
		Py+Sp+Gal	9	+4.87		郑人来，1988
后期脉岩	细粒分散	Py	1	+6.36		郑人来，1988

(4)铅源的讨论：矿区曾先后测定铅同位素 30 多个样品，其组成变化较大，$^{206}Pb/^{204}Pb$ 为 16.886～18.624，为 15.521～15.974，$^{208}Pb/^{204}Pb$ 为 36.512～40.962，$^{206}Pb/^{207}Pb$ 为 1.09～1.20，数据比较分散。在铅同位素模式图上，大多数据分布在 900～300Ma 区间，且绝大多数样品 μ 值较高，落在岛弧铅与上地壳铅之间。因此治岭头矿区的铅同位素主要为古老壳源铅，来自上地壳源区。由于铅同位素变化大，个别矿石铅年龄大于 1000Ma，另有一个黄铁矿样品，μ 值特低，来自上地幔或下地壳。可见本矿区金银矿是多期、多源的，主要来自上地壳，高 μ 值铅来自基底八都群变质岩和来自中生代火山岩的铅混合结果。

计算获得八都岩群、火山岩在成矿期的 $^{208}Pb/^{206}Pb$ 与 $^{207}Pb/^{206}Pb$ 值作图(图 6－97)，显示若干与变质岩、火山岩有关的金银、多金属矿矿床的铅同位素与变质岩、火山岩铅同位素组成具有良好的线性关系，不同矿床对变质基底和火山岩的依赖程度不一。治岭头金银矿与杨梅岗铅锌矿铅同位素组成，虽有部分重叠，但铅锌矿床更趋近火山岩一端。据计算，金银矿体变质岩铅源占60%，铅锌矿体变质岩铅源占47%。

（5）Rb－Sr 同位素：据矿石石英包裹体 Rb－Sr 法测定，$(^{87}Sr/^{86}Sr)_i$＝0.7125～0.7289，现代大陆地壳锶同位素组成为 0.720，说明金银矿成矿物质主要来自大陆地壳。

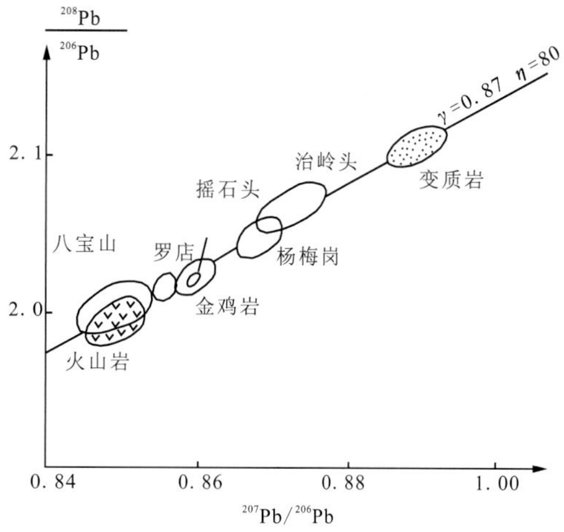

图 6－97　燕山晚期早阶段陆缘火山岩型金矿 $^{208}Pb/^{206}Pb-^{207}Pb/^{206}Pb$ 图解

7. 矿床成因类型

近年矿区内矿化年龄测试数据列于表 6－33，金银矿成矿主要在 160～127Ma，铅锌多金属在 107Ma 左右。矿化晚期有霏细斑岩贯穿，约为 105Ma。矿化完全结束可能到 80Ma 左右，具有多期叠加成矿的特点。

表 6－33　治岭头各期矿石成矿年龄值

样品	方法	年龄(Ma)	$(^{87}Sr/^{86}Sr)_i$	资料来源
西块段 ZK7004	Rb－Sr 等时线	159.9±5.4	0.724 96	陈好寿和徐步台，1997
西块段 ZK1002	Rb－Sr 等时线	127.1±6.8	0.728 89	陈好寿和徐步台，1997
Ⅳ－4 矿体	Rb－Sr 等时线	82.5±3.7	0.7242	周俊法和钱建民，1996
局下交代石英岩铜矿石	Rb－Sr 等时线	164	0.7261	周俊法和钱建民，1996
局下石英脉铜矿石	Rb－Sr 等时线	107.57	0.7292	周俊法和钱建民，1996
中矿段 Pd500 矿石全岩	Rb－Sr 等时线	152.26±2.1	0.7215	王华田和袁旭音，1989
中矿段金银矿石	K－Ar 法	141.5±2.8		王华田和袁旭音，1989
中矿段含金蔷薇辉石	K－Ar 法	95.5±2.5		王华田和袁旭音，1989
中矿段含金蔷薇辉石	K－Ar 法	227.25		王碧香等，1988
Pd500 后期霏细斑岩	锆石 U－Pb 谐和曲线	104.8±0.8		周俊法和钱建民，1996
Pd500 切矿花岗斑岩	锆石 U－Pb 谐和曲线	148±0.5		周俊法和钱建民，1996

治岭头金银矿的成因类型，一直存在较多争议，争议的焦点主要是变质作用在成矿过程中的参与程度。20 世纪 80 年代研究者多认为以变质热液成矿为主，燕山期火山-热液活动起叠加作用。随着工作的进展，持以燕山期火山-侵入作用为主的认识增多，澳大利亚地质学家弗兰克(1998)认为其是斑岩成矿体系。

（1）金银成矿流体、硫源、铅源都有偏向于源自八都岩群变质岩，尤其是早期矿化，源自变质岩系的物质更多一些。

（2）矿床矿物组分和蚀变以中温环境下形成的为主，甚至有低温的典型矿物，而缺乏典型的变质热液成因的组分和蚀变。

（3）铅同位素的模式年龄较分散，为 900～300Ma，反映在整个区域构造发展过程中，多次热液活动，但未有大规模富集。

(4)大量矿石 Rb－Sr 等时线法显示，最早的金银成矿时代在 160Ma 左右，个别 K－Ar 法指示 225Ma，成矿活跃时期在 160～127Ma 之间，相当于燕山早期火山喷发活跃时期，也是牛头山层火山形成的时期。

(5)华峰尖寄生火山通道的产生尚无年龄资料，据次火山岩类型对比，应在花岗斑岩(148Ma)之后，霏细斑岩之前(104Ma)属燕山晚期。此时伴随通道周围的环形断裂、围岩的塌陷和深部气液爆破，随之带来大量银铅锌矿化和黄铁矿矿化。深部钼矿化时代关系尚待研究。

(6)金银矿主要定位于变质岩中呈“S”型、弧形韧脆性剪切裂隙中，处于刘坑-治岭头北西向大型古老剪切带上，对围岩中矿质的析出、运移创造了条件。矿体侧伏在中生代火山岩底部不整合面之下，自不整合面向下延深 200m 左右。

综上所述，治岭头金银多金属矿床属基底提供主要成矿物质的火山热液中温、中浅成矿床(图 6－98)。

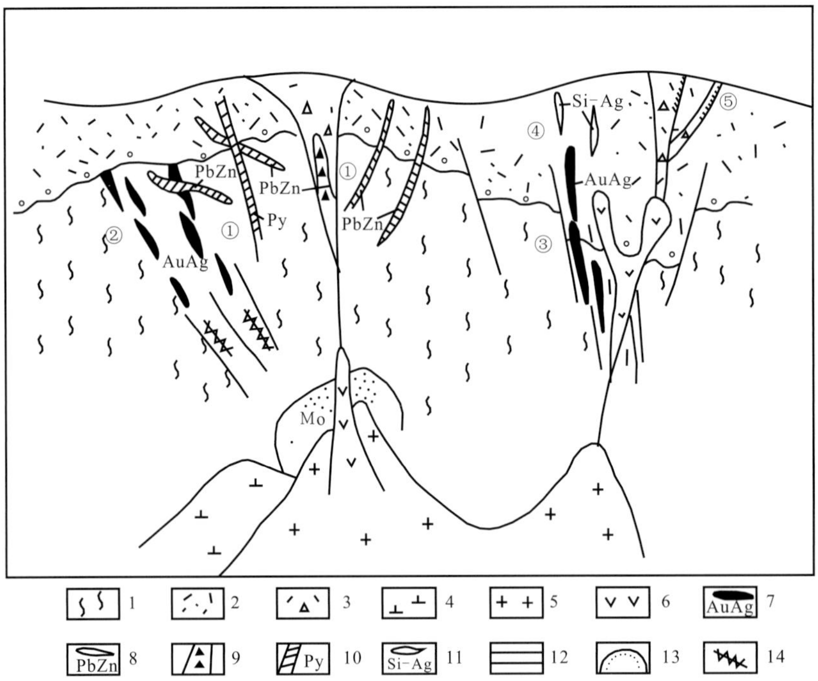

图 6－98　燕山晚期早阶段火山岩型 Au－Ag(Pb－Zn)矿床成矿模式图

(据朱安庆，2002)

①治岭头；②罗山；③八宝山；④弄坑；⑤金鸡岩；1. 基底变质岩；2. 早白垩火山岩；3. 火山机构；4. 古老花岗质岩体；5. 燕山早期花岗岩；6. 燕山晚期花岗岩；7. 金银矿体；8. 铅锌矿体；9. 铅锌角砾岩筒；10. 黄铁矿体；11. 含银硅化带；12. 韧性剪切带；13. 蚀变带；14. 石英脉

8. 找矿模型

(1)矿床产在嵊州-龙泉中元古代裂谷带燕山晚期早阶段火山构造成矿环境。矿床空间定位在变质岩天窗或断块隆起的内、外缘和火山构造中。

(2)矿床受基底变质岩韧性剪切带与燕山晚期早阶段火山构造联合控制。

(3)地球物理场为区域重力布格负值区中的正剩余重力正异常，航磁为平稳低正场区，但因火山构造，燕山晚期潜火山岩的分布，磁场跳跃，矿体低阻—高阻、高极化率。

(4)地球化学场为 Au、Ag、Cu、Pb、Zn、Mo、As、Sb、Bi、Hg 异常，异常中心套合较好，发育金、铅族重砂异常。

(5)变质岩或火山岩中发育中低温硅化、绢云母化、黄铁矿化、绿泥石化带,以及蚀变带中的交代石英岩、脉石英岩,硫化物氧化露头。

铅锌(钼)多金属矿床 燕山晚期早阶段与火山作用有关的铅锌(钼)多金属矿床主要分布在玉岩-八都中元古代裂谷成矿环境和庆元中生代火山穹隆成矿环境。矿床受火山穹隆构造控制,火山穹隆一般由燕山晚期早阶段大爽组、高坞组和西山头组组成,穹隆一般呈北东向长轴椭圆状,中心部位发育潜火山岩。潜火山岩主要是闪长岩、二长岩、钾长花岗岩、花岗斑岩、流纹斑岩和霏细斑岩等。环状和放射状断裂是矿床或矿体的赋存部位(图6-99)。此类矿床有庆元桉树坳铅锌矿、老鹰嘴铅锌矿、石碓岭钨钼矿、源头铅锌矿等,以桉树坳铅锌矿为例,桉树坳铅锌矿床位于庆元中生代火山穹隆成矿环境仙桃山火山穹隆构造中心部位。对其矿床特征描述如下。

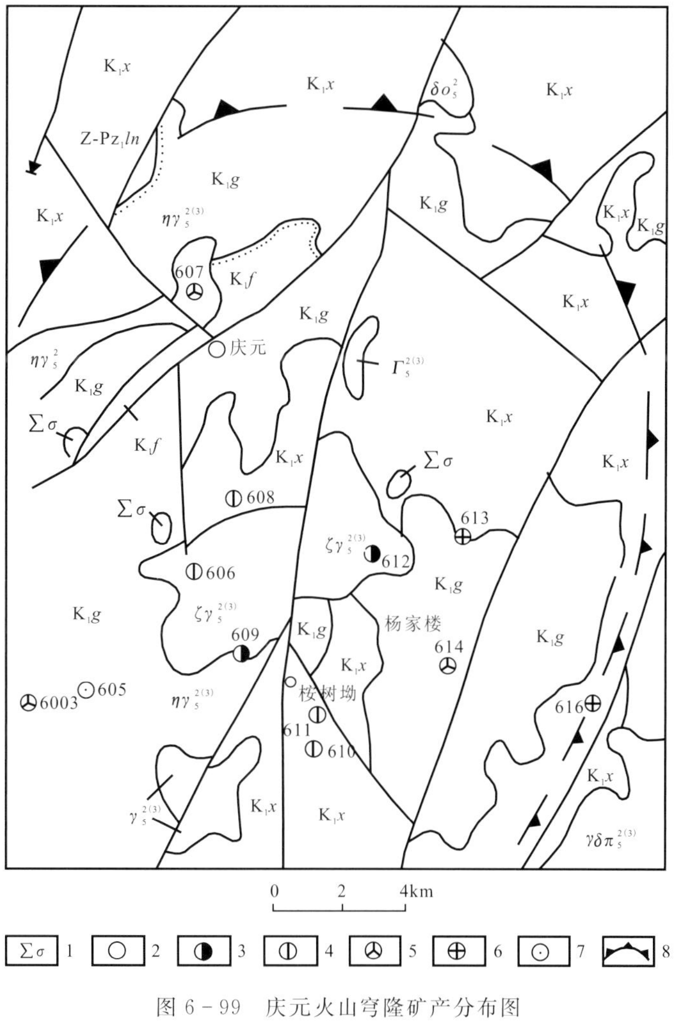

图6-99 庆元火山穹隆矿产分布图

1.超基性岩;2.钨矿;3.钨钼矿;4.铅锌矿;5.多金属矿;6.银;7.磁铁矿;8.火山穹隆边界

1. 矿区地质背景

仙桃山火山穹隆由下白垩统磨石山群高坞组和西山头组组成。高坞组为流纹质含砾晶屑熔结凝灰岩、晶屑凝灰岩。西山头组由流纹质、英安质晶玻屑熔结凝灰岩、凝灰岩等组成。火山穹隆中心部为仙桃山钾长花岗岩,其边部有二长花岗斑岩和花岗斑岩岩脉侵入(图6-100)。

矿区侵入岩主要有二长花岗斑岩和花岗斑岩,少量闪长玢岩、石英闪长岩、霏细斑岩等。二长花岗斑岩呈北北西—南南东方向的长轴状,出露面积约0.89km^2,局部有铅锌矿化;花岗斑岩呈北东-南西向

龙泉中元古代裂谷带上虞-东阳华夏前缘逆冲隆起成矿环境、苏村-三港中生代火山岩浆成矿环境。这3个成矿环境已发现的铀矿床、铀矿点的数量最多，约占全省已发现总数的74.8%，全省所控制的铀矿资源储量几乎都在其内，约占全省已查明铀矿总资源储量的98.6%。

根据控矿断裂构造、火山构造、赋矿岩性组合和成矿机理，浙江省火山岩型铀矿进一步分为火山岩脉型铀矿和火山岩层控型铀矿。

1. 火山岩脉型铀矿

该类型铀矿以产出脉状矿体为特征，省内发现的铀矿床、矿点多数属该类型。该类铀矿主要产于火山盆地内，常在次火山岩相、火山口相以及近火山口相等部位成矿。盆地外缘边界断裂构造及火山通道内发育的次火山岩、爆发(隐爆)角砾岩与铀成矿关系密切。铀矿床的定位和矿体的展布受区域断裂构造及次级断裂构造与火山构造复合控制。矿体大多呈陡倾脉状、群脉状产出，倾向延伸往往大于走向延伸，具切层特点。脉型铀矿床的成矿岩性复杂，对岩性选择性不明显。围岩均具有强烈的火山期后热液蚀变现象。

火山岩脉型铀矿根据火山岩岩相岩性组合和主要控矿构造的不同，细分为次火山岩类、火山(隐爆)角砾岩类和火山熔岩类3个小类铀矿类型。

(1)次火山岩类：铀成矿主要与火山活动晚期次火山岩体(脉)的发育直接相关，次火山岩体(脉)是铀矿化的主要载体。浙江省内这些充填于构造带中有利于铀成矿的次火山岩脉体主要有：花岗斑岩、石英斑岩、霏细斑岩、英安斑岩等，铀矿体主要产于次火山岩脉体的内外接触带或次火山岩脉体中。铀矿体多呈脉状、透镜状产出，热液蚀变特征明显，热液蚀变作用强烈，矿前期主要有硅化、绢(水)云母化、钠长石化、绿泥石化；成矿期主要为赤铁矿化、金属硫化物矿化；矿后期为硅化、萤石化、碳酸盐化。

(2)火山(隐爆)角砾岩类：铀矿化主要受断裂构造与火山构造(隐爆角砾岩筒)复合控制，是浙江省内脉型铀矿的重要类型，在已探明的铀矿资源储量中占有较大的比重。铀矿体主要赋存于隐爆角砾岩筒中上部及其边部内外接触带，受陡倾构造裂隙控制，形态为透镜状、脉状，铀矿物赋存于隐爆角砾岩的胶结物中，其富集程度与隐爆岩石的破碎程度有关。该类铀矿床往往热液蚀变作用十分强烈，并具较为明显的分带性。常伴生其他金属矿如钼、银等，形成铀钼多金属矿床。

(3)火山熔岩类：此类铀矿床主要受区域性断裂构造和岩相岩性的双重控制，常产在压扭性断裂构造与张扭性断裂构造交会复合或夹持部位的火山溢流相岩性中，含矿主岩主要为流纹岩、流纹斑岩、流纹质英安岩、凝灰熔岩。铀矿的富集与次级断裂构造及其旁侧裂隙系统、层间碎裂带的发育程度密切相关，矿体以似层状、透镜状形态产出，单矿体规模通常不大。

2. 火山岩层控型铀矿

该类型铀矿以矿体主要呈层状、似层状，受地层层位控制为特征，重点分布于浙西的660铀矿田。主要受层间构造和岩性岩相的控制，矿体一般不切层，矿体展布与成矿层位基本相同。此类铀矿含矿主岩主要有流纹岩、沉凝灰岩、凝灰质砂岩等。根据火山岩岩性岩相的差异，该类型铀矿又可细分为火山熔岩类、火山碎屑岩类和火山碎屑沉积岩类层控型铀矿。

(1)火山熔岩类：铀成矿主要与火山熔岩流(流纹岩)层间破碎蚀变带相关。铀矿体主要产于流纹岩层的顶部凸起部位，矿体呈层状、似层状分布，与地层产状基本一致，矿体分布较稳定，矿体规模和厚度均较大。

(2)火山碎屑岩类：铀矿产于火山碎屑岩(流纹质晶屑凝灰岩为主)与火山碎屑沉积岩(沉凝灰岩、凝灰质粉砂岩)交互产出的地段。铀矿体受密集的顺层裂隙、层间破碎带和岩性的双重控制，总体呈层状、似层状产出，矿体规模受含矿层厚度的制约。

(3)火山碎屑沉积岩类：铀矿主要产于火山碎屑沉积岩层位中，含矿主岩一般为凝灰质碳质砂砾岩、含砾砂岩等，矿体受层位和岩相岩性控制，铀成矿具有热液和沉积吸附的双重特征。

3. 典型矿床特征与成矿模式和找矿模型

1)3 号火山岩脉型铀矿床

(1)区域地质背景。

3 号火山岩脉型铀矿床位于诸暨-常山中元古代岛弧带寿昌-龙门潭中生代火山盆地成矿环境南西段的新路火山断陷盆地内。盆地基底为前震旦系虹赤村组的一套浅变质杂砂岩及下古生界震旦系、寒武系、奥陶系浅-滨海相含碳碎屑岩建造、硅质岩建造、碳酸盐岩建造等;盖层为上白垩统的中酸、酸性陆相火山碎屑岩系。下白垩统主要有劳村组、黄尖组和寿昌组地层,其中黄尖组是重要的含矿层位,岩性主要为厚层状流纹质含砾晶屑凝灰岩、晶屑熔结凝灰岩。

区域上断裂构造发育,新路火山断陷盆地夹持于球川-萧山深断裂、常山-漓渚大断裂之间,受此两条北东向的深大断裂和区内北北东向双桥断裂的复合控制。

(2)矿床地质特征。

3 号铀矿床产于新路火山断陷盆地中,盆地外侧出露基底前震旦系老地层,矿床出露的地层岩性较为简单,主要含矿岩性为白垩系黄尖组(K_1h)的一套流纹质含砾晶屑凝灰岩、熔结晶屑凝灰岩,矿床范围内主要出露 3 层。

黄尖组第一段第二层(K_1h^{1-2}),主要出露于矿区南东侧和北西侧,岩性以浅灰、浅灰白色流纹质含砾晶屑凝灰岩为主,局部有熔结现象,为矿床的含矿层位。黄尖组第一段第三层(K_1h^{1-3}),分布较局限,为一火山岩夹层,岩性为灰紫色、紫红色含砾凝灰质砂岩、粉砂岩、沉凝灰岩。黄尖组第二段第一层(K_1h^{2-1}),矿区内大面积出露,岩性以巨厚层状流纹质含砾熔结晶屑凝灰岩、流纹质含砾晶屑凝灰岩为主,局部为流纹质角砾晶屑凝灰岩,为矿床的主要含矿层位。矿床构造主要为断裂构造和火山构造,两条北东向区域性的断裂(双桥断裂、东湾断裂)纵贯矿区,矿区则夹持于两断裂构造之中。北西向断裂构造较为发育,是区内主要的储矿构造(图 6-103)。

矿区火山构造发育,中心地段发育一个复合式火山通道,呈现较鲜明的喷发、侵入、隐爆等多阶段活动特点,是区内岩浆-火山活动及成矿活动中心。中心部位被次火山岩所充填,形成中心斑岩体,其外侧呈环带状、似环带状分布的次火山岩脉十分发育,次火山岩形态复杂,多以小岩株、岩枝、岩脉状产出,岩性主要为花岗斑岩、石英斑岩,剖面上为不规则漏斗状、舌状、枝叉状等,与铀矿化十分密切,是矿床铀矿化的重要赋矿地质体。

(3)铀矿化特征。

3 号矿床属火山岩脉型铀矿床。矿体形态主要为脉状,少量为透镜状,矿床所发现的铀矿体基本上为盲矿体,矿体埋深一般为 200～450m。矿体规模除数个主矿体外,一般以小至中等矿体居多,主矿体规模相对较大,资源量均在百吨(铀金属)以上。矿体走向长一般为 40～100m;倾向长一般为 40～70m;平均厚度一般为 1～9.3m。铀矿体在空间分布上较为集中,平面上主要围绕中心斑岩体分布。矿体品位以中等至偏富为主要特征,主矿体中存在特富矿段,品位可达 1%以上。

矿床矿石矿物成分较简单,铀矿物主要为沥青铀矿,地表及浅部可见少量次生铀矿物(硅钙铀矿、钙铀云母、铜铀云母等)。金属矿物主要有黄铁矿、方铅矿、闪锌矿、黄铜矿、辉钼矿等。脉石矿物主要有方解石、石英、萤石、水云母、绿泥石等。

矿床热液蚀变普遍而强烈,并具多期多阶段性,主要有水云母化、赤铁矿化、金属硫化物化、黄铁矿化、紫黑色萤石化、硅化、碳酸盐化等。成矿前期以大面积褪色蚀变为主,广泛发育水云母化面型蚀变,成矿期则以硅化、赤铁矿化、萤石化、黄铁矿化、金属硫化物化为主,其中与铀成矿关系最为密切的蚀变是水云母化、赤铁矿化、金属硫化物化、萤石化等蚀变。

(4)主要控矿因素。

矿床铀成矿作用主要与成熟的基底建造、区域性深大断裂及其配套断裂的多次活动、燕山晚期大规模火山喷发及火山期后热流体的多次活动密切相关。矿床的铀矿化主要受断裂构造、火山构造(次火山

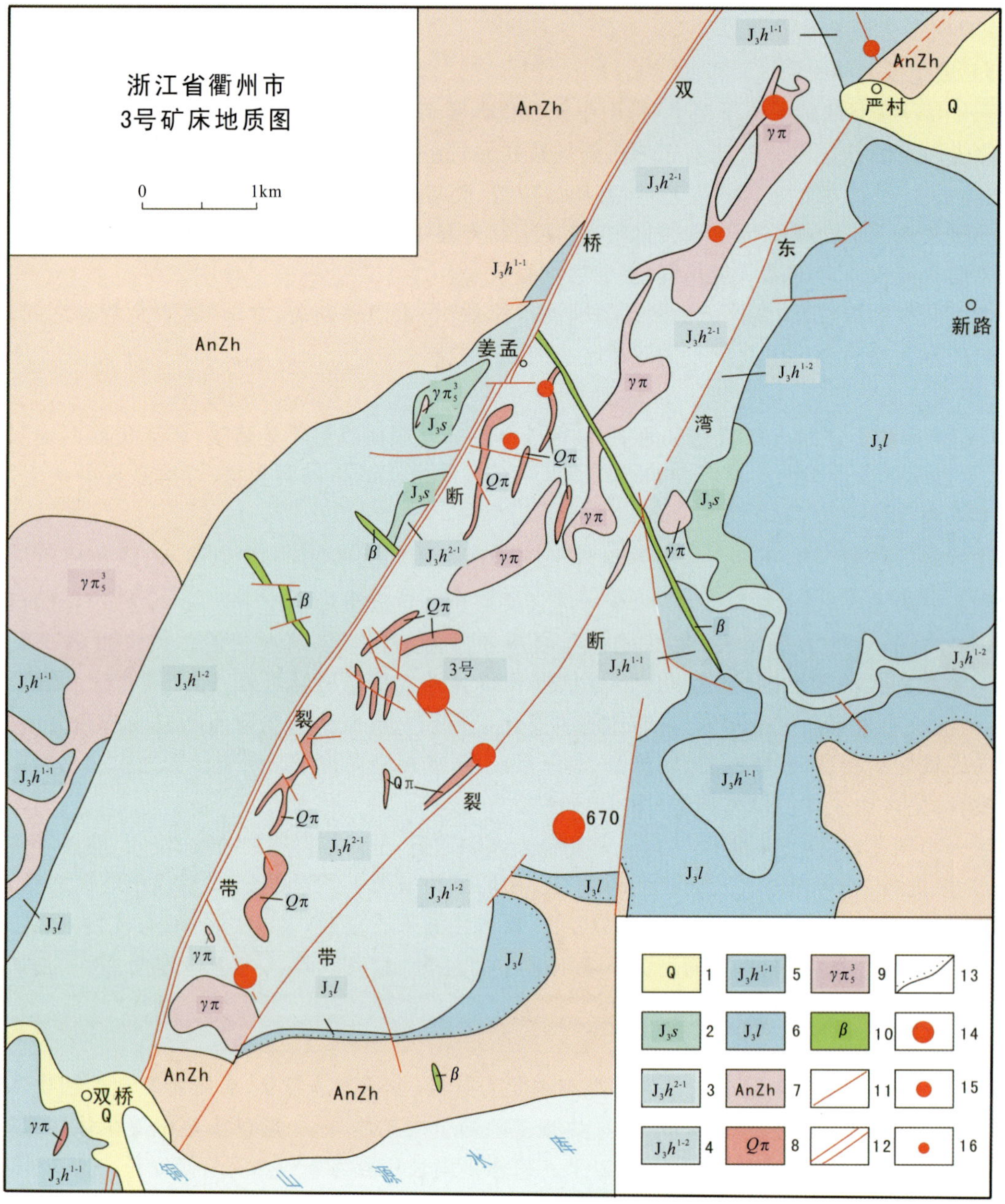

图 6-103　浙江省衢州市 3 号矿床地质图

1.第四系；2.上侏罗统寿昌组；3.上侏罗统黄尖组第二段第一层；4.上侏罗统黄尖组第一段第二层；5.上侏罗统黄尖组第一段第一层；6.上侏罗统劳村组；7.前震旦系；8.石英斑岩；9.花岗斑岩；10.辉绿岩；11.断裂构造；12.复合断裂构造；13.不整合地质界线；14.铀矿床；15.铀矿点；16.铀异常点

岩脉、隐爆作用等）以及地层岩性的复合控制。

断裂构造对铀矿化的控制作用：断裂构造是控制矿床铀成矿的主导因素，区域性深大断裂与矿区北北东向双桥断裂、东湾断裂相互贯通复合并派生出配套的北西向断裂构造，构成了矿区断裂构造的主体格架，并直接控制着矿床铀矿化的发育。其中北西向组断裂构造是矿区主要的储矿构造，铀矿产于该组断裂构造带内或其膨胀收缩、分支复合部位，尤其是该组断裂构造与次火山岩体（脉）相交切复合部位，往往产出富大矿体。

火山构造对铀矿化的控制作用：火山构造对矿床铀成矿具有极为重要的作用，是矿床空间定位的主要因素。区内存在的复合型火山通道是铀成矿活动的中心，该地段次火山岩侵入、隐爆作用及热液蚀变作用十分强烈，利于铀矿化的聚集和发育，铀矿体空间上主要集中分布于火山通道范围内。矿床范围内广泛发育的次火山岩体（脉），形态复杂，多沿断裂构造、火山岩原生节理构造或层间薄弱带侵入，穿插于地层层位中，形成众多的构造界面，铀矿化常产于其内外接触带、岩脉产状变异部位、岩体拐弯转折端或两个岩枝的环抱部位，对铀矿化控制十分明显（图 6-104）。

围岩蚀变对铀矿化的控制作用：矿床水云母化蚀变呈面型大范围分布，蚀变使得岩石孔隙度增加，岩石中铀元素获得初始富集，为后续铀的工业富集奠定了基础。赤铁矿化蚀变的发育则促进了铀矿化大规模的工业富集，在控矿断裂构造、次火山岩脉体或隐爆角砾岩体的发育部位，呈浸染状叠加在成矿前期的水云母化蚀变之上，使铀元素得以进一步富集；紫黑色萤石化、金属硫化物化等蚀变的发生，则使铀成矿作用达到顶峰，它们常叠加发育在前期红化蚀变之上，形成工业富矿体。

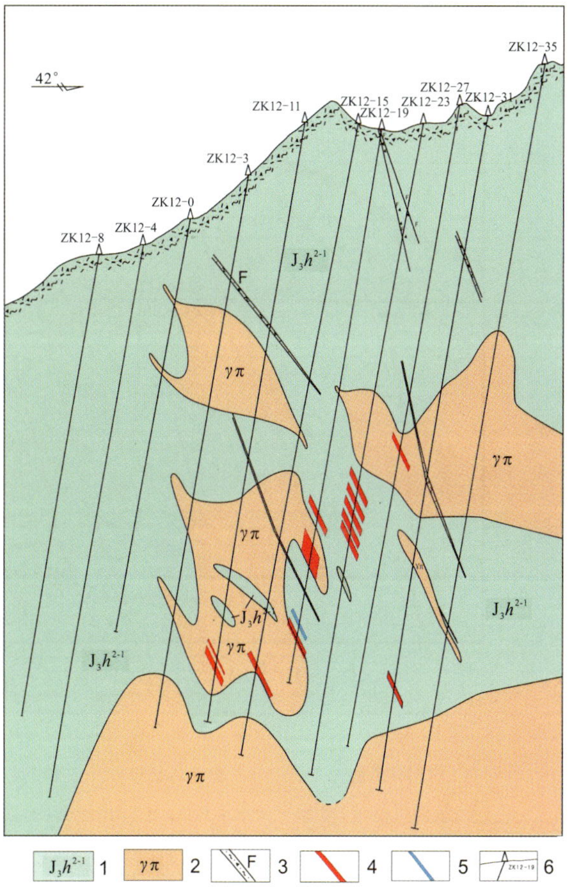

图 6-104　3 号铀矿床剖面图（12 号勘探线）

1. 黄尖组第二段第一层；2. 花岗斑岩；3. 断裂构造；4. 工业矿体；5. 低品位矿体；6. 钻孔及编号

地层岩性对铀矿化控制作用：矿床地层岩性对铀矿化也具有一定的控制作用，矿区基底和盖层地层的富铀性良好，特别是本区燕山期火山碎屑岩和次火山岩（花岗斑岩）铀的丰度值大大高出省内其他地区的地层，区内黄尖组火山碎屑岩平均铀含量为 20.66×10^{-6}，而火山期后产生的酸性次火山岩（花岗斑岩）的平均铀含量为 22.15×10^{-6}。火山碎屑岩（凝灰岩）和次火山岩（花岗斑岩）是铀成矿最有利的围岩。

2）4 号铀矿床

（1）区域地质背景。

矿床位于嵊州-龙泉中元古代裂谷带苏村-三港中生代火山岩浆成矿环境，大洲火山断陷盆地内，北临金衢中生代大型裂陷盆地（红盆），矿床系 660 铀矿田的主干矿床（图 6-105）。该区早白垩世火山活动存在两个火山喷发旋回：第一喷发旋回为强烈爆发式火山活动，区域内形成厚度大于千米的西山头组流纹质熔结凝灰岩；第二喷发旋回为溢流式火山活动，形成了九里坪组层状流纹岩。

大洲火山断陷盆地形成于早白垩世，在九里坪组流纹岩喷溢活动结束后，火山盆地沿北东向断裂陷落，形成北东走向的槽状盆地。火山盆地的基底为前震旦系陈蔡群变质岩，盖层为西山头组流纹质熔结凝灰岩和九里坪组流纹岩。

火山盆地内构造主要为断裂构造，以强烈的不均衡断块升降为主要特征，主要有北北东向、北西西向断裂，它们相互交切，组成格子状构造骨架，直接控制了铀矿床的空间定位。

（2）矿床地质特征。

矿床内出露的地层有前震旦系陈蔡群（Pt_2Ch）一套中深变质岩系和上三叠统乌灶组（T_3w）煤系地层，分布于矿床北部，被逆掩覆盖在下白垩统火山岩系之上。近年来统磨石山群九里坪组共有 6 层流纹岩，其中第一、二、三层流纹岩为矿床的主要赋矿层位。地层总体产状为倾向北东，倾角 10°～15°。矿床构造主要为断裂构造和层间构造，断裂构造主要有北西向组断裂以及北北西、北北东向断裂，其中 4 号

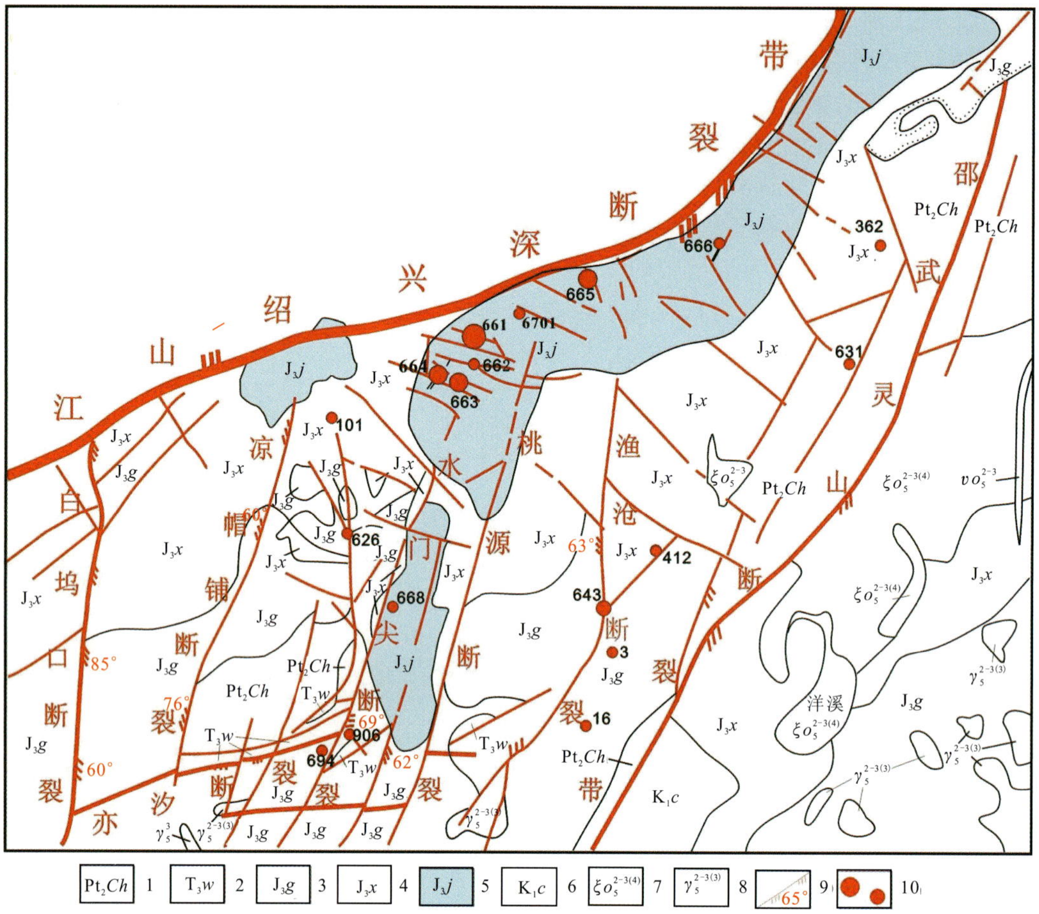

图 6－105　4 号铀矿床区域地质图

1. 前震旦系陈蔡群；2. 上三叠统乌灶组；3. 上侏罗统高坞组；4. 上侏罗统西山头组；5. 上侏罗统九里坪组；6. 下白垩统朝川组；7. 燕山中晚期正长岩；8. 燕山中晚期花岗岩；9. 断裂及产状；10. 矿床、矿点

断裂和 1 号断裂规模最大，矿床则定位于此两条断裂夹持的地垒式断块内。层间构造主要发生在各层流纹岩的喷发间断面之间。

（3）铀矿化特征。

4 号矿床为一火山熔岩层控型大型铀矿床。铀矿主要产在第一、二、三层流纹岩顶板相的裂隙发育带中，矿体呈层状、似层状产出，分布较稳定（图 6－106）。其中第一流纹岩层顶板相中的矿体规模和厚度最大，矿层分布稳定，单个矿体长度大于 700m，该矿层资源储量占矿床总资源储量的 80%，主要分布在 4 号断层和花园埂断层之间。第二流纹岩层顶板相中的矿体规模次之，主要分布在 F_1 和 4 号断层之间，单个矿体长度 500m。第三流纹岩层顶板相中的铀矿化范围较小，矿体规模小，以透镜状产出为主。

矿床矿石矿物成分较为简单，铀矿物主要为沥青铀矿，金属矿物主要有赤铁矿、黄铁矿、闪锌矿、黄铜矿、辉钼矿等。脉石矿物主要有水云母、萤石、微晶石英等。

矿床热液蚀变主要为水云母化和赤铁矿化。其中矿前水云母化是矿床铀矿化的重要基础，水云母化呈绿色、灰绿色，主要分布于流纹岩的喷发间断面及其上下，形成似层状绿色蚀变带，为成矿热液上升时的重要屏蔽层，铀矿化主要在该屏蔽层下的流纹岩层顶板相裂隙发育带中发生，形成层状铀矿体，与流纹岩层产状一致。赤铁矿化主要发生在成矿期，是铀矿化的最重要热液蚀变。

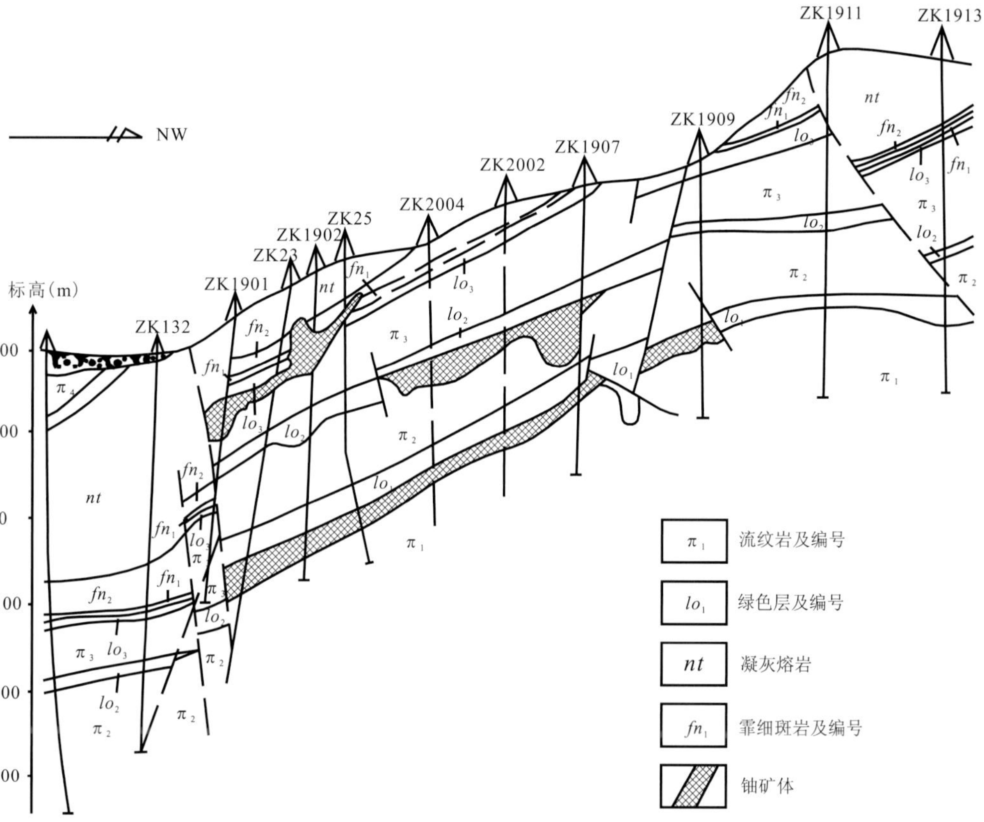

图 6-106　4 号铀矿床 19 号勘探线剖面图

（据何胜忠，2010）

(4)主要控矿因素。

4 号矿床产于火山断陷盆地中，主要受断裂和地层岩性的双重控制，矿床定位于 4 号断裂与 F_1 断裂夹持地段内。断裂构造是矿床重要的导矿及储矿构造，远离构造带的铀矿化渐弱。而层间构造是矿床的主要成矿构造，是矿床铀矿体的主要赋存场所。

九里坪组发育完整的 6 层流纹岩，是矿床重要的含矿层，是矿床铀矿体产出的基础。

流纹岩层喷发间断面中广泛发育的水云母化及其所形成的绿色蚀变带直接控制了矿床铀矿体的赋存。

4. 火山岩型铀矿成矿模式

(1)赋矿主岩特征。

浙江省火山岩型铀矿的赋矿主岩以酸性火山岩（火山碎屑岩、火山熔岩）和次火山岩为主，其他岩类较少。一个铀矿床或矿田其赋矿主岩总是以一种火山岩或次火山岩为主，兼有其他赋矿岩性。据统计，我国 95%的火山岩型铀矿床均产于酸性火山碎屑岩、火山熔岩和次火山岩中，浙江省铀矿床也类同。

(2)火山岩型铀矿床控、储矿构造特征。

火山岩型铀矿床控矿构造主要是火山期后区域拉张阶段在火山岩区产生的贯穿基底和盖层的断裂构造以及由区域构造作用所产生的各种火山构造，包括火山塌陷、断陷构造、推覆构造、火山通道构造、隐爆角砾岩筒构造、次火山岩接触带构造等。火山岩型铀矿床储矿构造主要是控矿断裂派生的次级断裂裂隙带、次火山岩原生节理带、次火山岩接触带、喷发不整合面、火山口震碎震裂带、隐爆角砾岩筒裂隙带等。

(3)火山岩型铀矿床矿体形态特征。

火山岩型铀矿床矿体形态特征与储矿构造组合相关。陡倾的断裂构造及其在厚层状火山岩中派生的裂隙带储矿时，矿体常呈群脉状产出。火山碎屑岩、熔岩层间构造或喷发不整合面构造储矿时，矿体常呈层状、似层状产出。断裂构造交会部位或次火山体内部破碎带或角砾岩筒储矿时矿体则常见囊状或柱状产出。

(4)火山岩型铀矿床热液蚀变和矿石物质成分特征。

火山岩型铀矿床大多数与广泛的呈面型分布的水云母化有密切关系，而最主要的近矿蚀变是赤铁矿化，其发育强度与铀矿化的发育成正相关。其他常见的热液蚀变还有硅化、萤石化、黄铁矿化、金属硫化物化等。矿石矿物成分相对简单，铀矿物一般以沥青铀矿为主，伴生的其他金属矿物主要为黄铁矿、胶硫钼矿、辉钼矿、方铅矿、闪锌矿、黄铜矿等。脉石矿物主要有水云母、萤石、微晶石英等。与铀伴生的元素主要有 Th、Pb、Zn、Cu、Mo、Be、Ag、Au 等。

(5)成矿温度。

根据浙江省内大量的火山岩型铀矿床的测温资料，铀矿床成矿温度基本上在 150～250℃之间，属中低温热液矿床。

(6)成矿时代。

浙江省火山岩型铀矿床的形成通常要比产铀的火山岩系最后一次火山活动晚 10～30Ma，存在明显的成矿-成岩时差，铀矿化主要发生在次火山活动结束晚期的区域拉张裂陷阶段。浙江省铀成矿主要有 3 期：141±7Ma、119±2Ma 和(99±2)～75Ma，基本对应于中生代晚侏罗世晚期、早白垩世早期和晚白垩世晚期 3 期。白垩纪之后，浙江省的铀成矿作用基本结束。

(7)成矿模式。

浙江省早白垩世火山强烈喷发后，区域应力场从强烈挤压逐渐转变为拉张，硅铝壳中下部深熔带(中酸性岩浆发生带)和过渡岩浆房的岩浆开始收缩、冷凝。在拉张条件下产生的断裂构造贯穿至深熔带和过渡岩浆房时，原来逸散在固结或半固结的硅酸盐矿物间的挥发组分就向断裂减压带聚集，形成一种具超临界状态的富含矿化剂(F、Cl、CO_2、H_2S、P_2O_5、Na 及少量原生水)和成矿物质——铀的高浓度原生流体。当这种富含矿化剂和铀的原生流体在向地壳上部运移过程中与循环在地下不同深度的大气成因水混合，便形成了具有蚀变围岩能力和成矿能力的酸性或碱性的成矿热液。

成矿热液的上升往往沿着岩浆上升的通道或各类构造界面，在上升过程中同时还不断萃取活化古铀矿体或富铀地质体中的铀，造成铀在流体中的初始富集，提高了成矿热液的铀浓度。随着成矿热液的酸度或碱度的演化，成矿热液逐渐接近中性或弱碱性，在温度、压力、氧化还原电位等条件发生改变的条件下，矿质即发生沉淀富集。由于矿体赋存的空间或界面的差异，造就了各种类型的铀矿床。

当成矿热液在各类断裂构造、火山构造(含爆发、隐爆角砾岩筒、次火山岩接触带构造等)等陡倾界面部位富集，即形成脉型铀矿床。在火山岩层间构造或喷发不整合面富集，即形成火山岩层控型铀矿床。在火山沉积盆地的凝灰质砂、泥岩发育区及碳硅泥岩发育区(主要为浙江省内寒武系荷塘组发育的一套黑色岩系)，铀成矿即发生还原、沉积吸附和热液叠加改造成矿。

根据浙江省主要铀矿类型、铀成矿条件、铀矿化特征，建立的成矿模式见图 6－107。

(8)找矿模型。

火山岩型铀矿主要分布在诸暨-常山新元古代岛弧带寿昌-龙门潭中生代火山盆地成矿环境和嵊州-龙泉中元古代裂谷带上虞-东阳华夏前缘逆冲隆起成矿环境、苏村-三港中生代火山岩浆成矿环境，具多旋回火山活动，喷发次数多，并发育以酸性火山岩为主夹少量中酸性、中性火山岩，晚期潜火山岩发育的火山盆地。

火山岩或潜火山岩发育有强烈的热液蚀变，火山岩系之上有白垩系红色碎屑岩覆盖，或火山盆地附近发育白垩纪红盆。

控制火山盆地的区域断裂构造所派生的次级断裂构造和Ⅴ级火山构造(火山通道、火山口、隐爆角砾岩筒及环状、放射状断裂等)发育区。

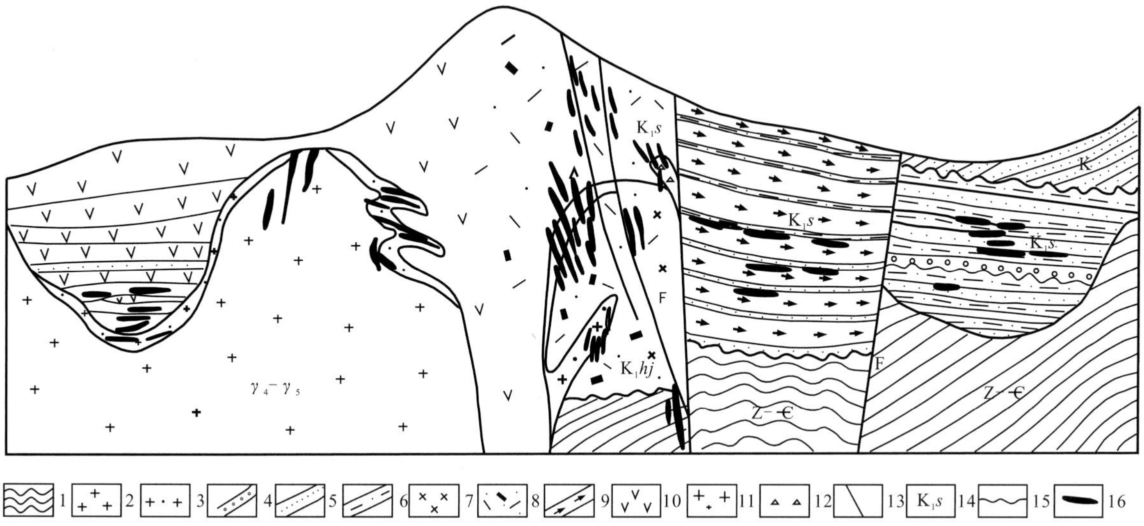

图 6-107　浙江省火山岩型铀矿成矿模式图

1. 基底变质岩；2. 基底花岗岩；3. 花岗岩风化壳；4. 砾岩、砂砾岩；5. 砂岩、凝灰质砂岩、层凝灰岩；6. 凝灰岩；7. 流纹英安岩；8. 熔结凝灰岩；9. 流纹岩；10. 玄武岩、安山岩；11. 花岗斑岩、石英斑岩；12. 隐爆角砾岩；13. 断裂；14. 地层代号；15. 不整合面；16. 矿体

水云母化、赤铁矿化、硅化、萤石化等近矿热液蚀变集中发育。

航空伽马能谱呈现带状分布的铀、钍、钾高场区和地面放射性物探高值场晕集中分布及铀异常点带密集分布或地表铀矿化出露区。

6.6.4　燕山晚期晚阶段岩浆热液矿床

燕山晚期晚阶段(115～85Ma)岩浆成矿作用形成岩浆期后热液型黄铁多金属矿床、潜火山热液型钼(铅锌)矿床和斑岩型钨钼矿床，主要分布在嵊州-龙泉元古代裂谷带苏村-三港中生代火山岩浆成矿环境、普陀-文成中生代陆缘火山(岩浆)活动带青田石平川中生代火山穹隆成矿环境和宁海-象山中生代火山(岩浆)作用成矿环境。苏村-三港中生代火山岩浆成矿环境和青田石平川中生代火山穹隆成矿环境主要受北西向温州-淳安断裂与火山构造复合控制，宁海-象山中生代火山(岩浆)作用成矿环境则受北东向温州-宁海断裂与火山构造复合制约。

6.6.4.1　岩浆期后热液型黄铁多金属矿床

岩浆期后热液型黄铁多金属矿床产于苏村-三港中生代火山岩浆成矿环境，主要成矿岩体为沐尘岩体。沐尘石英二长岩侵入于江绍拼接带和温州-淳安北西向断裂带交会处，呈岩株状产出，出露面积 $57km^2$。岩体边缘为中细粒多斑状黑云角闪石英二长岩，过渡相为斑状中细粒石英二长岩，中心相为中粒角闪黑云石英二长岩。早期有花岗闪长岩侵入(占据岩体中心位置)，石英二长岩、石英正长岩中均有花岗闪长岩的捕虏体。晚期尚有石英正长岩侵入，在边部构成岩枝(图 6-108)。石英二长岩锆石 U-Pb 年龄为 112Ma，岩石化学、微量元素特征表明其为 I 型花岗岩。

围绕沐尘岩体分布有牛角湾、溪口、灵山 3 个大—中型黄铁矿矿床和东山-五里徐、八宝山、石壁山多金属矿床(点)和众多金、银、钼矿点，构成溪口矿田。庙下韧性剪切变形带控制沐尘岩体和大量浅成岩脉，也是黄铁矿、多金属矿床的控矿构造。下面以溪口矿田的灵山黄铁多金属矿区为例进行介绍。

1. 矿床地质特征

灵山黄铁多金属矿区位于溪口矿田之北侧，赋矿围岩为八都群变质岩，处在庙下剪切带的西盘，为中型规模黄铁多金属矿床。

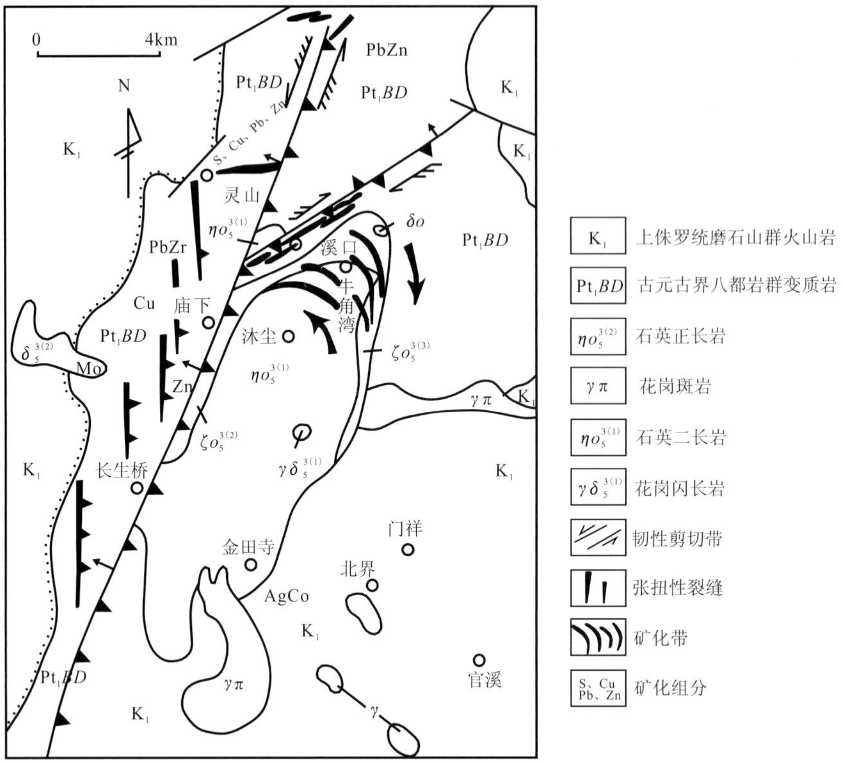

图 6-108　溪口矿田构造示意图

(据郑贵松,1993)

2. 矿体特征

以1、2号矿化带为主,1号矿化带规模最大,长达1020m,宽20~40m,最宽达70m;2号矿化带长约500m,宽15~30m,最宽达50m;其余矿化蚀变带一般长200m,宽数米至数十米。

主要矿体为两条,均呈脉状,断续透镜状,赋存于1号矿化蚀变带中。1号矿体走向长766m,最大厚度28.32m,最小1.08m,平均厚11.55m,倾斜延深大于250m。

1号矿体主要矿石矿物为黄铁矿,次为方铅矿、闪锌矿、黄铜矿,少量磁黄铁矿和白铁矿;脉石矿物主要为石英、绢云母及少量萤石、方解石等;S平均品位19.08%,最低为12.05%,最高39.54%;Cu平均(仅根据6个见铜的工程计算)0.87%;Pb+Zn品位为(根据20个见铅锌矿的工程计算)3.53%(图6-109)。

2号矿体为铅锌矿体,也赋存于1号矿化带中,矿体走向长440m,倾斜延深近400m,平均厚度2.69m,平均品位Pb 1.80%、Zn 3.93%,伴生S品位5.79%、Cu 0.07%、Ag 15.05×10^{-6}。

3. 围岩蚀变与矿化分带

矿床围岩蚀变以绢云母化、硅化、黄铁矿化最为发育,常形成黄铁绢英岩或石英绢云母岩,其次有高岭土化、碳酸盐化、绿泥石化、绿帘石化、钠长石化和黝帘石化;硅化、绢云母化与成矿关系密切,常分布在矿体的两侧,宽数米至数百米,其宽度往往与矿带的密集程度和矿体厚度成正比。高岭土化一般不单独出现,常与硅化、绢云母化相伴生。

由矿体至围岩大致可分为以下几个矿化蚀变带:①黄铁矿-石英带,是富矿至中品位矿体赋存的部位;②黄铁矿-石英-绢云母带,分布在黄铁矿-石英相带两侧,范围广泛,是表外矿、贫矿的赋存部位;③蚀变岩带,以硅化、绢云母化为主,残余有原岩结构构造,再向外为未蚀变的岩石;④绿泥石化、绿帘石化带;以绿泥石化、绿帘石化为主,明显远离矿体。

成矿期分为3期:①绢云母化、黄铁矿化,伴浸染状黄铁矿(贫矿);②石英、黄铁矿、多金属硫化物交

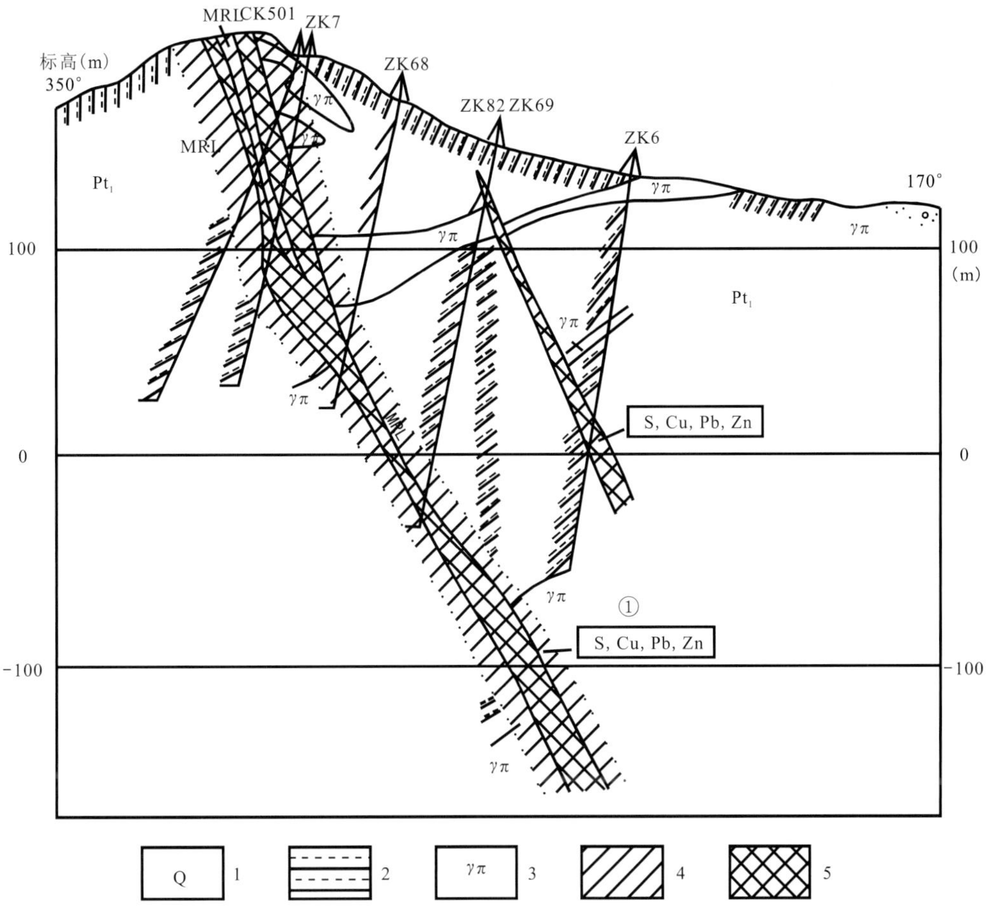

图 6－109　灵山黄铁矿多金属矿区 4 线地质剖面

（据郑贵松，1993）

1. 第四系；2. 片麻岩；3. 花岗斑岩；4. 矿化带；5. 黄铁矿、黄铜矿、方铅矿、闪锌矿化

代或细脉；③碳酸盐-萤石-脉石英，少量黄铁矿、白铁矿。

4. 成因分析

（1）成矿温度：据黄铁矿包体测温（爆裂法），牛角湾起爆温度为 264～315℃，爆裂温度范围为 264～395℃；溪口起爆温度为 250～314℃，爆裂温度范围为 250～387℃；灵山起爆温度为 250～430℃，爆裂温度范围为 250～380℃和 350～520℃，矿田成矿以中温成矿为主。

（2）硫同位素：溪口矿田有 3 个矿床（包括灵山多金属矿床）30 个样品测定的硫同位素组成区间为 $\delta^{34}S = 3.48‰ \sim 5.46‰$，极差 1.98‰，平均为 4.4‰。硫同位素变化范围窄，全为正值，比陨石硫稍高。不同围岩中矿石硫同位素变化小，推测为岩浆与变质围岩中硫混合来源。

（3）稀土元素分析：从稀土配分曲线来看，矿床与赋矿围岩沐尘岩体的配分特征十分相似，说明矿液在运移中与围岩发生物质交换，吸取了围岩中部分物质。

（4）成矿元素来源：据矿区变质岩微量元素测定，变质岩中成矿元素 Cu、Pb、Zn 普遍较高，其中含石墨黑云斜长片麻岩和黑云斜长片麻岩中 Cu、Pb、Zn 含量均高于片岩类和角闪岩类。因此，认为黑云斜长片麻岩和含石墨黑云斜长片麻岩在热液蚀变过程中，成矿元素从岩石中被带出，为成矿提供了部分物质基础。

据灵山矿床 17 个黄铁矿样的 Co、Ni 分析，平均含 Co 26.32×10^{-6}，Ni 8.97×10^{-6}。单样中 Co/Ni ＞1 有 9 个。按黄铁矿成因特点判断，Co/Ni＞1 主要应属岩浆热液成因，岩浆热液也为成矿提供了部分物质。

据以上成矿作用特点，溪口矿田的几处黄铁矿多金属矿床，应属沐尘岩体岩浆期后热液型矿床，矿区石英二长岩的侵入年龄为112Ma，成矿后侵入的花岗斑岩脉的年龄为91.6～90.9Ma，矿床成矿应在112～90Ma之间。

6.6.4.2 潜火山热液型钼(铅锌)矿床

潜火山热液型钼(铅锌)矿床主要产于青田石平川中生代火山穹隆成矿环境。石平川中生代火山穹隆成矿环境受温州-淳安北西向断裂带和石平川火山穹隆构造的双重制约，穹形构造由早白垩世大爽组、高坞组和西山头组喷发堆积物组成。穹隆呈长轴北东向之椭圆状，两端岩层均围斜外倾，倾角平缓。穹隆核心部位有中心潜火山-侵入岩体群，岩性为钾长花岗岩、二长花岗斑岩、流纹斑岩、霏细斑岩等，呈岩株、岩枝、岩脉贯入，受穹隆中心断裂发育状况控制(图6-110)。

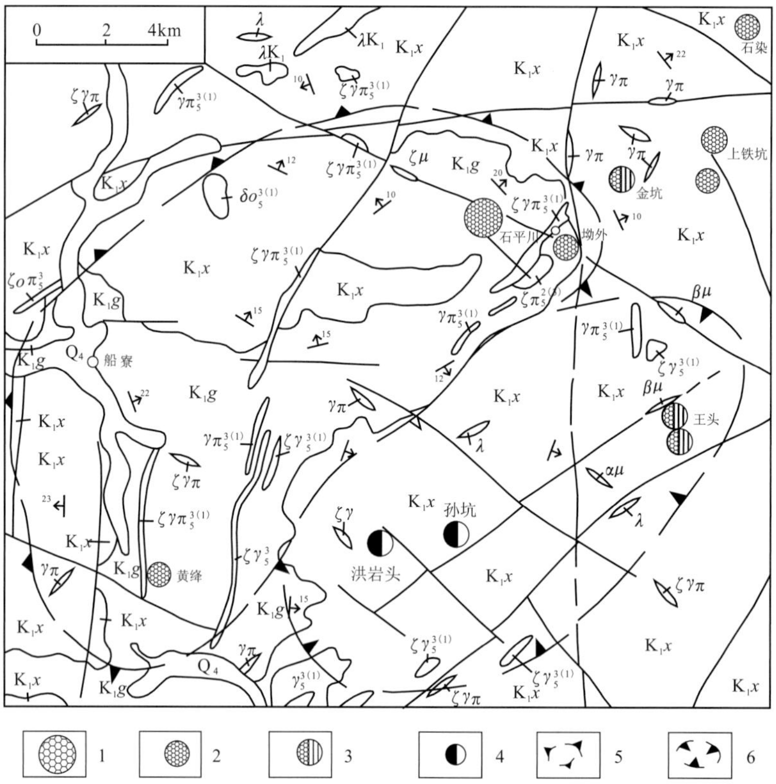

图6-110 青田石平川火山穹隆构造控矿示意图

1.中型钼矿床；2.钼矿点；3.钼铅锌矿点；4.铅锌矿床；5.火山穹隆；6.火山洼地；地层及岩石符号同前

与成矿有关的潜火山岩为钾长花岗岩，LA-ICPMS锆石U-Pb年龄为102.5±1.2Ma，岩相学及化学成分显示其属高钾钙碱性岩系，具有高硅富钾和铝，低铁、镁、磷、钛特征，SiO_2含量为74.79%～77.79%，K_2O为4.26%～7.97%，铝指数A/CNK=0.98～1.10，属准铝质—弱过铝质岩石。富集Rb、Th、U和K，亏损Sr、Ba、Nb、P和Ti，REE具有中等负Eu异常(δEu=0.33～0.50)，总体呈现LREE富集的右倾“V”型配分模式。岩石$[n(^{87}Sr)/n(^{86}Sr)]_i$值为0.708 01～0.710 12($t$=102.5Ma)，$\varepsilon_{Nd}(t)$值为-8.76～-8.63，显示壳幔混合成因特征。矿物组成及地球化学特征显示石平川钾长花岗岩为高演化I型花岗岩，侵位于晚白垩世早期的张性构造环境。

沿穹隆构造侵位的潜火山岩冷却收缩，导致穹隆构造发生虚脱塌陷，形成环状、放射状断裂裂隙，以及具有特征的向外缓倾斜的环状裂隙，成为热液矿床(体)赋存部位。形成的矿床以钼为主，钼矿床可以达中型规模，铅锌矿化规模偏小，品位偏低。

以石平川钼矿为例，描述此类矿床的成矿特征。

1. 矿床地质背景

石平川钼矿区位于普陀-文成中生代陆缘火山（岩浆）活动带，永嘉-淳安北西向断裂带的青田石平川中生代火山穹隆成矿环境，石平川火山穹隆的中心部位。

矿区出露早白垩世西山头组（K_1x）陆相火山碎屑岩。其第二岩性段（K_1x^2）为主要赋矿围岩，岩性主要为流纹质含角砾晶屑玻屑凝灰岩、流纹质玻屑晶屑凝灰岩。矿区内断裂十分发育，主要有北西向、北东—北北东向、北东东向 3 组。火山穹隆构造裂隙是矿床主要容矿构造。

矿区内燕山晚期晚阶段（115～85Ma）浅成-潜火山活动强烈，岩体、岩脉大量出现，其先后顺序大致是：石英闪长岩→斑状碱性长石花岗岩→花岗斑岩→安山玢岩→辉绿玢岩。石平川细粒斑状碱性长石花岗岩体（$\zeta\gamma_5^{3(1)d}$）出露于矿区中部，呈北东走向的椭圆形穹隆形岩株产出，出露面积 1.07km²。岩体与围岩呈侵入接触，接触面外倾。岩体南西部接触面较缓，倾角一般 15°～30°，东西部和北部较陡，为 40°～70°。岩体顶部为细粒斑状碱性长石花岗岩，常见石英闪长岩捕虏体，向下相变为细粒斑状黑云母钾长花岗岩，成渐变关系（图 6－111、图 6－112）。

浅部细粒斑状碱性长石花岗岩，石英含量 20%～30%，钾长石（微纹长石）40%～45%，斜长石（多为 An＝4）25%～30%，少量黑云母。深部斑状黑云母钾长花岗岩，石英 30%～35%，钾长石（微纹长石）35%，斜长石（An＝5～15）25%。LA－ICPMS 锆石 U－Pb 年龄为 102.5±1.2Ma，岩相学及化学成

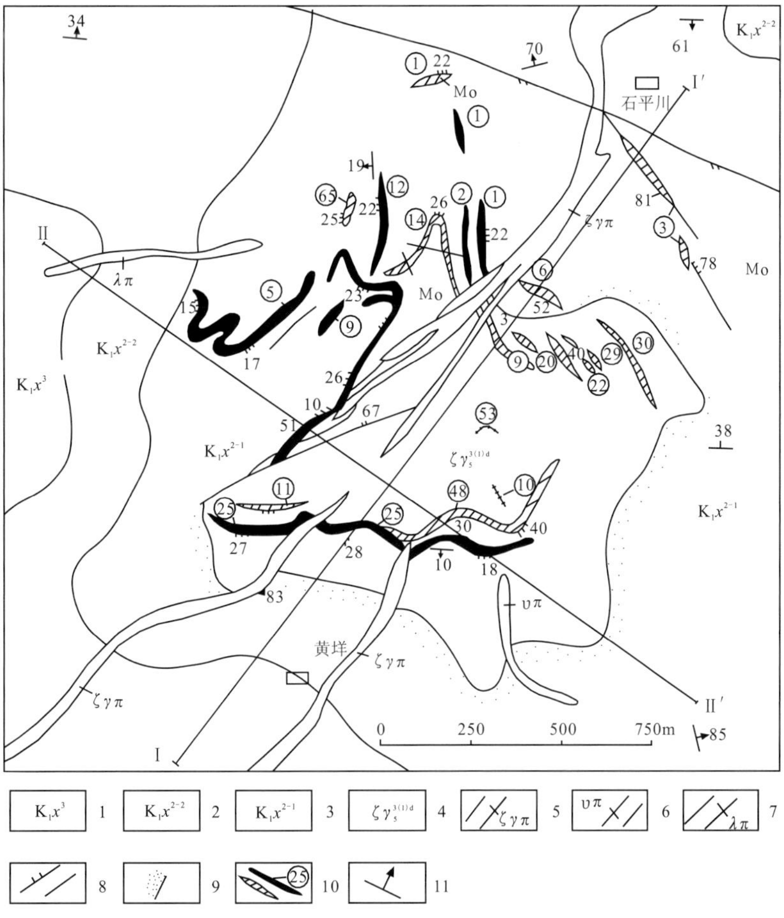

图 6－111　石平川钼矿区地质略图

1. 西山头组三段；2. 西山头组二段第二亚段；3. 西山头组二段第一亚段；4. 碱性长石花岗岩；5. 钾长花岗斑岩；6. 霏细斑岩脉；7. 石英斑岩脉；8. 区域性断裂；9. 角岩化蚀变；10. 矿脉及编号（斜线为地表控制）；11. 地层产状

分显示其属高钾钙碱性岩系，具有高硅富钾和铝，低铁、镁、磷和钛特征，属晚白垩世早期张性构造环境侵位的Ⅰ型花岗岩。岩石 Mo 丰度高，达 32×10^{-6}。

晚期钾长花岗斑岩岩脉沿北东向断裂斜贯矿区，长达 4km，倾向北西，产状陡立，贯穿碱性长石花岗岩岩体，并切穿钼矿脉，其钾长石 K－Ar 法年龄 83.3Ma。

环形裂隙发育于岩体内外接触带，其中平行岩体顶界面的缓倾斜裂隙规模大，延展数百米至千余米。陡倾斜的环形裂隙规模较小，矿脉较短。其他北西向张扭性断裂、东西向、南北向断裂零星分布，规模小，切穿矿体。

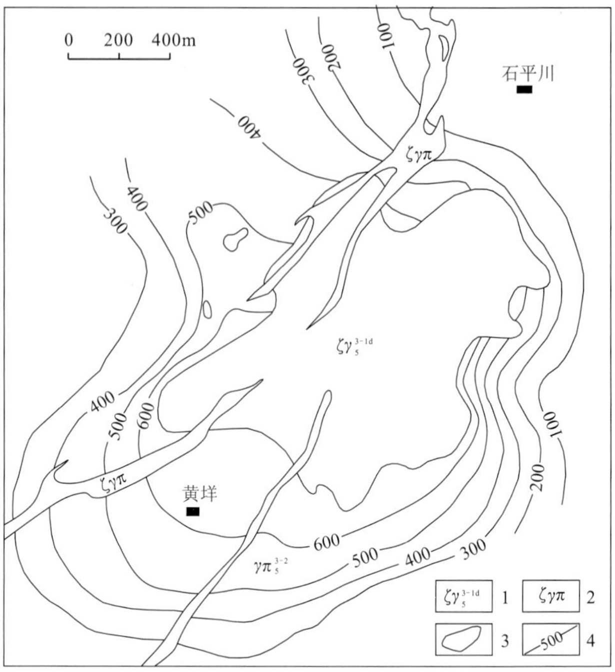

图 6－112　石平川斑状碱性长石花岗岩体顶面等高线图

1. 花岗斑岩；2. 花岗斑岩脉；3. 岩体出露线；4. 岩体顶面等高线

2. 矿体特征

矿区内共发现含钼石英脉 40 余条，大部分产在石平川岩体顶界面上下 100～200m 范围内，围绕岩体呈不完整的环形分布(图 6－113)。主要矿脉为 1 号、2 号、3 号、5 号、9 号、13 号、14 号、19 号、25 号，以及近年发现的隐伏矿脉 85 号、86 号、87 号等。其中以 5 号、25 号规模最大，5 号脉长 500m，延深 700m，平均厚 3.12m，倾向 220°～240°，倾角 15°～30°，平均含 Mo 0.386％。25 号脉长 1020m，延深 500～700m，平均厚 2.69m，最厚达 8.86m，倾向南西，倾角 20°～25°，平均含 Mo 0.206％。其他矿脉一般 90～500m，厚 1.37～3.90m；规模最小的如 68 号脉，长仅 5m，厚 0.2m。矿体平均品位一般为 0.2％～0.4％，最高如 85 号脉达 1.84％，贫者如 69 号脉仅为 0.135％。矿区平均 Mo 品位 0.244％。岩体南侧以及南西、南东侧分布多为缓倾

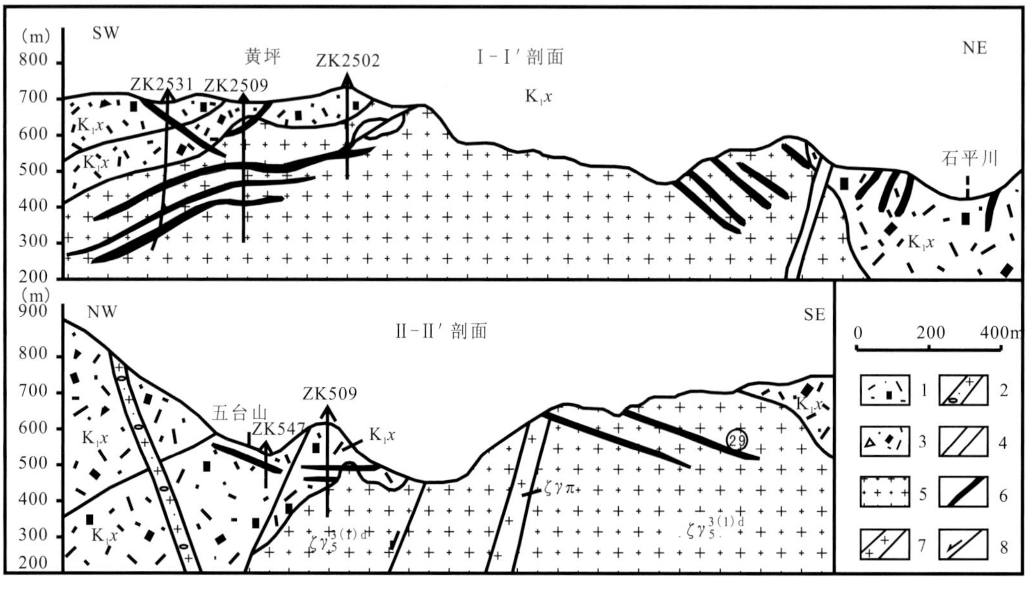

图 6－113　石平川钼矿地质剖面图

1. 流纹质含角砾晶屑凝灰岩；2. 角岩化流纹质晶屑凝灰岩；3. 碱长花岗斑岩；4. 钾长花岗斑岩；5. 石英斑岩；6. 辉绿玢岩；7. 含量钼石英脉；8. 张性断裂

矿脉，规模较大，而岩体北侧、邻近石平川-湖庄断裂大部是陡倾斜，走向北西的矿脉，规模相对较小，也反映了区域性断裂的控矿性。

3. 围岩蚀变

围岩蚀变发育于含钼石英脉的顶底板，垂厚 2～5m，下盘蚀变厚度较大。蚀变为绢英岩化、钾化、绿泥石化、黄铁矿化、碳酸盐化等，其中绢英岩化和钾化最为主要，蚀变分带性不明显。

4. 矿石特征

矿石矿物主要为辉钼矿、黄铁矿，少量磁铁矿、白钨矿，微量黑钨矿、黄铜矿、镜铁矿等。脉石矿物主要为石英、绢云母，少量绿泥石、长石，偶见萤石、锆石、磷灰石、矽线石等。

矿石分为两个自然类型：石英辉钼矿石、绢云母石英辉钼矿石。石英辉钼矿石以块状石英为主，呈它形、隐粒状结构，条带状、浸染状、网脉状、碎裂状及角砾状构造。绢云母石英辉钼矿矿石以显微花岗鳞片结构为主，少见残余碎屑或斑状结构，浸染状构造，局部为稀网脉状构造。

矿石的主要有用组分为 Mo，伴生有益元素主要有 Re、S、W、Cu、Pb 等，其中 Re 以类质同象赋存在辉钼矿中。辉钼矿单矿物平均含 Re 0.3×10^{-6}，可综合回收利用。

5. 成因分析

据氢氧同位素测定推算，早期成矿温度为 310～450℃，相当于辉钼矿、磁铁矿、白钨矿、硫化物阶段。石英包裹体均一法测温在 285～355℃之间。黄铁矿爆裂温度 288～329℃(顾巧根，1988)，属高—中温热液矿床。

矿脉围岩碱性长石花岗岩岩体年龄值为 102.5Ma，切穿矿体的钾长花岗斑岩为 83.3Ma，矿石流体包裹体的 Rb－Sr 等时线年龄为 87Ma(肖广玲等，2010)，成矿时代为晚白垩世，属燕山晚期晚阶段。

氢氧同位素研究表明，成矿流体的 δD 为－64.9‰～－52.8‰，δ^{18}O 为－7.27‰～－3.85‰，反映成矿流体来自混合的岩浆水与大气降水。据黄铁矿测定 δ^{34}S 为＋3.71～＋4.27‰，数值较集中，正值低，说明硫源来自深部岩浆。Sr 同位素是示踪成矿物质来源的手段之一。5 件石英流体包裹体的初始锶 $I_{Sr}(t=87Ma)$为 0.713 118～0.713 605，而 3 件钾长花岗岩的初始锶，$I_{Sr}(t=87Ma)$为 0.709 100～0.715 284。矿体与钾长花岗岩体具有一致的初始锶，表明石平川钼矿床成矿物质的来源可能与钾长花岗岩岩浆活动有关(肖广玲等，2010)。

6. 矿床成矿模式

(1)早白垩世北西向区域性断裂控制火山喷发作用，形成火山穹隆构造。

(2)晚白垩世沿火山穹隆构造贯入众多潜火山岩体，其中包含石平川碱性长石花岗岩岩体。

(3)岩体深部岩浆房虚脱，顶部形成虚脱裂隙(环状裂隙)。

(4)含钼岩浆气液沿裂隙脉动上升，蚀变围岩、形成脉状钼矿体。

(5)成矿结束，又一次发育断裂裂隙，充填晚期脉岩(图 6－114)。

7. 找矿标志

(1)构造标志：火山构造重叠、交接地段，区域构造穿切地段，是找矿的有利地段。矿体主要赋存于次级构造裂隙和岩体冷却虚脱构造裂隙中。

(2)岩体标志：富钼过碱性花岗岩类呈穹形岩体侵入于火山穹隆中心，顶端发育环形虚脱裂隙。

(3)区域重力场负值，局部有负值中心。磁场低缓正场，化探异常发育。

(4)围岩具绢英岩化、硅化、黄铁矿化、绿泥石化。

6.6.4.3 斑岩型钨钼矿床

燕山晚期晚阶段，普陀-文成中生代陆缘火山(岩浆)活动带沿海区带发育了拉张环境下侵位的 A 型碱性花岗岩，A 型碱性花岗岩总体沿北东向温州-镇海断裂呈带状分布，岩体侵位空间则受北东向与

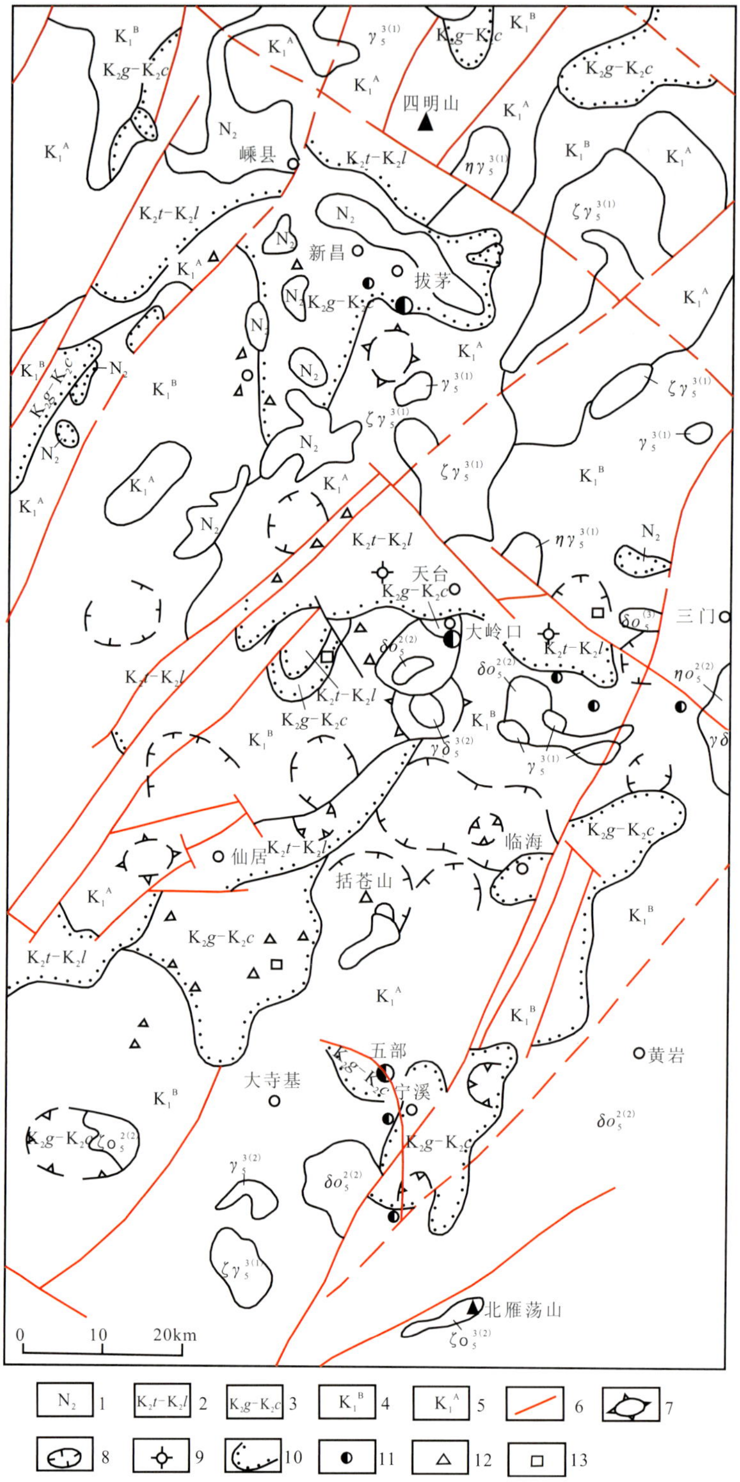

图 6－116　四明山-括苍山南北向火山构造略图

（据徐忠连等，1992）

1. 嵊县群；2. 上白垩统塘上组和赖家组；3. 上白垩统馆头组和朝川组；4. 下白垩统西山头组；5. 下白垩统高坞组；6. 断层；7. 火山穹隆；8. 破火山；9. 锥火山；10. 火山-沉积盆地；11. 银铅锌矿床（点）；12. 萤石矿床（点）；13. 地开石高岭土矿床

矿田的定位受晚白垩世火山-沉积盆地边缘断裂与火山构造联合控制。拔茅矿田位于新昌“人”字形构造火山-沉积盆地南东支的边部，盆地北侧为嵊县晚白垩世断陷沉积盆地，也呈“人”字形展布，拔茅矿田内的后岸、千官岭、小龙亭、梨木等银矿床(点)，均处于盆地近南北向边缘断裂和Ⅴ级火山构造(火山通道、火山穹丘)复合部位(图 6-117)。大岭口矿田周围火山构造的配置关系与拔茅矿田极为相似，矿床受近南北向区域性断裂、火山通道和层间构造的复合控制。五部矿床的控矿断裂属宁溪火山盆地与半山火山穹隆之间的边界断裂，断裂演化进程与两侧火山构造活动密切相关。控矿的火山构造(火山通道或穹丘)中深部或其附近通常分布有(隐伏)潜火山岩体，即矿床(点)所处构造部位是岩浆热液活动的中心，深部岩浆活动(潜火山岩体)是浅成热液矿床成矿的重要条件。

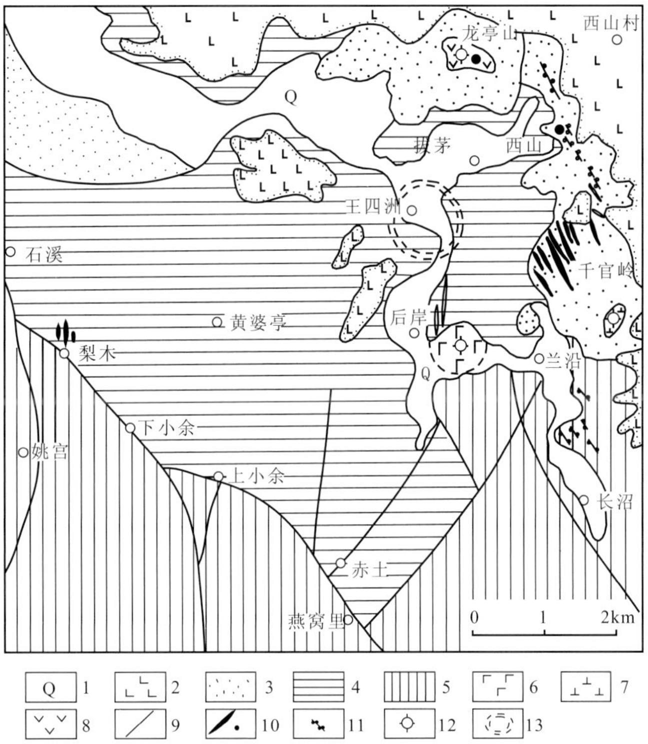

图 6-117　新昌拔茅银(铅锌)矿区域地质图

(据浙江省第四地质大队，1989)

1. 第四系；2. 第三系玄武岩；3. 上白垩统朝川组上段；4. 上白垩统朝川组下段；5. 下白垩统高坞组；6. 安玄岩；7. 闪长玢岩；8. 流纹岩；9. 断层；10. 矿体、矿点；11. 硅化破碎带；12. 火山通道；13. 破火山中心

矿体产于断裂破碎带中。控矿断裂主要有两组：一组呈近南北走向，为本区多数大、中型矿床的赋矿断裂，矿体为连续的大脉或呈雁列式排列，多数向西倾斜，倾角中等至陡，如五部、大岭口，这一类矿床规模较大；另一组控矿断裂呈北西走向，矿体规模较小，沿走向与倾向延伸不大。

3. 矿床物质组成

矿化金属组分和矿石矿物组成有两种类型。一种以大岭口矿床和拔茅矿田中的后岸、千官岭矿床为代表，以银为主，铅锌铜为次，并含一定数量的金。银、金矿物种类较多，如辉银矿、银黝铜矿、深红银矿、自然银、自然金、银金矿、角银矿、螺状硫银矿等。贱金属的硫化物主要有方铅矿、闪锌矿、黄铜矿、斑铜矿等。脉石矿物中以石英、绢云母、碳酸盐为主，有较多的玉髓、重晶石与萤石。另一种类型以五部矿床为代表，以铅锌硫化物(闪锌矿、方铅矿)为主，银为次，局部含微量金，伴生镉、锰等。银、金矿物种类较少，主要有辉银矿、银金矿、硫砷银矿、自然银等。脉石矿物以石英、绢云母、锰碳酸盐为主，见微量萤石、重晶石，未见玉髓。两类矿床组分上的差异，可能与矿床形成的深度有关。

4. 矿化分带与围岩蚀变

矿床一般均显示有分带现象。以银为主的矿床，银主要集中在矿体的上部及中部，顶部可能伴有金，铅锌品位也相对较高。矿体下部银急剧下降，铅锌品位也逐步下降，铜品位虽低，但略有增高。以铅锌为主的矿床，银相对集中在矿体上部，出现独立银矿物，铅锌品位较高。矿体下部铅、银均下降，深部局部变为锌矿体。

矿床地表露头的地球化学晕都比较发育，一般上盘晕强于下盘晕，自前缘晕到尾晕通常有 Ba＋As＋Ag－Ag＋Pb＋Zn＋Cu＋Mn＋Cd－Zn＋Cu＋Mo＋Mn＋Bi 等的大致分带。地表具有硅化带、锰帽等矿化蚀变指示物。

围岩蚀变：浅部和地表蚀变五部为绢云母石英岩；大岭口、后岸过渡为以硅化为主，伴有绢云母化、高岭石化、重晶石化、萤石化；深部都出现绿泥石化、绿帘石化。

5. 成矿温压条件

根据流体包裹体均一温度测定，矿床成矿温度变化范围较宽，具有明显的双峰式特征，反映有多次矿化活动，但主要矿化阶段的成矿温度在 160～180℃和 220～290℃两个区间，成矿流体为 $Na^{+}-K^{+}-Ca^{2+}-SO_4^{2-}-Cl^{-}-F^{-}$ 型热液，依据闪锌矿中流体包裹体的形成压力范围为 10～26.4MPa，平均 16.4MPa；石英中包裹体的形成压力在 10.4～22.5MPa 之间，平均 15.7MPa；成矿压力集中于 13～19MPa 之间，铅锌银矿体是在较低压力条件下成矿的。萤石中包裹体的形成压力范围为 9.6～15.7MPa，平均 11.7MPa。由成矿深度经验公式（静岩压力梯度 270×10^{5} Pa/km）估算该矿床成矿深度在 400～1000m 之间，主要成矿深度集中在 500～700m，属浅成热液矿床。

6. 成矿物质来源

据王勤生等（2012）研究，矿床包裹体流体 $\delta^{18}O_{H_2O}$ 值变化于－10.08‰～6.63‰，主要分布在 1‰～4‰和－9‰～－3‰两个区间；δD 值变化于－109‰～－48.7‰，主要位于－90‰～－50‰之间。将矿床氢氧同位素值投点在 $\delta D-\delta^{18}O$ 图解中（图 6－118），可见这些点基本都位于正常岩浆水与大气降水之间，并明显指示成矿早阶段主要是岩浆水，成矿晚期有较多的大气降水加入。

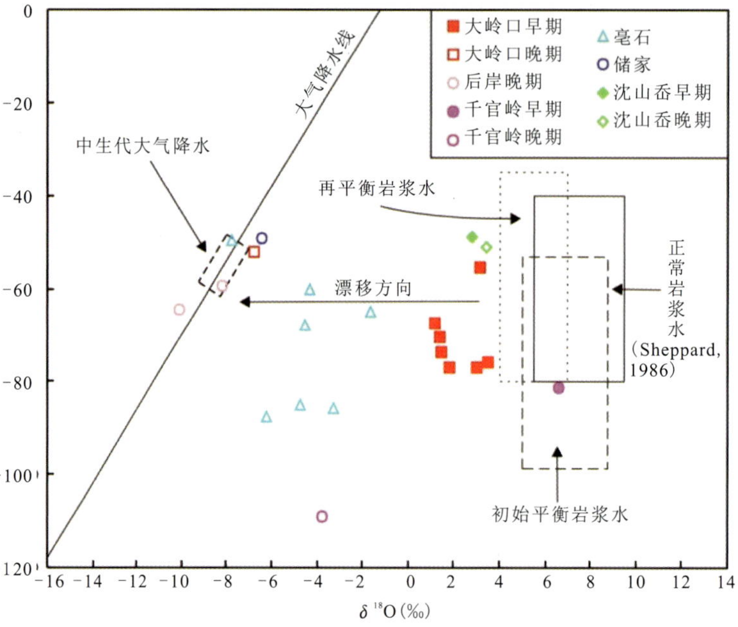

图 6－118　燕山晚期晚阶段（潜）火山热液矿床

成矿流体 $\delta D-\delta^{18}O$ 图解（据张国全等，2012）

根据收集到的浙东地区火山-次火山、岩浆浅成侵入岩和矿床方铅矿等硫化物单矿物铅同位素 119 个原始数据，基底岩石陈蔡群铅同位素 16 个数据特征，显示不管是基底岩石样品还是矿床围岩、矿石单矿物样品铅同位素组成变化范围均较大。但相比矿床矿石和围岩铅同位素组成，基底铅同位素变化更大，分布更散，而且与矿石及围岩的铅同位素数据很少重合；火山岩相比次火山岩、浅成侵入岩略富放射性成因铅，变化范围相对较大；绝大多数矿石铅同位素组成与围岩（火山、次火山、侵入岩）铅同位素组成相似（图 6-119），而与区域基底变质岩的铅同位素组成无明显关联性。简单地说，矿床铅（成矿物质）与中生代火山岩、次火山岩或岩浆浅成侵入岩关系密切。

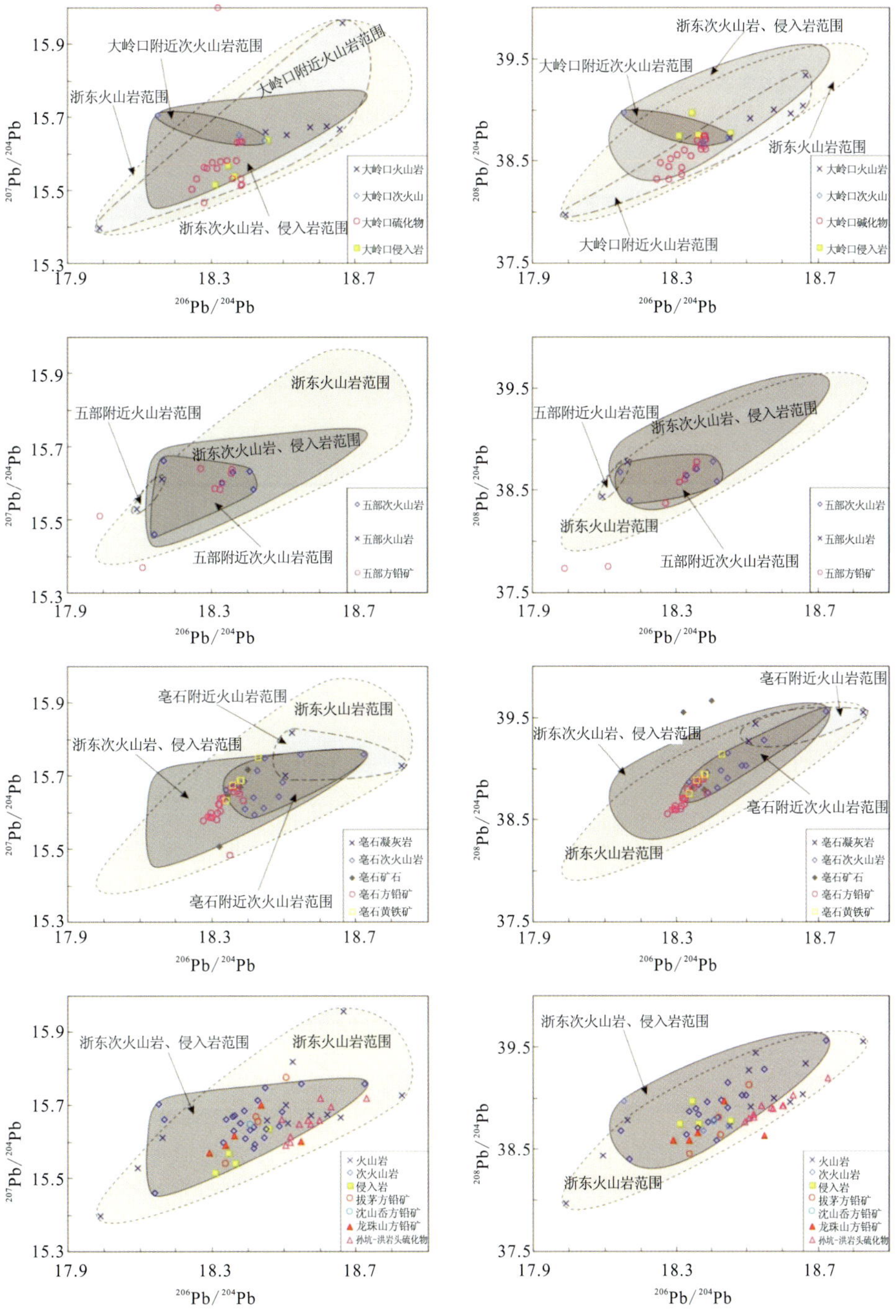

图 6-119 燕山晚期晚阶段（潜）火山热液矿床矿石与围岩铅同位素关系图

（据张国全等，2012）

朱炳泉(1998)根据不同成因类型岩石铅资料和已知成因的矿石铅资料，给出了不同成因类型矿石矿物的 $\Delta\beta-\Delta\gamma$ 变化范围图解。该模式消除了时间因素的影响，理论上比那些全球性的演化模式有更好的示踪意义(郑明华，2001)。将浙东地区不同类型矿体矿石铅同位素数据投影到图 6－120 中可见，几乎所有矿床样品投影点均落入上地壳铅、与壳幔混合俯冲带铅以及造山带铅三者结合的交界部位，而造山带铅本质上仍属于壳幔混合铅。因此，本区矿石铅实际上是通过火山岩浆作用方式来自上地壳及上地壳与地幔混合源区，在浅部表现与火山岩、次火山岩或浅成侵入岩相似的特征。

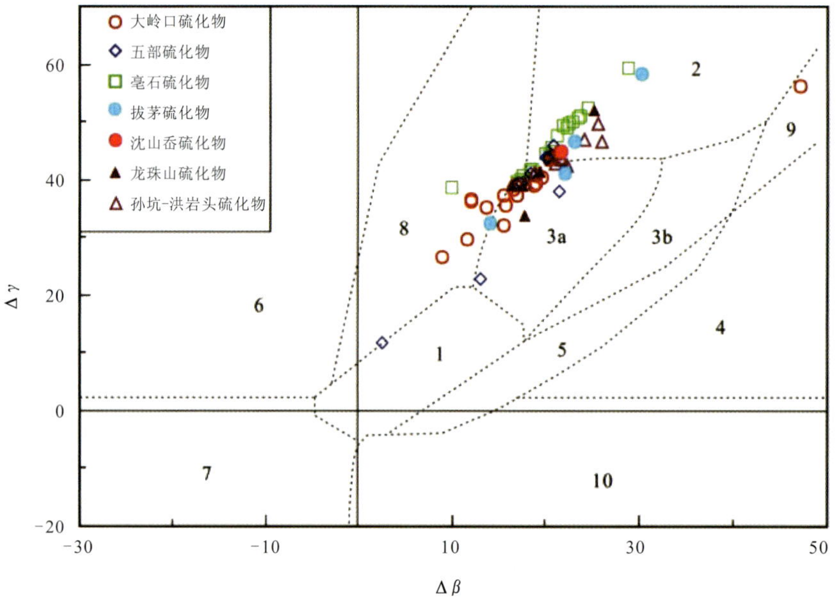

图 6－120　燕山晚期晚阶段(潜)火山热液矿床铅同位素 $\Delta\beta-\Delta\gamma$ 成因分类投影
(据张国全等，2012)

1. 地幔源铅；2. 上地壳源铅；3. 上地壳与地幔混合的俯冲带铅(3a. 岩浆作用，3b. 沉积作用)；4. 化学沉积型铅；5. 海底热水作用铅；6. 中深变质作用铅；7. 深变质下地壳铅；8. 造山带铅；9. 老页岩上地壳铅；10. 退变质铅

大岭口矿床硫同位素 $\delta^{18}S_{\Sigma S}$ 约为 4.83‰。五部矿床 $\delta^{18}S_{\Sigma S}$ 为 2‰～3‰，总体显示为岩浆硫源特征。

本区银铅锌矿床碳同位素组成均较稳定，绝大多数碳酸盐矿物的 $\delta^{13}C$ 值在－4‰～－7‰之间，各矿床 $\delta^{13}C$ 平均值非常接近，变化于－4.9‰～－5.6‰；$\delta^{13}C$ 值明显区别于海相碳酸盐(≈0)和有机碳(≈－25‰)，而与来自地幔或上地壳的岩浆热液 $\delta^{13}C$ 值(－3‰～－9‰)相似。

7. 成矿模式

近 20 年来随着一大批斑岩型 Cu(Mo)和浅成低温热液型 Au－Ag(Zn－Pb)矿床的发现，矿床学家提出了浅成低温热液型与斑岩型矿床组合成为斑岩成矿系统，部分专家将低温热液型矿床分为高硫型和低硫型或冰长石-绢云母型和酸性硫酸盐型(或石英-明矾石型)两种类型并与斑岩矿床相联系，建立了斑岩-低温热液矿床成矿模式。越来越多的勘探成果和矿床研究结论显示，不只是热液型(Cu)Au(Ag)矿床与斑岩铜矿可形成上下或内外的套合关系，矽卡岩型、中低温热液型铅锌银矿床也可与斑岩铜钼矿床形成这种关系。与国内程裕淇、陈毓川等提出的成矿系列理论和翟裕生等院士提倡的成矿系统理论相似，研究斑岩铜矿的权威专家 Sillitoe(2010)总结斑岩铜矿成矿系统时，在肯定此成矿模式的同时也强调斑岩型与浅成热液型、矽卡岩型等矿床的内在联系(即为统一成矿系统)，并进一步指出：钾化蚀变过程形成的细脉状石英中的高盐度流体包裹体中存在高 Zn、Pb、Ag、Mn 含矿流体，但在主要斑岩铜矿体沉淀时这些金属元素仍然以氯络合物形式溶解于含矿溶液中而未富集沉淀成矿，高盐度流体在青磐岩化带与外围岩石接触以及大气降水的稀释作用而冷却，可能是 Zn、Pb、Ag 和 Mn 沉淀的主要原因，流体中和作用导致 Zn、Pb、Ag 在外围碳酸盐类围岩中大量富集、沉淀形成矽卡岩型和交代碳酸盐型矿床，而在某些系统中局部形成脉状矿体。

因此，浙江燕山晚期晚阶段（潜）火山热液矿床 Ag(Au)-Pb-Zn 矿体很大一部分可能是在次火山、（浅成）侵入岩体附近斑岩型矿体形成后，岩浆期后含矿热液演化到末期在更多大气降水和部分围岩成矿物质参与沉淀成矿的，脉状浅成热液多金属矿体成矿流体信息虽被大气降水掩盖，但它们受岩体控制，与岩浆热液的关系是明显的，仍间接受控于岩浆热液，深部可能存在斑岩型 Cu(Mo) 矿床。按此思路建立的成矿模式见图 6-121。

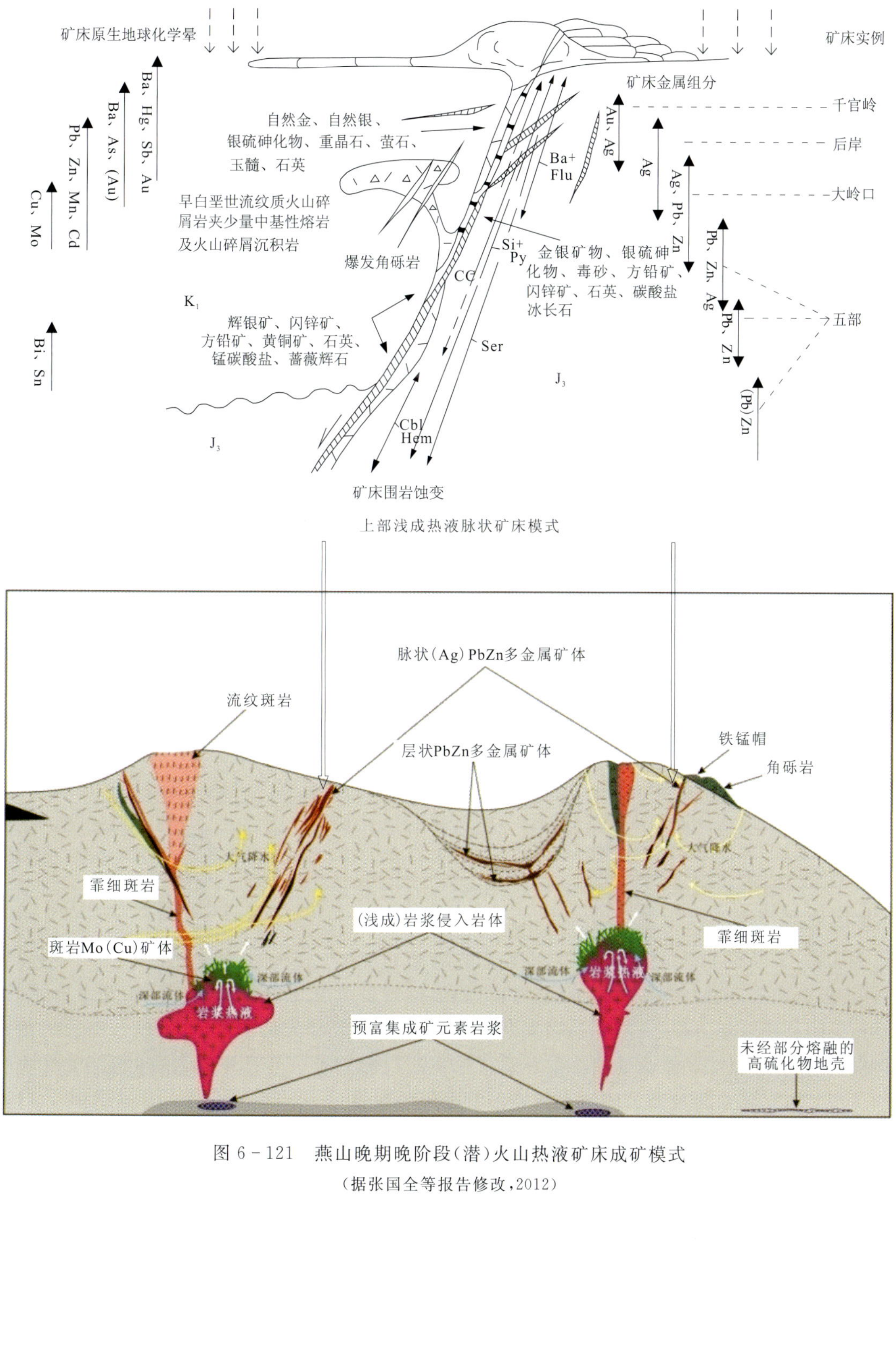

图 6-121　燕山晚期晚阶段（潜）火山热液矿床成矿模式

（据张国全等报告修改，2012）

6.6.5.2　矿床实例

以五部铅锌矿床为例，该矿床位于普陀-文成中生代陆缘火山（岩浆）活动带中的近南北向天台-括苍山火山穹隆-火山沉积盆地成矿环境。

五部控矿断裂带以东为宁溪白垩纪火山断陷盆地，以西为半山火山穹隆。半山火山穹隆中心为半山钾长花岗岩、石英二长岩岩体。主要矿床（点）有龙潭背矿段、五部北矿段、五部南矿段（英山、吴家岙）、上垟铅锌矿等数个矿段及圣塘、粟树、大寺尖等多处铅锌银矿点（图 6-122）。

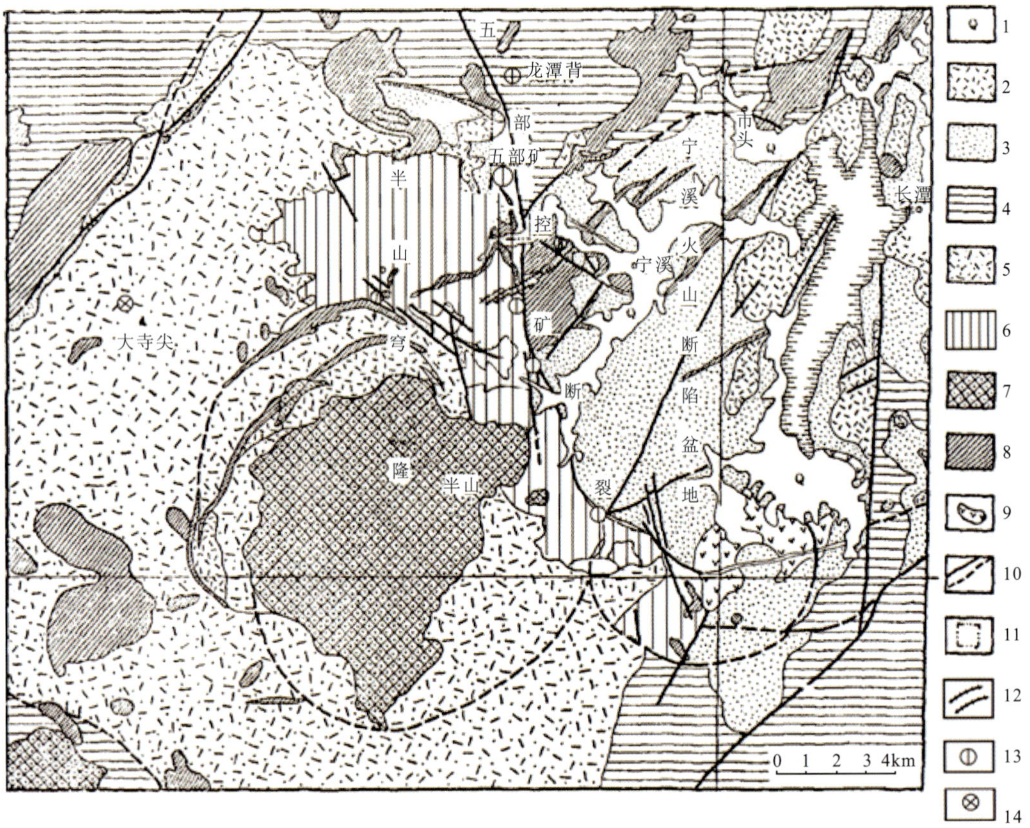

图 6-122　黄岩五部铅锌矿区地质构造略图

（据黄报章，1982）

1. 冲积层；2. 晚白垩世流纹质玻屑熔结凝灰岩；3. 晚白垩世火山-沉积岩；4. 早白垩世英安质流纹质熔结凝灰岩；5. 早白垩世流纹质晶屑熔结凝灰岩；6. 早白垩世熔结凝灰岩；7. 斑状石英二长岩；8. 酸性潜火山岩；9. 安山岩；10. 断裂；11. 北矿段；12. 晚期石英闪长玢岩及辉绿岩；13. 铅锌矿床（点）；14. 银矿床

1. 矿区地质特征

（1）地层：控矿断裂上盘（西盘）为下白垩统大爽组和上白垩统馆头组、朝川组。岩性为玻屑凝灰岩，（含）角砾玻屑凝灰岩、弱熔结凝灰岩与凝灰质粉砂岩、砂岩砂砾互层，夹玄武安山岩、安山岩。下盘（东盘）为下白垩统西山头组，厚层至块状晶玻屑熔结凝灰岩，偶夹不稳定的凝灰质粉砂岩、沉凝灰岩。

（2）潜火山岩与侵入岩：潜火山岩主要分布在控矿断裂内的石英霏细斑岩岩脉，和位于断裂西侧的古双岩石英霏细斑岩、金公坪霏细斑岩等岩体。沿控矿断裂带，铅锌矿体赋存于石英霏细斑岩内或其旁侧（图 6-123）。该石英霏细斑岩脉体向深部厚度增大，岩性向花岗斑岩过渡。在矿区西南约 5km 有半山岩体，早期为石英二长岩，晚期为钾长花岗岩。视离岩体的远近，周围围岩分别出现高、中、低温蚀变矿物及异常元素组合。

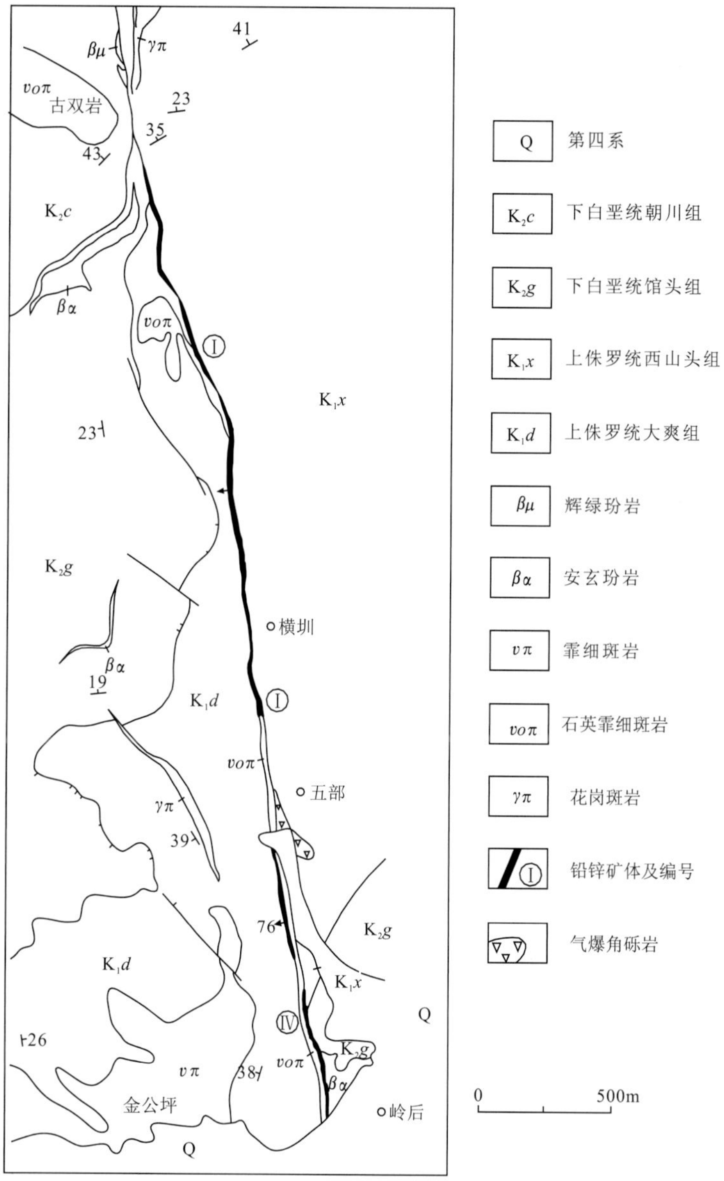

图 6-123　五部铅锌矿区地质略图

（据黄报章，1982）

(3)火山构造与断裂构造：五部控矿断裂东侧为宁溪火山断陷盆地，呈北北东向展布，宽 5～10km。盆地内堆积上白垩统馆头组和朝川组沉积岩及火山碎屑岩，少量基性熔岩。宁溪盆地正是温州-镇海断裂裂陷的结果。五部断裂以西为半山火山穹隆，中心为半山侵入体，周围分布下白垩统下部火山岩系大爽组和高坞组，并发育环形岩脉和断裂。五部断裂位于两个正、负向火山构造之间，断裂向北转向北西向，往南转为南东走向，大致消失在宁溪盆地翘起的部位。五部断裂早期活动是东降西升，(逆冲性)控制了宁溪盆地的西缘和南端。晚期则转变为东升西降(张扭性)，在西侧边部保留少量晚白垩世火山-沉积物质，提供了次火山岩和矿液活动、充填的空间。

2. 矿体特征

铅锌矿床赋存于北北西—近南北向的五部断裂中，断裂全长 30km 以上，倾向西，倾角 60°～70°，矿化带宽数米至 40 余米。五部矿床包含北矿段、南矿段及龙潭背矿段，长约 5km，在控矿断裂带内分布有

7个矿体(北矿段3个,南矿段4个)。北矿段1号矿体规模最大(图6-124、图6-125),矿体呈脉状、透镜状,与控矿断裂产状一致,走向长2140m,延深一般400m左右,控制最大倾向延深达880m。矿体最大厚度32.23m,最小0.9m,平均9.88m。主矿体上、下盘尚见一些平行及分支矿体。

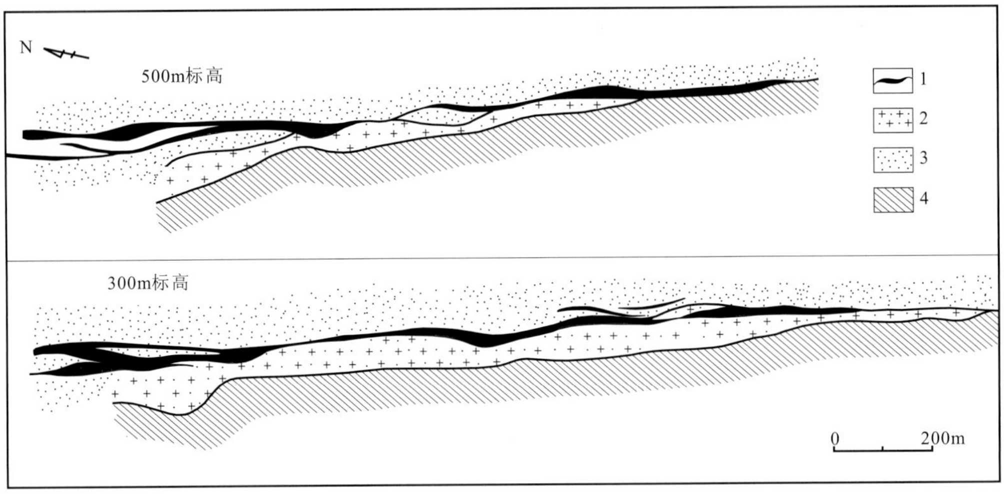

图6-124　五部铅锌矿1号矿体水平面形态图

(据黄报章,1982)

1. 铅锌矿体;2. 石英霏细斑岩;3. 熔结凝灰岩;4. 凝灰岩、沉积岩及基性熔岩

矿体平均品位:北矿段Pb 1.54%、Zn 2.15%、Pb+Zn 3.69%,其中Ⅰ号矿体(Pb 1.67%、Zn 2.55%)、Ⅳ号矿体(Pb 1.32%、Zn 2.74%)品位略高于其他矿体;Ag品位(2~231)$\times10^{-6}$,平均16.61$\times10^{-6}$,个别块状富矿可达800$\times10^{-6}$,Ⅰ号矿体平均30$\times10^{-6}$;Cu一般为0.01%~0.10%,少数0.23%~0.31%;南矿段平均品位:Pb 1.18%、Zn 1.89%,Ag平均10.18$\times10^{-6}$,最高约50$\times10^{-6}$,最低0.33$\times10^{-6}$。

矿体组分分带:Pb、Zn、Ag品位北矿段均高于南矿段;在北矿段内,Ag品位从北往南递减,Pb、Zn品位浅部沿走向变化不明显。沿倾向变化,铅锌元素总体具上高下低的特点。Pb、Zn高浓度带主要分布在200m标高以上,从上往下Pb下降幅度比Zn快,深部为锌矿体。

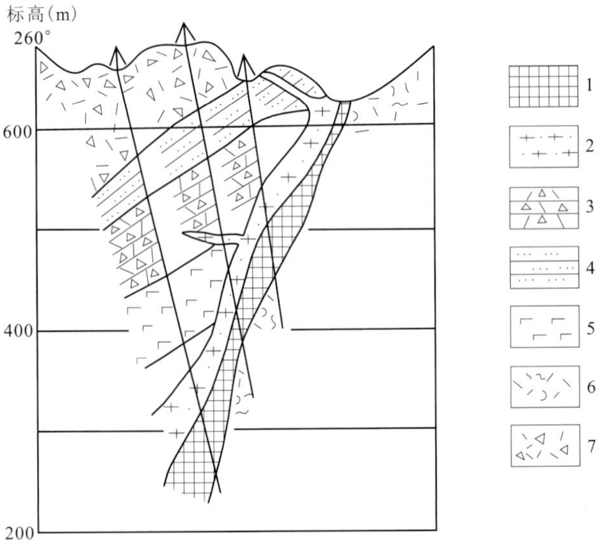

图6-125　五部铅锌矿床47线剖面

(据黄报章,1982)

1. 矿体;2. 石英霏细斑岩;3. 沉火山角砾岩;4. 砂岩;5. 玄武岩;6. 晶屑玻屑熔结凝灰岩;7. 角砾凝灰岩

3. 矿石特征

矿石矿物:以闪锌矿、方铅矿为主,黄铁矿次之,少量黄铜矿,微量赤铁矿、镜铁矿、黝铜矿、辉银矿、银金矿、硫砷银矿、自然银、自然铅、自然铜等。南矿段主要有闪锌矿(铁闪锌矿)、方铅矿、黄铁矿、黄铜矿及磁铁矿(穆磁铁矿)、镜铁矿(赤铁矿)等。

脉石矿物:以石英为主,绢云母次之,少量菱锰矿、锰方解石、方解石、蔷薇辉石、绿泥石、高岭石,微量绿帘石、磷灰石、重晶石、萤石、锰铝榴石、电气石等；南矿段为绿帘石、绿泥石、石英、菱锰矿、蔷薇辉石、石榴石、方解石，少量磷灰石、萤石、重晶石等。

表生矿物：北矿段以褐铁矿、软锰矿、硬锰矿为主，铅矾、白铅矿、铜蓝、孔雀石、硫镉矿等次之。南矿段主要有褐铁矿、锰矿、铅矾、孔雀石、蓝铜矿、胆矾及硫镉矿等。

矿石结构构造：北矿段有半自形—它形晶粒状结构、自形晶片状结构、镶嵌结构、交代结构、固溶体分离结构、压碎结构、揉皱结构等，其中最常见的是半自形—它形晶粒状结构与交代结构；矿石构造有浸染状构造、细脉浸染状构造、脉状构造、网脉状构造、致密块状构造、角砾状构造等，以细脉浸染状构造和浸染状构造为主。南矿段以晶粒结构为主，次有交代结构，填隙结构、乳浊状结构、揉皱结构及压碎结构等，矿石构造主要为浸染状构造（包括稠密浸染状构造）和细脉浸染状构造，少量团粒团块状构造及角砾状构造。

根据主要矿物组合，可划分 5 种矿物共生组合（矿石类型）。

黄铁矿-石英组合：分布于断裂带的石英霏细斑岩中或附近围岩内，呈脉状或团块，系早期蚀变矿化产物，是矿化先导，无工业意义。

黄铁矿-赤镜铁矿-绿泥石组合：伴有绢云母、石英，呈浸染或团块状矿石，铅锌矿化弱，多分布在深部。

闪锌矿-方铅矿-黄铁矿-赤镜铁矿组合：伴有绢云母、石英、方解石，主要成矿期产物，组成主要矿体。

方铅矿-黄铜矿组合：常伴有银矿物，形成于主矿化期之后，常叠加于其他组合之上。

闪锌矿-碳酸盐组合：碳酸盐为方解石、含锰方解石、菱锰矿，伴玉髓，是成矿末期产物。

4. 围岩蚀变

北矿段以绢英岩化、硅化、含锰碳酸盐化为主，蔷薇辉石化、钠长石化、钾长石化、绿泥石化次之。蚀变总体沿控矿断裂带呈线性分布。在水平方向，矿体及两侧数米至 10 多米范围内，出现强绢英岩化带或强绢英岩化、硅化带。在强绢英岩化带两侧，特别是上盘一侧，常见钠长石化和钾长石化断续分布。弱绢云母化可以大面积分布在远离矿体地段，宽达数十米至百余米。在垂直方向，浅部蚀变带比深部蚀变带稍窄，色调浅，钾长石化出现几率高；深部一般在 0m 标高以下，绿泥石化明显增强，伴随黄铁矿化、赤（镜）铁矿化。南矿段蚀变类型与北矿段相似，主要有绢英岩化、硅化、钠长石化、含锰碳酸盐化、黄铁矿化、绿泥石化、绿帘石化以及镜（赤）铁矿化、石榴石化、萤石化、方解石化等。水平方向蚀变分带不明显，垂直方向则变化较大，绢英岩化、硅化、含锰碳酸盐化随标高降低其强度逐渐减弱，而绿泥石化、绿帘石化、黄铁矿化则有增强趋势。

5. 地球化学异常特征

与矿有关的地球化学指示元素为 Pb、Zn、Ag、Cd、Cu、Mn、Hg、Ba、As，可能还有 Sb、Bi、(Sn)、F 等，其中除 Ag、Cd 为指引元素外，其余为通用指引元素，而 Mo、Mn、As(Sn)又属间接指示元素。矿体异常形态反映了控矿构造的特征。地表原生异常呈线状或条带状，剖面原生异常包围矿体形成浓度梯度变化较大的晕。陡倾斜矿体上盘晕大于下盘晕，出现同心偏心结构的晕（图 6－126）。根据异常位置及峰值位置比较，不同标高指示元素含量的变化及分带指数的计算，本矿床的综合分带序列为 Hg－Ba－As－Ag(1)(Sb)－Pb－Cd－Zn(1)－Cu－Mn－Ag(2)(Bi)Zn(2)。

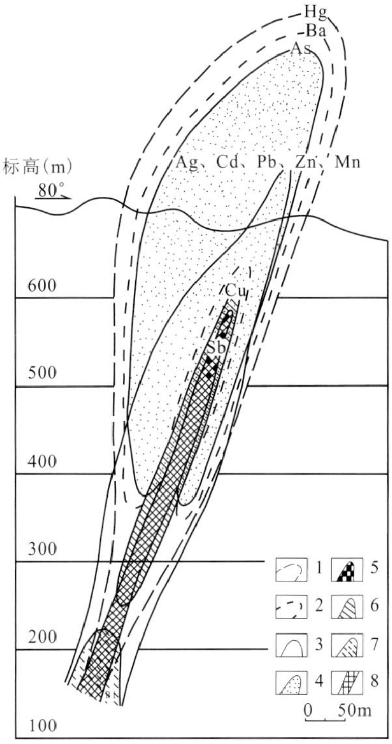

图 6－126　五部铅锌矿床原生异常模式图

（据徐外生，1982）

1. 汞异常；2. 钡异常；3. 银镉铅锌锰异常；4. 砷异常；5. 锑异常；6. 铜异常；7. 铋异常；8. 铅锌矿体

6. 成矿物质来源

(1)硫同位素：五部铅锌矿床各类硫化物 $\delta^{34}S$ 值在－4.04‰～＋6.30‰之间，呈塔式分布，均值为＋1.59‰，接近陨石硫数值。说明火山热液上升过程中稍微受到混染，基本上保留了地幔硫的面目。硫同位素值沿走向有稍许差异，以中部35线 $\delta^{34}S$ 值最高，向南、向北有所降低。硫同位素沿走向的变化，与矿体中段增厚、加富、延深大的趋势是相似的，可能反映矿液活动中心，硫同位素具强烈的分馏效应（图6－127）。

硫同位素组成沿走向变化曲线

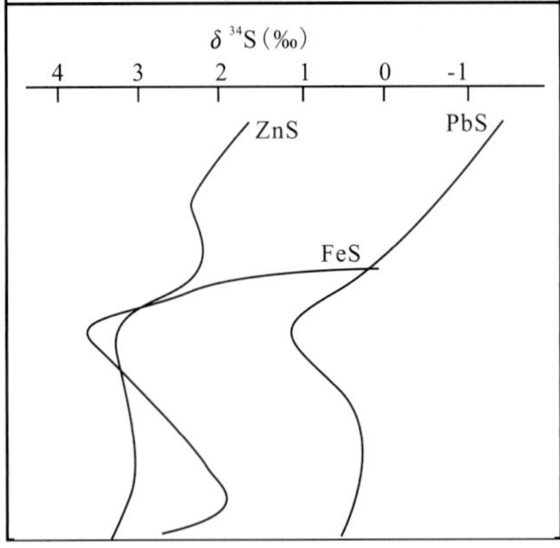

勘探线	δ34S(‰,平均值)		
	闪锌矿	方铅矿	黄铁矿
109	1.69	-1.47	
47	2.40		
39	2.11	-0.05	0.75
35	3.41	1.20	3.61
23	3.15	0.76	
6	3.08	0.27	0.95

图6－127　硫同位素组成沿矿体走向变化曲线

（据黄报章，1982）

不同矿石类型中不同硫化物的硫同位素做较有规律的变化。粗粒块状矿石、中—细粒块状矿石、粗斑状矿石、脉状网脉状矿石和浸染状矿石，闪锌矿、方铅矿、黄铁矿的硫同位素值都呈有规律地递减，且矿石中一般黄铁矿数值＞闪锌矿＞方铅矿，反映了硫的分馏效应和结晶序列（表6－35）。

表6－35　不同矿石类型中金属硫化物硫同位素组成　　（单位：‰）

矿石类型	闪锌矿		方铅矿		黄铁矿	
	$\delta^{34}S$		$\delta^{34}S$		$\delta^{34}S$	
	范围	平均值	范围	平均值	范围	平均值
粗粒块状	＋3.60～＋4.53	＋4.03	＋1.12～＋2.01	＋1.54		
中细粒块状	＋2.69～＋3.80	＋3.06	＋0.38～＋1.90	＋1.03		
粗斑状	＋2.40～＋2.68	＋2.54	＋0.90	＋0.90		
粗粒网脉、脉状	＋1.90～＋3.33	＋2.77	－0.89～－1.23	－1.06	＋0.75～＋2.10	＋1.43
中细粒脉状	＋1.53～＋2.40	＋1.87	－3.32～＋0.70	－1.01	＋0.75～＋3.61	＋1.95
浸染状	－4.01	－4.01			－0.86～＋2.57	＋0.80

(2)铅同位素：矿床方铅矿铅同位素组成：$^{206}Pb/^{204}Pb$ 17.99～18.27，$^{207}Pb/^{204}Pb$ 15.37～15.64，$^{208}Pb/^{204}Pb$ 37.74～38.37。铅同位素组成与矿区潜火山岩相似，而与基底岩石陈蔡群判别较大。

(3)氢氧同位素：铅锌-锰碳酸盐化阶段中菱锰矿 $\delta^{18}O$ 为＋3.05‰，计算水溶液介质为 $\delta^{18}O_{H_2O}$ 为－7.05‰；无矿-碳酸盐化阶段中方解石 $\delta^{18}O$ 为＋3.551‰，相应水介质 $\delta^{18}O_{H_2O}$ 为－6.02‰（黄报章等，

1982)。成矿早期阶段可能以火山热液水为主,晚期阶段 $\delta^{18}O_{H_2O}$ 值较低且为负值,说明以大气降水为主。

(4)成矿流体组成:据石英-硫化物阶段闪锌矿包裹体液相、气相成分分析,成矿流体属 $K^+ - Na^+ - Ca^{2+} - Cl^- -(SO_4^{2-})$ 型。

(5)成矿温度:根据蚀变及矿物共生组合标志,以绢云母化、硅化、绿泥石化及碳酸盐化等为主是典型的中低温蚀变特点;矿石共生组合显示中低温特征;硫同位素交换平衡温度计算表:127~301℃之间,多数在 200℃上下;矿物包裹体均一法测温区间 160~360℃之间,多数为 200~240℃。

7. 矿床成因机制

五部控矿断裂是在晚白垩世浙江构造由挤压转换为拉张背景下产生的。燕山晚期晚阶段(晚白垩世初期),宁溪盆地裂陷,五部断裂东降西升,盆地接受火山-沉积物质,而后宁溪盆地返回抬升,断裂又呈东升西降。此时五部断裂显现复杂的演变,呈现压扭性和张扭性交替的现象。断裂带形成较宽的破碎角砾岩带,充填石英霏细斑岩岩枝。随后的压扭性活动,使斑岩碎裂,原来的角砾岩磨圆,形成构造透镜体。伴随主矿化期的推进,矿体呈舒缓波状,尖灭再现。矿体因走向、倾角的改变而膨大、变薄,出现“人”字形分支。斑岩中石英、长石斑晶玻状消光、双晶错动、扭裂。成矿期后,有北北东向共轭构造活动。这些都为断裂带在成矿前后的应力状态保存了完好的形迹。

隐爆角砾构造:在矿带地表和坑内出现较多隐爆角砾岩,其顶部及周围围岩矿化、硅化强烈,有时伴有萤石化。此外尚见无规律的块状、团块状富矿的分布,受隐爆构造控制,可能是合理的解释。钻孔中常见石英霏细斑岩形成自岩浆角砾构造,是岩浆侵位时,进入压力骤减的环境而产生的气化爆炸。1 号矿体中段普遍有斑岩体的自岩浆角砾岩化,其矿化也较其他地段强烈,说明隐爆角砾岩和自岩浆角砾岩,为矿质输导和储集提供了良好的场所。

围岩蚀变与矿质富集,前已述及矿床发育中低温围岩蚀变,即绢云母化、硅化、蔷薇辉石、含锰碳酸盐化、钠长石化、钾长石化、绿泥石化。围岩蚀变最重要的结果是析出大量 SiO_2、Na_2O 和 CaO,以及部分 K_2O、Al_2O_3,使介质流体由弱酸变为弱碱,大量碱质的存在,为形成重金属络离子并进入溶液、转移,创造了条件,矿物包裹体液相成分证明了这一点。围岩蚀变提高了岩石的孔隙度,提高了裂隙发育程度都为矿化富集提供了空间。

深部热液上升与下渗大气降水的掺和、对流,有利于矿质的运移、沉淀。上升热液与下渗地表水的混合对流,极大地改变了流体原来的盐度、压力、pH 和 Eh 值,促使矿质的沉淀。

成矿时代:根据地质标志,矿化形成于晚白垩世。矿区地表含矿断裂带中的晚期石英霏细斑岩,K-Ar 法测定年龄值为 80.81Ma,成矿时间介于 115~80Ma 之间。

8. 找矿标志

(1)矿床产于挤压环境向拉张环境转换背景下形成的晚白垩世火山-沉积盆地边缘,盆地发育特征的岩石组合:流纹岩-玄武岩双峰式火山岩;矿区常发育潜火山岩。

(2)矿床受盆地边缘区域断裂构造(近南北向、北西向、北北西向或北东向)和火山构造(火山通道或火山穹丘)。

(3)矿体多为脉状,赋存在近南北向、北西向、北北西向或北东向断裂中,也有赋存在火山通道隐爆角砾岩筒中。

(4)岩石发育绢云母化、硅化、含锰碳酸盐化、钠长石化、钾长石化、绿泥石化。

(5)利用土壤地球化学测量,可以有效圈定矿化带,岩石原生异常发育,前晕元素为 Ba、As、Ag、Au,中晕元素为 Ag、Pb、Zn、Cu,尾晕元素为 Mo、Cu、Bi。

第 7 章　找矿方向

7.1　具有找矿潜力的金属矿产和矿床类型

根据 2013 年底，浙江省查明的主要金属矿床类型和相应的金属资源量，以及《浙江省矿产资源潜力评价》项目预测的金属资源量（浙江省地质调查院，2013），绘制了浙江省主要金属矿床类型与资源潜力状况图（图 7-1）。

对比查明的和预测的金属矿产资源量可知，浙江省具有找矿潜力的金属矿产为金、银、铜、铅、锌、钼、钨和锡，另外铀也是浙江省颇具找矿潜力的矿种。

铁矿资源贫缺，超基性岩铁矿和沉积变质型铁矿品位低，矽卡岩型铁矿预测资源量仅 6833.34×10^4t，且预测区范围大，单个矿床资源量少，找矿潜力不大。

金矿资源量主要集中在火山热液型矿床，其次为韧性剪切型、细粒浸染型金矿是近年浙江省新发现的金矿类型。潜力评价成果表明，火山热液型金矿找矿潜力最大，韧性剪切型和细粒浸染型金矿也有找矿前景。

银矿查明的资源量主要为伴生银，其次为近年新发现的矿床类型热水沉积改造型矿床，潜力评价结果表明，热水沉积改造型矿床最具找矿潜力。

铜矿查明的资源量主要集中在热水沉积改造型和海相火山岩块状硫化物矿床，斑岩型矿床目前尚无查明资源量。潜力评价成果表明，热水沉积改造型和海相火山岩块状硫化物矿床仍是最具找矿潜力的矿床类型，斑岩型矿床也有一定的找矿潜力。

铅锌查明资源量主要集中在陆相火山岩型和块状硫化物型矿床，潜力评价结果为陆相火山岩型矿床仍具找矿潜力，锌矿最具找矿潜力的是矽卡岩型矿床。

钼矿查明资源量主要集中在潜火山热液型矿床，潜力评价成果表明，潜火山热液型仍具找矿前景，但最有找矿潜力的是斑岩型矿床。

钨矿查明资源量少，均为岩浆热液型矿床，潜力评价成果表明，岩浆热液型钨矿床仍具较大找矿潜力，矽卡岩型钨矿是今后应重视的钨矿找矿类型，本次研究提出燕山晚期斑岩型钨（钼）矿床是浙江省今后应引起重视的钨矿找矿类型。

锡矿有矽卡岩型和洋滨型（与黄玉花岗岩有关），查明的资源量少，潜力评价成果表明，矽卡岩型矿床是浙江省锡矿具找矿潜力的矿床类型。

铀矿已查明十几个铀矿床，数十个铀矿点及百个以上铀矿化点，在查明的铀矿类型中，火山岩型铀矿占 78.9%（图 7-2），是浙江省最具找矿潜力的铀矿类型。

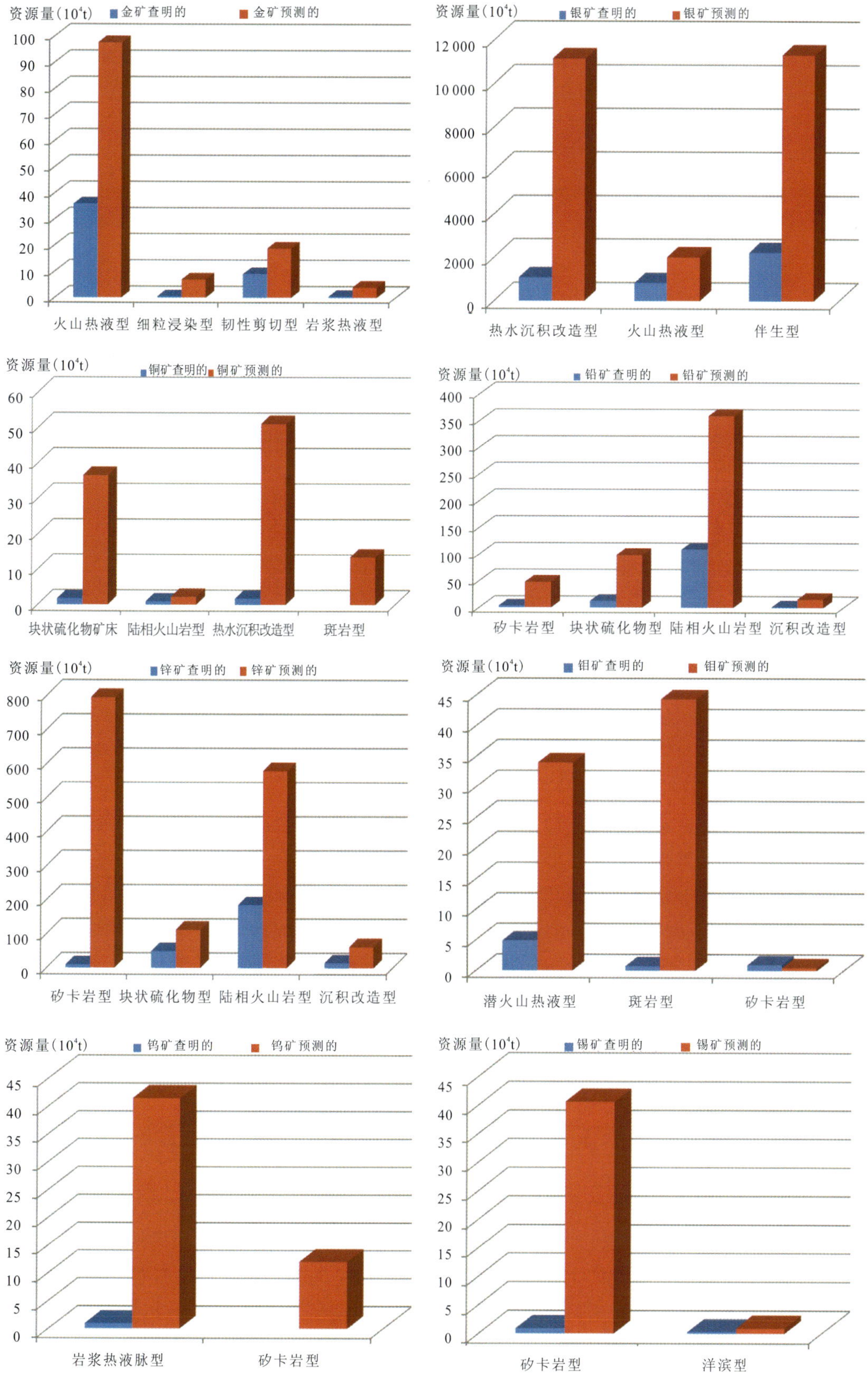

图 7-1　浙江省主要金属矿矿床类型与资源潜力

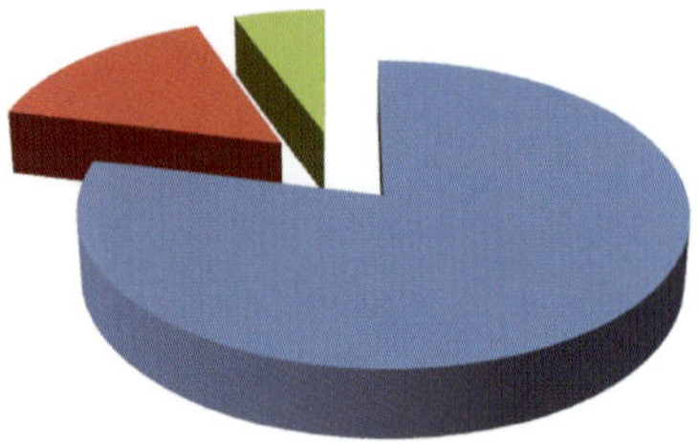

图 7-2　浙江省铀矿主要类型及占比简图

7.2　找矿类型与找矿方向

7.2.1　金矿找矿类型与方向

火山热液型、韧性剪切型和细粒浸染型金矿是浙江省最具找矿潜力的金矿类型。

1. 火山热液型金矿

火山热液型金矿主要有两种类型:一是治岭头式金矿;二是王塘坑或金鸡岩式金矿。

治岭头式金矿(包括治岭头、八宝山、罗山金银矿等)在空间上分布在嵊州-龙泉元古宙裂谷带玉岩-八都元古宙裂谷带成矿环境、苏村-三港中生代火山岩浆成矿环境和上虞-东阳华夏前缘逆冲隆起成矿环境。这类矿床与基底变质岩关系密切,多数分布在变质岩天窗或断块隆起的内、外缘,部分矿床的矿体直接赋存在变质岩系之中。

与矿床相关的火山岩系大都是下白垩统西山头组,属于燕山晚期早阶段火山喷发第二旋回安玄岩-英安岩-流纹岩建造,属高钾钙碱系列岩石。

矿床定位受变质岩中韧性剪切带和火山构造双重控制。治岭头金银矿位于牛头山层状火山的南西麓,有华峰尖小型火山机构(塌陷破火口)和与之相伴的大量潜火山岩及脉岩,金银矿体赋存在变质岩中韧性剪切带内韧-脆性断裂中,火山机构环状放射状断裂给铅锌、黄铁矿成矿提供了空间。八宝山矿床处于巨型剪切带上叠断陷火山洼地,容矿构造受控于火山洼地边缘断裂和基底剪切带继承性断裂。东阳罗山金银矿赋存于陈蔡群中,其上被火山岩不整合面屏蔽。

矿床所处地段地球物理场为区域重力布格负值区中的正剩余重力正异常,航磁为平稳低正场区,但因火山构造和潜火山岩的分布,磁场跳跃,矿体低阻—高阻、高极化率。

矿区发育 Au、Ag、Cu、Pb、Zn、Mo、As、Sb、Bi、Hg 异常,异常中心套合较好;矿区水系发育黄金、铅族重砂异常。

矿区变质岩或火山岩中发育中低温硅化、绢云母化、黄铁矿化、绿泥石化带,以及蚀变带中的交代石英岩、脉石英岩和硫化物氧化露头。

王塘坑或金鸡岩式金矿在空间上主要分布于嵊州-龙泉中元古代裂谷带晚白垩世火山-沉积盆地边缘(如千祥-方岩中生代火山沉积盆地成矿环境)和江绍拼接带金华罗店-诸暨石角中生代火山(热泉)成矿环境。这类金矿床赋存在晚白垩世火山-沉积盆地边缘,受盆地边缘断裂和火山构造控制,金成矿作用与潜火山岩(或岩脉)关系密切。

王塘坑金矿处于永康火山-沉积盆地北东边缘部位,矿区出露地层主要为晚白垩世朝川组红色砂砾岩层,发育潜火山岩-英安玢岩、安山玢岩和流纹岩,潜火山岩呈岩株或岩脉产出,属富钾贫钠钙碱性岩石，两条北西向张扭性区域断裂通过矿区，金银矿（化）带赋存在区域断裂旁侧的次级裂隙带中（图 7－3）。

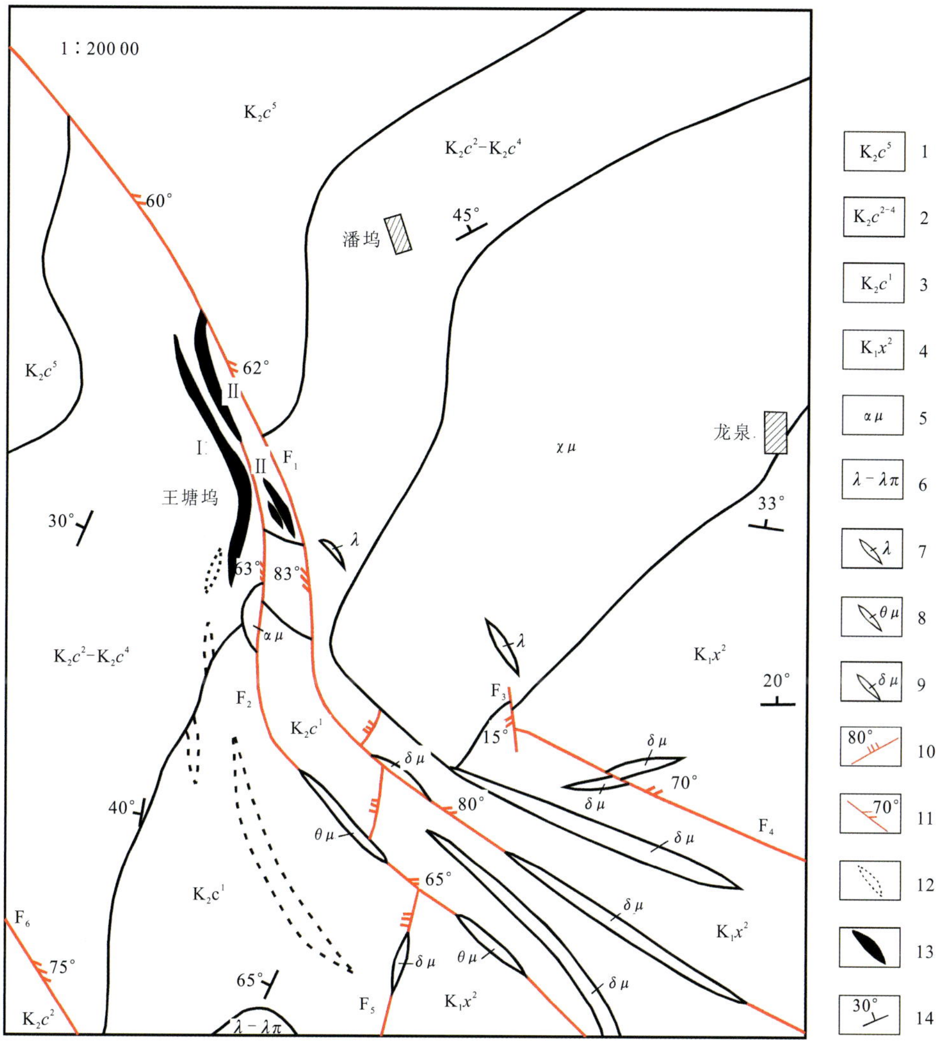

图 7－3　王塘坑金银矿区地质略图

（据周乐尧等，1992）

1. 上白垩统朝川组第五段；2. 上白垩统朝川组第二至四段；3. 上白垩统朝川组第一段；4. 下白垩统西山头组第二段；5. 安山玢岩体；6. 流纹斑岩体；7. 流纹岩脉；8. 石英斑岩脉；9. 花岗斑岩脉；10. 压扭性断裂；11. 张扭性断裂；12. 蚀变带；13. 金银矿体及编号；14. 地层产状

金鸡岩金矿床处于江绍拼接带中段与金华大盘山近东西向弧形构造东段交切部位，矿区出露早白垩世劳村组火山碎屑岩、角砾熔岩、流纹岩和潜火山岩－霏细岩和霏细斑岩（含隐爆角砾岩），双尖头－卜刀岗和滴水岩－开雷尖－金鸡岩两条区域北东向断裂通过矿区，矿区发育火山构造－金鸡岩火山通道。金矿体赋存在滴水岩－开雷尖－金鸡岩北东向断裂中，受潜火山岩－霏细斑岩控制，矿体上部呈脉状同在断裂带中，下部主要分布在霏细斑岩隐爆角砾岩筒中，钼矿化体则与双尖头－卜刀岗断裂带中石英霏细斑岩关系密切（图 7－4）。

这类金矿床实际上为潜火山金成矿系统，近地表往往为热泉型金矿（如罗店金矿），中深部为脉状金矿（如王塘坑、摇石头金矿），深部为潜火山型或隐爆角砾岩型金矿，如金鸡岩金矿（图 7－5），所以在找矿评价时，应注意不同深度寻找不同类型金矿体。

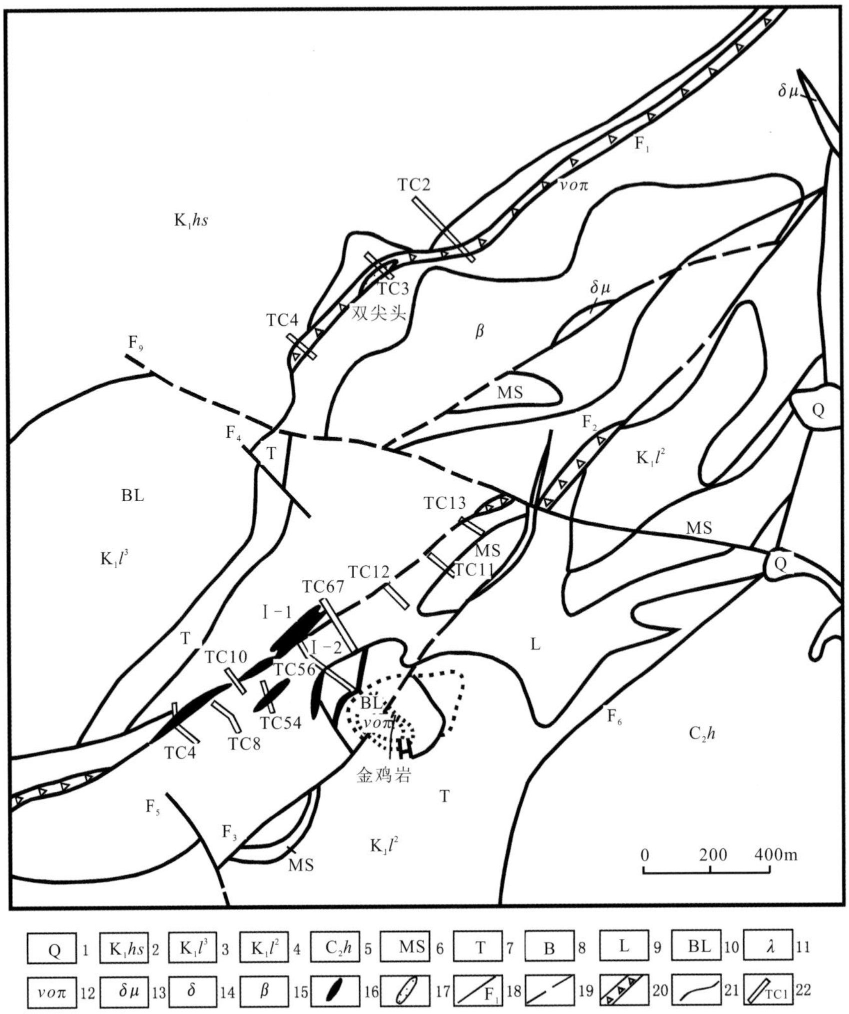

图 7-4　金鸡岩金矿床地质示意图

1.第四系；2.早白垩世横山组；3.早白垩世劳村组三段；4.早白垩世劳村组二段；5.中石炭统黄龙组；6.粉砂质泥岩；7.流纹质碎屑凝灰岩；8.火山角砾岩；9.熔岩；10.角砾熔岩；11.流纹岩；12.石英霏细斑岩；13.闪长玢岩；14.微晶闪长岩脉；15.玄武岩；16.金矿体；17.钼矿体；18.断裂及编号；19.推测断裂；20.构造角砾岩带；21.地质界线；22.探槽及编号

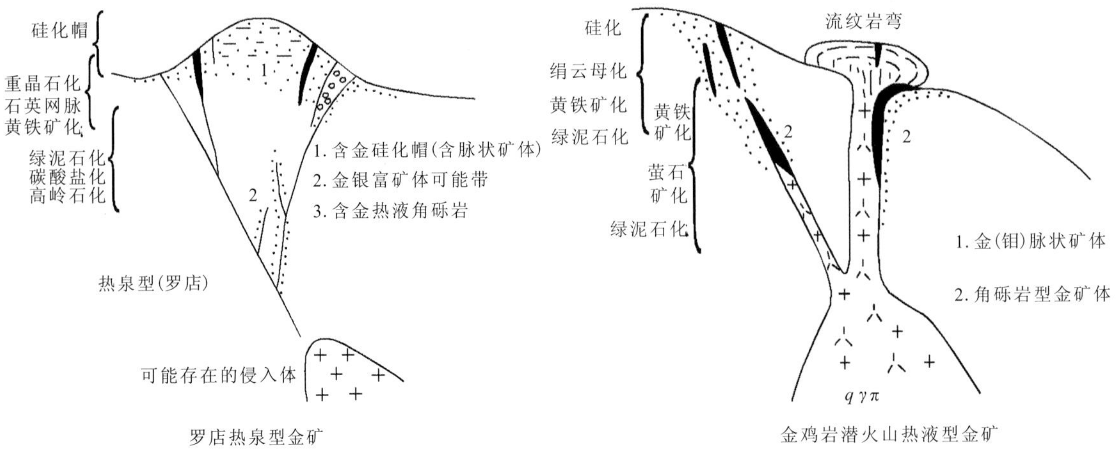

图 7-5　潜火山热液型金矿成矿系统模式

2. 韧性剪切型金矿

韧性剪切型金矿在空间上主要分布于江绍拼接带绍兴中岙-诸暨璜山加里东动力变质成矿环境。晋宁运动华夏陆块与扬子南缘火山弧碰撞对接形成统一陆块。进入加里东期，随着挤压作用的继续，江绍拼接带沿北东向左行走滑，对接带构造进入韧性再造阶段，沿对接带形成一系列北东向区域性韧性剪切带。海西至印支期，江绍拼接带整体隆起剥蚀，构造变形由韧性域逐步转变为脆性域，表现为韧性剪切带中常充填脆性变形阶段的石英脉。燕山期，由于古太平洋板块开始向西运动，浙江地区乃至整个华南块体处于挤压环境，沿江绍拼接带出现大规模的压性脆性断裂，并且密集成带，断裂带走向以北东向为主，常常追踪、叠加改造、破坏早期的韧性剪切带。因此，沿江绍拼接带尤其是绍兴—诸暨段，韧性剪切带表现出浅部为脆性构造，即脆性断裂或破碎蚀变岩带，中深部为韧性与脆性构造共存，即韧性剪切带中充填脆性石英脉，深部为较完整的韧性剪切构造。

双溪坞群细碧角斑岩和晋宁期石英闪长岩是区内富金建造，韧性剪切过程中金迁移富集，形成韧性剪切型金矿，并经历后期构造、岩浆热事件改造。形成的韧性剪切型金矿可以细分为蚀变破碎带型金矿床（马郦金矿）、黄铁矿石英脉型金矿床（璜山金矿）、硅化千糜岩型金矿床（石其金矿）3类。这3种金矿实际上是韧性剪切型金矿在不同深度的3种表现形式。因此，蚀变破碎带金矿区应注意寻找深部黄铁矿石英脉型金矿，黄铁矿石英脉型金矿区应注意寻找深部韧性剪切型金矿。中岙金矿矿体原生晕研究表明（周乐尧，1993），金矿体尾部常出现前晕指示元素异常，可能暗示深部还存在第二成矿空间。

韧性剪切型金矿最显著的找矿标志为金矿体赋存在主干韧性剪切带旁侧的次级韧性剪切带中，含矿韧性剪切带经历韧性剪切和脆性变形两个阶段，并发育石英脉体。沿断裂带水系中有黄金重砂异常和矿区土壤金异常。

3. 细粒浸染型金矿

细粒浸染型金矿是浙江省近几年发现的新类型金矿，主要分布在临安-开化加里东裂陷沉积盆地下庄-石柱断裂成矿环境，典型代表矿床为开化县石龙头金矿床。下庄-石柱断裂带平面呈北东东—北东—北北东走向弧形展布，断裂带宽200～1000m不等，由一系列平面上呈叠瓦状或上陡下缓的犁式断裂组成。下庄-石柱断裂形成于新元古代，经历多期活动，燕山早期发生由北西向南东推覆。卷入地层为双溪坞群平水组、河上镇群、震旦系、寒武系和中下奥陶统，沿断裂带贯入闪长（玢）岩和石英霏细斑岩脉，形成强烈的硅化破碎带。石龙头剖面研究表明，断裂破碎带具有分带性，断裂带中部为强硅化带或强烈挤压破碎带，向外侧过渡为碎裂岩带。沿断裂带已发现金矿床1处（石龙头），金矿点6处（瑶坑、瑶田、下山、下坞、大坝底和老龙源）。石龙头金矿含矿霏细斑岩经K－Ar法测定，年龄为152.02Ma；大坝底金矿点含矿闪长玢岩经K－Ar法测定，年龄为146.5Ma，据此可以推测，下庄-石柱断裂成矿环境细粒浸染型金矿成矿时代应为燕山早期晚阶段（晚侏罗世），对应的区域构造背景为挤压环境向伸展环境过渡阶段。最显著的找矿标志为沿断裂带发育良好的线性金、砷、银、锌土壤异常，矿体赋存在蚀变粉砂质泥岩和碎裂岩中，围岩发育硅化、绢云母化和浸染状黄铁矿化。

7.2.2 银矿找矿类型与方向

银矿最具找矿潜力的是热水沉积改造型银多金属矿床，其次为火山热液型银矿床。伴生银多分布在金矿床与铅锌多金属矿床中。

1. 热水沉积改造型银多金属矿床

热水沉积改造型银多金属矿床分布在临安-开化加里东裂陷沉积盆地，时代为震旦系蓝田组沉积期，空间上处于北东向区域深断裂（或不同方向断裂节点或交叉点）及其两侧附近，特征的热水沉积岩石组合为含锰白云岩＋硅质泥岩、粉砂岩＋含硅白云质灰岩，岩石一般发育热水喷溢沉积条纹构造，热水沉积形成层状、似层状银（金）铅锌多金属矿床，矿体的形貌和结构特征取决于距热液通道系统（喷口）的远近和海底的地形，远源矿床通常为整合的层状矿体（淳安银山银多金属矿床），近源的矿床具有“上层下脉”双层结构（如开化外际底银铅锌矿）。由于矿层形成后，经历加里东、印支和燕山 3 期褶皱造山运动，赋矿地层往往强烈褶皱，有时甚至发育紧闭倒转褶皱，经抬升剥蚀，出露地表的矿体给人以脉状矿体的假象，实际是受层位控制，矿层随地层同步褶皱，并在褶皱转折端加厚富集。燕山期大规模火山-岩浆作用，矿床又分布在区域深断裂附近，岩浆沿构造侵入，所以此类矿床往往受到岩浆热液叠加改造。

热水沉积改造型银多金属矿床找矿特点归纳如下。

银山式热水沉积改造型矿床形成于开化-临安加里东裂陷沉积盆地中，最佳找矿空间为淳安黄石潭-开化马金印支隆起成矿环境（矿床埋藏相对较浅）。成矿作用主要发生在震旦系蓝田组沉积期间，矿体赋存在蓝田组中，蓝田组是寻找本类矿床的主要层位。

热水沉积作用受断裂控制明显，浙西地区北东向马金-乌镇和萧山-球川区域断裂控制着震旦系地层空间分布格局，区域断裂带及其两侧蓝田组是主要的成矿地段。

成矿地段的蓝田组应具有热水沉积作用的特征岩石组合-含锰白云岩＋硅质泥岩、粉砂岩＋含硅白云质灰岩，岩石一般发育热水喷溢沉积条纹构造。赋矿地层往往强烈褶皱，矿层随地层同步褶皱，并在褶皱转折端加厚富集。

矿区 Ag、Pb、Zn、Cu、Bi、B、Ba 等元素土壤异常发育，各元素异常中心套合较好，且异常分布与含矿地层（蓝田组）出露范围一致；矿化分带现象较明显，从热水上升的喷流中心向外可依次出现 Cu→Ag→Pb→Zn→Mn→Fe，据此可以查证热水活动发生的中心及所波及的范围，识别出潜在矿床周围存在的地球化学晕和矿化中心带，由此发现矿床的位置所在。在找寻银山式矿床时，也应注意热水通道系统附近的脉状或网脉状矿体。

2. 火山热液型银矿床

火山热液型银矿床在空间上主要分布于嵊州-龙泉元古宙裂谷带玉岩-八都元古宙裂谷带成矿环境、苏村-三港中生代火山岩浆成矿环境和余姚-新昌中生代火山-沉积盆地成矿环境。矿床定位受区域断裂和火山构造（Ⅲ级）复合控制，含矿Ⅲ级火山构造通常具有侵入岩（或潜火山岩），侵入岩一般早期为闪长岩、二长花岗岩、花岗斑岩，晚期为霏细斑岩或流纹岩。矿体在地表常表现为硅化带，为隆起的正地形特征，岩石通常出现硅化、绢云母化、绿泥石化和黄铁矿化；成矿物质具明显的垂直分带特征，浅部为银（有的含金），中部为银铅锌，深部铅锌（常出现铜钼）。容矿断裂的力学性质主要是压剪性和张性—张剪性。矿区发育水系沉积物和土壤 Ag、Au、Cu、Pb、Zn、Mo、Sn、Bi、As 等元素异常，异常强度大，分布范围较广，各元素异常中心空间套合程度较高。实际上火山热液型银矿床可能是火山作用晚期斑岩成矿系统在浅部的一种矿化类型，所以在勘查火山热液型银矿床时，应注意深部斑岩型铜钼矿床的寻找。

7.2.3 铜矿找矿类型与方向

铜矿床具有找矿潜力的矿床类型有热水沉积改造型铜多金属矿床、块状硫化物型铜多金属矿床，斑岩型铜矿也应引起重视。

1. 热水沉积改造型铜多金属矿床

热水沉积改造型铜多金属矿床成矿期有两期。

一期是临安-开化加里东裂陷沉积的蓝田组沉积期，目前发现的矿床为银山、外际底等银多金属矿床，但不排除形成铜多金属矿床，这是以后矿产勘查时应重视的一种矿床类型。

二期是杭州-开化印支裂陷沉积盆地老虎洞组和黄龙组沉积期，形成的铜多金属矿床（岭后铜矿）是浙江省铜资源量的主要来源之一，矿床空间上分布在岭后-白马印支裂陷沉积盆地与中生代岩浆侵入成矿环境和三桥埠-妙西中生代岩浆侵入成矿环境。这类以区域深断裂为热水通道，矿床分布在区域断裂附近，如湖州-岭后断裂；赋矿层位为老虎洞组白云岩、白云质灰岩，常含黄铁矿团粒或团块，夹有层状、透镜状、团块状硅质岩，硅质岩颜色为灰白色—灰黑色，细粒致密结构，块状构造，多见沉积层理，有时还有碧玉和喷气角砾状白云岩、灰岩、铅锌矿石（岭后铜矿区）；印支褶皱造山，矿区地层常发育褶皱构造，燕山期岩浆沿断裂或背斜核部侵入，对矿体进行叠加改造。

印支期热水沉积改造型铜多金属矿床找矿模型概括如下：

（1）矿床产于开化-杭州印支裂陷沉积盆地，赋矿层位为石炭系老虎洞组（或黄龙组底部）。

（2）北东向与北西向断裂带交会地段，北东或北北东向区域断裂带及其两侧，具有热水（或喷流）沉积特征岩石组合：硅质岩（或燧石条带、燧石团块）+硅质白云岩+白云岩，岩石中黄铁矿呈胶状莓群状。

（3）矿体常赋存在北东走向的背斜或向斜核部。

（4）常有沿背斜核部贯入的中酸性岩枝或岩脉。

（5）地球物理特征为重力高，低阻高极化。

（6）矿区化探特征为土壤 Cu、Mo、Ag、Pb、Zn 等异常组合，具明显水平分带；Cu、Pb、Zn、Ag 衬度高，内带含量规模大。

2. 块状硫化物型铜多金属矿床

块状硫化物型铜多金属矿床有两种类型。

一是华夏陆块中元古代浙闽裂谷海底块状硫化物矿床（VSHMS 型），矿床赋存在陈蔡群中，如诸暨铜岩山铜多金属矿床，空间上主要分布在嵊州-龙泉元古宙裂谷带玉岩-八都元古宙裂谷成矿环境和上虞-东阳华夏前缘逆冲隆起成矿环境中，其他陈蔡群断块分布区也可能存在此类矿床。因燕山期火山岩覆盖，这类矿床分布在基底变质岩“天窗”，重力场为低值正剩余重力布格异常和平稳低缓正航磁场区。矿体总体呈层状、似层状，赋矿层位原岩都为中基性海相火山岩和不纯碳酸盐岩，主成矿时代与围岩沉积时代一致，经历变质变形（混合岩化）改造富集和后期构造-岩浆作用叠加改造富集。

二是晋宁期华夏陆块向扬子板块俯冲形成的火山岛弧型块状硫化物矿床（VHMS 型），矿床赋存在双溪坞群火山岩中，空间上分布在诸暨-常山新元古代岛弧河上-广山中生代岩浆侵入成矿环境和金华罗店-诸暨石角中生代火山（热泉）成矿环境。典型矿床有绍兴市西裘铜矿床和萧山岩山含铜金明矾石黄铁矿矿床。双溪坞群岛弧火山岩除在绍兴平水地区出露较完整外，仅在浦江蒙山、金华洞井等地零星出露，其他均被盖层覆盖，找矿范围比较局限，但已有矿点如绍兴桃红、金华山后等矿区地质背景和找矿潜力并未清楚，仍有找矿前景。

以海细碧角斑岩为容矿岩石的西裘式铜矿找矿模型概括如下：

（1）矿床产于诸暨-常山新元古代岛弧成矿环境，矿床定位在重力梯度密集带和正负磁场结合部位。出现与火山岩同源异相的潜火山岩，可能指示成矿的古火山中心所在。

（2）矿体赋存在富含 Cu、Zn、Au 的富钠质中基性—中酸性火山岩组合中。

（3）发育 Cu、Pb、Zn、Ag、Au、Ba、As、Hg、Sb 等地球化学晕。矿体原生晕上盘较弱，分布范围窄，下盘晕发育，分布范围宽。

（4）矿体和含矿层具有高极化激发率（6%～10%），低至中等电阻率，自然电场异常明显。

（5）地表具有铁帽、铁染和浅色蚀变带，蚀变带向底盘做漏斗状延展。

以陆相岛弧型中酸性火山为容矿岩石的岩山式含铜金明矾石黄铁矿矿床找矿模型概括如下：

（1）矿床产于常山-诸暨新元古代火山岛弧成矿环境。

（2）矿床赋存在陆相钙碱性中酸性为主的火山-沉积岩系。

（3）发育广泛的次生石英岩化、黄铁矿化、绢云母化、明矾石化和青磐岩化。

（4）发育 Cu、Au（As、Bi、Sb）等地球化学异常和金重砂异常。

（5）区域内发育同类型的明矾石、黄铁矿矿点，以及脉状铜矿点、金矿点、褐铁矿点等共生矿产组合。

3. 斑岩型铜矿床

斑岩型铜矿床主要有两个成矿期：一是燕山早期（>145Ma）；二是燕山晚期早阶段（145～115Ma）。

燕山早期(>145Ma)由于古太平洋板块低角度向欧亚大陆俯冲,浙江处于挤压环境,挤压作用造成盖层大规模褶皱,下地壳物质部分重熔,并伴随深部岩浆的部分加入,形成造山环境的Ⅰ型花岗岩。本期岩体主要分布在江绍拼接带以西开化-杭州印支裂陷沉积盆地的岭后-白马中生代岩浆侵入成矿环境。岩体多以岩株、岩枝产出,受区域性北东向基底构造控制,常沿断裂带或褶皱的核部侵位,形成北东向"线状"岩体或呈串珠状分布的岩体群。花岗斑岩为过铝质高钾钙碱系列,富集Cu、Mo、Au、Ag、S等元素,侵入围岩主要是奥陶纪地层,形成斑岩型铜(钼)矿床(如桐村铜钼矿)。与江西德兴地区成矿花岗斑岩相比,二者成岩时代相当,都为Ⅰ型花岗岩,但浙西花岗斑岩形成温度低,德兴花岗斑岩形成温度为高温,浙西含矿花岗岩物源以壳源为主,德兴含矿花岗岩有大量幔源物质参与(张德会,2013),这可能是因为浙西构造位置处于拗陷区而德兴地区处于隆起区有关。尽管浙西花岗斑岩铜成矿规模不及德兴地区,但仍有找矿潜力。

燕山晚期早阶段(145～115Ma)侵入岩广泛发育,空间上主要分布在丽水-舟山断裂以西的昌化-湖州、开化-杭州、常山-绍兴3个北东向条带和浙西南遂昌—庆元地区,丽水-舟山断裂以东地区分布甚少。成矿斑岩体主要分布在杭州-开化印支裂陷沉积盆地的岭后-白马印支裂陷沉积与中生代岩浆侵入成矿环境和新昌-武义中生代火山坳陷沉积盆地的余姚-新昌中生代火山沉积盆地成矿环境,湖州-德清印支陆表海沉积盆地的三桥埠-妙西中生代岩浆侵入成矿环境也可能存在成矿斑岩体。成矿斑岩体均为Ⅰ型花岗岩,侵入的围岩差别较大,有中生代火山岩(余姚上冯花岗斑岩),古生界奥陶系泥质碎屑岩夹碳酸盐岩(常山里山岭),陈蔡群变质岩(上虞横塘),岩体都发育硅化、钾化和黏土化,此类斑岩型铜(钼)矿床仍具找矿潜力。

7.2.4 铅锌找矿类型与方向

铅锌最具找矿潜力的是(潜)火山热液型和矽卡岩型,块状硫化物型也尚有潜力。

1. 火山热液型铅锌矿床

火山热液型铅锌矿床分布在江绍拼接带以东中生代火山岩区。成矿时代分为燕山晚期早阶段(145～115Ma)和燕山晚期晚阶段(115～85Ma)。

燕山晚期早阶段(145～115Ma)火山热液型铅锌多金属矿床,依据赋矿层位和矿床与火山构造关系以及主要成矿元素组合特点,可以分为基底隆起区与火山构造有关铅锌多金属矿床和火山构造洼地中及火山喷发-沉积有关的铅锌磁铁矿矿床。

基底隆起区与火山构造有关的铅锌多金属矿床,空间上主要分布在玉岩-八都元古宙裂谷成矿环境和庆元中生代火山穹隆成矿环境。矿床受火山穹隆构造控制,火山穹隆一般由燕山晚期早阶段第一、二火山旋回组成,即大爽组、高坞组和西山头组,穹隆一般呈北东向长轴椭圆状;中心部位发育潜火山岩,潜火山岩主要是闪长岩、二长岩、钾长花岗岩、花岗斑岩、流纹斑岩和霏细斑岩等。矿体主要赋存在环状、放射状断裂和向外倾斜的环状裂隙中。此类矿床找矿模型为:火山穹隆构造+环形航磁异常+岩石蚀变(硅化、绿帘石化、绿泥石化、绢云母化和碳酸盐化蚀变)+水系或土壤化探异常(Ag、Pb、Zn、Hg、Sb、Bi、Mo等)。

火山构造洼地中与火山喷发-沉积有关的铅锌磁铁矿矿床,空间上主要分布在普陀-文成中生代陆缘火山活动带的宁海-象山中生代火山(岩浆)作用成矿环境,景宁白溪火山-沉积盆地也有分布。

成矿的火山喷发-沉积洼地为燕山晚期早阶段第二旋回西山头期喷发-沉积形成,分布在不同喷发带、喷发中心之间或火山隆起构造相间地段,受北东与北西向断裂构造联合控制的火山洼地,如景宁白溪、青田孙坑、三门里金、宁海皂坑等。成矿受层位控制,赋矿的火山喷发-沉积物属西山头组,覆盖在强烈爆发的火山碎屑流相高坞组之上,含矿层为凝灰质钙质粉砂岩、细砂岩或泥质灰岩,钙质泥岩等岩性。含矿火山洼地中有大量脉岩、岩株的贯入,对含矿层的叠加改造有积极的作用。含矿层原岩具广泛的绿帘石化、绿泥石化、硅化，部分有石榴石化、透辉石化、碳酸盐化。

燕山晚期晚阶段（潜）火山热液型铅锌矿床，空间上主要分布在普陀-文成中生代陆缘火山（岩浆）活动带中的近南北向天台-括苍山火山穹隆-火山-沉积盆地成矿环境。矿田定位受晚白垩世火山-沉积盆地边缘断裂与火山构造联合控制，五部铅锌矿床的控矿断裂属宁溪火山盆地与半山火山穹隆之间的边界断裂。矿床受近南北向区域性断裂和层间构造的复合控制。此类矿床的找矿标志归纳如下：

（1）矿床产于挤压环境向拉张环境转换背景下形成的晚白垩世火山-沉积盆地，盆地发育特征的岩石组合为流纹岩-玄武岩双峰式火山岩；矿区常发育潜火山岩。

（2）矿床受盆地边缘区域断裂构造（近南北向、北西向、北北西向或北东向）和火山构造（火山通道或火山穹丘）双重制约。

（3）矿体多为脉状，赋存在近南北向、北西向、北北西向或北东向断裂中，也有赋存在火山通道隐爆角砾岩筒中。

（4）岩石发育绢云母化、硅化、含锰碳酸盐化、钠长石化、钾长石化、绿泥石化。

（5）利用土壤地球化学测量，可以有效圈定矿化带。岩石原生异常发育，前晕元素为 Ba、As、Ag、Au，中晕元素为 Ag、Pb、Zn、Cu，尾晕元素为 Mo、Cu、Bi。

2. 矽卡岩型铅锌矿床

矽卡岩型铅锌矿床成矿时代主要发生在燕山早期，空间上主要分布在临安-开化加里东裂陷沉积盆地中余杭闲林埠-临安板桥中生代岩浆侵入成矿环境、岭后-白马印支裂陷沉积与中生代岩浆侵入成矿环境和诸暨-常山新元古代岛弧带河上-广山中生代岩浆侵入成矿环境。

成矿岩体为花岗闪长岩、细粒花岗岩等，属铝质饱和程度不一的钙碱性同熔型（I 型）花岗岩，侵位于古生代地层中。相关的层位主要有上震旦统陡山沱组和灯影组，下寒武统大陈岭组，中、上寒武统杨柳岗组和华严寺组，上奥陶统文昌组，以及石炭系—二叠系。

矿体呈似层状、透镜状、囊状，产于岩体外接触带矽卡岩中。与岩体接触的围岩发育矽卡岩化，往外广泛发育角岩化，矿化地段矽卡岩一般遭受后期热液蚀变，出现绿泥石化、碳酸盐化、绢云母化、硅化。含矿花岗闪长岩岩体具有弱—中等磁性，可引起数百到数千 nT 的异常，岩体密度略小于古生代地层，重力场呈弱负异常，重磁结合，可推测岩体产状和隐伏延伸方向，围绕岩体发育 Cu、Mo、Zn、Pb、Ag、Sb、Bi 等元素的分散流和次生晕异常。

3. 块状硫化物型铅锌多金属矿床

块状硫化物型铅锌多金属矿床（VSHMS 型）空间上主要分布在嵊州-龙泉元古宙裂谷带玉岩-八都元古宙裂谷成矿环境和上虞-东阳华夏前缘逆冲隆起成矿环境中。矿床分布在基底变质岩“天窗”，在八都群和陈蔡群中均有产出，矿体总体呈层状、似层状，赋矿层位原岩都为中基性海相火山岩和不纯碳酸盐岩，主成矿时代与围岩沉积时代一致，经历变质变形（混合岩化）改造富集和后期构造-岩浆作用叠加改造富集。

矿区重力场为低值正剩余重力布格异常和平稳低缓正航磁场区，发育 Cu、Pb、Zn、Ag、Mo 等水系沉积物和土壤化探异常。块状硫化物型铅锌多金属矿床 Pb、Zn 品位较高，矿床规模较大，变质岩出露“天窗”范围不大，大部分为中生代火山岩覆盖。因此，在中生代火山岩覆盖较浅地段，浅埋的变质岩中这类矿床有较大找矿潜力。

7.2.5　钼找矿类型与方向

钼矿最具找矿潜力的矿床类型为斑岩型和潜火山热液型。

1. 斑岩型钼矿床

斑岩型钼矿床有 3 个成矿期：燕山早期（＞145Ma）、燕山晚期早阶段（145～115Ma）和燕山晚期晚阶段(115～85Ma)。通常与铜或钨相伴产出,为斑岩型钼铜(或铜钼)矿床、钨钼矿床,个别为钼矿床。

燕山早期斑岩型钼矿床主要分布在开化-杭州印支裂陷沉积盆地的岭后-白马中生代岩浆侵入成矿环境。岩性主要为二长花岗斑岩和花岗斑岩,岩体侵位受区域性北东向基底构造控制,常沿断裂带或印支期褶皱的核部侵位,多以岩株、岩枝产出,形成北东向"线状"岩体或呈串珠状分布的岩体群。花岗斑岩为过铝质高钾钙碱系列,属同熔型(Ⅰ型)花岗岩,岩体富集 Cu、Mo、Au、Ag、S 等元素,侵入围岩主要是奥陶系地层,形成斑岩型钼(铜)矿床。钼矿(化)体以浸染状或细脉冲状分布在斑岩体及其外接触带。围岩蚀变类型有花岗岩侵入所引起的围岩角岩化、矽卡岩化及后期叠加的热液蚀变(钾化、绢云母化、硅化、绿泥石化、叶蜡石化、绿帘石化和碳酸盐化等)。蚀变类型在空间上呈现有规律的分布,每个蚀变相带明显表现出相互叠加的现象,从而形成蚀变组合分带。钾化带位于蚀变带内侧,以发育钾长石化＋硅化±黄铁矿化为主;绢英岩化带为绢云母化＋硅化±黄铁矿化;泥化带为高岭石化±绢云母化±硅化±黄铁矿化。成矿斑岩体具有弱磁性,磁异常呈面状分布,磁法反映的断裂构造极其交会部位和磁法圈定的半隐伏、隐伏岩体及其接触带是找矿的有利部位;围岩钾化、绢云母化、硅化、绿泥石化、叶蜡石化、绿帘石化和碳酸盐化等蚀变是找矿的间接标志;土壤 Cu、Mo、W、Au、Ag、Hg、Mn、Pb、Sb、Zn、Bi、As 异常,一般规模线性较好,且 $\omega(Mo)>100\times10^{-6}$ 的土壤异常是找矿的直接标志;矿体原生异常具有分带性,前缘晕 Sb－As－Hg,近矿晕 Au－Mo－Zn－Pb－Cu,尾晕 W－Ag－Bi,是矿体勘查评价的良好指标。

燕山晚期早阶段斑岩钼矿床主要分布在嵊州-龙泉元古宙裂谷带新昌-武义中生代火山坳陷沉积盆地的余姚-新昌中生代火山沉积盆地成矿环境和苏村-三港中生代火山岩浆成矿环境,景宁花岗岩体东北边缘也有斑岩体分布,如三枝树钼矿。成矿的斑岩体为花岗闪长斑岩、钾长花岗岩和花岗斑岩,多为小岩株(个别为岩脉),面积一般 1～2km^2,部分 0.02～0.3km^2,平面上岩体长轴多平行区域构造走向,属活动大陆边缘挤压环境下形成的钙碱性Ⅰ型花岗岩。斑岩体侵入的围岩差别很大,有白垩纪火山岩,围岩蚀变矿化较弱;古生界奥陶系—志留系砂泥质碎屑岩夹碳酸盐岩夹层,碎屑岩具角岩化,碳酸盐岩形成矽卡岩;元古宙变质岩为围岩时,在岩体接触带外侧可形成较宽的矿化蚀变带,成为矿体或矿体的一部分。矿石类型以蚀变含矿斑岩最为常见,另有部分是含矿蚀变变质岩和含矿矽卡岩,以浸染状、细脉状、网脉状矿石为主。矿体赋存部位主要取决于成矿前的构造条件,沿岩体接触带内外侧形成矿化蚀变最为多数,主动侵位的岩体在侵位过程中形成的侵入角砾岩带、隐角砾岩带也是成矿有利的空间(上虞横塘)。已知含矿斑岩都具有一般斑岩型矿床的蚀变类型,钾化、硅化、绢云母化、青磐岩化都普遍存在,围岩的角岩化、矽卡岩化广泛出现,是良好的间接找矿标志,矿区发育 Cu、Mo、W、Au、Ag、Pb、Zn 土壤化探异常,是直接的找矿标志。

燕山晚期晚阶段斑岩型钨钼矿床主要分布在普陀-文成中生代陆缘火山(岩浆)带宁海-象山中生代火山(岩浆)作用成矿环境。成矿斑岩体为拉张环境下沿火山穹隆构造中心侵入的 A 型花岗斑岩,钨为白钨矿,钨钼矿化范围广,强度大,围岩蚀变类型为钾化、硅化、绿泥石化、绿帘石化和碳酸盐化,矿区发育 W、Mo、Cu、Bi 等土壤化探异常,此类矿床是今后找矿应重视的找矿目标。

2. 潜火山热液型钼矿床

潜火山热液型钼矿床主要分布在普陀-文成中生代陆缘火山(岩浆)带青田石平川中生代火山穹隆成矿环境。成矿时代属燕山晚期晚阶段,成矿的潜火山岩为拉张背景下沿火山穹隆构造侵位的高钾钙碱性Ⅰ型花岗质岩石,岩性为钾长花岗岩、二长花岗斑岩,呈岩株、岩枝,岩脉贯入。穹隆晚期发生虚脱塌陷,形成环状、放射状断裂裂隙,以及具有特征的向外缓倾斜的环状裂隙,成为石英脉型钼矿体的赋存部位。围岩发育绢英岩化、钾化、绿泥石化、黄铁矿化、碳酸盐化等蚀变,Mo、Pb、Zn、Ag 等土壤化探异常发育,是此类矿床的良好标志。

7.2.6 钨找矿类型与方向

钨矿最具找矿潜力的是岩浆热液脉状钨矿床和矽卡岩型(白)钨矿床,燕山晚期晚阶段A型花岗斑岩型钨钼矿床是今后应引起重视的找矿类型。

1. 岩浆热液脉状钨矿床

岩浆热液脉状钨矿床成矿时代为燕山晚期早阶段,空间上主要分布在临安-开化加里东裂陷沉积盆地中昌化-廿乌印支褶皱隆起带的长乐桥-唐舍村中生代火山-岩浆成矿环境、学川中生代岩浆侵入成矿环境和杭州-开化印支裂陷沉积盆地的岭后-白马印支裂陷沉积与中生代岩浆侵入成矿环境。成矿岩体为黑云母花岗岩、黑云母二长花岗岩和细粒花岗岩,属挤压环境侵入的A型花岗岩。石英脉型钨矿体通常赋存在"角岩顶盖"之下的岩体边缘相内。围岩蚀变主要为钾长石化、钠长石化、云英岩化,是良好的间接找矿标志,W重砂异常和W、Mo土壤化探异常是良好的直接找矿标志。

2. 矽卡岩型钨矿床

矽卡岩型钨矿床均为白钨矿,成矿岩体分为两期:燕山早期和燕山晚期早阶段。

燕山早期成矿岩体为挤压环境形成的S型花岗闪长斑岩,空间上主要分布在临安-开化加里东裂陷沉积盆地淳安黄石潭-开化马金印支隆起成矿环境。成矿岩体沿北东向断裂构造或背斜核部侵位,侵入围岩为早古生代地层,以震旦系蓝田组最有利;矿体赋存在岩体内外接触带,矿体一般为钨钼共生,矿体产状受岩体与围岩接触带产状控制,产于内外接触带中,呈层状、似层状和脉状;岩体蚀变类型主要有叶蜡石化、云英岩化、绢云母化、钾长石化、钠长石化等,云英岩化与矿化关系最为密切,围岩蚀变类型主要有矽卡岩化、黄铁矿化、磁黄铁矿化、绢云母化、高岭土化、碳酸盐化、角岩化等,靠近岩体的围岩热变质程度较深。矿区发育W、Mo、Cu、Pb、Zn等土壤化探异常。

燕山晚期早阶段成矿岩体为挤压环境形成的A型花岗闪长岩,空间上主要分布在杭州-开化印支裂陷沉积盆地的余杭闲林埠-临安板桥中生代岩浆侵入成矿环境,临安的乌金山和七里垄等也有分布。成矿岩体沿北东向断裂构造或背斜核部侵位,侵入围岩为早古生代地层(含灰岩、白云质灰岩地层);矿体赋存在岩体内外接触带(以外接触带为主),矿体一般为钨钼(铁、铜)共生,矿体产状受岩体与围岩接触带产状控制,呈透镜状、囊状,少量为脉状;围岩蚀变类型主要有矽卡岩化(石榴石矽卡岩和透辉石矽卡岩)、黄铁矿化、绢云母化、高岭土化、碳酸盐化、角岩化等,其中石榴石矽卡岩与钨矿化关系密切。矿区发育W、Mo、Cu、Pb、Zn、Sb、Bi等土壤化探异常,是找矿的直接标志。

3. 燕山晚期晚阶段A型花岗斑岩型钨钼矿床

燕山晚期晚阶段拉张环境下形成的A型花岗斑岩主要分布在浙东沿海,如宁海-象山中生代火山(岩浆)作用成矿环境。成矿岩体沿火山穹隆构造中心侵位,形成斑岩型钨钼矿床,如象山柴岙钨钼矿。这类矿床品位较富,规模可能较大,是今后应引起重视的找矿目标。

7.2.7 锡找矿类型与方向

锡矿具有找矿潜力的是矽卡岩型锡矿床。

与矽卡岩型锡矿有关的岩体是燕山晚期早阶段挤压环境侵位的A型花岗岩,锡成矿有利的围岩是浙西的早古生界(Sn平均含量3.52×10^{-6})和浙西南的变质岩(Sn平均含量5.42×10^{-6}),燕山晚期早阶段A型花岗岩侵入下古生界或基底变质岩是浙江省有远景的矽卡岩型锡矿的成矿必要条件,据此确定找矿空间主要分布在临安-开化加里东裂陷沉积盆地的岭后-白马印支裂陷沉积与中生代岩浆侵入成矿环境和嵊州-龙泉元古宙裂谷带的玉岩-八都成矿环境。

7.2.8 铀找矿类型与方向

火山岩型铀矿是浙江省主导铀矿类型，也是今后铀矿找矿的目标类型。

火山岩型铀矿与火山活动演化、火山岩和火山构造密切相关，火山岩型铀矿床的发生、发育在空间上具有明显的聚集性，它与大地构造单元、区域断裂构造、火山构造以及火山岩的分布特定组合相关。因此，浙江省在今后铀矿找矿方向上，应根据浙江省的铀成矿特点及成矿地质环境，在找矿区域上应有所侧重，选择好铀成矿有利区开展铀矿找矿工作将会取得很好的找矿效果。

赣杭铀成矿带是我国著名的火山岩型铀成矿带，其东段涵盖范围则为浙江省的江绍拼接带及其两侧影响范围。一般而言，大地构造单元分界线附近是铀矿找矿较为有利的部位，该区域常是构造、岩浆、火山活动强烈地区，有利于形成热液型铀矿床。浙江省铀矿找矿实践也表明，省内主要的铀成矿带、矿化集中区、矿床大多集中在大地构造单元分界线附近。

火山岩型铀矿床主要以火山盆地为载体，产于火山盆地或边缘。一般来说，规模较大、盆地发展历史较长、内部构造较为复杂的火山盆地往往有利于形成铀矿床甚至铀矿田，塌陷式、断陷式和沉陷式火山盆地特别是继承式火山盆地是铀矿找矿的主要目标靶区。因此，火山岩型铀矿找矿必须以产铀的火山盆地为目标。

全省最具找矿潜力的铀成矿远景区域有。

(1)新路-双桥成矿远景区：位于寿昌-龙门潭中生代火山盆地成矿环境南段，地层岩性为上侏罗统劳村组、黄尖组、寿昌组的酸性火山碎屑岩和流纹岩。盆地内断裂构造、次火山岩脉、隐爆角砾岩筒发育。热液蚀变种类多，分布面广，铀矿化叠加富集作用明显，富矿产出几率高，已知成矿信息丰富，已发现铀矿床及较多的铀矿点、矿化点，近些年发现的3号大型铀矿床就产于其中，具有良好的成矿地质环境和较大的找矿前景，是铀矿找矿重要目标区。

(2)马剑-下梓州成矿远景区：位于寿昌-龙门潭中生代火山盆地成矿环境北段天姆尖破火山口边缘，地层岩性主要为上侏罗统劳村组、黄尖组、寿昌组的一套酸性火山岩类。控矿的断裂构造主要为北东向马剑-下梓州断裂，其次级北西向断裂构造较为发育。区域内次火山岩体(脉)及隐爆角砾岩筒发育，已知的铀成矿信息较为丰富。区内已发现铀矿床及较多的矿点、矿化点，铀成矿特征较为明显，具有发现中型以上铀矿床的资源潜力。

(3)4号矿-饭蒸山成矿远景区：位于苏村-三港中生代火山岩浆成矿环境中的大洲火山断陷盆地，主要为上侏罗统九里坪组(J_3j)含矿流纹岩层分布区，北北东向断裂和北西向断裂发育，构成格子状构造格架。该区是铀矿田的所在，分布有多个铀矿床及矿点，地面放射性高值异常明显，是寻找火山岩层控型铀矿床的有利地区。

(4)齐村-黄城湖成矿远景区：位于上虞-东阳华夏前缘逆冲隆起成矿环境中芙蓉山破火山口环状断裂带发育范围。基底地层岩性为陈蔡群变质岩及乌灶组砂岩，盖层为上侏罗统酸性—中酸性火山岩。除破火山口环状断裂带外，断裂构造以北东向、北东东向、北西向为主，沿环状断裂带常见次火山岩体(脉)充填分布。该区铀成矿作用明显，已知的铀成矿信息丰富，区内已发现铀矿床及一批的铀矿点、矿化点，是一个重要的铀成矿远景区，具有发展铀矿田的基础和有利的勘查前景。

参考文献

曹淑英,刘家军,李元林.浙江岭后多金属矿床的海相火山热液沉积成矿特征和成矿模式[J].成都地质学院学报,1988,15(4):11-21.

陈道公,李彬贤,夏群科,等.变质岩中锆石U-Pb计时问题评述——兼论大别造山带锆石定年[J].岩石学报,2001,17(1):129-138.

陈迪云,徐伟昌.浙江陈蔡群变质岩变质条件及构造环境的地球化学探讨[J].矿物岩石,1993,13(2):29-36.

陈迪云,徐伟昌.浙江陈蔡群变质岩稀土元素地球化学及地质意义[J].华东地质学院学报,1991,14(2):134-140.

陈好寿,徐步台.浙江主要金银矿床的成矿时代和同位素地球化学[J].浙江地质,1997,13(2):37-45.

陈辉,倪培,刘家润,等.浙江省绍兴市平水铜矿流体包裹体研究[J].岩石学报,2011,27(5):1352-1360.

陈健,王正其.浙江3号铀矿床铅、氢、氧同位素研究[J].资源调查与环境,2012,33(02):96-100.

陈江峰,Fola K A.浙东南某些中生代侵入岩体的$^{40}Ar-^{39}Ar$年龄测定[J].岩石学报,1991,3:37-44.

陈江峰,郭新生,汤加富,等.中国东南地壳增长与Nd同位素模式年龄[J].南京大学学报(自然科学版),1999,35(6):649-658.

陈江峰,周泰禧,邢凤鸣,等.皖南浅变质岩和沉积岩的钕同位素组成及沉积物物源区[J].科学通报,1989,34(20):1572-1574.

陈骏,陆建军,陈卫锋,等.南岭地区钨锡铌钽花岗岩及其成矿作用[J].高校地质学报,2008,14(4):459-473.

陈荣,邢光福,杨祝良,等.浙东南英安质火山岩早侏罗世锆石SHRIMP年龄的首获及其地质意义[J].地质论评,2007,53(1):31-35.

陈帅奇,余心起,张德会,等.浙西开化桐村花岗斑岩地球化学特征及找矿潜力[J].金属矿山,2011(3):108-111.

陈旭,戎嘉余,Rowley D B,等.对华南早古生代板溪洋的质疑[J].地质论评,1995,41(5):389-400.

陈旭,戎嘉余.上扬子地区奥陶纪—志留纪之交的黔中隆起和宜昌上升[J].科学通报,2001,46(12):1052-1055.

陈毓川,常印佛,裴荣富,等.中国成矿体系与区域成矿评价[M].北京:地质出版社,2007.

陈毓川,毛景文,徐志刚,等.桂北地区矿床成矿系列和成矿历史演化轨迹[M].南宁:广西科学技术出版社,1995.

陈毓川,裴荣富,宋天锐,等.中国矿床成矿系列.第五届全国矿床会议论文集[C].北京:地质出版社,1993:89-91.

陈毓川,裴荣富,宋天锐,等.中国矿床成矿系列初论[M].北京:地质出版社,1998.

陈毓川,裴荣富,王登红.三论矿床的成矿系列问题[J].地质学报,2006,80(10):1501-1508.

陈毓川.矿床成矿系列[J].地学前缘,1994,1(3/4):90-94.

陈岳龙,杨忠芳,赵志丹.同位素地质年代学与地球化学[M].北京:地质出版社,2005.

陈正宏,李寄嵎,谢佩珊,等.利用EMP独居石定年法探讨浙闽武夷山地区变质基底岩石与花岗岩的年龄[J].高校地质学报,2008,14(1):1-15.

陈志洪,郭坤一,董永观,等.江山-绍兴拼合带平水段可能存在新元古代早期板片窗岩浆活动:来自锆石LA-ICPMS年代学和地球化学的证据[J].中国科学(D辑),2009,7:994-1008.

陈志洪,邢光福,郭坤一,等.浙江平水群角斑岩的成因:锆石U-Pb年龄和Hf同位素制约[J].科学通报,2009,54(5):610-617.

陈忠大,吴小勇.浙西的加里东运动[J].浙江地质,1996,12(2):28-34.

程海,胡世玲,唐朝辉.赣东北铁砂街变质混杂岩块的同位素年代[J].中国区域地质,1991(2):151-154.

程海.浙西北晚元古代岛弧火山岩的地球化学研究[J].地球化学,1993,(1):18-27.

程海.浙西北晚元古代早期碰撞造山带的初步研究[J].地质论评,1991,37(3):203-213.

程裕淇,陈毓川,赵一鸣,等.再论矿床的成矿系列问题[J].中国地质科学院院报,1983,(6):1-66.

丁保良,张英,汪迎平,等.浙东沿海新元古代地层的发现及其意义[J].火山地质与矿产,1998,19(1):34-36.
丁兴,周新民,孙涛.华南陆壳基底的幕式生长——来自广东古寨花岗闪长岩中锆石 LA-ICPMS 定年的信息[J].地质论评,2005,51(4):382-392.
董传万,闫强,张登荣,等.浙闽沿海晚中生代伸展构造的岩石学标志:东极岛镁铁质岩墙群[J].岩石学报,2010,26(4):1195-1203.
董传万,徐夕生,闫强,等.浙东晚中生代壳幔相互作用的新例证——新昌儒岙辉绿岩-花岗岩复合岩体的年代学与地球化学[J].岩石学报,2007,23(6):1303-1312.
董传万,张登荣,董良云,等.浙江江山石英闪长岩体的锆石 U-Pb 年龄与岩石地球化学——江绍断裂带晚元古代火成岩组合与成因[C]//2005 年全国岩石学与地球动力学研讨会论文摘要.北京:中国科学院地质与地球物理研究所,2005:155-156.
董申保,等.中国变质作用及其与地壳演化作用的关系[M].北京:地质出版社,1986.
范效仁,夏国强,谢纪荣,等.漓渚铁矿东矿成矿地质特征及控矿因素分析[J].矿产与地质,2009,23(6):538-541.
傅树超,徐维光.武夷山东部地区早元古代麻源群形变特征[J].福建地质,1995(1):1-7.
甘晓春,李惠民,孙大中,等.闽北前寒武纪基底的地质年代学研究[J].福建地质,1993,12(1):17-32.
甘晓春,李惠民,孙大中,等.浙西南早元古代花岗质岩石的年代[J].岩石矿物学杂志,1995,14(1):1-8.
甘晓春,赵凤清,金文山,等.华南火成岩中捕获锆石的早元古代—太古宙 U-Pb 年龄信息[J].地球化学,1996,25(2):112-119.
高林志,丁孝忠,刘燕学,等.浙江浦江县蒙山地区陈塘坞组在地层柱中的位置——来自 SHRIMP 锆石 U-Pb 年龄的制约[J].地质通报,2013,32(7):988-995.
顾明光,冯立新,胡艳华,等.浙江绍兴地区广山-栅溪岩体 LA-ICPMS 锆石 U-Pb 定年:对漓渚铁矿成矿时代的限定[J].地质通报,2011,31(8):1212-1219.
郭令智,施央申,马瑞士.华南大地构造格架和地壳演化[C]//国际交流地质学术论文集.北京:地质出版社,1980.
郭令智,俞剑华,施央申,等.华南加里东地槽褶皱区大地构造发展的基本特征[M]//陈国达等.中国大地构造问题.北京:科学出版社,1965.
韩发,沈建忠,聂凤军,等.江南古陆南缘四堡群同位素地质年代学研究[J].地球学报,1994(1-2):43-50.
韩仲仁,彭作荣,谢代强.江西中部新元古代谭头群的建立[J].中国区域地质,1998,17(2):113-117.
何国锦,杨晓春,吴光明,等.浙江西北银山银铅锌多金属矿床矿石矿物特征及成矿期次初步研究[J].地球学报,2011,32(3):304-312.
何圣策,任荣富,尹磊明.浙江绍兴青龙山硅质中疑源类化石的发现及其地层时代探讨[J].浙江地质,1991,7(2):34-37.
何仲朗.浙东南燕山晚期侵入岩中 Sm-Nd、Rb-Sr 同位素演化特征及对岩浆源区的初步探讨[J].浙江地质,1987(2):24-31.
贺振宇.中国东南部中生代正长岩及相关岩石的成因和地质意义[D].南京:南京大学硕士论文,2010.
胡恭仁,章邦桐.赣中变质基底的 Nd 同位素组成和物质来源[J].岩石矿物学杂志,1998,17(1):35-40.
胡国成,吕文超,黄颖.2010 钦-杭结合带金属矿产分布综述[J].中山大学研究所学刊(自然科学,医学版),2010,31(2):48-58.
胡建,邱检生,王德滋,等.中国东南沿海与南岭内陆 A 型花岗岩的对比及其构造意义[J].高校地质学报,2005,11(3):404-414.
胡瑞忠,毕献武,彭建堂,等.华南地区中生代以来岩石圈伸展及其与铀成矿关系研究的若干问题[J].矿床地质,2007,26(2):139-152.
胡雄健,李惠民.浙西南早元古代花岗岩、伟晶岩的单颗粒锆石 U-Pb 年龄[J].科学通报,1992,37(11):1016-1018.
胡雄健,许金坤,童朝旭,等.浙西南前寒武纪地质[M].北京:地质出版社,1991.
胡雄健,许金坤.浙南中元古界龙泉群的地质特征及构造演化[J].中国区域地质,1992,(1):20-30.
胡雄健,许金坤.浙西南 19 亿年花岗闪长岩的地质特征及发现意义[J].地质论评,1993,39(6):557-563.
胡雄健.浙西南下元古界八都群的地质年代学[J].地球化学,1994,23(增刊):18-24.
胡艳华,顾明光,徐岩,等.浙江诸暨地区陈蔡群加里东期变质年龄的确认及其地质意义[J].地质通报,2011,30(11):1661-1670.
华仁民,陈培荣,张文兰,等.南岭与中生代花岗岩类有关的成矿作用及其大地构造背景[J].高校地质学报,2005,11(3):

291－304.
黄彬，李方林，周乐尧，等. 浙西银山震旦系沉积岩的地球化学特征及其地质意义[J]. 地质科技情报，2013，32(4)：64－75.
黄春鹏，张家元，詹玉亭. 福建尤溪梅仙龙北溪组变质火山岩的 Sm－Nd 同位素年龄研究[J]. 福建地质，1991(2)：150－157.
黄国成，王登红，吴小勇. 浙江临安千亩田钨铍矿区花岗岩锆石 LA－ICPMS U－Pb 年龄及对区域找矿的意义[J]. 大地构造与成矿学，2012a，36(3)：392－398.
黄国成，王登红，吴小勇. 浙江临安夏色岭钨矿含矿岩体特征及 LA－ICPMS 锆石铀-铅年代学研究[J]. 岩矿测试，2012b，31(5)：915－921.
黄有年. 浙江西裘含铜块状硫化物矿床特征及成矿模式[J]. 地质找矿论丛，1992，7(3)：22－34.
简平，杨巍然. 大别山西部熊店加里东期榴辉岩——同位素地质年代学的证据[J]. 地质学报，1997，71(2)：133－141.
简平，杨巍然. 大别山西部熊店加里东期榴辉岩锆石离子探针测年[J]. 科学通报，2000，45(19)：2090－2093.
姜杨，周汉文，杨启军，等. 0.1GPa 块状榴辉岩脱水部分熔融：局部熔融体系和温度的影响[J]. 地球科学：中国地质大学学报，2006，31(1)：121－128.
蒋维三. 试论浙江白垩系的顶底界[J]. 浙江地质，1995，11(1)：15－23.
解怀生，张建芳，龚瑞君，等. 浙西北萧山—诸暨地区晚中生代侵入岩地球化学特征及构造意义[J]. 地质找矿论丛，2013，28(3)：424－433.
金文山，孙大中，赵风清，等. 华南大陆深部地壳结构及其演化[M]. 北京：地质出版社，1997.
金文山，庄建民，杨传夏，等. 福建前加里东区域变质岩系的岩石学、地球化学和变质作用特征[J]. 福建地质，1992，11(4)：241－262.
靳松，张利，钟增球，等. 浙闽地区新元古代变火山岩系岩石地球化学特征及其地质意义[J]. 矿物岩石，2008(1)：97－105.
孔祥生，包超民，顾明光. 浙东南变质岩系划分对比及构造演化[R]. 杭州：浙江省区域地质调查大队，1993.
孔祥生，李志飞，冯长根，等. 浙江陈蔡地区前寒武纪地质[M]. 北京：地质出版社，1995.
劳秋元，胡世玲. 利用$^{40}Ar/^{39}Ar$定年资料解释江绍断裂带的早期演化[C]. 第四届全国同位素地质年代学(地球化学)学术讨论会论文(摘要)汇编，1989.
李春海，邢光福，姜耀辉，等. 浙江平水铜矿含硫化物石英脉锆石 U－Pb 定年及其地质意义[J]. 中国地质，2010，37(2)：477－487.
李春忠，吕新前，等，庆元—遂昌地区金银铅锌钼资源潜力调查评价报告[R]，2010
李福林，周汉文，唐增才，等. 浙江淳安木瓜基性岩墙群 U－Pb 年龄、地球化学特征及意义[J]. 地球化学，2011a，40(1)：22－34.
李福林，谢瑜，周汉文，等. 浙江淳安早白垩世脉岩地球化学特征及成岩动力学背景[J]. 矿物岩石，2011b，31(3)：55－65.
李继亮. 碰撞造山带的大地构造相[C]//李清波，戴金星，刘如琦，等. 现代地质科学研究文集(上). 南京：南京大学出版社，1992：9－22.
李曙光，胡雄健. 浙西南八都群变火山岩及变晶糜棱岩的同位素年龄及其构造意义[J]. 岩石学报，1996，12(1)：79－87.
李双应. 皖南上震旦统蓝田组中银铅锌等多金属矿床成因探讨[J]. 地质地论评，2001，47(2)：129－138.
李四光. 中国地质学[M]. 北京：正风出版社，1952.
李万友，马昌前，刘园园，等. 浙江印支期铝质 A 型花岗岩的发现及其地质意义[J]. 中国科学：地球科学，2012，42(2)：164－177.
李献华，McCulloch M T. 扬子南缘沉积岩的 Nd 同位素演化及其大地构造意义[J]. 岩石学报，1996，12(3)：359－370.
李献华，李寄嵎，刘颖，等. Geochemistry characteristics of the Paleoproterozoic meta volcanics in the Cathaysia block and it's tectonic significance[J]. 岩石学报，1999，15(3)：364－371.
李献华，周国庆，赵建新. 赣东北蛇绿岩的离子探针锆石 U－Pb 年龄及其构造意义[J]. 地球化学，1994，23(2)：125－131.
李献华. Sm－Nd 模式年龄和等时线年龄的适用性与局限性[J]. 地质科学，1996，31(1)：96－104.
李献华. 万洋山-诸广山加里东期花岗岩的形成机制：微量元素和稀土元素地球化学[J]. 地球化学，1993(1)：35－44.
李祥辉，陈斯盾，罗家洪，等. 浙江西部建德群锆石 LA－ICPMS 之 U－Pb 同位素年龄及其地层学意义[J]. 地质论评，2011，57(6)：825－836.
李艳军，魏俊浩，姚春亮，等. 浙东南怀溪铜金矿床与曹门碱性花岗岩体成因关系的年代学制约[J]. 地球科学：中国地质大学学报，2010,35(4):585－596.

李艳军，魏俊浩，姚春亮，等.浙东南石平川花岗岩体 LA－ICPMS 锆石 U－Pb 年代学及构造意义[J].地质论评，2009,55(5):673－684.

李艳军，魏俊浩，伍刚，等.浙西南毛断铅锌多金属矿床辉钼矿 Re－Os 年代学及地质意义[J].地球科学：中国地质大学学报，2011,36(2):289－298.

梁新权，范蔚茗，许德如.海南岛屯昌玄武质科马提岩 Sm－Nd 同位素年龄及其地质意义[J].地质科学，2000,35(2): 240－244.

林清龙.浙江平水群细碧角斑岩形成环境及其物质来源探讨[J].中国区域地质，1992,(3):257－265.

凌洪飞，沈渭洲，章邦桐，等.江西修水地区震旦纪前后沉积岩的 Nd 同位素组成和物质来源[J].岩石学报，1992,8(2):190－194.

刘伯根，唐红峰.浙西前寒武纪火山岩中锆石 U－Pb 同位素定年及其含义[J].科学通报，1995,40(21):2015－2016.

刘亮，等.浙江龙游沐尘早白垩世石英二长岩体的成因:镁铁质包体及寄主岩的元素与 Sr－Nd 同位素地球化学证据[J].岩石学报，2012,28(12):3993－4006.

刘亮，邱检生，李真.浙江沐尘石英二长岩及其镁铁质包体的锆石 U－Pb 年龄和 Hf 同位素组成——对岩浆混合作用的示踪[J].地质论评，2011,57(3):327－336.

刘锐，张利，周汉文，等.闽西北加里东期混合岩及花岗岩的成因：同变形地壳深熔作用[J].岩石学报，2008,24(6): 1205－1222.

刘锐，周汉文，张利，等.华夏地块古元古代陆壳再造:锆石微量元素与 U－Pb 和 Lu－Hf 同位素证据[J].科学通报，2009,7:906－917.

柳小明，高山，第五春容，等.单颗粒锆石的 20μm 小斑束原位微区 LA－ICPMS U－Pb 年龄和微量元素的同时测定[J].科学通报，2007,52(2): 228－235.

楼法生，沈渭洲，王德滋，等.江西武功山穹隆复式花岗岩的锆石 U－Pb 年代学研究[J].地质学报，2005,79(5): 636－644.

卢成忠，顾明光.杭州南部新元古代双峰式火山岩的厘定及其构造意义[J].中国地质，2007,(4):565－471.

陆松年，杨春亮，李怀坤，等.华北古大陆与哥伦比亚超大陆[J].地学前缘，2002,9(9): 225－233.

吕庆田，史大年，赵金花，等.深部矿产资源勘查的地震学方法：问题与前景——铜陵矿集区的应用实例[J].地质通报，2005,24(3): 211－218.

马昌前，杨坤光，明厚利，等.大别山中生代地壳从挤压转向伸展的时间:花岗岩的证据[J].中国科学(D 辑)，2003,33(9):817－827.

马长信，刘荣贵，吕桂德，等.赣东北前震旦纪地质[M].北京:地质出版社，1992.

马瑞士，张健康.浙东北前寒武系划分及神功运动的发现——兼论华南前寒武系研究中若干方法论问题[J].南京大学学报(自然科学版)，1977,(1):68－90.

毛景文，陈懋弘，袁顺达，等.华南地区钦杭成矿带地质特征和矿床时空分布规律[J].地质学报，2011,85(5):637－658.

毛景文，谢桂青，郭春丽，等.华南地区中生代主要金属矿床时空分布规律和成矿环境[J].高校地质学报，2008,14(4):510－526.

毛景文，谢桂青，郭春丽，等.南岭地区大规模钨锡多金属成矿作用成矿时限及地球动力学背景[J].岩石学报，2007,23(10):2329－2338.

孟繁聪，张建新，杨经绥.柴北缘锡铁山早古生代 HP/UHP 变质作用后的构造热事件——花岗岩和片麻岩的同位素与岩石地球化学证据[J].岩石学报，2005,21(1): 45－56.

南京地质矿产研究所. 1∶25 万嵊县幅区域地质调查报告[R].南京:南京地质矿产研究所，2003.

彭澎，翟明国，张华锋，等.华北克拉通 1.8Ga 镁铁质岩墙群的地球化学特征及其地质意义:以晋冀蒙交界地区为例[J].岩石学报，2004,20(3): 439－456.

钱丽君. *Ricciisporites* 属的分布及其地层学意义[J].古生物学报，1996,35(4):466－473.

秦社彩，等.浙闽晚中生代辉绿岩脉的岩石成因：年代学与地球化学制约[J].岩石学报， 2010,26(11):3295－3306.

丘元禧，梁新权.两广云开大山—十万大山地区盆山耦合构造演化——兼论华南若干区域构造问题[J].地质通报，2006,25(3):340－347.

邱检生，刘亮，李真.浙江黄岩望海岗石英正长岩的锆石 U－Pb 年代学与 Sr－Nd－Hf 同位素地球化学及其对岩石成因的制约[J]. 岩石学报,2011,27(6):1557－1572.

邱检生,王德滋. 浙闽沿海地区Ⅰ型—A型复合花岗岩体的地球化学及成因[J]. 岩石学报,1999,15(2):237－246.

邱骏挺,余心起,张德会,等. 浙西开化地区桐村花岗斑岩 LA－ICPMS 锆石 U－Pb 年龄及其地质意义[J]. 地质通报,2011,31(9):1360－1368.

邱骏挺. 浙江省西部地区晚侏罗世—早白垩世构造背景转换对岩浆成矿作用的影响[D]. 北京:中国地质大学(北京),2013.

邱瑞照,邓晋福,李廷栋,等. 岩石圈不连续与大陆成矿作用[J]. 矿床地质,2004,23(增刊): 32－40.

任纪舜. 中国东南部泥盆纪前几个大地构造问题的初步探讨[J]. 地质学报,1964,44(4):418－430.

沈渭洲,凌洪飞. 变质岩和沉积岩的 Sm－Nd 同位素研究:以华南为例[J]. 中国地质科学院成都地质矿产研究所所刊,第15号,1992b:143－153.

沈渭洲,凌洪飞. 钕同位素在花岗岩研究中的应用——以华南花岗岩为例[J]. 南京大学学报(地球化学),1992(2):23－30.

沈渭洲,凌洪飞. 浙闽地区变质岩的 Sm－Nd 同位素研究[C]//李清波,戴金星,刘如琦,等. 现代地质学研究文集(上). 南京: 南京大学出版社,1992:211－219.

沈渭洲,凌洪飞. 中国东南部花岗岩类 Nd－Sr 同位素研究[J]. 高校地质学报,1999,5(1): 22－32.

沈渭洲,凌洪飞. 中国东南部花岗岩类的 Nd 模式年龄与地壳演化[J]. 中国科学(D辑),2000,30(5): 471－478.

沈渭洲,徐步台. 浙江省中生代火成岩的 Nd－Sr 同位素研究[J]. 地质科学,1999,34(2):223－232.

沈渭洲,于津海,赵蕾,等. 南岭东段后太古宙地层的 Sm－Nd 同位素特征与地壳演化[J]. 科学通报,2003,48(16): 1740－1745.

沈渭洲,朱金初,刘昌实,等. 华南基底变质岩的 Sm－Nd 同位素及其对花岗岩类物质来源的制约[J]. 岩石学报,1993,9(2):115－124.

施俊法,姚华军,李友枝,等. 信息找矿战略与勘查百例[M]. 北京: 地质出版社,2005.

施少峰,蒋传仁,张健康. 浙江省西部震旦纪冰成岩研究[C]//陆松年,马国干,高振家,等. 中国晚前寒武纪冰成岩论文集(第一号). 北京:地质出版社,1985:261－282.

舒良树,夏菲. 华南武夷山早古生代构造事件的 $^{40}Ar/^{39}Ar$ 同位素年龄研究[J]. 南京大学学报(自然科学版),1999,35(6): 668－674.

舒良树,周国庆,施央申,等. Study of the High Pressure Metamorphic Blueschist and Its Late Proterozoic Age in the Eastern Jiangnan Belt[J]. 科学通报(英文版),1994,14:134－143.

舒良树. 华南前泥盆纪构造演化:从华夏地块到加里东期造山带[J]. 高校地质学报,2006,12(4): 418－431.

水涛,徐步台,梁如华,等. 绍兴-江山古陆对接带[J]. 科学通报,1986(6):444－448.

水涛,徐步台,梁如华,等. 中国浙闽变质基底地质[M]. 北京:科学出版社,1988.

水涛. 绍兴-江山古陆对接带研究及矿产资源勘查[J]. 浙江国土资源,2007(2):41－44.

宋彪. 中国早前寒武纪暨地球早期演化研究[R]. 国土资源部科技项目课题研究报告,2003.

苏玉平,唐红峰,侯广顺,等. 新疆西准噶尔达拉布特构造带铝质A型花岗岩的地球化学研究[J]. 地球化学,2006,35(1):55－67.

孙涛. 华南中生代岩浆岩组合及其成因[R]. 南京: 南京大学博士后出站报告,2005.

覃小锋,潘元明,李江,等. 桂东南云开地区变质杂岩锆石 SHRIMP U－Pb 年代学[J]. 地质通报,2006,25(5): 553－559.

唐红峰,张光辉,周新民,等. 一个造山后花岗岩基: 石耳山花岗岩的形成时代和成因[J]. 南京大学学报(数学半年刊),1997(4):587－595.

唐红峰,李武显,周新民. 浙赣皖交界区新元古代火山-沉积岩系的比较:有关火山作用同期异相的探讨[J]. 地质学报,1998,72(1):34－41.

唐红锋,刘丛强,周新民,等. 龙游角闪橄榄岩的富流体相岩浆成因[J]. 矿物学报,1999,19(3): 308－314.

唐燕文,谢玉玲,李应栩,等. 浙江安吉多金属矿区石英二长斑岩岩石化学特征和锆石 U－Pb 年龄及其地质意义[J]. 现代地质,2012b,26(4): 647－655.

唐燕文,谢玉玲,李应栩,等. 浙江安吉多金属矿区坞山关杂岩体锆石 LA－ICPMS U－Pb 年龄、地球化学特征及地质意义[J]. 地质论评,2013,59(4): 702－715.

唐燕文,谢玉玲,李应栩,等. 浙江安吉坞山关杂岩体岩相学和岩石地球化学特征及岩石成因[J]. 矿床地质,2012a,31

(4)：903 - 916.
童朝旭，胡雄健，金乾泰，等. 浙东南景宁地区早元古代花岗片麻岩的发现及意义[C]//李继亮. 东南大陆岩石圈结构与地质演化. 北京：冶金工业出版社，1993：173 - 175.
汪建国，汪隆武，陈小友，等. 浙西开岭脚和里陈家花岗闪长岩锆石 SHRIMP U - Pb 年龄及其地质意义[J]. 中国地质，2010，37(6)：1559 - 1565.
汪相，陈洁，罗丹. 浙西南淡竹花岗闪长岩中锆石的成因研究及其地质意义[J]. 地质论评，2008，54(3)：387 - 398.
王碧香，李德兴，张锡军. 略谈遂昌—龙泉火山岩区金的成矿条件和成因[J]. 中国地质科学院南京地质矿产研究所所刊，1988，9(2)：45 - 54.
王晨昇. 浙西银坑斑岩钼矿床岩浆岩与成矿关系研究[D]. 北京：中国地质大学(北京)，2012.
王成彬，陈建国，肖凡，等. 浙西北银山银多金属矿床地质特征及成因[J]. 地质与勘探，2013，49(4)：634 - 646.
王德滋，沈渭洲. 中国东南部花岗岩成因与地壳演化[J]. 地学前缘，2003，10(3)：209 - 220.
王德滋，周新民，孙幼祥. 华南前寒武纪幔源花岗岩类的基本特征[J]. 桂林冶金地质学院学报，1982(4)：1 - 8.
王登红，陈毓川，徐志刚，等. 阿尔泰成矿省的成矿系列及成矿规律[M]. 北京：原子能出版社，2002.
王登红，陈毓川. 与海相火山作用有关的铁-铜-铅-锌矿床成矿系列类型及成因初探[J]. 矿床地质，2001，20(2)：112 - 118.
王非，杨列坤，王磊，等. 中国东南晚中生代火山沉积地层界线时代——$^{40}Ar/^{39}Ar$ 年代学及磁性地层研究[J]. 中国科学(D 辑)，2010，40(11)：1552 - 1570.
王鹤年，周丽娅. 华南地质构造的再认识[J]. 高校地质学报，2006(4)：457 - 465.
王鹤年，凌洪飞，周丽娅，等. 福建马面山群 Sm - Nd 同位素年龄及其地质意义[J]. 高校地质学报，2003，9(4)：566 - 572.
王鹤年，孙承辕. 闽中地区绿片岩的微量元素地球化学及其形成的构造背景[J]. 高校地质学报，1998(4)：383 - 392.
王华田，袁旭音. 论治岭头金银矿床的成因. 第四届全国矿床会议[R]，1989.
王剑，包超民，高永华，等. 浙北富阳神功村二长花岗斑岩脉 SHRIMP 锆石 U - Pb 年龄及其地质意义[J]. 地质通报，2003，22(9)：729 - 732.
王江海，涂湘林. 粤西云开地块内高州地区深熔混合岩的锆石 U - Pb 年龄[J]. 地球化学，1999，28(3)：231 - 238.
王丽娟，于津海，O'Reilly S Y，等. 华夏南部可能存在 Grenville 期造山作用：来自基底变质岩中锆石 U - Pb 定年及 Lu - Hf 同位素信息[J]. 科学通报，2008，53(14)：1680 - 1692.
王淼，舒良树. 武夷山新元古代蛇绿混杂岩岩石地球化学特征[J]. 中国地质，2007，34(4)：572 - 583.
王强，赵振华，简平，等. 华南腹地白垩纪 A 型花岗岩类或碱性侵入岩年代学及其对华南晚中生代构造演化的制约[J]. 岩石学报，2005，21(3)：795 - 808.
王孝磊，舒徐洁，邢光福，等. 浙江诸暨地区石角-璜山侵入岩 LA - ICPMS 锆石 U - Pb 年龄——对超镁铁质球状岩成因的启示[J]. 地质通报，2012，31(1)：75 - 81.
王焰，钱青，刘良，等. 不同构造环境中双峰式火山岩的主要特征[J]. 岩石学报，2000，16(2)：169 - 173.
王一先，赵振华. 浙江花岗岩类地球化学与地壳演化——Ⅱ. 元古宙花岗岩类[J]. 地球化学，1997，26(6)：57 - 68.
王银喜，胡雄健. 浙江龙泉早元古代花岗岩的发现及其底时代的讨论[J]. 地质论评，1992，38(6)：525 - 531.
王岳军，Zhang Y H，范蔚茗，等. 湖南印支期过铝质花岗岩的形成：岩浆底侵与地壳加厚热效应的数值模拟[J]. 中国科学(D 辑)，2002，32(6)：491 - 499.
王岳军，韩吟文. 辉长岩的高压部分熔融实验研究[J]. 岩石学报，1998，14(1)：71 - 82 .
王正其，李子颖，范洪海，等. 浙西新路盆地晚白垩世钾玄岩的厘定及其地质意义[J]. 地球学报，2013，34(2)：139 - 153.
王中杰，杨琴芳，阮宏宏. 浙闽赣中生代火山岩区构造格局及火山构造发育基本特征. 中国地质科学院院报[R]，1988，18：49 - 72.
王竹君，李子颖，范洪海，等. 浙江省建德铜矿Ⅱ号矿体金银成矿特征及成矿规律研究[R]. 中国有色金属工业公司浙江省地勘公司地质科技咨询部，1989.
翁世劼，孔庆寿，黄海. 浙闽赣中生代晚期火山地质[M]. 北京：地质出版社，1987.
吴富江，张芳荣. 华南板块北缘东段武功山加里东期花岗岩特征及成因探讨[J]. 中国地质，2003，30(2)：166 - 172.
吴浩若. 广西加里东期构造古地理[J]. 古地理学报，2000，2(1)：82 - 88.
吴荣新，郑永飞，吴元保. 皖南石耳山新元古代花岗岩锆石 U - Pb 定年以及元素和氧同位素地球化学研究[J]. 高校地质学报，2005，11(3)：364 - 382.

吴荣新,郑永飞,吴元保.皖南新元古代花岗闪长岩体锆石 U-Pb 定年以及元素和氧同位素地球化学研究[J].岩石学报,2005,21(3):587-606.

吴新华,于承涛.赣中南地区晚元古代变质地层中的同位素年龄及其地质意义[J].江西地质,2000,14(1):16-20.

吴元保,郑永飞.锆石成因矿物学研究及其对 U-Pb 年龄解释的制约[J].科学通报,2004,49(16):1589-1604.

伍实.广西晚元古代本洞岩体同位素年代学研究[J].地球化学,1979:187-194.

向华,张利,周汉文,等.浙西南变质基底基性-超基性变质岩锆石 U-Pb 年龄、Hf 同位素研究:华夏地块变质基底对华南印支期造山的响应[J].中国科学(D辑),2008,38(4):401-413.

向华.浙西南前寒武纪变质基底岩系显生宙变质作用研究[D].武汉:中国地质大学(武汉),2008.

肖娥,邱检生,徐夕生,等.浙江瑶坑碱性花岗岩体的年代学、地球化学及其成因与构造指示意义[J].岩石学报,2007,23(6):1431-1440.

肖广玲,孙晓雁,王启,等.浙东南石平川钼矿床地质特征、成矿时代及成因[J].地质科技情报,2010,29(1):74-79,85.

谢窦克,马荣生,张禹慎,等.华南大陆地壳生长过程与地幔柱构造[M].北京:地质出版社,1996.

谢家荣.中国大地构造问题[J].地质学报,1961,41(2):218-239.

谢玉玲,唐燕文,李应栩,等.浙江安吉铅锌多金属矿区细粒花岗岩的岩石化学、年代学及成矿意义探讨[J].矿床地质,2012,31(4):891-902.

邢光福,陈荣,杨祝良,等.东南沿海晚白垩世火山岩浆活动特征及其构造背景[J].岩石学报,2009,1:77-91.

熊庆,郑建平,余淳梅,等.宜昌圈椅埫 A 型花岗岩锆石 U-Pb 年龄和 Hf 同位素与扬子大陆古元古代克拉通化作用[J].科学通报,2008,53(22):2782-2792.

徐备,乔广生.赣东北新元古代蛇绿岩套的 Sm-Nd 同位素年龄及原始构造环境[J].南京大学学报(地球科学版),1989,3:108-114.

徐步台,胡永和,蒋叙良,等.浙东沿海火山岩区变质岩的同位素、稀土元素地球化学和地质年代学研究[J].浙江地质,1989,5(2):52-58.

徐步台,邱郁双.浙西北上墅组同位素年代地层学研究[J].地球学报(中国地质科学院院报),1994,(1/2):51-59.

徐步台,陈蔡群.大理岩的碳氧同位素组成及其地质应用[J].浙江地质,1986,2(2):49-53.

徐步台.浙东南古基底变质岩的同位素地质年代问题[J].地质论评,1987,33(5):468-474.

徐克勤,刘昌实.华南花岗岩类的成因系列和物质来源[J].南京大学学报(自然科学版),1989,3:1-18.

徐克勤,孙鼐,王德滋,等.华南花岗岩成因与成矿[C]//徐克勤,涂光炽.花岗岩地质和成矿关系:国际学术会论文集.南京:江苏科学技术出版社,1984:1-20.

徐勇航,赵太平,彭澎,等.山西吕梁地区古元古界小两岭组火山岩地球化学特征及其地质意义[J].岩石学报,2007,23(5):1123-1132.

徐跃通,尚树川,张邦花.浙江西裘铜块状硫化物矿床火山-热泉沉积成矿的地质地球化学证据[J].地球化学,2000,29(1):17-20.

徐跃通.浙江西裘晚元古代层状硅质岩热水沉积地球化学标志及其沉积环境意义[J].地球化学,1996,25(6):600-608.

许金坤,周天苗,杨正行,等.浙江省龙泉县乌岙多金属矿床地质、地球化学特征及成矿作用研究报告[R].丽水:浙江省第七地质大队,1986.

许金坤,周天苗,杨正行,等.浙江省龙泉县乌岙多金属矿床地质、地球化学特征及成矿作用研究报告[R].丽水:浙江省第七地质大队,1987.

许靖华,孙枢,李继亮.是华南造山带而不是华南地台[J].中国科学(B辑),1987(10):1107-1115.

许靖华,何起祥.薄壳板块构造模式与冲撞型造山运动[J].中国科学(B辑),1980,23(11):1081-1089.

薛春纪,祁思敬,隗合明,等.基础矿床学[M].北京:地质出版社,2005.

颜丹平,周美夫,宋鸿林,等.华南在 Rodinia 古陆中位置的讨论——扬子地块西缘变质-岩浆杂岩证据及其与 Seychelles 地块的对比[J].地学前缘,2002,9(4):249-256.

颜铁增,龚日祥,汪庆华,等.中元古界蒙山组、陈塘坞组的建立[J].地层学杂志,2009,33(3):249-259.

杨经绥,刘福来,吴才来,等.中央碰撞造山带中两期超高压变质作用:来自含柯石英锆石的定年证据[J].地质学报,2003,77(4):463-477.

杨经绥,裴先治,等.秦岭发现金刚石:横贯中国中部巨型超高压变质带新证据及古生代和中生代两期深俯冲作用的识别[J].地质学报,2002,76(4):484-495.

杨明桂，黄水保，楼法生，等.中国东南陆区岩石圈结构与大规模成矿作用[J].中国地质，2009，36(03)：528－543.
杨明桂，梅勇文.钦-杭古板块结合带与成矿带的主要特征[J].华南地质与矿产，1997(3)：52－59.
杨晓松，Huenges E.高喜马拉雅黑云斜长片麻岩脱水熔融实验：对青藏高原地壳深熔的启示[J].科学通报，2001，46(3)：246－250.
杨晓松，金振民，马瑾.喜马拉雅造山带地壳深熔作用：来自聂拉木群混合岩的地球化学和年代学证据[J].中国科学(D辑)，2004，34(10)：926－934.
叶伯丹.两广云开地区同位素地质年龄数据及其地质意义[J].广东地质，1989，4(3)：39－56.
叶天竺，薛建玲.金属矿床深部找矿中的地质研究[J].中国地质，2007，34(5)：855－869.
叶泽富，鄢云飞，张彦杰，等.浙江青田石平川钾长花岗岩特征及其成因探讨[J].资源调查与环境，2010，31(2)：87－92.
于津海，O'Reilly S Y，王丽娟，等.华夏地块古老物质的发现和前寒武纪地壳的形成[J].科学通报，2007，52(1)：11－18.
于津海，王丽娟，魏震洋，等.华夏地块显生宙的变质作用期次和特征[J].高校地质学报，2007，13(3)：474－483.
于津海，王丽娟，魏震洋.浙西南古元古代淡竹花岗岩的地球化学和锆石 U－Pb－Hf 同位素组成[C]//2007 年全国岩石学与地球动力学暨化学地球动力学研讨会论文摘要.武汉：中国地质大学出版社，2007.
于津海，王丽娟，周新民，等.粤东北基底变质岩的组成和形成时代[J].地球科学(中国地质大学学报)，2006，31(1)：38－48.
于津海，魏震洋，王丽娟，等.华夏地块：一个由古老物质组成的年轻陆块[J].高校地质学报，2006，12(4)：440－447.
于津海，周新民，O'Reilly S Y，等.南岭东段基底麻粒岩相变质岩的形成时代和原岩性质：锆石的 U－Pb－Hf 同位素研究[J].科学通报，2005，50(16)：1758－1767.
余达淦，艾桂根，黄国夫，等.江西周潭群同位素年龄特征及其地质意义[J].地球学报，1999，20(2)：195－200.
余心起，张德会，颜铁增，等，浙西北及江绍断裂带分别发现早古生代和晚古生代岩浆活动[J].地质通报，2013，32(10)：1558－1565.
俞云文，董尧鸿，何仲朗.浙江芙蓉山破火山地质、火山岩与侵入岩及其找矿远景[R]，1988.
俞云文，徐步台.浙江中生代晚期火山-沉积岩系层序和时代[J].地层学杂志，1999；23(2)：136－145.
袁宗信，吴良士，张宗清，等.闽北麻源群 Sm－Nd、Rb－Sr 同位素年龄研究[J].岩石矿物学杂志，1991，10(2)：127－131.
曾雯，张利，周汉文，等.华夏地块古元古代基底的加里东期再造：锆石 U－Pb 年龄、Hf 同位素和微量元素制约[J].科学通报，2008，53(3)：335－344.
曾勇.西武夷地区早古生代浅色花岗岩的厘定及其造山意义[J].江西地质，2000，14(1)：1－4.
翟明国，彭澎.华北克拉通古元古代构造事件[J].岩石学报，2007：2665－2682.
翟裕生，张湖，宋鸿林，等.大型构造与超大型矿床[M].北京：地质出版社，1997.
翟裕生，邓军，王建平，等.深部找矿研究问题[J].矿床地质，2004，23(2)：142－149.
翟裕生，鹏润民，王建平，等.成矿系列的结构模型研究[J].高校地质学报，2003，9(4)：510－519.
翟裕生，秦长兴.关于成矿系列和成矿模式.矿床参考书(下册)[M].北京：地质出版社，1987.
翟裕生，姚书振，崔彬.成矿系列研究[M].武汉：中国地质大学出版社，1996.
翟裕生.按成矿系列思路找寻铜-金矿床[J].有色金属矿床与勘查，1994，3(3)：158.
张达，吴淦国，彭润民，等.闽中地区马面山群东岩组变质岩形成的古构造环境研究[J].地学前缘，2005(1)：310－320.
张德会，等，江绍拼接带中西段铜多金属矿床区域成矿规律研究与成矿预测项目报告[R].北京：中国地质大学(北京)，2013.
张德会，周圣华，万天丰.矿床形成深度与深部成矿预测[J].地质通报，2007，26(12)：1509－1518.
张国伟，张本仁，袁学诚，等.秦岭造山带与大陆动力学[M].北京：科学出版社，2001.
张建芳，解怀生，许兴苗，等.浙江漓渚地区栅溪-广山岩体地质地球化学特征、构造及找矿意义[J].中国地质，2013，40(2)：403－413.
张建芳，谢怀生，龚瑞君，等.浙西北广山-漓渚铁多金属成矿区控矿因素及成矿规律[J].矿床地质(增刊)，2012，31.
张开毕，李学燮，李兼海.闽西北中新元古代马面山岩群的划分与对比[J].福建地质，2002，(3)：176－186.
张理刚，吴克隆.论"华夏古大陆"——铅同位素研究证据[J].地质论评，1994(3)：200－208.
张敏.粤北产铀岩体的年代学和地球化学及铀成矿机制研究[D].南京：南京大学地球科学系，2006.
张鹏飞.中扬子地区古生代构造古地理格局及其演化[D].北京：中国石油大学，2009.
张世铭，肖渊甫，王强，等.浙江省桐村钼矿床 Re－Os 同位素年龄及地质意义[J].地质与勘探，2013，49(1)：50－57.

张祥信. 闽中地区新元古代马面山群的形成及构造变形演化研究[J]. 地学前缘,2006:1-129.

章邦桐,凌洪飞,沈渭洲,等. 浙江绍兴西裘双溪坞群细碧-角斑岩的 Sm-Nd 等时线年龄[J]. 南京大学学报(地球科学),1990,2:9-14.

赵风清,陈去钊. 闽北前加里东期变质基底的多期变形和构造层次研究[J]. 福建地质,1993,12(1): 33-40.

赵风清. 华夏地块前加里东期变质基底年代构造格架[J]. 前寒武纪研究进展,1999,22(2): 39-46.

赵国春,孙德有,贺同兴. 陈蔡群构造变形特征及变形时代讨论[J]. 浙江地质,1994,10(1):38-45.

赵国连. 皖南浙西热水成因硅岩的含矿性探讨[J]. 地质与勘探,2008,44(1):55-61.

赵化琛. 我国若干裂谷特征及其成矿作用[J]. 矿产地质,1995,9(1):38-48.

赵建新,李献华,M T McCulloch,等. 皖南和赣东北蛇绿岩成因及其构造意义: 元素和 Sm-Nb 同位素制约[J]. 地球化学,1995,24(4):311-326.

赵磊,周喜文. 浙西南八都群泥质麻粒岩的变质演化与 pT 轨迹[J]. 岩石矿物学,2012,31(1):61-72.

赵鹏大. 成矿定量预测与深部找矿[J]. 地学前缘,2007,14(5):142-149.

赵太平,陈福坤,翟明国,等. 河北大庙斜长岩杂岩体锆石 U-Pb 年龄及其地质意义[J]. 岩石学报,2004,20(3): 685-690.

赵太平,徐勇航,翟明国. 华北陆块南部元古宙熊耳群火山岩的成因与构造环境:事实与争议[J]. 高校地质学报,2007,13(2): 191-206.

浙江省地质矿产局. 浙江省区域矿产总结[R]. 1988.

浙江省地质矿产局. 1:5 万英山幅、钒密镇幅区域地质调查报告[R]. 1987.

浙江省地质矿产局. 浙江省区域地质志[M]. 北京:地质出版社,1989.

浙江省地质矿产局. 浙江省岩石地层[M]. 武汉:中国地质大学出版社,1996.

浙江省地质职工大学区调实习队. 1:5 万漓渚幅区域地质矿产调查报告[R]. 1981.

浙江省第七地质大队. 遂昌县幅、松阳县幅、柳城镇幅、靖居口幅(1:5 万)区域地质调查报告[R]. 2001.

浙江省第一地质大队. 浙江省淳安县威坪镇银山矿区详查工作阶段性总结报告[R]. 2013.

浙江省区域地质调查大队. 1:5 万平水幅、丰惠幅区域地质凋查报告[R]. 1990.

浙江省有色金属地质勘查局. 浙江绍兴县漓渚铁矿接替资源勘查报告[R]. 2009.

郑永飞,张少兵. 华南前寒武纪大陆地壳的形成和演化[J]. 科学通报,2007,52(1): 1-10.

郑永飞. 新元古代超大陆构型中华南的位置[J]. 科学通报,2004,49(8): 715-717.

郑永飞. 新元古代岩浆活动与全球变化[J]. 科学通报,2003,48(16):1705-1720.

中国有色金属工业总公司江西地质调查局,《江西银山铜铅锌矿床》编写组. 江西银山铜铅锌金银矿床[M]. 北京:地质出版社,1996.

周超. 浙北富阳地区新元古代双峰式复合侵入杂岩的岩石学研究[D]. 杭州:浙江大学,2012

周俊法,钱建民. 治岭头金银矿床的成矿时代[J]. 浙江地质,1996,12(1):60-65.

周乐尧,邱郁双. 浙江中生代陆缘火山岩金矿成矿系统[J]. 浙江地质,1997,13(2):11-21.

周丽娅,王鹤年,孙承辕. 闽中马面山群变质火山岩微量元素地球化学特征及其构造意义[J]. 高校地质学报,2001(2): 164-174.

周文戈,谢鸿森,刘永刚,等. 2.0GPa 块状斜长角闪岩部分熔融——时间和温度的影响[J]. 中国科学(D 辑),2005,35(4): 320-332.

周新华,Goldstein S L,赫杰,等. 皖南—浙西地区沉积岩系岩石源区省初步研究[M]//李继亮. 东南大陆岩石圈结构与地质演化. 北京: 冶金工业出版社,1993:78-84.

周新华,胡世珍,任胜利,等. 东南陆壳超多阶段构造演化同位素年代学制约[M]//李继亮. 东南大陆岩石圈结构与地质演化. 北京:冶金工业出版社,1993:69-77.

周新华. 东南陆壳构造演化的同位素地球化学制约研究[M]//于津生,李耀菘. 中国同位素地球化学研究. 北京: 科学出版社,1997:83-98.

周新民,陈培荣,徐夕生,等. 南岭地区晚中生代花岗岩成因与岩石圈动力学演化[M]. 北京: 科学出版社,2006.

周新民,朱云鹤. 江绍断裂带的岩浆混合作用及其两侧的前寒武纪地质[J]. 中国科学(D 辑),1992,3:298-303.

周新民,朱云鹏. 中国东南部晚元古代碰撞造山带与地缝合带的岩石学证据[M]//李继亮. 东南大陆岩石圈结构与地质演化. 北京:冶金工业出版社,1993.

周永章,曾长育,李红中,等.钦州湾杭州湾构造结合带南段地质演化和找矿方向[J].地质通报,2012,31(2/3):486-491.

朱安庆,张永山,陆祖达,等.浙江省金属非金属矿床成矿系列和成矿区带研究[M].北京:地质出版社,2009.

朱安庆,张永山.浙江省主要成矿系列和成矿谱系[J].国土资源,2002:28-35.

朱德寿,胡耀华,石关根,等.浙江青田芝溪头的鹤溪群[J].地层学杂志,1995,19(4):282-286.

庄建民,黄泉祯,邓本忠,等.福建省前寒武纪变质岩岩石地层单位划分研究[M].厦门:厦门大学出版社,2000.

Adachi M,Yamamoto K,Sutgiski R. Hydrothermal chert and associated siliceous rocks from the Northern Pacific:Their Geological significance as indication of ocean ridge activity[J]. Sedimentary Geology,1986,47(1/2):125-148.

Altherr R,Holl A,Hegner E,et al. High-potassium,calc-alkaline I-type plutonism in the European Variscides: Northern Vosges(France)and northern Schwarzwald(Germany)[J]. Lithos,2000,50(1-3): 51-73.

Andersen T. Correction of common lead in U-Pb analyses that do not report ^{204}Pb[J]. Chemical Geology,2002,192(1-2): 59-79.

Anderson H E,Davis D W. U-Pb geochronology of the Moyie Sills,Purcell Supergroup,southeastern British Columbia: Implications for the Mesoproterozoic geological history of the Purcell (Belt) Basin[J]. Canadian Journal of Earth Sciences,1995,32(8): 1180-1193.

Aranovich L Y,Berman R G. A new garnet-orthopyroxene thermometer based on reversed Al_2O_3 solubility in FeO-Al_2O_3-SiO_2 orthopyroxene[J]. American Mineralogist,1997,82(3/4): 345-353.

Ashworth J R. Migmatites[M]. Glasgow: Blackie and Son,1985,1-302.

Barbarin B. A review of the relationships between granitoid types,their origins and their geodynamic environments[J]. Lithos.,1999,46(3): 605-626.

Barbarin B. Granitoids: Main petrogenetic classifications in relation to origin and tectonic setting[J]. Geological Journal, 1990,25(3/4): 227-238.

Barbero L,Villaseca C,Rogers G,et al. Geochemical and isotopic disequilibrium in crustal melting: An insight from the anatectic granitoids from Toledo,Spain[J]. Journal of Geophysical Research,1995,100(B8): 15 715-745 765.

Berry R F,Jenner G A,Meffre S,et al. A North American provenance for Neoproterozoic to Cambrian sandstones in Tasmania[J]. Earth and Planetary Science Letters,2001,192(2): 207-222.

Bhatia M R,Crook K A W. Trace element characteristics of graywackes and tectonic setting discrimination of sedimentary basin[J]. Contrib Mineral Petral.,1986,92:181-193.

Bhattacharyya C. An evaluation of the chemical distinctions between igneous and metamorphic orthopyroxenes[J]. American Mineralogist,1971,56(3/4): 499-506.

Bickford M E,Mclelland J M,Selleck B W,et al. Timing of anatexis in the eastern Adirondack Highlands: Implications for tectonic evolution during ca. 1050Ma Ottawan orogenesis[J]. Geological Society of America Bulletin,2008,120(7/8): 950-961.

Blichert-Toft J,Albarede F. The Lu-Hf isotope geochemistry of chondrites and the evolution of the mantle-crust system[J]. Earth and Planetary Science Letters,1997,148(1/2): 243-258.

Bohlen S R. On the formation of granulites[J]. Journal of Metamorphic Geology,1991,9(3): 223-229.

Bostrom K,Kramemer T,Gantner S,Provenace and accumulation yates of opaline sillica,Al,Fe,Ti,Mn,Ni and Co in pacific petagic sediment[J]. Chemical Gology,1973(2):123-148.

Bostrom K. Genesis of Ferromagnese Deposits-Diagnostic Criteria for recent and old Deposits[M]//Hydrothermal Processes at Seafloor Ceners. New York:Plenum Press,1983.

Boynton W V. Geochemistry of the rare earth elements: Meteorite studies[M]//Henderson. Rare Earth Element Geochemistry. New York: Elsevier,1984.

Brown M,Pressley R A. Crustal melting in nature: Prosecuting source processes[M]. Amsterdam:Elsevier Ltd.,1999.

Brown M,Rushmer T. The role of deformation in the movement of granitic melt: Views from the laboratory and the field [M]//Holness. Deformation-enhanced Fluid Transport in the Earth's Crust and Mantle. London: Chapman and Hall,1997:111-144.

Brown M,Solar G S. The mechanism of ascent and emplacement of granite magma during transpression: A syntectonic granite paradigm[J]. Tectonophysics,1999,312(1): 1-33.

Brown M. Crustal melting and granite magmatism: key issues[J]. 2001,26(4/5): 201 - 212.

Brown M. Orogeny, migmatites and leucogranites: A review[J]. Proceedings of the Indian Academy of Sciences: Earth and Planetary Sciences, 2001, 110(4): 313 - 336.

Calderon M, Herve F, Massonne H J, et al. Petrogenesis of the Puerto Eden igneous and metamorphic complex, Magallanes, Chile: Late Jurassic syn - deformational anatexis of metapelites and granitoid magma genesis[J]. Lithos, 2007, 93(1/2): 17 - 38.

Carmichael S K. Formation of replacement dolomite by infiltration of diffuse effluent: Latemar carbonate buildup, Dolomites, northern Italy[D]. Baltimore(Maryland): The Johns Hopkins University, 2006.

Carrington D P, Watt G R. A geochemical and experimental study of the role of K - feldspar during water - undersaturated melting of metapelites[J]. Chemical Geology, 1995, 122(1 - 4): 59 - 76.

Carter A, Roques D, Bristow C, Kinn P. Understanding Mesozoic accretion in southeast Asia: significance of Triassic thermotectonism(Indosinian orogen) in Vietnam[J]. Geology, 2001, 29(3): 211 - 214.

Cawood P A, Johnson M R W, Nemchin A A. Early Palaeozoic orogenesis along the Indian margin of Gondwana: Tectonic response to Gondwana assembly[J]. Earth and Planetary Science Letters, 2007, 255(1/2): 70 - 84.

Chen C H, Lu H Y, Lin W, et al. Thermal event records in SE China coastal areas: Constraints from monazite ages of beach sands from two sides of the Taiwan Strait[J]. Chemical Geology, 2006, 231(1/2): 118 - 134.

Chen J F, Jahn B M. Crustal evolution of southeastern China: Nd and Sr isotopic evidence[J]. Tectonophysics, 1998, 284: 101 - 133.

Chen J, Foland K A, Xing F, et al. Magmatism along the southeastern margian of the Yangtze block: Precambrian collision of the Yangtze and Cathysia blocks of China[J]. Geology, 1991, 19: 815 - 818.

Chen N H, Dong J J, Chen J Y, et al. Geometry and emplacement of the Late Cretaceous mafic dyke swarms on the islands in Zhejiang Province, Southeast China: Insights from high - resolution satellite images[J]. Journal of Asian Earth Sciences, 2014, 79(2): 302 - 311.

Cheng Y Q, Chen Y C, Pei R F, et al. On minerogenetic(metallogenetic) series: proceedings of the ninth quadrennial IAGOD Symposium, Beijing, China, August 12 - 18, 1994[C]. Stuttgart: Schweizerbart Science Publishers, 1998: 33 - 46.

Chu M F, Chung S L, Song B, et al. Zircon U - Pb and Hf isotope constraints on the Mesozoic tectonics and crustal evolution of southern Tibet[J]. Geology, 2006, 34(9): 745 - 748.

Clemens J D. The granulite - granite connection: NATO Advanced Study Institutes Series[J]. Series C: Mathematical and Physical Sciences, 1990, 311: 25 - 36.

Collins W J, Beams S D, White A J R, et al. Nature and origin of A - type granites with particular reference to southeastern Australia[J]. Contributions to Mineralogy and Petrology, 1982, 80(2): 189 - 200.

Condie K C, Beyer E, Belousova E, et al. U - Pb isotopic ages and Hf isotopic composition of single zircons: The search for juvenile Precambrian continental crust[J]. Precambrian Research, 2005, 139: 42 - 100.

Condie K C. Chemical composition and evolution of the upper continental crust: Contrasting results from surface samples and shales[J]. Chemical Geology, 1993, 104(1 - 4): 1 - 37.

Corfu F, Hanchar J M, Hoskin P W O, et al. Atlas of zircon textures: Reviews in mineralogy and geochemistry[J]. 2003, 53(1): 469 - 500.

De Bievre P, Taylor P D P. Table of the isotopic compositions of the elements[J]. Int. J Mass Spectrom, 1993, 123(2): 149 - 166.

Decelles P G, Gehrels G E, Quade J, et al. Tectonic implications of U - Pb zircon ages of the Himalayan orogenic belt in Nepal[J]. Science, 2000, 288(5465): 497 - 499.

Dewaard D. The occurrence of garnet in the granulite - facies terrane of the Adirondacks Highlands[J]. Journal of Petrology, 1965, 6(1): 165 - 191.

Dick H J B, Bullen T. Chromian spinel as a petrogenetic indicator in abyssal and alpine - type peridotites and spatially associated lavas[J]. Contributions to mineralogy and petrology, 1984, 86(1): 54 - 76.

Dick H J B. Partial melting in the Josephine Peridotite I: The effect on mineral composition and its consequence for geobarometry and geothermometry[J]. American Journal of Science, 1977, 277(7): 801 - 832.

Dostal J, Keppie D J, Jutras P, et al. Evidence for the granulite - granite connection: Penecontemporaneous high - grade metamorphism,granitic magmatism and core complex development in the Liscomb Complex,Nova Scotia,Canada[J]. Lithos,2006,86(1/2): 77 - 90.

Droop G T R,Clemens J D,Dalrymple D J. Processes and conditions during contact anatexis,melt escape and restite formation: The Huntly Gabbro Complex,NE Scotland[J]. Journal of Petrology,2003,44(6): 995 - 1029.

Drummond M S,Defant M J,Kepezhinskas P K. Petrogenesis of slab - derived trondhjemite - tonalite - dacite/adakite magmas[J]. Special Paper - Geological Society of America,1996,315: 205 - 215.

Ernst W G,Tsujimori T,Zhang R,et al. Permo - Triassic collision,subduction - zone metamorphism,and tectonic exhumation along the east asian continental margin,Annu[J]. Rev. Earth Planet. Sci. ,2007,35:73 - 110.

Eby G N. Chemical subdivision of the A - type granitoids: Petrogenetic and tectonic implications[J]. Geology,1992,20(7): 641 - 644.

Eby G N. The A - type granitoids: A review of their occurrence and chemical characteristics and speculations on their petrogenesis[J]. Lithos,1990,26(1/2): 115 - 134.

Fan W M,Guo F,Wang Y J,et al. Post - orogenic bimodal volcanism along the Sulu orogenic belt in Eastern China[J]. Physics and Chemistry of the Earth,Part A: Solid Earth and Geodesy,2001,26(9/10): 733 - 746.

Faure G,Powell J L. Strontium isotope geology[M]. Berlin:Springer Verlag,1977.

Fleet A J. Hydrothermal and hydrogeneous ferromangenes deposits[M]//P A Rona et aleds Hydrothermal Process at Sea Floor Spreading Centers. Amsterdam: Elsevier Science Publishers,1983:537 - 570.

Flowerdew M J,Millar I L,Vaughan A P M,et al. The source of granitic gneisses and migmatites in the Antarctic Peninsula: A combined U - Pb SHRIMP and laser ablation Hf isotope study of complex zircons. Contributions to Mineralogy and Petrology,2006,151(6): 751 - 768.

Floyd P A,Winchester J A. Identification and discrimination of altered and metamorphosed volcanic rocks using immobile elements[J]. Chemical Geology, 1978,21: 291 - 306.

Foster D A,Schafer C,Fanning C M,et al. Relationships between crustal partial melting,plutonism,orogeny,and exhumation: Idaho - Bitterroot Batholith[J]. Tectonophysics,2001,342(3/4): 313 - 350.

Fouquet Y,Stackelberg U V,Charlou J P,et al. Hydrothermal activity in the Lau back - arc basin:Sulfides and water chemistry[J]. Geology,1991,19:303 - 306.

Franco Pirajno,Leon Bagas,Arthur H Hickman,et al. Gold mineralization of the Chencai - Suichang uplift and tectonic evolution of Zhejiang Province,southeast China[J]. Ore Geology Reviews,1997,12(1): 35 - 55.

Frost B R,Frost C D. On charnockites[J]. Gondwana Research,2008,13(1): 30 - 44.

Ganguly J,Saxena S K. Mixing properties of alumino silicate garnets: Constraints from natural and experimental data,and applications to geothermo - barometry[J]. Am Miner. ,1984,69:88 - 97.

Gardien V,Thompson A B,Grujic D,et al. Experimental melting of biotite plus plagioclase plus quartz plus or minus muscovite assemblages and implications for crustal melting[J]. Journal of Geophysical Research - Solid Earth,1995,100(B8):15 581 - 15 591.

Garland F,Hawkesworth C J,Mantovani M S M. Description and petrogenesis of the Parana rhyolites,southern Brazil[M]. Oxford:Clarendon Press,1995.

Gehrels G E,Decelles P G,Martin A,et al. Initiation of the Himalayan Orogen as an early Paleozoic thin - skinned thrust belt[J]. GSA Today,2003,13(9): 4 - 9.

Grabau A W. Migration of Geosyclines[J]. Bulletin of the Geological Society of China,1924:207 - 349.

Grabau A W. Stratigraphy of China[M]. Peking:The Geological Survey of China,1924.

Griffin W L,Belousova E A,Shee S R,et al. Archean crustal evolution in the northern Yilgarn Craton: U - Pb and Hf - isotope evidence from detrital zircons[J]. Precambrian Research,2004,131(3/4): 231 - 282.

Griffin W L,Wang X,Jackson S E,et al. Zircon chemistry and magma mixing,SE China: In - situ analysis of Hf isotopes, Tonglu and Pingtan igneous complexes[J]. Lithos,2002,61(3/4): 237 - 269.

Gu C W. Revision on my Juro - Cretaceous boundary before 1992 in the eastern and northern regions of China[C]//30th Internation Geological Congress,Abstracts,1996,2:67.

Guernina S,Sawyer E W. Large - scale melt - depletion in granulite terranes: An example from the Archean Ashuanipi

Subprovince of Quebec[J]. Journal of Metamorphic Geology,2003,21(2): 181 - 201.

H Lapierre,B M Jahn,J Charvet,et al. Mesozoic felsic arc magmatism and continental olivine tholeiites in Zhejiang Province and their relationship with the tectonic activity in southeastern China [J]. Tectonophysics,1997,274(4):321 - 338.

Hamilton P J,O'Nions P K,Evensen N M,et al. Sm - Nd systematics of Lewisian gneisses: implications for the origin of granulites[J]. Nature,1979,277: 25 - 28.

Harley S L. An experimental study of the partitioning of Fe and Mg between garnet and orthopyroxene[J]. Contributions to Mineralogy and Petrology,1984,86(4): 359 - 373.

Harley S L. The origins of granulites: A metamorphic perspective[J]. Geological Magazine,1989,126(3): 215 - 247.

Harris N B W,Inger S. Trace element modelling of pelite - derived granites[J]. Contributions to Mineralogy and Petrology,1992,110(1): 46 - 56.

Harris N,Massey J. Decompression and anatexis of Himalayan metapelites[J]. Tectonics,1994,13(6): 1537 - 1546.

Henkes L,Johannes W. The petrology of a migmatite(Arvika,Vaermland,western Sweden):Neues Jahrbuch fuer Mineralogie[J]. Abhandlungen,1981,141(2): 113 - 133.

Heumann M J,Bickford M E,Hill B M,et al. Timing of anatexis in metapelites from the Adirondack lowlands and southern highlands: A manifestation of the Shawinigan orogeny and subsequent anorthosite - mangerite - charnockite - granite magmatism[J]. Geological Society of America Bulletin,2006,118(11/12): 1283 - 1298.

Hinchey A M,Carr S D. The S - type ladybird leucogranite suite of southeastern British Columbia: Geochemical and isotopic evidence for a genetic link with migmatite formation in the North American basement gneisses of the Monashee complex[J]. 2006,90(3/4): 223 - 248.

Hodges K V,Cruwley P D. Error estimation in empirical geothermometry and geobarometry for pelitic systems[J]. Ibid, 1985,282:943 - 969.

Hodges K V,Le Fort P,Pecher A. Possible thermal buffering by crustal anatexis in collisional orogens: Thermobarometric evidence from the Nepalese Himalaya[J]. Geology,1988,16(8): 707 - 710.

Hoffman P F. Did the breakout of Laurentia turn Gondwanaland inside - out[J]. Science,1991,252: 1409 - 1412.

Hoish T D. Empirical calibration of six grobarometers for the mineral assemblage quartz+muscovite+biotite+plagioclase+garnet[J]. Contributions to Mineralogy and Petrology,1990,104(2): 225 - 234.

Hoskin P W O,Ireland T R. Rare earth element chemistry of zircon and its use as a provenance indicator[J]. Geology, 2000,28(7): 627 - 630.

Hou G T,Li J H,Yang M,et al. Geochemical constraints on the tectonic environment of the late Paleoproterozoic mafic dyke swarms in the North China Craton[J]. Gondwana Research,2008,13(1): 103 - 116.

Hou G T,Liu Y L,Li J H. Evidence for approximately 1. 8Ga extension of the Eastern Block of the North China Craton from SHRIMP U - Pb dating of mafic dyke swarms in Shandong Province[J]. Journal of Asian Earth Sciences,2006, 27(4): 392 - 401.

Hou G T,Wang C,Li J H,et al. Late Paleoproterozoic extension and a paleostress field reconstruction of the North China Craton[J]. Tectonophysics,2006,422(1 - 4): 89 - 98.

Huang T K. On major tectonic forms of China[J]. Geological Menoirs of National Geological Survey of China,Ser. A, 1945,20:1 - 165.

Hutton J. Theory of the Earth with Proofs and Illustrations[M]. 3rd ed. London: Geological Society,1997.

Inger S,Harris N. Geochemical constraints on leucogranite magmatism in the Langtang Valley,Nepal Himalaya[J]. Journal of Petrology,1993,34(2): 345 - 368.

Irvine T N,Baragar W R A. A guide to the chemical classification of the common vocanic rocks[J]. J. Earth. Sci. ,1971,8: 523 - 548.

Ishiwatairi A. Alpine ophiolities:product of low - degree mantle melting in a Mesozoic transcurrent rift zone[J]. Earth and Planetary Science Letters,1985/86,76:93 - 108.

Jacobsen S B,Wasserburg G J. The interp retation of Nd,Sr and Pb isotope data from Archean migmatites in Lofoten - Vesteralen,Norway[J]. Earth Planet Sci. Lett. ,1978,41: 245 - 253.

Janardhan A S,Newton R C,Hansen E C. The transformation of amphibolite facies gneiss to charnockite in southern Karnataka and northern Tamil Nadu,India[J]. Contributions to Mineralogy and Petrology,1982,79(2): 130－149.

Jean Wong,Min Sun,Guangfu Xing,et al. Zircon U－Pb and Hf isotopic study of Mesozoic felsic rocks from eastern Zhejiang,South China: Geochemical contrast between the Yangtze and Cathaysia blocks[J]. Gondwana Research,2011,19(1):244－259.

Jiang Yao－Hui,Zhao Peng,Zhou Qing,et al. Petrogenesis and tectonic implications of Early Cretaceous S－and A－type granites in the northwest of the Gan－Hang rift,SE China[J]. Lithos,2011,121(1－4):55－73.

Johannes W,Ehlers C,Kriegsman L M,et al. The link between migmatites and S－type granites in the Turku area,southern Finland[J]. Lithos. ,2003,68(3/4): 69－90.

Johannes W. The significance of experimental studies for the formation of migmatites[M]//Ashworth,ed. Migmatites. Glasgow: Blackie and Son,1985:36－85.

Johnson K,Barnes C G,Miller C A. Petrology,geochemistry,and genesis of high－Al tonalite and trondhjemites of the Cornucopia Stock,Blue Mountains,northeastern Oregon[J]. Journal of Petrology,1997,38(11): 1585－1611.

Johnson T E,Hudson N F C,Droop G T R. Evidence for a genetic granite－migmatite link in the Dalradian of NE Scotland [J]. Journal of the Geological Society,London,2003,160(3): 447－457.

Jung S,Hoernes S,Masberg P,et al. The petrogenesis of some migmatites and granites(central Damara Oregon,Namibia): Evidence for disequilibrium melting,wall－rock contamination and crystal fractionation[J]. Journal of Petrology, 1999,40(8): 1241－1269.

Kalsbeek F,Jepsen H F,Nutman A P. From source migmatites to plutons: Tracking the origin of ca. 435Ma S－type granites in the East Greenland Caledonian Orogen[J]. Lithos,2001,57(1): 1－21.

Karlstrom K E,Williams M L,McLelland J,et al. Refining Rodinia: Geologic evidence for the Australia－Western U. S. connection in the Proterozoic[J]. GSA Today,1999,9(10): 1－7.

Keay S,Lister G,Buick I. The timing of partial melting,Barrovian metamorphism and granite intrusion in the Naxos metamorphic core complex,Cyclades,Aegean Sea,Greece[J]. Tectonophysics,2001,342(3/4): 275－312.

Keppler H,Wyllie P J. Role of fluids in transport and fractionation of uranium and thorium in magmatic processes[J]. Nature,1990,348(6301): 531－533.

King P L,White A J R,Chappell B W,et al. Characterization and origin of aluminous A－type granites from the Lachlan fold belt,southeastern Australia[J]. Journal of Petrology,1997,38(3): 371－391.

Klemme S,Blundy J D,Wood B J. Experimental constraints on major and trace element partitioning during partial melting of eclogite[J]. Geochimica et Cosmochimica Acta,2002,66(17): 3109－3123.

Kretz R. Symbols for rock－forming minerals[J]. American Mineralogist,1983,68(1/2): 277－279.

Kriegsman L M. Partial melting,partial melt extraction and partial back reaction in anatectic migmatites[J]. Lithos. ,2001, 56(1): 75－96.

Kriegsman L M. Quantitative field methods for estimating melt production and melt loss[J]. Physics and Chemistry of the Earth. Part A: Solid Earth and Geodesy,2001,26(4/5): 247－253.

Kroener A,Zhang G W,Sun Y. Granulites in the Tongbai area,Qinling Belt,China: Geochemistry,petrology,single zircon geochronology,and implications for the tectonic evolution of eastern Asia[J]. Tectonics,1993,12(1): 245－256.

Kumar G R R,Srikantappa C,Hansen E. Charnockite formation at Ponmudi in southern India[J]. Nature,1985,313 (5999): 207－209.

Kusky T M,Li J H. Paleoproterozoic tectonic evolution of the North China Craton[J]. Journal of Asian Earth Sciences, 2003,22(4): 383－397.

Lavrent'Yeva I V,Perchuk L L. The orthopyroxene－garnet geothermometer: Experiments and theoretical evaluation of the data base[J]. Doklady. Earth Science Sections,1990,310(1): 122－125.

Le Bas M J,Le Maitre R W,Streckeisen A,et al. A chemical classification of volcanic rocks based on the total alkali－sillica diagram[J]. Journal of Petrology,1986,27:745－750.

Le－Breton N,Thompson A B. Fluid－absent(dehydration)melting of biotite in metapelites in the early stages of crustal anatexis[J]. Contributions to Mineralogy and Petrology,1988,99(2): 226－237.

Li Sanzhong,Santosh M,Zhao Guochun,et al. Intracontinental deformation in a frontier of super - convergence: A perspective on the tectonic milieu of the South China Block[J]. Journal of Asian Earth Sciences,2012,49: 313 - 329.

Li W X,Li X H,Li Z X. Neoproterozoic bimodal magmatism in the Cathaysia Block of South China and its tectonic significance[J]. Precambrian Research,2005,136(1): 51 - 66.

Li W. X. ,and Li X. H. Adakitic granites within the NE Jiangxi ophiolites,South China: geochemical and Nd isotopic evidence[J]. Precambrian Research,2003,122(1):29 - 44.

Li Wanyou,Ma Changqian,Liu Yuanyuan,Robinson,Paul T. Discovery of the Indosinian aluminum A - type granite in Zhejiang Province and its geological significance[J]. Science China(Earth Sciences),2012,55(1): 13 - 25.

Li X H,Li W X,Li Z X et al. Amalgamation between the Yangtze and Cathaysia blocks in South China: Constraints from SHRIMP U - Pb zircon ages,geochemistry and Nd - Hf isotopes of the Shuangxiwu volcanic rocks[J]. Precambrian Research,2009,174(1/2):117 - 128.

Li X H,Li W X,Li Z X,et al. 850—790Ma bimodal volcanic and intrusive rocks in northern Zhejiang,South China: A major episode of continental rift magmatism during the breakup of Rodinia[J]. 2008,102(1/2): 341 - 357.

Li X H,Li Z X,Ge W C,et al. Neoproterozoic granitoids in South China: crustal melting above a mantle plume at ca. 825 Ma[J]. Precambrian Research,2003,122(1 - 4): 45 - 83.

Li X H,Li Z X,Sinclair J A,et al. Revisiting the Yanbian Terrane: Implications for Neoproterozoic tectonic evolution of the western Yangtze Block,South China[J]. Precambrian Research,2006,151(1/2): 14 - 30.

Li X H,Li Z X,Zhou H W,et al. U - Pb zircon geochronology,geochemistry and Nd isotopic study of Neoproterozoic bimodal volcanic rocks in the Kangdian Rift of South China: implications for the initial rifting of Rodinia[J]. Precambrian Research,2002,113(1/2): 135 - 154.

Li X H,McCulloch M T. Secular variation in the Nd isotopic composition of Neoproterozoic sediments from the southern margin of the Yangtze block: evidence for a proterozoic continental collision in southeast China[J]. Precamb. Res. , 1996,76: 67 - 76.

Li X H,Sun M,Wei G J,et al. Geochemical and Sm - Nd isotopic study of amphibolites in the Cathaysia Block,southeastern China: Evidence for an extremely depleted mantle in the Paleoproterozoic[J]. Precambrian Research,2000,102(3/4): 251 - 262.

Li X H,Tatsumoto M,Premo W R,et al. Age and origin of the Tanghu Granite,southeast China: Results from U - Pb single zircon and Nd isotopes[J]. Geology,1989,17(5): 395 - 399.

Li X H. Timing of the Cathaysia Block formation: constraints from SHRIMP U - Pb zircon geochronology[J]. Episodes, 1997,20(3): 188 - 192.

Li Y J,Wei J H,Chen H Y,Tan J,et al. Origin of the Maoduan Pb - Zn - Mo deposit,eastern Cathaysia Block,China:geological,geochronological,geochemical,and Sr - Nd - Pb - S isotopic constraints[J]. Mineralium Deposita,2011:1 - 18.

Li Z X,Bogdanova S V,Collins A S,et al. Assembly,configuration,and breakup history of Rodinia: A synthesis[J]. Precambrian Research,2008,160(1/2): 179 - 210.

Li Z X,Li X H,Wartho J A,et al. ,Magmatic and metamorphic events during the early Paleozoic Wuyi - Yunkai orogeny, southeastern South China: New age constraints and pressure - temperature conditions[J]. Geological Society of America Bulletin,2010,122(5/6):772 - 793.

Li Z X,Li X H,Wang X C. The South China piece in the Rodinian puzzle: A reply to the comment by Munteanu and Wilson[J]. Precambrian Research,2009,171(1 - 4): 77 - 79.

Li Z X,Li X H,Chung S L,et al. Magmatic switch - on and switch - off along the South China continental margin since the Permian: Transition from an Andean - type to a Western Pacific - type plate boundary[J]. Tectonophysics ,2012,532 - 535(0): 271 - 290.

Li Z X,Li X H,Kinny P D,et al. Geochronology of Neoproterozoic syn - rift magmatism in the Yangtze Craton,South China and correlations with other continents: evidence for a mantle superplume that broke up Rodinia[J]. Precambrian Research,2003,122(1 - 4): 85 - 109.

Li Z X,Li X H,Kinny P D,et al. The breakup of Rodinia: did it start with a mantle plume beneath South China[J]? Earth and Planetary Science Letters,1999,173(3): 171 - 181.

Li Z X, Li X H, Li W X, et al. Was Cathaysia part of Proterozoic Laurentia? New data from Hainan Island, South China [J]. Terra Nova, 2008, 20(2): 154 - 164.

Li Z X, Li X H, Wang J, et al. South China in Rodinia: An update[J]. Gondwana Research, 2001, 4(4): 685 - 686.

Li Z X, Li X H, Zhou H W, et al. Grenvillian continental collision in south China: New SHRIMP U - Pb zircon results and implications for the configuration of Rodinia[J]. Geology, 2002, 30(2): 163 - 166.

Li Z X, Li X H. Formation of the 1300 - km - wide intracontinental orogen and postorogenic magmatic province in Mesozoic South China: A flat - slab subduction model[J]. Geology, 2007, 35(2): 179 - 182.

Li Z X, Zhang L H, Powell C M. South China in Rodinia: Part of the missing link between Australia - East Antarctica and Laurentia[J]. Geology, 1995, 23(5): 407 - 410.

Li Z X. South China in Rodinia revisited[J]. Abstracts with Programs - Geological Society of America, 2003, 35(6): 302 - 303.

Li Z, Zhou J, Mao J, Santosh M, et al. Zircon U - Pb geochronology and geochemistry of two episodes of granitoids from the northwestern Zhejiang Province, SE China: Implication for magmatic evolution and tectonic transition[J]. Lithos, 2013, 179: 334 - 352.

Li Z L, Zhou J, Ma J R, et al. Zircon U - Pb geochronology and geochemistry of two episodes of granitoids from the northwestern Zhejiang Province, SE China: Implication for magmatic evolution and tectonic transition[J]. Lithos, 2013, 179 (10): 334 - 352.

Lindline J, Crawford W A, Crawford M L. A bimodal volcanic - plutonic system, the Zarembo Island extrusive suite and the Burnett Inlet intrusive complex[J]. Canadian Joural of Earth Sciences, 2004, 41(4): 355 - 375.

Liu J M. A preliminary study on exhalative mineralization in Pormiar basins, the southern segment of the Dahongyan Mountains, China - case studies of Huanggang and Dajing deposit[J]. Res. Geol. , 2001, 51: 245 - 358.

Liu L, Qiu J S, Li Z. Origin of mafic microgranular enclaves(MMEs) and their host quartz monzonites from the Muchen pluton in Zhejiang Province, Southeast China: Implications for magma mixing and crust - mantle interaction[J]. Lithos, 2013, 160 - 161(1): 145 - 163.

Liu T, Liu C D, Yan Z B, et al. Study of Metallogenetic Fluids and Metallogenic Mechanisms of Xingyuanchong Copper Deposit, Jiangxi Province, China[J]. Procedia Earth and Planetary Science, 2013, 7: 508 - 512.

Liu Q, Yu J H, O'Reilly S Y, et al. Origin and geological significance of Paleoproterozoic granites in the northeastern Cathaysia Block, South China[J]. Precambrian Research, 2014, 248(7): 72 - 95.

Ludwig K R. Users manual for Isoplot 3. 00: A geochronological toolkit for Microsoft Excel[J]. Berkeley Geochron. Cent. Spec. Pub. , 2003, 4: 25 - 32.

Maas R, McCulloch M T. The provenance of Archean clasticmeta sediments in the Narryer Gneiss Complex, western Australia: trace element geochemistry, Nd isotopes and U - Pb ages for detrital zircon[J]. Geochim. Cosmochim. Acta, 1991, 55: 1915 - 1932.

Mao J K, Ye H M, Liu K, et al. The Indosinian collision - extension event between the South China Block and the Palaeo - Pacific plate: Evidence from Indosinian alkaline granitic rocks in Dashuang, eastern Zhejiang, South China[J]. Lithos, 2013, 172 - 173(4): 81 - 97.

Marchig V, Gundlach H, Moller P, et al. Some geochermical indicators for discrimination between diagenetic and hydrothermal metalliferrous sediments[J]. Marine Geology, 1982, 50: 241 - 256.

Marchildon N, Brown M. Melt segregation in late syn - tectonic anatectic migmatites: An example from Onawa contact aureole, Maine, USA[J]. Physics and Chemistry of the Earth. Part A: Solid Earth and Geodesy, 2001, 26(4/5): 225 - 229.

Mark Harrison T, Lovera O M, Grove M. New insights into the origin of two contrasting Himalayan granite belts[J]. Geology, 1997, 25(10): 899 - 902.

Mcdonough W F, Sun S S. The composition of the Earth[J]. Chemical Geology, 1995, 120(3/4): 223 - 253.

Mclaren S, Sandiford M, Hand M. High radiogenic heat - producing granites and metamorphism——An example from the western Mount Isa inlier, Australia[J]. Geology, 1999, 27(8): 679 - 682.

Mclellan E. Deformational behaviour of migmatites and problems of structural analysis in migmatite terrains[J]. Geological

Magazine,1984,121(4): 339 - 345.

Mclelland J M,Whitney P R. The origin of garnet in the anorthosite - charnockite suite of the Adirondacks[J]. Contributions to Mineralogy and Petrology,1977,60(2): 161 - 181.

Mehnert K R. Migmatites and the Origin of Granitic Rocks[M]. Amsterdam: Elsevier,1968:1 - 400.

Mengel K,Richter M,Johannes W. Leucosome - forming small - scale geochemical processes in the metapelitic migmatites of the Turku area,Finland[J]. Lithos,2001,56(1): 47 - 73.

Michard A,Gurriet P,Soudant M,et al. Nd isotopes in French Phanerozioic shales: external vs. internal aspects of crustal evolution. Geochim[J]. Cosmochim. Acta,1985,49: 601 - 610.

Milord I,Sawyer E W,Brown M. Formation of diatexite migmatite and granite magma during anatexis of semi - pelitic metasedimentary rocks: An example from St. Malo,France[J]. Journal of Petrology,2001,42(3): 487 - 505.

Mishra S,Deomurari M P,Wiedenbeck M,et al. $^{207}Pb/^{206}Pb$ zircon ages and the evolution of the Singhbhum Craton,eastern India: An ion microprobe study[J]. Precambrian Research,1999,93(2/3): 139 - 151.

Miyashiro A. Vocanical rock series in island magma type discrimination:Application to altered and metamorphosed igneous rocks[J]. Earth Planet Sci. Lett. ,1976,45:326 - 336.

Mondal M E A,Goswami J N,Deomurari M P,et al. Ion microprobe $^{207}Pb/^{206}Pb$ ages of zircons from the Bundelkhand massif,northern India: Implications for crustal evolution of the Bundelkhand - Aravalli protocontinent[J]. Precambrian Research,2002,117(1/2): 85 - 100.

Montel J M,Vielzeuf D. Partial melting of metagreywackes: Part II,Compositions of minerals and melts[J]. Contributions to Mineralogy and Petrology,1997,128(2/3): 176 - 196 .

Montero P,Bea F,Zinger T F,et al. 55 million years of continuous anatexis in Central Iberia: Single - zircon dating of the Pena Negra Complex[J]. Journal of the Geological Society,London,2004,161(2): 255 - 263.

Moores E M. Southwest U. S. - East Antarctic(SWEAT)connection: a hypothesis[J]. Geology,1991,19: 425 - 428.

Morimoto M,黄婉康(译),辉石命名法[J]. 矿物学报,1988,8(4):289 - 305.

Muir R J,Weaver S D,Bradshaw J D,et al. The Cretaceous Separation Point batholith,New Zealand: granitoid magmas formed by melting of mafic lithosphere[J]. Journal of the Geological Society,London,1995,152(4): 689 - 701.

Munteanu M,Wilson A. The South China piece in the Rodinian puzzle. A comment on "Assembly,configuration,and break - up history of Rodinia: A synthesis" by Li et al. (2008)[Precambrian Res. 160(2008)179 - 210][J]. Precambrian Research,2009,171(1): 74 - 76.

Myrow P M,Hughes N C,Paulsen T S,et al. Integrated tectonostratigraphic analysis of the Himalaya and implications for its tectonic reconstruction[J]. Earth and Planetary Science Letters,2003,212(3/4): 433 - 441.

Nelson B K,DePaolo D J. Comparison of isotopic andpetrographic provenance indicators in sediments from Tertiary continental basins of New Mexico[J]. J. Sedi. Petrol. ,1988,58: 348 - 357.

Nelson K D,Wenjin Z,Brown L D,et al. Partially molten middle crust beneath southern Tibet: Synthesis of Project Indepth results[J]. Science,1996,274(5293): 1684 - 1688.

Newton R C,Perkins D. Thermodynamic calibration of geobarometers based on the assemblages garnet - plagioclase - orthopyroxene - clinopyroxene - quartz[J]. American Mineralogist,1982,67(3/4): 203 - 222.

Newton R C. Charnockitic alteration: Evidence for CO_2 infiltration in granulite facies metamorphism[J]. Journal of Metamorphic Geology,1992,10(3): 383 - 400.

Newton R C. Metamorphic fluids in the deep crust[J]. Annual Review of Earth and Planetary Sciences,1989(17): 385 - 412.

Newton R C. Temperature,pressure and metamorphic fluid regimes in the amphibolite facies to granulite facies transition zones[J]. NATO Advanced Study Institutes Series. Series C: Mathematical and Physical Sciences,1985,158: 75 - 104.

Niekelas E M. Ore deposits of near ground and shallow ore deposits with space relation of volcanic tectonic[J]. Geology of metal oredeposits andprospecting collectedworks,1980,15.

Nyman M W,Karlstrom K E,Kirby E,et al. Mesoproterozoic contractional orogeny in western North America: Evidence from ca. 1. 4Ga plutons[J]. Geology,1994,22(10): 901 - 904.

Otamendi J E, Patino Douce A E. Partial melting of aluminous metagreywackes in the northern Sierra de Comechingones, central Argentina[J]. Journal of Petrology, 2001, 42(9): 1751 - 1772.

O'Nions R K, Hamilton P J, Hooker P J. A Nd isotope investigation of sediments related to crustal development in the British Isles[J]. Earth Planet. Sci. Lett., 1983, 63: 229 - 240.

Patino Douce A E, Johnston A D. Phase equilibria and melt productivity in the pelitic system: Implications for the origin of peraluminous granitoids and aluminous granulites[J]. Contributions to Mineralogy and Petrology, 1991, 107(2): 202 - 218.

Patino Douce A E. Generation of metaluminous A - type granites by low - pressure melting of calc - alkaline granitoids[J]. Geology, 1997, 25(8): 743 - 746.

Pearce J A, Harris N B W, Tindle A G. Trace element discrimination diagrams for the tectonic interpretation of granitic rocks[J]. Journal of petrology, 1984, 25(4): 956 - 983.

Pearce J A. Trace element characteristics of lavas from destructive plate boundaries[M]//Thorpe R S. Andesites. New York: Wiley, 1982.

Pearce J. Sources and settings of granitic rocks[J]. Episodes, 1996, 19(4): 120 - 125.

Peng S B, Zhang Y M, Zhan M G, et al. Sm - Nd, Pb - Pb and Rb - Sr isotopic dating and its dynamic implications for the Proterozoic augen granite in the Yunkai area, western Guangdong Province[J]. Acta Geologica Sinica (English Edition), 2000, 74(2): 289 - 296.

Perkins D, Chipera S J. Garnet - orthopyroxene - plagioclase - quartz barometry: Refinement and application to the English River Subprovince and the Minnesota River valley[J]. Contributions to Mineralogy and Petrology, 1985, 89(1): 69 - 80.

Petford N, Atherton M. Na - rich partial melts from newly underplated basaltic crust: The Cordillera Blanca Batholith, Peru[J]. Journal of Petrology, 1996, 37(6): 1491 - 1521.

Pichamuthu C S. Charnockite in the making[J]. Nature, 1960, 188(4745): 135 - 136.

Pin C, Marini F. Early Ordovician continental break - up in Variscan Europe: Nd - Sr isotope and trace element evidence from bimodal igneous associations of the Southern Massif Central, France[J]. Lithos., 1993, 29(3/4): 177 - 196.

Pirajno F, Bagas L, Hickman A H. Gold mineralization of the Chencai - Suichang Uplift and tectonic evolution of Zhejiang Province, Southeast China[J]. Ore Geology Reviews, 1997, 12(1): 35 - 55.

Pitcher W S. The Nature and Origin of Granite[M]. 2nd ed. London: Chapman and Hall, 1997.

Poitrasson F, Duthou J, Pin C. The relationship between petrology and Nd isotopes as evidence for contrasting anorogenic granite genesis: Example of the Corsican Province (SE France)[J]. Journal of Petrology, 1995, 36(5): 1251 - 1274.

Poitrasson F, Pin C, Duthou J, et al. Aluminous subsolvus anorogenic granite genesis in the light of Nd isotopic heterogeneity[J]. Chemical Geology, 1994, 112(3/4): 199 - 219.

Qiu J S, Wang D Z, Mcinnes B I A, et al. Two subgroups of A - type granites in the coastal area of Zhejiang and Fujian Provinces, SE China: Age and geochemical constraints on their petrogenesis[J]. Transactions of the Royal Society of Edinburgh: Earth Sciences, 2004, 95(1/2): 227 - 236.

Raith M, Srikantappa C. Arrested charnockite formation at Kottavattam, southern India[J]. Journal of Metamorphic Geology, 1993, 11(6): 815 - 832.

Rajesh H M. Characterization and origin of a compositionally zoned aluminous A - type granite from South India[J]. Geological Magazine, 2000, 137(3): 291 - 318.

Rapp R P, Watson E B, Miller C F. Partial melting of amphibolite/eclogite and the origin of Archean trondhjemites and tonalites[J]. Precambrian Research, 1991, 51(1 - 4): 1 - 25.

Rapp R P. Amphibole - out phase boundary in partially melted metabasalt, its control over liquid fraction and composition, and source permeability[J]. Journal of Geophysical Research, 1995, 100(B8): 15 601 - 15 610.

Ravindra Kumar G R. Mechanism of arrested charnockite formation at Nemmara, Palghat region, southern India[J]. Lithos., 2004, 75(3/4): 331 - 358.

Rietmeijer F J M. Chemical distinction between igneous and metamorphic orthopyroxenes especially those coexisting with Ca - rich clinopyroxenes: A reevaluation[J]. Mineralogical Magazine, 1983, 47(2): 143 - 151.

Rimsa A, Johansson L, Whitehouse M J. Constraints on incipient charnockite formation from zircon geochronology and rare earth element characteristics[J]. Contributions to Mineralogy and Petrology, 2007, 154(3): 357 - 369.

Rino S, Komiya T, Windley B F, et al. Major episodic increases of continental crustal growth determined from zircon ages of river sands: Implications for mantle overturns in the early Precambrian[J]. Physics of the Earth and Planetary Interiors, 2004, 146(1/2): 369 - 394.

Rogers J J W, Santosh M. Configuration of Columbia, a Mesoproterozoic Supercontiment[J]. Gondwana Research, 2002, 5 (1):5 - 22.

Rosenberg C L, Riller U. Partial - melt topology in statically and dynamically recrystallized granite[J]. Geology, 2000, 28 (1): 7 - 10.

Rubatto D, Hermann J. Zircon formation during fluid circulation in eclogites(Monviso, Western Alps): Implications for Zr and Hf budget in subduction zones[J]. Geochimica et Cosmochimica Acta, 2003, 67(12): 2173 - 2187.

Rubatto D, Williams I S, Buick I S. Zircon and monazite response to prograde metamorphism in the Reynolds Range, central Australia[J]. Contributions to Mineralogy and Petrology, 2001, 140(4): 458 - 468.

Rushmer T. Partial melting of two amphibolites: Contrasting experimental results under fluid - absent conditions[J]. Contributions to Mineralogy and Petrology, 1991, 107(1): 41 - 59.

Rutter M J, Wyllie P J. Melting of vapour - absent tonalite at 10 kbar to simulate dehydration - melting in the deep crust [J]. Nature, 1988, 331(6152): 159 - 160.

Santosh M, Harris N B W, Jackson D H, et al. Dehydration and incipient charnockite formation: a phase equilibria and fluid inclusion study from South India[J]. Journal of Geology, 1990, 98(6): 915 - 926.

Sawyer E W, Barnes S J. Temporal and compositional differences between subsolidus and anatectic migmatite leucosomes from the Quetico metasedimentary belt, Canada[J]. Journal of Metamorphic Geology, 1988, 6(4): 437 - 450.

Sawyer E W. Formation and evolution of granite magmas during crustal reworking: The significance of diatexites[J]. Journal of Petrology, 1998, 39(6): 1147 - 1167.

Sawyer E W. Melt segregation and magma flow in migmatites: Implications for the generation of granite magmas[J]. Special Paper - Geological Society of America, 1996, 315: 85 - 94.

Sawyer E W. The role of partial melting and fractional crystallization determining discordant migmatite leucosome compositions[J]. Journal of Petrology, 1987, 28(3): 445 - 473.

Scherer E, Muenker C, Mezger K. Calibration of the lutetium - hafnium clock[J]. Science, 2001, 293(5530): 683 - 687.

Sen S K, Bhattacharya A. An orthopyroxene - garnet thermometer and its application to the Madras charnockites[J]. Contributions to Mineralogy and Petrology, 1984, 88(1/2): 64 - 71.

Shervais J W. Ti - V plots and the petrogenesis of modern and ophiolitic lavas[J]. Earth and planetary science letters, 1982, 59:101 - 118.

Shu L S, Faure M, Yu J H, Jahn B M. Geochronological and geochemical features of the Cathaysia block(South China): new evidence for the Neoproterozoic breakup of Rodinia[J]. Precambrian Research, 2011, 187:263 - 276.

Shu L, Charvet J. Kinematic and geochronology of the proterozoic Dongxiang - Shexian ductile shear zone: with H P metamorphism and ophiolitic mélange(Jiangnan Region, South China)[J]. Tectonophysics, 1996, 267: 291 - 302.

Simizu H, Masuda A. Cenum in chert as an indication of marine environment of its formation[J]. Natur. , 1977:346 - 348.

Solar G S, Brown M. Petrogenesis of migmatites in Maine, USA: Possible source of peraluminous leucogranite in plutons [J]. Journal of Petrology, 2001, 42(4): 789 - 823.

Solar G S, Pressley R A, Brown M, et al. Granite ascent in convergent orogenic belts: Testing a model[J]. Geology, 1998, 26(8): 711 - 714.

Spear F S, Kohn M J, Cheney J T. P - T paths from anatectic pelites[J]. Contributions to Mineralogy and Petrology, 1999, 134(1): 17 - 32.

Stephenson N C N. Geochemistry of granulite - facies granitic rocks from Battye Glacier, northern Prince Charles Mountains, East Antarctica[J]. Australian Journal of Earth Sciences, 2000, 47(1): 83 - 94.

Stevens G, Clemens J D, Droop G T R. Melt production during granulite - facies anatexis: Experimental data from "primitive" metasedimentary protoliths[J]. Contributions to Mineralogy and Petrology, 1997, 128(4): 352 - 370.

Su H M, Mao J W, Santosh M, et al. Petrogenesis and tectonic significance of Late Jurassic - Early Cretaceous volcanic - intrusive complex in the Tianhuashan basin, South China[J]. Ore Geology Reviews, 2014, 56: 566 - 583.

Sun S S, McDonough W F. Chemical and isotopic systematics of oceanic basalts: implications for mantle composition and processes[M]. Geological Society, London, Special Publications, 1989, 42: 313 - 345.

Sun Y, Ma C Q, Liu Y Y, et al. Geochronological and geochemical constraints on the petrogenesis of late Triassic aluminous A - type granites in southeast China[J]. Journal of Asian Earth Sciences, 2011, 42(6): 1117 - 1131.

Thompson A B, Connolly J A D. Melting of the continental crust: Some thermal and petrological constraints on anatexis in continental collision zones and other tectonic settings[J]. Journal of Geophysical Research Atomospheres, 1995, 100 (B8): 15 565 - 15 580.

Tucker R D, Ashwal L D, Torsvik T H. U - Pb geochronology of Seychelles granitoids: A Neoproterozoic continental arc fragment[J]. Earth and Planetary Science Letters, 2001, 187(1/2): 27 - 38.

Van Schmus W R, Bickford M E, Turek A. Proterozoic geology of the east - central midcontinent basement[J]. Special Paper - Geological Society of America, 1996, 308: 7 - 32.

Vanderhaeghe O, Teyssier C. Crustal - scale rheological transitions during late - orogenic collapse[J]. Tectonophysics, 2001, 335(1/2): 211 - 228.

Vanderhaeghe O. Melt segregation, pervasive melt migration and magma mobility in the continental crust: The structural record from pores to orogens[J]. Physics and Chemistry of the Earth, Part A: Solid Earth and Geodesy, 2001, 26(4/5): 213 - 223.

Vavra G, Gebauer D, Schmid R, et al. Multiple zircon growth and recrystallization during polyphase late Carboniferous to Triassic metamorphism in granulites of the Ivrea Zone(Southern Alps.): An ion microprobe(SHRIMP) study[J]. Contributions to Mineralogy and Petrology, 1996, 122(4): 337 - 358.

Vervoort J D, Blichert - Toft J. Evolution of the depleted mantle: Hf isotope evidence from juvenile rocks through time [J]. Geochimica et Cosmochimica Acta, 1999, 63(3/4): 533 - 556.

Vervoort J, Patchett P J, Blichert - Toft J, et al. Relationships between Lu - Hf and Sm - Nd isotopic systems in the global sedimentary system[J]. Earth and planetary science letters, 1999, 168: 79 - 99.

Vielzeuf D, Holloway J R. Experimental determination of the fluid - absent melting relations in the pelitic system: Consequences for crustal differentiation[J]. Contributions to Mineralogy and Petrology, 1988, 98(3): 257 - 276.

Vielzeuf D, Montel J M. Partial melting of metagreywackes: Part 1, Fluid - absent experiments and phase relationships[J]. Contributions to Mineralogy and Petrology, 1994, 117(4): 375 - 393.

Wan Y S, Liu D Y, Xu M H, et al. SHRIMP U - Pb zircon geochronology and geochemistry of metavolcanic and metasedimentary rocks in northwestern Fujian, Cathaysia Block, China: Tectonic implications and the need to redefine lithostratigraphic units[J]. Gondwana Research, 2007, 12(1/2): 166 - 183.

Wang D Z, Shu L S. Late Mesozoic basin and range tectonics and related magmatism in Southeast China[J]. Geoscience Frontiers, 2012, 3(2): 109 - 124.

Wang H Z, Mo X X. An outline of the tectonic evolution of China[J]. Episodes, 1995, 18(1/2): 6 - 16.

Wang J, Li X H, Duan T Z, et al. Zircon SHRIMP U - Pb dating for the Cangshuipu volcanic rocks and its implications for the lower boundary age of the Nanhua strata in South China[J]. Chinese Science Bulletin, 2003, 48(16): 1663 - 1669.

Wang J, Li Z X, Cho M, et al. History of Neoproterozoic rift basins in South China: Implications for Rodinia break - up [J]. Precambrian Research, 2003, 122(1 - 4): 141 - 158.

Wang J, Li Z, Duan T, et al. Stratigraphic and sedimentological records of the Neoproterozoic rift basins in southern China: From Sibao orogenesis to Nanhua Rifting: Late Precambrian Tectonic History of Eastern South China - An Overview and Field Guide[M]. Beijing: Geological Publishing House, 2003.

Wang Q, Wyman D A, Li Z X, Bao Z W, et al. Petrology, geochronology and geochemistry of ca. 780Ma A - type granites in South China: Petrogenesis and implications for crustal growth during the breakup of the supercontinent Rodinia[J]. Precambrian Research, 2010, 178(1 - 4): 185 - 208.

Wang X L, Zhou J C, Qiu J S, et al. Geochemistry of the Meso - to Neoproterozoic basic - acid rocks from Hunan Province, South China: implications for the evolution of the western Jiangnan orogen[J]. Precambrian Research, 2004, 135

(1/2): 79 - 103.

Wang X L, Zhou J C, Qiu J S, et al. LA - ICPMS U - Pb zircon geochronology of the Neoproterozoic igneous rocks from Northern Guangxi, South China: Implications for tectonic evolution[J]. Precambrian Research, 2006, 145(1/2): 111 - 130.

Wang X L, Zhou J C, W L Griffin, et al. Geochemical zonation across a Neoproterozoic orogenic belt: Isotopic evidence from granitoids and metasedimentary rocks of the Jiangnan orogen, China[J]. Precambrian Research, 2014, 242: 154 - 171.

Wang X L, Zhou J C, Wan Y S, et al. Magmatic evolution and crustal recycling for Neoproterozoic strongly peraluminous granitoids from southern China: Hf and O isotopes in zircon[J]. Earth and Planetary Science Letters, 2013, 366(2): 71 - 82.

Wang Y J, Fan W M, Zhao G C, et al. Zircon U - Pb geochronology of gneissic rocks in the Yunkai Massif and its implications on the Caledonian event in the South China Block[J]. Gondwana Research, 2007, 12(4): 404 - 416.

Wang Y J, Zhang A M, P A Cawood, et al. Geochronological, geochemical and Nd - Hf - Os isotopic fingerprinting of an early Neoproterozoic arc - back - arc system in South China and its accretionary assembly along the margin of Rodinia [J]. Precambrian Research, 2013, 231: 343 - 371.

Wang Y J, Wu C M, Zhang A M, et al. Kwangsian and Indosinian reworking of the eastern South China Block: Constraints on zircon U - Pb geochronology and metamorphism of amphibolites and granulites[J]. Lithos, 2012, 150(5): 227 - 242.

Wang Y J, Zhang A M, Fan W M, et al. Kwangsian crustal anatexis within the eastern South China Block: Geochemical, zircon U - Pb geochronological and Hf isotopic fingerprints from the gneissoid granites of Wugong and Wuyi - Yunkai Domains[J]. Lithos. , 2011, 127(1/2): 239 - 260.

Watson E B, Harrison T M. Zircon saturation revisited: Temperature and composition effects in a variety of crustal magma types[J]. Earth and Planetary Science Letters, 1983, 64(2): 295 - 304.

Watson E B. Dissolution, growth and survival of zircons during crustal fusion: Kinetic principles, geological models and implications for isotopic inheritance[J]. Special Paper - Geological Society of America, 1996, 315: 43 - 56.

Watt G R, Burns I M, Graham G A. Chemical characteristics of migmatites: Accessory phase distribution and evidence for fast melt segregation rates[J]. Contributions to Mineralogy and Petrology, 1996, 125(1): 100 - 111.

Watt G R, Oliver N H S, Griffin B J. Evidence for reaction - induced microfracturing in granulite facies migmatites[J]. Geology, 2000, 28(4): 327 - 330.

Wei C, Zheng Y, Zhao Z, et al. Oxygen and neodymium isotope evidence for recycling of juvenile crust in northeast China [J]. Geology, 2002, 30(4): 375 - 378.

Weinberg R F. Melt segregation structures in granitic plutons[J]. Geology, 2006, 34(4): 305 - 308.

Weinberg R F. Mesoscale pervasive felsic magma migration: Alternatives to dyking[J]. Lithos. , 1999, 46(3): 393 - 410.

Whalen J B, Currie K L, Chappell B W. A - type granites: Geochemical characteristics, discrimination and petrogenesis[J]. Contributions to Mineralogy and Petrology, 1987, 95(4): 407 - 419.

White A J R, Chappell B W. Permigma admagma downunder[J]. Geological Journal, 1990, 25(3/4): 221 - 225.

White R W, Powell R, Holland T J B. Calculation of partial melting equilibria in the system Na_2O - CaO - K_2O - FeO - MgO - Al_2O_3 - SiO_2 - H_2O(NCKFMASH)[J]. Journal of Metamorphic Geology, 2001, 19(2): 139 - 153.

Whitney D L, Teyssier C, Fayon A K, et al. Tectonic controls on metamorphism, partial melting, and intrusion: Timing and duration of regional metamorphism and magmatism in the Nigde Massif, Turkey[J]. Tectonophysics, 2003, 376 (1/2): 37 - 60.

Wilde S A, Zhao G, Sun M. Development of the North China Craton during the late Archaean and its final amalgamation at 1. 8Ga: Some speculations on its position within a global Palaeoproterozoic supercontinent[J]. Gondwana Research, 2002, 5(1): 85 - 94.

Winchester J A, Floyd P A. Geochemical discrimination of different magma series and their differentiation products using immobile elements[M]. Chemical Geology. 1977, 20: 325 - 342.

Winchester J A, Floyd P A. Geochemical discrimination of different magma series and their differentiation products[J].

Chemical Geology,1977,20: 325 - 343.

Winkler H G F. Petrogenesis of Metamorphic Rocks[M]. 5th ed. New York: Springer Verlag,1979.

Wong J,et al. Geochemical and zircon U - Pb and Hf isotopic study of the Baijuhuajian metaluminous A - type granite: Extension at 125 - 100Ma and its tectonic significance for South China[J]. Lithos. ,2009,112(3/4):289 - 305.

Wong J,et al. Zircon U - Pb and Hf isotopic study of Mesozoic felsic rocks from eastern Zhejiang,South China: Geochemical contrast between the Yangtze and Cathaysia blocks[J]. Gondwana Research,2011,19(1):244 - 259.

Wu R X,Yongh - Fei Z,Wu Y B,et al. Reworking of juvenile crust: Element and isotope evidence from Neoproterozoic granodiorite in south China[J]. Precambrian Research,2006,146(3/4): 179 - 212.

Wu Y B,Gao S,Zhang H F,et al. Timing of UHP metamorphism in the Hong'an area,western Dabie Mountains,China: Evidence from zircon U - Pb age,trace element and Hf isotope composition[J]. Contributions to Mineralogy and Petrology,2008,155(1): 123 - 133.

Wu Y B,Zheng Y F,Zhang S B,et al. Zircon U - Pb ages and Hf isotope compositions of migmatite from North Dabie terrane in China: Constraints on partial melting[J]. Journal of Metamorphic Geology,2007,25(9): 991 - 1009.

Wu Y B,Gao S,Zhang H F,et al. Timing of UHP metamorphism in the Hong'an area,western Dabie Mountains,China: evidence from zircon U - Pb age,trace element and Hf isotope composition[J]. Contrib. Mineral Petrol. ,2008,155: 123 - 133.

Xia X P,Sun M,Zhao G C,et al. U - Pb and Hf isotopic study of detrital zircons from the Wulashan khondalites: Constraints on the evolution of the Ordos Terrane,western block of the North China Craton[J]. Earth and Planetary Science Letters,2006,241(3/4): 581 - 593.

Xia Y,Xu X S,Zou H B,et al. Early Paleozoic crust - mantle interaction and lithosphere delamination in South China Block: Evidence from geochronology,geochemistry,and Sr - Nd - Hf isotopes of granites[J]. Lithos,2014,184 - 187 (1):416 - 435.

Xia Y,Xu X S,Zhu K Y. Paleoproterozoic S - and A - type granites in southwestern Zhejiang: Magmatism,metamorphism and implications for the crustal evolution of the Cathaysia basement[J]. Precambrian Research,2012,216 - 219(9): 177 - 207.

Xiao F,Chen J G,Zhang Z Y,et al. Singularity mapping and spatially weighted principal component analysis to identify geochemical anomalies associated with Ag and Pb - Zn polymetallic mineralization in Northwest Zhejiang,China[J]. Journal of Geochemical Exploration,2012,122:90 - 100.

Xu X S,O'Reilly S Y,Griffin W L,et al. Relict Proterozoic basement in the Nanling Mountains(SE China)and its tectonothermal overprinting[J]. Tectonics,2005,24,187 - 200.

Xu X S,O'Reilly S Y,Griffin W L,et al. The crust of Cathaysia: Age,assembly and reworking of two terranes[J]. Precambrian Research,2007,158(1/2): 51 - 78.

Yamamoto K. Geochemical characteristics and deposition environment of associated rocks in the Franciscan and Shimena terranes[J]. Sedimentary Geology,1987,52: 65 - 108.

Yang S Y,et al. Geochronology,geochemistry and tectonic significance of two Early Cretaceous A - type granites in the Ganhang Belt,Southeast China[J]. Lithos,2012,150:155 - 170.

Yang S Y,Jiang S Y,Zhao K D,et al. Geochronology,geochemistry and tectonic significance of two Early Cretaceous A - type granites in the Gan - Hang Belt,Southeast China[J]. Lithos,2012,150:155 - 170.

Yang S Y,Jiang S Y,Zhao K D,et al. Petrogenesis and tectonic significance of early Cretaceous high - Zr rhyolite in the Dazhou uranium district,Gan - Hang Belt,Southeast China[J]. Journal of Asian Earth Sciences,2013,74:303 - 315.

Ye M F,Li X H,Li W X,et al. SHRIMP zircon U - Pb geochronological and whole - rock geochemical evidence for an early Neoproterozoic Sibaoan magmatic arc along the southeastern margin of the Yangtze Block[J]. Gondwana Research, 2007,12(1/2):144 - 156.

Ye M F,Li X H,Li W X,Liu Y,et al. SHRIMP zircon U - Pb geochronological and whole - rock geochemical evidence for an early Neoproterozoic Sibaoan magmatic arc along the southeastern margin of the Yangtze Block[J]. Gondwana Research,2007,12(1/2):144 - 156.

You Z D,Suo S T,Han Y J,et al. Metamorphic evolution of the East Qinling and Dabieshan tectonic belt,central China

[J]. Journal of Southeast Asian Earth Sciences, 1994, 9(4): 397-403.

Yu J H, O'Reilly S Y, Wang L J, et al. Where was South China in the Rodinia supercontinent? Evidence from U-Pb geochronology and H F isotopes of detrital zircons[J]. Precambrian Research, 2008, 164(1/2): 1-15.

Yu J H, Wang L, O'Reilly S, et al. A Paleoproterozoic orogeny recorded in a long-lived cratonic remnant(Wuyishan terrane), eastern Cathaysia Block, China[J]. Precambrian Research, 2009, 174(3/4): 347-363.

Yu J H, O'Reilly S Y, Zhou M F, et al. U-Pb geochronology and Hf-Nd isotopic geochemistry of the Badu Complex, Southeastern China: Implications for the Precambrian crustal evolution and paleogeography of the Cathaysia Block [J]. Precambrian Research, 2012, 222-223: 424-449.

Zeck H P, Wingate M T D, Pooley G D, et al. A sequence of Pan-African Hercynian events recorded in zircons from an orthogneiss from the Hercynian Belt of western central Iberia: An ion microprobe U-Pb study[J]. Journal of Petrology, 2004, 45(8): 1613-1629.

Zhai M G, Guo J H, Liu W J, et al. Neoarchean to Paleoproterozoic continental evolution and tectonic history of the North China Craton: A review[J]. Journal of Asian Earth Sciences, 2005, 24(5): 547-561.

Zhai M G, Liu W J, Cho M, et al. Palaeoproterozoic tectonic history of the North China Craton: a review[J]. Precambrian Research, 2003, 122(1-4): 183-199.

Zhai M G, Yang J H, Fan H R, et al. A larye scale cluster of gold deposit and metallogenesis in the Eastern North China craton[J]. Inter. Geol. Rev., 2002, 44: 458-476.

Zhang F F, Wang Y J, Zhang A M, et al. Geochronological and geochemical constraints on the petrogenesis of Middle Paleozoic(Kwangsian)massive granites in the eastern South China Block[J]. Lithos, 2012, 150: 188-208.

Zhang S B, Zheng Y F, Wu Y B, et al. Zircon isotope evidence for ≥3.5Ga continental crust in the Yangtze Craton of China[J]. Precambrian Research, 2006, 146(1/2): 16-34.

Zhang S B, Zheng Y F, Wu Y B, et al. Zircon U-Pb age and Hf isotope evidence for 3.8Ga crustal remnant and episodic reworking of Archean crust in South China[J]. Earth and Planetary Science Letters, 2006, 252(1/2): 56-71.

Zhang S B, Zheng Y F, Wu Y B, et al. Zircon U-Pb age and Hf-O isotope evidence for Paleoproterozoic metamorphic event in south China[J]. Precambrian Research, 2006, 151(3/4): 265-288.

Zhao G C, Sun M, Wilde S A, et al. Late Archean to Paleoproterozoic evolution of the North China Craton: Key issues revisited[J]. Precambrian Research, 2005, 136(2): 177-202.

Zhao J X, McCullochM T, Bennett V C. Sm-Nd and U-Pb zircon isotopic constraints on the provenance of sediments from the Amade Basin, central Australia: evidence for REE fractionation[J]. Geochim. Cosmochim. Acta, 1992, 56: 921-940.

Zhao K D, Jiang S Y, Chen W F, et al. Zircon U-Pb chronology and elemental and Sr-Nd-Hf isotope geochemistry of two Triassic A-type granites in South China: Implication for petrogenesis and Indosinian transtensional tectonism [J]. Lithos, 2013, 160-161(0): 292-306.

Zhao L, Zhou X W, Zhai M G, et al. Paleoproterozoic tectonic transition from collision to extension in the eastern Cathaysia Block, South China: Evidence from geochemistry, zircon U-Pb geochronology and Nd-Hf isotopes of a granite-charnockite suite in southwestern Zhejiang[J]. Lithos, 2014, 184-187(0): 259-280.

Zheng J P, Griffin W L, O'Reilly S Y, et al. Widespread Archean basement beneath the Yangtze Craton[J]. Geology, 2006, 34(6): 417-420.

Zheng Y F, Wu R X, Wu Y B, et al. Rift melting of juvenile arc-derived crust: Geochemical evidence from Neoproterozoic volcanic and granitic rocks in the Jiangnan Orogen, South China[J]. Precambrian Research, 2008, 163: 351-383.

Zheng Y F, Wu Y B, Zhao Z F, et al. Metamorphic effect on zircon Lu-Hf and U-Pb isotope systems in ultrahigh-pressure eclogite-facies metagranite and metabasite[J]. Earth and Planetary Science Letters, 2005, 240(2): 378-400.

Zheng Y F, Zhang S B, Zhao Z F, et al. Contrasting zircon Hf and O isotopes in the two episodes of Neoproterozoic granitoids in South China: Implications for growth and reworking of continental crust[J]. Lithos, 2007, 96(1/2): 127-150.

Zheng Y F, Zhao Z F, Wu Y B, et al. Zircon U-Pb age, Hf and O isotope constraints on protolith origin of ultrahigh pressure eclogite and gneiss in the Dabie Orogen[J]. Chemical Geology, 2006, 231(1/2): 135-158.

Zhong Z Q, Suo S T, You Z D, et al. Major constituents of the Dabie collisional orogenic belt and partial melting in the ultrahigh - pressure unit[J]. International Geology Review, 2001, 43(3): 226 - 236.

Zhou J C, Wang X L, Qiu J S, et al. Geochemistry of Meso - and Neoproterozoic mafic - ultramafic rocks from northern Guangxi, China: Arc or plume magmatism[J]. Geochemical Journal, 2004, 38(2): 139 - 152.

Zhou M F, Kennedy A K, Sun M, et al. Neo - Proterozoic arc - related mafic intrusions along the northern margin of South China: implications for the accretion of Rodinia[J]. The Journal of Geology, 2002, 110: 611 - 618.

Zhou M F, Ma Y, Yan D P, et al. The Yanbian Terrane(southern Sichuan Province, SW China): A Neoproterozoic arc assemblage in the western margin of the Yangtze Block[J]. Precambrian Research, 2006, 144(1/2): 19 - 38.

Zhou M F, Yan D P, Kennedy A K, et al. SHRIMP U - Pb zircon geochronological and geochemical evidence for Neoproterozoic arc - magmatism along the western margin of the Yangtze Block, South China[J]. Earth and Planetary Science Letters, 2002, 196(1/2): 51 - 67.

Zhou X M, Sun T, Shen W Z, et al. Petrogenesis of Mesozoic granitoids and volcanic rocks in South China: A response to tectonic evolution[J]. Episodes, 2006, 29(1): 26 - 33.